KUHMINSA

한 발 앞서나가는 출판사, 구민사
독자분들도 구민사와 함께 한 발 앞서나가길 바랍니다.

구민사 출간도서 中 수험서 분야

- 용접
- 자동차
- 조경/산림
- 품질경영
- 산업안전
- 전기
- 건축토목
- 실내건축

- 기술사
- 기계
- 금속
- 환경
- 보일러
- 가스
- 공조냉동
- 위험물

전문가를 위한 첫걸음, 구민사는 그 이상을 봅니다!

전국 도서판매처

KYOBO 교보문고 · YP Books 영풍문고 · INTERPARK · YES24.COM · 알라딘 · 영광도서

• 일산남부서점 • 안산대동서적 • 대전계룡서점 • 대구북앤북스 • 대구하나도서
• 포항학원사 • 울산처용서림 • 창원그랜드문고 • 순천중앙서점 • 광주조은서림

www.kuhminsa.co.kr

자격증 시험 접수부터 자격증 수령까지!

전문가를 위한 첫걸음, 구민사는 그 이상을 봅니다!

상시시험 12종목
굴착기운전기능사, 지게차운전기능사, 미용사(일반), 미용사(피부), 미용사(네일)
미용사(메이크업), 조리기능사(양식, 일식, 중식, 한식), 제과·제빵기능사

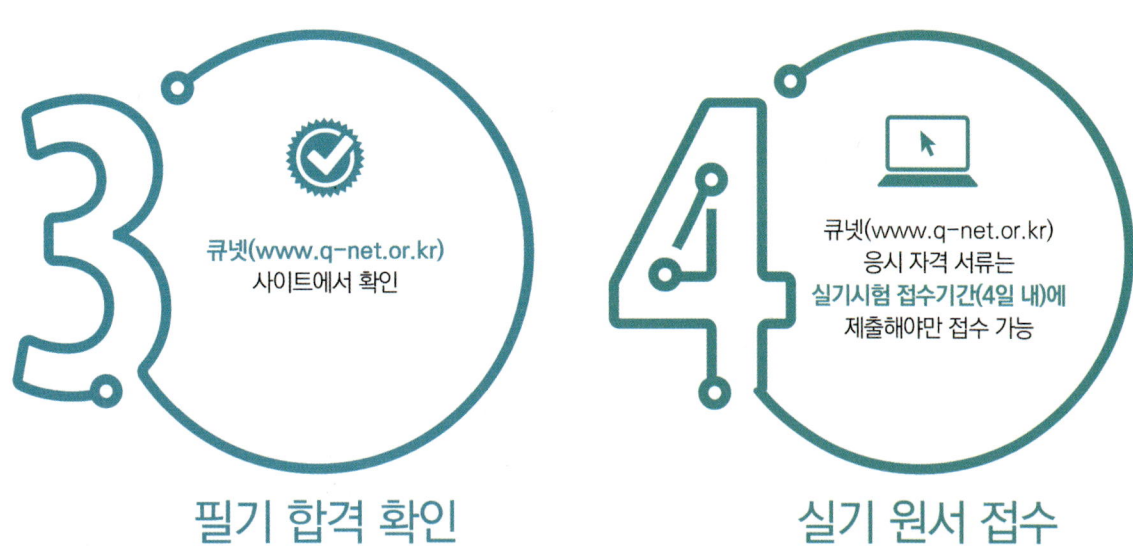

3. 필기 합격 확인
큐넷(www.q-net.or.kr) 사이트에서 확인

4. 실기 원서 접수
큐넷(www.q-net.or.kr)
응시 자격 서류는 **실기시험 접수기간(4일 내)에** 제출해야만 접수 가능

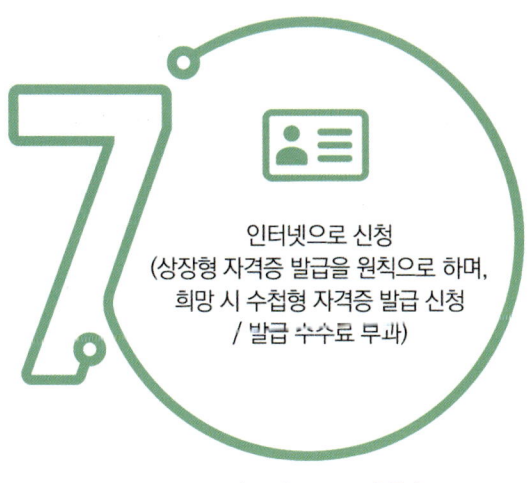

7. 자격증 신청
인터넷으로 신청
(상장형 자격증 발급을 원칙으로 하며, 희망 시 수첩형 자격증 발급 신청 / 발급 수수료 무과)

8. 자격증 수령
인터넷으로 발급(출력)
(수첩형 자격증 등기 수령 시 등기 비용 발생)

　자동차정비란 자동차가 기계 상의 결함이나 사고 등 여러 가지 이유로 정상적으로 운행되지 못하는 경우 원인을 찾아내고 정비하여 안전하고 쾌적한 운행상태로 바꾸어 주는 것을 말한다.

　자동차정비산업기사 필기시험은 응시자격에는 제한이 없다. 연령, 학력, 경력, 성별, 지역 등에 제한을 두지 않으며, 엔진, 전기, 섀시, 친환경에 대한 80문제를 CBT로 보며, 60점 이상이 합격이다.

　자동차정비산업기사 필기시험을 준비하는 모든 이에게 보다 쉽게 이해하고, 접근할 수 있도록 엔진, 전기, 섀시, 친환경을 출제기준인 각 단원의 이해 및 점검, 분석방법을 판정기준과 출제경향을 면밀히 분석하여 내용 요약과 출제예상문제를 총망라하여 정리하였다. 또한 핵심이론 + 출제예상문제 + 단원별 기출문제를 해설과 함께 수록하여 자동차정비산업기사 필기시험을 준비할 수 있도록 수록하였다.

　이러한 저자들의 열정과 노력, 정성에도 불구하고 간혹 미흡한 부분이 있으면 독자 여러분들의 관심과 조언 그리고 격려 속에서 이를 수정, 보완할 것이다.

　이 책을 통해 자동차정비산업기사 필기를 어려움 없이 합격할 수 있기를 기원하며, 이 책의 출판을 위해 바쁘신 와중에도 도와주신 지인들 및 도서출판 구민사 조규백 대표님과 직원 여러분에게 고마움과 항상 건강하시길 기원합니다.

저자 일동

PART 01 엔진

CHAPTER 01 엔진 공학 _ 002
- 01 엔진의 성능 및 효율 _ 002
- 02 엔진의 성능 _ 012
- 03 엔진의 효율 _ 014

CHAPTER 02 엔진 본체 정비 _ 016
- 01 엔진 본체 _ 016
- 02 고장진단 및 원인분석 _ 030
- 03 시험장비 사용 _ 033

CHAPTER 03 가솔린 전자제어장치 정비 _ 036
- 01 연료장치 _ 036
- 02 가솔린엔진 연료장치 _ 038
- 03 전자제어장치 _ 044
- 04 각종 센서의 고장증상 _ 051

CHAPTER 04 **디젤 전자제어장치 정비** _ 054

- 01 디젤 연료장치 _ 054
- 02 디젤엔진 연료장치 _ 055
- 03 디젤 전자제어장치 _ 057
- 04 커먼레일엔진의 개요 _ 059
- 05 연료분사제어 _ 061
- 06 저압 연료 계통 _ 063
- 07 고압 연료 계통 _ 064
- 08 커먼레일 입·출력 시스템 _ 068

CHAPTER 05 **과급장치 정비** _ 069

- 01 과급장치 정비 _ 069

CHAPTER 06 **배출가스장치 정비** _ 076

- 01 배기가스 _ 076
- 02 블로우-바이가스 _ 079
- 03 연료 증발가스 _ 079
- 04 공연비에 따른 유해 배출가스 _ 080
- 05 엔진 부하조건에 따른 유해 배출가스 _ 081
- 06 배기가스 정화 _ 082
- 07 블로우-바이가스 정화 _ 088
- 08 연료 증발가스 정화 _ 089
- 09 디젤엔진의 배기대책 _ 091
- 10 배기가스의 유독성 및 발생원인 _ 092
- 11 일산화탄소 및 탄소수소 측정 _ 093

12 매연측정 _ 094
13 배출가스 정밀검사 검사모드 _ 095

CHAPTER 07 **출제예상문제** _ 096

01 엔진 공학 _ 096
02 엔진 본체 정비 _ 113
03 가솔린 전자제어장치 정비 _ 119
04 디젤 전자제어장치 정비 _ 142
05 과급장치 정비 _ 146
06 배출가스장치 정비 _ 148

CHAPTER 08 **단원별 기출문제** _ 157

01 엔진 공학 _ 157
02 엔진 본체 정비 _ 162
03 가솔린 전자제어장치 정비 _ 166
04 디젤 전자제어장치 정비 _ 173
05 과급장치 정비 _ 179
06 배출가스장치 정비 _ 182

목 차
CONTENTS

PART 02 전기

CHAPTER 01 전기전자 공학 _ 186
- 01 전기의 본질 _ 186
- 02 전류, 전압 및 저항 _ 188
- 03 옴의 법칙 _ 192
- 04 키르히호프의 법칙 _ 193
- 05 전력 _ 193
- 06 회로 보호장치 _ 194
- 07 콘덴서 _ 195
- 08 코일 _ 196
- 09 반도체 _ 198
- 10 논리회로 _ 207

CHAPTER 02 네트워크 통신장치 정비 _ 210
- 01 제어장치의 종류 _ 210
- 02 자동차 제어장치의 작동 _ 211
- 03 인터페이스의 입출력신호 _ 213
- 04 PWM 파형과 듀티 _ 218
- 05 자동차 통신장치의 필요성 _ 220
- 06 자동차 통신장치의 분류 _ 220
- 07 자동차에서 사용하는 통신 방식 _ 222
- 08 CAN 통신 방식 _ 224

CHAPTER 03 전기 · 전자회로분석 _ 227

- 01 전기 전자회로분석 _ 227
- 02 보호장치의 종류 _ 232
- 03 자동차 전자 _ 237

CHAPTER 04 주행안전장치 정비 _ 239

- 01 전방충돌방지 시스템 _ 239
- 02 차선이탈경고 및 차선이탈방지 시스템 _ 240
- 03 후측방충돌경고 시스템 _ 243
- 04 스마트크루즈컨트롤과 스탑 & 고 시스템 _ 245
- 05 경음기 _ 246
- 06 와이퍼 _ 247
- 07 에어백 시스템 _ 252
- 08 TCS의 개요 _ 255
- 09 경음기 시험기 사용 방법 _ 257
- 10 전조등 시험기 사용 방법 _ 259

CHAPTER 05 냉 · 난방장치 정비 _ 260

- 01 냉 · 난방장치의 역할 _ 260
- 02 냉방장치 _ 261
- 03 난방장치 _ 266
- 04 자동 냉난방장치 _ 268

CHAPTER 06 편의장치 정비 _ 273

- 01 계기장치 _ 273
- 02 편의장치 _ 276
- 03 BCM _ 282

CHAPTER 07 출제예상문제 _ 286

- 01 전기전자 공학 _ 286
- 02 네트워크 통신장치 정비 _ 291
- 03 전기・전자회로분석 _ 292
- 04 주행안전장치 정비 _ 297
- 05 냉・난방장치 정비 _ 301
- 06 편의장치 정비 _ 306

CHAPTER 08 단원별 기출문제 _ 309

- 01 계산문제 _ 309
- 02 네트워크 통신장치 정비 _ 312
- 03 주행안전장치 정비 _ 319
- 04 냉난방장치 정비 _ 320
- 05 편의장치 정비 _ 323

PART 03 섀시

CHAPTER 01 　자동차 섀시 _ 326
　　01　주행성능 _ 326
　　02　제동성능 _ 329

CHAPTER 02 　자동변속기 정비 _ 331
　　01　자동변속기 _ 331
　　02　무단변속기 _ 341
　　03　고장분석 및 원인분석 _ 342

CHAPTER 03 　유압식 현가장치 정비 _ 343
　　01　일반 현가장치 _ 343

CHAPTER 04 　전자제어 현가장치 정비 _ 351
　　01　전자제어 현가장치 _ 351

CHAPTER 05 　전자제어 조향장치 정비 _ 355
　　01　전자제어 조향장치 _ 355
　　02　4륜 조향장치 _ 359
　　03　사이드슬립 측정기 _ 360

CHAPTER 06 　전자제어 제동장치 정비 _ 362

- 01 전자제어 제동장치 _ 362
- 02 제동력 시험기 _ 366
- 03 속도계 시험기 _ 367

CHAPTER 07 　출제예상문제 _ 369

- 01 자동차 섀시 _ 369
- 02 자동변속기 정비 _ 378
- 03 유압식 현가장치 정비 _ 397
- 04 전자제어 현가장치 정비 _ 402
- 05 전자제어 조향장치 정비 _ 408
- 06 전자제어 제동장치 정비 _ 414

CHAPTER 08 　단원별 기출문제 _ 428

- 01 자동차 섀시 _ 428
- 02 자동변속기 정비 _ 431
- 03 유압식 현가장치 정비 _ 435
- 04 전자제어 현가장치 정비 _ 436
- 05 전자제어 조향장치 정비 _ 438
- 06 전자제어 제동장치 정비 _ 442

PART 04 친환경

CHAPTER 01 **친환경 공학** _ 446
- 01 친환경자동차의 개요 _ 446
- 02 친환경자동차의 종류 _ 448
- 03 친환경자동차의 등장 배경 _ 449

CHAPTER 02 **하이브리드 고전압장치 정비** _ 451
- 01 하이브리드 전기자동차의 정의 _ 451
- 02 HEV의 모터 사용 정도 구분에 의한 분류 _ 452
- 03 HEV의 동력전달 방식 구분에 의한 분류 _ 457
- 04 플러그인 하이브리드 전기자동차 _ 463
- 05 하이브리드 시스템 구성 _ 467
- 06 하이브리드 제어 기능 _ 470
- 07 고전압 시스템 안전 진단 _ 473
- 08 하이브리드 전기자동차 엔진 _ 473

CHAPTER 03 **전기자동차 정비** _ 476
- 01 전기자동차의 구조 _ 476
- 02 모터 _ 480
- 03 전지 _ 483
- 04 인버터, 컨버터 _ 485
- 05 모터제어기 _ 489
- 06 회생제동장치 _ 490
- 07 전지 시스템 _ 494

CHAPTER 04 **수소연료 전지자동차 정비 및 그 밖의 친환경자동차** _ 500

- **01** 연료 전지자동차의 개요 _ 500
- **02** 연료 전지자동차의 구조 _ 505
- **03** 연료 전지의 화학반응 _ 519
- **04** 알코올 연료 전기자동차 _ 524

CHAPTER 05 **출제예상문제** _ 525

- **01** 친환경 공학 _ 525
- **02** 하이브리드 고전압장치 정비 _ 528
- **03** 전기자동차 정비 _ 542
- **04** 수소연료 전지자동차 정비 _ 544

CHAPTER 06 **단원별 기출문제** _ 549

- **01** 하이브리드 고전압장치 정비 _ 549
- **02** 전기자동차 정비 _ 554

출제기준(필기)

| 직무분야 | 기계　　　　　　　　　　　　　　| 중직무분야 | 자동차
| 자격종목 | 자동차정비산업기사　　　　　　 | 적용 기간 | 2022.1.1 ~ 2024.12.31
| 직무내용 | 자동차의 엔진, 섀시, 전기·전자장치, 친환경 자동차 등의 결함이나 고장부위를 진단, 정비, 검사하고 관리하는 직무이다.
| 필기검정방법 | 객관식　　　　　　　　　　　| 문제수 | 80　　　　　| 시험시간 | 2시간

필기과목명	문제수	주요항목	세부항목	세세항목
자동차 엔진정비	20	1. 과급장치 정비	1. 과급장치 점검·진단	1. 과급장치 이해 2. 과급장치 작동상태 파악 3. 과급장치 점검 4. 과급장치 고장원인 파악
			2. 과급장치 조정하기	1. 조정부품 규정값 확인 및 조정
			3. 과급장치 수리하기	1. 수리가능여부 판단 2. 관련 장비 활용 과급장치 수리
			4. 과급장치 교환하기	1. 과급장치 교환절차
			5. 과급장치 검사하기	1. 진단장비 활용검사 2. 과급장치 검사절차
		2. 가솔린 전자제어장치 정비	1. 가솔린 전자제어장치 점검·진단	1. 가솔린 전자제어장치 점검·진단 절차 2. 전자제어장치 이해
			2. 가솔린 전자제어장치 조정	1. 가솔린 전자제어장치 진단장비 2. 가솔린 전자제어장치 규정값 범위조정
			3. 가솔린 전자제어장치 수리	1. 가솔린 전자제어장치 단품센서 이해 2. 가솔린 전자제어장치 전기흐름 파악 3. 입·출력 데이터 비교분석
			4. 가솔린 전자제어장치 교환	1. 가솔린 전자제어장치 부품 위치 파악 2. 진단장비 활용 부품 판독 3. 가솔린 전자제어장치 교환절차
			5. 가솔린 전자제어장치 검사	1. 가솔린 전자제어장치 관련 단품 검사

필기과목명	문제수	주요항목	세부항목	세세항목
		3. 디젤 전자제어장치 정비		2. 가솔린 전자제어장치 성능상태 검사 3. 엔진 관련 센서류 파형분석 기술
			1. 디젤 전자제어장치 점검·진단	1. 디젤 전자제어장치 고장원인 파악 2. 관련 부품·배선 점검 및 판독 3. 전자제어장치 작동상태 파악 4. 디젤 전자제어장치 진단장비 5. 자동차 관련 법규
			2. 디젤 전자제어장치 조정	1. 디젤 전자제어장치 관련 부품 조정장비 선택 2. 디젤 차종별 이상부품 기준값 조정
			3. 디젤 전자제어장치 수리	1. 디젤 전자제어장치 관련 회로도 분석 2. 디젤 전자제어장치 진단장비 활용
			4. 디젤 전자제어장치 교환	1. 디젤 전자제어장치 분해·조립 절차 2. 디젤 전자제어장치 이상부품 교환 3. 분사펌프 분사시기 측정과 조정
			5. 디젤 전자제어장치 검사	1. 디젤 전자제어장치 관련 단품 검사 2. 디젤 전자제어장치 성능 검사 3. 작업 후 결과 검사 4. 배출가스 측정
		4. 엔진 본체 정비	1. 엔진 본체 점검·진단	1. 엔진 본체 장치 고장원인 파악 2. 엔진 본체 구조·장치 파악 3. 진단장비 활용 고장요소 점검 4. 엔진 종류별 규정값 점검 5. 진단장비 및 측정기 6. 산업안전 관련 규정
			2. 엔진 본체 관련 부품 조정	1. 진단장비 활용 규정값 조정
			3. 엔진 본체 수리	1. 수리 가능여부 확인 2. 엔진 본체 장치 규정값 확인 3. 수리 후 정상 작동상태 확인
			4. 엔진 본체 관련 부품 교환	1. 엔진 종류별 관련 부품 교환 2. 실린더헤드 등 단위 부품 교환 3. 토크렌치 및 각도법 등 조임방법

필기과목명	문제수	주요항목	세부항목	세세항목
			5. 엔진 본체 검사	4. 교환 작업절차 1. 엔진 본체 장치 작동상태 검사 2. 엔진 본체 장치 성능 검사 3. 엔진 종류별 규정값 검사
		5. 배출가스장치 정비	1. 배출가스장치 점검·진단	1. 대기환경보전법 2. 배출가스 생성원리 3. 진단장비 사용 및 고장원인 분석 4. 배출가스 후처리장치
			2. 배출가스장치 조정	1. 배출가스 저감장치 2. 배출가스 규정값 확인 및 조정
			3. 배출가스장치 수리	1. 배출가스장치 분석 및 수리 2. 교환·수리가능여부 판단 3. 배출가스장치 이상 부품 수리
			4. 배출가스장치 교환	1. 배출가스 장비 활용 이상 부품 교환
			5. 배출가스장치 검사	1. 배출가스장치 검사 및 고장요소분석 2. 작업 후 배출가스장치 작동 상태·성능 검사
자동차 섀시정비	20	1. 자동변속기 정비	1. 자동변속기 점검·진단	1. 자동변속기 작동상태 확인 2. 자동변속기 고장원인 파악 3. 자동변속기 오일상태와 유압 확인 4. 자동변속기 구조 및 작동원리
			2. 자동변속기 조정	1. 자동변속기 조정 부품 규정값 조정 2. 자동변속기 관련 장비 사용
			3. 자동변속기 수리	1. 수리 가능여부 판단 2. 자동변속기 이상 부품 수리 3. 자동변속기 수리 안전작업
			4. 자동변속기 교환	1. 진단장비 활용 이상 부품 확인 2. 자동변속기 관련 공구 사용방법 3. 자동변속기 구성 부품 위치 4. 자동변속기 탈부착 순서

필기과목명	문제수	주요항목	세부항목	세세항목
			5. 자동변속기 검사	1. 진단장비 활용 자동변속기 검사 2. 자동변속기 장치 작업 후 검사 3. 자동변속기 구성 부품 역할과 작동원리
		2. 유압식 현가장치 정비	1. 유압식 현가장치 점검·진단	1. 유압식 현가장치 점검 및 진단방법 2. 유압식 현가장치 세부점검목록 3. 유압식 현가장치 고장원인 파악
			2. 유압식 현가장치 교환	1. 진단장비 활용 이상 부품 확인 2. 유압식 현가장치 교환절차 3. 유압식 현가장치 작동원리
			3. 유압식 현가장치 검사	1. 유압식 현가장치 작동상태 검사 2. 유압식 현가장치 성능 검사 2. 유압식 현가장치 작업 후 검사
		3. 전자제어 현가장치 정비	1. 전자제어 현가장치 점검·진단	1. 전자제어 현가장치원리 2. 전자제어 현가장치 작동상태 확인 3. 전자제어 현가장치 점검 4. 전자제어 현가장치 고장원인 파악
			2. 전자제어 현가장치 조정	1. 조정 부품 규정값 확인 및 조정 2. 전자제어 현가장치 조정 후 측정 및 진단장비 사용
			3. 전자제어 현가장치 수리	1. 전자제어 현가장치 구성 회로도분석 및 수리
			4. 전자제어 현가장치 교환	1. 전자제어 현가장치 이상 부품 교환
			5. 전자제어 현가장치 검사	1. 작업 후 전자제어 현가장치 성능 검사
		4. 전자제어 조향장치 정비	1. 전자제어 조향장치 점검·진단	1. 전자제어 조향장치 구조 2. 전자제어 조향장치 작동상태 확인 3. 전자제어 조향장치 점검 4. 전자제어 조향장치 고장원인 파악
			2. 전자제어 조향장치 조정	1. 조정부품 규정값 확인 및 조정 2. 전자제어 조향장치 조정 후 진단장비 활용
			3. 전자제어 조향장치 수리	1. 전자제어 조향장치 구성 회로도 분석 및 수리 2. 교환·수리가능 여부 판단 및 수리부품 확인

필기과목명	문제수	주요항목	세부항목	세세항목
			4. 전자제어 조향장치 교환	1. 전자제어 조향장치 이상 부품 교환
			5. 전자제어 조향장치 검사	1. 측정 진단장비 활용 조향장치 검사 2. 작업 후 전자제어 조향장치 성능 검사 3. 휠 얼라인먼트
		5. 전자제어 제동장치 정비	1. 전자제어 제동장치 점검·진단	1. 전자제어 제동장치 고장 시 차량 이상 현상 2. 전자제어 제동장치 작동원리 3. 전자제어 제동장치 점검 4. 전자제어 제동장치 진단절차 5. 제동장치 검차장비(제동력 테스터기)
			2. 전자제어 제동장치 조정	1. 전자제어 제동장치 조정내용 파악 2. 조정부품 규정값 확인 및 조정 3. 조정부품 관련 장비
			3. 전자제어 제동장치 수리	1. 전자제어 제동장치 구성 회로도분석 및 수리 2. 교환·수리가능 여부 판단 및 수리 부품 확인
			4. 전자제어 제동장치 교환	1. 전자제어 제동장치 부품별 교환 방법
			5. 전자제어 제동장치 검사	1. 작업 후 진단 장비 활용 전자제어·공압식 제동장치 작동상태 검사
자동차 전기·전자장치 정비	20	1. 네트워크통신장치 정비	1. 네트워크통신장치 점검·진단	1. 차량 네트워크 기초 지식 2. 통신별 장치·네트워크 특성·작동상태 파악 3. 네트워크 통신장치 점검·진단 4. 진단장비 활용 고장원인 분석 및 파악
			2. 네트워크통신장치 수리	1. 네트워크 회로도 판독 2. 배선 결선작업
			3. 네트워크통신장치 교환	1. 네트워크통신장치 이상 부품 교환
			4. 네트워크통신장치 검사	1. 제어 알고리즘 이해 2. 진단장비 활용 장치 검사
		2. 전기·전자회로 분석	1. 전기·전자회로 점검·진단	1. 자동차 전기·전자 특성 2. 전기·전자 회로도 파악 및 상태 점검 3. 진단장비 활용 고장원인분석

필기과목명	문제수	주요항목	세부항목	세세항목
			2. 전기·전자회로 수리	1. 회로 수리 안전사항 2. 장비 활용 회로 수리
			3. 전기·전자회로 교환	1. 전기·전자회로 이상부품 교환
			4. 전기·전자회로 검사	1. 수리 후 작동상태 및 성능 검사
		3. 주행안전장치 정비	1. 주행안전장치 점검·진단	1. 주행안전장치 구조 및 작동원리 2. 관련 부품 이해 및 진단장비 선택 3. 주행안전장치 고장코드 4. 주행안전장치 진단데이터 판단
			2. 주행안전장치 수리	1. 주행안전장치 회로도분석 2. 수리 후 정상 작동상태 확인
			3. 주행안전장치 교환	1. 작업 후 영점 보정 2. 진단장비 활용 규정값 조정 3. 주행안전장치 모듈 인식(코딩) 작업
			4. 주행안전장치 검사	1. 진단장비 사용 안전장치 검사 2. 작업 후 안전장치 성능 검사 3. 주행안전장치 모듈 인식(코딩) 검사 4. 주행안전장치 관련 법규
		4. 냉난방장치 정비	1. 냉난방장치 점검진단	1. 냉난방장치 이상유무 판단 2. 냉방 사이클 3. 냉난방 제어장치
			2. 냉난방장치 수리	1. 냉난방장치 회로도 판독
			3. 냉난방장치 교환	1. 냉난방장치 이상 부품 교환
			4. 냉난방장치 검사	1. 작동상태 및 성능 검사
		5. 편의장치 정비	1. 편의장치 점검진단	1. 편의장치 고장유무 판단 2. 편의장치 회로도 판독 3. 편의장치 모듈 인식
			2. 편의장치 조정	1. 편의장치 선택 2. 편의장치 규정값 조정
			3. 편의장치 수리	1. 편의장치 수리 및 작동여부 확인

필기과목명	문제수	주요항목	세부항목	세세항목
			4. 편의장치 교환	1. 편의장치 이상부품 교환
			5. 편의장치 검사	1. 편의장치 성능 검사
친환경 자동차 정비	20	1. 하이브리드 고전압 장치 정비	1. 하이브리드 전기장치 점검 · 진단	1. 정비 시 위험성 인지 및 안전장비 착용 2. 하이브리드 전기장치 작동상태 파악 3. 진단장비 활용 고장원인 파악 4. 고전압 배터리 장치 및 BMS 5. HEV 공조 장치 제어 6. HEV 모터 장치
			2. 하이브리드 전기장치 수리	1. 하이브리드 차량 수리 안전수칙 2. 전기회로도 활용 하이브리드 전기장치분석 3. 분해 조립 및 보정 4. 하이브리드 특수공구 5. 이상부품 수리
			3. 하이브리드 전기장치 교환	1. 부품교환 절차 2. 이상 부품 교환
			4. 하이브리드 전기장치 검사	1. 작업 후 하이브리드 전기장치 작동 상태 · 성능 검사 2. 단품별 검사 3. 배선간 검사
		2. 전기자동차 정비	1. 전기자동차 고전압 배터리 정비	1. 고전압 위험성 인지 및 안전장비 2. 고전압 차단 3. 고전압 배터리 구성 부품 4. 고전압 배터리 작동원리 5. 진단장비 활용 고전압 배터리 구성부품 검사 6. 고전압 배터리 이상 부품 교환 7. 고전압 배터리 충전장치(급속/완속)
			2. 전기자동차 전력통합제어 장치 정비	1. 전력통합제어장치 구성 부품 종류 2. 전력통합제어장치 작동원리 3. 전력통합제어장치 구성 부품 진단 4. 전력통합제어장치 이상 부품 교환 5. 회로도 분석 및 점검

필기과목명	문제수	주요항목	세부항목	세세항목
			3. 전기자동차 구동장치 정비	1. 구동장치 구성 부품 종류 2. 구동장치 작동원리 3. 구동장치 구성 부품 진단 4. 구동장치 이상 부품 교환 5. 수리 후 작동상태 및 성능 검사
			4. 전기자동차 편의 · 안전장치 정비	1. 편의 · 안전장치 구성 부품 종류 2. 편의 · 안전장치 작동원리 3. 편의 · 안전장치 구성 부품 진단 4. 편의 · 안전장치 이상 부품 교환 5. 수리 후 작동상태 및 성능 검사
		3. 수소연료전지차 정비 및 그 밖의 친환경 자동차	1. 수소 공급장치 정비	1. 수소 충전 장치의 작동원리 2. 수소 고압용기의 누기 상태점검 3. 수소 공급 감압장치 점검 4. 수소 감압라인 이상 부품 점검 5. 수소 감압라인 이상 부품 교환
			2. 수소 구동장치 정비	1. 스택 전기 생성의 작동원리 2. 전력 생성 및 고전압 발생 경로 3. 전력 변환 및 구동장치 점검 4. 전력 변환 및 구동장치 이상 부품 교환
			3. 그 밖의 친환경자동차	1. 바이오 디젤 2. 석탄액화가스, 수소 및 지열에너지 3.. 재생에너지, 바이오매스, 태양에너지

출제기준(필기)

| 직무분야 | 기계 | | 중직무분야 | 자동차 |
| 자격종목 | 자동차정비산업기사 | | 적용기간 | 2022.1.1 ~ 2024.12.31 |

직무내용: 자동차의 엔진, 섀시, 전기·전자장치, 친환경 자동차 등의 결함이나 고장부위를 진단, 정비, 검사하고 관리하는 직무이다.

수행준거

1. 각 네트워크 통신장치의 특성을 이해하고, 전자제어 모듈간의 원활한 통신을 위하여 통신과 관련된 배선 및 장치를 점검·진단 및 수리, 교환, 검사하는 능력이다.
2. 가솔린 전자제어장치의 엔진 컨트롤 모듈을 진단장비의 서비스데이터·관련 측정 장비로 점검, 진단, 조정, 수리, 교환하는 능력이다.
3. 엔진 컨트롤 모듈에 입력되는 센서들과 출력되는 제어장치의 서비스 데이터를 점검·진단하여 조정, 수리, 교환하는 능력이다.
4. 진단장비의 서비스 데이터 및 배출가스 수치를 상호 비교분석하여 엔진연소상태와 배출가스정화장치의 작동여부 및 촉매의 이상 유무를 점검, 조정, 교환, 수리하는 능력이다
5. 자동변속기의 오일 점검과 변속상태와 소음, 충격, 슬립 여부를 점검하고 액추에이터의 작동상태와 제어장치를 진단 및 측정 장비로 점검하여 문제의 부분을 조정, 수리 교환하는 능력이다.
6. 오일의 누유, 차체의 기울어짐, 차고와 승차감, 소음을 분석하여 문제의 부분을 수리, 교환할 수 있는 능력이다.
7. 각종 센서 및 입력값과 규정값을 상호 비교 분석하여 컨트롤 모듈의 정상작동 여부를 점검하여 에어펌프 및 스탭모터의 작동상태를 확인하여 누유 및 배선수리 및 부품을 교환하는 능력이다
8. 오일의 양과 상태, 누유, 압력, 소음, 벨트의 상태를 점검하고, 각종 센서의 입력값과 규정값을 상호 비교 분석, 컨트롤 모듈의 정상작동 여부를 점검하여 센서 및 배선의 수리와 부품을 교환할 수 있으며, 작동 중 핸들링을 비교 분석하여 문제의 부분을 수리하는 능력이다.
9. 전자제어식 제동장치 관련 부품을 포함한 각종 센서의 데이터값을 분석하여 컨트롤 모듈의 정상작동 여부, 공압식 에어라인의 압력을 점검하고 누설상태 및 작동상태에 따른 관련 부품을 수리 및 교환하는 능력이다.
10. 각종 편의장치의 정상적인 작동을 위하여 진단장비를 활용하여 전원 및 컨트롤 모듈을 점검·진단하고 규정값에 맞게 조정, 수리, 교환하는 능력이다.
11. 실내적정온도를 유지하기 위하여 흡입 및 토출압력을 측정하고 각 센서의 데이터값과 액추에이터의 작동 여부를 점검·진단 후 냉·난방장치를 수리, 교환, 검사하는 능력이다.

| 실기검정방법 | 작업형 | | 시험시간 | 5시간 30분 정도 |

실기과목명	주요항목	세부항목	세세항목
자동차정비 실무	1. 네트워크통신장치 정비	1. 네트워크통신장치 점검·진단하기	1. 정비지침서에 따라 통신별 장치·네트워크 특성·작동상태를 파악할 수 있다. 2. 정비지침서에 따라 네트워크 통신장치를 점검·진단할 수 있다. 3. 정비지침서에 따라 세부점검 목록을 확인하여 고장원인을 파악할 수 있다. 4. 정비지침서에 따라 진단장비를 사용하여 고장원인을 분석할 수 있다.
		2. 네트워크통신장치 수리하기	1. 네트워크 회로도에 따라 통신의 흐름을 파악하여 수리할 수 있다. 2. 정비지침서에 따라 단선·단락에 따른 배선의 결선작업을 수리할 수 있다. 3. 정비지침서에 따른 진단장비를 활용하여 네트워크 통신장치를 수리할 수 있다.
		3. 네트워크통신장치 교환하기	1. 관련 부품들의 점검·진단결과에 따라 부품 교환 여부를 결정할 수 있다. 2. 정비지침서에 따라 탈거·조립절차 계획을 수립하여 장비·공구를 준비할 수 있다. 3. 정비지침서에 따라 이상 부품들의 단품을 교환할 수 있다.
		4. 네트워크통신장치 검사하기	1. 정비지침서에 따라 진단장비를 활용하여 장치를 검사할 수 있다. 2. 정비지침서에 따라 진단장비를 활용하여 양·부를 판정할 수 있다. 3. 정비지침서에 따라 네트워크통신장치 작동상태를 확인할 수 있다.
	2. 가솔린 전자제어장치 정비	1. 가솔린 전자제어장치 점검·진단하기	1. 안전작업절차에 따라 전자제어장치 점검을 할 수 있다. 2. 차종에 따른 전자제어장치를 이해하고 작동상태를 파악할 수 있다. 3. 안전작업절차에 따라 전자제어장치의 세부점검목록을 확인하여 고장원인을 파악하고 점검 진단할 수 있다.
		2. 가솔린 전자제어장치 조정하기	1. 가솔린 전자제어장치의 정비지침서에 따라 가솔린 전자제어장치 규정값 범위가 되도록 조정할 수 있다.

실기과목명	주요항목	세부항목	세세항목
			2. 정비지침서에 따라 가솔린 전자제어장치 관련 단품의 규정값 범위가 되도록 진단장비로 조정할 수 있다.
		3. 가솔린 전자제어장치 수리하기	1. 정비지침서에 따라 가솔린 전자제어장치의 전기흐름을 파악하여 수리할 수 있다.
			2. 정비지침서에 따라 수리가능 여부를 판단하여 수리 부품을 확인할 수 있다.
			3. 가솔린 전자제어장치에 관련된 진단내용에 따라 가솔린 전자제어장치를 수리할 수 있다.
		4. 가솔린 전자제어장치 교환하기	1. 정비지침서에 따라 가솔린 전자제어장치 관련 부품의 위치를 파악할 수 있다.
			2. 정비지침서에 따라 진단장비를 활용하여 부품을 판독할 수 있다.
			3. 정비지침서에 따라 가솔린 전자제어장치 관련 부품을 탈부착 순서에 맞게 교환할 수 있다.
		5. 가솔린 전자제어장치 검사하기	1. 정비지침서에 따라 가솔린 전자제어장치 관련 단품을 검사하여 이상 유무를 판독할 수 있다.
			2. 정비지침서에 따라 작업 후 가솔린 전자제어장치의 성능상태에 대한 검사를 수행할 수 있다.
			3. 시운전과 진단장비를 활용하여 가솔린 전자제어장치의 이상유무를 검사할 수 있다.
	3. 디젤 전자제어장치 정비	1. 디젤 전자제어장치 점검·진단하기	1. 안전작업절차에 따라 디젤 전자제어장치를 점검하여 고장원인을 파악할 수 있다.
			2. 진단장비를 이용하여 관련 부품·배선을 점검하고 이상 유무를 판독할 수 있다.
			3. 정비지침서에 따라 전자제어장치의 작동상태를 파악할 수 있다.
		2. 디젤 전자제어장치 조정하기	1. 정비지침서에 따라 디젤 전자제어장치 관련 부품의 조정을 위해 관련 장비를 선택할 수 있다.
			2. 디젤 차종에 따라 조정 부품들의 규정값을 확인하여 초기설정 범위값을 조정할 수 있다.
			3. 디젤 차종에 따라 조정 부품들을 준비할 수 있다.
		3. 디젤 전자제어장치 수리하기	1. 정비지침서에 따라 디젤 전자제어장치 관련 회로도를 분석할 수 있다.

실기과목명	주요항목	세부항목	세세항목
			2. 정비지침서에 따라 디젤 전자제어장치 진단장비를 활용하여 수리할 수 있다. 3. 정비지침서에 따라 디젤 전자제어시스템을 점검하여 수리할 수 있다.
		4. 디젤 전자제어장치 교환하기	1. 정비지침서에 따라 분해·조립 계획을 수립하여 장비·공구를 준비할 수 있다. 2. 디젤 전자제어 관련 부품들의 점검·진단결과에 따라 이상유무를 확인할 수 있다. 3. 정비지침서에 따라 디젤 전자제어장치 관련 부품을 교환할 수 있다.
		5. 디젤 전자제어장치 검사하기	1. 정비지침서에 따라 디젤 전자제어장치 관련 단품을 검사할 수 있다. 2. 디젤 전자제어장치 작동상태·장치 성능 검사절차에 따라 검사를 할 수 있다. 3. 정비지침서에 따라 작업 후 결과를 검사하여 정상작동상태를 확인할 수 있다.
	4. 배출가스장치 정비	1. 배출가스장치 점검·진단하기	1. 정비지침서에 따라 배출가스장치를 숙지하여 배출가스 관련 장치의 작동상태를 파악할 수 있다. 2. 정비지침서에 따라 배출가스장치의 세부점검목록을 확인하여 고장원인을 파악할 수 있다. 3. 정비지침서에 따라 진단장비를 사용하여 고장원인을 분석할 수 있다.
		2. 배출가스장치 조정하기	1. 차종에 따라 배출가스의 분석을 통해 규정값을 확인하여 초기설정 범위값으로 조정할 수 있다. 2. 정비지침서에 따라 진단장비를 활용하여 배출가스장치를 조정할 수 있다. 3. 정비지침서에 따라 배출가스 분석을 통해 관련 부품을 조정할 수 있다.
		3. 배출가스장치 수리하기	1. 정비지침서에 따라 전자제어시스템을 분석하여 수리할 수 있다. 2. 정비지침서에 따라 교환·수리가능 여부를 판단하여 수리 부품을 확인할 수 있다. 3. 정비지침서에 따라 배출가스장치에 관련된 부품을 수리할 수 있다.

실기과목명	주요항목	세부항목	세세항목
		4. 배출가스장치 교환하기	1. 정비지침서에 따라 분해·조립 계획을 수립하여 관련된 지식을 바탕으로 공구를 준비할 수 있다. 2. 정비지침서에 따라 배출가스 관련 부품을 교환할 수 있다.
		5. 배출가스장치 검사하기	1. 정비지침서에 따라 진단장비를 이용하여 배출가스 장치를 검사하고 판단할 수 있다. 2. 정비지침서에 따라 배출가스장치 검사를 통해 고장 요소를 분석할 수 있다. 3. 정비지침서에 따라 작업 후 배출가스장치의 작동 상태·성능에 대한 검사를 수행할 수 있다.
	5. 자동변속기 정비	1. 자동변속기 점검·진단하기	1. 정비지침서에 따라 자동변속기를 점검 및 진단하여 작동상태를 확인할 수 있다. 2. 정비지침서에 따라 자동변속기 장치의 세부점검 목록을 확인하여 고장원인을 파악할 수 있다. 3. 정비지침서에 따라 자동변속기의 오일상태와 유압을 확인하여 진단할 수 있다.
		2. 자동변속기 조정하기	1. 정비지침서에 따라 자동변속기의 고장목록을 확인하여 조정내용을 파악할 수 있다. 2. 정비지침서에 따라 자동변속기의 조정 부품·오일 압력을 확인하여 규정값으로 조정할 수 있다. 3. 정비지침서에 따라 자동변속기 관련 부품의 조정을 위해 장비를 선택하여 사용할 수 있다.
		3. 자동변속기 수리하기	1. 정비지침서에 따라 교환·수리 가능여부를 판단하여 수리 부품을 확인할 수 있다. 2. 자동변속기 장치에 관련된 진단내용에 따라 자동변속기를 수리할 수 있다. 3. 안전작업 절차에 따라 자동변속기를 수리할 수 있다.
		4. 자동변속기 교환하기	1. 자동변속기 장치 관련 부품들의 점검·진단결과에 따라 자동변속기 교환 부품을 확인할 수 있다. 2. 정비지침서에 따라 탈부착절차 계획을 수립하여 장비 및 공구를 준비할 수 있다. 3. 정비지침서에 따라 자동변속기 장치의 교환 목록을 확인하여 작업을 수행할 수 있다.

실기과목명	주요항목	세부항목	세세항목
		5. 자동변속기 검사하기	1. 정비지침서에 따라 자동변속기의 세부점검목록을 확인하여 검사할 수 있다. 2. 정비지침서에 따라 진단장비를 사용하여 자동변속기를 검사할 수 있다. 3. 정비지침서에 따라 자동변속기장치 작업 후 검사할 수 있다.
	6. 유압식 현가장치 정비	1. 유압식 현가장치 점검 · 진단하기	1. 정비지침서에 따라 유압식 현가장치를 파악하고 관련 장치의 작동상태를 확인할 수 있다. 2. 정비지침서에 따라 유압식 현가장치를 점검할 수 있다. 3. 정비지침서에 따라 유압식 현가장치의 세부점검목록을 확인하여 고장원인을 파악할 수 있다.
		2. 유압식 현가장치 교환하기	1. 유압식 현가장치 관련 부품들의 점검 · 진단결과에 따라 유압식 교환 부품을 확인할 수 있다. 2. 정비지침서에 따라 탈부착 순서를 파악하고 장비 및 공구를 준비할 수 있다. 3. 정비지침서에 따라 유압식 현가장치의 교환 목록을 확인하여 교환작업을 수행할 수 있다.
		3. 유압식 현가장치 검사하기	1. 정비지침서에 따라 작업 후 유압식 현가장치의 작동상태 및 성능을 검사할 수 있다. 2. 유압식 현가장치에 관련된 진단내용에 따라 유압식 현가장치를 수리할 수 있다. 3. 정비지침서에 따라 유압식 현가장치를 점검할 수 있다.
	7. 전자제어 현가장치 정비	1. 전자제어 현가장치 점검 · 진단하기	1. 정비지침서에 따라 전자제어 현가장치를 파악하고 관련 장치의 작동상태를 확인할 수 있다. 2. 정비지침서에 따라 전자제어 현가장치를 점검할 수 있다. 3. 정비지침서에 따라 전자제어 현가장치의 세부점검목록을 확인하여 고장원인을 파악할 수 있다.
		2. 전자제어 현가장치 조정하기	1. 정비지침서에 따라 조정 부품의 규정값을 확인하여 조정할 수 있다. 2. 정비지침서에 따라 전자제어 현가장치 관련 부품의 조정을 위한 관련 장비를 선택하여 사용할 수 있다.

실기과목명	주요항목	세부항목	세세항목
			3. 정비지침서에 따라 전자제어 현가장치를 조정하여 정상 상태 여부를 판단할 수 있다.
		3. 전자제어 현가장치 수리하기	1. 전자제어 현가장치 구성 회로도를 분석하여 수리할 수 있다.
			2. 정비지침서에 따라 교환·수리 가능 여부를 확인할 수 있다.
			3. 전자제어 현가장치에 관련된 진단내용에 따라 전자제어 현가장치를 수리할 수 있다.
		4. 전자제어 현가장치 교환하기	1. 전자제어 현가장치 관련 부품들의 점검·진단결과에 따라 교환 부품을 확인할 수 있다.
			2. 정비지침서에 따라 탈부착 계획을 수립하여 장비 및 공구를 준비할 수 있다.
			3. 정비지침서에 따라 준비된 장비 및 공구를 이용하여 전자제어 현가장치 구성 부품을 교환할 수 있다.
		5. 전자제어 현가장치 검사하기	1. 정비지침서에 따라 작업 후 전자제어 현가장치의 작동상태, 장치 성능을 검사할 수 있다.
			2. 정비지침서에 따라 측정 공구와 진단장비를 사용하여 전자제어 현가장치를 검사할 수 있다.
			3. 정비지침서에 따라 전자제어 현가장치 장치 작업 후 검사를 수행할 수 있다.
	8. 전자제어 조향장치 정비	1. 전자제어 조향장치 점검·진단하기	1. 정비지침서에 따라 전자제어 조향장치를 파악하고 관련 장치의 작동상태를 확인할 수 있다.
			2. 정비지침서에 따라 전자제어 조향장치를 점검할 수 있다.
			3. 정비지침서에 따라 전자제어 조향장치의 세부점검 목록을 확인하여 고장원인을 파악할 수 있다.
		2. 전자제어 조향장치 조정하기	1. 차종에 따라 부품을 확인하고 규정값으로 조정할 수 있다.
			2. 정비지침서에 따라 전자제어 조향장치 관련 부품의 조정을 위해 관련 장비를 선택하여 사용할 수 있다.
			3. 정비지침서에 따라 전자제어 조향장치의 목록을 확인하여 조정내용을 파악할 수 있다.
		3. 전자제어 조향장치 수리하기	1. 전자제어 조향장치에 관한 구성 회로도를 분석하여

실기과목명	주요항목	세부항목	세세항목
			수리할 수 있다.
			2. 정비지침서에 따라 교환·수리가능 여부를 판단하여 수리 부품을 확인할 수 있다.
			3. 전자제어 조향장치에 관련된 진단내용에 따라 전자제어 조향장치를 수리할 수 있다.
		4. 전자제어 조향장치 교환하기	1. 정비지침서에 따라 탈부착 계획을 수립하여 장비 및 공구를 준비할 수 있다.
			2. 전자제어 조향장치 관련 부품들의 점검·진단 결과에 따라 전자제어 조향장치를 교환할 수 있다.
			3. 정비지침서에 따라 전자제어 조향장치의 교환목록을 확인하여 교환할 수 있다.
		5. 전자제어 조향장치 검사하기	1. 정비지침서에 따라 작업 후 전자제어 조향장치의 작동상태장치를 검사할 수 있다.
			2. 정비지침서에 따라 고장진단장비를 사용하여 검사할 수 있다.
			3. 정비지침서에 따라 전자제어 조향장치 장치 작업 후 검사를 할 수 있다.
	9. 전자제어 제동장치 정비	1. 전자제어 제동장치 점검·진단하기	1. 정비지침서에 따라 전자제어 제동장치를 파악하고 관련 장치의 작동상태를 확인할 수 있다.
			2. 정비지침서에 따라 전자제어 제동장치를 점검할 수 있다.
			3. 정비지침서에 따라 전자제어 제동장치의 고장원인을 파악할 수 있다.
			4. 정비지침서에 따라 전자제어 제동장치의 고장원인을 분석할 수 있다.
		2. 전자제어 제동장치 조정하기	1. 정비지침서에 따라 전자제어·제동장치의 조정목록을 확인하여 조정내용을 파악할 수 있다.
			2. 정비지침서에 따라 조정 부품의 규정값을 확인하여 조정할 수 있다.
			3. 정비지침서에 따라 전자제어·제동장치 부품의 조정을 위해 관련 장비를 선택하여 사용할 수 있다.
		3. 전자제어·제동장치 수리하기	1. 정비지침서에 따라 교환·수리 가능여부를 판단하여 수리 부품을 확인할 수 있다.
			2. 전자제어 제동장치에 관련된 진단내용에 따라 전자

실기과목명	주요항목	세부항목	세세항목
			제어 제동장치를 수리할 수 있다. 3. 정비지침서에 따라 전자제어 제동장치를 점검할 수 있다.
		4. 전자제어·제동장치 교환하기	1. 정비지침서에 따라 탈부착 계획을 수립하여 관련된 지식을 바탕으로 장비 및 공구를 준비할 수 있다. 2. 전자제어 제동장치 관련 부품들의 점검·진단 결과에 따라 부품을 교환할 수 있다. 3. 정비지침서에 따라 전자제어 제동장치의 교환목록을 확인하여 교환할 수 있다.
		5. 전자제어·제동장치 검사하기	1. 정비지침서에 따라 작업 후 전자제어 제동장치의 작동상태를 검사할 수 있다. 2. 정비지침서에 따라 전자제어 제동장치의 고장진단 장비를 사용하여 검사할 수 있다. 3. 정비지침서에 따라 전자제어 제동장치를 검사할 수 있다.
	10. 편의장치 정비	1. 편의장치 점검진단하기	1. 정비지침서에 따라 편의장치를 점검진단할 수 있다. 2. 정비지침서에 따라 편의장치의 회로를 점검하여 고장원인을 분석할 수 있다. 3. 정비지침서에 따라 진단장비를 사용하여 편의장치의 고장원인을 판단할 수 있다.
		2. 편의장치 조정하기	1. 정비지침서에 따라 편의장치를 선택할 수 있다. 2. 정비지침서에 따라 편의장치를 규정값으로 조정할 수 있다. 3. 정비지침서에 따라 조정 후 정상 작동상태를 확인할 수 있다.
		3. 편의장치 수리하기	1. 정비지침서에 따라 편의장치 회로도를 분석하여 고장요소를 수리할 수 있다. 2. 정비지침서에 따라 편의장치를 수리할 수 있다. 3. 정비지침서에 따라 편의장치를 수리하여 정상으로 작동되는지 확인할 수 있다.
		4. 편의장치 교환하기	1. 부품들의 점검진단 결과에 따라 교환 부품을 선정할 수 있다. 2. 정비지침서에 따라 편의장치의 탈가조립절차 계획을 수립할 수 있다.

실기과목명	주요항목	세부항목	세세항목
		5. 편의장치 검사하기	3. 편의장치 관련 부품들의 점검진단결과에 따라 부품을 교환할 수 있다. 1. 정비지침서에 따른 작업결과에 대하여 진단장비를 이용하여 편의장치를 검사하고 이상유무를 판단할 수 있다. 2. 정비지침서에 따라 편의장치의 성능에 대한 검사를 할 수 있다. 3. 정비지침서에 따라 검사 후 진단수리 절차를 계획할 수 있다.
	11. 냉난방장치 정비	1. 냉난방장치 점검진단하기	1. 정비지침서에 따라 냉난방장치를 점검·진단하여 이상유무를 판단할 수 있다. 2. 정비지침서에 따라 진단장비를 사용하여 냉난방장치의 고장원인을 판단할 수 있다. 3. 정비지침서에 따라 냉난방장치의 고장원인에 대한 작업계획을 세울 수 있다.
		2. 냉난방장치 수리하기	1. 정비지침서에 따라 냉난방장치를 분석할 수 있다. 2. 정비지침서에 따라 냉난방장치를 정상상태로 수리할 수 있다. 3. 정비지침서에 따라 교환수리 후 정상 작동 상태를 확인할 수 있다.
		3. 냉난방장치 교환하기	1. 정비지침서에 따라 진단장비를 사용하여 교환 여부를 판단할 수 있다. 2. 탈거조립절차 계획을 수립하여 장바공구를 준비할 수 있다. 3. 정비지침서에 따라 냉난방장치를 교환할 수 있다.
		4. 냉난방장치 검사하기	1. 정비지침서에 따라 수리 후 냉난방장치를 검사하여 작동상태를 확인할 수 있다. 2. 정비지침서에 따라 냉난방장치의 성능에 대한 검사를 할 수 있다. 3. 정비지침서에 따라 냉난방장치에 대한 검사 후결과를 보고할 수 있다.
	12. 하이브리드 고전압 장치 정비	1. 하이브리드 전기장치 점검진단하기	1. 정비지침서에 따라 하이브리드 전기장치작동상태를 파악할 수 있다.

실기과목명	주요항목	세부항목	세세항목
			2. 정비지침서에 따라 세부점검목록 확안진단장비를 사용하여 고장원인을 파악할 수 있다. 3. 정비지침서에 따라 정비 시 위험성을 인지하고 안전장비를 착용하고 작업을 수행할 수 있다.
		2. 하이브리드 전기장치 수리하기	1. 전기회로도에 따라 하이브리드 전기장치를 파악하여 수리할 수 있다. 2. 정비지침서에 따라 수리 가능 여부를 판단하여 고장 부품을 수리할 수 있다. 3. 정비지침서에 따라 하이브리드 차량 수리 안전수칙을 준수하여 작업을 실시할 수 있다.
		3. 하이브리드 전기장치 교환하기	1. 전기자동차의 전기 관련 부품들의 점검진단결과에 따라 부품교환 여부를 결정할 수 있다. 2. 정비지침서에 따라 탈거조립절차 계획을 수립하고 장비공구를 준비할 수 있다. 3. 정비지침서에 따라 이상 부품을 교환할 수 있다. 4. 정비지침서에 따라 안전수칙을 준수하면서 작업을 실시할 수 있다.
		4. 하이브리드 전기장치 검사하기	1. 정비지침서에 따라 진단장비를 활용하여 장치를 검사할 수 있다. 2. 정비지침서에 따라 진단장비를 활용하여 양부를 판정할 수 있다. 3. 정비지침서에 따라 안전장비를 착용하여 정상적인 작동을 검사할 수 있다.
	13. 전기자동차 정비	1. 전기자동차 고전압 배터리 정비하기	1. 정비지침서에 따라 고전압 위험성을 인지하고 안전장비를 착용하여 작업할 수 있다. 2. 정비지침서에 따라 고전압을 차단하고 안전하게 작업할 수 있다. 3. 고전압 배터리 구성 부품의 종류를 이해하고 작동상태를 설명할 수 있다. 4. 고전압 배터리 작동원리를 이해하고, 정비지침서에 따라 진단할 수 있다. 5. 정비지침서에 따라 고전압 배터리 구성부품을 교환할 수 있다. 6. 정비지침서에 따라 진단장비를 활용하여 고전압 배터리 구성 부품을 검사할 수 있다.

실기과목명	주요항목	세부항목	세세항목
		2. 전기자동차 전력통합제어 장치 정비하기	1. 전력통합제어장치 구성 부품의 종류를 이해하고 작동상태를 설명할 수 있다. 2. 전력통합제어장치의 작동원리를 이해하고 정비지침서에 따라 진단할 수 있다. 3. 정비지침서에 따라 전력통합제어장치의 구성 부품을 교환할 수 있다. 4. 정비지침서에 따라 진단장비를 활용하여 전력통합제어장치 구성 부품을 검사할 수 있다.
		3. 전기자동차 구동장치 정비하기	1. 구동장치 구성 부품의 종류를 이해하고 작동상태를 설명할 수 있다. 2. 구동장치의 작동원리를 이해하고 정비지침서에 따라 진단할 수 있다. 3. 정비지침서에 따라 구동장치의 구성 부품을 교환할 수 있다. 4. 정비지침서에 따라 진단장비를 활용하여 구동장치의 구성부품을 검사할 수 있다.
		4. 전기자동차 편의안전장치 정비하기	1. 편의안전장치 구성 부품의 종류를 이해하고 작동상태를 설명할 수 있다. 2. 편의안전장치의 작동원리를 이해하고 정비지침서에 따라 진단할 수 있다. 3. 정비지침서에 따라 편의안전장치의 구성 부품을 교환할 수 있다. 4. 정비지침서에 따라 진단장비를 활용하여 편의안전장치의 구성 부품을 검사할 수 있다.
	14. 수소연료전지차 정비	1. 수소 공급장치 정비하기	1. 수소 충전장치의 작동원리를 파악할 수 있다. 2. 수소 고압용기의 누기 상태를 점검할 수 있다. 3. 수소 공급 감압장치를 점검할 수 있다. 4. 수소 감압라인 이상 부품을 점검교환할 수 있다.
		2. 수소 구동장치 정비하기	1. 스택 전기 생성의 작동원리를 파악할 수 있다. 2. 전력 생성 및 고전압 발생 경로를 파악할 수 있다. 3. 전력 변환 및 구동장치를 점검하고 이상 부품을 교환할 수 있다.

Chapter 1 엔진 공학

01 엔진의 성능 및 효율

1 엔진의 정의

연료를 연소시키거나 다른 어떤 열원에 의하여 받은 열에너지(heat energy)를 기계적 에너지(mechanical energy)로 변화시켜 동력을 발생시키는 원동기를 총칭하여 열엔진(heat engine)이라고 한다.

(1) 내연엔진

내연엔진은 실린더 내에서 공기와 혼합된 연료를 폭발적으로 연소시켜 피스톤의 왕복운동으로 동력을 발생하는 열엔진을 말한다.

(2) 외연엔진

외연엔진은 내연엔진과 반대로 연료의 연소가 엔진 실린더 밖에서 이루어지며 증기엔진이 한 예이다.

2 엔진의 분류

(1) 기계학적 사이클에 의한 분류

① 4행정 사이클 엔진(4stroke cycle engine)

4행정 사이클 엔진은 크랭크축이 2회전하고, 피스톤은 흡입·압축·폭발 및 배기의 4행정(4stroke)을 하여 1사이클(1cycle)을 완성한다. 작동과정은 다음과 같다.

㉮ 흡입행정(intake stroke) : 크랭크축의 회전에 의해 피스톤이 상사점(TDC)에서 하사점(BDC)으로

내려감에 따라 연소실 체적이 늘어나고, 연소실 내부가 부압으로 되어 혼합기나 공기가 실린더 내로 유입된다.

㉯ 압축행정(compression stroke) : 크랭크축이 180° 회전해서 피스톤이 가장 낮은 위치인 하사점 부근에 도달하면 흡기밸브와 배기밸브는 닫히고, 피스톤은 상승하여 흡기된 혼합기나 공기를 단열적으로 압축한다. 혼합기나 공기는 이 압축작용으로 인하여 온도와 압력이 올라간다.

㉰ 폭발(동력)행정(power stroke) : 실린더 내의 압력을 상승시켜 피스톤에 내려 미는 힘을 가하여 커넥팅로드를 거쳐 크랭크축을 회전 운동시킴으로 동력을 얻는다. 피스톤은 상사점에서 하사점으로 내려가고, 흡입과 배기밸브는 모두 닫혀 있고 크랭크축은 540° 회전한다.

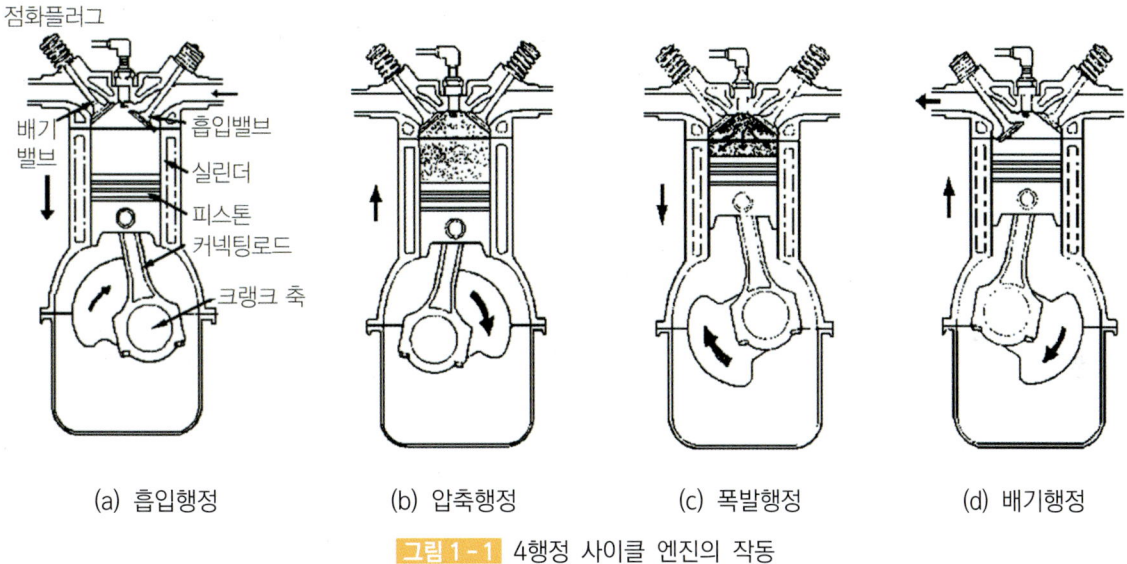

(a) 흡입행정   (b) 압축행정   (c) 폭발행정   (d) 배기행정

그림 1-1 4행정 사이클 엔진의 작동

㉱ 배기행정(exhaust stroke) : 폭발행정의 말기, 피스톤이 하사점에 왔을 때 실린더 내의 가스는 아직 상당한 온도, 압력을 가지고 있으나, 더 이상 이것을 이용할 수 없기 때문에 실린더 내에 압력이 남아있는 상태로 배기밸브를 열어 연소가스를 실린더 밖으로 배출시킨다.

② 2행정 사이클 엔진(2stroke cycle engine)

2행정 사이클 엔진은 크랭크축 1회전으로 1사이클을 완료하는 것으로 흡입과 배기를 위한 독립된 행정이 없다. 또 피스톤 상하운동 중에 흡입과 배기구멍을 피스톤으로 개폐하여 흡입과 배기행정을 실행한다.

(2) 점화 방식에 의한 분류

① 전기 점화 방식 엔진

이 엔진은 압축된 혼합가스에 점화플러그에서 높은 압력의 전기 불꽃을 방전시켜 점화 연소시키는 방식이며, 가솔린엔진·LPG엔진의 점화 방식이다.

② 압축 착화 방식 엔진(자기 착화 방식 엔진)

이 엔진은 공기만을 흡입하고 고온·고압으로 압축한 후 고압의 연료(경유)를 미세한 안개 모양으로 분사시켜 자기 착화시키는 방식이며, 디젤엔진의 점화 방식이다.

(3) 열역학적 사이클에 의한 분류

① 가솔린엔진의 사이클을 공기표준 사이클로 간주하기 위한 가정

㉮ 동작유체는 이상기체이다.
㉯ 비열은 온도에 따라 변화하지 않는 것으로 본다.
㉰ 압축행정과 팽창행정의 단열지수는 같다.
㉱ 사이클과정을 하는 동작물질의 양은 일정하다.
㉲ 각 과정은 가역사이클이다.
㉳ 압축 및 팽창과정은 등엔트로피(단열)과정이다.
㉴ 높은 열원에서 열을 받아 낮은 열원으로 방출한다.
㉵ 연소 중 열해리 현상은 일어나지 않는다.

② 오토사이클(정적 사이클)

가솔린엔진의 기본 사이클이며, 일정한 체적에서 연소가 이루어지므로 정적 사이클이라고도 한다. 이 사이클의 이론 열효율은 다음과 같다.

$$\eta_o = 1 - \left(\frac{1}{\epsilon}\right)^{k-1}$$

η_o : 오토사이클의 이론 열효율
ϵ : 압축비
k : 비열비(정압비열/정적비열)

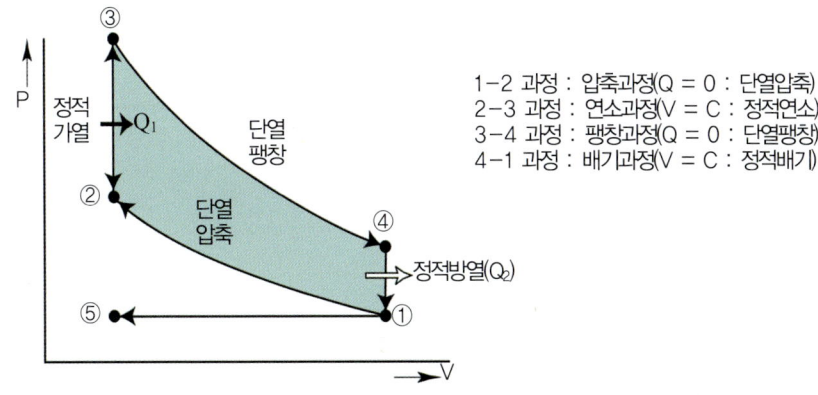

그림 1-2 오토사이클의 지압(P-V) 선도

③ 디젤사이클(정압 사이클)

저속·중속 디젤엔진의 기본 사이클이며, 일정한 압력에서 연소가 이루어지므로 정압 사이클이라고도 한다. 이 사이클의 이론 열효율은 다음과 같다.

$$\eta_d = 1 - \left(\frac{1}{\epsilon}\right)^{k-1} \frac{\rho^k - 1}{k(\rho - 1)}$$

ρ : 단절비(정압 팽창비)

④ 사바테사이클(복합 사이클)

고속 디젤엔진의 기본 사이클이며, 열공급은 정적과 정압에서 이루어지므로 복합 또는 혼합 사이클이라고도 한다. 이 사이클의 이론 열효율은 다음과 같다.

$$\eta_s = 1 - \left(\frac{1}{\epsilon}\right)^{k-1} \frac{\alpha \delta^k - 1}{(\alpha - 1) + k\alpha(\delta - 1)}$$

α : 폭발비(압력비)

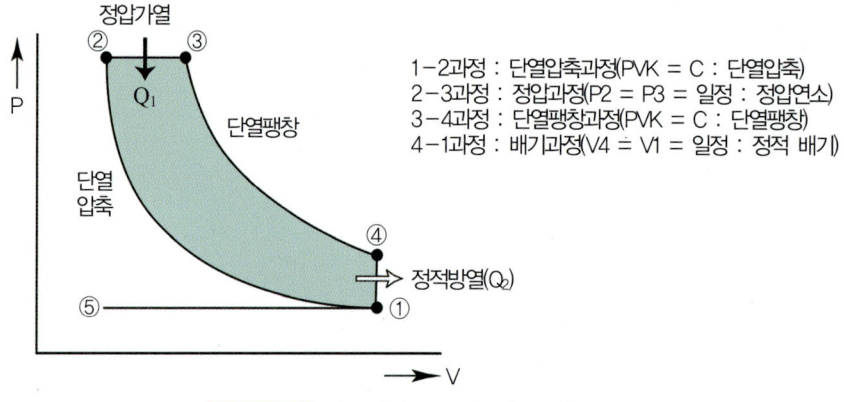

그림 1-3 디젤사이클의 지압(P-V) 선도

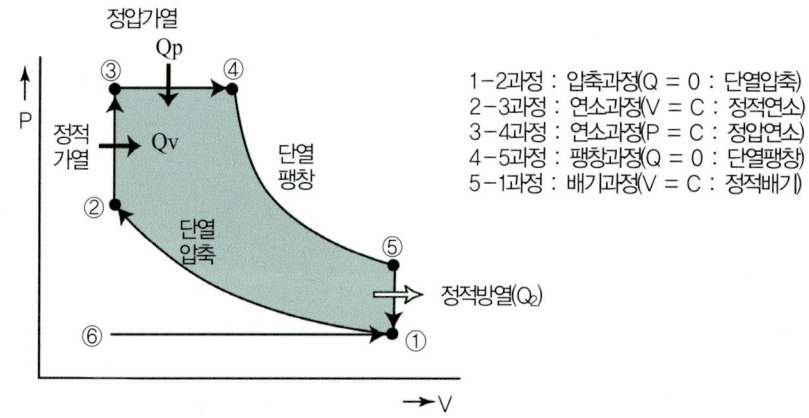

그림 1-4 사바테사이클의 지압(P-V) 선도

공급열량(가열량)과 압축비가 같을 경우 이들 이론 열효율의 관계는 오토사이클 > 사바테사이클 > 디젤사이클 순서이다.

(4) 실린더 안지름과 행정비율에 의한 분류

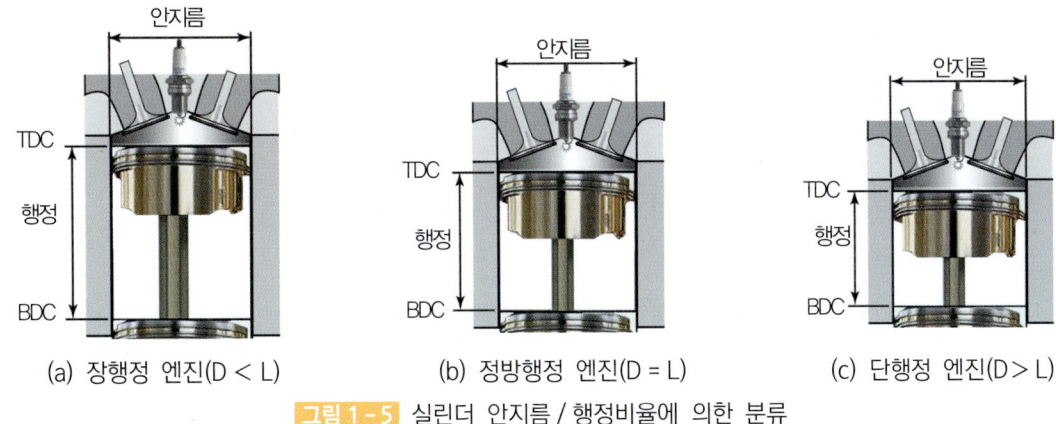

(a) 장행정 엔진(D < L)   (b) 정방행정 엔진(D = L)   (c) 단행정 엔진(D > L)

그림 1-5 실린더 안지름 / 행정비율에 의한 분류

① 장행정 엔진(under square engine)

장행정 엔진은 실린더 안지름(D)보다 피스톤 행정(L)이 큰 형식이다.

② 정방형 엔진(square engine)

정방형 엔진은 실린더 안지름(D)과 피스톤 행정(L)의 크기가 똑같은 형식이다.

③ 단행정 엔진(over square engine)

단행정 엔진은 실린더 안지름(D)이 피스톤 행정(L)보다 큰 형식이며, 다음과 같은 특징이 있다.

㉮ 피스톤 평균속도를 올리지 않고도 회전속도를 높일 수 있으므로 단위 실린더 체적당 출력을 높일 수 있다.

㉯ 흡·배기밸브 지름을 크게 할 수 있어 체적효율을 높일 수 있다.

㉰ 직렬형에서는 엔진의 높이가 낮아지고, V형에서는 엔진의 폭이 좁아진다.

㉱ 피스톤이 과열하기 쉽고, 폭발압력이 커 엔진 베어링이 폭이 넓이야 한다.

㉲ 회전속도가 증가하면 관성력의 불평형으로 회전 부분의 진동이 커진다.

㉳ 실린더 안지름이 커 엔진의 길이가 길어진다.

(5) 실린더 배열에 의한 분류

엔진의 실린더 배열에는 모든 실린더를 일렬 수직으로 설치한 직렬형, 직렬형 실린더 2조를 V형으로 배열시킨 V형, V형 엔진을 펴서 양쪽 실린더블록이 수평면 상에 있는 수평 대향형, 실린더가 공통의 중심선에서 방사선 모양으로 배열된 성형(또는 방사형) 등이 있다.

3 왕복 피스톤 기관의 기본 작동원리

(1) 기관의 기본용어

왕복 피스톤 기관이란 연소실에서 발생한 열에너지, 즉 가스의 팽창(폭발)압력을 피스톤의 왕복운동인 기계적인 일로 변환시키는 기관을 말하며, 피스톤의 직선 왕복운동을 회전운동으로 변환시키기 위해서는 크랭크축(crank shaft) 및 커넥팅로드(connecting rod)의 기구가 필요하다.

왕복 피스톤 기관은 실린더 내에 공기와 연료의 혼합기를 흡입시킨 후 압축하여 연료를 연소시키면 고온, 고압의 연소가스가 되며, 이것이 동력발생의 기본 열에너지가 된다. 이와 같은 열에너지는 주기적으로 피스톤에 의해 기계적 일로 변환되어 크랭크축을 회전시킨다.

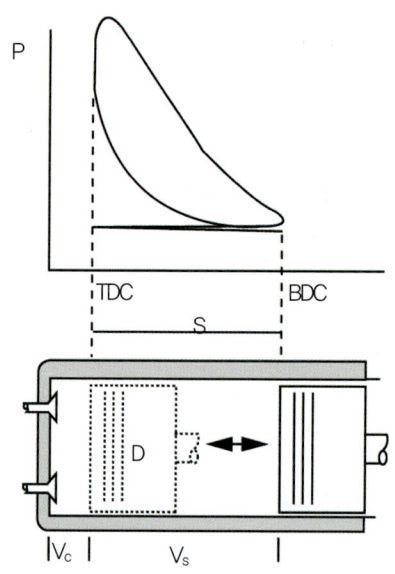

그림 1-6 왕복 피스톤 기관의 구조 및 P-V 선도

① 상사점(TDC : top dead center)

왕복 피스톤 기관에서 피스톤의 실린더 내 직선 왕복운동은 커넥팅로드에 의해 크랭크축의 회전운동으로 변환된다. 이때 피스톤의 위치가 연소실 체적이 제일 적은 위치에 있고 커넥팅로드와 크랭크 암(crank arm)이 일직선이 되어 있을 때의 지점을 상사점(TDC)이라 한다. 수평형 기관에서는 상사점을 내사점(IDC : inner dead center)이라 부르기도 한다.

※ BTDC : Before top dead center
　ATDC : After top dead center

② 하사점(BDC : bottom dead center)

왕복 피스톤 기관에서 피스톤의 위치가 연소실 체적이 제일 큰 위치에 있고 커넥팅로드와 크랭크 암이 일직선이 되어 있을 때의 지점을 하사점(BDC)이라 하며, 수평형 기관에서는 이를 외사점(ODC : outer dead center)이라 부르기도 한다.

※ BBDC : Before bottom dead center
　ABDC : After bottom dead center

③ 행정(S : stroke)

상사점과 하사점 사이의 거리를 행정(stroke)이라 하며, 피스톤이 하사점에서 상사점을 향해 이동할 때 또는 반대로 상사점에서 하사점으로 이동하는 운동을 행정(stroke)이라 한다.

④ 실린더 내경(D : cylinder bore 또는 bore)

실린더의 안지름을 말하며 피스톤 바깥지름과 피스톤 오일간극을 합한 값이다.

⑤ 실린더 수(Z)

하나의 기관을 구성하는 모든 실린더의 합이다.

⑥ 행정 체적(V_s : displaced or stroke volume)

상사점과 하사점 사이의 실린더 체적을 말하며, 피스톤이 상사점과 하사점을 이동하는 사이에 배출할 수 있는 체적(배기량 : displacement) 또는 실린더 안에 흡입할 수 있는 양이다. 즉, 실린더 단면적과 행정과의 곱으로 단위는 cc, liter, cm^3, m^3 등을 사용한다.

$$V_s = \frac{\pi}{4}D^2S$$

V_s : 행정 체적 $\qquad$ D : 실린더 내경
S : 행정

$$체적효율(\%) = \frac{실제\ 실린더에\ 흡입된\ 체적}{이론상의\ 흡입\ 체적(행정\ 체적)} \times 100$$

⑦ 총 행정 체적(V_{TS} : total stroke volume)

기관을 구성하는 각 실린더의 행정 체적의 합을 말한다. 즉, 한 실린더의 행정 체적과 실린더 수의 곱으로 표시되며 일반적으로 기관의 총배기량을 지칭한다.

$$V_{TS} = V_s \times Z = \frac{\pi}{4}D^2 \times S \times Z$$

V_{TS} : 총 행정 체적 $\qquad$ V_s : 행정 체적
Z : 실린더 수

⑧ 간극 체적(V_C : clearance volume)

피스톤이 상사점에 있을 때 실린더헤드까지의 공간 체적을 말한다.

⑨ 실린더 체적(V_{cyl} : cylinder volume)

행정 체적과 간극 체적의 합을 말한다.

$$V_{cyl} = V_S + V_C$$

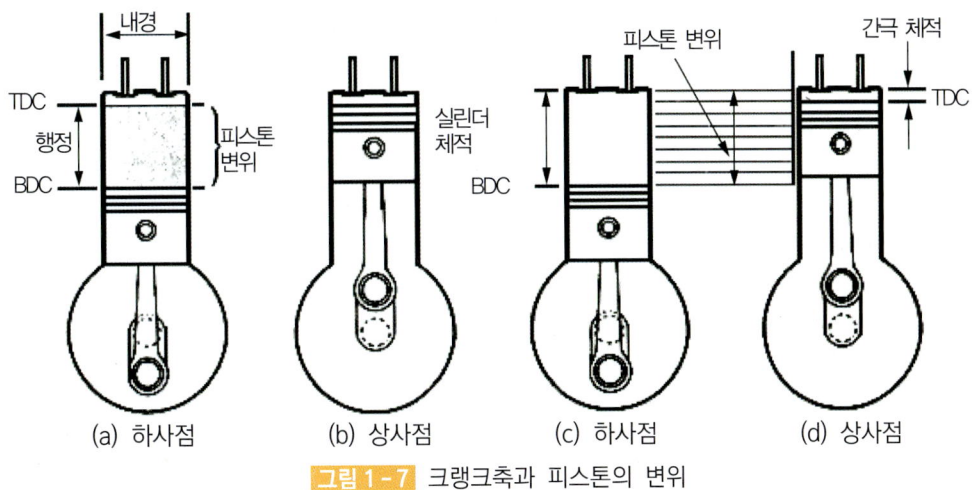

그림 1-7 크랭크축과 피스톤의 변위

⑩ **압축비(ε : compression ratio)**

실린더 체적과 간극 체적과의 비를 말한다. 불꽃점화 기관(가솔린 기관)의 압축비는 8~12, 압축점화 기관(디젤 기관)의 경우 압축비는 12~24의 범위가 일반적이다.

$$\varepsilon = V_{cyl} / V_C = (V_S + V_C) / V_C$$

압축비를 높게 하면 열효율이 양호해지므로 출력을 향상시키거나 연료소비율을 적게 할 수 있으나, 가솔린 기관에서는 노크라는 이상연소 때문에 어느 정도 이상 높일 수 없으며, 디젤 기관에서는 연소 특성상 충분히 압축비가 높기 때문에 그 이상 압축비를 높여도 효과는 적다.

⑪ **피스톤 평균속도**

기관이 회전할 때 피스톤 평균속도는 상사점과 하사점에서 0이 되고, 그 중간 부근에서 최대가 된다. 따라서 피스톤 평균속도는 이들을 평균한 것으로 나타내며, 피스톤이 각각의 위치에서의 속도를 순간속도라 한다

$$V = \frac{2Sn}{60} = \frac{Sn}{30} = \frac{Sr}{15}$$

V : 피스톤 평균속도 $\quad$ n : 기관 회전 수
S : 행정 $\quad$ r : 크랭크 반지름

02 엔진의 성능

1 이론평균 유효압력

피스톤 행정 중 실제의 압력을 그림 1-8과 같이 면적 BCDE를 면적 ABFGA로 그린 압력을 평균 유효압력이라 하며, 다음과 같이 나타낸다.

$$P_m = \frac{W_{th}}{V_B - V_A}$$

P_m : 이론평균 유효압력
W_{th} : 이론적 일량
$V_B - V_A$: 실린더의 행정체적

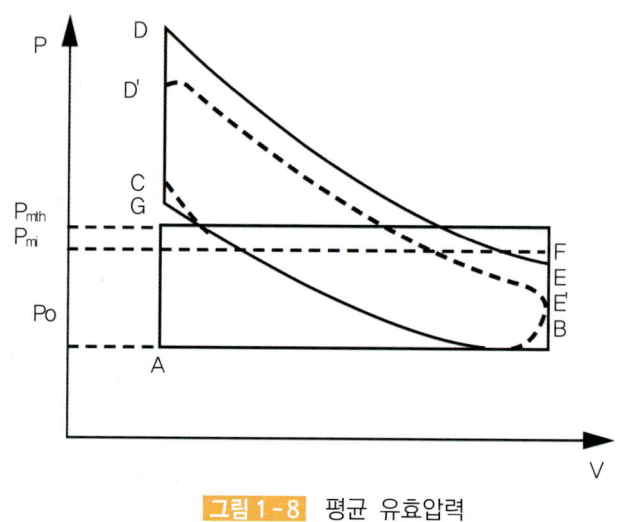

그림 1-8 평균 유효압력

2 평균 유효압력

(1) 4행정 사이클 엔진의 경우

- 지시평균 유효압력

$$P_{mi} = \frac{75 \times 60 \times 2 \times I_{PS}}{A \times L \times R \times Z}$$

- 제동평균 유효압력

$$P_{mb} = \frac{4\pi T}{V}$$

I_{PS} : 지시마력
L : 피스톤 행정(m)
Z : 실린더 수
A : 실린더의 단면적(cm²)
R : 엔진의 회전속도(rpm)
V : 총배기량(cc)

(2) 2행정 사이클 엔진의 경우

- 지시평균 유효압력

$$P_{mi} = \frac{75 \times 60 \times I_{PS}}{A \times L \times R \times Z}$$

- 제동평균 유효압력

$$P_{mb} = \frac{2\pi T}{10V}$$

3 지시마력(indicated horse power)

지시마력은 도시마력이라고도 하며, 실린더 내의 폭발압력으로부터 직접 측정한 마력이다.

- 4행정 사이클 엔진

$$I_{PS} = \frac{P_{mi} \times A \times L \times R \times Z}{2 \times 75 \times 60}$$

- 2행정 사이클 엔진

$$I_{PS} = \frac{P_{mi} \times A \times L \times R \times Z}{75 \times 60}$$

4 제동마력(축마력, 정미마력)

제동마력은 크랭크축에서 발생한 마력을 동력계로 측정한 것이며, 실제 엔진의 출력으로 이용할 수 있다.

- 마력(PS)인 경우

$$B_{PS} = \frac{TR}{716}$$

- 전력(kW)인 경우

$$B_{kW} = \frac{TR}{974}$$

03 엔진의 효율

1 열효율

열효율은 엔진에 공급된 연료가 연소하여 얻어진 열량과 이것이 실제의 동력으로 변한 열량과의 비율을 말하며, 열효율이 높은 엔진일수록 연료를 유효하게 이용한 결과가 되며, 그만큼 출력도 크다. 엔진에서 발생한 열량은 냉각, 배기, 기계마찰 등으로 빼앗겨 실제의 출력은 25~35% 정도이다. 즉, 냉각에 의한 손실 30~35%, 배기에 의한 손실 30~35%, 기계마찰에 의한 손실 6~10% 정도이다.

(1) 연료의 저위발열량 단위가 [kcal/kgf]일 때

$$\eta_B = \frac{632.3}{H_l \times fe} \times 100$$

η_B : 제동열효율
H_l : 연료의 저위발열량(kcal/kgf)
fe : 연료소비율(g/PS · h)

(2) 연료의 저위발열량 단위가 [kJ/kgf]일 때

$$\eta_B = \frac{3,600}{H_l \times fe} \times 100$$

η_B : 제동열효율
H_l : 연료의 저위발열량(kJ/kgf)
fe : 연료소비율(g/kW·h)

2 기계효율

기계효율(η_m)은 제동마력과 지시마력과의 비율로 정의한 것이다.

$$\eta_m = \frac{W_b}{W_i} = \frac{B_{PS}}{I_{PS}} = \frac{P_{mb}}{P_{mi}}$$

B_{PS} : 제동마력(또는 축마력) I_{PS} : 지시(도시)마력
P_{mb} : 제동평균 유효압력 P_{mi} : 지시평균 유효압력

3 체적효율

체적효율이란 실제로 실린더로 흡입된 공기의 양을 그때의 대기상태의 체적으로 환산하여 행정 체적으로 나눈 값이다. 엔진에서 실린더 내로 흡입된 새로운 공기의 체적은 바로 앞의 사이클에서 완전히 배출되지 못한 잔류가스의 압력이나 온도, 가열된 연소실에 의해 온도가 올라가므로 일반적으로 행정 체적보다 작은 값이 된다.

따라서 체적효율은 흡입능력의 척도로 사용되며, 실제 엔진의 흡기다기관의 절대압력, 온도를 각각 P, T로 나타내면

$$\text{체적효율}(\eta_v) = \frac{(P,T)\text{하에서 흡입된 새로운 공기}}{\text{행정 체적}} \times 100$$

$$= \frac{(P,T)\text{하에서 흡입된 새로운 공기의 무게}}{(P,T)\text{하에서 행정 체적을 차지하는 새로운 공기의 무게}} \times 100$$

Chapter 2 엔진 본체 정비

01 엔진 본체

1 실린더헤드(cylinder head)

(1) 실린더헤드의 구조

실린더헤드는 헤드개스킷(head gasket)을 사이에 두고 실린더블록에 볼트로 설치되며, 피스톤, 실린더와 함께 연소실을 형성한다. 실린더블록과 같이 고온고압의 연소가스에 직접 접촉되어 높은 가스압력과 열부하를 받고 열에 의한 온도변화가 크기 때문에 내부에는 냉각수 통로와 윤활유 통로가 있다. 재질로는 열전도가 좋고 냉각성이 좋은 알루미늄 합금재가 주로 사용된다.

(2) 실린더헤드 재질의 구비조건

① 기계적 강도가 높을 것
② 열팽창률이 작을 것
③ 열전도성이 클 것
④ 열변형에 대한 안정성이 클 것

그림 2-1 실린더헤드의 구조

(3) 연소실 설계상의 주의할 사항

① 화염전파에 요하는 시간을 가능한 한 짧게 한다.
② 가열되기 쉬운 돌출부를 두지 않는다.
③ 연소실의 표면적이 최소가 되게 한다.
④ 압축행정에서 혼합기에 와류를 일으키게 한다.

2 실린더블록(cylinder block)

실린더블록은 엔진의 기초 구조물이며, 위쪽에는 실린더헤드가 설치되어 있고, 아래 중앙부분에는 평면 베어링을 사이에 두고 크랭크축이 설치된다. 실린더블록 내부에는 피스톤이 왕복운동을 하는 실린더(cylinder)가 마련되어 있으며, 실린더 냉각을 위한 물 재킷이 실린더를 둘러싸고 있다. 실린더 아래쪽에는 개스킷을 사이에 두고 오일팬이 설치되어 엔진오일이 담겨진다.

(a) 일체식 (b) 라이너식

그림 2-2 실린더블록의 구조

(1) 실린더(cylinder)

실린더는 피스톤이 기밀을 유지하면서 왕복운동을 하여 열에너지를 기계적 에너지로 변환하여 동력을 발생시키는 부분이다. 실린더는 진원통형으로 그 길이는 피스톤 행정의 약 2배 정도이며, 실린더의 재질은 폭발열 및 높은 압력에 견딜 수 있도록 높은 기계적 강도를 가져야 하며, 열의 방출이 좋아야 한다.

실린더 재료로는 니켈-크롬 주철이며, 실린더 내면을 정밀가공하고 크롬 도금을 하여 마모를 최소로 한다. 실린더는 일체형과 라이너 방식이 있다.

(2) 실린더 라이너 방식

라이너 방식은 실린더블록과 실린더를 별도로 제작한 후 실린더블록에 끼우는 형식으로, 일반적으로 보통 주철의 실린더블록에 특수 주철의 라이너를 끼우는 경우와 알루미늄합금 실린더블록에 주철로 만든 라이너를 끼우는 형식이 있다. 그리고 라이너에는 습식과 건식이 있다. 라이너 방식 실린더의 장점은 다음과 같다.

① 마멸되면 라이너만 교환하므로 정비성능이 좋다.
② 원심주조 방법으로 제작할 수 있다.
③ 실린더 벽에 도금하기가 쉽다.

3 피스톤(piston)

피스톤은 3~4개의 피스톤 링이 장착되며 헤드가 1,500~2,000℃의 연소가스에 노출되고 $40kg/cm^2$ 압력을 충격적으로 받으며 왕복운동을 하기 때문에 실린더 벽과 큰 마찰을 일으킨다. 따라서 피스톤은 어떤 온도에서도 가스가 누출되지 않는 구조, 마찰이 적고 기계적 손실이 최소화되도록 윤활하기 위한 적당한 간극, 고온·고압에 견디고, 관성에 위한 동력손실이 가벼워야 하는 조건 등을 만족시켜야 한다.

(1) 피스톤의 기능

피스톤은 실린더 내를 직선 왕복운동을 하여 폭발행정에서의 고온·고압가스로부터 받은 동력을 커넥팅로드를 통하여 크랭크축에 회전력을 발생시키고, 흡입·압축 및 배기행정에서 크랭크축으로부터 힘을 받아서 각각 작용을 한다.

(2) 피스톤의 구비조건

① 고온·고압가스에 충분히 견딜 수 있을 것
② 연소실에 오일이 들어가지 않도록 할 것
③ 열전도율이 좋을 것
④ 열팽창률이 적고 무게가 가벼울 것
⑤ 가스 블로우-바이(gas blow-by)가 없을 것
⑥ 다기통 엔진에서는 피스톤 상호간의 중량 차이가 적을 것

> **참고** 블로우-바이란 혼합가스가 실린더와 피스톤 사이에서 미연소가스가 크랭크 케이스로 누출되는 현상을 말한다.

(3) 피스톤의 구조

피스톤은 헤드, 링 지대, 스커트, 보스로 구성되어 있다.

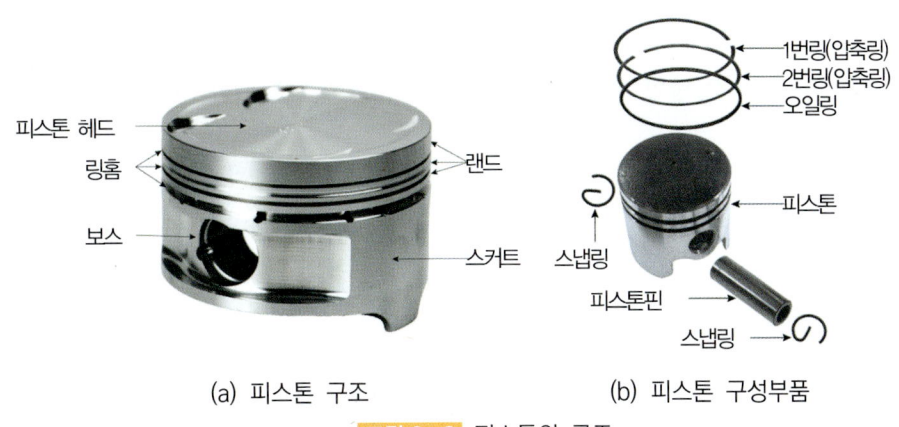

(a) 피스톤 구조   (b) 피스톤 구성부품

그림 2-3 피스톤의 구조

(4) 피스톤의 재질

피스톤의 재질은 특수 주철과 알루미늄 합금이 있으며, 피스톤용 알루미늄 합금에는 구리 계열의 Y-합금과 규소 계열의 로엑스(Lo-Ex)가 있다.

(5) 피스톤 간극

① 피스톤 간극이 작으면
엔진 작동 중 열팽창으로 인해 실린더와 피스톤 사이에서 고착(소결)이 발생한다.

② 피스톤 간극이 크면
압축압력의 저하, 블로우-바이 발생, 연소실에 엔진오일 상승, 피스톤 슬랩 발생, 연료가 엔진오일에 떨어져 희석되고, 엔진 시동성능 저하, 엔진 출력이 감소하는 원인이 된다.

4 피스톤 링(piston ring)

피스톤 링은 압축 및 폭발행정에서 기밀을 유지하기 위하여 링 일부를 절단하여 적당한 탄성을 주어 피스톤 링 홈에 3~5개 정도 설치한 금속제 링이며, 압축 링과 오일 링이 있다.

(1) 피스톤 링의 3가지 작용

① 기밀유지 작용
실린더 내에서의 가스누설 방지 작용, 즉 압축가스와 연소가스에 대한 기밀유지 작용이다.

② 오일제어 작용
실린더 벽에 뿌려진 오일을 긁어내려 여분의 오일이 연소실에 들어가지 못하게 하는 작용이다.

③ 열전도 작용
피스톤 헤드가 받은 열을 실린더 벽으로 전달하여 피스톤을 냉각시켜 주는 작용이다.

(2) 피스톤 링의 구비조건
① 고온에서도 탄성을 유지할 수 있을 것
② 열팽창률이 적을 것
③ 장시간 사용하여도 링 자체의 마모나 실린더 벽의 마모를 적게 할 것
④ 실린더 벽에 균일한 압력을 가할 것

(3) 피스톤 링의 재질

피스톤 링의 재질은 조직이 치밀한 특수 주철이며, 원심주조 방법으로 제작한다. 피스톤의 피스톤 스커트 부분 또는 오일 링 홈에 슬롯(slot)을 두는 이유는 헤드 부분의 높은 열이 스커트로 가는 것을 차단하기 위함이며, 이외에 피스톤 제1번 랜드에 가는 홈을 여러 개 파는 히트 댐을 두거나, 스플릿 피스톤을 사용하기도 한다.

(4) 피스톤 링의 종류

① 압축 링

압축 링은 피스톤과 실린더 벽 사이의 압축누설을 방지하고 피스톤이 받는 열을 실린더로 전도하는 기능을 하는 것으로, 제 1압축 링, 제 2압축 링이 있다.

② 오일 링

오일 링은 실린더 벽에 뿌려진 과잉의 윤활유를 긁어내려 연소실로 들어가지 못하게 하는 작용을 한다.

5 피스톤 핀(piston pin)

피스톤 핀은 피스톤 보스에 끼워져 피스톤과 커넥팅로드 소단부를 연결해주는 핀이며, 피스톤이 받은 폭발력을 커넥팅로드로 전달한다.

(1) 피스톤 핀의 재질과 가공

피스톤 핀의 재질은 저탄소 침탄강, 니켈-크롬강이며, 내마멸성을 높이기 위하여 표면은 경화시키고, 내부는 그대로 두어 인성을 유지한다.

(2) 피스톤 핀의 고정 방법

① 고정식

피스톤 핀을 피스톤 보스 부분에 고정하는 방법이며, 커넥팅로드 소단부에 구리 합금의 부싱(bushing)이 들어간다.

② 반부동식(요동식)

피스톤 핀을 커넥팅로드 소단부에 고정시키는 방법이다.

③ 전부동식

피스톤 핀을 피스톤 보스, 커넥팅로드 소단부 등 어느 부분에도 고정시키지 않는 방법이다.

6 커넥팅로드(connecting rod)

피스톤과 크랭크축을 연결하는 막대로서 소단부(small end)는 피스톤 핀에 연결되고, 대단부(big end)는 평면 베어링을 통하여 크랭크핀에 결합된다. 그리고 소단부와 대단부를 연결하는 섕크(shank)가 있다. 커넥팅로드는 특수강을 단조로 제작하며, 그 무게를 가볍게 하고 충분한 기계적 강도를 얻기 위하여 단면을 I형으로 주로 만든다.

7 크랭크축(crank shaft)

크랭크축은 피스톤의 직선 왕복운동을 회전운동으로 변환하여 엔진 출력을 외부에 전달하는 중요한 회전축이다. 크랭크축 회전 수는 엔진 회전 수로 엔진 작동의 기본이 되기 때문에 밸브기구(valve train)계, 점화계, 윤활계 등을 기계적이고 규칙적으로 정확하게 작동시키는 동력원이 된다.

(1) 크랭크축의 구조

메인저널(main journal), 크랭크핀(crank pin), 크랭크 암(crank arm), 평형추(balance weight)로 구성되어 있다.

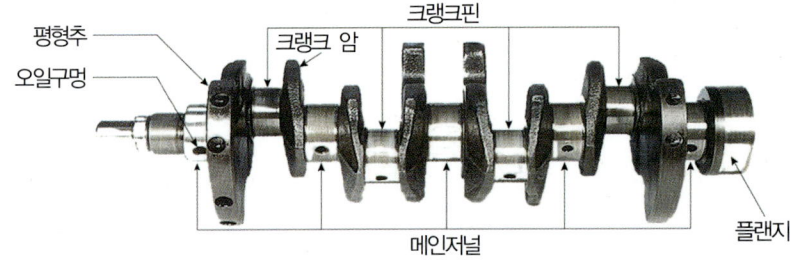

그림 2-4 크랭크축의 구조

(2) 크랭크축의 재질

크랭크축은 엔진 실린더의 폭발력을 받아 고속 회전하므로, 이것을 견딜 수 있는 충분한 강도를 가져야 한다. 재질은 탄소강 또는 니켈-크롬강, 크롬-몰리브덴강, 니켈강 등의 특수강이 쓰인다. 크랭크축은 이와 같은 재료를 형단조 또는 주조하여 크랭크축의 소재를 만들고, 이를 기계 가공하여 축의 표면인 크랭크 저널부와 크랭크핀을 담금질한 다음 정밀하게 연마하여 완성시킨다.

(3) 크랭크축의 형식

① 직렬 4실린더형

제1번과 제4번, 제2번과 제3번 크랭크핀이 동일 평면 위에 있으며, 각각의 크랭크핀은 180°의 위상 차이를 두고 있다. 점화순서는 1-3-4-2와 1-2-4-3 두 가지가 있다.

② 직렬 6실린더형

제1번과 제6번, 제2번과 제5번, 제3번과 제4번의 각 크랭크핀이 동일 평면 위에 있으며, 각각은 120°의 위상 차이를 지니고 있다. 크랭크축을 마주보고 제1번과 제6번 크랭크핀을 상사점으로 하였을 때 제3번과 제4번 크랭크핀이 오른쪽에 있는 우수식(점화 순서 1-5-3-6-2-4)과 제3번과 제4번 크랭크핀이 왼쪽에 있는 좌수식(점화 순서 1-4-2-6-3-5)이 있다.

③ 점화 순서 정할 때 고려할 사항

㉮ 점화 순서 정할 때 고려할 사항
- 폭발은 같은 간격으로 일어나게 한다.
- 크랭크축에 비틀림 진동이 일어나지 않게 한다.
- 인접한 실린더에 연이어서 폭발이 발생하지 않도록 한다.
- 혼합가스 또는 공기가 각 실린더에 동일하게 분배되게 한다.

㉯ 직렬 4실린더 엔진의 점화 순서

직렬 4실린더 엔진은 위상 차이가 180°이며, 제1번과 제4번, 제2번과 제3번 크랭크핀이 동일 평면 위에 있으므로 제1번 피스톤이 하강행정을 하면 제4번 피스톤도 하강행정을 하며, 제2번과 제3번 피스톤은 상승행정을 한다. 따라서 제1번 피스톤이 흡입행정을 하면 제4번 피스톤은 폭발행정을 한다. 이때 제2번 피스톤이 압축행정을 하게 되면 제3번 피스톤은 배기행정을 한다. 이에 따라 4개 실린더가 크랭크축 720°(2회전)에 1사이클을 완성한다.

그림 2-5 4실린더 엔진의 크랭크축

㉰ 직렬 6실린더 엔진의 점화 순서

6실린더 엔진의 크랭크축은 위상 차이가 120°이므로 120° 회전할 때마다 1회의 폭발행정을 하므로 크랭크축이 2회전(720°)하는 동안에 각 실린더가 1번씩 폭발행정을 하고, 각 실린더는 각각의 4행정을 하여 1사이클을 완성한다.

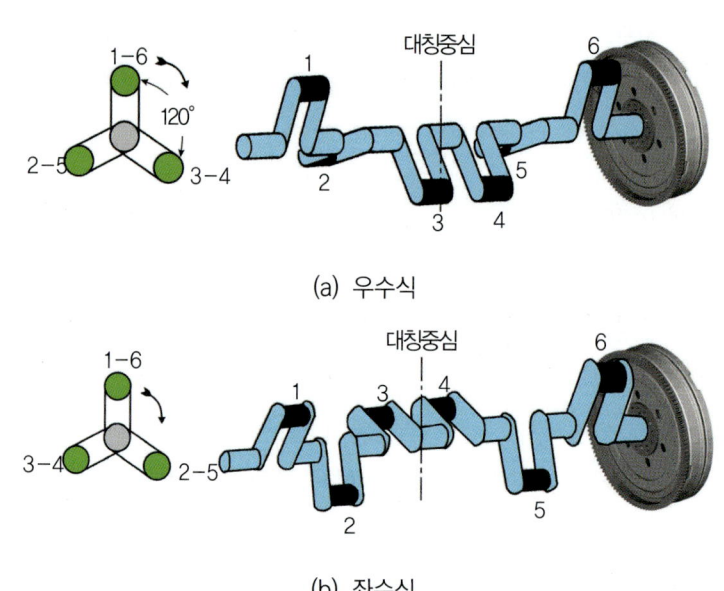

(a) 우수식

(b) 좌수식

그림 2-6 직렬 6실린더 엔진의 크랭크축

8 플라이휠(fly wheel)

플라이휠은 크랭크축의 맥동적인 출력을 원활히 하는 일을 한다. 재질은 주철이나 강철이며 뒷면은 클러치의 마찰면으로 사용된다. 바깥둘레에는 엔진을 시동할 때 기동전동기의 피니언과 물려 회전력을 받는 링 기어(ring gear)가 열박음으로 고정되어 있다. 플라이휠의 무게는 회전속도와 실린더 수에 관계한다.

9 크랭크축 베어링(crank shaft bearing : 엔진 베어링)

크랭크축에서 사용하는 베어링은 평면 베어링(plain bearing)을 사용한다. 평면 베어링을 분류하면 분할형(split type bearing)과 부시형(bush or busing)이 있으며, 분할형은 커넥팅로드 대단부, 메인저널 베어링 등에 사용되고, 부시형은 커넥팅로드 소단부, 캠축 저널 베어링으로 사용된다.

(1) 크랭크축 베어링 재료

① 배빗메탈(babbit metal)

배빗메탈은 주석(Sn) 80~90%, 안티몬(Sb) 3~12%, 구리(Cu) 3~7%가 표준 조성이다.

② 켈밋 합금(kelmet alloy)

켈밋 합금은 구리(Cu) 60~70%, 납(Pb) 30~40%가 표준 조성이다.

(2) 크랭크축 베어링의 구조

① 베어링 크러시(bearing crush)

베어링이 하우징 내에서 움직이지 않게 하기 위하여 베어링의 바깥둘레를 하우징의 둘레보다 조금 크게 하여 압착되도록 하는데, 베어링 바깥둘레와 하우징 둘레와의 차이를 크러시라 한다.

② 베어링 스프레드(bearing spread)

베어링 하우징의 지름과 베어링을 끼우지 않았을 때 베어링 바깥지름과의 차이를 말한다(0.125~0.50mm). 이는 적은 힘으로 베어링을 제자리에 밀착되게 하며 작업하기 편리하고 조립 시 찌그러짐을 방지하는 역할을 한다.

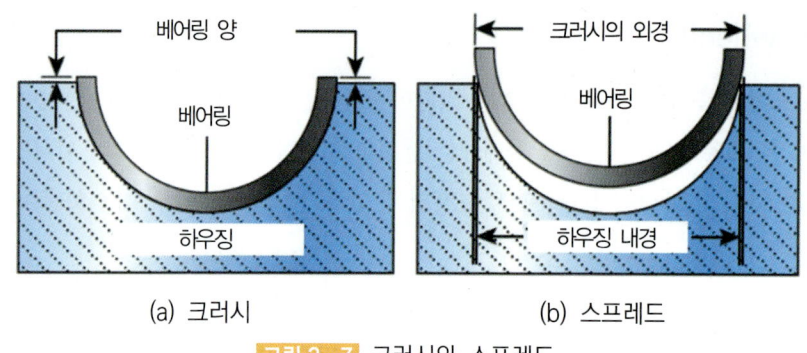

(a) 크러시 (b) 스프레드

그림 2-7 크러시와 스프레드

10 밸브기구와 밸브(valve train & valve)

(1) 밸브기구

4사이클 엔진에는 캠축의 수와 위치에 따라 사이드밸브, 오버헤드밸브, 오버헤드 캠축, 더블 오버헤드 캠축식 등으로 분류된다.

① 사이드밸브(side valve : SV)

초기 엔진의 주류로 밸브가 실린더 옆에 붙어있는 구조로 연소실의 용적이 크고 넓어 고압축비로 하기에도 어렵고, 밸브가 실린더 옆에 붙어있어 혼합기가 아래에서 위로 향해 흡입되기 때문에 흡입효율이 나쁘다.

배기측도 동일 구조여서 연소가스가 연소실 내에 일부 잔류하기 때문에 열효율이 나쁘다.

② 오버헤드밸브(overhead valve : OHV)

밸브가 실린더 위에 있기 때문에 붙여진 것이다. 연소실 형상도 여러 가지로 가능하며 고압축비도 가능하다. 크랭크축의 회전으로 캠축이 구동되면 캠 위에 있는 밸브리프터가 상하운동하면서 푸시로드에 연결된 로커 암을 작동시키고 있다. 밸브를 개폐시키는 구조가 확실하고 정비도 간단하다. 그러나 밸브를 구성하고 있는 부품이 많아 고속회전에서의 밸브 개폐 추종성이 나쁘다.

③ 오버헤드 캠축밸브기구(over head cam shaft valve train : OHC)

오버헤드밸브기구의 캠축을 실린더헤드 위에 설치하고 캠이 직접 로커 암을 구동하는 방식이다. 이 형식은 캠축을 구동하는 체인이나 벨트장치와 실린더헤드의 구조는 복잡해지나 밸브기구의 왕복운동 부분의 관성력이 작아져 밸브의 가속도를 높일 수 있다. 따라서 고속에서도 밸브 개폐가 안정되어 고속성능이 향상되고, 또 저속에서 고속까지 신속하게 엔진의 회전속도를 높일 수 있어 최근의 고성능 엔진에서 많이 사용되고 있다.

오버헤드 캠축 형식에는 한 개의 캠축으로 모든 밸브를 개폐시키는 싱글 오버헤드 캠축 형식(SOHC type)과 두 개의 캠축으로 각각의 흡기밸브와 배기밸브를 구동시키는 더블 오버헤드 캠축 형식(DOHC type)이 있다.

(2) 밸브기구의 구성부품과 그 기능

① 캠축과 캠(cam shaft & cam)

캠축은 엔진의 밸브 수와 같은 수의 캠이 배열된 축으로 기능은 흡·배기밸브 개폐이다. 캠축의 구동 방식에는 기어 구동 방식, 체인 구동 방식, 벨트 구동 방식 등 3가지가 사용된다.

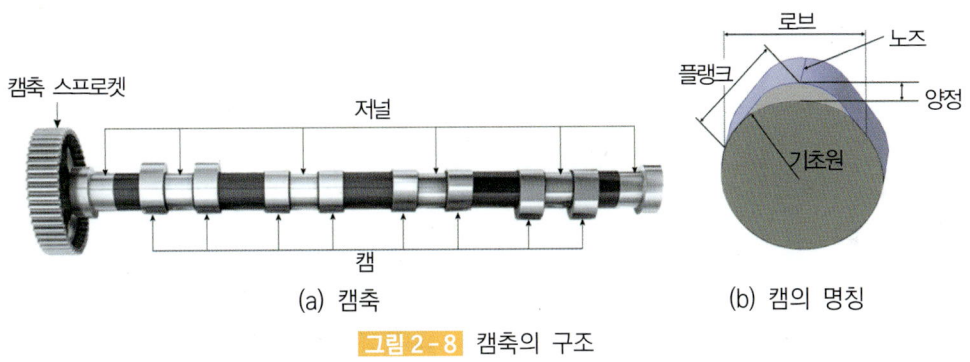

그림 2-8 캠축의 구조

② 밸브 리프터(밸브 태핏 : valve lifter or valve tappet)

밸브 리프터는 캠축의 회전운동을 상하운동으로 변환시켜 푸시로드로 전달하는 것이며, 기계식과 유압식이 있다. 유압식 밸브 리프터의 특징은 다음과 같다.

㉮ 밸브간극을 점검·조정하지 않아도 된다.

㉯ 밸브 개폐 시기가 정확하고 작동이 조용하다.

㉰ 오일이 완충 작용을 하므로 밸브 개폐기구의 내구성이 향상된다.

㉱ 밸브기구의 구조가 복잡하다.

㉲ 윤활장치가 고장 나면 엔진 작동이 정지된다.

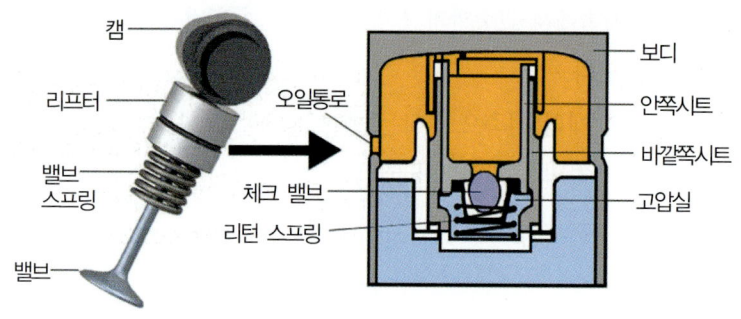

그림 2-9 유압식 밸브 리프터의 구조

③ 흡·배기밸브(valve)

흡·배기밸브는 연소실에 설치된 흡·배기구멍을 각각 개폐하고 공기를 흡입하고, 연소가스를 내보내는 일을 하며, 압축과 폭발행정에서는 밸브 시트에 밀착되어 연소실 내의 가스가 누출되지 않도록 한다. 흡·배기밸브는 포핏밸브(poppet valve)가 사용된다.

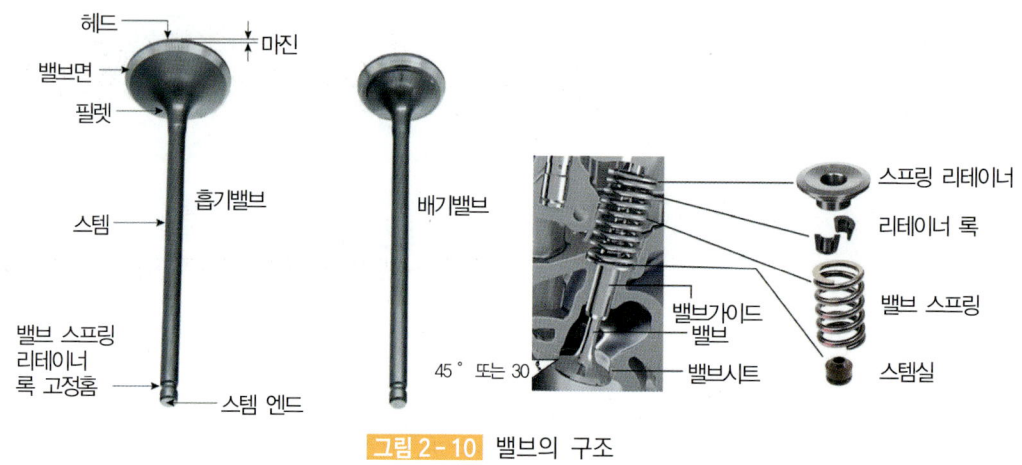

그림 2-10 밸브의 구조

④ 밸브 스프링 서징(valve spring surging) 현상

고속에서 밸브 스프링의 신축이 심하여 밸브 스프링의 고유 진동수와 캠축 회전속도 공명에 의하여 스프링이 퉁기는 현상이다. 서징 현상이 발생하면 밸브 개폐가 불량하여 흡·배기 작용이 불충분해진다. 서징 현상 방지 방법은 다음과 같다.

㉮ 고유 진동수가 서로 다른 2중 스프링을 사용한다.

㉯ 정해진 양정 내에서 충분한 스프링 정수를 얻도록 한다.
　㉰ 부등 피치 스프링을 사용한다.
　㉱ 밸브 스프링의 고유 진동수를 높인다.
　㉲ 원뿔형 스프링(conical spring)을 사용한다.

11 DOHC엔진

(1) DOHC(double over cam shaft)엔진의 특징
① 실린더헤드에 캠축이 2개 설치되어 있어 SOHC엔진보다 흡입효율이 좋다.
② 1개의 실린더에 흡기밸브가 2개, 배기밸브가 2개 설치되어 있다.

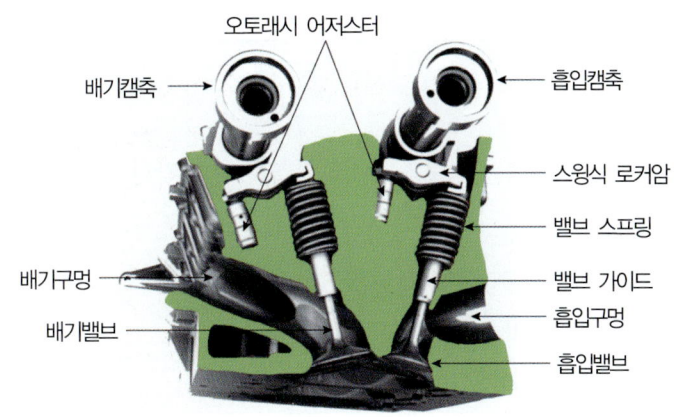

그림 2-11 DOHC엔진의 밸브개폐 기구

(2) DOHC엔진의 장점
① 흡입효율이 향상된다.
② 허용 최고 회전속도가 향상된다.
③ 응답성이 향상된다
④ 연소효율이 향상된다.

12 가변흡기장치(variable induction control system)

가변흡기장치의 설치 목적은 각 실린더마다 흡입포트를 1차와 2차 포트로 분할하고 제어밸브를 엔진의 회전속도에 따라서 개폐시키는 흡입제어 방식으로, 저속 영역에서는 가늘고 긴 1차 포트를 이용함으로써 흡입공기의 유속을 빠르게 하여 관성과급의 효과를 이용하고, 고속 영역에서는 굵고 짧은 2차 포트를 이용함으로써 흡입저항을 작게 하여 흡입효율을 증가시켜 고출력을 얻는 장치이다.

02 고장진단 및 원인분석

1 실린더헤드

(1) 실린더헤드 탈착 방법

① 실린더헤드 볼트를 풀 때에는 변형을 방지하기 위하여 대각선의 바깥쪽에서 중앙을 향하여 풀어야 한다.
② 헤드볼트를 푼 후 실린더헤드가 잘 탈착되지 않으면 다음과 같이 작업한다.
  ㉮ 연질해머로 두드려 뗀다.
  ㉯ 엔진의 압축압력을 이용한다.
  ㉰ 엔진의 무게를 이용, 헤드만을 걸어 올린다.
③ 스크루드라이버나 정 등을 사용하여 실린더헤드와 블록의 접합면 사이에 넣고 지렛대 질을 하여 떼어내서는 절대로 안 된다.

(2) 실린더헤드의 점검 · 정비

① 실린더헤드 균열 점검

실린더헤드 및 블록의 균열 점검 방법에는 육안 검사, 염색탐상(레드 체크)법, 자기탐상법 등이 있다.

② 실린더헤드의 균열 원인

실린더헤드 및 블록의 균열 원인은 과격한 열부하(엔진이 과열하였을 때 급랭시킴)를 들 수 있지만 겨울철 냉각수 동결에도 원인이 있다.

③ 실린더헤드 변형 점검 방법

실린더헤드 블록의 변형 점검은 곧은 자(또는 직각자)와 필러 게이지를 이용한다.

④ 실린더헤드의 변형 원인

㉮ 헤드 개스킷 불량
㉯ 실린더헤드 볼트의 불균일한 조임
㉰ 엔진의 과열 또는 냉각수 동결

(3) 실린더헤드 설치 방법

① 실린더블록에 접착제를 바른 후 개스킷을 설치하고, 개스킷 윗면에 접착제를 바른 후 실린더헤드를 설치한다.
② 헤드볼트는 중앙에서부터 대각선으로 바깥쪽을 향하여 조인다.
③ 헤드볼트는 2~3회 나누어 조이며, 최종적으로 토크렌치로 조여야 한다.

2 실린더블록

(1) 실린더 벽 마멸 경향

① 실린더 벽의 마멸은 실린더 윗부분(상사점 부근)이 가장 크다.
② 하사점 부근에서도 피스톤이 운동방향을 바꿀 때 일시 정지하므로 이때 유막이 차단되어 그 마멸이 현저하다.
③ 하사점 아랫부분은 거의 마멸되지 않는다.
④ 상사점 부근의 마멸 원인
㉮ 폭발행정 때 상사점에서 더해지는 폭발압력으로 피스톤 링이 실린더 벽에 강력하게 밀착되기 때문이다.
㉯ 엔진의 어떤 회전속도에서도 피스톤이 상사점에서 일단 정지하고, 이때 피스톤 링의 호흡 작용으로 인한 유막이 끊어지기 쉽기 때문이다.

(2) 실린더 마멸량 점검 방법

① 실린더 벽 마멸량 점검기구
㉮ 실린더 보어 게이지
㉯ 내측 마이크로미터
㉰ 텔레스코핑 게이지와 외측 마이크로미터

② 실린더 벽 마멸량 측정 부위
실린더의 상부·중앙 및 하부의 위치에서 크랭크축 방향과 그 직각방향의 6곳을 측정하여 가장 큰 측정값을 마멸량값으로 한다.

3 피스톤 링

① 링 이음부 간극은 엔진작동 중 열팽창을 고려하여 두며 피스톤 바깥지름에 관계된다.
② 링 이음부 간극은 제1번 압축 링을 가장 크게 한다.
③ 실린더에 링을 끼우고 피스톤 헤드로 밀어 넣어 수평 상태로 한 후 필러게이지(티크니스 게이지)로 측정한다.
④ 마멸된 실린더의 경우에는 가장 마멸이 적은 부분(최소 실린더 지름을 표시하는 부분)에서 측정하여 0.2~0.4mm(한계 1.0mm)이면 정상이다.

4 크랭크축

(1) 크랭크축 휨 점검
크랭크축 앞·뒤 메인저널을 V블록 위에 올려놓고 다이얼 게이지의 스핀들을 중앙 메인저널에 설치한 후 천천히 크랭크축을 회전시키면서 다이얼 게이지의 눈금을 읽는다.

(2) 크랭크축 저널 지름 측정 방법

① 메인저널 및 크랭크핀의 마멸 측정은 외측 마이크로미터로 측정하며 진원도, 편마멸 등을 측정하고, 수정한계값 이상인 경우에는 수정하거나 크랭크축을 교환한다.
② 메인저널 지름이 50mm 이상인 크랭크축은 1.5mm 이상, 50mm 이하인 경우에는 1.0mm 이상 수정할 경우에는 크랭크축을 교환하여야 한다.

(3) 크랭크축 엔드 플레이(end play) 측정

① 엔드 플레이 측정은 플라이 바로 크랭크축을 한쪽으로 밀고 다이얼 게이지(또는 필러 게이지)로 점검한다.

② 한계값은 0.25mm이며, 한계값 이상인 경우에는 스러스트 베어링(thrust bearing)을 교환한다.

(4) 크랭크축 오일간극 측정

크랭크축과 베어링 사이의 간극, 저널의 편마멸 등은 필러스톡, 심 조정법 및 플라스틱 게이지 등으로 점검하는데, 이 중 플라스틱 게이지에 의한 방법이 가장 편리하고 정확하다.

5 밸브기구

밸브간극은 엔진작동 중 열팽창을 고려하여 로커 암과 밸브 스템 엔드 사이에 둔다.

(1) 밸브간극이 너무 크면

① 운전온도에서 밸브가 완전하게 열리지 못한다(늦게 열리고 일찍 닫힌다).

② 심한 소음이 나고 밸브기구에 충격을 준다.

(2) 밸브간극이 작으면

① 일찍 열리고 늦게 닫혀 밸브 열림기간이 길어진다.

② 블로우-바이로 인해 엔진 출력이 감소한다.

03 시험장비 사용

1 압축압력 측정

(1) 측정 준비작업

① 축전지의 충전상태를 점검한다.

② 엔진을 시동하여 난기운전(웜업)시킨 후 정지한다.

③ 점화플러그를 모두 뺀다.
④ 연료공급 차단 및 점화 1차 회로를 분리한다.
⑤ 공기청정기 및 구동벨트(팬벨트)를 떼어낸다.

(2) 측정 방법
① 스로틀 바디의 스로틀밸브를 완전히 연다.
② 점화플러그 구멍에 압축압력계를 압착시킨다.
③ 엔진을 크랭킹(cranking)시켜 4~6회 압축시킨다. 이때 회전속도는 200~300rpm이다.
④ 첫 압축압력과 맨 나중 압축압력을 기록한다.

(3) 측정 결과분석
① **정상 압축압력** : 규정값의 90% 이상, 각 실린더와의 차이가 10% 이내인 경우
② **압축압력이 규정값 이상인 경우** : 규정값의 10% 이상이면 실린더헤드를 분해한 후 카본을 제거한다.
③ **밸브가 불량한 경우** : 규정값보다 낮고, 습식 압축압력 시험을 하여도 압력이 상승하지 않는다.
④ **실린더 벽, 피스톤 링이 마모된 경우** : 계속되는 행정에서 약간씩 상승하며, 습식 압축압력시험을 하면 뚜렷하게 상승한다.
⑤ **헤드개스킷 불량 또는 실린더헤드가 변형된 경우** : 인접한 실린더의 압축압력이 비슷하게 낮으며, 습식 압축압력시험을 하여도 압력이 상승하지 않는다.
⑥ 습식 압축압력시험이란 밸브 불량, 실린더 벽, 피스톤 링, 헤드 개스킷 불량 등의 상태를 판정하기 위하여 점화플러그 구멍으로 엔진오일을 10cc 정도 넣고 1분 후에 다시 압축압력을 시험하는 것을 말한다. 그리고 엔진의 해체 정비시기 기준은 다음과 같다.
㉮ 압축압력 : 규정값의 70% 이하인 경우
㉯ 연료소비율 : 규정값의 60% 이상인 경우
㉰ 오일소비율 : 규정값의 50% 이상인 경우

2 흡기다기관 진공도 측정

(1) 진공계로 알아낼 수 있는 시험
① 점화시기 틀림

② 밸브작동 불량
③ 실린더 압축압력 저하
④ 배기장치 막힘

(2) 진공을 측정할 수 있는 부위

엔진의 진공을 측정할 수 있는 부분은 흡기다기관, 서지탱크, 스로틀 바디 등이며, 흡기다기관이나 서지탱크에 있는 진공구멍에 진공계를 설치하고 측정한다.

(3) 결과 분석

① **엔진이 정상일 때** : 공회전상태에서 진공계 바늘이 45~50cmHg 사이에 정지하거나 조금씩 움직인다.
② **실린더 벽이나 피스톤 링이 마모되었을 때** : 진공계 바늘이 30~40cmHg 사이에 있다.
③ **밸브가 손상되었을 때** : 진공계 바늘이 정상보다 5~10cmHg 정도 낮으며, 규칙적으로 움직인다.
④ **밸브 타이밍(개폐시기)이 틀릴 때** : 진공계 바늘이 20~40cmHg 사이에 정지한다.
⑤ **밸브면과 시트의 접촉이 불량할 때** : 진공계 바늘이 정상보다 5~8cmHg 정도 낮다.
⑥ **밸브가이드가 마모되었을 때** : 진공계 바늘이 35~50cmHg 사이를 빠르게 움직인다.
⑦ **밸브 스템이 고착되어 밸브가 완전히 닫히지 않을 때** : 진공계 바늘이 35~40cmHg 사이에서 흔들린다.
⑧ **밸브 스프링의 장력이 약할 때** : 진공계 바늘이 25~55cmHg 사이에서 흔들린다.
⑨ **흡기다기관에서 누출이 있을 때** : 진공계 바늘이 8~15cmHg 사이에서 정지한다.
⑩ **헤드개스킷이 파손되었을 때** : 진공계 바늘이 13~45cmHg의 낮은 위치와 높은 위치 사이에서 규칙적으로 흔들린다.
⑪ **점화플러그 간극이 불량할 때** : 조금 높은 공전에서는 바늘이 흔들리지 않으나, 낮은 공전에서는 매우 작은 범위로 흔들린다.
⑫ **점화시기가 늦을 때** : 진공계 바늘이 정상보다 5~8cmHg 낮다.
⑬ **배기장치가 막혔을 때** : 처음에는 정상을 나타내는데 일단 0까지 내려갔다가 다시 상승하여 40~43cmHg 사이에 정지한다.

Chapter 3 가솔린 전자제어장치 정비

01 연료장치

1 엔진의 연료

(1) 가솔린엔진의 연료

① 가솔린 연료의 개요

가솔린은 탄소(C)와 수소(H)의 유기화합물의 혼합체이며, 연료와 산소가 혼합하여 완전 연소할 때 발생하는 열량을 발열량이라 한다. 발열량에는 열량계 속에서 단위 질량의 연료를 연소시켰을 때 발생되는 고위발열량과 연소에 의해 발생된 수분의 증발열을 뺀 열량인 저위발열량이 있다. 일반적으로 액체나 가스의 발열량은 저위발열량으로 나타낸다.

② 가솔린의 구비조건

㉮ 체적 및 무게가 적고 발열량이 클 것
㉯ 연소 후 유해화합물을 남기지 말 것
㉰ 옥탄가가 높을 것
㉱ 온도에 관계없이 유동성이 좋을 것
㉲ 연소속도가 빠를 것

(2) 옥탄가

옥탄가란 가솔린의 노크방지 성능(내폭성; anti knocking property)을 표시하는 수치이며, 이소옥탄(iso-octance)을 옥탄가 100으로 하고, 노멀헵탄(정헵탄; normal heptane)을 옥탄가 0으로 하여 이소옥탄의 함량 비율에 따라 정해진다.

엔진에 사용되는 연료는 옥탄가가 높은 것일수록 노크가 일어나기 어렵고, 낮은 것일수록 노크가 일어나기 쉽다. 엔진의 열효율을 높여서 출력과 성능을 향상시키기 위해서는 압축비를 높이고 노크를 발생시키지 않는 가솔린을 사용하여야 한다. 따라서 노크의 발생을 적게 하기 위해서는 옥탄가가 높은 연료인 것이 요구된다.

$$옥탄가 = \frac{이소옥탄}{이소옥탄 + 노멀헵탄} \times 100$$

2 연료의 연소

(1) 가솔린엔진의 연소

① 가솔린엔진의 연소과정

실린더 내에서 연료의 연소는 매우 짧은 시간에 이루어지나 그 과정은 점화 → 화염전파 → 후연소의 3단계로 나누어진다.

② 정상연소와 이상연소

정상연소는 과도한 압력상승에 의해 엔진의 운전 장애가 발생하지 않는 범위 내에서 엔진의 성능이 최대로 될 때의 연소를 말한다.

이상연소란 급격한 압력파장에 의해 충격적으로 연소가 이루어져 운전 장애와 출력저하를 발생하는 연소를 말한다. 열효율 측면에서는 연소속도가 빠를수록 유리하나 노크 때문에 제한을 받는다.

③ 가솔린엔진의 노크

가솔린엔진의 노크는 화염면이 정상에 도달하기 이전에 말단가스(end gas)가 부분적으로 자기착화에 의하여 급격히 연소가 진행되는 경우 비정상적인 연소에 의해 발생하는 급격한 압력상승으로 실린더 내의 가스가 진동하여 충격적인 타격소음이 발생하는데, 이를 노크(knock) 또는 노킹(knocking)이라 한다.

가솔린엔진에서 노크 발생을 검출하는 방법에는 실린더 내의 압력 측정, 실린더블록의 진동 측정, 폭발의 연속음 측정 등이 있다.

④ 노크가 엔진에 미치는 영향
  ㉮ 엔진의 회전속도가 낮아진다.
  ㉯ 엔진의 출력이 저하한다.
  ㉰ 연소실온도가 상승하므로 엔진이 과열한다.
  ㉱ 흡입효율이 저하한다.
  ㉲ 엔진에 손상이 발생할 수 있다.

⑤ 가솔린엔진의 노크 방지 방법
  ㉮ 혼합가스를 진하게 하거나 화염전파거리를 짧게 한다.
  ㉯ 옥탄가가 높은 연료를 사용한다.
  ㉰ 압축행정 중 와류를 발생시키고, 압축비, 혼합가스 및 냉각수온도를 낮춘다.
  ㉱ 연료의 착화지연을 길게 한다.
  ㉲ 점화시기를 알맞게 조정한다.
  ㉳ 미연소가스의 온도와 압력을 저하시킨다.

02 가솔린엔진 연료장치

1 전자제어 연료분사장치의 특징

① 공기 흐름에 따른 관성 질량이 작아 응답성이 향상된다.
② 엔진 출력이 증대되고, 연료소비율이 감소한다.
③ 유해 배출가스 감소로 인한 유해 물질 감소효과가 크다.
④ 각 실린더에 동일한 양의 연료공급이 가능하다.
⑤ 전자부품의 사용으로 구조가 복잡하고 값이 비싸다.
⑥ 흡입 계통의 공기누설이 엔진에 큰 영향을 준다.

2 전자제어 연료분사장치의 분류

(1) 제어 방식에 따른 분류

제어 방식에 따른 분류에는 K-제트로닉(기계제어 방식), D-제트로닉(흡기압력 검출 방식), L-제트로닉(흡입공기량 검출 방식) 등이 있다.

(2) 분사 방식에 따른 분류

① 연속적으로 분사하는 방식

기계-유압 방식으로 작동되는 연료분사장치이며, 엔진이 가동되는 동안 계속하여 연속적으로 연료를 분사하는 방식이다. K-Jetronic이 여기에 속한다.

② SPI(single point injection) 방식

TBI(throttle body injection)라고도 부르며, 스로틀밸브 위의 한 중심점에 위치한 인젝터(1~2를 둠)를 통하여 간헐적으로 연료를 분사하므로 흡기다기관을 통하여 실린더로 유입된다.

③ MPI(multi point injection) 방식

실린더의 흡입포트에 인젝터를 각각 1개씩 설치하여 연료를 분사하는 방식이다. 연료는 흡입밸브 바로 앞에서 분사되므로 흡기다기관에서의 연료 응축(wall wetting)의 문제가 없으며, 엔진의 가동온도에 관계없이 최적의 성능이 보장된다.

④ GDI(gasoline direct injection) 방식

실린더 내에 가솔린을 직접 분사하는 것으로 약 35~40 : 1의 초희박 공연비로도 연소가 가능하다. 연료 공급압력은 일반 전자제어 연료분사 방식의 경우 약 3~6kgf/cm^{2}인데 비해, 약 50~100kgf/cm^{2}로 매우 높으며, 실린더 내의 유동을 제어하는 직립형 흡입포트, 연소를 제어하는 바울형 피스톤, 고압 연료펌프, 스월 인젝터(swirl injector) 등이 사용된다.

(3) 흡입공기량 계측 방식에 의한 분류

① 매스플로 방식(mass flow type)

공기유량센서가 직접 흡입공기량을 계측하고 이것을 전기적 신호로 변화시켜 컴퓨터로 보내 연료분사량을 결정하는 방식이다.

② 스피드 덴시티 방식(speed density type)

흡기다기관 내의 절대압력(대기압력+진공압력), 스로틀밸브의 열림 정도, 엔진의 회전속도로부터 흡입 공기량을 간접 계측하는 것이며, D-Jetronic이 여기에 속한다.

표 3-1 연료분사장치의 종류

형 식	제어 방식	분사 방법	연료조절 방식
K-Jetronic	기계식	연속분사	Mass flow(흡입공기량 측정)
D-Jetronic	전자식	정기(간헐)분사	Speed density(속도-밀도 방식)
L-Jetronic			Mass flow(흡입공기량 측정)

3 전자제어 연료장치의 구조와 그 기능

(1) 연료펌프(fuel pump)

연료펌프는 전자력으로 구동되는 전동 방식이며, 연료탱크 내에 들어 있다. 연료펌프에는 연료 계통의 압력이 일정 압력 이상 되지 않도록 하는 릴리프밸브(relief valve)와 엔진의 작동이 정지되었을 때 곧바로 닫혀 연료계통 내의 잔압을 유지시켜 고온에서 베이퍼 록(vapor lock)을 방지하고, 재시동 성능을 높이기 위해 체크밸브를 두고 있다.

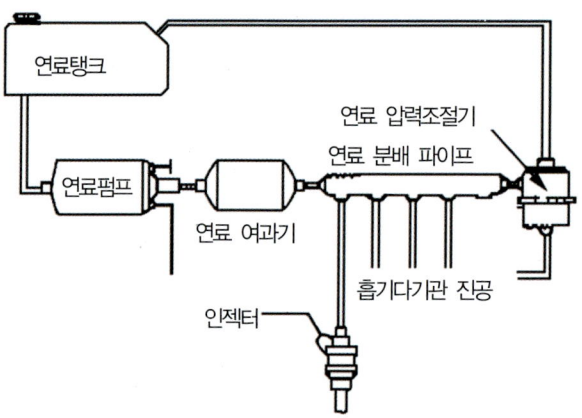

그림 3-1 연료 계통의 구성도

(2) 연료압력조절기(fuel pressure regulator)

연료압력조절기는 흡기다기관 부압을 이용하여 연료압력을 일정하게 조절한다. 즉, 연료압력 흡기다기관과의 압력 차이가 대략 2.5kgf/cm² 정도가 되도록 조정한다. 그리고 복귀되는 연료압력감소 정도는 연료압력조절기 스프링 장력 - 고압파이프 내 연료압력이다.

(3) 인젝터(injector)

인젝터는 흡기다기관에 연료를 분사하는 부품이며, 연료분사량은 인젝터 솔레노이드 코일의 통전시간에 의해 결정된다. 즉, ECU의 펄스신호에 의해 연료를 분사한다.

① 인젝터의 총 분사시간(ti) = tp(기본 분사시간)+tm(보정 분사시간)+ts(전원전압 보정 분사시간)으로 나타낸다.
② 인젝터의 연료 분사시간이 ECU 트랜지스터의 작동시간과 일치하지 않는 것을 무효 분사시간이라 한다.
③ 인젝터에 저항을 붙여 응답성 향상과 코일의 발열을 방지하는 방식을 전압제어 방식이라 한다.
④ 인젝터를 제어하는 ECU의 트랜지스터는 일반적으로 (-)제어 방식을 사용한다.
⑤ 인젝터회로를 점검할 때에는 전류파형, 서지파형 및 축전지에서 ECU까지의 총 저항을 측정한다.
⑥ 인젝터 전류파형을 측정하면 인젝터회로와 인젝터 코일 자체 저항의 불량 여부까지 한꺼번에 점검할 수 있다.

4 GDI(gasoline direct injection) 방식

GDI엔진은 연료를 연소실 내에 직접분사하는 방식으로 공연비를 정확히 제어할 수 있고 응답성이 좋으며, 연료분사시기를 정밀 제어할 수 있다. 혼합기의 확산을 제어하여 적은 연료로서 고효율의 연소가 가능하며, 과도 운전 시 응답성이 뛰어나며 냉간 시동성이 향상되었다. 또한 일부 배기가스 저감에 효과가 큰 장점이 있다

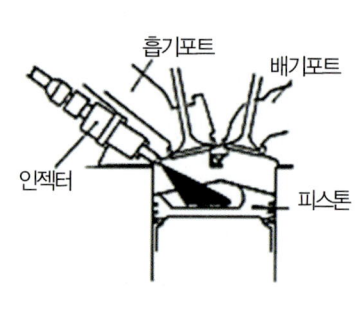
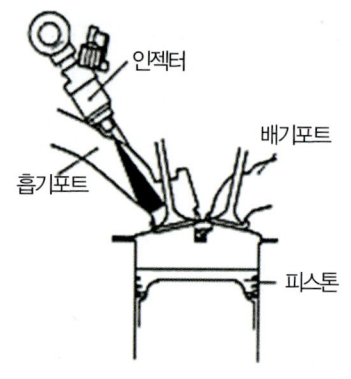

(a) 연소실 내 직접분사   (b) 흡기엔진 분사

그림 3-2 가솔린엔진 연료공급 방식

그러나 고부하 시 과다 질소산화물(NOx)의 배출과 저부하 시 연소 불안정으로 인한 탄화수소의 발생 그리고 연료분무 특성 및 혼합기의 층상화, 점화계의 제어, 실린더 마모 증대 등의 단점도 있다. GDI엔진은 초희박 공연비를 실현하기 위하여 스월 인젝터, 고압 연료펌프, 고압 레귤레이터 및 연료압력센서 등을 장착하여 압축된 실린더에 고압 연료를 분사하는 방식이다.

(1) 직립 흡기포트

흡기행정 중 흡기가 실린더 라이너를 따라 강한 하강류로 발전되면서 종래의 전자제어엔진과는 반대로 향하는 실린더 내에서 역방향의 선회류(텀블)를 발생시킨다.

(2) 피스톤

압축행정 분사 때 인젝터로부터 분사되는 연료는 피스톤 헤드면에 만들어진 소형의 캐비티를 향하여 분사된다. 분사된 연료가 연소실 전체에 확산이 되지 않도록 소형 캐비티는 분사종료로부터 점화까지 사이의 주변 공기를 모아들이면서 기화된 연료가 확산되지 않도록 점화플러그 근방으로 가져오고, 이로써 초희박 연소를 실현시키는 중요한 역할을 한다.

(3) 고압 연료펌프(high pressure pump)

고압 연료펌프는 엔진 실린더헤드에 설치되어 캠축에 의해 구동되고 고압의 연료를 연료레일에 공급한다.

(4) 고압 연료펌프 레귤레이터(high pressure pump regulator)

GDI엔진에 설치된 고압펌프는 캠축에 설치되어 엔진 회전 시 함께 작동된다. 그러므로 엔진 회전수가 증가할 경우 고압 연료펌프의 작동 또한 빨라지게 되어 압력이 상승하게 된다. 이러한 현상을 방지하기 위하여 고압 연료펌프 레귤레이터가 설치된다.

고압 연료펌프 레귤레이터 내부에는 체크밸브가 설치되어 있어 엔진 정지 시 연료압력이 떨어지는 것을 방지하게 되어있으나, 일정 시간 이상 정지 시 압력이 떨어지게 되어 엔진 시동 후 연료압력이 정상적으로 상승하기까지는 일정 시간이 소모된다.

(5) 연료압력센서(pressure sensor)

연료압력센서는 연료 레일 내의 압력변화가 감지하는 장치로서 연료 레일상에 설치되어 있다. 연료압력센서로부터 입력된 신호를 근거로 ECU는 연료압력제어밸브를 이용하여 클로즈 컨트롤(close control)이 제어를 실시한다.

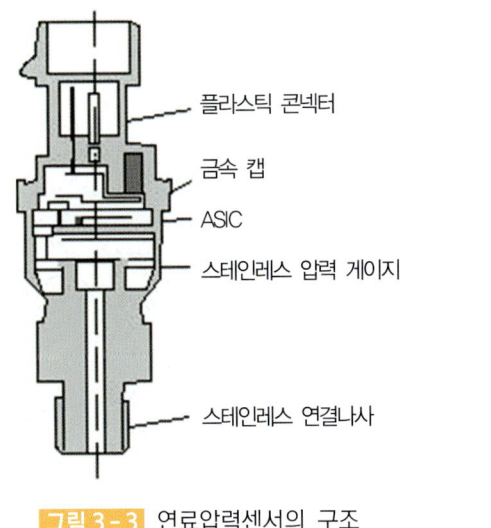

그림 3-3 연료압력센서의 구조

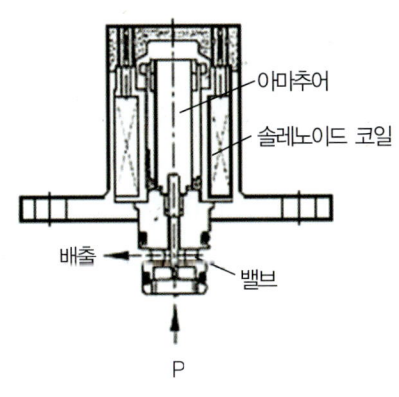

그림 3-4 압력제어밸브의 구조

(6) 압력제어밸브(pressure control valve)

엔진 회전 수에 의해 작동되는 고압펌프의 연료압력이 엔진 회전 수에 상관없이 일정한 압력을 유지할 수 있도록 연료 라인 내의 압력을 조절하는 장치이다.

(7) 스월 인젝터(swirl injector, high pressure injection valve)

GDI엔진에서 연료분사는 점화 시기와 동일하게 분사되며 엔진의 부하에 따라 흡입 또는 압축행정 시 분사된다. 엔진 부분 부하 시 연료는 압축행정 후기에 분사가 된다.

압축행정 분사 시에는 실린더 내의 공기밀도가 높기 때문에 공기저항에 의하여 분무의 관통력이 억제되어 컴팩트한 분무구조로 되어야 한다. 엔진 고부하 시에는 흡입행정 시 연료가 분사된다.

(8) 연료 레일(fuel rail)

연료 레일은 나사로 실린더헤드 부위에 설치되어 연료펌프로부터 공급된 연료를 각 인젝터로 배분하는 역할을 한다. 연료 레일은 높은 압력과 온도의 변화 그리고 기계적 부하에 견디어야 하며, 연료 어큐뮬레이터가 설치되어 연료 라인 내 발생하는 맥동을 줄인다. 연료 레일에는 연료압력제어밸브와 연료압력센서가 설치되어 있다.

03 전자제어장치

1 엔진제어시스템

(1) ECU(engine control relay)

① 연료 분사량제어

㉮ 기본 연료 분사량제어 : 기본 연료 분사량과 분사시간은 흡입공기량(공기유량센서의 신호)과 엔진 회전속도(크랭크 각 센서의 신호)로 결정한다.

㉯ 크랭킹할 때 연료 분사량제어 : 시동 성능을 향상시키기 위해 크랭킹 신호와 수온센서의 신호에 의해 연료 분사량을 증량시킨다.

㉰ 냉각수온도에 따른 제어 : 80℃ 이하에서는 증량시키고, 80℃ 이상에서는 기본 연료 분사량으로

제어한다.
　　⒭ 흡기온도에 따른 제어 : 20℃ 이하에서는 증량시키고, 20℃ 이상에서는 기본 연료 분사량으로 제어한다.
　　⒮ 축전지 전압에 따른 제어 : 축전지 전압이 낮아질 경우 ECU는 분사신호 시간을 연장한다.

② 노크제어

노크제어는 실린더블록의 고주파 진동을 전기적 신호로 바꾸어 ECU로 입력하면, ECU는 노크라고 판정되면 점화시기를 지각시키고, 노크발생이 없어지면 진각시킨다.

③ 피드백제어(feedback control)

피드백제어는 산소센서로 배기가스 중의 산소농도를 검출하고, 이것을 ECU로 피드백시켜 연료 분사량을 증감시켜 항상 이론 혼합비가 되도록 제어한다. 피드백 보정은 다음과 같은 경우에는 제어를 정지한다.
　　㉮ 냉각수온도가 낮을 때
　　㉯ 엔진을 시동할 때
　　㉰ 엔진 시동 후 연료 분사량을 증량할 때
　　㉱ 엔진 출력을 증대시킬 때
　　㉲ 연료공급을 차단할 때

2 센서(sensor)

(1) 공기유량센서(AFS : air flow sensor)

공기유량센서는 실린더 내로 유입되는 공기량을 계측하여 ECU로 보내주며, ECU는 공기유량센서에서 보내준 신호를 연산하여 기본연료량을 결정하고, 분사신호를 인젝터로 보낸다. 종류에는 베인센서, 칼만 와류센서, 핫와이어(핫필름)센서, MAP센서 등이 있다.

① 베인(mass flow meter type)센서

엔진 내 흡입되는 공기를 베인의 열림 정도를 포텐쇼미터(potentio meter)에 의하여 전압비율로 검출하며, ECU로 보내 엔진 내 흡입되는 공기량을 직접 검출하는 기계식 센서이다.

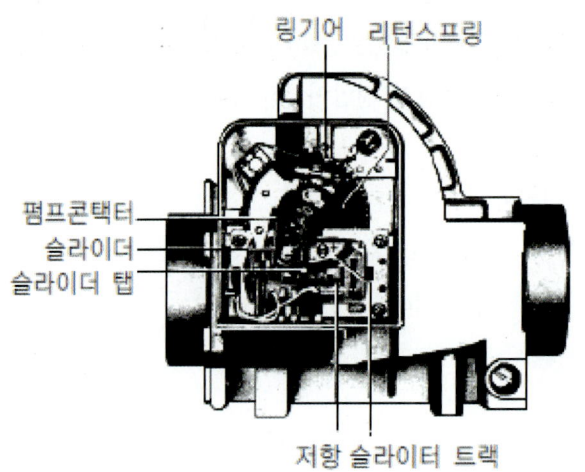

그림 3-5 베인센서의 작동 계통

② 칼만 와류(karman vortex type)센서

흡입공기량을 칼만 와류 현상을 이용하여 측정한 후 흡입공기량을 디지털신호로 바꾸어 ECU로 보내면, ECU는 흡입공기량의 신호와 엔진 회전속도신호를 이용하여 기본연료 분사시간을 계측한다. 이 방식은 체적유량 검출 방식이다.

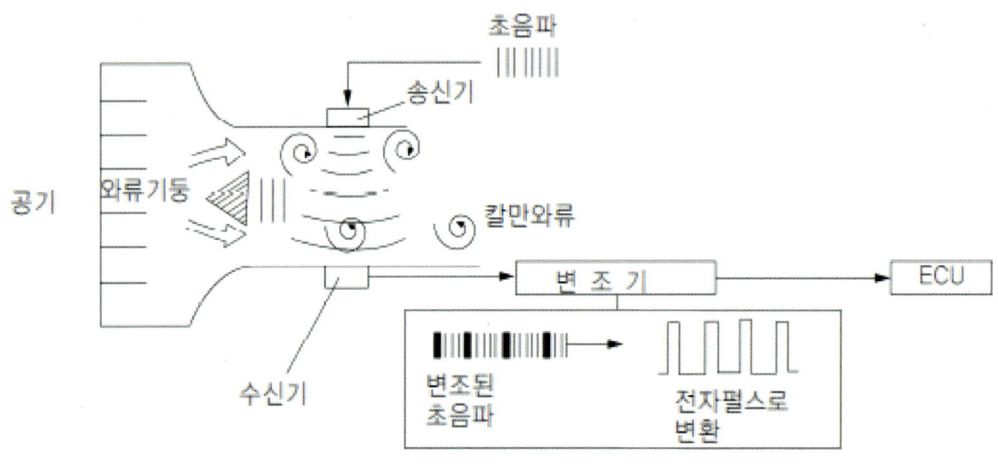

그림 3-6 칼만 와류센서의 작동 계통

③ 핫와이어(hot wire type)와 핫필름(hot film type)센서

핫와이어센서와 핫필름센서는 브릿지회로에 의해 작동되는 원리는 동일하나 가열부가 핫와이어센서에서는 백금선이며, 핫필림센서는 층저항막을 가열하는 부분에서 차이가 있다. 엔진 내 공기가 흡입되며 일정 온도로 가열된 백금선이나 필름부가 냉각되면 센서 내 CU(control unit)는 다시 가열부를 가열하기 위하여 전류를 증가시키는 방식이다.

그림 3-7 핫와이어센서의 구조

㉮ 특징
- 칼만 와류 방식에 비해 회로가 단순하다.
- 흡입되는 공기질량을 직접 정확하게 계측할 수 있다.
- 흡입공기 온도가 변화해도 측정상의 오차는 거의 없다.
- 엔진 작동상태에 적용하는 능력이 개선된다.
- 핫와이어 방식은 오염되기 쉬워 크린 버닝(clean burning)장치를 두어야 한다.

④ MAP센서

MAP(manifold absolute pressure sensor)센서는 흡기다기관의 진공도(부압)로 흡입공기량을 간접 검출하는 방식이다.

(2) 대기압센서(BPS : barometric pressure sensor)

대기압센서는 외기압력이 높을수록 출력전압이 높아진다. 그리고 고지대에서는 산소가 희박하기 때문에 대기압센서의 신호를 받아 ECU는 기본 연료 분사량에서 대기압 보정을 실시한다.

(3) 흡기온도센서(ATS : air temperature sensor)

흡기온도센서는 부특성 서미스터로 구성되어 흡기 공기의 온도가 상승하면 저항값이 감소하여 출력전압이 증가한다. ECU는 흡기온도센서로부터 받은 신호를 근거로 기본 연료 분사량에서 흡기온도 보정을 실시한다.

(4) 스로틀 위치센서(TPS : throttle position sensor)

스로틀 위치센서는 가변저항기로 스로틀밸브의 회전에 따라 출력전압이 변화함으로써 ECU는 스로틀밸브의 열림 정도를 감지한다. 스로틀 위치센서(TPS)가 고장나면 다음과 같은 증상이 발생한다.
① 공회전할 때 엔진에 부조현상이 있거나 주행 가속력이 떨어진다.
② 공회전 또는 주행 중 갑자기 시동이 꺼진다.
③ 자동변속기의 변속점이 틀려진다.
④ 연료 소모가 증가한다.

(5) 수온센서(WTS : water temperature sensor)

수온센서는 엔진의 냉각수온도를 검출하여 전기적 신호로 변환시켜 ECU에 입력시키면 ECU는 흡입공기량과 엔진의 회전 수에 의해 결정된 기본 연료 분사량에서 냉각수온 보정을 통해 연료 분사량을 결정하는 신호로 이용되며, ECU는 엔진의 냉각수온도가 80℃ 이하일 경우 연료 분사량을 증량시킨다. 그리고 수온센서는 부특성 서미스터를 사용하므로 온도가 올라가면 저항값이 낮아진다.

(6) 노크센서(knock sensor)

노크센서는 실린더블록의 고주파 진동을 전기적 신호로 바꾸어 ECU 검출회로에서 노크발생 여부를 판정하며, 노크라고 판정되면 점화 시기를 지각시키고, 노크 발생이 없어지면 진각시킨다. 노크센서는 실린더블록에 장착되어 있으며, 압전소자(피에조 소자)를 이용하여 실린더 내의 압력변화 및 연소온도의 급격한 증가, 내부염화 등의 이상 원인으로 발생한 이상 진동을 감지하여 이를 전기신호로 바꾸어 점화 시기를 조정하는 센서이다.

(7) 산소센서

산소센서는 배기가스 중의 산소농도와 대기 중의 산소농도 차이에 따라 출력전압이 급격히 변화하는 성질을 이용하여 피드백(feedback) 기준신호를 ECU로 입력시킨다. 이때 출력전압은 혼합비가 희박할 때는 약 0.1V, 혼합비가 농후하면 약 0.9V의 전압을 발생시킨다.

① 산소센서의 종류
㉮ 지르코니아 형식 : 지르코니아 소자(ZrO_2)는 고온에서 양쪽의 산소농도 차이가 커지면 기전력을 발생하는 성질이 있는데, 이 성질을 이용한다.
㉯ 티타니아 형식 : 세라믹 절연체의 끝에 티타니아 소자가 설치되어 있고, 전자 전도체인 티타니아가 주위의 산소 분압에 대응하여 산화 또는 환원되어 그 결과 전기저항이 변화하는 성질을 이용한 것이다.

② 산소센서 사용상 주의사항
㉮ 출력전압을 측정할 때에는 디지털형 멀티테스터를 사용한다(아날로그 멀티테스터를 사용하면 파손되기 쉽다).
㉯ 내부저항은 절대로 측정해서는 안 된다.
㉰ 무연(4에틸납이 포함되지 않음)가솔린을 사용할 것
㉱ 출력전압을 단락시켜서는 안 된다.
㉲ 산소센서의 온도가 정상작동온도가 된 후 측정하여야 한다.

③ 전영역 산소센서(wide band oxygen sensor)
전영역 산소센서는 지르코니아(ZrO_2) 고체 전해질에 (+)의 전류를 흐르도록 하여 화산실 내의 산소를 펌핑 셀(pumping shell) 내로 받아들이고, 이때 산소는 외부 전극에서 일산화탄소 및 이산화탄소를 환원하여 얻는다.

(8) 크랭크앵글센서(crank angle sensor)

크랭크 포지션센서(CKPS : crank position sensor)라고도 하며 연료분사 시기와 점화 시기를 결정하기 위하여 크랭크축의 회전각도를 검출하여 입력시키면 ECU는 엔진의 회전 수와 회전속도를 연산하여 점화 시기와 연료분사 시기, 공회전속도를 보정한다. No.1 TDC 및 크랭크앵글센서는 감지하는 방식에 따라 광학 방식(optical type), 전자유도 방식(induction type), 홀 방식(hall type) 등이 있다.

(9) 1번 TDC센서

1번 실린더 상사점센서라고도 한다. 1번 실린더의 압축행정 상사점과 엔진의 회전 수를 감지하여 각 실린더별로 연료분사 및 점화 시기를 결정하는 데 사용된다. 4실린더 엔진에서는 1번 실린더의 상사점을 디지털신호로 바꾸어 ECU에 입력시키고, 6실린더 엔진에서는 1번, 3번, 5번 실린더의 상사점을 디지털 신호로 바꾸어 ECU에 입력시키는 역할을 한다.

3 공전속도 조절기(idle speed controller)

엔진 공회전상태에서 엔진에 부하가 인가되면 엔진회전 수가 저하되어 엔진 부조현상이 발생한다. 이를 방지하기 위하여 엔진 공회전상태에 엔진에 부하가 인가되면 부하로 인해 저하된 엔진 내 흡입되는 공기량을 증가시켜 감소된 엔진회전 수만큼을 높여주는 장치이다.

일반적으로 스텝모터나 서보모터를 이용하여 엔진 내 흡입되는 공기량을 조절하였으나, 최근에는 ETC(electronic throttle valve control)장치가 스로틀밸브에 장착되어 엔진에 인가되는 부하와 엔진의 회전 수를 비교하여 ECU가 스로틀 액추에이터를 작동하여 스로틀밸브를 직접 여닫는 방식으로 엔진의 공회전속도를 조절하고 있다.

4 ETC(electronic throttle valve control)장치

ETC장치는 공회전속도 조절, 스로틀밸브제어, TCS제어, 크루즈 컨트롤시스템 등의 여러 가지 기능을 하나의 모터로 제어하는 장치이다. ETC 액추에이터, ETC 가속페달 모듈, 스로틀 위치센서, 가속페달 위치센서, ETC ECU 유닛 등으로 구성된다. 초기 ETC ECU는 엔진 ECU와 별도로 설치되었으나, 최근에는 ETC ECU는 엔진 ECU 내에 설치되어 있다.

(1) ETC 액추에이터

ETC에서 사용되는 스로틀 바디는 기존 스로틀 바디의 링키지와 가속페달 케이블은 전기적 배선으로 대체되며, ETC 액추에이터에 의해 스로틀밸브를 직접 개폐한다.

(2) 가속페달 위치센서(APS)

APS는 가속페달의 개도량을 검출하는 센서로서 2개가 설치되며, APS 2는 메인 신호로서 ECU로 입력되며, ETC 목표 개도량을 결정한다. 또한 APS 1센서의 고장유무 판정의 기본 신호가 된다. APS 1은 보조센서로서 ETS ECU로 신호를 입력시킴으로써 엔진 ECU로부터 목표 스로틀 개도 신호입력 불가 시 APS 1 신호를 이용하여 ETS 개도량을 결정하게 된다. 또한 APS 2 고장 시 보정신호로 사용된다.

(3) 스로틀 위치센서(TPS)

스로틀 위치센서는 스로틀밸브의 개도량을 검출하는 센서로서 가속페달 위치센서와 같이 2개가 설치된다. TPS 1은 메인센서로서 스로틀 개도신호를 ETS ECU로 입력한다. 이 신호를 근거로 ETS ECU는 목표 스로틀 개도 피드백제어를 하며, ETS모터의 구동보정을 하며 TPS 1의 고장판정의 근거가 된다. TPS 2는 서브센서로서 엔진 ECU로 신호를 입력시켜 TPS1 센서의 고장 시 보정신호로 사용된다.

04 각종 센서의 고장증상

(1) 공기유량센서
① 크랭킹은 가능하지만 엔진 시동성능이 불량하다.
② 공전할 때 엔진의 상태가 불안전하다.
③ 공전 중 또는 주행 중에 엔진 시동이 꺼진다.
④ 주행 중 가속력이 저하한다.
⑤ 센서의 출력값이 부정확할 때 자동변속기 자동차에서는 변속할 때 충격이 발생할 수 있으며, 완전히 고상이 나면 변속지연 현상이 발생할 수 있다.

(2) MAP센서
① 엔진의 출력이 저하한다.
② 엔진에서 부조가 발생한다.

③ 엔진 가동정지가 발생한다.

④ 배출가스가 과다하게 배출된다.

(3) 스로틀 위치센서

① 공전상태 불량

② 주행할 때 가속력 저하

③ 연료 소모 증대

④ 공전 또는 주행 중 갑자기 엔진 가동정지

⑤ CO, HC 등 배기가스 다량배출

(4) 크랭크앵글센서

① 엔진 시동이 불가능하다.

② 연료 소모가 많아진다.

③ 배기가스상태가 불량해진다.

(5) 수온센서

① 공전속도가 불안정하며, 엔진의 부조 현상이 발생할 수 있다.

② 워밍업을 할 때 검은 연기가 배출된다.

③ CO 및 HC의 발생이 증가한다.

④ 공회전 및 주행 중 시동이 꺼질 수 있다.

⑤ 냉간 시동성이 저하될 수 있다.

(6) 산소센서

① 공연비 제어가 불량해진다.

② 급가속할 때 성능저하 및 주행할 때 가속력이 저하하거나 갑자기 엔진 가동이 정지한다.

③ 연료 소모가 많아진다.

④ CO, HC 배출량이 증가한다.

(7) 스텝모터

① 엔진의 시동성능이 저하한다.
② 공전상태가 불안정하다.
③ 엔진 작동정지 현상이 발생한다.
④ 가속성능이 떨어진다.

Chapter 4 디젤 전자제어장치 정비

01 디젤 연료장치

1 디젤엔진의 연료

(1) 연소과정에 영향을 주는 요소

연소과정에 영향을 주는 요소는 연료분사 시기, 연료 분사량, 분사지속시간과 분사율, 분사방향 등이 있으며, 고압 분사펌프를 사용하는 디젤엔진의 실린더 내에서 이루어지는 연소는 열에너지, 기계적 에너지, 화학적 에너지 등이다.

(2) 디젤의 구비조건

① 자연발화점이 낮을 것. 즉, 착화성이 좋을 것
② 황(S)의 함유량이 적을 것
③ 세탄가가 높고, 발열량이 크며, 연소속도가 빠를 것
④ 적당한 점도를 지니며, 온도변화에 따른 점도변화가 적을 것
⑤ 고형미립물이나 유해 성분을 함유하지 않을 것

(3) 세탄가

디젤엔진연료의 착화성은 세탄가로 표시하며, 착화성이 우수한 세탄($C_{16}H_{34}$)과 착화성이 불량한 α-메틸나프탈렌(α-methyl naphthalene, $C_{10}H_7 - \alpha - CH_3$)을 적당한 비율로 혼합하여 임의의 착화성을 가지는 참고용의 표준연료(reference fuel)로 하고, 이것과 시험연료와의 착화성을 비교한 것으로 세탄의

함량 비율로 표시한다.

$$세탄가 = \frac{세탄}{세탄 + \alpha메틸나프탈린} \times 100$$

2 연료의 연소

디젤엔진의 연소과정은 착화지연 기간 → 화염전파 기간 → 직접연소 기간 → 후연소 기간의 4단계로 연소한다.

(1) 디젤엔진의 노크

착화지연 기간 중에 분사된 많은 양의 연료가 화염전파 기간 중에 일시적으로 연소되어 실린더 내의 압력이 급격히 상승하므로, 실린더 벽에 피스톤이 충격을 가하여 소음이 발생하는 현상이다.

디젤엔진의 노크는 주로 연소 초기에 발생하나 가솔린엔진의 노크는 연소 후기에 발생한다. 노크가 발생하면 실린더 내의 압력이 급상승하여 소음과 이상 진동을 동반하며, 노크가 심하면 엔진 과열, 피스톤 및 실린더 벽의 손상, 엔진의 출력이 저하된다.

(2) 디젤엔진 노크 방지 방법

① 착화지연 기간 중에 연료 분사량을 적게 한다. 즉, 분사 초기에 연료 분사량을 감소시킨다.
② 압축비, 실린더 벽의 온도, 흡기온도 및 압력을 높게 한다.
③ 착화지연 기간이 짧은 연료를 사용한다. 즉, 세탄가가 높은 연료를 사용한다.
④ 연료의 분사 시기를 알맞게 조절한다.

02 디젤엔진 연료장치

디젤엔진은 고압으로 압축된 고온·고압의 공기에 연료를 분사하여 동력을 얻는 엔진이므로 압축 착화 엔진(compression ignition engine)이라고도 한다. 디젤엔진은 공기만을 실린더 내에 흡입하여 높은 압축비로 압축하면 공기는 고온·고압으로 압축된다.

이와 같이 고온·고압으로 압축된 공기에 연료를 실린더로 분사시켜 자연 착화하여 연소된 공기의 열팽창으로 동력을 얻는 엔진이다. 압축된 고온·고압의 공기에 의하여 분사된 연료의 자연 착화를 위해서는 가솔린엔진보다 높은 압축비가 필요하며, 따라서 연료 소비율이 적어진다. 엔진 본체는 가솔린과 거의 같으나 높은 압력에 견디기 위하여 견고하다.

1 디젤엔진의 특징

① 부분부하 영역에서 연료 소비율이 낮다.
② 넓은 회전속도 범위에 걸쳐 회전력이 크고 균일하다.
③ 실린더 지름 크기에 제한이 적다.
④ 열효율이 높다.
⑤ 일산화탄소와 탄화수소 배출물이 작다.

2 디젤엔진의 시동 보조기구

(1) 감압장치(de-compression device)

실린더 내의 압축압력을 낮추기 위해 흡입 또는 배기밸브에 작용하여 감압시키고, 겨울철 엔진오일의 점도가 높을 때 시동에서 이용한다. 또 엔진 점검·조정에도 이용한다.

(2) 예열장치

예열장치에는 흡기다기관으로 유입되는 공기를 가열하는 히트레인지와 연소실 내의 공기를 예열하는 예열플러그가 있다.

3 디젤엔진의 연소실

디젤엔진 연소실의 종류에는 단실식인 직접분사실식과 복실식인 예연소실식, 와류실식, 공기실식 등으로 나누어진다.

(1) 직접분사실식 연소실의 장점

① 실린더헤드의 구조가 간단해 열효율이 높고, 연료 소비율이 적다.

② 연소실 체적에 대한 표면적 비율이 작아 냉각손실이 적다.
③ 엔진 시동이 쉽다.

(2) 예연소실식 연소실의 장점
① 공기 과잉률이 낮아 평균유효압력이 높다.
② 운전상태가 조용하고 노크가 잘 일어나지 않는다.
③ 공기와 연료의 혼합이 잘되고 엔진에 유연성이 있다.
④ 주 연소실 내의 압력이 비교적 낮아 작동이 정숙하다.
⑤ 연료분사압력이 낮아 연료장치의 고장이 적다.
⑥ 분사 시기변화에 대해 민감하게 반응하지 않는다.
⑦ 연료의 변화에 둔감하므로 사용연료의 선택 범위가 넓다.

(3) 와류실식 연소실의 장점
① 압축행정에서 발생하는 강한 와류를 이용하므로 회전속도 및 평균유효압력이 높다.
② 분사압력이 낮아도 된다.
③ 엔진 회전속도 범위가 넓고, 운전이 원활하다.
④ 연료소비율이 예연소실식에 비해 낮다.
⑤ 핀틀 노즐을 사용하므로 고장빈도가 낮다.
⑥ 고속에서의 특성이 우수하다.

03 디젤 전자제어장치

전자제어 디젤 분사장치(electronic diesel injection system)는 엔진의 회전속도, 흡기다기관의 압력, 흡입공기온도, 냉각수온도, 대기압, 스로틀 위치 등의 각종 센서 입력신호를 기준으로 하여 최적 연료 분사량을 계산하고 액추에이터를 통해 제어하여 엔진의 최적 연료가 분사되도록 하는 장치이다.
따라서 전자제어 디젤 분사장치는 ECU에 입력된 제어 특성을 이용하여 운전 조건에 따라 연료의 분사량 및 시기를 알맞게 조절하고, 시동 시에는 엔진의 회전속도와 냉각수의 온도를 고려하여 매연이 발생되지 않도록 시동 분사량을 제어한다.

1 전자제어 디젤 분사장치의 장점

① 시동 분사량을 제어하여 엔진을 시동할 때 매연의 발생이 적다.
② 엔진의 운전상태에 따라서 최적 분사로 제어하기 때문에 운전성능이 향상되고 연료 소모가 적다.
③ 에어컨 및 조향장치 등의 동력손실에 관계없이 안정된 공전속도를 유지할 수 있다.
④ 특정 실린더의 분사량을 선택하고 제어할 수 있기 때문에 엔진의 회전속도가 균일하다.
⑤ ECU에 의해 분사량이 보정되기 때문에 엔진과 동력전달 시 헌팅 현상을 방지할 수 있다.
⑥ 가속위치와 엔진의 회전력(토크) 특성이 ECU에 입력되어 주행상태에 따라 제어되므로 주행성능이 향상된다.

2 전자제어 디젤 분사장치의 구성부품 및 기능

전자제어 디젤 분사장치는 연료분사펌프 본체와 흡기온도, 냉각수온도, 흡기다기관압력, 연료의 온도, 연료 분사량, 분사 시기 등의 상태를 전기적 신호를 검출하는 센서 그리고 ECU의 제어신호에 의해 연료의 분사량과 분사 시기를 엔진의 운전상태에 따라 제어하는 액추에이터로 구성된다.

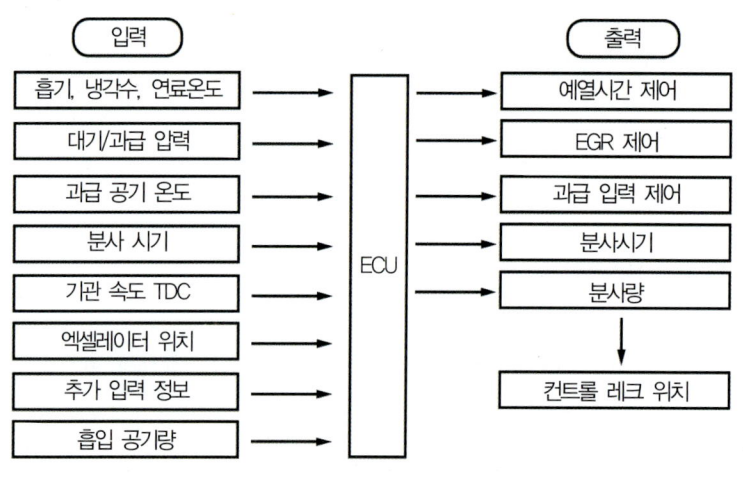

그림 4-1 전자제어 디젤 분사장치의 입/출력도

04 커먼레일엔진의 개요

지금까지 사용되던 디젤연료 분사장치는 분사압력을 얻기 위하여 캠 구동장치를 사용했으며, 그 원리는 분사압력이 속도증가와 함께 증가하고, 이에 따라 분사 연료량이 증가하는 방식으로 이러한 장치는 분사압력이 매우 낮은 경우에만 실제로 사용할 수 있었다.

기존의 캠 구동 방식과 달리 승용차나 상용차에 이용되고 있는 커먼레일 분사(common rail injection)장치에서는 분사압력의 발생과 분사과정이 완전히 별개로 이루어진다. 이렇게 압력 발생과 분사를 분리하기 위해서는 고압을 유지할 수 있는 고압 어큐뮬레이터나 레일(rail)이 필요하게 된다. 이 시스템에서는 종래의 노즐홀더 위치에 솔레노이드가 부착된 노즐이 장착되고, 고압은 레디얼 피스톤펌프(radial piston pump)에 의해서 생성되는데, 일정한 범위 내에서는 엔진 회전 수와는 독립하여 자유롭게 회전속도를 조정할 수 있다. 이에 따라 엔진 효율이 높아지고, 공해물질이 적게 배출되며, 엔진과 관계없이 제어가 가능하며 경량화가 가능하게 되었다.

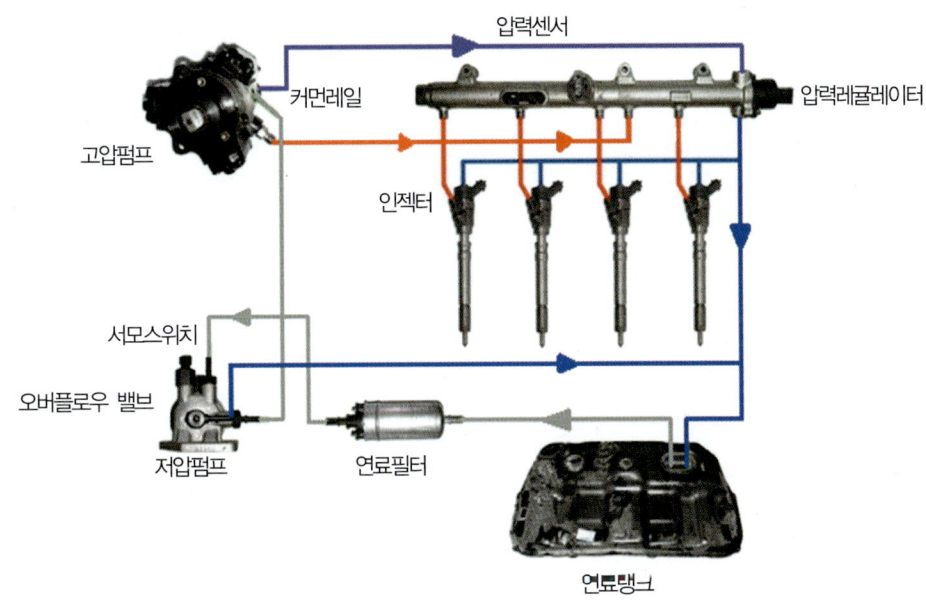

그림 4-2 커먼레일엔진 시스템

1 커먼레일의 분사 특성

① 커먼레일 시스템에서는 연료 분사를 3단계(예비분사 → 주분사 → 후분사)로 분류하여 정밀한 연료 분사량과 분사시기 제어가 가능하다.

② 기존 인젝션펌프 대신 별도의 고압펌프와 커먼레일(어큐뮬레이터)을 적용하여 초고압 직접분사(250 ~ 1,350bar)가 실현되어 무화, 관통력이 향상되어 연소 효율이 높다.

③ 커먼레일 모듈 시스템으로 분사에 중요한 역할을 하는 인젝터, 커먼레일, 어큐뮬레이터(accumulator), 고압펌프로 구성되며, 이 시스템을 동작하기 위한 ECU, 크랭크축 위치센서, 캠축 위치센서 등을 필요로 한다.

2 커먼레일엔진의 장점

(1) 배출가스의 감소

커먼레일 시스템은 초고압 연료분사(약 1,350bar)와 EGR밸브 및 산화촉매 적용으로 각종 유해 배출가스를 억제할 수 있어 세계 모든 국가의 배기가스 규제를 만족시킬 수 있다.

(2) 자동차의 성능 향상

첨단 전자제어 축압식 연료분사장치(common rail system)를 적용하여 고압으로 연료분사가 가능하므로, 기존에 사용되는 일반적인 디젤엔진보다 토크(torque)가 50% 정도 향상되었고, 출력(power)을 25% 정도 증가시킬 수 있다.

(3) 저소음으로 운전성 향상

지금까지 디젤엔진의 특징이라고 불리던 진동과 소음이 예비분사(pilot injection) 시스템을 도입하여 획기적으로 줄임으로써 운전하는데 보다 안락함을 얻을 수 있다.

(4) 설계의 용이 및 엔진의 경량화 기능

엔진 회전 수에 의해 연료분사제어를 하는 것과는 달리 엔진과 연료분사를 독립적으로 하기 때문에 설계가 용이하고, 부품 수가 줄어 기존의 디젤엔진에 비해 약 20kgf의 중량 절감이 있다.

(5) 완전연소로 연비 향상

기존의 로터리펌프를 사용하는 엔진에 비하여 엔진의 회전 수와는 관계없이 분사압, 분사량, 분사 시기를 독립적으로 제어하여 직접 분사하기 때문에 고압을 유지할 수 있고 연소효율을 높임으로써 20% 정도의 연비를 향상시킬 수 있다.

(6) 시스템의 모듈화(module) 가능

ECU에 의해 각 엔진실린더별로 연료분사가 가능함으로써 시스템의 모듈화가 가능하며, 다기통(3, 4, 5, 6실린더)엔진에 적용이 가능하다. 엔진의 큰 변경 없이 컨벤셔널(conventional)한 인젝션 장착을 커먼레일 시스템으로 대체가 가능하다.

05 연료분사제어

1 예비분사(pilot injection)

주분사 전에 약간의 연료를 연소실에 분사하여 연소효율 향상과 소음 및 진동을 저감할 수 있다. 주분사 시 점화 지연이 짧아지며 연소압력 상승의 감소와 연소압력 피크치가 감소되어 훨씬 부드러운 연소가 된다. 예비분사가 없는 방출을 곡선(ⓓ)에서는 TDC 이후 가파른 압력 상승을 엔진연소 소음에 상당한 영향을 미치는 피크치와 같이 증가한다. 예비분사가 있는 방출률 곡선(ⓒ)에서는 TDC 근처에서의 압력은 다소 높은 값이고, 연소 압력은 완만히 증가한다.

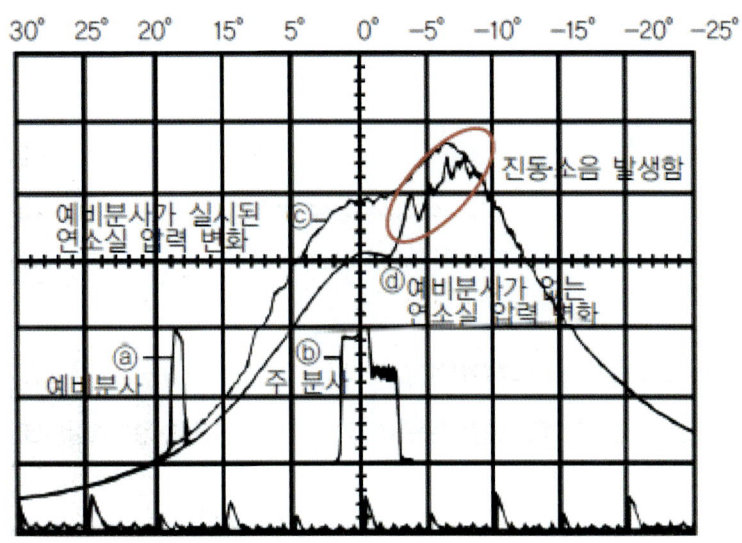

그림 4-3 예비분사를 할 때와 예비분사가 없을 때의 방출률 곡선

2 주분사(main injection)

실제 엔진 출력을 내기 위한 연료분사로 각 센서의 정보를 토대로 ECU가 분사량 및 분사시기를 제어하여 최대의 토크를 발생시킨다.

3 후분사

주분사 후 NOx를 저감할 목적으로 소량의 연료를 분사한다. 후분사를 실시하면 연비가 나빠지며 현재 우리나라에서는 실시하지 않고 있다.

4 커먼레일 연료 시스템의 구성

커먼레일 연료장치 시스템은 고압의 연료를 형성하여 분배할 수 있도록 되어 있으며, 각 센서들의 정보를 받아 ECU는 최적의 연료 분사량 및 분사 시기를 계산하여 인젝터 솔레노이드에 전류를 제어한다. 커먼레일 연료 분사 시스템은 제어 부분인 ECU, 저압 연료 계통, 고압 연료 계통으로 분류할 수 있다.

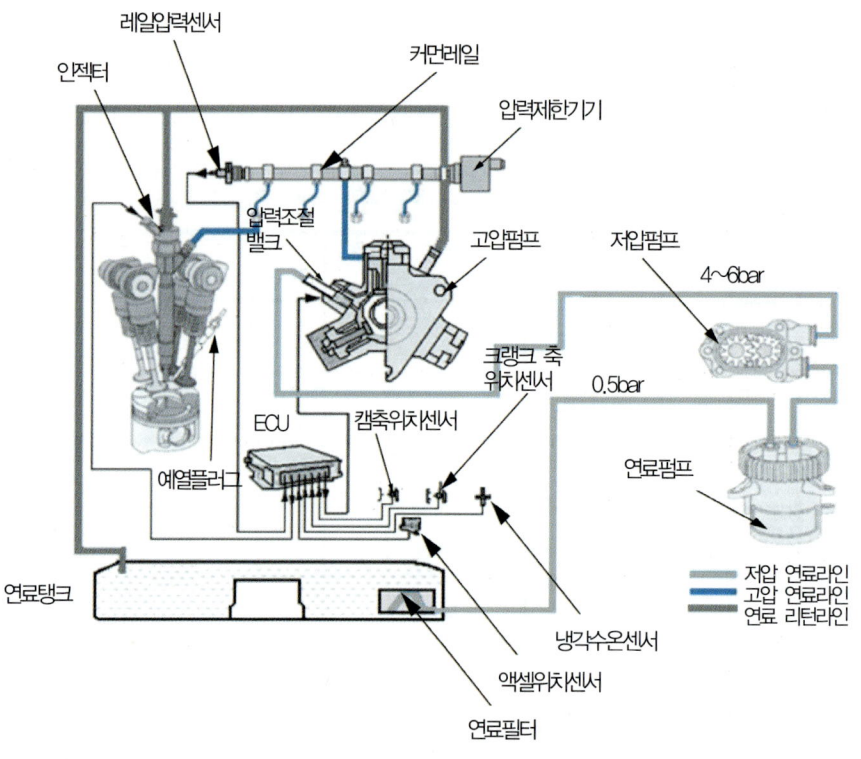

그림 4-4 시스템 구성도(보쉬형)

06 저압 연료 계통

1 연료탱크

연료탱크는 부식에 강한 재질을 사용하고, 허용압력은 작동압력의 2배(최소 0.3bar 이상)이며, 과도한 압력 발생을 방지하기 위하여 적당한 플러그와 안전밸브가 설치되어 있다.

2 저압 연료펌프(low pressure fuel pump)

(1) 전기식 저압 연료펌프

전기식 저압펌프는 ECU에 의해 구동되며 연료탱크의 연료를 강제로 미는 방식(강제 구동 방식)으로 연료탱크에 내장된 타입과 연료탱크 밖에 장착된 타입이 있다.

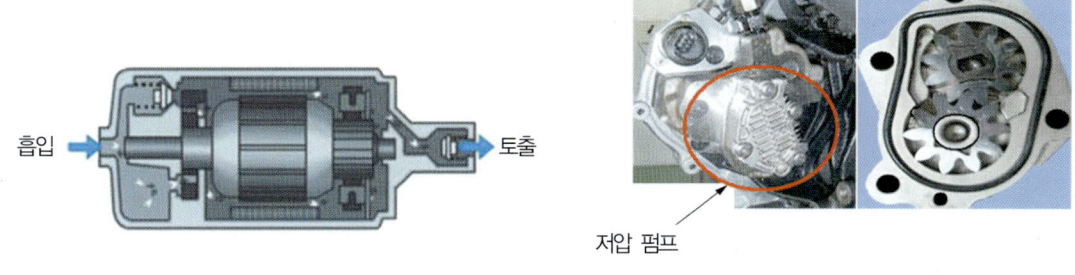

(a) 전기식 전압 연료펌프   (b) 기계식 저압 연료펌프

그림 4-5 저압 연료펌프

KEY ON 시 연료펌프 릴레이가 작동되어 3~5초 동안 모터를 구동하여 고압펌프까지 라인 잔압을 형성한 다음 모터구동을 정지시킨다. 엔진 회전 수가 50rpm 이상이 되면 정상적으로 연료모터를 구동한다.

(2) 기계식 저압 연료펌프

기계식 연료펌프는 기어 타입으로 고압펌프와 일체로 구성되어 있다. 엔진 회전과 동시에 타이밍 체인 또는 벨트로 고압펌프와 연결되어 있어 고압펌프가 회전하면 고압펌프 내부의 구동 샤프트에 의해 저압펌프도 작동하여, 연료탱크 내의 연료는 저압펌프에 의해 흡입되고 연료압력 조절밸브에 의해 고압펌프로 연료가 이송된다.

(3) 연료 필터 및 히팅장치(fuel filter & heating system)

연료 필터는 연료 속에 함유되어 있는 수분이나 이물질을 여과하여 고압펌프의 손상을 방지하고 고압펌프에서 원활한 작용이 이루어지도록 한다. 또한 연료 히팅은 냉간 시 연료 속에 이물질 생성 및 응고가 되는 것을 방지하여 시동성이나 가속성 및 내구성을 향상시킨다.

D엔진은 연료 필터에 연료온도 스위치, 연료 히팅장치 및 수분 감지센서가 부착되어 있으며, 연료온도 스위치는 바이메탈식으로 -3℃ 이하 시 스위치가 작동(ON)되어 연료 필터 내의 히터를 작동시켜 연료 속의 파라핀이 응고되는 것을 방지하여 시동성을 향상시킨다. 수분 감지센서는 필터 내에 수분이 감지될 경우 수분 경고등을 점등시킨다. 저압 연료 모터가 전기 구동 방식이므로 플라이밍펌프가 없다.

07 고압 연료 계통

1 고압펌프(high pressure pump)

고압의 연료를 커먼레일에 공급하는 기능이며, 구동 방식은 기존 인라인 인젝션펌프와 동일하다. 멀티 액션 캠(multi-action cam)을 도입하여 펌프 기통수를 줄였다. 예를 들어, 6기통 엔진에 3산 캠을 2기통 펌프 적용으로 가능하다. 펌프 효율 향상 및 고압 연료 폐기의 손실 방지를 위하여 토출량 제어 방식을 채택하였다. 구동 토크는 일반적인 디젤엔진보다 저속에서 토크 50% 향상 및 출력 25%의 증가를 얻어 낼 수 있다.

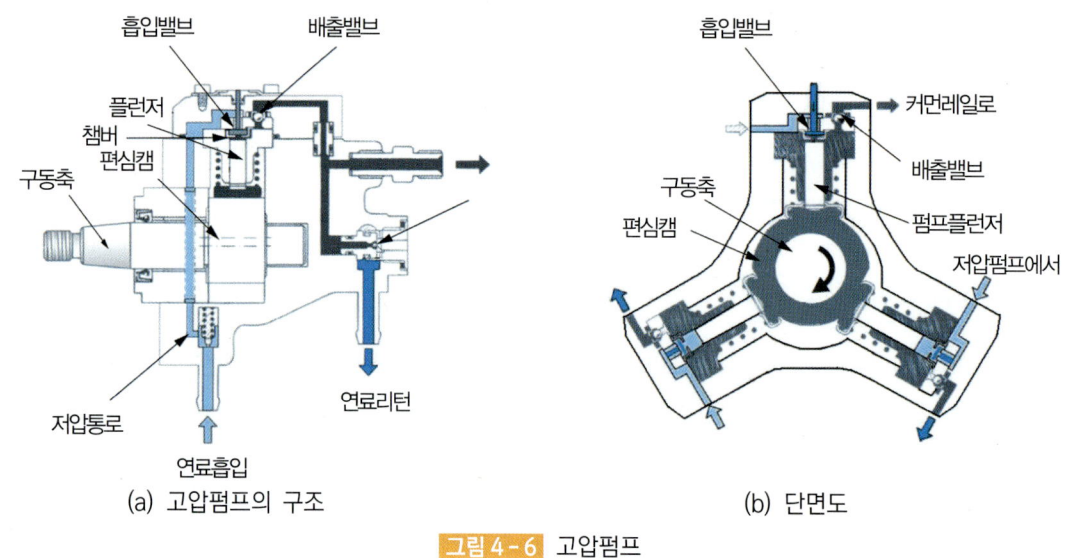

(a) 고압펌프의 구조　　　　　(b) 단면도

그림 4-6 고압펌프

① 고압펌프는 캠축에 의해 구동되며 엔진이 2회전할 때 1회전하며, 펌프 내측에 120°의 각도로 설치된 세 개의 펌프 피스톤에 의해 고압(약 1,350bar)으로 압축되어 1회전당 3회(120°)씩 펌핑하여 레일로 이송한다.
② 고압펌프를 구동하기 위해 필요한 회전력은 기존의 분사펌프 회전력의 1/9 정도이다. 펌프를 구동하기 위해 필요한 회전력은 레일에 설정된 압력과 펌프의 속도(이송량)에 비례하여 증가하며, ECU가 제한하는 최고의 압력은 1,350bar 정도이다.
③ 연료압력 조절기의 압력이 120bar 이상이 되어야 인젝터가 작동할 수 있고 시동 시에는 250bar 이상이 된다.
④ 분사압력은 연료 분사량에 영향(출력에 영향)을 준다.

2 고압 어큐뮬레이터(high pressure accumulator) - 커먼레일

고압펌프로부터 공급되는 고압의 연료를 저장하고 축압되는 곳으로 연료가 공급될 때와 분사될 때의 압력 변화는 레일 체적과 내부 압력으로 감쇄시킨다. 또한 레일의 압력 변화는 ECU에서 제어하는 압력과 고압펌프의 회전속도에 따라 영향을 받는다.

레일에는 연료의 압력을 감지하는 레일압력센서(RPS), 연료의 압력을 제어하는 압력 조절밸브(D엔진), 연료 제한밸브(A엔진) 및 인젝터 라인으로 구성되어 있다. 연료압력은 항상 레일압력센서에 의해 모니터링되고 연속적으로 엔진에서 요구하는 조건에 따라 조절하게 된다. 가변 연료압력은 250(공전 시), 1,350bar 정도이다.

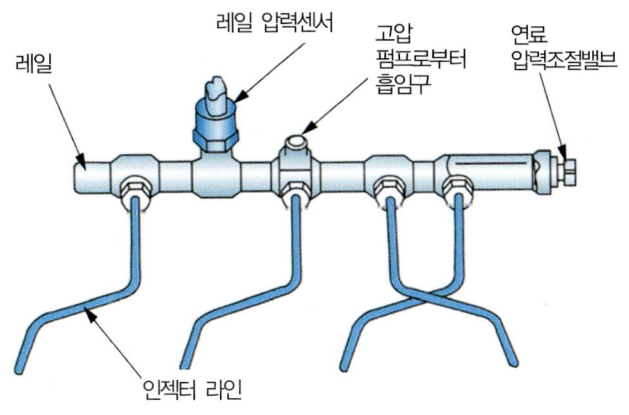

그림 4-7 커먼레일

3 연료압력 조절밸브

① 커먼레일의 끝단 부분에 설치되어 있으며 연료압력센서(RPS)의 신호를 받아 ECU가 기준 목표 압력을 제어하는 출구 제어 방식을 채택하고 있다. 즉, 연료압력 제어밸브는 ECU에 의해서 듀티 제어되며, 레일 내의 압력(1,350bar)을 항상 정확하게 하기 위해 피드백한다. 만약 레일압력이 과도하면 압력 조절밸브는 열리고 연료가 리턴라인을 통해 연료탱크로 리턴되고, 반대로 레일압력이 낮으면 압력 조절밸브가 닫혀 고압을 형성한다. 즉, 전류가 적게 흐른다는 것은 리턴량이 많아 커먼레일의 압력이 낮아지고, 반대로 전류가 증가하면 플런저가 리턴라인을 막아 리턴량이 적게 되어 레일압력이 높아진다는 것이다.
② 공전 시(750rpm) 제어 듀티는 약 15% 정도이며 이때 연료압력은 260bar 정도이다.
③ 커먼레일압력 = 리턴 스프링압력 + 전류 세기
④ 전원 OFF 시 100bar(스프링압력) 이하로 떨어진다.

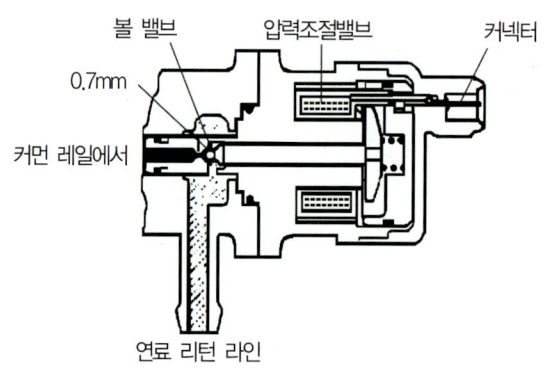

그림 4-8 연료압력 조절밸브의 구조

4 레일압력센서

규정 압력에 대응하는 전압신호를 컴퓨터에 보내기 위해 커먼레일에서 순간적인 압력을 측정하여야 한다. 연료는 커먼레일에서 입구를 통하여 레일압력센서로 들어간다. 센서의 끝 부분 센서 다이어프램으로 실-오프(seal-OFF)되어 있다. 압력이 가해진 연료는 블라인드 구멍(blind hole)을 통해 센서의 다이어프램에 도달한다. 압력을 전기신호로 바꾸는 센서 요소는 이 다이어프램에 연결되어 있다. 센서에 의해 생성된 신호는 측정신호를 증폭시켜 컴퓨터로 보내는 평가회로에 입력된다.

5 인젝터(injector)

인젝터는 연료를 연소실에 분사하는 기구이며, 컴퓨터에 의해 제어되고 분사 개시와 분사된 연료량은 전기적으로 작동되는 인젝터에 의해 조절된다. 인젝터는 실린더헤드에 설치되며 솔레노이드밸브와 노즐로 구성되어 있다. 연료는 고압통로를 통하여 인젝터로 공급되고, 오리피스(orifice)를 통해 제어 챔버(control chamber)에 공급된다. 제어 챔버는 솔레노이드밸브에 의해 열리고 볼밸브(블리드 오리피스)를 경유하여 연료 리턴라인과 연결되어 있다.

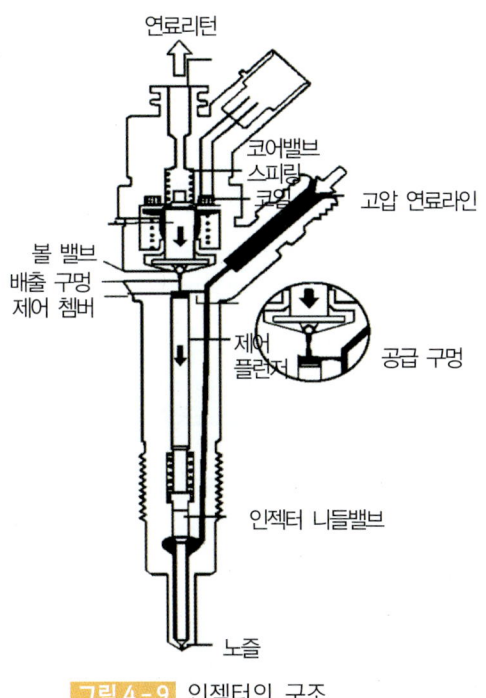

그림 4-9 인젝터의 구조

볼밸브가 닫힌 채 제어 플런저(control plunger)에 적용된 유압이 니들밸브의 압력값을 이기면 니들밸브는 밸브시트에서 강제로 이동(상승)되면서 고압통로가 열리며 연료가 분사된다. 인젝터의 솔레노이드밸브가 작동되면 볼밸브가 열리고 이에 따라 제어 챔버의 압력이 낮아지므로 플런저에 작용하는 유압이 낮아진다. 연료압력이 니들밸브압력에 작용하는 압력보다 낮아지면 니들밸브가 열린다. 니들밸브를 열기 위해 요구되는 제어량은 실제로 분사되는 연료량에 추가된다. 그리고 이것은 제어 챔버의 오리피스를 통해 연료 리턴라인으로 돌아간다. 또 연료는 니들밸브와 제어 플런저 가이드에서도 손실이 일어날 수 있다. 이러한 제어와 누출 연료량은 리턴라인을 통해 연료탱크로 되돌아간다.

인젝터의 작동은 엔진 시동과 함께 압력을 생성하는 고압 연료펌프와 더불어 4단계로 나눌 수 있다. ① 인젝터 닫힘(고압 적용), ② 인젝터 열림(분사 개시), ③ 인젝터 완전열림, ④ 인젝터 닫힘(분사 완료). 이러한 작동 단계는 인젝터 구성 성분에 작용하는 힘의 분배에 의해 결정되며, 엔진의 작동 정지와 커먼레일에 연료압력이 없는 상태에서 노즐 스프링은 인젝터를 닫는다.

08 커먼레일 입·출력 시스템

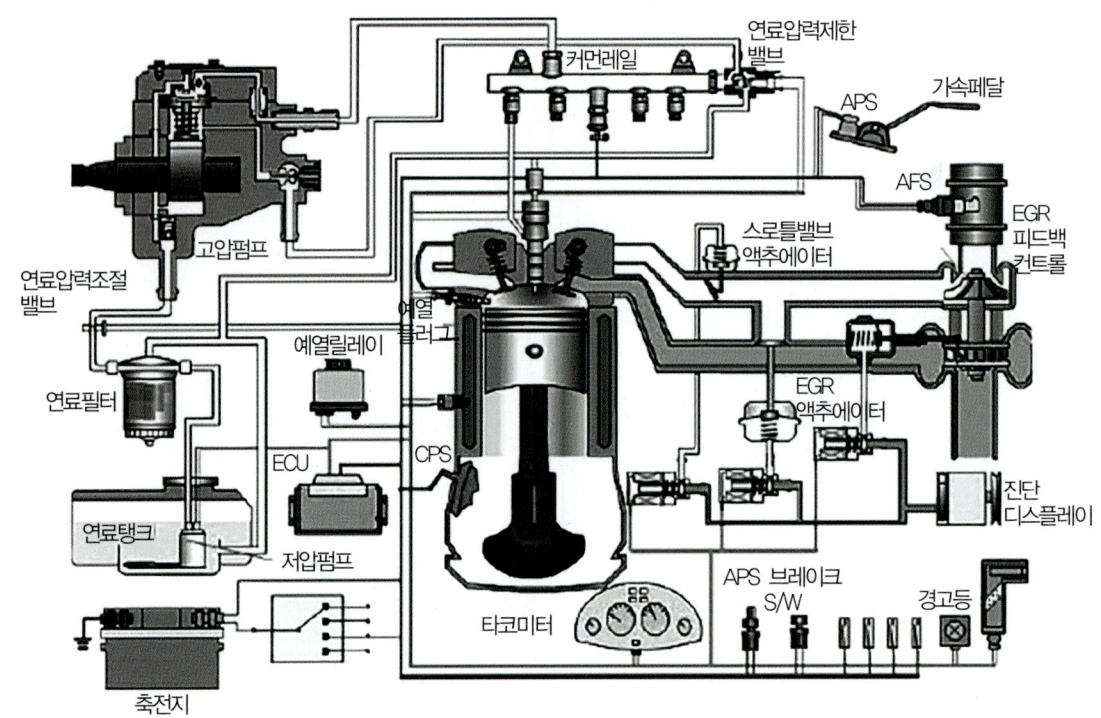

그림 4-10 커먼레일 입·출력 시스템

각종 센서와 스위치로부터 자동차의 정보를 입력받은 ECU는 최적의 운전조건이 되도록 각 액추에이터 및 릴레이를 제어하는 다중 제어 방식으로 모듈화된 시스템이다. 연료탱크 내의 연료는 필터를 거쳐 고압펌프로 공급되어 고압펌프에서 가압된 연료는 커먼레일(어큐뮬레이터)에 저장되었다가 자동차 정보를 입력받은 ECU는 가장 적정한 분사 시기와 분사량을 연산하여 인젝터를 구동시킨다.

Chapter 5 과급장치 정비

01 과급장치 정비

1 과급장치

과급기는 엔진의 흡입효율(체적효율)을 높이기 위하여 흡입공기에 압력을 가해주는 일종의 공기펌프이며, 디젤엔진에서 주로 사용된다. 터보 과급장치의 구조는 공기를 압축하는 컴프레서부와 배기의 압력을 이용해서 컴프레서를 구동하는 터빈부로 이루어져 있다.

엔진은 작동할 때 공기가 필요하며 이러한 공기 공급은 흡입행정에서 실린더 내에 발생하는 진공에 의하여 자연적으로 흡입되거나 과급기(supercharger) 등을 사용하여 강제로 공기를 실린더 내로 주입시켜야 한다. 그리고 혼합기가 연소한 후 연소가스를 외부로 배출해야 하는데, 이러한 일을 하는 장치를 흡·배기장치라 한다.

흡입장치에는 공기청정기(air cleaner), 공기유량센서(air flow meter), 흡기다기관(intake manifold), 스로틀 바디(throttle body), 과급기(supercharger) 등이 있으며, 배기장치는 배기다기관(exhaust manifold), 소음기(muffler), 공명기(resonator), 촉매장치(catalytic converter), 산소센서(O_2 sensor), 배엔진(exhaust pipe) 등으로 구성된다.

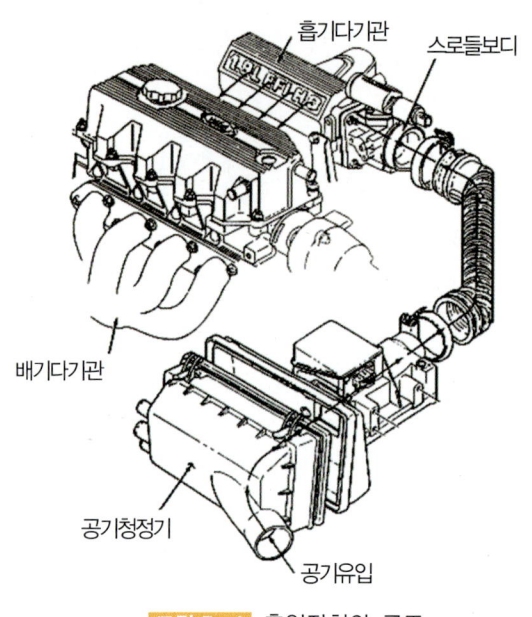

그림 5-1 흡입장치의 구조

2 흡입장치

(1) 공기청정기

엔진에 흡입되는 공기는 대기이므로 대기 중의 먼지 등이 흡입되면 실린더 벽, 피스톤 링, 흡입밸브 등의 마모를 촉진시키며, 이와 같이 먼지가 엔진의 윤활유 속에 혼입되면 연마제와 같은 역할을 하여 베어링 및 엔진 각 부위를 마모시키는 원인이 된다. 따라서 공기청정기는 흡입되는 공기 속의 먼지를 제거함과 동시에 공기를 흡입할 때 흡입 계통에서 발생하는 강한 소음을 제거하는 역할을 하는 장치이다. 공기 중에 포함되어 있는 먼지(dust)는 산화규소(SiO_2), 산화알루미늄(Al_2O_3), 산화철(Fe_2O_3), 카본(carbon) 등이 주성분으로 되어 있는데, 흡입공기의 청정도는 엔진의 수명을 좌우하는 매우 중요한 요소이다.

공기청정기의 종류에는 건식 공기청정기(dry type air cleaner)와 습식 공기청정기(wet type air cleaner)가 있다. 건식 공기청정기는 종이, 천, 다공질의 합성섬유 등과 같은 여과재를 주름지게 접은 여과 엘리먼트를 장착하여 먼지를 포함한 공기가 이 엘리먼트를 통과할 때 이물질이 걸러지게 된다.

기화기를 사용하는 공기청정기의 구조로 엘리먼트의 구조는 거의가 원통형으로 제한되어 있으나, 전자제어 연료 분사장치를 사용하면서 여러 가지 모양의 엘리먼트가 있다.

건식 공기청정기의 특징은 다음과 같다.

① 매우 미세한 먼지도 제거할 수 있고 품질이 안정되어 있다.
② 엔진 회전 수 변동에도 안정된 여과 효과가 있다.
③ 구조가 간단하고 가벼우며 저렴하다.
④ 엘리먼트 교환이 쉽고, 장시간 사용할 수 있으며 청소하기가 쉽다.

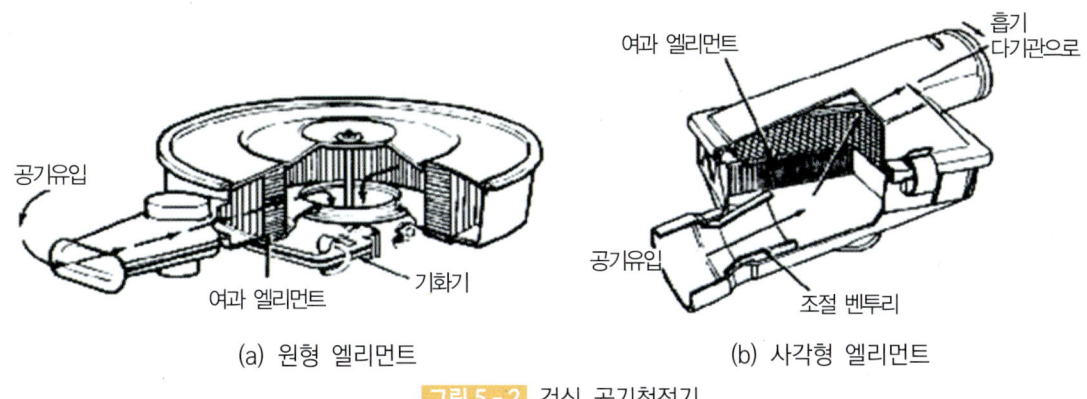

(a) 원형 엘리먼트　　　　　　(b) 사각형 엘리먼트

그림 5-2　건식 공기청정기

습식 공기청정기는 2중의 케이스 내에 오일을 머금은 스틸 울(steel wool) 엘리먼트가 들어 있고, 바깥 케이스 하부에는 규정량의 윤활유(엔진오일)가 들어있다. 공기가 흡입되면 먼저 바깥 케이스 하부의 윤활유에 접촉하면서 다소 큰 입자의 무거운 먼지가 오일 통(oil bath) 내의 윤활유에 흡착되고 여기를 통과한 공기는 다시 스틸 울 엘리먼트를 통과하면서 먼지나 이물질이 재차 걸러진다. 이 방식은 가솔린 엔진보다 디젤엔진에서 많이 사용되고 있다.

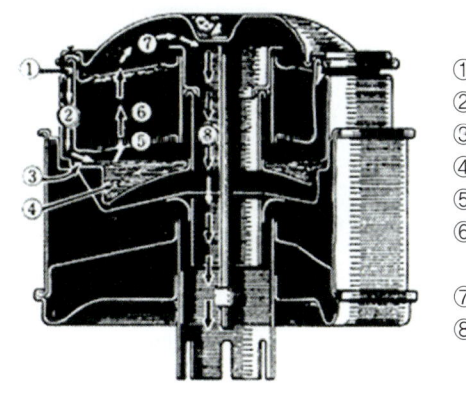

① 공기 유입구
② 공기 통로
③ 굴곡부
④ 오일통
⑤ 여과망
⑥ 미세입자 흡수
　(스틸울 엘리먼트)
⑦ 선회부
⑧ 공기배출

그림 5-3　습식 공기청정기의 구조

(2) 흡기다기관

각종 흡기다기관의 모양을 기화기용과 가솔린 분사용으로 구분하여 나타내었다. 흡기다기관은 공기나 혼합기를 각 실린더에 가능한 균등히 배분시켜 주는 장치를 말하며, 재질은 알루미늄 합금 또는 특수 플라스틱을 사용하고 있다.

흡기다기관 형상은 공기 흐름이 양호하면서 흡기 맥동이나 유체 관성 등을 충분히 고려하여 엔진의 전 회전 수 범위에서 높은 충전 효율을 얻도록 설계되어야 한다. 또한 흡기다기관 내부는 가능한 매끄러워야 하며 각 실린더까지 길이는 모두 같아야 각 실린더에 공급되는 공기량 또는 혼합기량이 균등하게 배분될 수 있으므로 흡기다기관의 직경, 단면 형상, 휨 부분의 곡률반경(가능한 크게) 등을 충분히 고려하여야 한다. 가속 시의 응답성을 양호하게 하고, 저속에서 원활한 운전을 하기 위해서는 다엔진의 단면적이 적어 흡기의 흐름속도가 빠른 것이 좋고, 고속운전에서 큰 출력이 필요할 때는 저항이 적고 단면적이 큰 것이 좋다.

일반적으로 엔진의 흡입과정은 정상 흐름이 아니고 간헐 흐름이므로 이에 따른 맥동이나 부가적인 소음 발생이 야기되므로, 흐름관성을 이용한 외기도입 덕트를 길게 하거나 흡입손실을 적게 하고, 소음을 줄일 목적으로 레저네이터(resonator)를 설치하기도 한다.

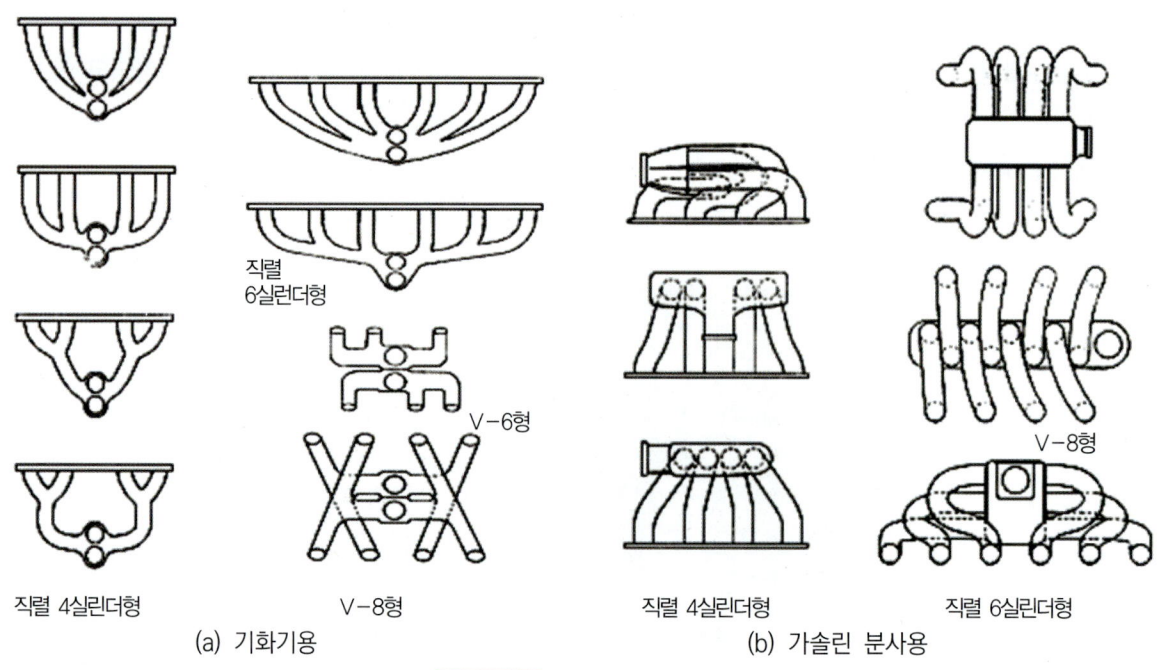

그림 5-4 흡기다기관의 종류

(3) 과급기

엔진의 출력을 향상시키기 위해서는 행정 체적의 증대, 체적효율의 향상 또는 회전 수를 증가시켜야 한다. 그러나 행정 체적을 증가시키거나 실린더의 수를 증가시키면 엔진의 중량이나 크기면에서 불리하며 회전 수를 증가시키는데 한계가 뒤따른다. 동일한 행정 체적이나 회전 수에서 엔진 출력을 증대시키기 위한 방안으로 흡입공기를 가압하여 강제적으로 흡입시키는데 이러한 장치를 과급기라 한다. 과급기의 종류에는 배기 과급기(exhaust gas turbocharger)와 기계 과급기(mech-anical supercharger)가 있다. 일반적으로 중, 저속 디젤엔진에서는 기계 과급기를, 가솔린엔진 또는 고속 디젤엔진에서는 배기 과급기를 사용하고 있다. 과급할 경우 자연 흡입식 엔진에 비하여 2배 이상의 흡입공기를 흡입할 수 있으며, 출력면으로 1.5~2배의 출력 향상을 도모할 수 있다. 그리고 자동차용 과급기는 엔진의 전체 회전 영역에 걸쳐서 배출압력이 균일하고 고출력, 소형이어야 한다.

① 과급기를 설치하였을 때의 장점

㉮ 엔진 출력이 35~45% 증가된다. 단 엔진의 무게는 10~15% 증가된다.
㉯ 체적효율이 향상되기 때문에 평균유효압력과 엔진의 회전력이 증대된다.

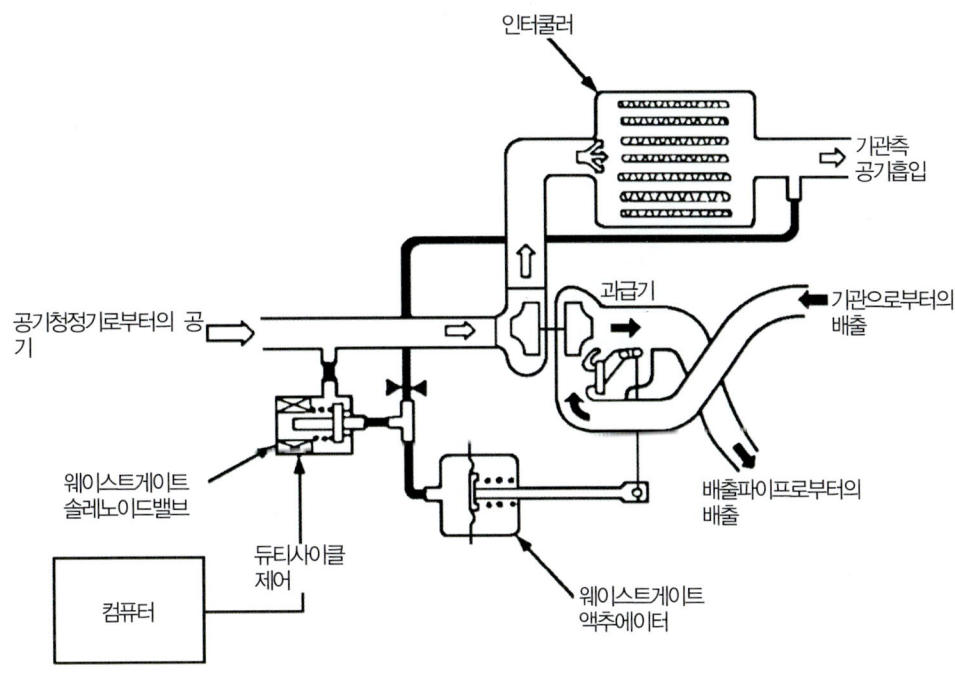

그림 5-5 과급기 작동도

㉢ 높은 지대에서도 엔진의 출력 감소가 적다.
㉣ 압축온도의 상승으로 착화지연 기간이 짧다.
㉤ 연소상태가 양호하기 때문에 세탄가(cetane number)가 낮은 연료의 사용이 가능하다.
㉥ 냉각손실이 적고, 연료소비율이 3~5% 정도 향상된다.

② 과급기의 분류

4행정 사이클 디젤엔진에서는 배기가스로 구동되는 터보차저(원심형)가 사용되며, 2행정 사이클 디젤엔진은 크랭크축으로 구동되는 루트 블로워(roots blower)가 소기펌프로 사용된다. 그리고 과급기의 윤활은 엔진 윤활장치에서 보내준 오일로 직접 급유된다.

③ 과급기의 종류

㈎ 루츠식 과급기(roots supercharger)

루츠식 과급기는 그림 5-6과 같이 세 개의 로브(lobe)를 갖는 루츠 형상의 로터가 하우징 내에서 서로 맞물려 회전하는 기계 과급기이다. 구동은 크랭크축에 의하여 회전하며 엔진 회전 수의 약 2~3배의 속도로 회전한다. 흡입구로 들어온 새로운 공기는 로터 로브와 하우징 사이에 채워지고 로터가 회전함에 따라 출구로 배출되어 인터쿨러(intercooler) 또는 흡기다기관으로 보낸다.

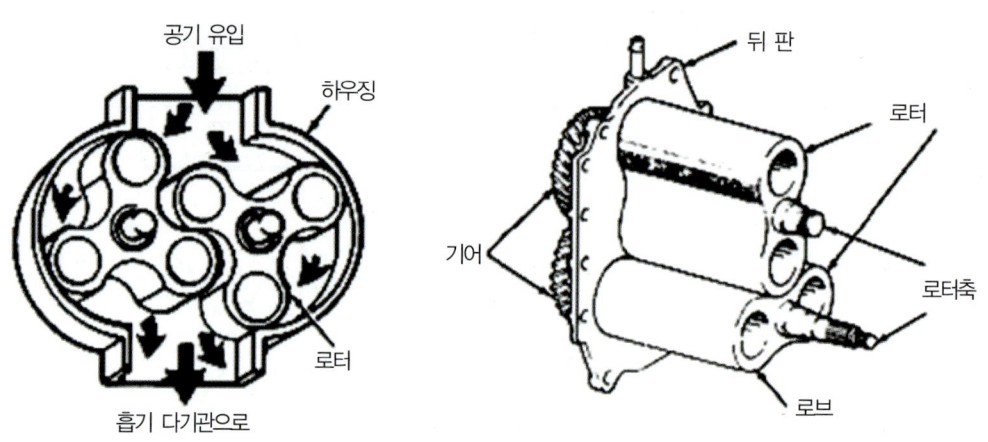

그림 5-6 루츠식 과급기

㈏ 배기 터보과급기(turbocharger)

일반적으로 자동차용 엔진에서는 배기가스에 의하여 구동되는 원심 펌프형 터보과급기를 사용한다.

배기 터보과급기의 주요 구성부품은 터빈(turbine), 압축기(compressor), 디퓨저(diffuser), 터빈축(turbine shaft), 웨이스트 게이트밸브(waste gate valve), 베어링 등으로 구성된다. 터보과급기는 고온·고압의 배기가스 압력에너지로 터빈축을 회전시키면 터빈 반대편에 있으면서 동일한 축에 연결된 압축기가 회전하여 흡입공기를 압축하게 된다.

엔진의 회전 수가 상승함에 따라 배기가스의 압력이 상승하여 터빈의 회전 수를 상승시킴으로써 압축기에 의한 과급압력도 상승하여 출력이 증가된다. 그러나 과급압력이 기준치 이상으로 상승하게 되면 연소 폭발압력이 너무 높아 엔진 각 구성부품의 내구성에 문제가 발생하므로, 이때 웨이스트 게이트밸브를 열어 배기가스를 바이패스시킴으로써 과급압력을 설정 압력 이하로 조절한다.

웨이스트 게이트밸브의 작동은 흡기다기관 내 압력(정압) 또는 ECU에 의하여 제어할 수 있는데, ECU 제어 방식은 흡기다기관 내에 압력센서를 장착해야 하며, 웨이스트 게이트밸브(waste gate actuator)는 솔레노이드밸브(solenoid valve)의 작동에 의하여 제어된다.

㉰ 인터쿨러(inter cooler) - 디퓨저

과급기에서 공기를 압축하면 흡입공기온도가 상승하는데 약 100~150℃ 정도의 범위이다. 가솔린 엔진에서 흡입공기온도가 상승하면 밀도 저하로 인하여 충전효율이 저하됨과 동시에 혼합기의 온도가 상승하여 노킹이 발생하기 쉽다. 따라서 인터쿨러란 흡입공기온도를 하락시킴으로써 충전효율의 향상과 노킹 발생을 줄이기 위하여 설치된다.

일반적으로 인터쿨러는 수랭식과 공랭식이 있다. 수랭식 인터쿨러는 물펌프, 냉각용 보조 라디에이터 등이 필요하며, 냉각액과 주행 바람에 의하여 냉각된다. 공랭식 인터쿨러는 주행풍이 직접 고온의 흡입공기온도를 냉각시키도록 주행할 때 바람을 쉽게 받을 수 있는 곳에 장착된다.

Chapter 6 배출가스장치 정비

01 배기가스(exhaust gas)

엔진 연소실에서 연료를 완전 연소시킬 수 있다면 연료의 주성분인 탄화수소는 산소와 결합하여 수증기와 이산화탄소(CO_2)만을 배출시켜야 하나 실제 엔진에서는 완전 연소가 불가능하고 공기 중에는 산소 이외의 물질이 함유되어 있기 때문에 연소 후 유해 배기가스를 배출하게 된다. 가솔린엔진에서 연소 후 배출되는 유해 연소 생성물에는 일산화탄소(CO), 미연 탄화수소(HC) 및 질소산화물(NOx)이 있다. 연소 중에 연료는 공기 중의 산소(O_2)와 반응하며, 그 일부가 불완전 연소하여 CO와 HC를 발생시키고, 공기 중의 질소(N_2)와 반응하여 NO, NO_2 등의 질소산화물(NOx)이 발생된다. 이들 배출가스의 양은 공연비, 연소온도, 배기온도 등에 따라 변화하므로 엔진의 성능을 악화시키지 않는 조건하의 배기 정화장치를 장착하거나 엔진의 개량, 혼합기 형성장치의 개량, 점화장치의 개량 등을 통하여 이들을 저감시키고 있다.

디젤엔진에서는 공기 과잉률로 인하여 CO, HC의 배출은 적으나 NOx의 배출량이 많고, 불완전 연소에 의한 카본입자(particular matter : PM)가 배출된다. 따라서 디젤기관의 배기가스 저감은 연소실의 개량, 분사장치의 개량 등으로 해결하고 있다.

1 일산화탄소(CO : carbon monoxide)

가솔린은 탄소와 수소의 화합물인 탄화수소이므로 완전 연소하였을 경우 탄소는 무해성가스인 이산화탄소로, 수소는 수증기로 변화한다.

$$C + O_2 \rightarrow CO_2$$

$$2H_2 + O_2 \rightarrow 2H_2O$$

그러나 연소실 내의 연소과정에서 산소 공급이 부족하면 불완전 연소를 일으켜 일산화탄소가 발생되게 된다.

$$2C + O_2 \rightarrow 2CO$$

$$2CO + O_2 \rightarrow 2CO_2$$

따라서 연소 시 배출되는 일산화탄소의 양은 실린더 내로 공급되는 연료의 공연비에 따라 좌우되므로, 일산화탄소의 발생을 감소시키려면 희박한 공연비로 제어하면 되지만, 공연비가 희박해지면 엔진의 출력저하 및 실화를 일으키게 된다. 한편 디젤엔진의 경우 공기 과잉률이 1.2~10의 희박영역에서 운전되므로 CO의 배출량은 극히 적다.

일반적으로 연소 시 산소공급이 불충분하면 불완전 연소하여 일산화탄소가 발생되며, 이 일산화탄소는 무색, 무취로써 인체에 흡수되면 산소 대신 적혈구에 흡수되어 산소부족 현상이 발생한다. 소량일 경우 두통, 현기증이 발생하나 대량이 흡수될 경우 사망을 초래한다. 일산화탄소의 배출량은 엔진에 공급되는 혼합기의 공연비에 좌우하며, 희박 공연비일 경우 CO 농도는 낮으나 농후 공연비일 경우 CO 농도는 높아진다.

2 미연 탄화수소(UHC : unburned hydrocarbon)

가솔린 연료는 탄소와 수소로 결합된 탄화수소 화합물로서 불완전 연소에 의하여 발생할 뿐만 아니라 블로우-바이가스(blow by gas) 또는 연료증발가스에도 포함되어 있다.

탄화수소는 공기 부족에 의한 불완전 연소 시에 주로 발생되는데 실린더 또는 연소실 벽 쪽은 저온이므로 이 부분에서는 연소온도에 이르지 못하고 화염이 전달되지 못하므로 미연소 HC가 발생되게 된다. 디젤엔진의 경우 연료가 실린더 내에 분사되어 연소되므로 실린더 벽에 혼합기의 소염층(quenching layer)이 거의 형성되지 못하므로 HC의 배출량은 적다.

그러나 연료가 실린더 벽면에 분사되어 연소가 정지되었을 때 또는 연료가 극히 희박한 부분에서 소염을 일으킬 때 등은 HC가 증가되는 경우도 있다. 혼합비가 17 : 1 이내의 범위에서는 혼합비가 농후할수록 HC의 배출량은 증가하나, 혼합비가 17 : 1이 넘는 희박한 혼합기에서는 연료 성분이 너무 적어 실화

(misfire)에 의해 UHC가 대량 배출된다. 또한 분사노즐의 후적(after drop)도 HC 배출의 원인이 된다. 그리고 인체에 흡입되면 호흡기 계통에 자극을 주며, 산화되면 알데하이드류로 변화하여 눈의 점막에 강한 자극을 준다. 엔진에서 탄화수소가 발생되는 조건은 다음과 같다.

① 불완전 연소할 때
② 감속할 때
③ 희박 공연비 상태일 때
④ 밸브 오버랩에서 혼합기 배출

3 질소산화물(NOx)

공기 중에는 질소가 80% 이상이므로 연소될 때 질소와 산소가 반응하여 질소산화물을 배출시킨다. 질소산화물은 보통은 산화는 잘 되지 않지만 고온·고압하에서는 산화되어 NO 발생량이 증대되며, 대기 중의 산소와 반응하여 NO_2, NO_3 등으로 되므로 이들을 통합하여 NOx로 표시한다.

이 질소산화물 발생은 최고 연소온도에 좌우되며 연소온도의 상승과 함께 급격히 증가하나, 역으로 최고 연소온도를 다소 낮추면 급격히 하락된다. 따라서 배기가스를 연소실로 재순환(EGR)시킴으로써 최고 연소온도나 압력을 낮추어 질소산화물의 발생을 줄이고 있다. 재순환되는 배기가스 중 불활성가스인 CO_2는 N_2에 비하여 열용량이 크고, 연소온도가 1,500~1,700℃ 이상으로 되면 열해리 현상이 발생되며 이로 인해 연소온도가 저하된다.

일반적으로 질소산화물 배출은 이론 공연비 부근에서 최대가 되며 희박하거나 농후한 공연비 상태가 되면 급격히 저하한다. 그리고 점화 시기가 늦어짐에 따라 연소온도가 저하하여 탄화수소 및 질소산화물 배출은 저하된다.

4 납산화물

가솔린에는 옥탄가를 상승시키기 위하여 4에틸납을 첨가시키기 때문에 배기가스 중에 납산화물이 배출된다. 그러나 최근에는 이러한 피해를 방지시키기 위하여 무연가솔린을 사용하고 있다.

5 그을음(흑연)

디젤엔진에서 주로 배출되는 것으로 매연 또는 디젤 스모그라 불리며, 탄소 미립자가 주성분이다. 이것은 경유 속의 탄소 성분에 의해서 발생되는 것으로 제어 연소기간 중 연료 액적이 이미 연소된 고온가스 중에 분사되는데, 이때는 산소가 부족하여 분사된 연료 중 수소원자는 산소와의 결합력이 강하여 우선적으로 산화되지만, 탄소는 미연소인 채로 남게 되며, 이것이 피스톤이 팽창할 때 온도의 저하와 더불어 응집하여 그을음(흑연)이 발생하게 된다. 그을음은 시계를 나쁘게 하고 인체의 호흡기 계통을 자극시킬 수 있다.

02 블로우-바이가스(blowby gas)

압축행정이나 폭발행정에서 실린더와 피스톤 사이의 간극으로 연소실 내의 연소가스가 크랭크 케이스로 누설되는 가스를 블로우-바이가스라 한다.

블로우-바이가스의 대부분은 미연 탄화수소이며 이를 처리하기 위하여 PCV(positive crankcase ventilation)밸브를 로커암 커버에 장착하고 있으며, 블로우-바이가스를 흡기 계통으로 보내어 재연소시킨다.

03 연료 증발가스(fuel evaporation gas)

연료 증발가스는 기화기나 연료탱크 내의 가솔린이 증발하여 대기 중으로 방출되는 연료 증발가스를 말하며 주로 탄화수소이다. 연료 증발가스는 블로우-바이가스와 마찬가지로 대기 중에 방출되지 않도록 활성탄을 이용한 캐니스터(canister)에 저장한 후 설정 운전조건이 되었을 때 흡기 계통으로 보내어 재연소시키고 있다.

04 공연비에 따른 유해 배출가스

엔진에서 가장 연소효율이 좋은 이론 공연비는 무게비로 약 공기 14.7 : 연료 1의 상태이며, 실제 엔진에서 공급되는 혼합기는 약 12.5 : 1 ~ 16 : 1의 범위이다. 연소할 때 발생되는 유해 배출가스의 배출 특성은 공연비에 크게 영향을 받는다. 따라서 혼합기 농도에 따라 연소속도가 차이가 나며 유해가스의 발생량도 달라질 수 있다. 그림 6-1은 공연비와 유해가스의 발생농도를 나타낸 것으로 이론 공연비보다 농후한 상태에서는 NOx는 감소하나 HC는 증가한다.

이론 공연비보다 다소 희박한 공연비 상태에서는 CO와 HC는 감소하나 NOx는 증가한다. 그리고 이론 공연비보다 매우 희박한 공연비 상태에서는 NOx와 CO는 감소하나 HC는 증가하는 경향을 보인다.

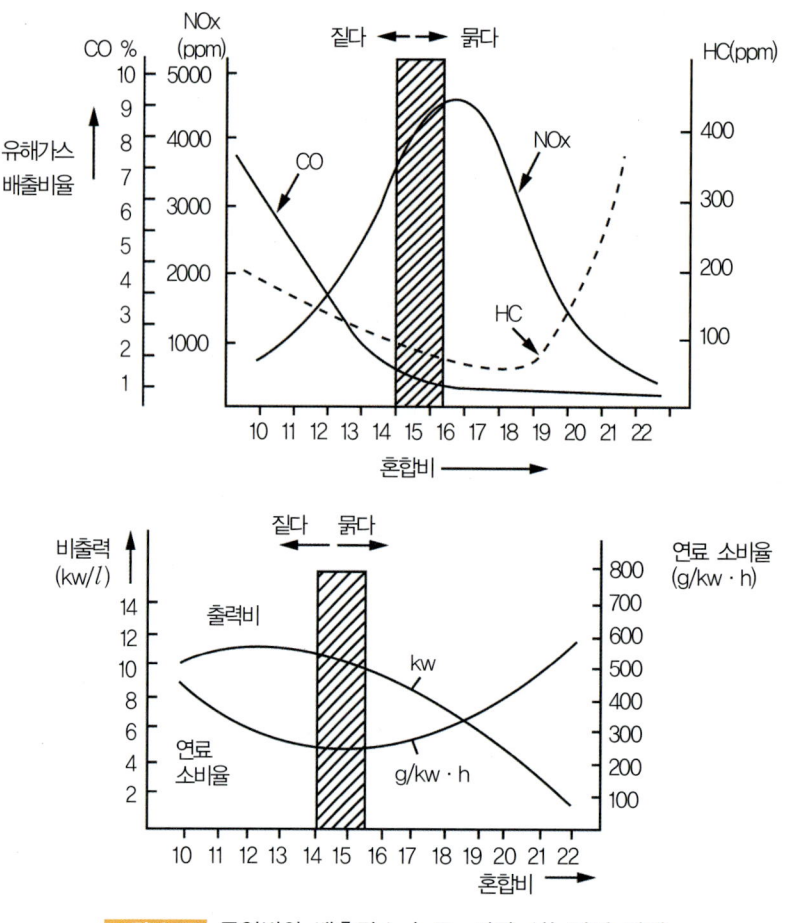

그림 6-1 공연비와 배출가스 농도, 기관 성능과의 관계

05 엔진 부하조건에 따른 유해 배출가스

1 가속할 때

가속할 때에는 농후한 상태의 혼합기가 공급되며 흡입량이 증대되어 폭발압력 증대와 연소가스온도가 증가하므로, NOx가 대량으로 발생하며 불완전 연소로 인하여 CO, HC의 배출량도 증가한다.

2 감속할 때

감속할 때에는 스로틀밸브가 갑자기 닫히므로 흡기다기관 내에 순간적으로 강한 진공이 발생하게 되어 저속회로를 통하여 다량의 연료가 공급된다. 따라서 흡입공기량은 감소하나 연료 공급량이 증대되어 불완전 연소에 의한 CO, HC 증대를 초래하게 된다.

3 저속 운전일 때

엔진의 공회전운전, 감속주행, 저속 또는 저부하 시에는 농후한 혼합기 상태가 되며, 흡입 공기량이 적어 압축압력이 저하하고 연소속도도 느리므로 불완전 연소로 인한 CO가 증대된다. 작동가스의 온도 저하로 인하여 벽면에서 소염(消炎 : quenching)존(zone)이 증대되어 HC가 발생하게 된다.

4 고부하 운전일 때

고부하 운전에서는 진공포트의 부압이 저하하므로 진공 진각은 되지 못하며, 대신 연소속도는 빨라지고 진각은 엔진회전속도에 비례하여 진각되므로 압축압력과 가스의 온도가 상승하여 연소효율이 좋아진다. 따라서 CO 발생은 저하하나 HC가 발생하게 된다.

5 점화 시기 변화에 따른 유해 배출가스

일정한 공연비상태 하에서 점화 시기를 늦추면 HC 및 NOx가 감소되나 연료소비율은 악화된다. 일반적으로 점화 시기를 늦추면 배기온도가 상승하고 배기행정 중의 연소실 및 배기 포트에서 HC의 산화반응이 촉진되어 HC가 감소된다. 그리고 점화 시기를 늦추면 연소온도가 저하되므로 NOx의 배출량이 저감된다.

06 배기가스 정화

배기가스 중의 CO와 HC의 배출량은 공연비에 따라 좌우되며 NOx는 최고 연소온도에 좌우된다. 따라서 유해 배기가스의 배출을 저감시키기 위하여 연료공급 방식 또는 연소 방식을 개선하거나 촉매장치 등의 외부 장치를 이용하여 유해 배기가스를 저감시키고 있다.

1 엔진 형상의 변화

유해 배출가스 증감에 관련된 엔진의 요소는 행정 체적, 행정/내경비, 연소실 형상, 압축비, 피스톤 제1랜드 둘레 면적, 밸브개폐 시기 및 배기 계통 등이다. HC의 배출량은 피스톤이 TDC에 위치할 때 연소실 내의 표면적(A)과 체적(V)비(A/V)가 클수록 그리고 피스톤 제1랜드 둘레 면적이 클수록, 배기 계통에서 산화 작용이 적을수록 커진다. NOx의 배출량은 연소에 의한 열손실이 적을수록 그리고 잔류가스가 적을수록 증가된다.

(1) 행정 체적

동일한 배기량의 엔진에서 연소실 체적이 동일할 경우, 행정 체적이 증가할수록 A/V비가 작아지므로 HC 배출량은 감소하고 NOx는 증가한다. 즉, 연소실의 표면적이 감소할수록 HC의 발생량이 감소한다.

(2) 내경/행정비

일반적으로 연소실 형상이 동일할 경우 장 행정엔진일수록 연소실의 A/V비가 작아지므로 HC 배출량은 감소되고 NOx 배출량은 증가한다.

(3) 연소실 형상

연소실은 표면적이 작은 연소실이 이상적이며 연소실 내 와류 발생 강도가 증가할수록 압축비의 증대나 희박연소가 가능하나 연소속도가 변하면 연소온도가 변화하기 때문에 NOx의 배출량이 변화된다. 동일한 연소실 조건에서 연소속도가 빨라지면 연소온도가 상승하기 때문에 NOx의 배출량은 증대한다.

(4) 밸브개폐 시기

밸브 오버랩 기간이 길어지면 미연소 HC의 양이 증가하며 잔류가스의 양도 증가하므로 적정 밸브 오버랩이 필요하다. 밸브 오버랩이 크면 피스톤의 흡입행정에서 배기가스의 일부가 다시 연소실로 흡입되므로, 배기가스 재순환과 같은 효과가 생겨 잔류가스량이 많으므로 연소온도를 낮추기 때문에 NOx의 발생을 억제하고 혼합기를 희박하게 하는 효과도 있다.

2 흡기 계통의 개량

(1) 흡기 가열장치

흡기 가열장치는 일명 자동온도 조절식 공기청정기라고도 하며, 기화기 장착엔진 또는 SPI(single point injection)엔진에 주로 사용되고 있다. 기화기나 스로틀 바디(throttle body)로 유입되는 공기는 온도조절이 된 상태에서 유입된다. 결과적으로 온도가 일정한 더운 공기가 흡입됨으로써 조기에 난기운전을 마칠 수 있고, 연료의 기화성이 개선되므로 CO, HC가 저감될 수 있다.

이 장치는 기화기로 유입되는 공기의 온도를 거의 일정하게 하기 위하여 배기매니폴드에서 예열된 더운 공기에 차가운 공기를 적당히 혼합하도록 되어 있다. 공기의 온도를 감지하는 바이메탈센서 (bimetal sensor)는 공기청정기 또는 기화기의 공기 흡입부에 장착되어 유입공기의 온도를 감지하고 진공모터로 통하는 진공 통로를 밸브로 개폐한다.

(2) 배기 재순환장치(EGR : exhaust gas recirculation)

NOx는 연소될 때 고온 하에서 산소(O_2)와 질소(N_2)가 반응하여 발생되며, 연소온도가 높을수록 NOx의 발생량이 증가한다. EGR장치는 이와 같은 NOx의 발생량을 줄이기 위한 장치로 흡입가스에 배기가스의 일부(5~25%)를 재순환시켜 엔진의 출력감소를 최소로 하면서 최고 연소온도를 낮추어 준다.

배기가스 중 CO_2는 N_2와 비교하여 열용량이 크므로 배기가스를 혼입하지 않은 경우에 비하여 연소온도가 낮아지고, 연소가스온도가 1,500~1,700℃에서는 CO_2의 열해리에 의해 연소온도가 저하하여 NOx의 발생량이 저감된다.

EGR을 하게 되면 NOx는 저감되나 착화성이나 엔진의 출력이 저하되므로 주행속도나 엔진의 부하상태에 따라 적절한 EGR량을 제어할 필요가 있다. EGR 제어량의 지표로써 EGR율(EGR rate)이 사용되며 다음과 같이 정의된다.

$$EGR율 = \frac{EGR가스량}{EGR가스량 + 흡입공기량}$$

EGR량을 제어하는 방식에는 흡기엔진 내에 발생하는 흡입 부압을 이용한 부압 제어식, 흡입 부압과 엔진의 부하(배압)에 따라 제어하는 부하비례식 및 전자제어식이 있다. 일반적으로 소량(5~15%)의 EGR량을 제어하는 경우에는 부하비례식을, 대량(15~25%)의 EGR량을 제어하는 경우에는 전자제어식이 사용된다.

전자제어 EGR장치는 EGR밸브, EGR제어 솔레노이드밸브, ECU 및 각센서 등으로 구성되어 있다. ECU는 엔진 회전속도와 흡입 공기량에 대응한 최적의 EGR량을 기준으로 하여 EGR제어 솔레노이드 밸브에 통전되는 듀티비(duty ratio)를 제어하여 EGR량을 조절하고 있다.

3 배기 계통

(1) 촉매장치(catalytic converter)

① 촉매의 작용

촉매란 그 자체는 변화하지 않고 적당한 조건하에서 반응물질의 산화 또는 환원을 도와주는 성질이 있는 물질을 말한다. 촉매장치는 배기가스 중의 유해성분인 CO, HC 및 NOx를 산화 또는 환원반응을 이용하여 CO_2, H_2O, O_2 및 N_2의 무해물질로 변화시킨다. 촉매반응의 기본 요인은 반응물질의 농도, 온도, 가스의 공간 이동속도에 따라 좌우된다.

일반적으로 촉매반응은 300℃ 이상의 조건이 요구되고, 반응물질의 농도에 있어서는 산소농도와 피산화물질(CO, HC, H_2)의 농도 평형이 촉매반응에 중요한 역할을 하므로 반응효과를 높이기 위해서는 이들 인자에 대한 적절한 제어가 필요하다.

<산화반응>

$2CO + O_2 \rightarrow 2CO_2$

$HC + O_2 \rightarrow 2CO_2 + H_2O$

<환원반응>

$2NO + 2CO \rightarrow 2CO_2 + H_2O + N_2$

$NO + HC \rightarrow CO_2 + H_2O + N_2$

$2NO + 2H_2 \rightarrow N_2 + 2H_2O$

<수성가스 반응>

$CO + H_2O \rightarrow CO_2 + H_2$

$HC + H_2O \rightarrow CO_2 + H_2$

$2H_2 + O_2 \rightarrow 2H_2O$

② 촉매반응물질(catalytic reaction metal)

촉매반응물질에는 백금(Pt : platinum), 팔라듐(Pd : palladium), 로듐(Rh : rhodium)이 이용되고 있으며, 촉매반응 형식에 따라 이들 물질의 사용이 달라진다.

일반적으로 산화촉매에는 백금, 팔라듐 또는 백금 + 팔라듐이 사용되며, 3원촉매에는 백금 + 로듐이 사용되고 있다.

③ 촉매장치의 종류

촉매장치에는 그 형상에 따라 펠릿형(pellet type)과 모노리스형(monolith 또는 honey comb type)이 있고, 촉매의 기능에 따라 산화촉매, 환원촉매, 3원촉매가 있다. 펠릿형 촉매장치는 산화알루미늄(Al_2O_3), 산화실리콘(SiO_2), 산화마그네슘(MgO)을 주원료로 하는 2~4mm 직경의 구상 담체에 촉매 성분을 도포하여 금속제 용기에 담아서 사용한다. 모노리스형 촉매장치는 벌집 모양의 담체 표면에 촉매성분을 도포하여 사용한다.

㉮ 산화촉매(oxidation catalyzer) : 산화촉매는 백금 또는 팔라듐이 사용되고 있으며 CO, HC를 산화 반응시켜 CO_2와 H_2O로 변환시킨다.

산화촉매의 기본적인 조건은 산화 분위기를 조성할 수 있는 희박한 공연비 상태를 요구하며, 일반적으로 후처리장치인 2차 공기 공급장치가 많이 사용되고 있다. 산화촉매장치의 단점으로는 NOx 처리가 되지 않기 때문에 EGR장치가 추가되거나 NOx 배출량이 적은 엔진에 적용되고 있다.

㉯ 환원촉매(reduction catalyzer) : 환원촉매는 NOx의 환원 처리를 주목적으로 하는 것으로, 배기가스의 환원반응 분위기를 조성하기 위해 농후한 공연비가 요구된다. 환원촉매장치를 장착하는 경우 CO, HC의 처리가 불충분하기 때문에 산화촉매장치 및 2차 공기 공급장치를 추가로 설치할 필요가 있다. 따라서 환원촉매장치는 구조가 복잡해지고, 농후한 공연비 제어에 의한 연비의 악화 그리고 암모니아(NH_3)를 생성하는 등의 문제로 실용화되지는 못하였다.

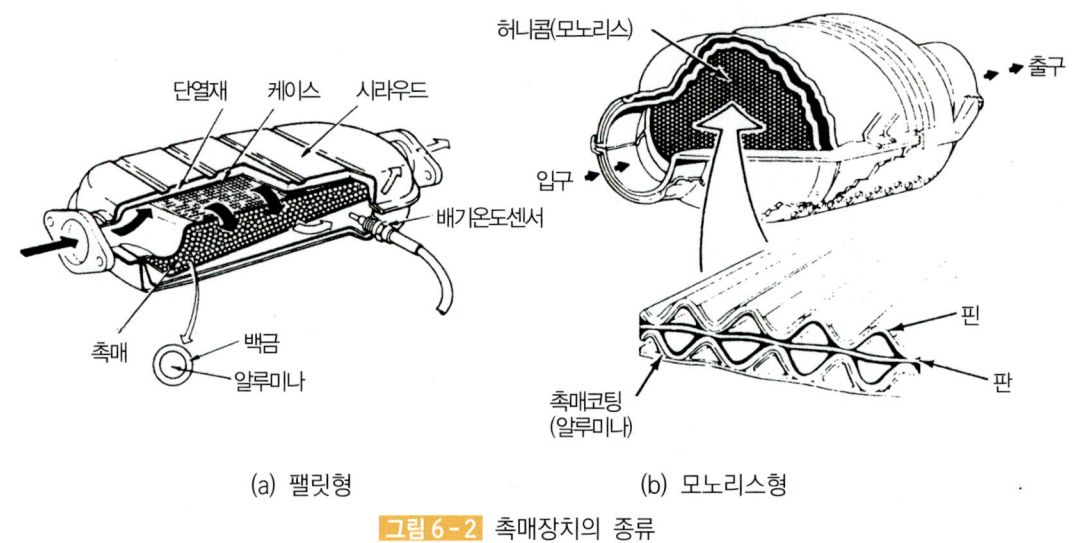

(a) 팰릿형 (b) 모노리스형

그림 6-2 촉매장치의 종류

㉰ 3원촉매(3way catalyzer) : 3원촉매에는 백금 + 로듐이 사용되며 CO, HC의 산화반응과 동시에 NOx의 환원반응도 동시에 행한다. 즉, 배기가스 내의 CO, HC, NOx를 하나의 촉매로 처리하는 것이다. 3원촉매는 이론 공연비 부근에서 CO, HC, NOx의 3성분에 대한 높은 정화율을 나타낸다. 따라서 이들 3성분의 높은 정화율이 얻어지는 좁은 범위(빗금 구간)의 공연비 제어 영역으로 엔진의 공연비를 제어할 필요가 있다.

3원촉매의 정화율은 공연비와 촉매 컨버터(catalytic converter) 입구에서의 배기가스온도에 관계하며, 이론 공연비 부근과 배기가스 온도 약 300℃ 이상에서 높은 정화율을 나타내므로 이론 공연비 (14.7 : 1)를 제어하기 위하여 산소센서(O_2)를 이용한 폐회로(closed loop)가 가장 바람직하다.

촉매 컨버터가 부착된 자동차의 주의사항은 다음과 같다.
- 반드시 무연가솔린을 사용할 것
- 엔진의 파워 밸런스(power balance)시험은 실린더당 10초 이내로 할 것
- 자동차를 밀거나 끌어서 시동하지 말 것
- 잔디, 낙엽, 카펫 등 가연물질 위에 주차시키지 말 것

일반적으로 산소센서는 배기가스 중의 산소농도를 검출하여 그 출력전압으로 ECU에서 공연비를 피드백 제어한다. 단 3원촉매는 일정한 온도 이상(300℃~800℃)되어야 정상 기능을 발휘하므로 난기운전

전에는 유해 배기가스가 배출되는 단점이 있다. 현재는 윤활유나 엔진 구성요소의 내구성을 향상시켜 난기운전시간을 크게 단축시키고 있다.

(2) 산소센서(O₂ sensor)

산소센서는 배기가스 중의 산소 농도를 검출하여 ECU가 공연비 피드백 제어를 하기 위한 전기적 신호를 주는 장치이다. 현재 사용하고 있는 산소센서에는 질코니아 산소센서(zirconia O₂ sensor)와 티타니아 산소센서(titania O₂ sensor)가 있으나 주로 질코니아 산소센서를 많이 사용하고 있다. 질코니아 산소센서는 질코니아(ZrO_2 : 산화질코늄)에 소량의 이트리아(Y_2O_3 : 산화이트륨)를 혼합하고 관상으로 소성(燒成)한 질코니아 소자의 표면에 얇은 백금층을 도포한 후 세라믹으로 코팅한 것으로, 기전력을 발생하는 질코니아관과 보호 튜브, 리드선 등으로 구성되어 있다.

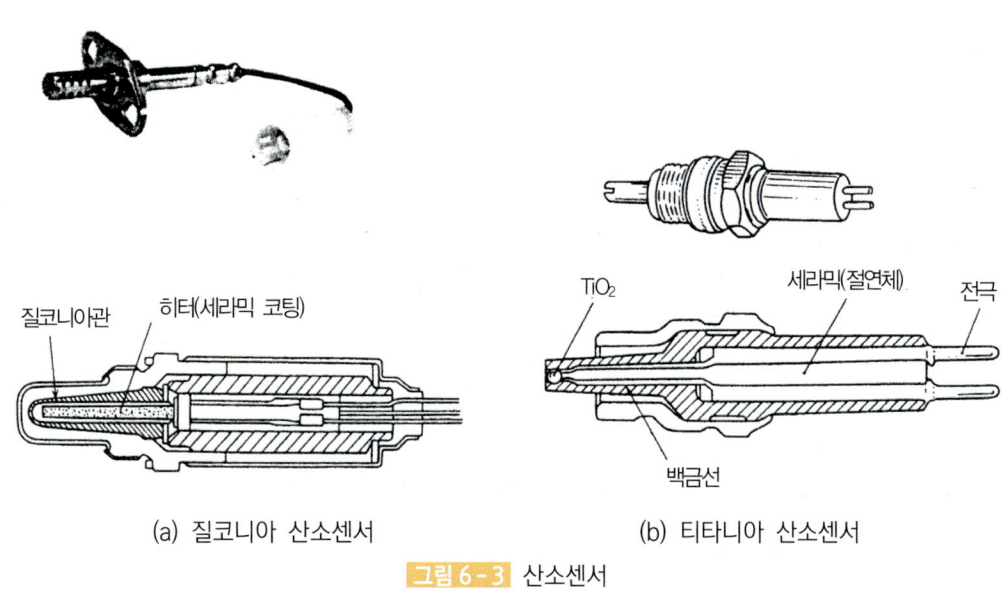

(a) 질코니아 산소센서 (b) 티타니아 산소센서

그림 6-3 산소센서

질코니아 소자는 고온에서 U자관 내측(대기측)과 외측(배기측)의 산소 농도차가 크면 기전력을 발생시키는 성질이 있다. 저온에서는 산소센서의 종류 저항이 커서 전류는 흐르지 않지만 고온에서 내측과 외측의 산소 농도비가 커지면, 대기측과 배기측의 산소 농도 차이, 즉 산소분압이 차이가 나므로 산소이온은 산소분압이 높은 대기측에서 산소분압이 낮은 배기측으로 이동하여 약 0.1~0.9V의 기전력이 발생되게 된다.

티타니아 산소센서는 세라믹 절연체 끝에 산화티타늄(TiO_2) 소자를 설치한 것으로 전자 전도체인 산화티타늄이 주위의 산소분압에 대응하여 전기적 저항이 이론 공연비를 경계로 급변하는 것을 이용하여 배기가스 중의 산소 농도를 알아낸다. 이들 산소센서는 배기다기관 집합부에 주로 설치한다.

(3) 2차 공기 공급장치(secondary air supply system)

산화촉매장치의 기능을 수행하기 위한 2차 공기 공급장치는 촉매 컨버터에서 배기가스 중의 CO, HC의 산화를 돕기 위하여 배기 계통에 공기청정기를 통과한 공기를 공급하는 장치를 말한다. 촉매장치 또는 열반응기(thermal reactor)를 사용하는 경우 2차 공기가 필요하다. 2차 공기 공급장치는 공기펌프를 이용하는 방식(air injection type)과 배엔진 내 압력의 맥동을 이용하는 방식(air suction type)이 있다. 배엔진 내의 배압은 배기밸브의 개폐에 따라 진동하고, 주기적으로 부압으로 되는 기간이 있다. 에어 흡입 방식은 이 부압 기간에 리드밸브(reed valve 또는 check valve)를 이용하여 2차 공기를 공급하는 장치이다.

07 블로우-바이가스 정화(PCV : positive crankcase ventilation)

엔진 크랭크실의 환기문제는 자동차 개발 초기부터 문제가 되어 왔다. 피스톤 링은 실린더 벽과 피스톤 사이에 완전한 밀봉은 불가능하다. 따라서 압축행정이나 폭발행정 시 발생하는 압력으로 인하여 혼합기나 미연가스가 피스톤 링 틈새를 거쳐 크랭크 케이스로 유입되는데, 이를 블로우-바이가스(blow by gas)라 한다. 따라서 이들 혼합기나 미연가스가 외부로 배출되어서는 안 되므로 크랭크 케이스 환기장치 (PCV)를 장착하여 흡기 계통으로 재순환시켜 재연소시키고 있다.

개방식 PCV장치는 크랭크 케이스 내의 블로우-바이가스를 흡기다기관의 부압을 이용하여 흡기 계통으로 유입시키며 새로운 공기는 엔진오일 주유 캡을 통하여 유입되는 방식이다.

크랭크 케이스로 유입된 새로운 공기는 블로우-바이가스와 혼합되며 플런저형 PCV밸브로 계량되어 흡기다기관으로 재순환된다. 최근의 자동차에는 대부분 밀폐식 PCV장치가 사용되고 있으며, PCV밸브의 형상이나 제어 방식도 대부분 유사하다.

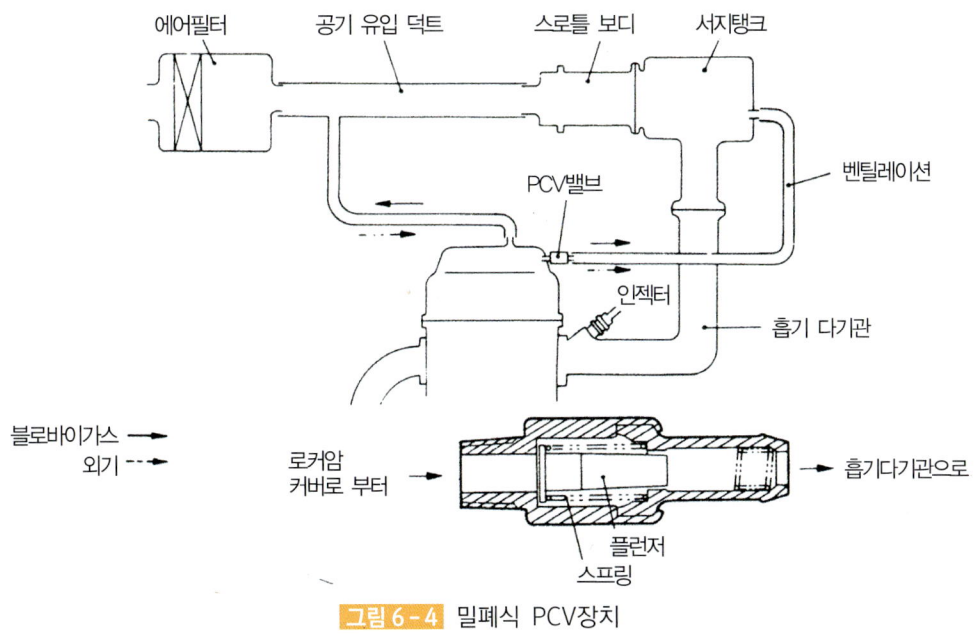

그림 6-4 밀폐식 PCV장치

일반적으로 블로우-바이가스의 발생량은 엔진에 작용하는 부하 조건에 따라 달라진다. 즉, 경부하 또는 중부하 조건에서는 흡기다기관 부압의 정도에 의한 PCV밸브의 열림 정도에 따라 블로우-바이가스량이 제어되어 흡기다기관으로 유입된다. 급가속 또는 고부하 시에는 흡기다기관 내 부압이 감소하여 PCV밸브의 열림 정도가 작아지므로 블로우-바이가스는 PCV밸브보다는 블리더 호스를 통하여 흡기다기관으로 유입되게 된다.

08 연료 증발가스 정화(evaporation gas control)

연료탱크나 기화기 등에서 발생된 연료 증발가스(HC)는 온도의 상승과 함께 증가하므로, 근본적으로 연료탱크나 기화기의 방열 또는 단열이 요구되며 각 부분을 밀폐하여 대기로 연료 증발가스가 배출되지 않도록 하여야 한다.

그리고 기화기 장착 자동차의 경우 주행할 때에는 증발 손실이 적으나, 주행 직후에는 엔진룸 내의 온도가 상승하여 연료 증발을 촉진시키므로 이 증발가스를 일시적으로 저장한 후 후처리하여야 한다.

연료 증발가스제어 방식에는 활성탄 저장 방식, 크랭크 케이스 저장 방식, 에어클리너 저장 방식 등이 있으나, 현재는 대부분 활성탄을 이용한 캐니스터(canister) 저장 방식을 가장 많이 사용하고 있다. 정화장치는 캐니스터(canister), PCV(purge control valve), BVV(bowl vent valve), 서모밸브(thermo valve), 2웨이밸브(2way valve) 등으로 구성되어 있다.

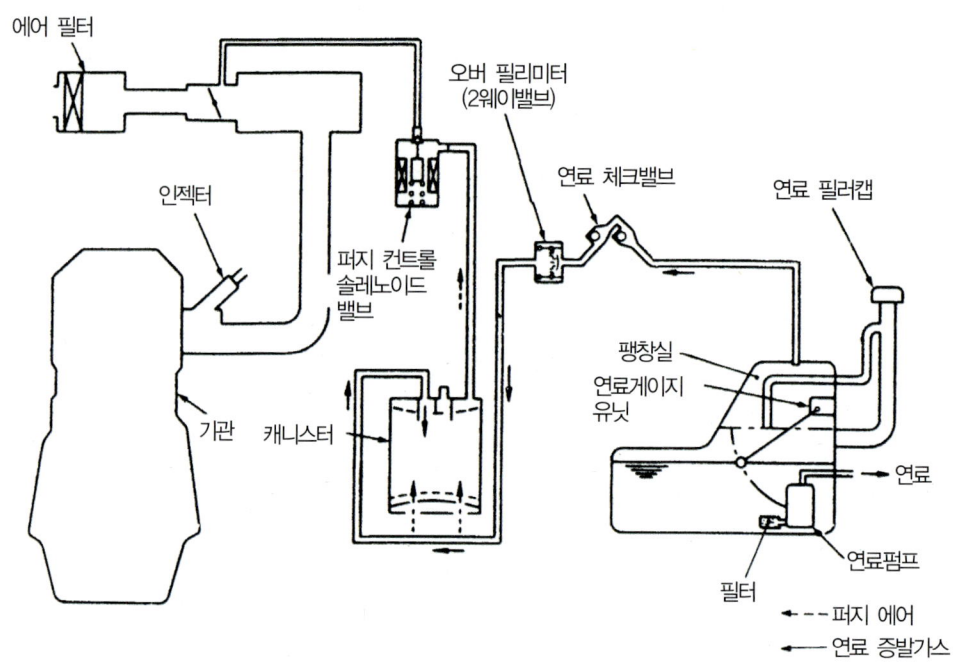

그림 6-5 연료 증발가스 처리장치

1 캐니스터(canister)

케이스 내부의 연료 증발가스를 흡착할 수 있는 입자상의 활성탄(charcoal)이 가득 들어 있고 상하부에 필터링을 위한 여과망이 장착되어 있다.

엔진 정지 시 기화기나 연료탱크에서 증발된 연료 증발가스가 캐니스터에 유입되어 활성탄 입자 표면에 흡착된 후 엔진 작동 중 설정 조건에서 PCV를 통하여 흡기다기관으로 유입되어 재연소된다.

2 PCV(purge control valve)

PCV는 캐니스터에 포집된 연료 증발가스를 제어하는 밸브로서 흡기다기관의 부압을 이용하여 개폐하거나 ECU가 솔레노이드밸브(PCSV : purge control solenoid valve)를 이용하기도 한다. PCV는 엔진 정지, 공회전, 설정 냉각수온도 이하에서는 작동되지 않는다.

3 2웨이밸브(2way valve or over fill limiter)

2웨이밸브는 연료탱크와 캐니스터 사이에 설치되며 압력밸브와 진공밸브로 구성되어 있다. 이것은 연료탱크의 증기압력이 상승하면 압력밸브를 열어 증발가스를 캐니스터로 보내고, 증기압력이 하락하면 부분진공으로 인하여 진공밸브가 열려 탱크 내 압력 평형을 유지시킨다.

09 디젤엔진의 배기대책

디젤엔진의 배기가스 발생과정은 앞서 설명한 바와 같이 CO, HC, 흑연은 연소상태를 향상시키면 감소할 수 있고, NOx는 반대로 연소온도를 낮추지 않으면 감소할 수 없다.

특히 디젤엔진의 경우 배기가스 중에서 CO와 HC는 문제가 없으나 흑연과 NOx가 큰 문제이다. NOx의 감소 방법은 기본적으로 분사 시기를 늦추고 연소가 완만하게 되어야 하며, 피스톤 상부의 연소실에서 공기의 소용돌이가 충분히 발생하도록 하면 연소온도도 높지 않고 완만한 연소가 되며 소음도 저하되는 효과가 있다.

또한 최근에는 디젤엔진의 연료공급 방법도 가솔린엔진과 같이 전자제어 연료분사 시스템으로 되어 정교한 연료량 제어와 분사 시기를 제어함은 물론 초고압으로 연료를 공급함으로써 매연 저감에 획기적으로 기여하고 있다. 또한 배기가스 대책으로도 산화촉매장치의 부착은 물론 매연 필터 트랩을 설치하여 대기 중으로 방출하는 양을 현저히 저감시키고 있다.

10 배기가스의 유독성 및 발생원인

1 일산화탄소(CO)

① 일산화탄소가 인체에 미치는 영향

일산화탄소는 연료가 불완전 연소하였을 때 발생되는 무색·무취의 가스이다. 일산화탄소가 인체에 유입되면 헤모글로빈과 결합하여 신체 각 부분에 산소의 공급이 부족하게 되며, 어느 한계에 도달하면 중독 증상을 일으킨다.

② 일산화탄소의 발생원인

실린더 내에 산소공급이 부족한 상태로 연소하면 불완전 연소를 일으켜 일산화탄소가 발생한다.

2 탄화수소(HC)

① 탄화수소가 인체에 미치는 영향

농도가 낮은 탄화수소는 호흡기 계통에 자극을 줄 정도이지만 심하면 점막이나 눈을 자극하게 된다.

② 탄화수소 발생원인

- 농후한 연료로 인한 불완전 연소
- 화염전파 후 연소실 내의 냉각 작용으로 타다 남은 혼합기
- 희박한 혼합기에서 점화 실화로 인한 원인
- 밸브 오버랩으로 인하여 혼합가스 누출

3 질소산화물(NOx)

① 질소산화물이 인체에 미치는 영향

배기가스에 들어있는 질소화합물의 95%가 NO_2이고 NO는 3~4% 정도이다. 광화학 스모그(smog)는 대기 중에서 강한 태양광선(자외선)을 받아 광화학반응을 반복하여 일어나며, 눈이나 호흡기 계통에 자극을 주는 물질이 2차적으로 형성되어 스모그가 된다.

광화학반응으로 발생하는 물질은 오존, PAN(peroxyacyl-nitrate), 알데하이드(aldehyde) 등의 산화성 물질이며, 이것을 총칭하여 옥시던트(oxidant)라 한다.

② 질소산화물의 발생원인

질소는 잘 산화하지 않으나 고온·고압 및 전기불꽃 등이 존재하는 곳에서는 산화하여 질소산화물을 발생시킨다. 특히 연소온도가 2,000℃ 이상인 고온연소에서는 급격히 증가한다. 또 질소산화물은 이론 공연비 부근에서 최댓값을 나타내며, 이론 공연비보다 농후해지거나 희박해지면 발생률이 낮아진다. 배기가스를 적당히 혼합가스에 혼합하여 연소온도를 낮추는 등의 대책이 필요하다.

11 일산화탄소 및 탄소수소 측정

1 측정 대상 자동차의 상태

① 엔진은 시험 전에 적당히 예열되어 있어야 한다. 특히 주차상태에 있거나 장시간 운행하지 않은 상태의 자동차는 충분히 예열이 된 후 측정되도록 주의하여야 한다.

② 주행 중 또는 가동 중인 상태의 자동차로서 엔진이 과열되었을 경우(정상작동온도를 초과한 경우)에는 정지 가동상태로 엔진을 가동시켜 보닛을 열고 5분 이상 경과한 후 정상상태가 되었을 때 측정한다. 다만 정상작동(수랭식 엔진의 경우 계기판 온도가 40℃ 이상에 있는 것을 말함)인 경우에는 그러하지 아니하다.

③ 변속기가 수동인 자동차의 경우 기어는 중립에 클러치 페달은 밟지 않은 상태(연결된 상태)에 두고, 자동변속기를 사용하는 자동차의 경우에는 중립(N) 위치에 둔다.

④ 엔진은 냉방장치 등 부속장치는 작동시키지 않은 상태에서 가동시키고, 배엔진은 바람이 부는 경우 바람의 영향을 받지 않는 방향으로 하여야 하며, 배엔진의 파손 및 훼손 등으로 배출가스가 새어나오거나 외부 공기가 유입되는지의 여부를 필히 확인하여야 한다.

2 측정기의 측정 전 준비사항

① 아날로그형 측정기는 예열 전에 전원스위치를 끊고 기계적 영점을 확인하여 필요시 영점을 맞춘다.
② 1주일 이상 계속 사용하지 않았다가 사용하고자 하는 경우 스팬 조정을 실시해야 한다.
③ 스팬 조정은 1개월에 1회 이상 실시해야 한다.
④ 배출가스 분석기는 형식승인된 기기로 최근 1년 이내에 정도검사를 필한 것이어야 한다.

3 측정 절차

① 시험대상 자동차의 상태가 정상으로 확인되면 정지 가동상태(엔진이 가동되어 공회전되고 있으며 가속페달을 밟지 않은 상태)에서 배기가스 채취관을 머플러 내에 30cm 이상 삽입하고 시료채취펌프를 작동시킨다. 머플러가 30cm 이하일 경우는 연장관을 사용한다.

② 시험기 지시계의 지시가 안정(채취관 삽입 후 10초 이상 경과)되면 배출가스 농도를 읽어 기록한다.

③ 시험 완료 후 머플러에서 시료 채취관을 빼고 그대로 약 3분 이상 펌프를 공회전시켜 공기로 충분히 세척한 후에 다음 측정을 실시한다.

④ 시료 채취관은 시험을 할 경우에만 삽입하고 장시간 머플러에 삽입하여 두어서는 안 된다. 또 측정 도중 외부 공기가 새어 들어오지 않도록 머플러, 시료 채취관 등의 파손 및 누설 여부를 수시로 확인하여야 한다.

12 매연측정

매연측정기는 디젤엔진에서 배출되는 배기가스 중 흑연의 농도를 측정하는 것이다. 내연엔진에서 배출되는 연기를 측정하기 위해서 사용하는 기구로서 지름 5cm, 길이 50cm의 유리제 원통용기 속에 시료공기를 통하게 하고, 광원으로부터의 빛을 통과시켜 투과광을 광전관으로 받아 마이크로암미터로 측정하는 방식으로 여지 반사식은 현재 사용하지 않는다.

(1) 매연측정값의 산출

① 3회 연속 측정한 매연 농도를 산술 평균하여 소수점 이하는 반올림한 값을 최종 측정값으로 한다.

② 이때 3회 측정한 매연 농도의 최댓값과 최솟값의 차이가 5%를 초과하는 경우에는 2회를 다시 측정하여 총 5회의 측정값을 산술 평균한 값을 최종 측정값으로 한다.

13. 배출가스 정밀검사 검사모드

(1) ASM2525모드
휘발유·가스 및 알코올 자동차를 섀시 동력계에서 측정 대상 자동차의 도로부하 마력의 25%에 해당하는 부하마력을 설정하고, 40km/h(25mile)의 속도로 주행하면서 배출가스를 측정하는 방법이다.

(2) 무부하 정지가동 검사모드
자동차가 정지한 상태에서 엔진을 공회전 상태로 가동하여 배출가스(일산화탄소, 탄화수소, 수소, 공기과잉률 : 가솔린 사용 자동차에 해당)를 측정하는 것이다.

(3) Lug-down 3모드
디젤을 연료로 사용하는 자동차를 섀시 동력계에서 가속페달을 최대로 밟은 상태로 주행하면서 엔진 정격 회전속도에서 1모드, 엔진 정격 회전속도의 90%에서 2모드, 엔진 정격 회전속도의 80%에서 3모드로 각각 구성하여 엔진의 출력, 엔진의 회전속도, 매연 농도를 측정하는 방법이다.

(4) 무부하 급가속 검사모드
자동차가 정지한 상태에서 엔진을 최대 회전속도까지 급가속시킬 때 매연 배출량을 측정하는 것이다.

Chapter 7 출제예상문제

01 엔진 공학

01
엔진에서 압축 시 가스의 온도와 체적은 변화한다. 틀린 것은?

① 체적이 감소함에 따라 압력은 압축비에 근사적으로 비례하여 상승한다.
② 압축 시 발생하는 압축열에 의해 추가로 압력상승이 이루어진다.
③ 체적이 감소하면 압력이 감소한다.
④ 체적이 감소함에 따라 온도가 상승한다.

> 압축에서 가스의 온도와 체적변화의 관계는 체적이 감소함에 따라 압력은 압축비에 근사적으로 비례하여 상승하며, 압축에서 발생하는 압축열에 의해 추가로 압력상승이 이루어진다. 그리고 체적이 감소함에 따라 온도가 상승한다.

02
연소실의 벽면온도가 일정하고, 혼합가스가 이상기체라고 가정하면, 이 엔진이 압축행정일 때 연소실 내의 열과 내부에너지의 변화는?

① 열 = 방열, 내부에너지 = 증가
② 열 = 흡열, 내부에너지 = 불변
③ 열 = 흡열, 내부에너지 = 증가
④ 열 = 방열, 내부에너지 = 불변

> 연소실의 벽면온도가 일정하고, 혼합가스가 이상기체라고 가정하면, 이 엔진이 압축행정일 때 연소실 내의 열과 내부에너지의 변화는 열은 방열, 내부에너지는 불변이다.

정답 01 ③ 02 ④

03

이상기체가 T_1v_1에서 T_2v_2로 정압변화할 때 1kg당 내부에너지의 변화를 나타낸 식으로 맞는 것은?

① $\int_{T_1}^{T_2} Cp\,dT$ ② $\int_{T_1}^{T_2} Cv\,dT$
③ $\int_{T_1}^{T_2} p\,dv$ ④ $\int_{T_1}^{T_2} v\,dp$

04

이상기체의 정의로 틀린 것은?

① 이상기체 상태방정식을 만족한다.
② 보일-샤를의 법칙을 만족한다.
③ 완전가스라고도 부른다.
④ 분자간 충돌 시 에너지가 변화한다.

> 열엔진의 작동유체가 되는 기체는 엔진 내에서 여러 가지 상태 변화를 하면서 외부에 대하여 일을 하여 동력을 얻는다. 실제로 엔진에 사용되는 작동유체와 달리 이상기체는 분자 상호간에 작용력이나 분자의 크기를 고려하지 않은 기체로서, 이상기체 상태방정식을 만족하며, 보일-샤를의 법칙에 따르는 기체를 이상기체(ideal gas) 또는 완전가스(perfect gas)라 한다.

05

자연계에서 엔트로피 현상에 대한 수식화로 맞는 것은?

① $\oint \frac{\delta Q}{T} \leq 0$ ② $\oint \frac{\delta Q}{T} < 0$
③ $\oint \frac{\delta Q}{T} > 0$ ④ $\oint \frac{\delta Q}{T} \geq 0$

> 자연계에서 엔트로피의 현상은 $\oint \frac{\delta Q}{T} \geq 0$으로 나타낸다.

06

열역학 제2법칙을 설명한 것으로 맞는 것은?

① 일은 쉽게 모두 열로 변화하나, 열을 일로 바꾸는 것은 용이하지 않다.
② 열은 쉽게 모두 일로 변화하나, 일을 열로 바꾸는 것은 용이하지 않다.
③ 일은 쉽게 모두 열로 변화하며, 열도 쉽게 모두 일로 변화한다.
④ 일은 열로 바꾸는 것이 용이하지 않으며, 열도 일로 바꾸는 것이 용이하지 않다.

> 열역학 제2법칙은 "일은 쉽게 모두 열로 변화하나, 열을 일로 바꾸는 것은 용이하지 않다"는 법칙이다. 즉, 열과 기계적 일 사이의 방향(方向) 관계를 명시한 법칙이다.

07

가솔린엔진의 사이클을 공기 표준 사이클로 간주하기 위한 가정으로 틀린 것은?

① 급열은 실린더 내부에서 연소에 의해 행하여진다.
② 동작유체는 이상기체이다.
③ 비열은 온도에 따라 변화하지 않는 것으로 보며, 압축행정과 팽창행정의 단열지수는 같다.
④ 사이클 과정을 하는 동작물질의 양은 일정하다.

정답 03 ② 04 ④ 05 ④ 06 ① 07 ①

08

왕복 피스톤형 내연엔진의 기본 사이클이 아닌 것은?

① 정적 사이클   ② 정압 사이클
③ 정온 사이클   ④ 합성 사이클

09

오토 사이클의 압축비가 8.5일 경우 이론 열효율은? (단, 공기의 비열비는 1.4이다)

① 57.5%   ② 49.6%
③ 52.4%   ④ 54.6%

>
> $\eta o = 1 - \left(\dfrac{1}{\epsilon}\right)^{k-1} = 1 - \left(\dfrac{1}{8.5}\right)^{0.4} = 57.5\%$
> - ηo : 오토 사이클의 이론 열효율
> - ϵ : 압축비
> - k : 비열비

10

디젤 사이클의 P-V선도를 설명한 것 중 틀린 것은?

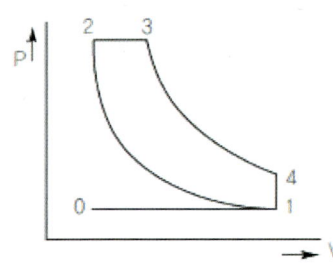

① 1→2 : 단열 압축과정
② 2→3 : 정압 방열과정
③ 3→4 : 단열 팽창과정
④ 4→1 : 정적 방열과정

> **디젤 사이클의 P-V 선도과정**
> ① 1→2 : 단열 압축과정
> ② 2→3 : 정압 가열과정[연료 분사과정(정압)]
> ③ 3→4 : 단열 팽창과정
> ④ 4→1 : 정적 방열과정
> ⑤ 4→1 : 배기시작
> ⑥ 1→0 : 배기행정
> ⑦ 0→1 : 흡입과정

11

어떤 오토 사이클 엔진의 실린더 간극 체적이 행정 체적의 15%일 때, 이 엔진의 이론열효율은? (단, 비열비 = 1.4)

① 39.23%   ② 46.23%
③ 51.73%   ④ 55.73%

> ① $\epsilon = 1 + \dfrac{Vs}{Vc} = 1 + \dfrac{100}{15} = 7.67$
> - ϵ : 압축비
> - Vs : 배기량(행정 체적)
> - Vc : 간극체적
>
> ② $\eta o = 1 - \left(\dfrac{1}{7.67}\right)^{0.4} = 55.73\%$

정답 08 ③ 09 ① 10 ② 11 ④

12
등온, 정압, 정적, 단열과정을 P-V선도에 아래와 같이 도시하였다. 이 중에서 단열과정의 곡선은?

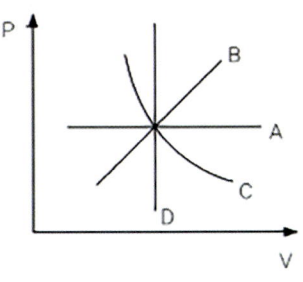

① A ② B
③ C ④ D

13
직경 75mm, 행정 80mm인 4행정 사이클 디젤엔진의 간극 체적이 20cc, 체절비가 2.3이다. 이 엔진을 이론적인 디젤 사이클로 가정하면, 이 엔진의 열효율은? (단, $\kappa = 1.3$이다)

① 42.3% ② 45.2%
③ 48.3% ④ 51.2%

> ① $\epsilon = 1 + \dfrac{Vs}{Vc} = 1 + \dfrac{0.785 \times 7.5^2 \times 8}{20} = 18.67$
> - ϵ : 압축비
> - Vs : 배기량(행정 체적)
> - Vc : 간극체적
>
> ② $\eta d = 1 - \left[\left(\dfrac{1}{\epsilon}\right)^{k-1} \times \dfrac{\sigma^k - 1}{k(\sigma - 1)}\right]$
>
> $= 1 - \left[\left(\dfrac{1}{18.67}\right)^{0.3} \times \dfrac{2.3^{1.3} - 1}{1.3 \times (2.3 - 1)}\right] = 51.2\%$
>
> - σ : 체절비

14
내연엔진의 열역학적 사이클에 의한 분류 중 고속 디젤엔진에 사용되는 사이클은?

① 정적 사이클 ② 복합 사이클
③ 정압 사이클 ④ 카르노 사이클

15
열엔진의 이론 사이클에 관한 설명이다. 틀린 것은?

① 카르노 사이클은 등온팽창(열량공급) → 등엔트로피 팽창 → 등온압축(열량방출) → 등엔트로피 압축의 과정을 거쳐 완성된다.
② 복합 사이클은 등엔트로피 압축 → 정압급열 → 정적급열 → 정적방열 → 등엔트로피 팽창의 과정을 거쳐 완성된다.
③ 정압 사이클은 등엔트로피 압축 → 정압급열 → 등엔트로피 팽창 → 정적방열의 과정을 거쳐 완성된다.
④ 브레이튼 사이클은 등엔트로피 압축 → 정압급열 → 등엔트로피 팽창 → 정압방열과정을 거쳐 완성된다.

> 복합 사이클은 단열압축 → 등적가열(연소) → 등압가열(연소) → 단열팽창 → 등적방열을 거쳐 완성한다.

16
오토, 디젤, 사바테 사이클에서 가열량과 압축비가 같을 경우 이들 사이클에 대한 이론 열효율의 관계를 나타낸 것은?

① 오토 사이클 > 사바테 사이클 > 디젤 사이클
② 오토 사이클 > 디젤 사이클 > 사바테 사이클
③ 사바테 사이클 > 오토 사이클 > 디젤 사이클
④ 사바테 사이클 > 디젤 사이클 > 오토 사이클

17
이상적인 열엔진인 카르노 사이클엔진에 대한 설명으로 틀린 것은?

① 다른 엔진에 비해 열효율이 높기 때문에 상대 비교에 많이 이용된다.
② 동작가스와 실린더 벽 사이에 열교환이 있다.
③ 실린더 내에는 잔류가스가 전혀 없고 새로운 가스로만 충전된다.
④ 이상 사이클로서 실제로는 외부에 일을 할 수 있는 엔진으로 제작할 수 없다.

18
고온 327℃, 저온 27℃의 온도범위에서 작동되는 카르노 사이클의 열효율은?

① 30%   ② 40%
③ 50%   ④ 60%

 $\eta c = 1 - \dfrac{T_1}{T_2} = 1 - \dfrac{273+27}{273+327} = 0.5 = 50\%$

- ηc: 카르노 사이클의 열효율
- T_1: 저온
- T_2: 고온

19
장행정엔진과 비교할 경우 단행정엔진의 장점이 아닌 것은?

① 피스톤의 평균속도를 올리지 않고 회전속도를 높일 수 있다.
② 흡·배기밸브의 지름을 크게 할 수 있어 흡입효율을 높일 수 있다.
③ 직렬형 엔진인 경우 길이가 짧아진다.
④ 직렬형 엔진인 경우 엔진의 높이를 낮게 할 수 있다.

> 단행정엔진은 피스톤 행정이 실린더 안지름보다 작은 형식으로 장점은 ①, ②, ④항이며, 직렬형인 경우 엔진의 길이가 길어지는 단점이 있다.

20
엔진에서 도시평균 유효압력은?

① 이론 PV선도로부터 구한 평균유효압력
② 엔진의 기계적 손실로부터 구한 평균유효압력
③ 엔진의 크랭크축 출력으로부터 계산한 평균유효압력
④ 엔진의 실제 지압선도로부터 구한 평균유효압력

> 엔진에서 도시평균 유효압력이란 엔진의 실제 지압선도로부터 구한 평균유효 압력을 말한다.

21
이론 사이클에서 이론 지압선도를 작성하기 위한 여러 가정 중에 포함되지 않는 것은?

① 밸브 개폐는 정확히 시점에서 이루어진다.
② 급열과정은 정확히 시점에서 시작된다.
③ 압축과 팽창은 단열과정이다.
④ 엔진 각 부에는 마찰 손실이 존재한다.

정답 17 ② 18 ③ 19 ③ 20 ④ 21 ④

22

실린더 내에서 실제로 발생된 마력은?

① 제동마력　　② 정격마력
③ 도시마력　　④ 마찰마력

> 도시마력은 엔진의 실린더 내에서 실제로 발생한 마력이다.

23

총배기량 1,400cc인 4행정 엔진이 2,000rpm으로 회전하고 있다. 이때의 도시평균 유효압력이 10kg/cm²이면 도시마력은 몇 PS인가?

① 31.1　　② 62.2
③ 131.4　　④ 1866

> $I_{PS} = \dfrac{PALRN}{75 \times 60} = \dfrac{10 \times 1,400 \times 2,000}{75 \times 60 \times 100 \times 2} = 31.11 PS$
> - I_{PS}: 도시마력(지시마력), P: 도시평균 유효압력,
> - A: 단면적(cm²), L: 피스톤 행정(m)
> - R: 엔진 회전속도(4행정 사이클 = R/2, 2행정 사이클 = R)
> - N: 실린더 수

24

4행정 사이클 엔진의 실린더 내경과 행정이 100mm ×100mm이고, 회전 수가 1,800rpm일 때, 축 출력은? (단, 기계효율은 80%이며, 도시평균 유효압력은 9.5kg/cm²이고, 4기통 엔진이다)

① 35.2ps　　② 39.6ps
③ 43.2ps　　④ 47.8ps

> ① $I_{PS} = \dfrac{P \times A \times L \times R \times N}{75 \times 60}$
> $= \dfrac{9.5 \times 0.785 \times 10^2 \times 10 \times 1800 \times 4}{75 \times 60 \times 2 \times 100} = 59.66 PS$
> ② $B_{PS} = I_{PS} \times \eta m = 59.66 PS \times 0.8 = 47.8 PS$
> - η_m : 기계효율

25

엔진의 각속도를 ω(rad/s), 축 토크를 T(kg·m)라 할 때 축출력 P(PS)를 구하는 식은?

① $P = \dfrac{T\omega}{75} PS$

② $P = \dfrac{T\omega}{60 \times 75} PS$

③ $P = \dfrac{T\omega}{75 \times 102} PS$

④ $P = \dfrac{2\pi T\omega}{60 \times 75} PS$

> $\omega = \dfrac{2\pi N}{60}$, $P = \dfrac{2\pi TN}{75 \times 60}$ 이므로
> $P = \dfrac{T\omega}{75} PS$

정답　22 ③　23 ①　24 ④　25 ①

26

엔진 출력시험에서 크랭크축에 밴드 브레이크를 감고 3m의 거리에서 끝의 힘을 측정하였더니 4.5kg, 엔진 속도계가 2,800rpm을 지시하였다면 제동마력은?

① 약 84.1PS   ② 약 65.3PS
③ 약 52.8PS   ④ 약 48.2PS

$$B_{PS} = \frac{TR}{716} = \frac{4.5 \times 3 \times 2,800}{716} = 52.8 PS$$

- B_{PS}: 축(제동)마력
- T: 회전력(토크)
- R: 회전속도

27

4행정 6기통 엔진이 1N·m의 토크로 1,000rpm으로 회전할 때 엔진의 축출력은?

① 0.2kw   ② 1kw
③ 2kw   ④ 3kw

$$H_{kW} = \frac{TR}{974} = \frac{1 \times 1,000}{974} = 1 kW$$

28

화물자동차에서 엔진의 회전속도가 2,500min^{-1}일 때, 엔진의 회전토크는 808 N·m이었다. 이때 엔진의 제동 출력은?

① 약 561.1kW   ② 약 269.3kW
③ 약 7.48kW   ④ 약 211.5kW

① 1kg = 9.8N

② $H_{kW} = \frac{TR}{974} = \frac{2,500 \times 808}{974 \times 9.8} = 211.6 kW$

- H_{kW}: 축(제동)마력
- T: 회전력(토크)
- R: 회전속도

29

3,000rpm으로 회전하는 4행정 사이클 엔진이 150PS의 출력을 내려면 회전축의 토크는 몇 N·m인가?

① 35.8   ② 88.7
③ 351.1   ④ 869.3

① 1kg = 9.8N

② $B_{PS} = \frac{TR}{716}$ 에서

$$T = \frac{716 \times B_{PS}}{R} = \frac{716 \times 150 \times 9.8}{3,000}$$
$$= 351 N \cdot m$$

정답 26 ③ 27 ② 28 ④ 29 ③

30

내경 87mm, 행정 70mm인 6기통 엔진의 출력은 회전속도 5,600rpm에서 90kW이다. 이 엔진의 비체적 출력, 즉 리터 출력(kW/L)은?

① 6kW/L   ② 9kW/L
③ 15kW/L   ④ 36kW/L

① $H_{kWh} = \dfrac{H_{kW}}{V}$

- H_{kWh} : 리터 출력
- H_{kW} : 출력
- V : 총배기량

② $V = 0.78D^2LN$

③ $= \dfrac{90kW \times 1,000}{0.785 \times 8.7^2 \times 7 \times 6} = 36kWh$

- D : 실린더 내경(cm)
- L : 피스톤 행정(cm)
- N : 실린더 수

31

제동열효율의 설명으로 틀린 것은?

① 제동일로 변환된 열량과 총 공급된 열량의 비이다.
② 작동가스가 피스톤에 한 일로서 열효율을 나타낸다.
③ 정미열효율이라고도 한다.
④ 도시열효율에서 엔진 마찰부분의 마력을 뺀 열효율을 말한다.

> 제동열효율은 정미열효율이라고도 부르며, 제동일로 변환된 열량과 총 공급된 열량의 비율이다. 즉, 도시열효율에서 엔진 마찰부분의 마력을 뺀 열효율을 말한다.

32

내연 엔진의 열효율에 대한 설명 중 틀린 것은?

① 열효율이 높은 엔진일수록 연료를 유효하게 쓴 결과가 되며, 그만큼 출력도 크다.
② 엔진에 발생한 열량을 빼앗는 원인 중 기계적 마찰로 인한 손실이 제일 크다.
③ 엔진에서 발생한 열량은 냉각, 배기, 기계마찰 등으로 빼앗겨 실제의 출력은 1/4 정도이다.
④ 열효율은 엔진에 공급된 연료가 연소하여 얻어진 열량과 이것이 실제의 동력으로 변한 열량과의 비를 열효율이라 한다.

> 열효율에 대한 설명은 ①, ③, ④항 이외에 냉각에 의한 손실 30~35%, 배기에 의한 손실 30~35%, 기계마찰에 의한 손실 6~10% 정도이다.

33

연료의 저위발열량이 H_l(kcal/kg)이고, 연료소비량을 F(kg/h), 도시출력을 Pi(PS), 연료소비시간을 t(s)라 할 때 도시열효율 ηi를 구하는 식은?

① $\eta i = \dfrac{632 \times Pi}{F \times H_l}$

② $\eta i = \dfrac{632 \times H_l}{F \times t}$

③ $\eta i = \dfrac{632 \times t \times H_l}{F \times Pi}$

④ $\eta i = \dfrac{632 \times t \times Pi}{F \times H_l}$

> 도시열효율 $\eta i = \dfrac{632 \times Pi}{F \times H_l}$

정답 30 ④ 31 ② 32 ② 33 ①

34

연료 저위발열량이 10,500kcal/kg인 연료를 사용하는 가솔린엔진의 연료소비율이 180g/PS·h이라면 이 엔진의 열효율은 약 얼마인가?

① 16.3% ② 21.9%
③ 26.2% ④ 33.5%

> $\eta_B = \dfrac{632.3}{H_l \times fe} \times 100 = \dfrac{632.3}{10,500 \times 0.18} \times 100$
> $= 33.5\%$
> - η_B : 제동열효율
> - H_l : 연료의 저위발열량(kcal/kg)
> - fe : 연료소비율(g/PS·h)

36

어떤 엔진의 제동 연료소비율은 300g/kW·h이다. 연료의 저위발열량이 42,000kJ/kg일 경우 이 엔진의 제동 열효율은?

① 약 23.3% ② 약 71.4%
③ 약 28.6% ④ 약 1.4%

> $\eta_B = \dfrac{3,600}{H_l \times fe} \times 100 = \dfrac{3,600}{42,000 \times 0.3} \times 100$
> $= 28.57\%$
> - η_B : 제동열효율
> - H_l : 연료의 저위발열량(kJ/kg)
> - fe : 연료소비율(g/kW·h)

35

엔진의 제동마력이 380PS, 시간당 연료소비량이 80kg, 연료 1kg당 저위발열량이 10,000kcal일 때 제동열효율은?

① 13.3% ② 30%
③ 35% ④ 60%

> $\eta_B = \dfrac{632.3 \times PS}{H_l \times F} \times 100$
> $= \dfrac{632.3 \times 380}{10,000 \times 80} \times 100 = 30\%$
> - η_B : 제동열효율
> - PS : 엔진 출력
> - F : 연료소비량
> - H_l : 가솔린 저위발열량

37

저위발열량이 44,800KJ/kg인 연료를 시간당 20kg을 소비하는 엔진의 제동출력이 90kW이다. 이 엔진의 제동 열효율은?

① 28% ② 32%
③ 36% ④ 41%

> $\eta_B = \dfrac{3,600 \times B_{PS}}{H_l \times F} \times 100$
> $= \dfrac{3,600 \times 90}{44,800 \times 20} \times 100 = 36\%$
> - η_B : 제동열효율
> - H_l : 연료의 저위발열량
> - F : 연료소비량

정답 34 ④ 35 ② 36 ③ 37 ③

38

어떤 엔진의 회전 수가 2,800rpm이고 축 출력은 35PS, 한 시간당 연료소비량은 6ℓ이다. 이 엔진의 연료소비율은? (단, 연료의 비중은 0.75이다)

① 약 36g/ps-h   ② 약 128g/ps-h
③ 약 180g/ps-h   ④ 약 220g/ps-h

$fe = \dfrac{F \times \gamma}{B_{PS}} = \dfrac{6 \times 0.75}{35} = 128.6 \text{g/PS-h}$

- fe : 연료소비율
- F : 연료소비량
- γ : 연료의 비중
- B_{PS} : 축 출력

39

제동마력이 120PS인 디젤엔진이 24시간에 720ℓ를 소비하였다. 이 엔진의 연료소비율은? (단, 비중은 0.90이다)

① 18g/ps-h   ② 120g/ps-h
③ 225g/ps-h   ④ 285g/ps-h

$fe = \dfrac{F \times \gamma}{B_{PS} \times t} = \dfrac{720\ell \times 0.9 \times 1,000}{120PS \times 24H}$
$= 225\text{g/PS-h}$

- fe : 연료소비율
- F : 연료소비량
- γ : 연료의 비중
- B_{PS} : 제동마력
- t : 엔진 가동시간

40

4행정 엔진이 25마력으로 10분 동안 한 일을 열량으로 표시하면 몇 kcal인가?

① 2,543.29   ② 2,634.67
③ 2,968.45   ④ 3,272.53

$Q = \dfrac{632.3 \times B_{PS} \times t}{60} = \dfrac{632.3 \times 25 \times 10}{60}$
$= 2634.67\text{kcal}$

- Q : 열량
- B_{PS} : 제동마력
- t : 엔진 가동시간

41

가솔린엔진의 열 손실을 측정한 결과 냉각수에 의한 손실이 25%, 배기 및 복사에 의한 열 손실이 35%이었다. 기계효율이 90%라면 정미효율은?

① 54%   ② 36%
③ 32%   ④ 20%

① 지시효율 = 1 − (0.25+0.35) = 0.4 = 40%
② 정미효율 = 지시효율 × 기계효율
  = (0.4 × 0.9) × 100 = 36%

정답 38 ② 39 ③ 40 ② 41 ②

42
내연 엔진에서 기계효율을 구하는 공식으로 맞는 것은?

① $\dfrac{\text{마찰마력}}{\text{제동마력}} \times 100$
② $\dfrac{\text{도시마력}}{\text{이론마력}} \times 100$
③ $\dfrac{\text{제동마력}}{\text{도시마력}} \times 100$
④ $\dfrac{\text{마찰마력}}{\text{도시마력}} \times 100$

 기계효율 = $\dfrac{\text{제동마력}}{\text{도시마력}} \times 100$

43
제동마력 : BPS, 도시마력 : IPS, 기계효율 : η_m이라고 할 때 상호 관계식은?

① η_m = IPS ÷ BPS
② BPS = η_m ÷ IPS
③ η_m = BPS ÷ IPS
④ IPS = η_m ÷ BPS

44
단위환산을 나타낸 것으로 맞는 것은?

① 1[J] = 1[N · m] = 1[W · s]
② 1[J] = 1[W] = 1[PS · h]
③ 1[J] = 1[N/s] = 1[W · s]
④ 1[J] = 1[cal] = 1[W · s]

45
9,000J을 Wh 단위로 환산한 값은?

① 1,500Wh
② 150Wh
③ 250Wh
④ 2.5Wh

 $\dfrac{9,000J}{3,600}$ = 2.5Wh

46
1.2kJ을 W · s 단위로 환산한 값은?

① 120W · s
② 1,200W · s
③ 4,320W · s
④ 72W · s

 1W란 매초 1J의 비율로서 에너지를 내는 일률이며, 1W = 1J · s이다. 따라서 1.2kJ = 1,200W · s이다.

47
화씨 200°F는 절대온도로 약 몇 도인가?

① 93K
② 366K
③ 384K
④ 392K

$T_k = \left[\dfrac{5}{9}(200-32)\right] + 273 = 366K$

정답 42 ③ 43 ③ 44 ① 45 ④ 46 ② 47 ②

48

엔진의 배기가스온도를 측정한 결과 전부하 운전 시에는 850℃, 공전 시에는 350℃이다. 이 온도를 각각 Kelvin 온도(k)로 환산한 것으로 맞는 것은?

① 1,850, 1350
② 850, 350
③ 1,123, 623
④ 577, 77

> ① 850℃ + 273 = 1,123K
> ② 350℃ + 273 = 623K

49

2ton의 자동차가 1,000m를 이동하는데 1분 40초 걸렸을 때 동력은?

① 20(kg·m/s)
② 200(kg·m/s)
③ 2,000(kg·m/s)
④ 20,000(kg·m/s)

> $H_{PS} = \dfrac{W \times L}{t} = \dfrac{2,000\text{kgf} \times 1,000\text{m}}{60s + 40s}$
> $= 20,000\text{kg} \cdot \text{m/s}$
> - H_{PS} : 동력
> - W : 힘
> - L : 거리
> - t : 시간(sec)

50

질량 1,000kg인 자동차를 리프트로 1.8m 올릴 때, 리프트의 상승속도는 0.3m/s였다. 리프트가 한 일과 출력은?

① 2,943Nm, 17,658W
② 17,658Nm, 29.43kW
③ 17,658Ws, 2.944kW
④ 2,943Ws, 176.58kW

51

리프트 위에 중량 13,500N인 자동차가 정차해 있다. 이 자동차를 3초 만에 높이 1.8m로 상승시켰을 경우 리프트의 출력은?

① 24.3kW
② 8.1kW
③ 22.5kW
④ 10.8kW

> 1kg은 9.8W, 1PS = 0.736kW
> ① 일 = 1,000kg × 1.8m × 9.8 = 17,640Ws
> ② 출력 = $\dfrac{1,000\text{kgf} \times 1.8\text{m} \times 0.736}{75 \times 6}$ = 2.944kW

> 1kg = 9.8N, 1PS = 0.736kW
> ① 리프트의 중량(kg) = $\dfrac{13,500N}{9.8}$ = 1,377.6kg
> ② 리프트 출력(kW) = $\dfrac{1,377.6\text{kgf} \times 1.8\text{m} \times 0.736}{75 \times 3}$
> = 8.1kW

52

자동차가 평탄한 도로를 정속도로 2km 주행하였다. 이때 바퀴에서의 구동력의 합은 2.9kN이였다. 2km 주행하는 동안 이 자동차가 한 일을 Nm, kWh로 구하면?

① 5,800,000Nm, 16.11kWh
② 5,800,000Nm, 1.611kWh
③ 580,000Nm, 16.11kWh
④ 58,000Nm, 16.11kWh

> ① (Nm) = 2.9 × 1,000 × 2,000 = 5,800,000Nm
> ② kWh = $\dfrac{2.9 \times 2,000}{3,600}$ = 1.611kWh

정답 48 ③ 49 ④ 50 ③ 51 ② 52 ②

53
실린더 내경이 72mm인 6기통 엔진의 SAE마력은?

① 12.9PS　　② 129PS
③ 193PS　　④ 19.3PS

SAE마력 = $\dfrac{D^2 N}{1,613} = \dfrac{72^2 \times 6}{1,613}$ = 19.3PS
- D : 실린더 내경
- N : 실린더 수

54
SAE 마력을 산출하는 방식이 맞는 것은? (단, D는 실린더 지름, N은 실린더 수를 나타내며, 단위는 inch임)

① $\dfrac{D^2 N}{2.5}$　　② $\dfrac{TR}{716}$
③ $\dfrac{DN}{1613}$　　④ $\dfrac{DN}{2.5}$

① 실린더 안지름의 단위가 inch일 때: $\dfrac{D^2 N}{2.5}$
② 실린더 안지름의 단위가 mm일 때: $\dfrac{D^2 N}{1,613}$

55
실린더 안지름 60mm, 행정 60mm인 4실린더 엔진의 총배기량은?

① 750.4cc　　② 678.6cc
③ 339.2cc　　④ 169.7cc

V = 0.785D²LN = 0.785 × 6² × 6 × 4
　　= 678.2cc
- D : 실린더 내경(cm)
- L : 피스톤 행정(cm)
- N : 실린더 수

56
연소실 체적이 75cm³, 행정 체적이 1,500cm³인 디젤엔진의 압축비는?

① 15 : 1　　② 18 : 1
③ 21 : 1　　④ 25 : 1

$\epsilon = \dfrac{Vc + Vs}{Vc} = \dfrac{75 + 1,500}{75} = 21$
- ϵ : 압축비
- Vs : 실린더 배기량(행정 체적)
- Vc : 간극 체적

57
간극 체적이 70cm³이고, 압축비가 9인 엔진의 배기량은?

① 560cm³　　② 610cm³
③ 650cm³　　④ 670cm³

$Vs = (\epsilon - 1) \times Vc = (9 - 1) \times 70 = 560cm^3$
- Vs : 배기량(행정체적)
- ϵ : 압축비
- Vc : 간극체적

정답　53 ④　54 ①　55 ②　56 ③　57 ①

58

실린더의 지름 × 행정이 100mm × 100mm일 때 압축비가 17 : 1이라면 연소실 체적은?

① 29cc
② 49cc
③ 79cc
④ 109cc

$$Vc = \frac{Vs}{(\epsilon - 1)} = \frac{0.785 \times 10^2 \times 10}{(17-1)}$$
$$= 49cc$$
- Vs : 배기량(행정 체적)
- ϵ : 압축비
- Vc : 연소실 체적

59

압축비 8.5, 행정 체적 225cm³인 엔진에서 피스톤이 하사점에 있을 때의 실린더 체적(cc)은?

① 30
② 255
③ 300
④ 435

$$V = Vc + \frac{Vs}{\epsilon - 1} = 225 + \frac{225}{8.5 - 1} = 255cc$$
- Vs : 배기량(행정 체적)
- ϵ : 압축비
- Vc : 연소실 체적

60

압축비(compression ratio)에 대한 설명 중 틀린 것은?

① 혼합기를 연소 전에 얼마만큼 압축하는가의 정도를 나타낸다.
② 내연엔진의 이론 사이클에서 압축비가 증가하면 이론 열효율은 증가한다.
③ 가솔린엔진에서 이상적인 연소를 위해서는 압축비가 높을수록 좋다.
④ 일반적으로 디젤엔진의 압축비가 가솔린엔진에 비하여 큰 값을 가진다.

가솔린엔진에서 압축비를 높이면 출력이 증가하나 너무 높이면 노크가 발생하여 악영향을 주므로 9 : 1 정도로 한다.

61

착화 지연기간이 1/1,000초, 착화 후 최고압력에 달할 때까지의 시간이 1/1,000초일 때, 2,000rpm으로 운전되는 엔진의 착화 시기는? (단, 최고 폭발압력은 상사점 후 12°이다)

① 상사점 전 32°
② 상사점 전 36°
③ 상사점 전 12°
④ 상사점 전 24°

$$It = 6Rt = 6 \times 2,000 \times \frac{1}{1,000} = 12°$$
- It : 크랭크축 회전각도
- R : 엔진 회전속도
- t : 착화지연 시간

정답 58 ② 59 ② 60 ③ 61 ③

62

엔진의 회전속도가 1,800rpm일 때 20°의 착화지연은 몇 초에 해당하는가?

① $\frac{1}{360}$초 ② $\frac{1}{100}$초
③ $\frac{1}{15}$초 ④ $\frac{1}{540}$초

> It = 6Rt에서
> $t = \frac{It}{6R} = \frac{20}{6 \times 1,800} = \frac{1}{540}$초

63

디젤엔진의 회전속도가 1,800rpm일 때 20°의 착화지연 시간은?

① 2.77ms ② 0.10ms
③ 66.66ms ④ 1.85ms

> It = 6Rt에서
> $t = \frac{It}{6R} = \frac{20 \times 1,000}{6 \times 1,800} = 1.85$ms

64

자동차로 15km의 거리를 왕복하는데 40분이 걸렸다. 이때 연료소비는 1,830cc이였다. 왕복할 때의 평균속도와 연료소비율은?

① 22.5km/h, 12km/L
② 45km/h, 16km/L
③ 50km/h, 20km/L
④ 60km/h, 25km/L

> ① 왕복 평균속도 : $\frac{15 \times 2 \times 60}{40}$ = 45km/h
> ② 왕복할 때의 연료소비율 : $\frac{15 \times 2}{1.83}$ = 16.3km/ℓ

65

연료 3ℓ로 100km를 주행하는 자동차가 있다. 연료의 저위발열량은 42,000kJ/kg이고, 밀도는 0.78kg/ℓ이다. 100km 주행할 때 소비하는 총열량은?

① 126,000kJ ② 98,280kJ
③ 14,000kJ   ④ 1,260 kJ

> $T_{cal} = Fv \times H_l \times H\rho$
> = 3ℓ × 42,000kJ/kg × 0.78kg/ℓ
> = 98,280kJ
> - T_{cal} : 총열량
> - Fv : 연료의 체적
> - H_l : 연료의 저위발열량
> - $H\rho$: 연료의 밀도

정답 62 ④ 63 ④ 64 ② 65 ②

66

다음 그림에서 크랭크축 벨트 풀리의 회전속도가 2,600rpm일 때 발전기 벨트 풀리의 회전속도는? (단, 벨트와 풀리는 미끄러지지 않는 것으로 가정한다.)

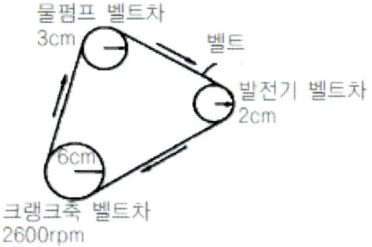

① 867rpm
② 3,900rpm
③ 5,200rpm
④ 7,800rpm

> $\dfrac{CP_n}{GP_n} = \dfrac{CP_r}{GP_r}$ 에서
>
> $GP_n = \dfrac{CP_n \times CP_r}{GP_r} = \dfrac{2{,}600 \times 6}{2} = 7{,}800\text{rpm}$
>
> - CP_n : 크랭크축 풀리 회전속도
> - GP_n : 발전기 풀리 회전속도
> - CP_r : 크랭크축 풀리 반지름
> - GP_r : 발전기 풀리 반지름

67

체적이 5m³일 때 1기압인 공기의 압력이 수은주 450mmHg이라면 체적은 얼마인가? (단, 온도의 변화는 없는 것으로 한다.)

① 8.4m³
② 6.5m³
③ 8.05m³
④ 9.5m³

> $P_1 V_1 = P_2 V_2$ 에서
>
> $V_2 = \dfrac{P_1 V_1}{P_2} = \dfrac{760 \times 5}{450} = 8.4\text{m}^3$

68

연소실이 단열상태라 가정하면 흡입된 혼합가스를 압축하여 혼합가스의 온도가 25℃에서 200℃까지 상승하였다. 이때 혼합가스 1kg당의 압축일(kJ/kg)은? (단, 혼합가스의 정적비열은 0.8213kJ/kg·K으로 일정하다)

① 143.7
② −143.7
③ 367.9
④ −367.9

> $Cw = (t_1 - t_2) \times Cv = (25 - 200) \times 0.8213$
> $\quad = -143.7\text{kJ/kg}$
>
> - Cw : 혼합가스 1kg당 압축일
> - t_1 : 처음 온도
> - t_2 : 나중 온도
> - Cv : 정적비열

69

디젤엔진에서 연소실 공기온도가 20℃에서 400℃로 상승할 때 압력이 45ata되려면 압축비는?

① 17.8 : 1
② 18.3 : 1
③ 19.6 : 1
④ 21.3 : 1

> $P = \epsilon \times \dfrac{T_2}{T_1}$ 에서 $\epsilon = P \times \dfrac{T_1}{T_2}$
>
> $\epsilon = \dfrac{45 \times (273 + 20)}{(273 + 400)} = 19.6$
>
> - P : T_2에서의 압력
> - T_1 : 압축 전의 온도
> - T_2 : 압축 후의 온도
> - ϵ : 압축비

정답 66 ④ 67 ① 68 ② 69 ③

70

냉각수 용량 10ℓ 인 엔진에서 냉각수온도를 20℃에서 100℃로 상승시키는데 필요한 열량은? (단 냉각수 밀도 ρ = 1.1kg/ℓ, 비열 C = 3.96kJ/kg이고, 열손실은 무시한다)

① 약 396kJ
② 약 87kJ
③ 약 3485kJ
④ 약 436kJ

$Hq = (t_2 - t_1) \times \rho \times C \times V$
$= (100 - 20) \times 1.1 \times 3.96 \times 10 = 3,485 KJ$
- t_2 : 나중온도
- t_1 : 처음온도
- C : 비열
- ρ : 냉각수 밀도
- V : 냉각수 용량

72

연료 7.2kg을 연소시키는데 밀도 1.29kg/m³인 공기 91.5m³를 소비한 엔진이 있다. 이 엔진의 공연비는?

① 약 12.7
② 약 16.4
③ 약 16.9
④ 약 14.8

$AFr = \dfrac{A\rho \times Av}{Gg} = \dfrac{1.29 \times 91.5}{7.2} = 16.4$
- AFr : 공연비
- $A\rho$: 공기의 밀도
- Av : 공기의 체적
- Gg : 연료의 무게

71

가솔린 300cc를 연소시키기 위하여 몇 kg의 공기가 필요한가? (단, 혼합비는 15, 가솔린의 비중은 0.75로 취한다)

① 2.19kg
② 3.42kg
③ 3.37kg
④ 39.2kg

$Ag = Gv \times \rho \times AFr = 0.3ℓ \times 0.75 \times 15$
$= 3.37kg$
- Ag : 필요한 공기량
- Gv : 가솔린의 체적
- ρ : 가솔린의 비중
- AFr : 혼합비

정답 70 ③ 71 ③ 72 ②

02 엔진 본체 정비

01
실린더와 실린더헤드의 재질에 필요한 특성으로 틀린 것은?

① 기계적 강도가 높아야 한다.
② 열팽창성은 좋은 반면 열전도성은 낮아야 한다.
③ 열변형에 대한 안정성이 있어야 한다.
④ 실린더의 재질은 특히 내마모성과 길들임성이 좋아야 한다.

02
실린더헤드의 재료로 경합금을 사용할 경우 주철에 비해 갖는 특징으로 틀린 것은?

① 경량화할 수 있다.
② 연소실온도를 낮추어 열점(hot spot)을 방지할 수 있다.
③ 열전도 특성이 좋다.
④ 변형이 거의 생기지 않는다.

> 경합금 실린더헤드의 특징은 경량화할 수 있고, 열전도 특성이 좋아 연소실온도를 낮추어 열점(hot spot)을 방지할 수 있다. 그러나 변형이 발생하기 쉬운 결점이 있다.

03
연소실의 구비조건으로 틀린 것은?

① 가열되기 쉬운 돌출부를 두지 말 것
② 압축행정 끝에 와류를 일으키게 할 것
③ 연소실 내의 표면적은 최대로 할 것
④ 밸브 면적을 크게 하여 흡·배기 작용을 원활히 할 것

04
실린더헤드 볼트를 풀었는데도 실린더헤드가 떨어지지 않을 때 떼어내는 방법 중 틀린 것은?

① 나무해머로 두드려 뗀다.
② 엔진의 압축압력을 이용한다.
③ 엔진의 무게를 이용, 헤드만을 걸어 올린다.
④ 드라이버를 정 대신에 이용하고, 해머로 약간 두드리면서 떼어낸다.

05
실린더헤드 개스킷에 대한 설명으로 틀린 것은?

① 실린더헤드를 탈거하였을 때는 새 헤드 개스킷으로 교환해야 한다.
② 압축압력 게이지를 이용하여 헤드 개스킷이 파손된 것을 알 수 있다.
③ 기밀 유지를 위해 고르게 연마하고 헤드 개스킷의 접촉면에 강력한 접착제를 바른다.
④ 라디에이터 캡을 열고 점검하였을 때 기포가 발생되거나 오일방울이 보이면 헤드 개스킷이 파손되었을 가능성이 있다.

> 실린더헤드 개스킷에 대한 설명은 ①, ②, ④항 이외에 기밀유지를 위해 실린더 헤드면을 연마해서는 안 된다.

정답 01 ② 02 ④ 03 ③ 04 ③ 05 ③

06

표준내경이 78mm인 실린더에서 사용 중인 실린더의 내경을 측정한 결과 0.32mm가 마모되었을 때 보링 치수는?

① 78.25mm   ② 78.50mm
③ 78.75mm   ④ 79.00mm

> 보링값 = 78.32 + 0.2 = 78.52
> ∴ 수정값은 78.75mm

07

가솔린엔진의 실린더 벽 두께를 4mm로 만들고자 한다. 이때 실린더 직경은? (단, 폭발압력은 40kg/cm²이고, 실린더 벽의 허용응력이 360kg/cm²이다)

① 62mm   ② 72mm
③ 82mm   ④ 92mm

> $t = \dfrac{PD}{2\sigma a}$ 에서
> $D = \dfrac{2\sigma a \times t}{P} = \dfrac{2 \times 360 \times 0.4}{40} = 7.2 \text{cm} = 72 \text{mm}$
> • t : 실린더 벽의 두께
> • P : 폭발압력
> • D : 실린더 안지름
> • σa : 실린더 벽의 허용응력

08

자동차 엔진에서 피스톤 구비조건이 아닌 것은?

① 무게가 가벼워야 한다.
② 내마모성이 좋아야 한다.
③ 열의 보온성이 좋아야 한다.
④ 고온에서 강도가 높아야 한다.

09

피스톤 스커트부에 슬롯을 두는 이유는?

① 연료 공급효율을 높이기 위해
② 블로우-바이가스를 저감하기 위해
③ 폭발압력에 견디게 하기 위해
④ 헤드부의 높은 열이 스커트로 가는 것을 차단하기 위해

10

알루미늄 합금으로 저팽창, 내식성, 내마멸성, 경량, 내압성, 내열성이 우수하여 고속용 가솔린엔진에 많이 사용되는 피스톤 재료는?

① 주철   ② 니켈-구리 합금
③ 로엑스   ④ 켈밋 합금

> 로엑스의 표준조직은 구리(Cu) 1%, 니켈(Ni) 1.0~2.5%, 규소(Si) 12~25%, 마그네슘(Mg) 1%, 철(Fe) 0.7% 나머지가 알루미늄이다.

11

피스톤 슬랩(piston slap)이 가장 현저하게 나타나는 때는?

① 엔진의 정상적인 작동 중에서 현저하다.
② 고온의 열을 받았을 때 현저하다.
③ 저온에서 현저하다.
④ 기밀이 유지될 때 현저하다.

> 피스톤 슬랩이란 피스톤 간극이 너무 크면 피스톤이 상·하사점에서 운동방향을 바꿀 때 실린더 벽에 충격을 주는 현상이다. 낮은 온도에서 현저하게 발생하며 오프셋 피스톤을 사용하여 방지한다.

정답 06 ③ 07 ② 08 ③ 09 ④ 10 ③ 11 ③

12

피스톤(piston)과 커넥팅로드(connecting rod)는 피스톤 핀(piston pin)에 의하여 연결된다. 피스톤 핀의 설치 방법이 아닌 것은?

① 고정식(fixed type)
② 반부동식(semi-floating type)
③ 전부동식(full-floating type)
④ 혼합식(mixed type)

13

크랭크축의 진동댐퍼(vibration damper)가 하는 역할은?

① 저속회전을 유지한다.
② 고속회전을 유지한다.
③ 회전 중의 진동을 방지한다.
④ 동적·정적진동을 유지한다.

14

엔진의 크랭크축 휨 측정에 사용하지 않는 기기는?

① 블록게이지
② 정반
③ V블록
④ 다이얼게이지

15

플라이휠의 설명으로 틀린 것은?

① 회전력을 균일하게 한다.
② 링 기어를 설치하여 엔진의 시동을 걸 수 있게 한다.
③ 동력을 전달한다.
④ 무부하 상태로 만든다.

16

자동차 엔진에서 베어링으로 사용되고 있는 켈밋 합금(Kelmet alloy)에 대한 설명으로 맞는 것은?

① 주석, 안티몬, 구리를 주성분으로 하는 합금이다.
② 구리와 납을 주성분으로 하는 합금이다.
③ 알루미늄과 주석을 주성분으로 하는 합금이다.
④ 구리, 아연, 주석을 주성분으로 하는 합금이다.

17

유압 태핏의 장점은?

① 냉각 시에만 밸브간극 조정을 한다.
② 오일펌프와 관계가 없다.
③ 밸브간극 조정이 필요 없다.
④ 구조가 간단하다.

정답 12 ④ 13 ③ 14 ① 15 ④ 16 ② 17 ③

18

고속회전을 목적으로 하는 가솔린엔진에서 흡기밸브와 배기밸브의 크기를 비교한 설명으로 맞는 것은?

① 양 밸브의 크기는 동일하다.
② 흡기밸브가 더 크다.
③ 배기밸브가 더 크다.
④ 1, 4번 배기밸브만 더 크다.

19

엔진온도가 상승함에 따라 흡·배기밸브의 길이는 늘어난다. 밸브길이의 팽창요인으로 틀린 것은?

① 밸브 스템의 길이
② 밸브시트의 강도
③ 밸브의 재질
④ 밸브의 온도상승

20

실린더 안지름이 73mm, 행정이 74mm인 4행정 사이클 4실린더 엔진이 6,300rpm으로 회전하고 있을 때 밸브 구멍을 통과하는 가스의 속도는? (단, 밸브면의 평균 지름은 30mm이고, 밸브 스템의 굵기는 무시한다)

① 62m/sec
② 72m/sec
③ 82m/sec
④ 92m/sec

① $S = \dfrac{2NL}{60} = \dfrac{2 \times 6,300 \times 74}{60 \times 1,000} = 15.54$ m/s
- N : 엔진 회전속도
- L : 피스톤 행정

② $d = D\sqrt{\dfrac{S}{V}}$
- d : 밸브지름
- D : 실린더 안지름
- S : 피스톤 평균속도
- V : 가스 흐름속도
- $V = \dfrac{D^2 \times S}{d^2} = \dfrac{73^2 \times 15.54}{30^2} = 92.01$ m/s

21

밸브 스템이 가열되는 것을 고려하여 설정하는 것은?

① 타이밍 기어
② 사이드밸브
③ 밸브 개폐시기
④ 밸브간극

22

밸브서징 현상의 설명으로 맞는 것은?

① 흡·배기밸브가 동시에 열리는 현상
② 밸브가 닫힐 때 천천히 닫히는 현상
③ 밸브가 고속 회전에서 저속으로 변화할 때 스프링의 장력 차가 생기는 현상
④ 고속에서 밸브의 고유진동수와 캠의 회전 수 공명에 의해 스프링이 퉁기는 현상

정답 18 ② 19 ② 20 ④ 21 ④ 22 ④

23
밸브 스프링에서 공진 현상을 방지하는 방법이 아닌 것은?

① 원뿔형 스프링을 사용한다.
② 부등 피치 스프링을 사용한다.
③ 스프링의 고유진동을 같게 하거나 정수비로 한다.
④ 2중 스프링을 사용한다.

24
DOHC엔진의 장점이 아닌 것은?

① 구조가 간단하다.
② 연소효율이 좋다.
③ 최고 회전속도를 높일 수 있다.
④ 흡입효율의 향상으로 응답성이 좋다.

> DOHC엔진이란 실린더 헤드에 흡입밸브 구동용 캠축과 배기밸브 구동용 캠축을 각각 1개씩 설치하며, 1개의 연소실에 흡입밸브 2개, 배기밸브 2개를 둔 형식이다.

25
피스톤 링의 장력 감소 시 나타나는 현상으로 틀린 것은?

① 블로우-바이 현상을 일으킬 수 있다.
② 열전도성이 높아진다.
③ 압축압력이 감소한다.
④ 오일의 소비가 많아진다.

> 피스톤 링의 장력이 감소하면 블로우-바이 현상이 일어나 압축압력이 감소하며, 엔진오일의 소비가 많아지고 열전도성이 낮아져 피스톤이 과열하기 쉽다.

26
피스톤 링 이음 간극으로 인하여 엔진에 미치는 영향과 관계없는 것은?

① 소결의 원인
② 압축가스의 누출 원인
③ 연소실에 오일유입의 원인
④ 실린더와 피스톤과의 충격음 발생원인

> 피스톤 링 이음 간극이 작으면 소결이 발생하며, 너무 크면 압축가스의 누출, 연소실에 오일유입의 원인이 된다.

27
가솔린엔진에서 밸브 개폐시기의 불량원인으로 틀린 것은?

① 타이밍벨트의 장력감소
② 타이밍벨트 텐셔너의 불량
③ 크랭크축과 캠축 타이밍마크 틀림
④ 밸브면의 불량

28
엔진 압축압력 시험기로 점검할 수 있는 사항이 아닌 것은?

① 노즐의 분사상태
② 실린더 마멸상태
③ 헤드 개스킷 불량
④ 연소실의 카본퇴적

> 엔진 압축압력 시험기로 점검할 수 있는 사항은 실린더 및 피스톤과 피스톤 링 마멸상태, 헤드 개스킷 불량, 연소실의 카본퇴적, 밸브불량 등이다.

정답 23 ③ 24 ① 25 ② 26 ④ 27 ④ 28 ①

29
엔진의 압축압력 점검결과 압력이 인접한 실린더에서 동일하게 낮은 경우 원인은?

① 흡기다기관의 누설
② 점화시기 불균일
③ 실린더헤드 개스킷 소손
④ 실린더 벽이나 피스톤 링의 마멸

30
실린더 압축시험에 대한 설명으로 틀린 것은?

① 습식시험은 건식시험에서 실린더 압축압력이 규정값보다 낮게 측정될 때 측정하는 시험이다.
② 압축압력시험은 엔진을 크랭킹 속도에서 측정한다.
③ 습식시험은 실린더에 엔진오일을 넣은 후 측정한다.
④ 습식시험을 통해 압축압력이 변화가 없으면 실린더 벽 및 피스톤 링의 마멸로 판정할 수 있다.

> 습식 압축압력 시험에서 압축압력이 변화가 없으면 밸브 불량, 실린더헤드 개스킷 파손, 실린더헤드 변형 등으로 판정한다.

31
흡기다기관의 진공시험으로 그 결함을 알아내기 어려운 것은?

① 점화시기의 틀림
② 밸브스프링의 장력
③ 실린더 마모
④ 흡기계통의 개스킷 누설

> 흡기다기관의 진공시험으로 알 수 있는 결함은 점화시기의 틀림, 실린더 마모, 흡기계통의 개스킷 누설, 밸브작동의 불량 등이다.

32
엔진에서 진공이 누설될 경우 나타나는 현상이 아닌 것은?

① 엔진부조
② 엔진출력 부족
③ 유해가스 과다
④ 연료 증발가스 발생

33
아래 사항에서 엔진의 분해시기를 모두 고른 것은?

A. 압축압력 70% 이하일 때
B. 압축압력 80% 이하일 때
C. 연료소비율 60% 이상일 때
D. 연료소비율 50% 이상일 때
E. 오일소비량 50% 이상일 때
F. 오일소비량 50% 이하일 때

① A, C, F   ② A, C, E
③ B, C, F   ④ B, D, F

> 엔진의 분해시기 결정요소
> ① 압축압력 70% 이하일 때
> ② 연료소비율 60% 이상일 때
> ③ 오일소비량 50% 이상일 때

정답 29 ③ 30 ④ 31 ② 32 ④ 33 ②

03 가솔린 전자제어장치 정비

01
가솔린엔진에 사용되는 연료의 발열량 설명으로 맞는 것은?

① 연료와 산소가 혼합하여 완전 연소할 때 발생하는 열량을 말한다.
② 연료와 물을 혼합하여 완전 연소할 때 발생하는 열량을 말한다.
③ 연료와 수소가 혼합하여 완전 연소할 때 발생하는 열량을 말한다.
④ 연료와 질소가 혼합하여 완전 연소할 때 발생하는 열량을 말한다.

02
전자제어 연료분사장치에서 연료가 완전 연소하기 위한 이론 공연비와 가장 밀접한 관계가 있는 것은?

① 공기와 연료의 산소비
② 공기와 연료의 중량비
③ 공기와 연료의 부피비
④ 공기와 연료의 원소비

03
엔진에서 가장 농후한 혼합비로 연료를 공급하여야 할 시기는?

① 가속할 때
② 고출력으로 운전할 때
③ 저속으로 주행할 때
④ 엔진을 시동할 때

> 엔진에서 시동을 할 때 연료를 가장 농후한 혼합비로 공급하여야 한다.

04
혼합비가 희박할 때 발생되는 현상으로 맞는 것은?

① 점화 2차 스파크라인의 불꽃 지속시간이 짧아진다.
② 산소센서(+) 듀티값이 커진다.
③ 점화 2차 전압의 높이가 낮아진다.
④ 배기가스의 CO값이 증가한다.

> 혼합비가 희박하면 점화 2차 스파크라인의 불꽃 지속시간이 짧아진다.

05
가솔린엔진의 노크 방지 방법으로 틀린 것은?

① 미연소가스의 온도와 압력을 저하시킨다.
② 연료의 착화지연을 길게 한다.
③ 압축행정 중 와류를 발생시킨다.
④ 화염 전파거리를 길게 한다.

> 가솔린엔진의 노크 방지 방법은 ①, ②, ③항 이외에
> ① 화염 전파거리를 짧게 한다.
> ② 옥탄가가 높은 연료를 사용한다.
> ③ 혼합가스를 진하게 한다.
> ④ 압축비, 혼합가스 및 냉각수온도를 낮춘다.
> ⑤ 점화시기를 늦추어 준다.

정답 01 ① 02 ② 03 ④ 04 ① 05 ④

06

노크(combustion knock)에 의하여 발생하는 현상이 아닌 것은?

① 배기온도의 상승
② 출력의 감소
③ 실린더의 과열
④ 배기밸브나 피스톤 등의 소손(燒損)

07

조기점화에 대한 설명 중 틀린 것은?

① 조기점화가 일어나면 연료소비량이 적어진다.
② 점화플러그 전극에 카본이 부착되어도 일어난다.
③ 과열된 배기밸브에 의해서도 일어난다.
④ 조기점화가 일어나면 출력이 저하된다.

> 조기점화는 점화플러그 전극에 카본이 부착, 과열된 배기밸브에 의해서도 일어나며, 조기점화가 일어나면 출력감소, 열손실 증대, 기계효율 및 흡입효율이 저하한다.

08

전자제어 가솔린 분사장치 엔진의 특징으로 맞는 것은?

① 연료를 분사하므로 가속 응답성이 좋아진다.
② 부품 단순화로 제조 원가가 저렴하다.
③ 고장 발생 시 수리가 용이하다.
④ 연료 과다분사로 연료소비가 크다.

> 전자제어 가솔린분사장치 엔진의 장점
> ① 유해 배기가스를 저감시킬 수 있다.
> ② 공연비가 향상된다.
> ③ 가속 응답성이 빠르다.
> ④ 저온 시동성능이 향상된다.
> ⑤ 엔진의 효율이 향상된다.
> ⑥ 연료 공급시기와 연료량을 정확히 제어할 수 있다.

09

전자제어 연료분사장치를 사용하면 기화기식에 비해 장점은?

① 소음이 적다.
② 대시포트기능이 가능하다.
③ 연료 공급시기와 연료량을 정확히 제어할 수 있다.
④ 제작비가 싸다.

10

전자제어 연료분사 엔진이 기화기방식 엔진에 비해 단점은?

① 흡입공기량 검출이 부정확할 때 엔진부조 가능성
② 저온 시동성 불량
③ 가·감속을 할 때 응답 지연
④ 흡입저항 증가

> 전자제어 연료분사 엔진은 기화기방식 엔진에 비해 흡입공기량 검출이 부정확할 때 엔진부조 가능성이 있으며, 구조가 복잡하고, 가격이 비싼 단점이 있다.

정답 06 ① 07 ① 08 ① 09 ③ 10 ①

11

전자제어 가솔린엔진에 대한 설명으로 틀린 것은?

① 흡기온도센서는 공기밀도 보정 시 사용된다.
② 공회전 속도 제어는 스텝 모터를 사용하기도 한다.
③ 산소센서신호는 이론공연비 제어신호로 사용된다.
④ 점화 시기는 점화 2차 코일의 전류를 크랭크 각센서가 제어한다.

> 전자제어 가솔린엔진에 대한 설명은 ①, ②, ③항 이외에 점화 시기는 크랭크 각센서의 신호를 받아 ECU가 제어한다.

12

전자제어 엔진의 연료계통 구성부품에 직접 관련이 없는 것은?

① 연료압력 조정기 ② 인젝터
③ 연료필터   ④ 스로틀밸브

13

전자제어 가솔린엔진의 연료장치에 해당되지 않는 부품은?

① 오리피스(orifice)
② 연료압력 조정기(pressure regulator)
③ 맥동 댐퍼(pulsation damper)
④ 분사기(injector)

14

전자제어 엔진의 연료펌프 작용에 대한 설명으로 틀린 것은?

① 평상 운전 시 ST위치로 하면 연료펌프가 작동한다.
② 엔진 회전 시 IG스위치가 ON되면 연료펌프는 작동한다.
③ IG스위치를 ON상태로 두면 항상 펌프는 작동한다.
④ 연료펌프 구동단자에 전원을 공급하면 펌프는 작동한다.

15

전자제어 연료분사장치 L제트로닉 형식에 사용되는 전기식 연료펌프가 작동되지 않는 경우는?

① 엔진을 크랭킹할 때
② 엔진의 회전속도가 최고 속도 범위를 초과 시
③ 엔진을 정지하고 점화 S/W ON 상태
④ 엔진이 부조상태로 지속될 때

16

전자제어 가솔린 연료분사장치에서 연료펌프 구동과 관련이 없는 것은?

① 크랭크 각센서
② 수온센서
③ 연료펌프 릴레이
④ 엔진 컴퓨터(ECU)

정답 11 ④ 12 ④ 13 ① 14 ③ 15 ③ 16 ②

17

전자제어 가솔린엔진의 연료펌프에서 릴리프밸브의 역할은?

① 밸브를 닫아 연료의 리턴을 방지한다.
② 연료의 압력이 낮을 때 밸브가 열려 연료의 압력을 높여준다.
③ 베이퍼 록을 방지한다.
④ 과대한 연료의 압력이 걸릴 때 밸브를 열어 압력상승을 방지한다.

18

연료탱크 내의 연료펌프에 설치된 릴리프밸브가 하는 역할이 아닌 것은?

① 연료압력의 과다 상승을 방지한다.
② 모터의 과부하를 방지한다.
③ 과압의 연료를 연료탱크로 보내준다.
④ 체크밸브의 기능을 보조해준다.

19

전자제어 가솔린 분사장치의 연료펌프에서 연료라인에 고압이 작용하는 경우 연료누출 혹은 호스의 파손을 방지하는 밸브는?

① 릴리프밸브　　② 체크밸브
③ 분사밸브　　　④ 팽창밸브

20

탱크 내장형 연료펌프의 구성부품 중 체크밸브의 역할로 틀린 것은?

① 잔압을 유지시켜 준다.
② 압력이 상승할 때 연료가 누설되는 것을 방지한다.
③ 고온일 때 베이퍼록 현상을 방지한다.
④ 재시동 성능을 향상시킨다.

> 체크밸브는 연료계통에 잔압을 유지시켜 엔진의 재시동 성능을 향상시키고, 고온일 때 베이퍼록 현상을 방지한다.

21

전자제어 가솔린엔진에서 연료펌프 내부에 있는 체크(check)밸브가 하는 역할은?

① 차량의 전복시 화재발생을 막기 위해 휘발유 유출을 방지한다.
② 연료라인의 과도한 연료압 상승을 방지한다.
③ 엔진정지 시 연료라인 내의 연료압을 일정하게 유지시켜 베이퍼 록(vapor lock) 현상을 방지한다.
④ 연료라인에 적정압력이 상승될 때까지 시간을 지연시킨다.

정답　17 ④　18 ④　19 ①　20 ②　21 ③

22

전자제어 가솔린엔진의 연료압력 조정기에 대한 설명으로 맞는 것은?

① 엔진의 진공을 이용한 부스터로 연료의 압력을 높이는 구조이다.
② 스프링의 장력과 흡기 매니폴드의 진공압으로 연료압력을 조절하는 구조이다.
③ 공기압에 의하여 압력을 조절하는 구조이다.
④ 유압밸브로 연료압을 조절하는 구조이다.

> 연료압력 조정기는 스프링의 장력과 흡기 매니폴드의 진공압(부압)을 이용하여 연료압력을 조절하는 구조이다.

23

전자제어 연료분사장치 중 인젝터에 대한 설명으로 틀린 것은?

① 인젝터의 연료분사 시간이 ECU 트랜지스터의 작동시간과 일치하지 않는 것을 무효분사시간이라 한다.
② 인젝터에 저항을 붙여 응답성 향상과 코일의 발열을 방지하는 방식을 전압 제어식 인젝터라 한다.
③ 저온 시동성을 양호하게 하는 방식을 콜드스타트 인젝터(cold start injector)라 한다.
④ 인젝터를 제어하는 ECU의 트랜지스터는 일반적으로 (+)제어 방식을 쓰고 있다.

> 인젝터 제어는 ①, ②, ③항 이외에 인젝터를 제어하는 ECU의 트랜지스터는 일반적으로 (-)제어 방식을 사용한다.

24

가솔린 연료분사장치의 인젝터는 무엇에 의해 연료를 분사하는가?

① ECU의 펄스신호
② 연료압력 조정기
③ 다이어프램의 상하운동
④ 연료펌프의 연료압력

25

전자제어 가솔린 연료분사장치의 인젝터에서 분사되는 연료의 양은 무엇으로 조정하는가?

① 인젝터 개방시간
② 연료압력
③ 인젝터의 유량계수와 분구의 면적
④ 니들밸브의 양정

26

전자제어 연료분사 장치의 분사량 제어에 대한 설명으로 틀린 것은?

① 엔진 냉간 시 공전 시보다 많은 양의 연료를 분사한다.
② 급감속 시 연료를 일시적으로 차단한다.
③ 축전지 전압이 낮으면 무효분사 시간을 길게 한다.
④ 산소센서의 출력값이 높으면 연료 분사량은 증가한다.

> 전자제어 분사차량의 연료분사량제어는 ①, ②, ③항 이외에 산소센서의 출력값이 높으면 공연비가 농후한 상태이므로 연료분사량은 감소한다.

정답 22 ② 23 ④ 24 ① 25 ① 26 ④

27

연료분사밸브는 엔진회전 수 신호 및 각종 센서의 정보신호에 의해 제어된다. 분사량과 직접적으로 관련이 되지 않는 것은?

① 밸브 분사공의 직경
② 분사밸브의 연료레일
③ 연료라인의 압력
④ 분사밸브의 통전시간

> 인젝터(injector)의 연료분사량 결정에 영향을 미치는 요소에는 인젝터 니들밸브의 행정, 솔레노이드 코일의 통전시간, 분사구멍의 면적, 연료라인의 압력 등이다.

28

전자제어 연료분사 계통에서 인젝터의 분사시간 조절에 관한 설명 중 틀린 것은?

① 엔진을 급가속할 경우에는 순간적으로 분사시간이 길어진다.
② 산소센서의 전압이 높아지면 분사시간이 길어진다.
③ 엔진을 급감속할 때에는 경우에 따라서 가솔린의 공급이 차단되기도 한다.
④ 전지전압이 낮으면 무효 분사시간이 길어지게 된다.

> 산소센서의 전압이 높아지면 혼합비가 농후한 상태이므로 인젝터의 분사시간이 짧아진다.

29

전자제어 연료분사 장치의 설명으로 틀린 것은?

① 인젝터의 기본 구동시간은 공기유량센서, 크랭크 각센서, 산소센서의 정보에 의해 결정된다.
② 최적의 주행상태를 위하여 인젝터 구동시간은 각종 센서에 의해 보정된다.
③ 인젝터의 기본 구동시간은 수온센서, 모터 포지션센서(MPS)에 의해 결정된다.
④ 인젝터의 연료 분사량은 니들밸브의 개방시간(솔레노이드의 통전시간)에 비례한다.

30

전자제어 가솔린 연료 분사장치에 대한 설명 중 틀린 것은?

① 연료 분사량은 인젝터 개방시간에 의해 결정된다.
② 연료분사 시기는 ECU에 의해 제어된다.
③ 각 기통에 설치된 인젝터는 동시에 개방되어야 한다.
④ 연료의 기본 분사량은 흡입 공기량과 엔진회전 수에 따라 결정된다.

> 전자제어 가솔린 연료분사장치에 대한 설명은 ①, ②, ④항 이외에 각 실린더에 설치된 인젝터는 분사순서에 따라 개방되어야 한다.

정답 27 ② 28 ② 29 ③ 30 ③

31

인젝터에서 통전시간을 A, 비통전 시간을 B로 나타낼 때 듀티비(duty ratio)의 공식으로 맞은 것은?

① 듀티비 $= \dfrac{A}{A+B} \times 100$

② 듀티비 $= \dfrac{A+B}{A} \times 100$

③ 듀티비 $= \dfrac{A+B}{B} \times 100$

④ 듀티비 $= \dfrac{B}{A+B} \times 100$

> 인젝터에서 통전시간을 A, 비통전 시간을 B로 나타낼 때 듀티비(duty ratio) 공식은 듀티비 $= \dfrac{A}{A+B} \times 100$으로 나타낸다.

32

인젝터 회로연결 중 직렬로 저항체를 넣어 전압을 낮추어 제어하는 특징을 갖는 방식은?

① 전압제어식   ② 전류제어식
③ 저저항식   ④ 고저항식

> ① 전압제어 방식 : 직렬로 저항체를 넣어 전압을 낮추어 제어하는 것이다.
> ② 전류제어 방식 : 저항을 사용하지 아니하고 인젝터에 직접 축전지 전압을 가해 인젝터의 응답성능을 향상시키는 것으로 통전시간은 전압제어 방식과 마찬가지로 엔진 컴퓨터에서 제어한다.

33

전자제어 인젝터의 총 분사시간(ti)을 나타낸 식은? (단, tp : 기본 분사시간, ts : 전원전압 보정 분사시간, tm : 보정 분사시간)

① $ti = tp \times tm \times ts$
② $ti = tp \times tm + ts$
③ $ti = tp + tm + ts$
④ $ti = tp + tm/ts$

> 전자제어 엔진 인젝터의 ti(총 분사시간) = tp(기본 분사시간) + tm(보정 분사시간) + ts(전원전압 보정 분사시간)이다.

34

전자제어 엔진(MPI)의 연료 분사 방식이 아닌 것은?

① 동시분사 방식   ② 그룹분사 방식
③ 독립분사 방식   ④ 예분사 방식

> **전자제어 엔진(MPI)의 연료 분사방식**
> ① 동기분사(독립분사, 순차분사) : 1사이클에 1실린더만 1회 점화시기에 동기하여 배기행정 끝 무렵에 분사한다. 즉, 크랭크 각센서의 신호에 동기하여 구동된다.
> ② 그룹분사 : 각 실린더에 그룹(제1번과 제3번 실린더, 제2번과 제4번 실린더)을 지어 1회 분사할 때 2실린더씩 짝을 지어 분사한다.
> ③ 동시분사(비동기분사) : 전체 실린더에 동시에 1사이클(크랭크축 1회전에 1회 분사)당 2회 분사한다.

정답 31 ① 32 ① 33 ③ 34 ④

35
순차 분사 방식의 인젝터회로에 대한 설명으로 맞는 것은?

① 전원측 릴레이의 접속불량은 인젝터 구동시간 부위의 전압에 턱이 생기게 한다.
② 인젝터 4개 각각의 서지전압은 인젝터에서 ECU까지의 접속불량과 무관하다.
③ 인젝터 분사시간의 최소 단위는 1ms이다.
④ 인젝터 1개의 접속불량은 해당 인젝터 구동 전류에만 영향을 줄뿐 다른 인젝터와는 상관이 없다.

36
흡기다기관의 부압으로 기본 분사량을 제어하는 방식은?

① K-Jetronic 방식
② L-Jetronic 방식
③ D-Jetronic 방식
④ Mono-Jetronic 방식

> **전자제어 연료 분사장치의 종류**
> ① K-제트로닉 : 흡입공기량을 기계-유압 방식
> ② L-제트로닉 : 흡입공기량을 직접 검출 방식
> ③ D-제트로닉 : 흡입공기량을 흡기다기관의 부압으로 간접 검출 방식
> ④ 모노-제트로닉 : 간헐적으로 연료분사가 이루어지는 것으로 SPI(TBI) 방식이 이에 속한다.

37
보쉬(bosch) 방식의 전자제어 가솔린 분사장치 중 흡입공기량을 간접 계측하는 방식은?

① K-Jetronic   ② D-Jetronic
③ KE-Jetronic   ④ L-Jetronic

38
가솔린엔진 연료 분사장치에서 기본 분사량을 결정하는 것으로 맞는 것은?

① 흡기온센서와 냉각수온센서
② 에어플로센서와 스로틀 바디
③ 크랭크 각센서와 에어플로센서
④ 냉각수온센서와 크랭크 각센서

> 전자제어 엔진의 기본 분사량 결정요소는 흡입공기량(공기유량센서의 신호)과 엔진 회전속도(크랭크 각센서의 신호)이다.

39
전자제어 가솔린 분사장치에서 운전조건에 따른 연료 보정량을 결정하는데 가장 관계가 적은 장치는?

① 크랭크 각센서
② 흡기온센서
③ 수온센서
④ 스로틀포지션센서

40
전자제어 엔진에서 각종 센서들이 엔진의 작동상태를 감지하여 컴퓨터가 분사량을 보정함으로써 최적의 상태로 연료를 공급한다. 여기에서 컴퓨터(ECU)가 분사량을 보정하지 못하는 인자는?

① 시동증량   ② 연료압력 보정
③ 냉각수온 보정   ④ 흡기온 보정

정답 35 ④ 36 ③ 37 ② 38 ③ 39 ① 40 ②

41
전자제어 연료분사 엔진에서 흡입공기온도는 35℃, 냉각수온도가 60℃라면 연료 분사량은 각각 어떻게 보정되는가? (단, 분사량 보정기준은 흡입공기온도는 20℃, 냉각수온도는 80℃이다.)

① 흡기온 보정 - 증량, 냉각수온 보정 - 증량
② 흡기온 보정 - 증량, 냉각수온 보정 - 감량
③ 흡기온 보정 - 감량, 냉각수온 보정 - 증량
④ 흡기온 보정 - 감량, 냉각수온 보정 - 감량

42
전자제어 가솔린 분사장치의 기본 분사시간을 결정하는 데 필요한 변수는?

① 냉각수온도와 흡입공기온도
② 흡입공기량과 엔진 회전속도
③ 크랭크각과 스로틀밸브의 열림각
④ 흡입공기의 온도와 대기압

43
전자제어 연료 분사차량센서 중에서 엔진을 시동할 때 기본 연료분사 시간과 관계없는 것은?

① 수온센서
② 스로틀 위치센서
③ 에어 플로워센서
④ 산소센서

> 산소센서는 배기가스 중의 산소 농도에 따라 기전력이 변화되는 피드백센서이다.

44
전자제어 연료분사 방식 가솔린엔진에서 일정 회전 수 이상으로 상승하면 엔진이 파손될 염려가 있다. 이러한 엔진의 과도한 회전을 방지하기 위한 제어 방식은?

① 출력증량 보정 제어   ② 연료차단 제어
③ 희박연소 제어   ④ 가속보정 제어

45
2,000rpm 이상 운전 중 스로틀밸브를 완전히 닫을 때 연료 분사량은?

① 분사량 증가   ② 분사량 감소
③ 분사일시 중단   ④ 변함없다.

46
전자제어 엔진에서의 퓨엘 컷(fuel cut)에 대한 내용이 아닌 것은?

① 인젝터 분사신호의 정지이다.
② 연비를 개선하기 위함이다.
③ 배출가스를 정화하기 위함이다.
④ 엔진(engine)의 고속회전이 가능하도록 하기 위함이다.

> 연료차단(fuel cut) 기능은 ①, ②, ③항 이외에 엔진의 고속회전을 방지하기 위함이다.

정답 41 ③ 42 ② 43 ④ 44 ② 45 ③ 46 ④

47
전자제어 연료분사 방식에서 퓨엘 컷(fuel cut)영역을 잘 나타낸 것은?

① 과충전 시 연료 컷, 감속 시 연료 컷
② 고회전 시 연료 컷, 브레이크 시 연료 컷
③ 브레이크 시 연료 컷, 과충전 시 연료 컷
④ 감속 시 연료 컷, 고회전시 연료 컷

48
전자제어식 연료분사장치에는 연료차단 기능이 있는데 그 기능을 수행할 때가 아닌 것은?

① 엔진 브레이크 시
② 고회전 시
③ 차속이 일정 속도 이상인 경우
④ 워밍업 시

> 연료공급 차단조건은 관성운전을 할 경우, 엔진 브레이크를 사용할 경우, 주행속도가 일정 속도 이상일 경우, 엔진 회전 수가 레드 존(고속 회전)일 경우 등이다.

49
전자제어 엔진에서 사용하는 흡입공기 검출 방식은?

① 직접계측식 ② 수온계측
③ 회전감지   ④ 유온계측

> 전자제어 엔진의 흡입공기량 검출 방법에는 직접검출 방식(공기유량센서 사용)과 간접검출 방식(MAP 센서 사용)이 있다.

50
전자제어 엔진에서 흡입하는 공기량 측정 방법이 아닌 것은?

① 스로틀밸브 열림각
② 피스톤 직경
③ 흡기다기관 부압
④ 칼만 와류의 수

51
전자제어 연료 분사장치에서 AFS(air flow sensor)의 공기량 계측 방식이 아닌 것은?

① 베인(Vane)식
② 칼만(Karman) 와류식
③ 핫와이어(hot wire) 방식
④ 베르누이 방식

52
에어플로센서(AFS)의 기능에 대한 설명으로 맞는 것은?

① 엔진에 공급되는 흡입 공기량을 계측하여 컴퓨터(ECU)에 보낸다.
② 엔진에 공급되는 흡입 공기온도를 계측하여 컴퓨터(ECU)에 보낸다.
③ 엔진에 공급되는 흡입 공기압력을 계측하여 컴퓨터(ECU)에 보낸다.
④ 엔진에 공급되는 흡입공기의 절대압력과 절대온도를 계측하여 컴퓨터(ECU)에 보낸다.

정답 47 ④ 48 ④ 49 ① 50 ② 51 ④ 52 ①

53
전자제어 연료분사 방식에서 공기량을 측정할 때 질량유량에 의해 측정하는 방식은?

① 핫와이어식(hot wire)
② 칼만 와류식(karmann vortex)
③ 맵 센서식(map sensor)
④ 에어밸브식(air valve)

54
전자제어 연료분사식 가솔린엔진의 공기량 측정에 사용되는 핫필름 또는 핫와이어식 흡입공기량센서에 대한 설명으로 맞는 것은?

① 흡입되는 공기의 부피를 측정한다.
② 고도 보상장치가 필요하다.
③ 칼만 볼텍스 방식에 비해 회로가 단순하다.
④ 오염에 강하다.

> 핫필름 또는 핫와이어식의 특징은 칼만 와류 방식에 비해 회로가 단순하며, 핫와이어식의 경우에는 오염되기 쉬워 크린버닝장치를 두어야 한다.

55
기계식 공기량 계량기에 비해 열선식 공기질량 계량기의 장점이 아닌 것은?

① 맥동 오차를 ECU가 제어한다.
② 흡입공기온도가 변화해도 측정상의 오차는 거의 없다.
③ 공기질량을 직접 정확하게 계측할 수 있다.
④ 엔진 작동상태에 적용하는 능력이 개선되었다.

56
가솔린 연료분사장치에서 공기량 계측센서 형식 중 직접 계측 방식이 아닌 것은?

① 플레이트식　② MAP 센서식
③ 칼만 와류식　④ 핫와이어식

57
흡기다기관의 절대압력을 검출하여 흡입공기량을 간접적으로 측정하는 센서는?

① 스로틀 포지션센서
② 모터 포지션센서
③ MAP센서
④ 공기온도센서

> MAP센서는 흡기다기관 내의 절대압력(진공)을 검출하여 그 압력변화를 피에죠(Piezo)저항에 의해 흡입공기량을 검출한다.

58
흡입 매니폴드 압력 변화를 피에죠(Piezo)저항에 의해 감지하는 센서는?

① 차량속도센서
② MAP센서
③ 수온센서
④ 크랭크 포지션센서

정답　53 ①　54 ③　55 ①　56 ②　57 ③　58 ②

59

전자제어장치 엔진에서 대기압을 측정하여 고도조정에 따른 제어에 필요한 입력신호(센서 출력신호)를 발생하는 것은?

① 스로틀 포지션센서
② 흡입공기 온도센서
③ 흡입매니폴드 압력센서
④ 크랭크 각센서

> 흡입매니폴드 압력센서(MAP)는 흡입공기량의 간접 계측 및 대기압을 측정하여 고도 조정에 따른 제어에 필요한 입력신호를 ECU로 입력시킨다.

60

MAP센서에서 엔진 컨트롤 유닛으로 입력되는 전압이 가장 높은 때는?

① 감속 시
② 엔진 공전 시
③ 저속 저부하 시
④ 고속 주행 시

> MAP센서에서 ECU로 입력되는 전압이 가장 높은 때는 고속으로 주행할 경우이다.

61

칼만 와류(kalman vortex)식 흡입공기량센서를 사용하는 전자제어 가솔린엔진에서 대기압센서를 사용하는 이유는?

① 고지에서의 산소 희박 보정
② 고지에서의 습도 희박 보정
③ 고지에서의 연료량 압력 보정
④ 고지에서의 점화시기 보정

62

다음 설명 중 대기압센서에 대한 설명으로 맞는 것은?

① 습도에 따라 전압이 변동되는 반도체 소자이다.
② 압력을 저항으로 변환시키는 반도체 피에조 저항형 센서이다.
③ 온도에 따라 전압이 변화되는 저항형 센서이다.
④ 압력의 변화에 따라 저항이 변하는 슬라이드 저항체이다.

> 대기압센서는 압력을 저항으로 변환시키는 반도체 피에조 저항형 센서이다.

63

피에조 저항을 이용하여 절대압력을 전압값으로 변화시키는 센서는?

① 흡기온도센서
② 스로틀포지션센서
③ 에어플로센서(열선식)
④ 대기압센서

64

대기압센서의 출력 파형은 압력과 전압에 대해 어떤 관계가 있는가?

① 지수감소 관계
② 정비례 관계
③ 스텝 응답 관계
④ 임펄스 응답관계

> 대기압센서의 출력 파형은 압력과 전압에 대해 정비례 관계가 있다.

정답 59 ③ 60 ④ 61 ① 62 ① 63 ④ 64 ②

65
전자제어 연료분사장치에서 고지대에서의 연료량 제어 방법으로 맞는 것은?

① 대기압센서 신호로서 기본 분사량을 증량시킨다.
② 대기압센서 신호로서 기본 분사량을 감량시킨다.
③ 대기압센서 신호로서 연료 보정량을 증량시킨다.
④ 대기압센서 신호로서 연료 보정량을 감량시킨다.

> 고지대에서는 산소가 희박하기 때문에 대기압센서의 신호를 받아 기본 연료 분사량을 감량시킨다.

66
흡기온도센서가 장착되어 있는 곳으로 가장 적합한 위치는?

① 라디에이터 호스 부근
② 에어클리너 공기유입 부근
③ 운전석 부근
④ 오일센서 부근

67
스로틀밸브의 구성에 대한 설명으로 틀린 것은?

① 스로틀밸브는 엔진 공회전 시 전폐(全閉) 위치에 있다.
② 스로틀밸브의 크기는 엔진 출력과는 무관하다.
③ 스로틀밸브 개도(開度) 특성과 엑셀러레이터 소삭량과의 관계는 운전성을 고려하여 결정하도록 한다.
④ 스로틀밸브는 리턴스프링 힘에 의해 전폐(全閉)상태로 되돌아온다.

68
전자제어 가솔린엔진에서 전부하 및 공전의 운전 특성값과 관련있는 것은?

① 배전기
② 시동스위치
③ 스로틀밸브 스위치
④ 공기비센서

69
스로틀 포지션센서의 기본구조 및 출력특성과 유사한 장치는?

① 차속센서
② 인히비터 스위치
③ 노킹센서
④ 액셀러레이터 포지션센서

70
엔진 냉각수온도를 감지하여 수온에 따르는 연료증량 보정신호를 ECU로 보내는 부품은?

① 수온 스위치
② 수온 조절기
③ 수온센서
④ 수온 게이지

> 수온센서는 엔진의 냉각수온도를 검출하여 ECU에 입력시켜 연료를 보정하는 신호로 이용되며, ECU는 엔진의 냉각수온도가 80℃ 이하일 경우 연료 분사량을 증량시킨다

정답 65 ② 66 ② 67 ② 68 ③ 69 ④ 70 ③

71

수온센서의 역할이 아닌 것은?

① 냉각수온도 계측
② 점화시기 보정에 이용
③ 연료 분사량 보정에 이용
④ 기본 연료 분사량 결정

> 수온센서가 냉각수온도를 계측하여 ECU로 입력시키면 ECU는 점화시기 보정, 연료 분사량을 보정한다.

72

자동차에 쓰이는 일반적인 수온센서의 특징으로 맞는 것은?

① 온도가 올라가면 저항값은 떨어진다.
② 온도상승과 비례하여 저항값도 올라간다.
③ 온도와 저항과의 관계는 관련 없다.
④ 온도가 상승하면 물 재킷 부근의 온도는 내려갈 수 있다.

73

전자제어 연료분사 엔진에서 수온센서 계통의 이상으로 인해 ECU로 정상적인 냉각 수온값이 입력되지 않으면 연료분사는?

① 엔진오일 온도를 기준으로 분사
② 흡기온도를 기준으로 분사
③ 연료분사를 중단
④ ECU에 의한 페일세이프값을 근거로 분사

74

가솔린 전자제어 엔진의 노크 컨트롤 시스템에 대한 설명으로 맞는 것은?

① 노크발생 시 실린더헤드가 고온이 되면 서모센서로 온도를 측정하여 감지한다.
② 실린더블록의 고주파 진동을 전기적 신호로 바꾸어 ECU 검출회로에서 노킹발생 여부를 판정한다.
③ 노크라고 판정되면 점화시기를 진각시키고, 노크발생이 없어지면 지각시킨다.
④ 노크라고 판정되면 공연비를 희박하게 하고, 노크발생이 없어지면 농후하게 한다.

> 노크 컨트롤 시스템은 실린더블록의 고주파 진동을 전기적 신호로 바꾸어 ECU 검출회로에서 노킹발생 여부를 판정하며, 노크라고 판정되면 점화시기를 지각시키고, 노크발생이 없어지면 진각시킨다.

75

실린더블록에 장착되어 있으며 압전 소자를 이용하여 실린더 내의 압력변화 및 연소온도의 급격한 증가, 내부염화 등의 이상 원인으로 발생한 이상 진동을 감지하여 이를 전기신호로 바꾸어 점화시기를 조정하는 센서는?

① 노크센서
② 크랭크 포지션센서
③ 캠 샤프트 포지션센서
④ 에어컨 압력센서

정답 71 ④ 72 ① 73 ④ 74 ② 75 ①

76
노크센서(knock sensor)에 이용되는 기본적인 원리는?

① 홀 효과
② 피에조 효과
③ 자계실드 효과
④ 펠티어 효과

> 노크센서는 피에조 효과(압전 효과)를 이용한다.

77
노크센서(knock sensor)에 대한 내용으로 틀린 것은?

① 실린더블록에 부착한다.
② 사용온도 범위는 130℃ 정도이다.
③ 주로 은으로 코팅하여 사용한다.
④ 특정 주파수의 진동을 감지한다.

78
노크센서에 대한 설명 중 틀린 것은?

① 노크센서는 주로 실린더블록에 설치된다.
② 노크센서 장착 시에는 반드시 스프링 와셔를 조립해야 한다.
③ ECU는 노크센서의 신호에 따라 점화시기를 제어한다.
④ 노크센서는 엔진의 진동을 검출하여 전기적인 신호로 변환시킨다.

79
전자제어 가솔린엔진에서 엔진의 점화 시기가 지각되는 이유는?

① 노크센서의 시그널이 입력되었다.
② 크랭크 각센서의 간극이 너무 크다.
③ 점화 코일에 과전압이 걸려 있다.
④ 인젝터의 분사시기가 늦어졌다.

80
산소센서를 설치하는 목적은?

① 인젝터의 작동을 정확히 하기 위해서
② 컨트롤 릴레이를 제어하기 위해서
③ 정확한 공연비 제어를 위해서
④ 연료펌프의 작동을 위해서

81
난기운전 및 엔진에 가해지는 부하가 증가됨에 따라서 공전속도를 증가시키는 역할을 하는 센서는?

① 대기압센서
② 흡기온도센서
③ 공전조절 서보
④ 수온센서

> 공전조절 서보는 난기 운전 및 엔진에 가해지는 부하가 증가됨에 따라서 공전속도를 증가시키는 역할을 한다.

정답 76 ② 77 ③ 78 ② 79 ① 80 ③ 81 ③

82

전자제어 엔진의 공회전 속도를 적절히 유지해주는 부품은?

① 스텝 모터
② 분사밸브
③ 스로틀 포지션센서
④ 스로틀밸브 스위치

> 스텝모터는 전자제어 엔진의 공회전 속도를 적절히 유지해주는 부품이다.

83

전자제어 가솔린 분사엔진에서 공전속도를 제어하는 부품이 아닌 것은?

① ISC 액추에이터
② 컨트롤 릴레이
③ 에어 바이패스 솔레노이드밸브
④ ISC밸브

> 공전속도를 제어하는 부품에는 ISC 액추에이터, 에어 바이패스 솔레노이드밸브, ISC 밸브, 스텝 모터 등이 있다.

84

전자제어 분사장치에서 공전 스텝모터의 기능으로 틀린 것은?

① 냉간 시 rpm 보상
② 결함코드 확인 시 rpm 보상
③ 에어컨 작동 시 rpm 보상
④ 전기 부하 시 rpm 보상

> 공전속도 조절 서보는 엔진 냉간상태, 에어컨을 작동시킬 때, 전기부하가 증가할 때, 동력조향장치의 조향핸들을 조작할 때 엔진의 공전속도를 높여주는 역할을 한다.

85

엔진에서 패스트 아이들 기능(fast idle function)의 역할은?

① 고속주행 후 급감속 시 연료의 비등을 방지한다.
② 엔진이 워밍업되기 전에 급가속하면 엔진이 정지되는 현상을 방지하기 위한 기능이다.
③ 연료 계통 내의 빙결을 방지한다.
④ 엔진을 신속히 워밍업하기 위해 공전속도를 높이는 기능을 말한다.

> 패스트 아이들 기능이란 엔진을 신속히 워밍업하기 위해 공전속도를 높이는 것을 말한다.

86

가솔린 연료분사장치 엔진에서 연료압력 조절기가 고장났을 경우, 가장 현저하게 나타날 수 있는 현상은?

① 유해 배기가스가 많이 배출된다.
② 가속이 어렵고 공회전이 불안정해진다.
③ 엔진의 회전이 빨라진다.
④ 엔진이 과열된다.

정답 82 ① 83 ② 84 ② 85 ④ 86 ①

87

전자제어 연료분사장치를 장착한 엔진에서 압력조절기 (pressure regulator)의 고장으로 발생하는 현상은?

① 분사시간이 일정해도 연료 분사량이 달라진다.
② 인젝터에서의 연료 분사시간이 다르다.
③ 흡엔진의 압력이 높아진다.
④ 연료펌프의 압력이 상승한다.

88

엔진의 연료압력을 측정하기 위하여 시동을 켠 상태에서 연료압력계를 연료필터에 설치하였다. 인젝터 분사압력이 약 2.75kg/cm², 연료펌프 구동압력이 약 3.25kg/cm²이 규정값이라면 연료펌프와 필터가 정상일 때 연료압력계의 수치는?

① 2.75kg/cm²보다 높다.
② 약 2.75kg/cm²이다.
③ 3.25kg/cm²보다 낮다.
④ 약 3.25kg/cm²이다.

89

전자제어 연료분사장치에서 인젝터 펄스(pulse)의 단위는 무엇인가?

① 드웰(Dwell)
② 분(Minute)
③ 초(Sec)
④ 밀리세컨드(ms)

90

시험기를 사용하여 듀티 시간을 점검한 결과 아래와 같은 파형이 나왔다면 주파수는 얼마인가?

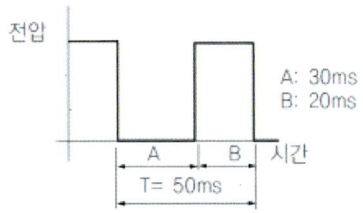

① 20Hz
② 25Hz
③ 30Hz
④ 50Hz

$$Hz = \frac{1}{T} = \frac{1 \times 1,000}{50\text{ms}} = 20Hz$$
(단, 1sec = 1/1,000mS이다)

91

전자제어 엔진의 인젝터 점검 사항으로 틀린 것은?

① 내부저항을 측정한다.
② 내부 진공도를 측정한다.
③ 분사량을 측정한다.
④ 작동음을 들어본다.

92

다음과 같은 인젝터회로를 점검하는 방법으로 비합리적인 것은?

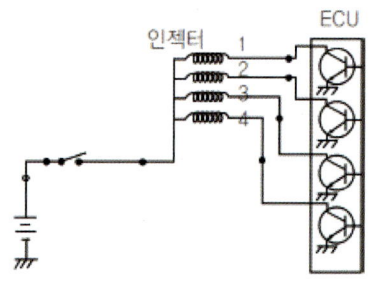

① 각 인젝터에 흐르는 전류 파형을 측정한다.
② 각 인젝터의 개별저항을 측정한다.
③ 각 인젝터의 서지 파형을 측정한다.
④ 배터리에서 ECU까지의 총 저항을 측정한다.

> 인젝터회로 점검 방법
> ① 각 인젝터에 흐르는 전류 파형을 측정한다.
> ② 각 인젝터의 서지 파형을 측정한다.
> ③ 배터리에서 ECU까지의 총 저항을 측정한다.

93

전자제어 엔진의 인젝터회로와 인젝터 코일 저항의 양부 상태를 동시에 확인할 수 있는 방법으로 가장 적합한 것은?

① 인젝터 전류 파형의 측정
② 분사시간의 측정
③ 인젝터 저항의 측정
④ 인젝터 분사량 측정

> 인젝터의 전류 파형을 측정하면 인젝터회로와 인젝터 코일저항의 양부상태를 동시에 확인할 수 있다.

94

다음 그림의 회로에서 인젝터 1개의 저항은 16Ω이고, 구동 TR(트랜지스터)의 전압강하가 1V라면, 인젝터 4개의 소모 전력은 총 몇 W인가?

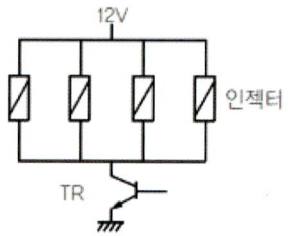

① 42 ② 64
③ 12 ④ 36

> $P = \dfrac{E^2}{R} = \dfrac{12^2}{16} \times 4 = 36W$
> - P : 소모 전력
> - E : 전압
> - R : 저항

95

"인젝터 클리너"를 사용하여 인젝터를 청소하는 경우, 인젝터 팁(tip) 부분이 강한 약품에 의하여 손상되었을 때, 발생할 수 있는 문제점으로 옳은 것은?

① 연료소비량 및 유해 배기가스가 증가한다.
② NOx가 더 많이 배출된다.
③ 시동성이 나빠진다.
④ 엔진의 회전력이 감소된다.

> 인젝터 팁 부분이 손상되면 연료가 누출되기 때문에 연료 소비량 및 유해 배기가스가 증가한다.

정답 92 ② 93 ① 94 ④ 95 ①

96

ECU 내에 제너다이오드가 없는 인젝터회로에서 다음 그림과 같은 접촉불량 요인이 발생했을 때 정상파형과 다르게 나타날 수 있는 것은?

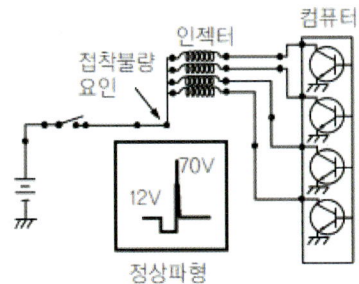

① 90V
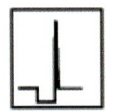

② 50V
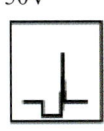

③ 70V
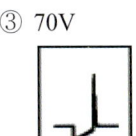

④ 50V

97

자동차엔진에서 고장이 발생되면 고장신호를 운전자에게 알려준다. 고장발생신호가 아닌 것은?

① 냉각수온센서
② 스로틀 포지션센서
③ 흡기온센서
④ 피스톤 위치센서

98

MPI차량의 시동과 관계된 장치가 아닌 것은?

① No 1. TDC   ② 흡입공기량센서
③ 연료펌프   ④ 산소센서

99

전자제어 가솔린엔진에서 크랭크축은 회전하나 엔진이 시동되지 않는 원인으로 틀린 것은?

① No.1 TDC와 크랭크 각센서의 불량
② 냉각수의 부족
③ 점화장치 불량
④ 연료펌프의 작동불량

100

전자제어 엔진의 공전속도를 조정할 때 조정 전 확인할 조건으로 틀린 것은?

① 등화류, 전동 냉각 팬, 전기장치 등 OFF
② 엔진 냉각수온도 85~90℃ 유지
③ 변속기 레버는 N 또는 P 위치
④ 타이어는 표준 공기압력 상태

> **전자제어 엔진의 공전속도를 조정할 때 조정 전 확인할 조건**
> ① 등화류, 전동 냉각 팬, 전기 장치 등 OFF
> ② 엔진 냉각수온도 85~90℃ 유지
> ③ 변속레버는 N 또는 P위치
> ④ 조향핸들은 직진 위치

정답 96 ④ 97 ④ 98 ④ 99 ② 100 ④

101

전자제어 엔진에서 초기 시동을 할 때 웅-웅거리며 엔진 회전 수가 오르락내리락한다. 예상되는 고장원인으로 틀린 것은? (단, 공전조정 가능 차량)

① 공전 회전 수 조정 불량
② 냉각수온센서 불량
③ 크랭크 각센서 불량
④ 공전스위치 불량

> 전자제어 엔진에서 초기 시동을 할 때 웅-웅거리며 엔진 회전 수가 오르락내리락할 때 예상되는 고장원인은 공전 회전 수 조정 불량, 냉각수온센서 불량, 공전스위치 불량 등이다.

102

자동차에서 배기가스가 검게 나오며 연비가 떨어지고, 엔진 부조 현상과 함께 시동성이 떨어진다면 예상되는 고장 부위의 부품은?

① 공기량센서
② 인히비터 스위치
③ 에어컨 압력센서
④ 점화스위치

> 공기량센서가 고장나면 배기가스가 검게 나오며 연비가 떨어지고, 엔진 부조 현상과 함께 시동성이 떨어진다.

103

전자제어 연료 분사장치 차량에서 급가속할 때 역화 현상이 발생했다면 그 원인은?

① 연료 분사량이 농후하다.
② 연료압력이 지나치게 높다.
③ 인젝터의 막힘
④ 냉각수온센서의 고장

> 인젝터가 막히면 전자제어 연료분사장치 차량에서 급가속할 때 역화 현상이 발생할 수 있다.

104

가솔린엔진에서 불규칙한 진동이 일어날 경우의 정비사항 중 틀린 것은?

① 마운팅 인슐레이터 손상 유·무 점검
② 점화플러그 손상 유·무 점검
③ 진공의 누설여부 점검
④ 연료펌프의 압력 불규칙 점검

> 가솔린엔진에서 불규칙한 진동이 일어날 경우의 정비사항
> ① 마운팅 인슐레이터 손상 유·무 점검
> ② 진공의 누설여부 점검
> ③ 연료펌프의 압력 불규칙 점검

정답 101 ③ 102 ① 103 ③ 104 ②

105
엔진의 공회전이 불규칙하거나 엔진이 갑자기 정지한 원인이 아닌 것은?

① 흡기온도 센서 불량
② ISC계통 불량
③ TPS 불량
④ 자기진단 커넥터 불량

106
전자제어 연료분사 차량을 점검할 때 주의할 사항은?

① 일부 어떤 배선은 쇼트나 어스되어도 무방하다.
② 엔진의 시동 중에 배터리 케이블을 분리하면 시동만 불가능할 뿐이다.
③ 시동키 ON상태나 전기부하가 걸린 상태에서 배터리 케이블을 탈거하지 말 것
④ 점프 케이블 연결 시 12V 이상 용량의 배터리를 사용한다.

> **연료분사 차량을 점검할 때 주의할 사항**
> ① 배선은 쇼트(단락)나 어스(접지)되어서는 안 된다.
> ② 엔진의 시동 중에 배터리 케이블을 분리하면 ECU가 손상된다.
> ③ 시동키 ON상태나 전기부하가 걸린 상태에서 배터리 케이블을 탈거하지 않는다.
> ④ 점프 케이블을 연결할 때에는 12V의 배터리를 사용한다.

107
냉각수온센서가 고장판단 시 나타나는 현상으로 틀린 것은?

① 엔진이 정지
② 공전속도가 불안정
③ 웜업 후 검은 연기 배출
④ CO 및 HC 증가

108
맵센서(MAP sensor) 출력 특성으로 맞는 것은?

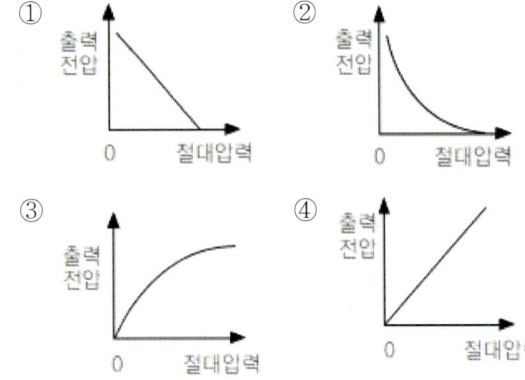

정답 105 ④ 106 ③ 107 ① 108 ④

109

스로틀 포지션센서(T.P.S)의 내부회로에서 스로틀밸브가 그림과 같이 닫혀 있는 현재상태의 출력전압은 약 몇 V인가?

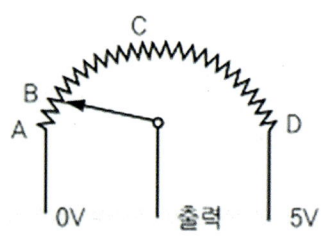

① 0
② 0.5
③ 2.5
④ 5

110

전자제어 연료분사 차량의 흡기다기관 압력센서(MAP 센서)의 전압변동 파형을 이차 트리거(1번 실린더 점화시점)하여 나타낸 것이다. 설명이 틀린 것은?

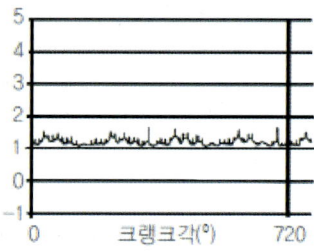

① 급가속하면 파형이 내려간다.
② 그림의 상태는 공회전 상태이다.
③ 키 스위치만 ON한 상태에서는 파형이 올라간다.
④ 가속을 계속하고 있는 상태에서도 유사한 높이에서 파형이 나온다.

111

수온센서 고장 시 엔진에서 예상되는 증상으로 틀린 것은?

① 연료소모가 많고 CO 및 HC의 발생이 감소한다.
② 냉간 시동성이 저하될 수 있다.
③ 공회전 시 엔진의 부조 현상이 발생할 수 있다.
④ 공회전 및 주행 중 시동이 꺼질 수 있다.

112

다음은 ISA(Idle speed actuator)회로에 대한 설명이다. 각 점에서 측정한 코일 A와 B의 작동전압 파형으로 맞는 것은?

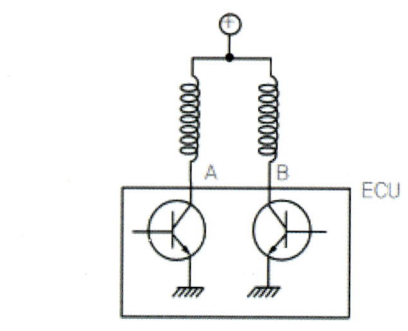

정답 109 ② 110 ① 111 ① 112 ④

113
산소센서 출력값을 측정하는 방법 중 틀린 것은?

① 디지털 볼트미터로 측정한다.
② 아날로그스코프로 측정한다.
③ 오실로스코프로 측정한다.
④ 자기진단 장비로 측정한다.

114
MPI엔진에서 산소센서를 점검하니 출력전압이 항상 높게나오는 원인으로 맞는 것은?

① 공기의 유입이 많다.
② 인젝터에서 연료가 샌다.
③ ISC밸브의 고장이다.
④ 퍼지 컨트롤밸브의 고장이다.

정답 113 ② 114 ②

04 디젤 전자제어장치 정비

01
경유의 착화점으로 가장 알맞은 것은?

① −42.8℃
② 65~80℃
③ 350~450℃
④ 550~660℃

> 🔍 경유의 착화점은 350~450℃ 정도이다.

02
디젤엔진용 연료의 발화성 척도를 나타내는 세탄가에 관계되는 성분들은 어느 것인가?

① 노말헵탄과 이소옥탄
② α메틸 나프탈린과 세탄
③ 세탄과 이소옥탄
④ α메틸 나프탈린과 헵탄

03
착화지연 기간에 대한 설명으로 맞는 것은?

① 연료가 연소실에 분사되기 전부터 자기착화되기까지 일정한 시간이 소요되는 것을 말한다.
② 연료가 연소실 내로 분사된 후부터 자기착화되기까지 일정한 시간이 소요되는 것을 말한다.
③ 연료가 연소실에 분사되기 전부터 후 연소기간까지 일정한 시간이 소요되는 것을 말한다.
④ 연료가 연소실 내로 분사된 후부터 후 연소기간까지 일정한 시간이 소요되는 것을 말한다.

04
디젤 노크에 대한 설명으로 맞는 것은?

① 연료가 실린더 내 고온·고압의 공기 중에 분사하여 착화할 때 착화지연기간이 길어지면 실린더 내에 분사하여 누적된 연료량이 일시에 급격히 착화 연소가 팽창하게 되어 고열과 함께 심한 충격이 가해지게 된다.
② 연료가 실린더 내 고온·고압의 공기 중에 분사하여 점화될 때 점화지연시간이 길어지면 실린더 내에 분사하여 누적된 연료량이 일시에 급격히 점화 연소 팽창을 하게 되어 고열과 심한 충격이 가해지게 된다.
③ 연료가 실린더 내 저온·저압의 공기 중에 분사하여 착화할 때 착화지연기간이 짧아지면 실린더 내에 분사하여 누적된 연료량이 서서히 증가하고 착화 연소 팽창하게 되어 고열과 함께 심한 충격이 가해지게 된다.
④ 연료가 실린더 내 저온·저압의 공기 중에 분사하여 점화될 때 점화지연기간이 짧아 실린더 내에 분사하여 누적된 연료량이 서서히 증가하고 점화 연소 팽창하게 되어 고열과 함께 심한 충격이 가해지게 된다.

05
디젤엔진 노크에 가장 크게 영향을 미치는 요소가 아닌 것은?

① 흡입되는 공기량
② 연료의 종류
③ 압축비
④ 연소실의 모양

> 🔍 디젤엔진 노크에 큰 영향을 미치는 요소는 흡입공기온도, 연료의 종류, 압축비, 압축온도, 연소실의 모양 등이다.

정답 01 ③ 02 ② 03 ② 04 ① 05 ①

06

디젤엔진의 노크 방지책으로 틀린 것은?

① 압축비를 높게 한다.
② 흡입공기온도를 높게 한다.
③ 연료의 착화성을 좋게 한다.
④ 착화지연기간을 길게 한다.

07

기존의 고압 분사펌프를 사용하는 디젤엔진의 실린더 내에서 이루어지는 연소와 관계가 없는 에너지는?

① 열에너지
② 기계적 에너지
③ 화학적 에너지
④ 전기적 에너지

> 고압 분사펌프를 사용하는 디젤엔진의 실린더 내에서 이루어지는 연소와 관계가 있는 에너지는 열에너지, 기계적 에너지, 화학적 에너지 등이다.

08

전자제어 디젤엔진 분사장치의 장점이 아닌 것은?

① 분사펌프 설치 공간 유리
② 자동차의 다른 전자제어 시스템과 연결하여 사용가능
③ 자동차의 주행성능 향상
④ 연료 분사펌프의 생산비 절감

> 전자제어 디젤엔진 분사펌프에는 전자제어 시스템이 설치되어야 하기 때문에 기계식 연료 분사펌프보다는 생산비가 더 많이 소요된다.

09

디젤엔진 기계식 분배형 인젝션펌프에서 발전되어 최근에는 연료 분사시기와 연료량을 전자 제어하는 분배형 인젝션펌프가 개발되었다. 이 전자제어 인젝션펌프의 특징으로 맞는 것은?

① 매연은 저감되고 동력성능은 저하된다.
② 타이밍 보정을 위해 각종 부가장치가 부착된다.
③ 기계식 거버너를 전자식 거버너로 바꾼 것이다.
④ 기계식 거버너를 삭제한 것이다.

> 전자제어 인젝션펌프의 특징은 기계식 거버너를 전자식 거버너로 바꾼 것이다.

10

전자제어 디젤연료 분사장치 중 하나인 유닛 인젝터의 특징으로 맞는 것은?

① 분사펌프와 인젝터의 거리가 가까워 분사 정밀도가 좋다.
② 크랭크 케이스 내에 직접 장착된다.
③ 노즐과 펌프는 각각 독립되어 장착된다.
④ 소음이 증가한다.

> 유닛 인젝터의 특징은 분사펌프와 인젝터의 거리가 가까워 분사 정밀도가 좋다.

11
전자제어 디젤엔진에서 전자제어유닛(ECU)으로 입력되는 사항이 아닌 것은?

① 가속페달의 개도　② 차속
③ 연료분사량　　　④ 흡기온도

> 🔍 전자제어 디젤엔진 연료 분사장치의 입력요소에는 엔진 회전 수, 가속페달의 개도, 분사시기, 주행속도, 흡기다기관 압력, 흡기온도, 냉각수온도, 연료온도, 레일압력 등이다.

12
디젤 연료분사 중 파일럿분사에 대한 설명으로 맞는 것은?

① 출력은 향상되나 디젤노크가 생기기 쉽다.
② 주분사 직후에 소량의 연료를 분사하는 것이다.
③ 주분사의 연소를 확실하게 이루어지게 한다.
④ 배기 초기에 급격히 실린더 압력을 상승하도록 한다.

> 🔍 파일럿분사란 주분사가 이루어지기 전에 연료를 분사하여 주분사를 할 때 연소가 확실하게 이루어지도록 한다.

13
디젤엔진의 매연발생과 관계없는 것은?

① 앵글라이히장치
② 분사노즐
③ 딜리버리밸브
④ 가열 플러그

> 🔍 가열(예열) 플러그는 한랭한 상태에서 디젤엔진의 시동을 보조해 주는 부품이다.

14
디젤엔진의 연료공급장치에서 연료 공급펌프로부터 연료가 공급되나 분사펌프로부터 연료가 송출되지 않거나 불량한 원인으로 틀린 것은?

① 연료여과기의 여과망 막힘
② 플런저와 플런저 배럴의 간극과다
③ 조속기 스프링의 장력약화
④ 연료여과기 및 분사펌프에 공기흡입

15
디젤엔진에서 매연이 과다하게 발생할 때 기본적으로 가장 먼저 점검해야 할 내용은?

① 에어 엘리먼트 점검
② 연료필터 점검
③ 노즐의 분사압력
④ 밸브간극 점검

16
디젤엔진 연소과정 중 흰색연기가 나올 때의 원인에 해당되는 것은?

① 흡입호스 불량
② 엔진오일이 유입되어 연소
③ 공기청정기 여과망 막힘
④ 연료 분사시기가 너무 빠름

> 🔍 엔진오일이 연소실에 유입되어 연소하면 흰색연기가 배출된다.

정답　11 ③　12 ③　13 ④　14 ③　15 ①　16 ②

17

연료 분사펌프 시험기로 각 실린더의 분사량을 측정하였더니 최대 분사량이 33cc이고, 최소 분사량이 29cc이며, 각 실린더의 평균 분사량이 30cc였다. (+)불균율은?

① 10% ② 20%
③ 30% ④ 35%

$$(+)불균율 = \frac{최대분사량 - 평균분사량}{평균분사량} \times 100$$
$$= \frac{33-30}{30} \times 100 = 10\%$$

정답 17 ①

05 과급장치 정비

01
관성 과급을 이용하여 흡입관의 길이를 가변하여 엔진의 회전력을 높이기 위한 것은?

① VICS(Variable induction control system)
② ISCS(idle speed control system)
③ VCVS(vacuum control valve system)
④ TPSS(throttle position sensor system)

> VICS(Variable induction control system)는 전자제어 엔진에서 관성 과급을 이용하여 흡입관의 길이를 가변하여 엔진의 회전력을 높이기 위한 것이다.

02
배기다기관의 기능으로 틀린 것은?

① 각 실린더에서 배출된 연소가스를 모은다.
② 배기간섭을 최소화한다.
③ 열용량을 최대화한다.
④ 배압을 최소화한다.

> 배기다기관은 각 실린더에서 배출된 연소가스를 모아 실린더 밖으로 내보내는 것이며, 배기간섭 및 배압을 최소화하여야 한다.

03
배압이 엔진에 미치는 영향이 아닌 것은?

① 출력 저하
② 엔진 과열
③ 피스톤운동 방해
④ 냉각수온도 저하

> 배압이란 배기행정에서 배출되는 배기가스의 압력이며, 배압이 엔진에 미치는 영향은 출력저하, 엔진 과열, 피스톤운동 방해 등이다.

04
배기가스가 직경 5cm의 배엔진을 통과하고 있다. 유속이 50m/s일 때 통과하는 배기가스의 양은? (단, 배기가스의 밀도는 15kg/m³이다.)

① 1.471kg/s   ② 1.634kg/s
③ 1.875kg/s   ④ 2.121kg/s

> $Eq = A \times V \times E\rho = 0.785 \times 0.05^2 \times 50 \times 15$
> $= 1.471$ kg/s
> - Eq : 배기가스량
> - A : 배엔진 단면적
> - V : 배기가스 유속
> - $E\rho$: 배기가스 밀도

정답 01 ① 02 ③ 03 ④ 04 ①

05

디젤엔진에 과급기를 설치했을 때 얻는 장점이 아닌 것은?

① 동일 배기량에서 출력이 증가한다.
② 연료소비율이 향상된다.
③ 잔류 배기가스를 완전히 배출시킬 수 있다.
④ 연소상태가 좋아지므로 착화지연이 길어진다.

> 과급기를 설치하였을 때의 장점은 ①, ②, ③항 이외에 연소상태가 양호하기 때문에 착화지연이 짧아져 세탄가가 낮은 연료의 사용이 가능하다.

06

과급기의 종류 중 다른 3개와 흡기압축 방식이 전혀 다른 것은?

① 베인식 과급기
② 루트 과급기
③ 원심식 과급기
④ 압력파 과급기

07

배기가스 재순환(EGR)밸브가 열려 있을 경우 발생하는 현상으로 맞는 것은?

① 질소산화물(NOx)의 배출량이 증가한다.
② 엔진의 출력이 감소한다.
③ 연소실의 온도가 상승한다.
④ 신기의 흡입량이 증가한다.

> EGR밸브가 열려 있는 경우에는 연소실 내의 온도가 낮아져 질소산화물 배출량과 엔진의 출력이 감소한다.

08

EGR 제어량 지표를 나타내는 EGR율에 대하여 바르게 나타낸 것은?

① $EGR율 = \dfrac{EGR\ 가스유량}{흡입공기량 + EGR\ 가스유량} \times 100$

② $EGR율 = \dfrac{EGR\ 가스유량}{흡입공기량} \times 100$

③ $EGR율 = \dfrac{흡입공기량}{EGR\ 가스유량} \times 100$

④ $EGR율 = \dfrac{흡입공기량 + EGR\ 가스유량}{EGR\ 가스유량} \times 100$

09

터보차저(turbo charger)가 장착된 엔진에서 출력부족 및 매연이 발생한다면 원인으로 틀린 것은?

① 에어클리너가 오염되었다.
② 흡기 매니폴드에서 누설이 되고 있다.
③ 발전기의 충전전류가 발생하지 않는다.
④ 터보차저 마운팅 플랜지에서 누설이 있다.

정답 05 ④ 06 ④ 07 ② 08 ① 09 ③

06 배출가스장치 정비

01
압축 및 폭발행정에서 실린더 벽과 피스톤 사이로 연소가스가 새어 나오는 현상은?

① 블로우 – 다운
② 블로우 – 바이
③ 베이퍼록
④ 피스톤슬랩

> 블로우-바이 : 압축행정 시 피스톤과 실린더 사이에서 공기가 누출되는 현상

02
엔진에서 블로우 다운(blow down) 현상의 설명으로 맞는 것은?

① 밸브와 밸브시트 사이에서 가스의 누출 현상
② 배기행정 초기에 배기밸브가 열려 배기가스 자체의 압력에 의하여 가스가 배출되는 현상
③ 압축행정 시 피스톤과 실린더 사이에서 공기가 누출되는 현상
④ 피스톤이 상사점 근방에서 흡·배기밸브가 동시에 열려 배기류의 잔류가스를 배출시키는 현상

03
가솔린엔진의 공연비에 관한 설명이다. 옳은 것은?

① 혼합기가 엔진에 흡입되는 속도이다.
② 배엔진 속 공기에 대한 가솔린의 비율이다.
③ 흡입공기와 연료의 속도비이다.
④ 실린더 내에 흡입된 점화전 공기와 연료의 질량이다.

> 가솔린엔진의 공연비란 실린더 내에 흡입된 점화전 공기와 연료의 질량이다.

04
급가속 시 혼합기가 농후해지는 이유로 맞는 것은?

① 연비를 증가하기 위해
② 배기가스 중의 유해가스를 감소하기 위해
③ 최저의 연료 경제성을 얻기 위해
④ 최대 토크를 얻기 위해

> 급가속할 때에는 최대 토크를 얻기 위해 혼합기를 농후하게 공급한다.

05
가솔린을 완전 연소시켰을 때 발생되는 것은?

① 이산화탄소, 물
② 아황산가스, 질소
③ 수소, 일산화탄소
④ 이산화탄소, 납

정답 01 ② 02 ② 03 ④ 04 ④ 05 ①

06
차량에서 발생되는 배출가스 중 지구 온난화를 유발하는 주요 원인은?

① CO
② CO_2
③ HC
④ O_2

07
공해방지를 위한 감소 대상물질이 아닌 것은?

① CO
② CO_2
③ HC
④ NOx

08
배기가스 중에서 인체의 혈액 속에 있는 헤모글로빈과의 결합성이 크기 때문에 수족마비, 정신분열 등을 일으키는 것은?

① CO
② NOx
③ HC
④ H_2

09
자동차로부터 배출되는 유해물질의 발생 장소와 배출가스를 짝지은 것 중 틀린 것은?

① 블로우-바이가스 - HC
② 로커 암 커버 - NOx
③ 배기가스 - CO, HC, NOx
④ 연료탱크 - HC

10
크랭크 케이스에서 발생되어 나오는 가스를 가장 적절하게 표현한 가스는?

① 블로우-바이가스
② 배기가스
③ 질소 산화물가스
④ 연료 증발가스

11
엔진에서 발생되는 유해가스 중 블로우-바이가스의 성분은?

① CO
② HC
③ NO
④ SOx

12
자동차 배출가스 중 유해가스 저감을 위해 사용되는 부품이 아닌 것은?

① EGR장치
② 차콜 캐니스터
③ 삼원촉매장치
④ 토크컨버터

13
PCV(positive crankcase ventilation)밸브를 통하여 흡입관에 강제로 흡수되어 혼합기와 함께 주로 연소되는 가스는?

① HC가스
② CO가스
③ N_2가스
④ NOx가스

> 블로우-바이에 의해 발생한 HC(탄화수소)가스는 경부하 및 중부하 영역에서는 PCV밸브의 열림 정도에 따라서 유량이 조절되어 서지탱크(흡기다기관)로 들어간다.

정답 06 ② 07 ② 08 ① 09 ② 10 ① 11 ② 12 ④ 13 ①

14

연료증기를 활성탄에 흡착 저장 후 증발가스와 함께 흡기 매니폴드에 흡입시키는 부품은?

① 차콜 캐니스터　② 플로트 챔버
③ PCV장치　　　④ 삼원촉매장치

15

가솔린엔진의 유해 배출물 저감에 사용되는 차콜 캐니스터(charcoal canister)의 주 기능은?

① 연료 증발가스의 흡착과 저장
② 질소산화물의 정화
③ 탄화수소의 정화
④ PM(입자상 물질)의 정화

16

캐니스터에서 포집한 연료 증발가스를 흡기다기관으로 보내주는 장치는?

① PCV
② EGR 솔레노이드밸브
③ PCSV
④ 서모밸브

> PCSV는 캐니스터에 포집된 연료 증발가스를 조절하는 장치이며, 엔진 ECU에 의하여 작동되며, 엔진이 정상온도에 도달하면 PCSV가 열려 저장되었던 연료 증발가스를 흡기다기관으로 보낸다.

17

엔진에서 나오는 유해가스 중 질소산화물(NOx)은 주로 NO이고, 이것이 대기 중에 NO_2로 변화하여 대기를 오염시키는데 NOx의 반응이 활발해지는 온도?

① 150℃　② 800℃
③ 1,500℃　④ 3,000℃

> NOx는 약 1,500℃ 이상부터 반응이 활발해진다.

18

전자제어 엔진에서 주로 질소산화물을 감소시키기 위해 설치한 장치는?

① EGR장치　② PCV장치
③ PCSV장치　④ ECS장치

> 질소산화물을 감소시키기 위해 설치한 장치는 EGR(배기가스 재순환)장치이다. 그리고 PCV는 블로우-바이가스 제어장치이며, PCSV는 연료 증발가스 제어장치이다.

19

CO, HC, NOx를 줄이기 위한 목적으로 사용되는 장치는?

① 블로우-바이가스 재순환장치
② 삼원촉매장치
③ 보조 흡기밸브
④ 연료 증발가스 제어장치

정답　14 ①　15 ①　16 ③　17 ③　18 ①　19 ②

20
삼원촉매(catalytic converter rhodium)가 산화 반응하는 필요조건으로 틀린 것은?

① 반응에 필요한 산소가 충분해야 할 것
② 촉매 작용이 충분히 발휘될 수 있어야 할 것
③ 촉매 작용이 원활하도록 혼합기 유입이 충분할 것
④ 반응에 필요한 체류시간이 충분히 있어야 할 것

21
배출가스 중 삼원촉매장치에서 저감되는 요소가 아닌 것은?

① 질소(N_2)
② 일산화탄소(CO)
③ 탄화수소(HC)
④ 질소산화물(NOx)

22
삼원촉매장치에서 정화되는 과정으로 틀린 것은?

① $CO + O_2 \rightarrow CO_2$
② $HC + O_2 \rightarrow CO_2 + H_2O$
③ $NOx \rightarrow H_2O, CO_2 + N_2$
④ $NOx \rightarrow CO_2 + H_2O$

 삼원촉매장치의 기능
① 일산화탄소(CO)를 이산화탄소(CO_2)로 변환시킨다.
② 탄화수소(HC)를 물(H_2O)과 이산화탄소(CO_2)로 변환시킨다.
③ 질소산화물(NOx)은 질소(N_2)와 이산화탄소(CO_2)로 변화시킨다.

23
삼원촉매장치의 구성 물질은?

① Pt, Rh
② Fe, Sn
③ As, Sn
④ Al, Sn

24
삼원촉매의 정화율은 약 몇 ℃ 이상의 온도로부터 정상적으로 나타나기 시작하는가?

① 20℃
② 95℃
③ 320℃
④ 900℃

 삼원촉매는 배기가스온도가 320℃ 이상일 때 높은 정화 비율을 나타낸다.

25
삼원촉매의 정화율을 나타낸 그래프이다. 각 선의 (1), (2), (3)을 바르게 표현한 것은?

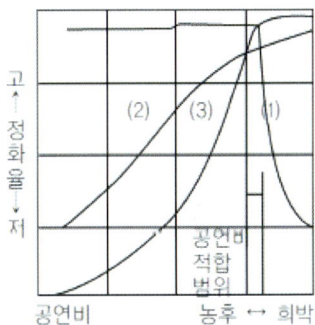

	(1)	(2)	(3)		(1)	(2)	(3)
①	NOx	CO	HC	②	NOx	HC	CO
③	CO	NOx	HC	④	HC	CO	NOx

정답 20 ③ 21 ① 22 ④ 23 ① 24 ③ 25 ②

26
혼합비에 따른 촉매장치의 정화효율을 나타낸 그래프에서 질소산화물의 특성을 나타낸 것은?

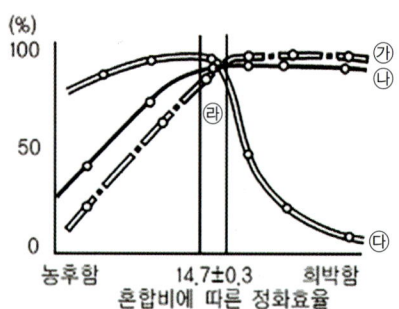

① 가
② 나
③ 다
④ 라

27
배기가스와 관련되어 피드백 제어에 필요한 센서는?

① 수온센서
② 흡기온도센서
③ 대기압센서
④ 산소센서

28
산소센서의 주된 재료는?

① 실리콘
② 니켈
③ 피에조
④ 지르코니아

> 산소센서의 주재료에는 지르코니아와 티타니아가 있다.

29
지르코니아 소자의 산소(O_2)센서 기능 설명으로 틀린 것은?

① 연료혼합비(A/F)가 희박할 때는 약 0.1V의 전압이 나온다.
② 산소의 농도 차이에 따라 출력전압이 변화한다.
③ 연료혼합비(A/F)가 농후할 때는 약 0.9V 정도가 된다.
④ 연료혼합의 피드백 보정은 할 수 없다.

30
산소센서 출력전압에 영향을 주는 요소가 아닌 것은?

① 연료온도
② 혼합비
③ 산소센서의 온도
④ 배출가스 중의 산소 농도

31
희박상태일 때 지르코니아 고체 전해질에 정(+)의 전류를 흐르게 하여 산소를 펌핑 셀 내로 받아들이고, 그 산소는 외측전극에서 일산화탄소(CO) 및 이산화탄소(CO_2)를 환원하는 특징을 가진 것은?

① 티타니아 산소센서
② 지르코니아 산소센서
③ 압력 산소센서
④ 전영역 산소센서

32

배기가스 중에 산소량이 많이 함유되어 있을 때 산소센서의 상태는?

① 희박하다.
② 농후하다.
③ 농후하기도 하고 희박하기도 하다.
④ 아무런 변화도 일어나지 않는다.

33

지르코니아 O₂센서의 출력전압이 1V에 가깝게 나타난다면 공연비는?

① 희박하다.
② 농후하다.
③ 14.7 : 1(공기 : 연료)을 나타낸다.
④ 농후하다가 희박한 상태로 되는 경우이다.

> O₂센서의 출력전압이 1V에 가깝게 나타난다면 공연비가 농후한 상태이다.

34

산소센서의 기전력이 희박한 상태일 때 전압은? (단, 산소센서는 질코니아센서이다)

① 0.1~0.4V ② 0.4~0.6V
③ 0.6~0.8V ④ 0.8~1.0

> 산소센서의 기전력은 희박한 상태일 때 0.1~0.4V를 나타낸다.

35

전자제어 엔진에서 혼합비의 농후가 주원인 때 지르코니아 산소센서 방식의 O₂센서 파형으로 맞는 것은?

①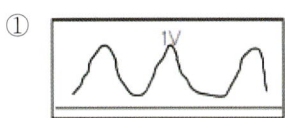

②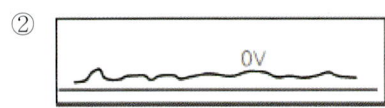

③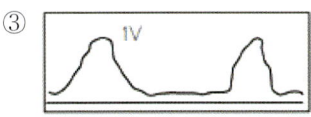

④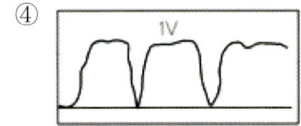

36

산소센서의 튜브에 카본이 많이 끼었을 때 현상으로 맞는 것은?

① 출력전압이 높아진다.
② 피드백 제어로 공연비를 정확하게 제어한다.
③ 출력신호를 듀티 제어하므로 엔진에 미치는 악영향은 없다.
④ ECU는 혼합기가 희박한 것으로 판단한다.

정답 32 ① 33 ② 34 ① 35 ④ 36 ①

37
O₂센서의 사용상 주의사항을 설명한 것으로 틀린 것은?

① 무연 가솔린을 사용할 것
② O₂센서의 내부저항을 자주 측정하여 이상 유무를 확인할 것
③ 전압을 측정할 경우에는 디지털 멀티미터를 사용할 것
④ 출력전압을 쇼트시키지 말 것

38
가솔린 배기가스 분석기로 점검할 수 없는 것은?

① CO가스
② HC가스
③ NOx가스
④ P.M(입자상 물질)

> P.M(입자상 물질)은 디젤엔진에서 배출되는 물질이다.

39
운행자동차의 정기검사 배출가스 측정 방법 중 일산화탄소 및 탄화수소 측정 방법으로 틀린 것은?

① 배출가스 채취관을 배엔진 내에 30cm 이상 삽입하고 측정한다.
② 채취관 삽입 후 10초 이내로 측정한 배출가스 농도를 읽어 기록한다.
③ 배엔진이 2개 이상일 때에는 임의로 배엔진 1개를 선정하여 측정을 한 후 측정치를 삽입한다.
④ 자동차용 원동기 배엔진과 냉·난방용 원동기 배엔진이 별도로 있을 경우에는 자동차용 배엔진에서만 측정한다.

40
정밀검사 시행요령 중 배출가스 분석기의 사용에 관한 내용으로 틀린 것은?

① 배출가스 분석기는 형식 승인된 기기로 최근 1년 이내에 정도검사를 필한 것이어야 한다.
② 배출가스 분석기는 충분히 예열하여 안정화시킨 후 분석기 사용 방법에 따라 조작한다.
③ 일산화탄소, 탄화수소, 이산화탄소, 산소 및 질소산화물 분석기의 영점 및 스팬(span)을 조정한다.
④ 배출가스 측정 시 외부 공기가 충분히 들어갈 수 있도록 시료채취관에 압축공기를 불어넣는다.

> 배출가스 분석기를 사용할 때 주의사항은 ①, ②, ③항 이외에 측정 도중 외부 공기가 새어 들어오지 않도록 배엔진, 시료 채취관 등의 파손 및 누설 여부를 수시로 확인하여야 한다.

41
일산화탄소 및 탄화수소 측정기의 측정 전 준비사항으로 틀린 것은?

① 아날로그형 측정기는 예열 전에 전원스위치를 끊고 기계적 영점을 확인하여 필요시 영점을 맞춘다.
② 1주일 이상 계속 사용하지 않았다가 사용하고자 하는 경우 스팬 조정을 실시해야 한다.
③ 스팬 조정은 1개월에 1회 이상 실시해야 한다.
④ 측정기는 동작 확인된 기기로서 최근 2년 이내에 정도검사를 필한 것이어야 한다.

> 일산화탄소 및 탄화수소 측정기의 측정 전 준비사항은 ①, ②, ③항 이외에 배출가스 분석기는 형식 승인된 기기로 최근 1년 이내에 정도검사를 필한 것이어야 한다.

정답 37 ② 38 ④ 39 ② 40 ④ 41 ④

42

어떤 자동차를 섀시 다이나모에서 LA4모드(CVS-75) 시험법으로 일산화탄소를 측정하였더니 다음과 같은 값을 얻었다. 평균 배기농도는 얼마인가?

조건	배기농도(%)	배기농도계수
아이들링	5.0	0.2 0
가속	3.3	0.43
정속	2.2 2.2	0.58
감속	4.4	0.13

① 4.70% ② 4.07%
③ 4.27% ④ 4.17%

> 평균 배기농도
> = (5.0×0.22) + (3.0×0.43) + (2.0×0.58) + (4.0×0.13)
> = 4.07%

43

NDIR(비분산 적외선) 분석 방법을 채택한 배기가스 측정기로 측정하는 것은?

① HC ② NOx
③ O_2 ④ H_2O

44

휘발유 및 가스사용 운행 차의 배출가스 분석 방식은?

① 비분산 적외선식 ② 여지투과식
③ 10모드식 ④ 6모드식

> 비분산 적외선 방식(NDIR, Non-dispersive infrared absorption) : 일산화탄소, 이산화탄소 및 탄화수소 등 가스 상 물질들이 적외선(Infrared light)에 대해 특정한 흡수스펙트럼을 갖는 것을 이용하여 특정 성분의 농도를 구하는 방법으로, 대기 및 굴뚝가스 중의 오염물질을 연속적으로 측정하는 비분산 정필터형 적외선 가스분석계에 대해 적용한다. 휘발유 및 가스사용 운행 자동차의 배출가스 분석에 주로 사용한다.

45

배출가스 정밀검사에서 경유자동차 매연측정기의 매연분석 방법은?

① 광반사식
② 여지반사식
③ 전유량방식 광투과식
④ 부분유량채취방식 광투과식

> 매연측정기의 매연분석 방법은 부분유량채취 방식 광투과식이다.

46

디젤엔진의 매연 측정 방법의 설명으로 맞는 것은?

① 매연 측정 시마다 표준 색지로 세팅한다.
② 검출지는 3회까지 사용이 가능하다.
③ 매연 채취관은 20cm 이상 배기구에 삽입한다.
④ 매연 측정 시 엔진은 공회전 상태가 되어야 한다.

정답 42 ② 43 ① 44 ① 45 ④ 46 ③

47

운행차 배출가스 정밀검사의 검사모드에 관한 설명으로 틀린 것은?

① 휘발유사용 자동차 부하 검사 방법은 ASm2525 모드이다.
② 경유사용 자동차 무부하 검사 방법은 무부하 정지가동 검사 모드이다.
③ 경유사용 자동차 부하 검사 방법은 Lug-down3 모드이다.
④ 휘발유사용 자동차 무부하 검사 방법은 무부하 정지가동 검사 모드이다.

48

배출가스 정밀검사에서 Lug-Down3 모드의 검사항목이 아닌 것은?

① 매연 농도
② 엔진출력
③ 엔진 회전 수
④ 질소산화물(NOx)

Chapter 8 단원별 기출문제

01 엔진 공학

01
엔진의 지시마력이 105PS, 마찰마력이 21PS일 때 기계효율은 약 몇 %인가?

① 70
② 80
③ 84
④ 90

🔍 기계효율 = $\dfrac{\text{제동마력}}{\text{지시마력}} \times 100$

   = $\dfrac{105 - 21}{105} \times 100 = 80$

02
총 배기량이 2,000cc인 4행정 사이클 엔진이 2,000rpm으로 회전할 때, 회전력이 15kgf·m라면 제동 평균유효압력은 약 몇 kgf/cm²인가?

① 7.8
② 8.5
③ 9.4
④ 10.2

🔍 제동마력 = $\dfrac{TR}{716} = \dfrac{15 \times 2{,}000}{716} = 41.8$

제동평균 유효압력 = $\dfrac{450 \times BHP}{\text{총배기량} \times RPM \times \dfrac{1}{2}}$

= $\dfrac{450 \times 41.8}{2 \times 2{,}000 \times \dfrac{1}{2}} = 9.4$

03
엔진의 실린더 지름이 55mm, 피스톤 행정이 50mm, 압축비가 7.4라면 연소실 체적은 약 몇 cm³인가?

① 9.6
② 12.6
③ 15.6
④ 18.6

🔍 $Vc = \dfrac{Vs}{(\epsilon - 1)} = \dfrac{0.785 \times 5.5^2 \times 5}{(7.4 - 1)}$

= $\dfrac{118.7}{6.4} = 18.6$

정답 01 ② 02 ③ 03 ④

04

배기량 40cc, 연소실 체적 50cc인 가솔린엔진이 3,000rpm일 때, 축토크가 8.95kgf·m이라면 축출력은 약 몇 PS인가?

① 15.5 ② 35.1
③ 37.5 ④ 38.1

축마력 $= \dfrac{TR}{716} = \dfrac{8.95 \times 3,000}{716} = 37.5\text{PS}$
- T : 축 토크
- R : 엔진 회전 수

05

피스톤의 단면적 40cm², 행정 10cm, 연소실 체적 50cm³인 기관의 압축비는 얼마인가?

① 3 : 1 ② 9 : 1
③ 12 : 1 ④ 18 : 1

$\epsilon = 1 + \dfrac{Vs}{Vc} = 1 + \dfrac{40 \times 10}{50} = 9$
- ε : 압축비
- Vs : 배기량(행정 체적)
- Vc : 간극 체적

06

가솔린엔진의 연소실 체적이 행정 체적의 20%일 때 압축비는 얼마인가?

① 6 : 1 ② 7 : 1
③ 8 : 1 ④ 9 : 1

$\epsilon = 1 + \dfrac{V_2}{V_1} = 1 + \dfrac{100}{20} = 6$

ε : 압축비, V_1 : 연소실 체적, V_2 : 행정 체적

07

엔진의 연소실 체적이 행정 체적의 20%일 때 오토 사이클의 열효율은 약 몇 %인가? (단, 비열비 k = 1.4)

① 51.2 ② 56.4
③ 60.3 ④ 65.9

$\epsilon = 1 + \dfrac{V_2}{V_1} = 1 + \dfrac{100}{20} = 6$
- ε : 압축비
- V_1 : 연소실 체적
- V_2 : 행정 체적
- $\eta o = 1 - \left(\dfrac{V_2}{V_1}\right)^{k-1} = 1 - \left(\dfrac{1}{6}\right)^{0.4} = 51.2$

08

엔진의 기계효율을 구하는 공식은?

① $\dfrac{\text{마찰마력}}{\text{제동마력}} \times 100\%$

② $\dfrac{\text{도시마력}}{\text{이론마력}} \times 100\%$

③ $\dfrac{\text{제동마력}}{\text{도시마력}} \times 100\%$

④ $\dfrac{\text{마찰마력}}{\text{도시마력}} \times 100\%$

정답 04 ③ 05 ② 06 ① 07 ① 08 ③

09

실린더 내경 80mm, 행정 90mm인 4행정 사이클 엔진이 2,000rpm으로 운전할 때 피스톤의 평균속도는 몇 m/sec인가? (단, 실린더가 4개이다)

① 6　　　　　② 7
③ 8　　　　　④ 9

> 피스톤 평균속도 = $\dfrac{NL}{30} = \dfrac{0.09 \times 2,000}{30}$
> - N : 엔진 회전 수(rpm)
> - L : 행정(m)

10

연료 10.4kg을 연소시키는데 152kg의 공기를 소비하였다면 공기와 연료의 비는? (단, 공기의 밀도는 1.25kg/m³이다)

① 공기(14.6kg) : 연료(1kg)
② 공기(14.6m³) : 연료(1m³)
③ 공기(12.6kg) : 연료(1kg)
④ 공기(12.6m³) : 연료(1m³)

> 공기와 연료의 비 = $\dfrac{공기량(kgf)}{연료량(kgf)} = \dfrac{152}{10.4} = 14.6$

11

6기통 4행정 사이클 엔진이 10kgf·m의 토크로 1,000rpm으로 회전할 때 축출력은 약 몇 kW인가?

① 9.2　　　　② 10.3
③ 13.9　　　　④ 20

> $BHP = \dfrac{TR}{716} = \dfrac{10 \times 1,000}{716} = 13.9PS$
>
> PS를 kw로 단위 환산해야 하므로, 1PS = 0.736kw.
> 따라서 13.96PS × 0.736 = 10.27kw이므로 10.3PS이다.

12

출력이 A = 120PS, B = 90kW, C = 110HP인 3개의 엔진을 출력이 큰 순서대로 나열한 것은?

① B > C > A　　② A > C > B
③ C > A > B　　④ B > A > C

13

도시마력(지시마력, indicated horse power) 계산에 필요한 항목으로 틀린 것은?

① 총 배기량
② 엔진 회전 수
③ 크랭크축 중량
④ 도시 평균 유효압력

> $IHP = \dfrac{PALNR}{75 \times 60 \times 100}$
> - P : 평균유효압력(kgf/cm²)
> - A : 실린더 단면적(cm²)
> - L : 피스톤 행정(cm)
> - N : 실린더 수
> - R : 엔진 회전 수(rpm)

정답　09 ①　10 ①　11 ②　12 ④　13 ③

14

4행정 가솔린엔진이 1분당 2,500rpm에서 9.23kgf·m의 회전토크일 때 축 마력은 약 PS인가?

① 28.1
② 32.2
③ 35.3
④ 37.5

15

4실린더 4행정 사이클 엔진을 65PS로 30분간 운전시켰더니 연료가 10ℓ 소모되었다. 연료의 비중이 0.73, 저위발열량이 11,000 kcal/kg이라면 이 엔진의 열효율은 몇 %인가? (단, 1마력당 일량은 632.5kcal/h이다)

① 23.6
② 24.6
③ 25.6
④ 51.2

> $\eta_B = \dfrac{632.5 \times PS}{H\ell \times F} \times 100$
>
> $= \dfrac{632.5 \times 65}{11,000 \times 20 \times 0.73} \times 100 = 25.6$
>
> - η_B : 제동 열효율
> - $H\ell$: 가솔린 저위발열량
> - PS : 엔진출력
> - F : 연료소비량

16

가솔린 300cc를 연소시키기 위해 필요한 공기는 약 몇 kg인가? (단, 혼합비는 15 : 1이고 가솔린의 비중은 0.75이다.)

① 1.19
② 2.42
③ 3.38
④ 4.92

> Ag = Gv × P × AFr = 0.3 × 0.75 × 15 = 3.38kg
> Ag : 필요한 공기량, Gv : 가솔린의 체적, P : 가솔린 비중, AFr : 혼합비

17

오토 사이클의 압축비가 8.5일 경우 이론 열효율은 약 몇 %인가? (단, 공기의 비열비는 1.4이다)

① 49.6
② 52.4
③ 54.6
④ 57.5

> $\eta o = 1 - \left(\dfrac{1}{\epsilon}\right)^{k-1} = 1 - \left(\dfrac{1}{8.5}\right)^{1.4-1} = 57.5$
>
> - ηo : 열효율
> - ϵ : 압축비
> - k : 공기의 비열비

18

고온 327℃, 저온 27℃의 온도범위에서 작동되는 카르노 사이클의 열효율은 몇 %인가?

① 30%
② 40%
③ 50%
④ 60%

> $\eta = 1 - \dfrac{T_1}{T_2} = 1 - \dfrac{Q_1}{Q_2}$
>
> $= 1 - \dfrac{27+273}{327+273} = 1 - \dfrac{300}{600} = 0.5 = 50\%$

정답 14 ② 15 ③ 16 ③ 17 ④ 18 ③

19

4행정 사이클 기관의 총배기량 1,000cc, 축마력 50PS, 회전 수 3,000rpm일 때 제동평균 유효압력은 몇 kgf/cm²인가?

① 11 ② 15
③ 17 ④ 18

> $BHP = \dfrac{Pmb \times V \times n}{2 \times 75 \times 60}$
>
> $Pmb = \dfrac{2 \times 75 \times 60 \times BHP}{V \times n}$
>
> $= \dfrac{2 \times 75 \times 60 \times 50 \times 100}{1,000 \times 3,000} = \dfrac{45,000,000}{3,000,000} = 15$

20

내연기관의 열손실을 측정한 결과 냉각수에 의한 손실이 30%, 배기 및 복사에 의한 손실이 30%였다. 기계효율이 85%라면 정미 열효율(%)은?

① 28 ② 30
③ 32 ④ 34

> 정미 열효율 = 도시열효율 × 기계효율
> = 40 × 0.85 = 34%
> 도시 열효율 = 전체 발생열 − 손실열
> = 100 − (30 + 30) = 40%

21

가솔린 연료 200cc를 완전 연소시키기 위한 공기량(kg)은 약 얼마인가? (단, 공기와 연료의 혼합비는 15 : 1, 가솔린의 비중은 0.73이다)

① 2.19 ② 5.19
③ 8.19 ④ 11.19

> Ag = Gv × ρ × AFr = 0.2 × 0.73 × 15
> = 2.19kg
> - Ag : 필요한 공기량
> - Gv : 가솔린 체적(ℓ)
> - ρ : 가솔린 비중
> - AFr : 혼합비

02 엔진 본체 정비

01
실린더 내에 흡입되는 흡기량이 감소하는 이유가 아닌 것은?

① 배기가스의 배압을 이용하는 과급기를 설치하였을 때
② 흡입 및 배기밸브의 개폐시기 조정이 불량할 때
③ 흡입 및 배기의 관성이 피스톤 운동을 따르지 못할 때
④ 피스톤 링, 밸브 등의 마모에 의하여 가스누설이 발생할 때

02
엔진 플라이휠의 기능과 관계없는 것은?

① 엔진의 동력을 전달한다.
② 엔진을 무부하 상태로 만든다.
③ 엔진의 회전력을 균일하게 한다.
④ 링기어를 설치하여 엔진의 시동을 걸 수 있게 한다.

03
제동 열효율에 대한 설명으로 틀린 것은?

① 정미 열효율이라고도 한다.
② 작동가스가 피스톤에 한 일이다.
③ 지시 열효율에 기계효율을 곱한 값이다.
④ 제동 일로 변환된 열량과 총 공급된 열량의 비이다.

04
엔진에서 윤활유 소비 증대에 영향을 주는 원인으로 맞는 것은?

① 신품 여과기의 사용
② 실린더 내벽의 마멸
③ 플라이휠 링기어 마모
④ 타이밍 체인 텐셔너의 마모

05
기관의 도시 평균유효압력에 대한 설명으로 옳은 것은?

① 이론 PV선도로부터 구한 평균유효압력
② 기관의 기계적 손실로부터 구한 평균유효압력
③ 기관의 실제 지압선도로부터 구한 평균유효압력
④ 기관의 크랭크축 출력으로부터 계산한 평균유효압력

06
기관에서 밸브 스템의 구비조건이 아닌 것은?

① 관성력이 증대되지 않도록 가벼워야 한다.
② 열전달 면적을 크게 하기 위하여 지름을 크게 한다.
③ 스템과 헤드의 연결부는 응력집중을 방지하도록 곡률 반경이 작아야 한다.
④ 밸브 스템의 윤활이 불충분하기 때문에 마멸을 고려하여 경도가 커야 한다.

정답 01 ① 02 ② 03 ② 04 ② 05 ③ 06 ③

07

엔진이 압축행정일 때 연소실 내의 열과 내부에너지의 변화의 관계로 옳은 것은? (단, 연소실 내부 벽면온도가 일정하고, 혼합가스가 이상기체이다)

① 열 = 방열, 내부에너지 = 증가
② 열 = 흡열, 내부에너지 = 불변
③ 열 = 흡열, 내부에너지 = 증가
④ 열 = 방열, 내부에너지 = 불변

08

4행정 사이클 자동차 엔진의 열역학적 사이클 분류로 틀린 것은?

① 클러크 사이클   ② 디젤 사이클
③ 사바테 사이클   ④ 오토 사이클

09

엔진 크랭크축의 힘을 측정할 때 필요한 기기가 아닌 것은?

① 블록 게이지   ② 정반
③ 다이얼 게이지   ④ V블럭

10

피스톤의 재질이 아닌 것은?

① Y-합금   ② 특수 주철
③ 켈밋 합금   ④ 로엑스(Lo-Ex) 합금

11

가솔린엔진의 연료 구비조건으로 틀린 것은?

① 발열량이 클 것
② 옥탄가가 높을 것
③ 연소속도가 빠를 것
④ 온도와 유동성이 비례할 것

12

실린더헤드의 변형점검 시 사용되는 측정도구는?

① 보어 게이지
② 마이크로미터
③ 간극 게이지
④ 텔리스코핑 게이지

13

단행정 엔진의 특징에 대한 설명으로 틀린 것은?

① 직렬형 엔진인 경우 엔진의 길이가 짧아진다.
② 직렬형 엔진인 경우 엔진의 높이를 낮게 할 수 있다.
③ 피스톤의 평균속도를 올리지 않고 회전속도를 높일 수 있다.
④ 흡·배기밸브의 지름을 크게 할 수 있어 흡입효율을 높일 수 있다.

정답   07 ④   08 ①   09 ①   10 ③   11 ④   12 ③   13 ①

14

실린더의 라이너에 대한 설명으로 틀린 것은?

① 도금하기가 쉽다.
② 건식과 습식이 있다.
③ 라이너가 마모되면 보링작업을 해야 한다.
④ 특수주철을 사용하여 원심 주조할 수 있다.

15

DOHC엔진의 특징이 아닌 것은?

① 구조가 간단하다.
② 연소효율이 좋다.
③ 최고 회전속도를 높일 수 있다.
④ 흡입효율의 향상으로 응답성이 좋다.

16

동력행정 말기에 배기밸브를 미리 열어 연소압력을 이용하여 배기가스를 조기에 배출시켜 충전효율을 좋게 하는 현상은?

① 블로우 바이(blow by)
② 블로우 다운(blow down)
③ 블로우 아웃(blow out)
④ 블로우 백(blow back)

17

가변 밸브타이밍 시스템에 대한 설명으로 틀린 것은?

① 공전 시 밸브 오버랩을 최소화하여 연소 안정화를 이룬다.
② 펌핑 손실을 줄여 연료소비율을 향상시킨다.
③ 공전 시 흡입 관성효과를 향상시키기 위해 밸브 오버랩을 크게 한다.
④ 중부하 영역에서 밸브 오버랩을 크게 하여 연소실 내의 배기가스 재순환 양을 높인다.

18

자동차 연료의 특성 중 연소 시 발생한 H_2O가 기체일 때의 발열량은?

① 저발열량
② 중발열량
③ 고발열량
④ 노크발열량

19

흡·배기밸브의 냉각효과를 증대하기 위해 밸브 스템 중공에 채우는 물질로 옳은 것은?

① 리튬
② 바륨
③ 알루미늄
④ 나트륨

정답 14 ③ 15 ① 16 ② 17 ③ 18 ① 19 ④

20

가변 흡입장치에 대한 설명으로 틀린 것은?

① 고속 시 매니폴드의 길이를 길게 조절한다.
② 흡입효율을 향상시켜 엔진 출력을 증가시킨다.
③ 엔진 회전속도에 따라 매니폴드의 길이를 조절한다.
④ 저속 시 흡입관성의 효과를 향상시켜 회전력을 증대한다.

21

내연엔진의 열역학적 사이클에 대한 설명으로 틀린 것은?

① 정적 사이클을 오토 사이클이라고도 한다.
② 정압 사이클을 디젤 사이클이라고도 한다.
③ 복합 사이클을 사바테 사이클이라고도 한다.
④ 오토, 디젤, 사바테 사이클 이외의 사이클은 자동차용 엔진에 적용하지 못한다.

22

일반적으로 자동차용 크랭크축 재질로 사용하지 않는 것은?

① 마그네슘-구리강
② 크롬-몰리브덴강
③ 니켈-크롬강
④ 고탄소강

23

연료여과기의 오버플로밸브의 역할로 틀린 것은?

① 공급펌프의 소음발생을 억제한다.
② 운전 중 연료에 공기를 투입한다.
③ 분사펌프의 엘리먼트 각 부분을 보호한다.
④ 공급펌프와 분사펌프 내의 연료 균형을 유지한다.

정답 20 ① 21 ④ 22 ① 23 ②

03 가솔린 전자제어장치 정비

01
엔진에서 디지털신호를 출력하는 센서는?

① 압전 세라믹을 이용한 노크센서
② 가변저항을 이용한 스로틀 포지션센서
③ 칼만 와류 방식을 이용한 공기유량센서
④ 전자유도 방식을 이용한 크랭크축 각도센서

02
전자제어 엔진에서 분사량은 인젝터 솔레노이드 코일의 어떤 인자에 의해 결정되는가?

① 전압치   ② 저항치
③ 통전시간   ④ 코일권수

03
전자제어 연료분사장치에서 연료분사량 제어에 대한 설명 중 틀린 것은?

① 기본 분사량은 흡입공기량과 엔진 회전 수에 의해 결정된다.
② 기본 분사시간은 흡입 공기량과 엔진 회전 수를 곱한 값이다.
③ 스로틀밸브의 개도 변화율이 크면 클수록 비동기 분사시간은 길어진다.
④ 비동기 분사는 급가속 시 엔진의 회전 수에 관계없이 순차모드에 추가로 분사하여 가속 응답성을 향상시킨다.

04
전자제어 가솔린엔진에 사용되는 센서 중 흡기온도센서에 대한 내용으로 틀린 것은?

① 흡기온도가 낮을수록 공연비는 증가된다.
② 온도에 따라 저항값이 변화되는 NTC형 서미스터를 주로 사용한다.
③ 엔진 시동과 직접 관련되며 흡입공기량과 함께 기본 분사량을 결정한다.
④ 온도에 따라 달라지는 흡입 공기밀도 차이를 보정하여 최적의 공연비가 되도록 한다.

05
캐니스터에서 포집한 연료 증발가스를 흡기다기관으로 보내주는 장치는?

① PCV   ② EGR밸브
③ PCSV   ④ 서모밸브

06
전자제어 가솔린 분사장치의 흡입공기량센서 중에서 흡입하는 공기의 질량에 비례하여 전압을 출력하는 방식은?

① 핫필름식   ② 칼만 와류식
③ 맵 센서식   ④ 베인식

정답   01 ③   02 ③   03 ②   04 ③   05 ③   06 ①

07
전자제어 엔진에서 연료의 기본 분사량의 결정요소는?

① 배기 산소농도
② 대기압
③ 흡입공기량
④ 배기량

08
전자제어 엔진의 연료분사장치 특징에 대한 설명으로 가장 적절한 것은?

① 연료과다 분사로 연료소비가 크다.
② 진단장비 이용으로 고장수리가 용이하지 않다.
③ 연료분사 처리속도가 빨라서 가속 응답성이 좋아진다.
④ 연료 분사장치 단품의 제조원가가 저렴하여 엔진가격이 저렴하다.

09
연료장치에서 연료가 고온상태일 때 체적 팽창을 일으켜 연료 공급이 과다해지는 현상은?

① 베이퍼록 현상
② 퍼컬레이션 현상
③ 캐비테이션 현상
④ 스텀블 현상

10
전자제어 가솔린엔진에서 (-)duty 제어타입의 액추에이터 작동 사이클 중 (-)duty가 40%일 경우의 설명으로 옳은 것은?

① 전류 통전시간 비율이 40%이다.
② 전압 비통전시간 비율이 40%이다.
③ 한 사이클 중 분사시간의 비율이 60%이다.
④ 한 사이클 중 작동하는 시간의 비율이 60%이다.

11
전자제어 가솔린엔진에 대한 설명으로 틀린 것은?

① 흡기온도센서는 공기밀도 보정 시 사용된다.
② 공회전속도 제어에 스텝모터를 사용하기도 한다.
③ 산소센서의 신호는 이론공연비 제어에 사용된다.
④ 점화 시기는 크랭크 각센서가 점화 2차 코일의 저항으로 제어한다.

12
전자제어 가솔린엔진에서 인젝터의 연료 분사량을 결정하는 주요 인자로 옳은 것은?

① 분사각도
② 솔레노이드 코일 수
③ 연료펌프 복귀 전류
④ 니들밸브의 열림시간

정답 07 ③ 08 ③ 09 ② 10 ① 11 ④ 12 ④

13
엔진의 부하 및 회전속도의 변화에 따라 형성되는 흡입다기관의 압력변화를 측정하여 흡입공기량을 계측하는 센서는?

① MAP센서
② 베인식 센서
③ 핫와이어식센서
④ 칼만 와류식 센서

14
전자제어 가솔린엔진에서 인젝터 연료분사압력을 항상 일정하게 조절하는 다이어프램 방식의 연료압력조절기 작동과 직접적인 관련이 있는 것은?

① 바퀴의 회전속도
② 흡입 매니폴드의 압력
③ 실린더 내의 압축압력
④ 배기가스 중의 산소농도

15
가솔린 전자제어 연료분사장치에서 ECU로 입력되는 요소가 아닌 것은?

① 연료분사신호
② 대기압력신호
③ 냉각수온도신호
④ 흡입공기 온도신호

16
옥탄가에 대한 설명으로 옳은 것은?

① 탄화수소 종류에 따라 옥탄가 변화한다.
② 옥탄가 90 이하의 가솔린은 4에틸납을 혼합한다.
③ 옥탄가의 수치가 높은 연료일수록 노크를 일으키기 쉽다.
④ 노크를 일으키지 않는 기준 연료를 이소옥탄으로 하고 그 옥탄가를 0으로 한다.

17
전자제어 엔진에서 흡입되는 공기량 측정 방법으로 가장 거리가 먼 것은?

① 피스톤 직경
② 흡기다기관 부압
③ 핫와이어 전류량
④ 칼만 와류 발생 주파수

18
전자제어 가솔린엔진에서 연료분사량 제어를 위한 기본 입력신호가 아닌 것은?

① 냉각수온센서
② MAP센서
③ 크랭크 각센서
④ 공기유량센서

정답 13 ① 14 ② 15 ① 16 ① 17 ① 18 ①

19
전자제어 가솔린엔진(MPI)에서 급가속 시 연료를 분사하는 방법으로 옳은 것은?

① 동기분사 ② 순차분사
③ 간헐분사 ④ 비동기분사

20
가솔린엔진에서 사용되는 연료의 구비조건이 아닌 것은?

① 옥탄가가 높을 것
② 착화온도가 낮을 것
③ 체적 및 무게가 적고 발열량이 클 것
④ 연소 후 유해 화합물을 남기지 말 것

21
전자제어 가솔린엔진(MPI)에서 동기분사가 이루어지는 시기는 언제인가?

① 흡입행정 말 ② 압축행정 말
③ 폭발행정 말 ④ 배기행정 말

22
전자제어 가솔린엔진에서 고속운전 중 스로틀밸브를 급격히 닫을 때 연료분사량을 제어하는 방법은?

① 변함없음   ② 분사량 증가
③ 분사량 감소 ④ 분사 일시중단

23
자동차에 사용되는 센서 중 원리가 다른 것은?

① 맵(MAP)센서
② 노크센서
③ 가속페달센서
④ 연료탱크 압력센서

24
전자제어 MPI 가솔린엔진과 비교한 GDI엔진의 특징에 대한 설명으로 틀린 것은?

① 내부 냉각효과를 이용하여 출력이 증가된다.
② 층상 급기모드를 통해 EGR비율을 많이 높일 수 있다.
③ 연료분사 압력이 높고, 연료 소비율이 향상된다.
④ 층상 급기모드 연소에 의하여 NOx 배출이 현저히 감소한다.

25
다음 그림은 스로틀 포지션센서(TPS)의 내부회로도이다. 스로틀밸브가 그림에서 B와 같이 닫혀 있는 현재 상태의 출력전압은 약 몇 V인가? (단, 공회전 상태이다)

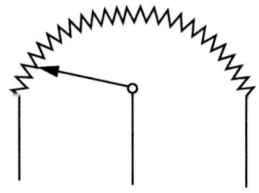

① 0V   ② 약 0.5V
③ 약 2.5V   ④ 약 5V

26

전자제어 엔진에서 연료 차단(fuel cut)에 대한 설명으로 틀린 것은?

① 배출가스 저감을 위함이다.
② 연비를 개선하기 위함이다.
③ 인젝터 분사신호를 정지한다.
④ 엔진의 고속회전을 위한 준비단계이다.

27

전자제어 가솔린 분사장치(MPI)에서 폐회로 공연비 제어를 목적으로 사용하는 센서는?

① 노크센서　　　② 산소센서
③ 차압센서　　　④ EGR 위치센서

28

전자제어 엔진에서 수온센서 단선으로 컴퓨터(ECU)에 정상적인 냉각수온값이 입력되지 않으면 어떻게 연료 분사되는가?

① 연료 분사를 중단
② 흡기온도를 기준으로 분사
③ 엔진 오일온도를 기준으로 분사
④ ECU에 의한 페일세이프값을 근거로 분사

29

전자제어 연료분사장치에서 차량의 가·감속 판단에 사용되는 센서는?

① 스로틀 포지션센서
② 수온센서
③ 노크센서
④ 산소센서

30

GDI엔진에 대한 설명으로 틀린 것은?

① 흡입과정에서 공기의 온도를 높인다.
② 엔진 운전조건에 따라 레일압력이 변동된다.
③ 고부하 운전영역에서 흡입공기 밀도가 높아진다.
④ 분사시간은 흡입공기량의 정보에 의해 보정된다.

31

전자제어 엔진에서 연료분사 피드백에 사용되는 센서는?

① 수온센서
② 스로틀 포지션센서
③ 산소센서
④ 에어플로어센서

정답　26 ④　27 ②　28 ④　29 ①　30 ①　31 ③

32

가솔린엔진에서 인젝터의 연료 분사량 제어와 직접적으로 관계있는 것은?

① 인젝터의 니들밸브 지름
② 인젝터의 니들밸브 유효 행정
③ 인젝터의 솔레노이드 코일 통전시간
④ 인젝터의 솔레노이드 코일 차단 전류 크기

33

가솔린 연료분사장치에서 공기량 계측센서 형식 중 직접 계측 방식으로 틀린 것은?

① 베인식
② MAP센서
③ 칼만 와류식
④ 핫와이어식

34

공회전속도 조절장치(ISA)에서 열림(open)측 파형을 측정한 결과 ON시간이 1ms이고, OFF시간이 3ms일 때, 열림 듀티값은?

① 25%
② 35%
③ 50%
④ 60%

> 열림 듀티값 = $\dfrac{\text{ON시간}}{\text{ON시간}+\text{OFF시간}} \times 100$
> = $\dfrac{1}{1+3} \times 100 = 25\%$

35

전자제어 가솔린엔진에서 티타니아 산소센서의 경우 전원은 어디에서 공급되는가?

① ECU
② 축전지
③ 컨트롤 릴레이
④ 파워 TR

36

전자제어 가솔린 연료분사장치에서 흡입공기량과 엔진회전 수의 입력으로만 결정되는 분사량으로 옳은 것은?

① 기본 분사량
② 엔진시동 분사량
③ 연료차단 분사량
④ 부분부하 운전분사량

37

전자제어 모듈 내부에서 각종 고정 데이터나 차량제원 등을 장기적으로 저장하는 것은?

① IFB(inter face box)
② ROM(read only memory)
③ RAM(random access memory)
④ TTL(transistor transistor logic)

정답 32 ③ 33 ② 34 ① 35 ① 36 ① 37 ②

38
전자제어 가솔린엔진에서 기본적인 연료분사시기와 점화시기를 결정하는 주요 센서는?

① 크랭크축 위치센서(Crankshaft Position Sensor)
② 냉각 수온센서(Water Temperature Sensor)
③ 공전 스위치센서(Idle Switch Sensor)
④ 산소센서(O₂ Sensor)

39
전자제어 연료분사장치에서 제어 방식에 의한 분류 중 흡기압력 검출 방식을 의미하는 것은?

① K-Jetronic
② L-Jetronic
③ D-Jetronic
④ Mono-Jetronic

40
전자제어 가솔린엔진에서 흡입 공기량 계측 방식으로 틀린 것은?

① 베인식
② 열막식
③ 칼만 와류식
④ 피드백 제어식

41
전자제어 엔진에서 스로틀 포지션센서와 기본 구조 및 출력 특성이 가장 유사한 것은?

① 크랭크 각센서
② 모터 포지션센서
③ 액셀러레이터 포지션센서
④ 흡입다기관 절대압력센서

42
전자제어 가솔린엔진에서 연료분사장치의 특징으로 틀린 것은?

① 응답성 향상
② 냉간 시동성 저하
③ 연료소비율 향상
④ 유해 배출가스 감소

정답 38 ① 39 ③ 40 ④ 41 ③ 42 ②

04 디젤 전자제어장치 정비

01
전자제어 디젤 연료분사장치에서 예비분사에 대한 설명으로 옳은 것은?

① 예비분사는 디젤엔진의 시동성을 향상시키기 위한 분사를 말한다.
② 예비분사는 연소실의 연소압력 상승을 부드럽게 하여 소음과 진동을 줄여준다.
③ 예비분사는 주분사 이후에 미연가스의 완전연소와 후처리장치의 재연소를 위해 이루어지는 분사이다.
④ 예비분사는 인젝터의 노후화에 따른 보정분사를 실시하여 엔진의 출력저하 및 엔진부조를 방지하는 분사이다.

02
디젤노크에 대한 설명으로 가장 적합한 것은?

① 착화 지연기간이 길어지면 발생한다.
② 노크예방을 위해 냉각수온도를 낮춘다.
③ 고온·고압의 연소실에서 주로 발생한다.
④ 노크가 발생되면 엔진 회전 수를 낮추면 된다.

03
연료필터에서 오버플로우밸브의 역할이 아닌 것은?

① 필터 각부의 보호 작용
② 운전 중에 공기빼기 작용
③ 분사펌프의 압력상승 작용
④ 연료 공급펌프의 소음발생 방지

04
전자제어 디젤 연료분사 방식 중 다단분사의 종류에 해당하지 않는 것은?

① 주분사
② 예비분사
③ 사후분사
④ 예열분사

05
전자제어 디젤엔진의 연료분사장치에서 예비(파일럿)분사가 중단될 수 있는 경우로 틀린 것은?

① 연료분사량이 너무 작은 경우
② 연료압력이 최소압보다 높을 경우
③ 규정된 엔진 회전 수를 초과하였을 경우
④ 예비(파일럿)분사가 주분사를 너무 앞지르는 경우

06
디젤 사이클의 P-V선도에 대한 설명으로 틀린 것은?

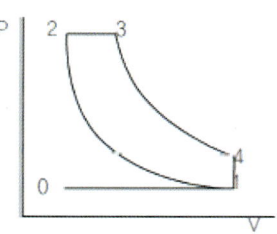

① 1→2 : 단열 압축과정
② 2→3 : 정적 팽창과정
③ 3→4 : 단열 팽창과정
④ 4→1 : 정적 방열과정

정답 01 ② 02 ① 03 ③ 04 ④ 05 ② 06 ②

07

커먼레일 디젤엔진에서 연료압력 조절밸브의 장착 위치는? (단, 입구제어 방식)

① 고압펌프와 인젝터 사이
② 저압펌프와 인젝터 사이
③ 저압펌프와 고압펌프 사이
④ 연료필터와 저압펌프 사이

> **연료압력 조절밸브의 장착 위치**
> ① 입구제어 방식: 저압펌프 → 조절밸브 → 고압펌프 → 커먼레일
> ② 출구제어 방식: 저압펌프 → 고압펌프 → 커먼레일 → 조절밸브

08

다음 설명에 해당하는 커먼레일 인젝터는?

> 운전 전 영역에서 분사된 연료량을 측정하여 이것을 데이터베이스화한 것으로, 생산 계통에서 데이터베이스 정보를 ECU에 저장하여 인젝터별 분사시간 보정 및 실린더 간 연료분사량의 오차를 감소시킬 수 있도록 문자와 숫자로 구성된 7자리 코드를 사용한다.

① 일반 인젝터
② IQA 인젝터
③ 클래스 인젝터
④ 그레이드 인젝터

09

디젤엔진에서 경유의 착화성과 관련하여 세탄 60cc, α-메틸나프탈린 40cc를 혼합하면 세탄가(%)는?

① 70
② 60
③ 50
④ 40

> $$세탄가 = \frac{세탄}{세탄 + \alpha - 메틸나프탈린} \times 100$$
> $$= \frac{60}{60 + 40} \times 100 = 60$$

10

커먼레일 디젤엔진의 솔레노이드 인젝터 열림(분사 개시)에 대한 설명으로 틀린 것은?

① 솔레노이드 코일에 전류를 지속적으로 가한 상태이다.
② 공급된 연료는 계속 인젝터 내부로 유입된다.
③ 노즐 니들을 위에서 누르는 압력은 점차 낮아진다.
④ 인젝터 아랫부분의 제어 플런저가 내려가면서 분사가 개시된다.

11

디젤 연료분사 중 파일럿 분사에 대한 설명으로 옳은 것은?

① 출력은 향상되나 디젤 노크가 생기기 쉽다.
② 주분사 직후에 소량의 연료를 분사하는 것이다.
③ 주분사의 연소를 확실하게 이루어지게 한다.
④ 배기초기에 급격히 실린더 압력을 상승하도록 한다.

> 파일럿 분사는 엔진소음 절감 및 주분사의 연소를 확실하게 이루어지게 한다.

12

전자제어 디젤 기관이 주행 후 시동이 꺼지지 않는다. 가능한 원인 중 거리가 가장 먼 것은?

① 엔진 컨트롤 모듈 내부 프로그램 이상
② 엔진 오일 과다 주입
③ 터보차저 윤활 회로 고착 또는 마모
④ 전자식 EGR컨트롤 밸브 열림 고착

> EGR 컨트롤 밸브가 열린 채로 고착되면 시동이 꺼지게 된다.

13

전자제어 디젤 연료분사장치(common rail system)에서 예비분사에 대한 설명 중 가장 옳은 것은?

① 예비분사는 주 분사 이후에 미연소가스의 완전연소와 후처리 장치의 재연소를 위해 이루어진다.
② 예비분사는 인젝터의 노후화에 따른 보정분사를 실시하여 엔진의 출력저하 및 엔진부조를 방지하는 분사이다.
③ 예비분사는 연소실의 연소압력 상승을 부드럽게 하여 소음과 진동을 줄여준다.
④ 예비분사는 디젤엔진의 단점인 시동성을 향상시키기 위한 분사를 말한다.

> 예비분사(pilot injection)는 연소실의 압력 상승을 부드럽게 하여 엔진의 소음과 진동을 줄여 주고, 엔진의출력에 직접 관계되는 에너지는 주분사(main injection)로부터 나온다.

14

전자제어 디젤 연료분사 방식 중 다단분사에 대한 설명으로 가장 적합한 것은?

① 후분사는 소음 감소를 목적으로 한다.
② 다단분사는 연료를 분할하여 분사함으로써 연소효율이 좋아지며 PM과 NOx를 동시에 저감시킬 수 있다.
③ 분사시기를 늦추면 촉매환원성분인 HC가 감소된다.
④ 후분사 시기를 빠르게 하면 배기가스 온도가 하강한다.

> ②항이 다단분사에 대한 적합한 설명이며, 점화분사는 연소실의 압력상승을 부드럽게 하여 엔진의 소음과 진동을 줄여 주고 엔진의 출력에 대한 에너지는 주분사(후분사)로부터 나온다. 후분사를 빠르게 하면 배기가스 온도가 상승하고, 분사시기를 늦추면 CO 및 HC가 증가한다.

정답 11 ④ 12 ④ 13 ③ 14 ②

15

디젤기관 후처리장치(DPF)의 재생을 위한 연료분사는?

① 점화 분사　　② 주 분사
③ 사후 분사　　④ 직접 분사

> 🔍 사후 분사(post injection)는 디젤기관 후처리장치(DPF)에 저장되어 있는 입자상 물질(PM)을 연소시켜 배기가스 후처리 장치의 재생을 돕기 위한 분사이다.

16

전자제어 디젤 기관의 인젝터 연료분사량 편차 보정기능(IQA)에 대한 설명 중 거리가 가장 먼 것은?

① 인젝터의 내구성 향상에 영향을 미친다.
② 강화되는 배기가스규제 대응에 용이하다.
③ 각 실린더별 분사 연료량의 편차를 줄여 엔진의 정숙성을 돕는다.
④ 각 실린더별 분사 연료량을 예측함으로써 최적의 분사량 제어가 가능하게 한다.

> 🔍 IQA(Injection Quantity Adaptation) 인젝터란 인젝터간 연료분사량 편차를 보정하는 기능이 있다는 의미로, 각 실린더별 연료 분사량의 편차를 줄여 엔진의 정숙성을 돕고 각 실린더별 연료 분사량을 예측함으로써 최적의 분사가 가능하게 하여 강화되는 배기가스규제 대응에 용이한 인젝터이다.
> \# 인젝터의 내구성이 좋아지지는 않는다.

17

전자제어 디젤연료분사장치에서 예비분사에 대한 설명으로 옳은 것은?

① 예비분사는 디젤엔진의 시동성을 향상시키기 위한 분사를 말한다.
② 예비분사는 연소실의 연소압력 상승을 부드럽게 하여 소음과 진동을 줄여준다.
③ 예비분사는 주분사 이후에 미연가스의 완전연소와 후처리 장치의 재연소를 위해 이루어지는 분사이다.
④ 예비분사는 인젝터의 노후화에 따른 보정분사를 실시하여 엔진의 출력 저하 및 엔진부조를 방지하는 분사이다.

> 🔍 예비분사(pilot injection)는 연소실의 압력 상승을 부드럽게 하여 엔진의 소음과 진동을 줄여 주고, 엔진의 출력에 직접 관계되는 에너지는 주분사(main injection)로부터 나온다.

18

전자제어 디젤 연료분사 방식 중 다단분사의 종류에 해당하지 않는 것은?

① 주분사　　② 예비분사
③ 사후분사　　④ 예열분사

> 🔍 전자제어 디젤 연료분사 다단분사 방식
> ① 예비분사(점화분사, 파일럿분사)
> ② 주분사(메인분사)
> ③ 사후분사

정답　15 ③　16 ①　17 ②　18 ④

19

전자제어 디젤엔진의 연료분사장치에서 예비(파일럿)분사가 중단될 수 있는 경우로 틀린 것은?

① 연료분사량이 너무 작은 경우
② 연료압력이 최소압보다 높을 경우
③ 규정된 엔진회전 수를 초과하였을 경우
④ 예비(파일럿)분사가 주분사를 너무 앞지르는 경우

> 파일럿 분사가 중단될 수 있는 조건
> ① 예비(파일럿)분사가 주분사를 너무 앞지르는 경우
> ② 엔진회전수 3,200rpm 이상인 경우
> ③ 연료분사량이 너무 작은 경우
> ④ 주 분사 연료량이 불충분한 경우
> ⑤ 엔진 가동 중단에 오류가 발생한 경우
> ⑥ 연료압이 최소값(100bar) 이하인 경우

20

커먼레일 디젤엔진에서 연료압력조절밸브의 장착 위치는? (단, 입구 제어 방식)

① 고압펌프와 인젝터 사이
② 저압펌프와 인젝터 사이
③ 저압펌프와 고압펌프 사이
④ 연료필터와 저압펌프 사이

> 연료압력을 고압펌프 입구에서 제어하는 방식이므로 연료압력 조절밸브를 저압펌프와 고압펌프 사이에 장착한다.

21

디젤엔진 후처리장치의 재생을 위한 연료분사는?

① 주 분사
② 점화 분사
③ 사후 분사
④ 직접 분사

> 사후 분사(post injection)는 디젤기관 후처리장치(DPF)에 저장되어 있는 입자상 물질(PM)을 연소시켜 배기가스 후처리 장치의 재생을 돕기 위한 분사이다.

22

배기가스 후처리 장치(DPF)의 필터에 포집된 PM을 연소시키기 위한 연료분사 방법으로 옳은 것은?

① 주 분사
② 점화 분사
③ 사후 분사
④ 파일럿 분사

> 디젤기관에서 사후 분사(post injection)는 후처리장치(DPF)의 필터에 저장되어 있는 입자상 물질(PM)을 연소시켜 배기가스 후처리 장치의 재생을 돕기 위한 분사이다.

정답 19 ② 20 ③ 21 ③ 22 ③

23

커먼레일 디젤엔진의 솔레노이드 인젝터열림(분사개시)에 대한 설명으로 틀린 것은?

① 솔레노이드 코일에 전류를 지속적으로 가한 상태이다.
② 공급된 연료는 계속 인젝터 내부로 유입된다.
③ 노즐 니들을 위에서 누르는 압력은 점차 낮아진다.
④ 인젝터 아랫부분의 제어 플런저가 내려가면서 분사가 개시된다.

> 공급된 연료의 압력에 의해 인젝터 아랫부분의 제어 플런저가 올라가면서 분사가 개시된다.

25

전자제어 디젤기관에서 전자제어유닛(ECU)으로 입력되는 사항이 아닌 것은?

① 가속페달의 개도
② 차속
③ 연료분사량
④ 흡기 온도

> 전자제어 디젤기관 연료 분사장치의 입력요소에는 엔진 회전수, 가속페달의 개도, 분사시기, 주행속도, 흡기다기관 압력, 흡기온도, 냉각수 온도, 연료온도, 레일압력 등이다.

24

전자제어 디젤연료 분사장치 중 하나인 유닛 인젝터의 특징을 바르게 설명한 것은?

① 분사펌프와 인젝터의 거리가 가까워 분사 정밀도가 좋다.
② 크랭크 케이스 내에 직접 장착된다.
③ 노즐과 펌프는 각각 독립되어 장착된다.
④ 소음이 증가한다.

> 유닛 인젝터의 특징은 분사펌프와 인젝터의 거리가 가까워 분사 정밀도가 좋다.

정답 23 ④ 24 ① 25 ③

05 과급장치 정비

01
자동차 엔진에서 인터쿨러장치의 작동에 대한 설명으로 옳은 것은?

① 차량의 속도변화
② 흡입공기의 와류형성
③ 배기가스의 압력변화
④ 온도변화에 따른 공기의 밀도 변화

02
가변용량제어 터보차저에서 저속 저부하(저유량)조건의 작동원리를 나타낸 것은?

① 베인 유로 좁힘 → 배기가스 통과속도 증가 → 터빈 전달 에너지 증대
② 베인 유로 넓힘 → 배기가스 통과속도 증가 → 터빈 전달 에너지 증대
③ 베인 유로 넓힘 → 배기가스 통과속도 감소 → 터빈 전달 에너지 증대
④ 베인 유로 좁힘 → 배기가스 통과속도 감소 → 터빈 전달 에너지 증대

> 변용량제어 터보차저(VGT)는 저속 저부하에서는 배기가스의 흐름속도가 느려 과급효과를 발휘할 수 없으므로, 저속 저부하(저유량) 운전영역에서 배기가스의 통로를 좁혀 통과속도를 빠르게 하여 터빈 진달 에너지를 증대시켜 많은 공기를 흡입하게 한다.

03
자동차 엔진에서 인터쿨러 장치의 작동에 대한 설명으로 옳은 것은?

① 차량의 속도 변화
② 흡입 공기의 와류 형성
③ 배기 가스의 압력 변화
④ 온도 변화에 따른 공기의 밀도 변화

> 인터쿨러(intercooler)는 압축된 고온의 공기를 냉각하여 공기의 밀도를 높여 엔진의 효율을 향상시키는 장치이다.

04
디젤기관에 과급기를 설치했을 때 얻는 장점 중 잘못 설명한 것은?

① 동일 배기량에서 출력이 증가한다.
② 연료소비율이 향상된다.
③ 잔류 배출가스를 완전히 배출시킬 수 있다.
④ 연소상태가 좋아지므로 착화지연이 길어진다.

> 연소상태가 좋아지므로 착화지연이 짧아진다. 착화지연이 길어지면 노크가 발생된다.

정답 01 ④ 02 ① 03 ④ 04 ④

05

터보차저(Turbo charger)가 장착된 엔진에서 출력 부족 및 매연이 발생한다면 원인으로 틀린 것은?

① 에어클리너가 오염되었다.
② 흡기 매니폴드에서 누설이 되고 있다.
③ 발전기의 충전전류가 발생하지 않는다.
④ 터보차저 마운팅 플랜지에서 누설이 있다.

06

과급장치 수리가능 여부를 확인하는 작업에서 교환해야 할 사항은?

① 액추에이터 연결 상태
② 액추에이터 로드 세팅 마크 일치 여부
③ 배기 매니폴드 사이의 개스킷 기밀 상태 불량
④ 센터 하이징과 컴푸레서 하우징 사이의 O링이 손상

> 센터 하이징과 컴푸레서 하우징 사이의 O링이 손상시 과급장치를 교환한다.

07

과급장치 검사에 대한 설명 중 틀린 것은?

① 엔진 시동을 걸고 정상 온도로 워밍업 한다.
② 모든 전기장치와 에어컨 등의 부하를 준 상태에서 점검한다.
③ 과급장치의 오일 공급 호스와 파이프 연결부의 누유상태를 확인한다.
④ 진단기의 센서 데이터에서 VGT 액추에이터와 부스트 압력센서의 작동상태를 확인한다.

08

과급기에서 공기의 속도에너지를 압력에너지로 바꾸는 장치는?

① 디플렉터 ② 터빈
③ 디퓨저 ④ 루트 슈퍼차저

09

디젤기관에서 과급기의 사용목적으로 틀린 것은?

① 엔진의 출력이 증대된다.
② 체적 효율이 작아진다.
③ 평균유효압력이 향상된다.
④ 회전력이 증가한다.

10

터보차저 기관의 특징으로 틀린 것은?

① 배기가스의 동력을 이용한다.
② 충전효율의 증가로 연료소비율이 낮아진다.
③ 기관의 압축비를 늘릴 수 있어 유리하다.
④ 같은 배기량으로 높은 출력을 얻을 수 있다.

정답 05 ③ 06 ④ 07 ② 08 ③ 09 ② 10 ③

11
디젤기관에서 과급하여 얻는 이점이 아닌 것은?

① 연소가 양호하여 연료소비율이 감소한다.
② 기관의 출력이 증가한다.
③ 엔진의 충전효율을 높이고 평균유효압력을 낮춰 출력을 증대시킨다.
④ 압축 초에 압축온도를 높여 착화지연기간을 짧게 한다.

12
디젤기관의 터보 인터쿨러 장치는 어떤 효과를 이용한 것인가?

① 압축된 공기의 밀도를 증가시키는 효과
② 압축된 공기의 온도를 증가시키는 효과
③ 압축된 공기의 수분을 증가시키는 효과
④ 배기가스를 압축시키는 효과

정답 11 ③ 12 ①

06 배출가스장치 정비

01
다음은 운행차 정기검사의 배기소음도 측정을 위한 검사 방법에 대한 설명이다. (　) 안에 알맞은 것은?

> 자동차의 변속장치를 중립위치로 하고 정지가동상태에서 원동기의 최고 출력 시의 75% 회전속도로 (　)초 동안 운전하여 최대 소음도를 측정한다.

① 3
② 4
③ 5
④ 6

02
산소센서를 설치하는 목적으로 옳은 것은?

① 연료펌프의 작동을 위해서
② 정확한 공연비 제어를 위해서
③ 컨트롤 릴레이를 제어하기 위해서
④ 인젝터의 작동을 정확히 조절하기 위해서

03
지르코니아 방식의 산소센서에 대한 설명으로 틀린 것은?

① 지르코니아 소자는 백금으로 코팅되어 있다.
② 배기가스 중의 산소 농도에 따라 출력 전압이 변화한다.
③ 산소센서의 출력전압은 연료분사량 보정 제어에 사용된다.
④ 산소센서의 온도가 100℃ 정도가 되어야 정상적으로 작동하기 시작한다.

04
운행차의 배출가스 정기검사의 배출가스 및 공기과잉률(λ) 검사에서 측정기의 최종 측정치를 읽는 방법에 대한 설명으로 틀린 것은? (단, 저속 공회전 검사모드이다)

① 측정치가 불안정할 경우에는 5초간의 평균치로 읽는다.
② 공기과잉률은 소수점 셋째자리에서 0.001 단위로 읽는다.
③ 탄화수소는 소수점 첫째자리 이하는 버리고 1ppm 단위로 읽는다.
④ 일산화탄소는 소수점 둘째자리 이하는 버리고 0.1% 단위로 읽는다.

05
운행차 정밀검사의 관능 및 기능검사에서 배출가스 재순환장치의 정상적 작동상태를 확인하는 검사 방법으로 틀린 것은?

① 정화용 촉매의 정상부착 여부 확인
② 재순환밸브의 수정 또는 파손 여부를 확인
③ 진공호스 및 라인 설치 여부, 호스 폐쇄여부 확인
④ 진공밸브 등 부속장치의 유·무, 우회로 설치 및 변경 여부를 확인

정답　01 ②　02 ②　03 ④　04 ②　05 ①

06
무부하 검사 방법으로 휘발유 사용 운행 자동차의 배출가스 검사 시 측정 전에 확인해야 하는 자동차의 상태로 틀린 것은?

① 냉·난방장치를 정지시킨다.
② 변속기를 중립 위치에 놓는다.
③ 원동기를 정지시켜 충분히 냉각한다.
④ 측정에 장애를 줄 수 있는 부속장치들의 가동을 정지한다.

07
차량에서 발생되는 배출가스 중 지구 온난화에 가장 큰 영향을 미치는 것은?

① H_2 ② CO_2
③ O_2 ④ HC

08
산소센서의 피드백 작용이 이루어지고 있는 운전 조건으로 옳은 것은?

① 시동 시 ② 연료 차단 시
③ 급감속 시 ④ 통상 운전 시

09
운행차 정기검사에서 가솔린 승용자동차의 배출가스검사 결과 CO 측정값이 2.2%로 나온 경우, 검사 결과에 대한 판정으로 옳은 것은? (단, 2007년 11월 제작된 차량이며, 무부하 검사 방법으로 측정하였다.)

① 허용기준인 1.0%를 초과하였으므로 부적합
② 허용기준인 1.5%를 초과하였으므로 부적합
③ 허용기준인 2.5%를 이하이므로 적합
④ 허용기준인 3.2%를 이하이므로 적합

10
배출가스 중 질소산화물을 저감시키기 위해 사용하는 장치가 아닌 것은?

① 매연 필터(DPF)
② 삼원촉매장치(TWC)
③ 선택적 환원촉매(SCR)
④ 배기가스 재순환장치(EGR)

11
산소센서 내측의 고체 전해질로 사용되는 것은?

① 은 ② 구리
③ 코발트 ④ 지르코니아

정답 06 ③ 07 ② 08 ④ 09 ① 10 ① 11 ④

12

운행차 배출가스 정기검사의 매연 검사 방법에 관한 설명에서 ( )에 알맞은 것은?

> 측정기의 시료채취관을 배기관의 벽면으로부터 5mm 이상 떨어지도록 설치하고 ( )cm 정도의 깊이로 삽입한다.

① 5 ② 10
③ 15 ④ 30

🔍 광투과식 매연측정기의 시료채취관은 배기관의 벽면으로부터 5mm 이상 떨어지도록 설치하고, 5cm 정도의 깊이로 삽입한다.

13

디젤엔진의 배출가스 특성에 대한 설명으로 틀린 것은?

① NOx 저감 대책으로 연소온도를 높인다.
② 가솔린 기관에 비해 CO, HC 배출량이 적다.
③ 입자상 물질(PM)을 저감하기 위해 필터(DPF)를 사용한다.
④ NOx 배출을 줄이기 위해 배기가스 재순환장치를 사용한다.

14

배출가스 측정 시 HC(탄화수소)의 농도단위인 ppm을 설명한 것으로 적당한 것은?

① 백분의 1을 나타내는 농도단위
② 천분의 1을 나타내는 농도단위
③ 만분의 1을 나타내는 농도단위
④ 백만분의 1을 나타내는 농도단위

15

배기가스 후처리장치(DPF)의 필터에 포집된 PM을 연소시키기 위한 연료분사 방법으로 옳은 것은?

① 주분사 ② 점화분사
③ 사후분사 ④ 파일럿분사

16

운행차 정기검사에서 자동차 배기소음 허용기준으로 옳은 것은? (단, 2006년 1월 1일 이후 제작되어 운행하고 있는 소형 승용자동차이다)

① 95dB 이하 ② 100dB 이하
③ 110dB 이하 ④ 112dB 이하

17

배출가스 정밀검사의 기준 및 방법, 검사항목 등 필요한 사항은 무엇으로 정하는가?

① 대통령령 ② 환경부령
③ 행정안전부령 ④ 국토교통부령

18

운행차 배출가스 정기검사 및 정밀검사의 검사항목으로 틀린 것은?

① 휘발유 자동차 운행차 배출가스 정기검사 : 일산화탄소, 탄화수소, 공기과잉률
② 휘발유 자동차 운행차 배출가스 정밀검사 : 일산화탄소, 탄화수소, 질소산화물
③ 경유 자동차 운행차 배출가스 정기검사 : 매연
④ 경유 자동차 운행차 배출가스 정밀검사 : 매연, 엔진 최대 출력검사, 공기과잉률

정답 12 ① 13 ① 14 ④ 15 ③ 16 ③ 17 ② 18 ④

Chapter 1 전기전자 공학

01 전기의 본질

1 전기와 물질

일반적으로 자유전자가 흐를 때 '전기가 흐른다'라고 하며, 물질 내부에서 자유전자가 자유롭게 이동하는(전기가 잘 통하는) 물질을 도체, 자유전자가 잘 흐르지 못하는(전기가 통하지 않는) 물질을 부도체, 도체와 부도체의 중간 특성을 가진 물질을 반도체라고 한다.

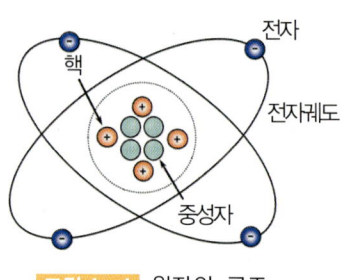

그림 1-1 원자의 구조

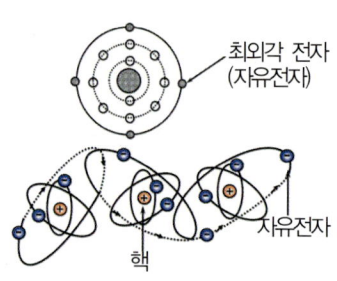

그림 1-2 가전자와 자유전자

2 전하와 전류

전하는 물체가 가진 속성 중 전기적인 현상을 일으키는 원인으로서, 전하와 전하 사이에 일어나는 전기력(서로 같은 극성은 척력, 서로 다른 극성은 인력) 때문에 전하를 띤 입자의 이동 현상이 일어난다.

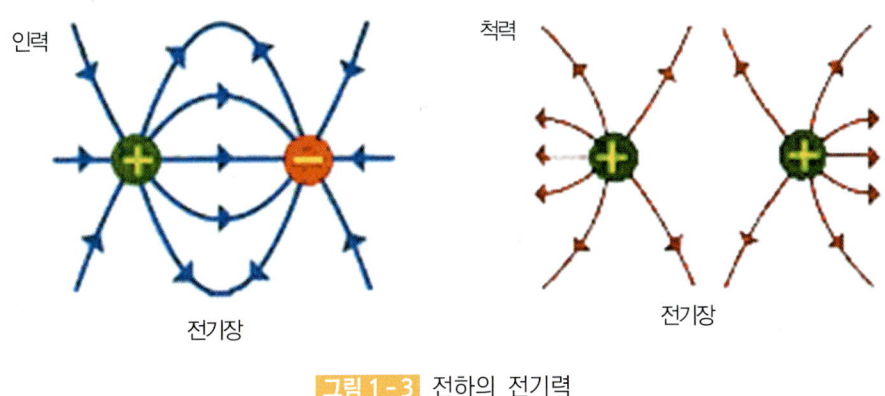

그림 1-3 전하의 전기력

전하를 띤 입자에는 태생적으로 (+)극성의 전하를 띤 양자와 (-)극성의 전자 그리고 전기적으로 균형이 깨져 생긴 양이온(+극성), 음이온(-극성)이 있다. 전기적으로 중성인 원자가 균형이 깨져 전자를 잃게 되면 양이온이 되며, 전자를 얻게 되면 음이온으로 변한다.

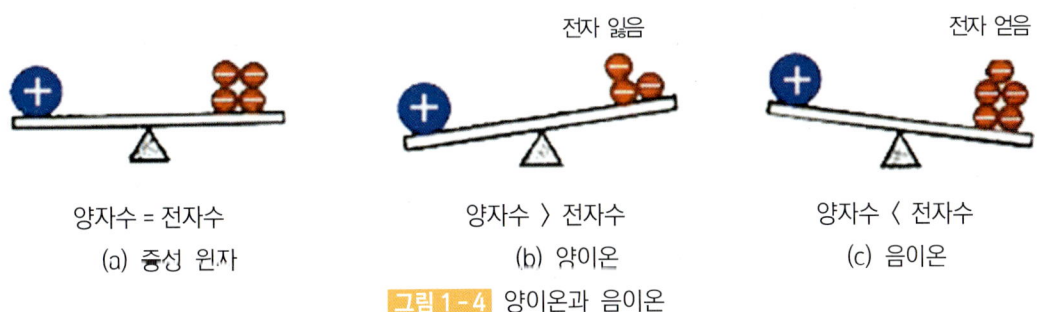

그림 1-4 양이온과 음이온

02 전류, 전압 및 저항

1 전류

일반적으로 도선을 따라 흐르는 전류는 (-)전하를 띤 전자의 흐름으로서, 전류의 세기는 어떤 도체의 단면을 1초간에 통과하는 전하량으로 정의되며, 기호는 I, 단위는 A(암페어)를 사용한다.

$$I = Q / t \ [A]$$

여기서 Q는 전하량이며 단위는 C(쿨롱)이다.

전류는 전류계로 측정하며, 전류계는 회로 내 직렬(series)로 연결하여 사용한다. 또한 전기는 형태에 따라 직류와 교류로 구분한다.
① 직류 : 크기와 방향이 일정한 전기(예 축전지, 건전지)
② 교류 : 크기와 방향이 주기적으로 변화하는 전기(예 교류발전기, 가정용전기)

도체나 물질 속에 전류가 흐를 때 발생하는 전류의 3대 작용은 다음과 같다.

(1) 전류의 3대 작용

① **발열 작용** : 도체에 전류가 흐를 때 도체의 저항으로 인해 발열되는 작용, 즉 전기에너지가 열에너지로 변환된다(예 시거라이터, 전구, 전열기).
② **화학 작용** : 전류가 물질 속을 흐를 때 화학 작용(화학반응, 전기분해반응)에 의해 기전력이 발생하는 작용, 즉 화학에너지가 전기에너지로 상호 변환된다(예 축전지, 전기도금).
③ **자기 작용** : 도체에 전류가 흐르면 자계가 형성되는 작용, 즉 전기적 에너지를 기계적 에너지로 바꾸는 것을 말한다(예 전동기, 솔레노이드, 릴레이, 발전기).

2 저항

저항이란 전자가 도체 내에서 이동할 때 전자의 흐름을 방해하는 성질을 말한다. 저항의 기호는 R, 단위는 Ω(옴)을 사용한다. 전기저항은 자유전자가 도체 내를 이동 시에 원자들과 충돌하여 방해를 받으며, 전자가 저항을 지날 때 전압손실이 생긴다.

(1) 도체의 저항

도체의 저항은 재료의 종류, 형상(길이, 직경), 온도 및 물리적 상태에 영향을 받는다.

① 고유저항(비저항)

20℃ 일정 형상 도체의 재료에 따른 저항(기호 : ρ, 단위 : μΩ.cm)

표 1-1

재료명	고유저항(μΩcm)	재료명	고유저항(μΩcm)
은	1.62	니켈	6.9
구 리	1.69	철	10.0
금	2.40	강	20.6
알루미늄	2.62	주 철	57~114
황 동	5.7	니켈-크롬	100~110

② 형상에 따른 저항

도체의 단면적에 반비례하고 길이에 비례

$$R = \rho \frac{L}{A} \ [\Omega]$$

A : 단면적[cm²], L : 길이[cm], ρ : 고유저항[μΩ.cm]

③ 온도에 따른 저항

㉮ 온도상승 시 저항증가(대부분의 금속) : 정온도 특성(PTC)

$$R_t = R_{20}(1 + \alpha \triangle T)$$

R_{20} : 20℃에서의 저항(Ω), α : 온도계수, ΔT : 온도차

㉯ 온도상승 시 저항감소(대부분의 반도체) : 부온도 특성(NTC)

④ 물리적 조건

㉮ 절연저항 : 절연체의 저항(절연체를 통해 흐르는 미소전류를 누설전류)

㉯ 접촉저항 : 도체와 도체 연결 접촉부위의 형상 및 특성에 따라 발생하는 저항

(2) 저항의 직렬연결

직렬연결은 저항값을 크게 조정하기 위해 몇 개의 저항을 한 줄로 연결한 것으로, 합성저항은 각 저항을 합한 것과 같으며, 합성저항은 회로 내의 가장 큰 저항값보다 커진다. 각 저항을 통과하는 전류의 크기는 같으며, 각 저항에 의해 분배된 전압의 총합은 전원전압과 같다.

$$R = R_1 + R_2 + R_3 + \cdots\cdots + R_n$$

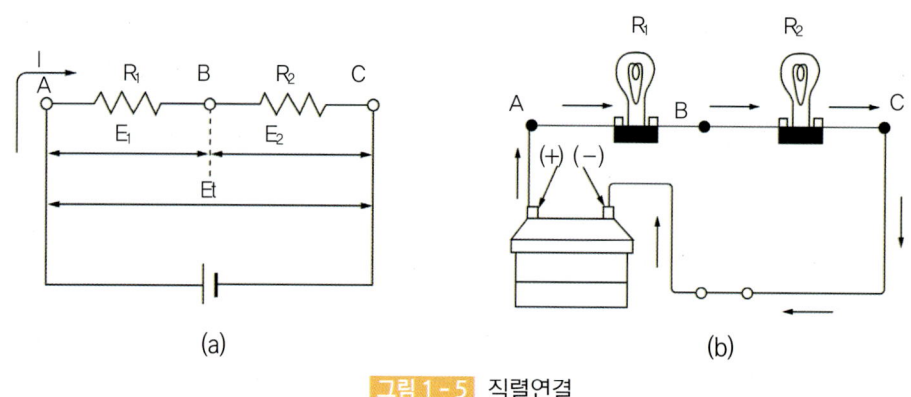

그림 1-5 직렬연결

(3) 저항의 병렬연결

병렬연결은 저항값을 적게 조정하기 위해 몇 개의 저항을 나누어 연결한 것이며, 합성저항은 회로 내의 가장 작은 저항값보다도 작아진다.

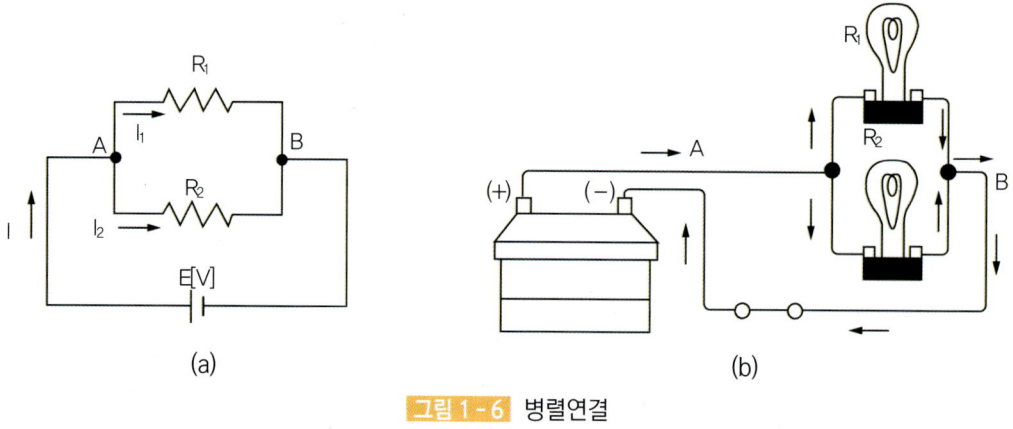

그림 1-6 병렬연결

합성저항은 각 저항의 역수를 합한 값의 역수와 같아지며, 어느 저항에서나 전원전압과 동일한 전압이 걸리지만, 전류가 나누어져 흐르며, 각 저항을 통해 흐르는 전류의 합은 전원에서 흐르는 전류와 같다.

$$\frac{1}{R} = \frac{1}{R_1} + \frac{1}{R_2} + \frac{1}{R_3} + \cdots\cdots + \frac{1}{R_n}$$

3 전압

전류를 흐르게 하는 전기적인 압력을 전압이라 하며, 두 점(위치)의 전하량(전위)의 차이로 나타낸다. 전압의 기호는 E(또는 V), 단위는 V(볼트)이며, 전압계(voltmeter)를 사용하여 회로 내 병렬로 연결하여 측정한다. 1Ω의 도체에 1A의 전류를 흐르게 할 수 있는 전기의 압력을 1V라고 한다.

(1) 전기회로 내의 전원

전기회로는 전원, 전선, 스위치, 부하 등을 연결해 놓은 전기적 통로로 전원부, 제어부, 작동부로 구성되어 있다.

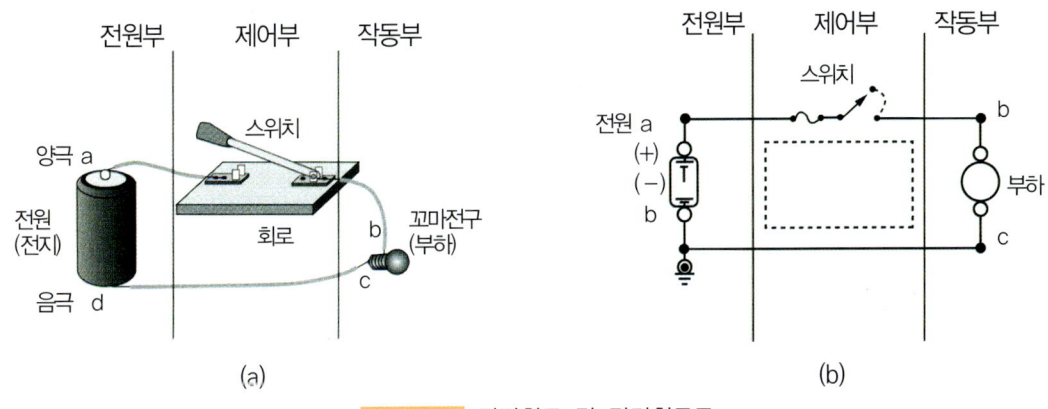

그림 1-7 전기회로 및 전기회로도

(2) 인가전압과 전압강하

① 인가전압

부하(load)를 작동시키는데 유효한 회로 내 인가된 전압으로, 공급전압(에너지) 중 측정위치에서 얼마나 에너지가 남아있는지 측정한다.

② 전압강하

회로 내 대부분의 부품(부하)은 저항을 가지고 있으며, 저항을 갖는 모든 요소는 전압강하를 발생시킨다. 저항을 지나면서 얼마나 에너지를 소비했는지 측정한다.

(3) 전지(전원)의 직병렬 연결

① 직렬연결

전지의 (+)와 (-)를 연결한 것으로 전압은 개수배로 상승, 전류는 1개의 양과 같다.

② 병렬연결

전지의 (+)와 (+)를, (-)와 (-)를 같은 극성끼리 연결한 것으로 전압은 1개의 전압과 같고, 전류는 개수배로 상승한다.

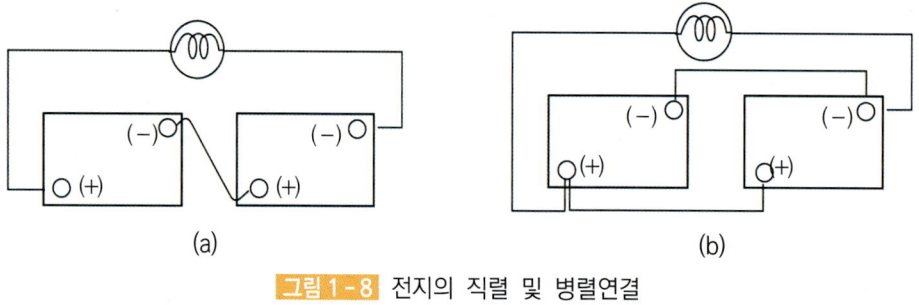

그림 1-8 전지의 직렬 및 병렬연결

03 옴의 법칙

도체에 흐르는 전류의 크기(I)는 전압(E)에 비례하고, 그 도체의 저항(R)에는 반비례한다는 법칙이다.

$$I = \frac{E}{R}, \quad E = IR, \quad R = \frac{E}{I}$$

04 키르히호프의 법칙(Kirchhoff's Law)

(1) 제1법칙
전류 법칙으로 회로 내의 어떤 접속점에서도 유입하는 전류의 총합과 유출하는 전류의 총합은 같다.

(2) 제2법칙
전압 법칙으로 임의의 폐회로에 있어서 기전력의 총합과 저항에서 발생하는 전압강하의 총합은 서로 같다.

05 전력

전력이란 전기가 도체 속을 흐르면서 단위시간 동안에 한 일의 양의 크기이며, 기호는 P, 단위는 W(와트)로 나타낸다. 전등, 전동기 등에 전압을 가하여 전류를 공급하면 열이 나고 기계적 에너지를 발생시켜 일을 할 수 있도록 하는 것을 말한다.

$$P = EI, \quad P = I^2 R, \quad P = \frac{E^2}{R}$$

P : 전력, E : 전압
I : 전류, R : 저항

06 회로 보호장치

전기회로에서 절연이 파괴되어 단락이 되면, 회로 내 저항이 감소되어 과도한 전류가 흘러 전선은 물론 화재의 원인이 된다. 이것을 방지하기 위한 장치를 회로 보호장치라 한다.

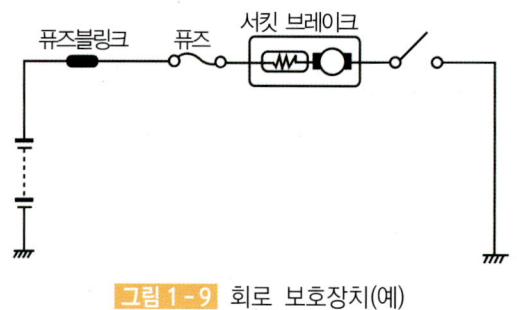

그림 1-9 회로 보호장치(예)

(1) 퓨즈

퓨즈는 단락 및 누전에 의해 과대전류가 흐르면 차단되어 전류의 흐름을 방지하는 부품이며, 전기회로에 직렬로 설치된다. 재질은 납과 주석의 합금이고, 회로에 합선이 발생하면 퓨즈가 단선되어 전류의 흐름을 차단한다.

(2) 퓨즈 블링크

퓨즈 블링크는 자동차사고나 화재 시에 퓨즈 이전의 소손 발생 시에 회로를 보호하기 위해 적용되는 것으로, 축전지로부터 가까운 쪽에 설치되어 있다.

(3) 서킷 브레이크

퓨즈나 퓨즈 블링크와 함께 회로를 보호하는 장치이다. 회로에 과도한 전류가 흐를 때 퓨즈처럼 용단되는 것이 아니라, 이 장치는 열에 의해 회로가 차단된 후 시간이 경과되어 어느 정도 냉각되면 다시 연결되는 On/Off 형식의 열감지 스위치로 생각할 수 있다.

07 콘덴서(condenser, 축전기)

콘덴서는 절연체를 사이에 두고 도체(금속)판을 평행하게 배치하여 만든 소자로서, 콘덴서에 직류전원을 가하면 양극판에는 (+)전하가, 음극판에는 (-)전하가 축적된다. 외부에서 전압을 인가하여 콘덴서에 전기에너지를 축적하는 것을 충전, 콘덴서에 축적된 전기에너지를 외부로 방출하는 것을 방전이라고 한다. 충·방전 기능 외에도 직류를 차단하고 교류를 통과시키는 필터로서의 역할, 지연회로나 회로의 전기적인 노이즈를 방지하기 위해 사용된다.

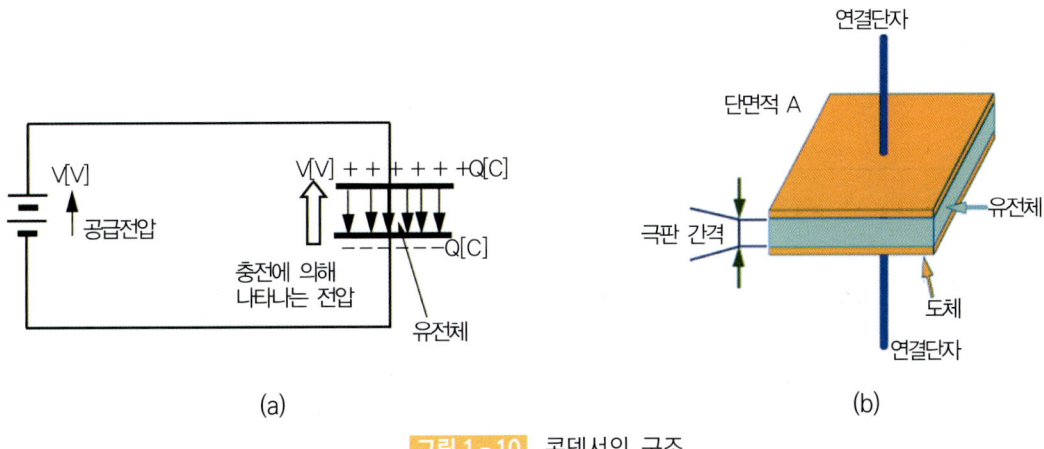

그림 1-10 콘덴서의 구조

(1) 콘덴서의 정전용량

콘덴서에 축적되는 전하량(Q)은 인가하는 전압(V)에 비례한다.

$$Q = C * V, \quad C = \frac{Q}{V}$$

C는 콘덴서의 정전용량(충전능력)으로 형상 및 유전율에 따라 달라지며, 단위는 F(패럿)을 사용한다.

$$C = \epsilon \frac{A}{d}$$

ϵ : 유전율, A : 극판의 단면적, d : 극판 사이의 거리

콘덴서(축전기)의 정전용량의 크기는 다음과 같다.

① 가해지는 전압에 비례한다.
② 상대하는 금속판의 면적에 비례한다.
③ 금속판 사이의 절연체의 유전율에 비례한다.
④ 금속판 사이의 거리에 반비례한다.

(2) 콘덴서의 직병렬 연결 시의 정전용량

① **직렬연결** : $1/C = 1/C_1 + 1/C_2 + \cdots + 1/C_n$
② **병렬연결** : $C = C_1 + C_2 + \cdots + C_n$

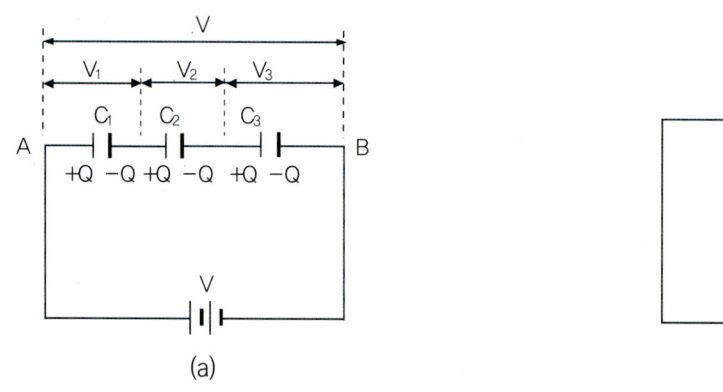

그림 1-11 축전기의 직렬 및 병렬연결

08 코일(coil)

코일은 인덕터(inductor) 또는 인덕턴스(inductance)라고도 부르며, 도선을 원형의 모양이나 기타의 모양으로 감거나 두 도선을 동시에 감아 놓은 형태를 말한다. 코일의 기호는 L, 단위는 H(헨리)를 사용한다.

1 자기성질

① 자성체란 자기유도에 의해 자화되는 물질이다.
② 자석은 자기를 가지고 있는 물체를 말한다.
③ 자석은 동종(같은 극)반발, 이종(다른 극)흡인의 성질이 있다.
④ 자성체에는 상자성체와 반자성체가 있다.
　㉮ 자성체 : 철, 니켈, 코발트, 크롬
　㉯ 반자성체 : 인, 구리, 안티몬
　㉰ 비자성체 : 알루미늄, 아연, 황동, 백금

2 릴레이

전류의 자기 작용을 이용한 전기기기로 전자석(솔레노이드)에 직렬로 연결된 제어용 스위치를 ON하게 되면 코일에 전류가 흘러 전자석이 되며, 전자석 극부분에 위치한 가동철편은 흡착한다. 가동철편이 흡착되면 가동철편에 붙은 대전류 접점이 ON되어 부하측에 전류를 흐르게 한다. 즉, 전자석 작동을 위한 소전류로 대전류의 부하를 제어할 수 있는 것이 릴레이이다. 전체의 자속은 코일에 의한 자력선과 철심의 자화에 의한 자력선의 합이 된다.

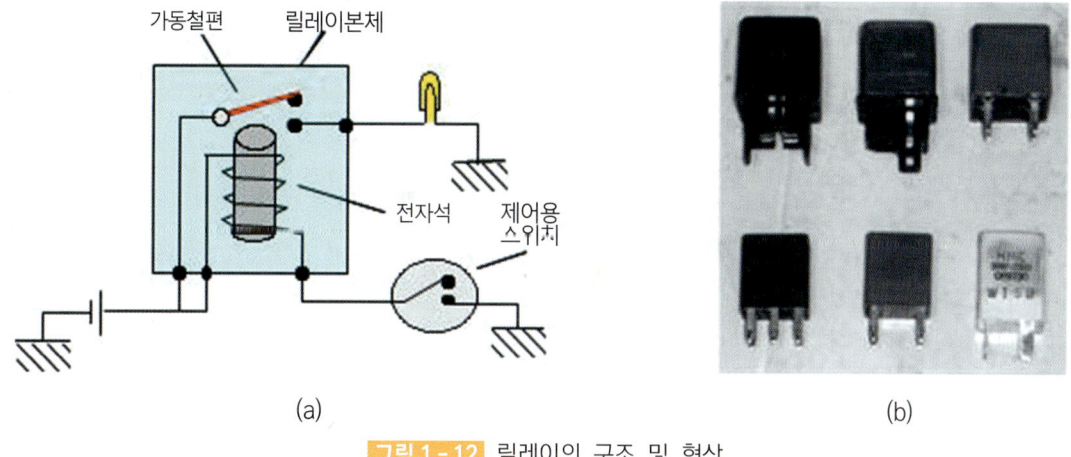

그림 1-12 릴레이의 구조 및 형상

3 자체 인덕턴스와 상호 인덕턴스

(1) 자체 인덕턴스

코일이 하나만 있는 경우에도 코일 자신에 유도 기전력이 유도되는 현상을 자체 유도라고 하며, 코일의 자체 유도 능력의 정도를 나타내는 것을 자체 인덕턴스라 한다.

(2) 상호 인덕턴스

두 개의 코일을 서로 가까이 하면 한쪽 코일의 전류가 변화할 때, 다른 쪽 코일에서 유도 기전력이 발생하는 현상을 상 유도라 하고, 그 상호 유도 작용의 정도를 상호 인덕턴스라고 한다.

09 반도체(semi conductor)

1 반도체의 개요

게르마늄(Ge)이나 실리콘(Si) 등은 도체와 절연체의 중간인 고유저항을 지닌 것이다.
반도체의 성질은 불순물의 유입에 의해 저항을 바꿀 수 있고, 빛을 받으면 고유저항이 변화하는 광전 효과가 있으며, 자력을 받으면 도전도가 변하는 홀(hall) 효과가 있다. 또 온도가 높아지면 저항값이 감소하는 부(負) 온도계수의 물질이다.

2 반도체의 종류와 그 작용

불순물을 포함하고 있지 않은 순수한 반도체를 진성 반도체라 하며 실리콘(Si), 게르마늄(Ge) 등과 같은 4족 원소이고 완전한 공유결합을 이룬다. 불순물을 포함하고 있는 반도체를 불순물 반도체라 하며 P형과 N형이 있다.

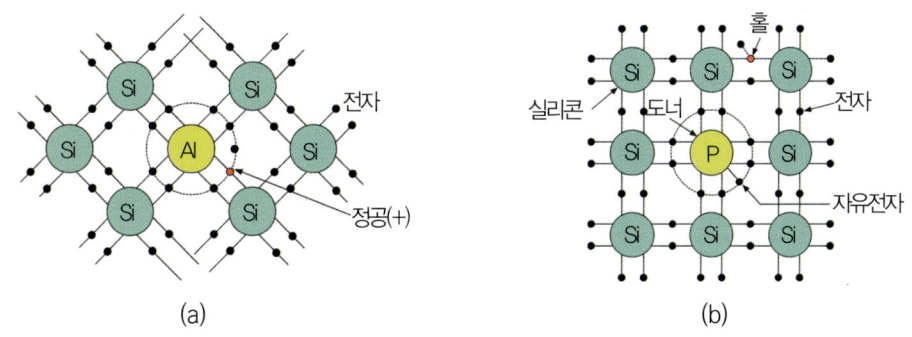

그림 1-13 P형 반도체와 N형 반도체

(1) P(positive)형 반도체

진성반도체 실리콘(Si, 4가) 속에 갈륨(Ga), 알루미늄(Al), 인듐(In)과 같은 3가의 원소를 첨가한 반도체이다. 가전자 1개가 부족하여 전자가 빈 곳이 생기는 자리를 정공 또는 홀(hole)이라 하며, 정공을 만들기 위한 3가의 불순물을 억셉터(acceptor)라 한다. 정공이 다수 캐리어이고, 자유전자는 소수 캐리어이다.

(2) N(negative)형 반도체

진성 반도체(실리콘) 속에 5가의 비소(As), 안티몬(Sb), 인(P) 등의 불순물 원소를 첨가한 반도체이다. 불순물 원자가 실리콘 원자 1개를 밀어내고 그 자리에 들어가 실리콘 원자와 공유결합을 한다. 가전자 1개가 남는 전자를 과잉전자라 하며, 과잉전자를 만드는 불순물을 도너(donor)라고 한다. 자유전자가 다수 캐리어이고, 정공은 소수 캐리어가 된다.

3 반도체 장·단점

(1) 반도체의 상섬

① 매우 소형이고, 가볍다.
② 내부 전력 손실이 매우 적다.
③ 예열시간을 요하지 않고 곧바로 작동한다.
④ 기계적으로 강하고, 수명이 길다.

(2) 반도체의 단점

① 온도가 상승하면 그 특성이 매우 나빠진다(게르마늄은 85℃, 실리콘은 150℃ 이상 되면 파손되기 쉽다).
② 역내압(역방향으로 전압을 가했을 때의 허용한계)이 매우 낮다.
③ 정격값 이상이 되면 파괴되기 쉽다.

4 반도체의 종류

반도체 소자는 접합 방식에 따라 무접합, 단접합, 2중접합, 다중접합으로 구분된다.

표 1-2 반도체 접합의 종류

구 분	접합도	적용 반도체
무접합	—P— —N—	서미스터, CdS(광검출 소자), 외형 게이지
단접합	—PN—	다이오드, LED(발광다이오드), 제너다이오드
이중접합	—PNP— —NPN—	트랜지스터, 포토트랜지스터
다중접합	—PNPN—	사이리스터(SCR), 트라이액

(1) 다이오드(diode)

P형 반도체와 N형 반도체를 마주대고 접합한 것으로 PN정션(junction)이라고도 하며, 순방향으로는 전류가 흐르고 역방향으로는 전류가 흐르지 않는 특성으로 교류발전기의 정류회로 등에 활용된다. 순방향 전류가 흐르도록 외부 직류전압을 인가하는 방법을 순방향 바이어스라 하며, 순방향으로 전류가 흐르기 시작하는 시점의 인가전압을 임계전압 또는 문턱전압이라고 하며, 보통 실리콘(Si)은 0.6~0.7V, 게르마늄(Ge)은 0.3~0.4V이다.

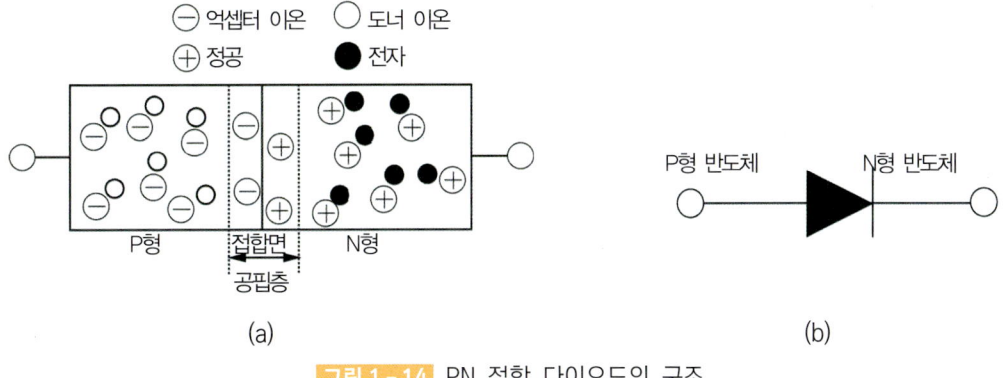

그림 1-14 PN 접합 다이오드의 구조

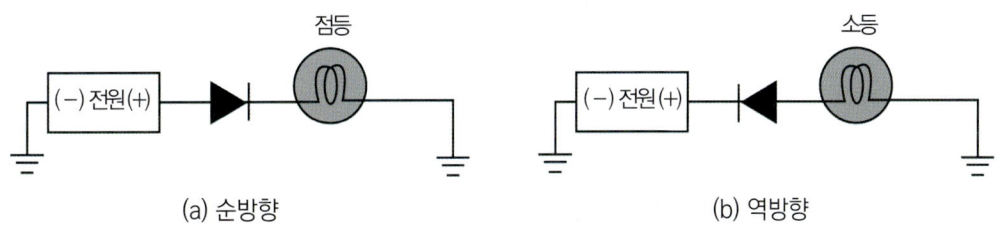

그림 1-15 다이오드의 순방향 결선과 역방향 결선 시의 점등상태

역방향으로 전압을 인가하면 전류가 거의 흐르지 않게 되지만, 전압이 계속 증가하게 되면 어떤 전압 이상에서는 급격히 큰 전류가 흘러 다이오드가 파괴되는데, 이때의 전압을 항복전압이라고 한다.

(2) 제너다이오드(zener diode)

순방향 특성은 정류 다이오드와 같으나, 역방향 특성에서 일정 이상의 전압이 가해지면 역방향으로 전류가 통할 수 있도록 제작된 것으로 정전압 다이오드라고도 하며, 발전기의 전압 조정기에서 사용된다. 역방향으로 전류가 흐르는 현상을 제너 현상, 제너전압(브레이크다운전압)이라고 한다.

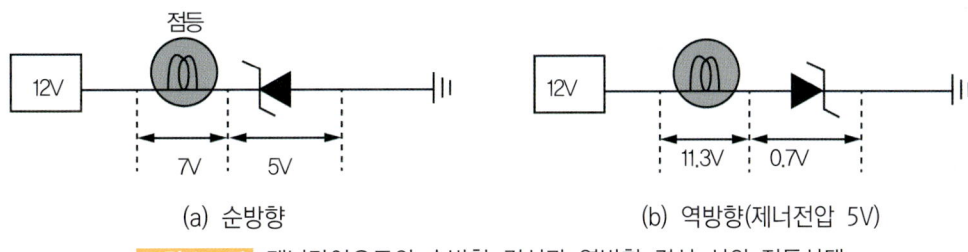

그림 1-16 제너다이오드의 순방향 결선과 역방향 결선 시의 점등상태

(3) 발광다이오드(LED : light emission diode)

PN 접합면에 순방향 전압을 걸어 전류를 공급하면 캐리어가 가지고 있는 에너지의 일부가 빛으로 되어 외부에 방사하는 다이오드이다. 자동차에서 발광다이오드를 사용하는 부품에는 배전기식 크랭크 앵글센서, 조향 휠 각속도센서, 차고센서 등이 있다.

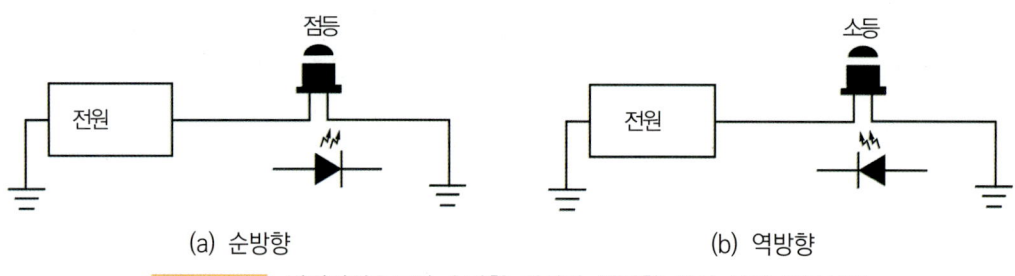

그림 1-17 발광다이오드의 순방향 결선과 역방향 결선 시의 점등상태

(4) 포토다이오드(photo diode)

포토다이오드는 입사광선을 접합부에 쪼이면 빛에 의해 전자가 궤도를 이탈하여 자유전자가 되어 역방향으로 전류가 흐르며, 용도는 배전기 내의 크랭크 각센서, TDC센서, 레인센서 등에서 사용한다.

그림 1-18 포토다이오드의 순방향 결선과 역방향 결선 시의 점등상태

(5) 트랜지스터(transistor)

불순물 반도체 3개를 접합한 것으로 PNP형과 NPN형이 있다. 3개의 단자 중 중앙 부분을 베이스(B, base : 제어부분), 양쪽의 P형 또는 N형을 각각 이미터(E : emitter) 및 컬렉터(C : collector)라 하며, 스위칭 작용, 증폭 작용 및 발진 작용이 있다.

① **PNP형** : 이미터에서 베이스로 전류가 흐르면 이미터에서 컬렉터로 전류가 흐름
② **NPN형** : 베이스에서 이미터로 전류가 흐르면 컬렉터에서 이미터로 전류가 흐름
③ **스위칭 작용** : 베이스에 흐르는 전류를 단속하면 이미터나 컬렉터에 전류가 단속

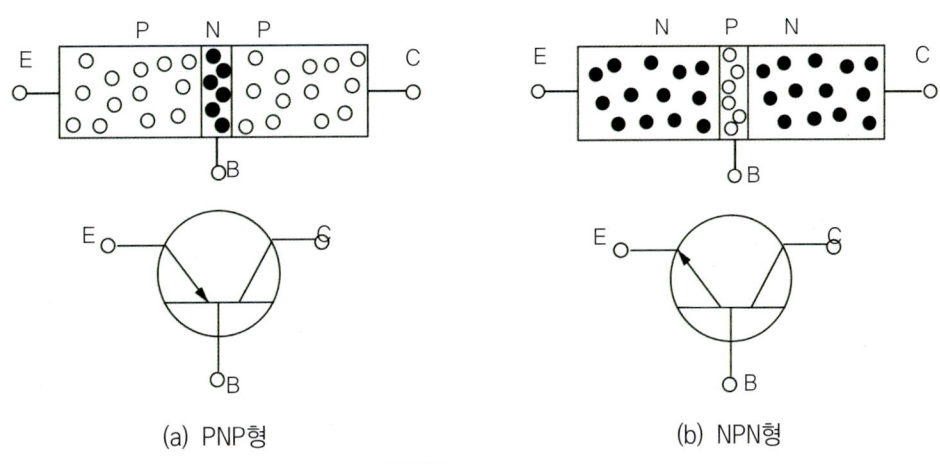

그림 1-19 트랜지스터의 구조

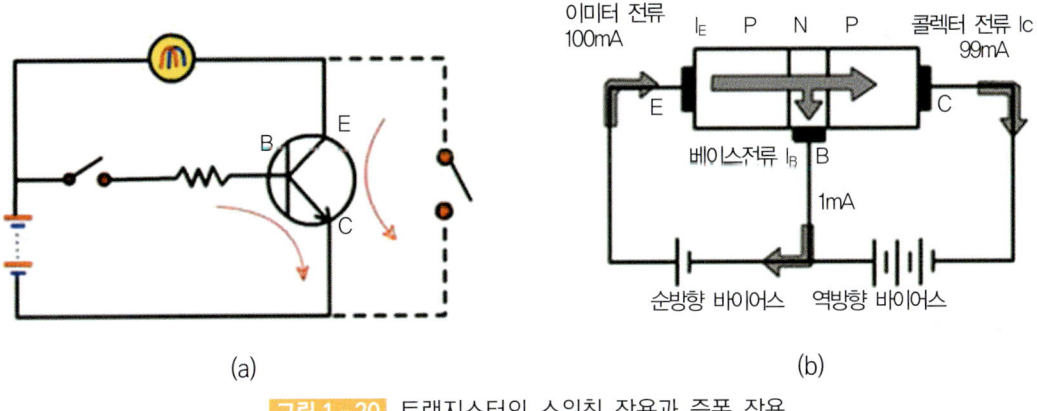

그림 1-20 트랜지스터의 스위칭 작용과 증폭 작용

④ 증폭 작용 : 베이스에 흐르는 전류는 총 전류의 1%로 작동이 되며 나머지 99%가 컬렉터로 흐른다(작은 전류로 큰 전류를 제어).

⑤ 포화영역(saturation region) : 트랜지스터에서 베이스-이미터(E-B) 접합, 컬렉터-베이스(C-B) 접합 모두 순방향으로 바이어스된 상태로서 펄스회로에서 이용된다.

⑥ 활성영역(active region) : 트랜지스터에서 베이스-이미터(E-B) 접합은 순바이어스, 컬렉터-베이스(C-B) 접합은 역바이어스된 상태로서 증폭기로 가장 많이 사용된다.

(6) 포토트랜지스터(photo transistor)

포토트랜지스터는 PN접합부분에 빛을 가하면 빛의 에너지에 의해 발생된 정공과 전자가 외부회로에 흐르게 되며, 입사광선에 의해 정공과 전자가 발생하면 역방향전류가 증가하여 입사광선에 대응하는 출력전류가 얻어지는데 이를 광전류라 한다.

이 트랜지스터는 베이스 전극은 끌어냈으나 빛이 베이스 전류의 대용이므로 전극이 없다.

(7) 다링톤 트랜지스터(darlington TR)

다링톤 트랜지스터는 컬렉터에 많은 전류를 흐르게 하기 위해 2개의 트랜지스터를 1개의 반도체 결정에 집적하고, 이를 1개의 하우징에 밀봉한 것이다. 1개의 트랜지스터로 2개 분량의 증폭 효과를 발휘할 수 있다.

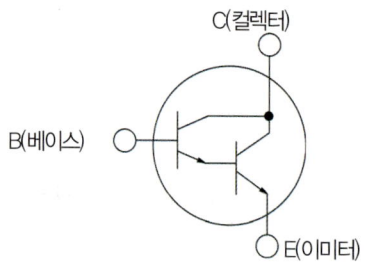

그림 1-21 다링톤 트랜지스터

(8) 사이리스터(thyrister, SCR)

사이리스터는 SCR(silicon controlled rectifier)이라고도 하며, PN정션의 다이오드 2개를 접합한 상태로 PNPN의 형태이다. PNP형 1개와 NPN형 1개의 트랜지스터 2개를 합친 것과 같은 작용을 하며, 애노드, 캐소드, 게이트로 구성된다. 제어 단자인 게이트에는 P게이트형과 N게이트형이 있다.

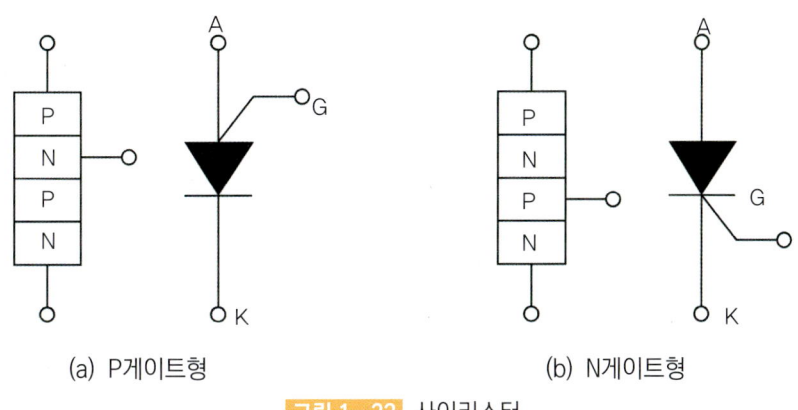

(a) P게이트형   (b) N게이트형

그림 1-22 사이리스터

① 제어 특성

㉮ A(애노드)에서 K(캐소드)로 흐르는 전류가 순방향이다.

㉯ G(게이트)에 (+), K(캐소드)에 (-)전류를 흘려보내면 A(애노드)와 K(캐소드) 사이가 순간적으로 도통된다.

㉰ A(애노드)와 K 사이가 도통된 것은 G(게이트)전류를 제거해도 계속 도통이 유지되며, A(애노드)전위를 0으로 만들어야 해제된다.

(9) 서미스터(thermistor)

온도가 상승하면 저항값이 감소하는 부특성(NTC) 서미스터와 온도가 상승하면 저항값도 승가하는 정특성(PTC) 서미스터가 있다. 일반적으로 서미스터란 부특성 서미스터를 의미하며, 용도는 전자회로의 온도 보상용, 수온센서, 흡기 온도센서 등에서 사용된다.

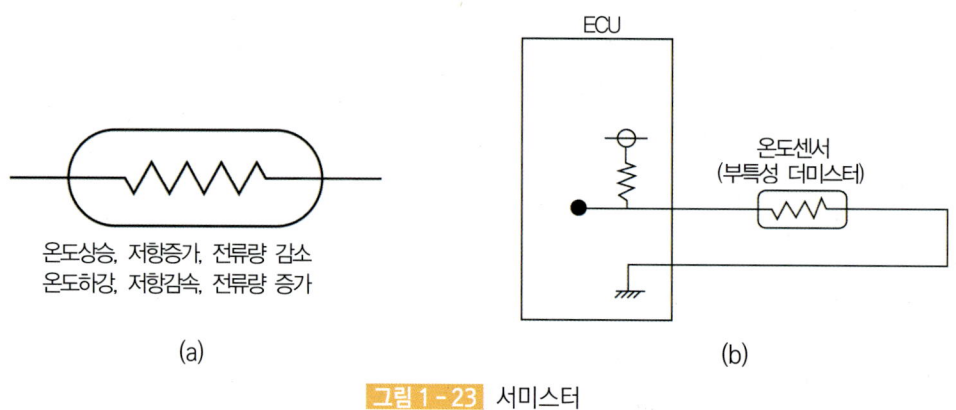

그림 1-23 서미스터

(10) 광전도셀(CdS)

빛의 밝기에 따라 저항이 변하는 소자이며, 빛이 밝아질수록 저항이 감소하고, 어두우면 저항이 증가하는 특징이 있다. 일사센서, 조도센서, 가로등제어 등에 사용된다.

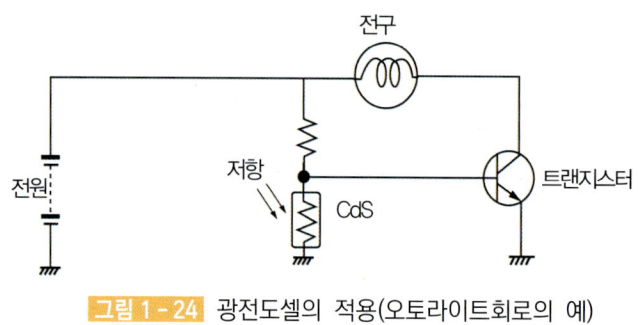

그림 1-24 광전도셀의 적용(오토라이트회로의 예)

10 논리회로

1 논리합회로(OR회로)

논리합회로란 입력 A, B 중에서 어느 하나라도 1이면 출력 X도 1이 된다.

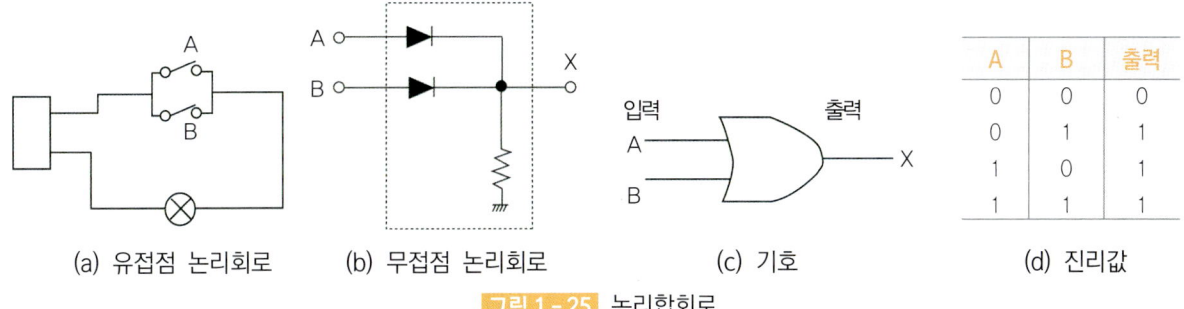

그림 1-25 논리합회로

2 논리적 회로(AND회로)

논리적 회로란 입력 A, B가 동시에 1이 되어야 출력 X도 1이 되며, 1개라도 0이면 출력 X는 0이 되는 회로이다.

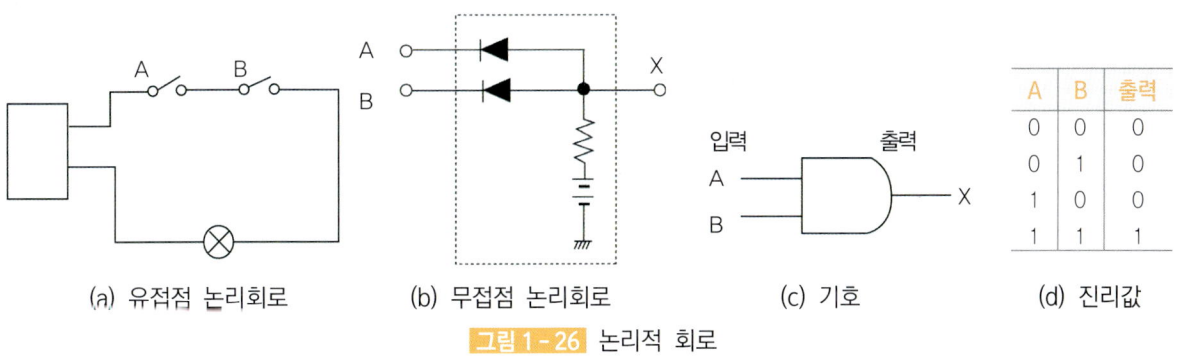

그림 1-26 논리적 회로

3 부정회로(NOT회로)

부정회로란 입력 A가 1이면 출력 X는 0이 되고 입력 A가 0일 때 출력 X는 1이 되는 회로이다.

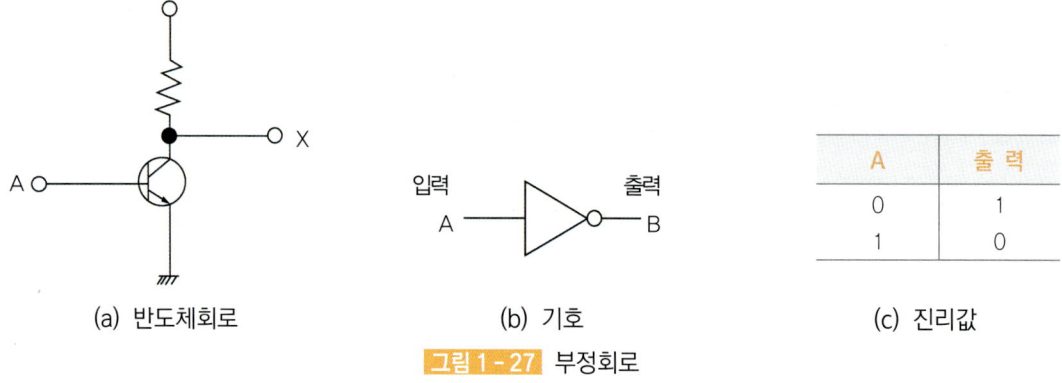

그림 1-27 부정회로

4 부정 논리합회로(NOR회로)

논리합회로 뒤쪽에 부정회로를 접속한 것으로, 입력 스위치 A와 입력 스위치 B가 모두 OFF되어야 출력이 된다. 그러나 입력 스위치 A 또는 입력 스위치 B 중에서 1개가 ON이 되거나 입력 스위치 A와 입력 스위치 B가 모두 0이 되면 출력은 없다.

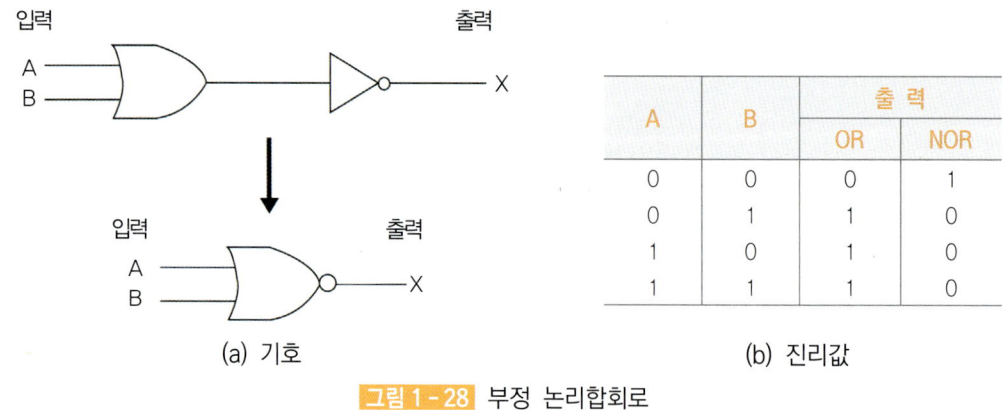

그림 1-28 부정 논리합회로

5 부정 논리적 회로(NAND회로)

논리적 회로 뒤쪽에 부정회로를 접속한 것이며, 입력 스위치 A와 입력 스위치 B가 모두 ON이 되면 출력은 없다.

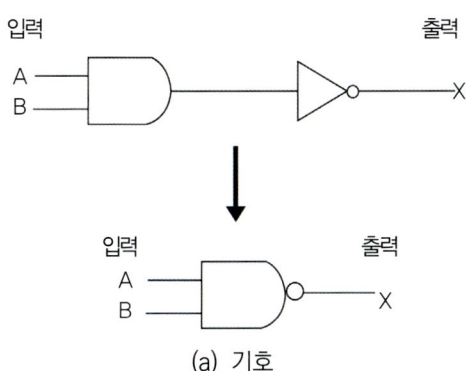

(a) 기호　　　　　　　　　　(b) 진리값

그림 1-29 부정 논리적 회로

A	B	출력	
		AND	NAND
0	0	0	1
0	1	0	1
1	0	0	1
1	1	1	0

6 XOR회로(Exclusive OR회로)

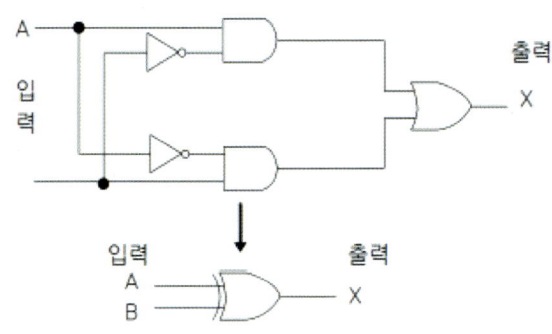

(a) XOR 게이트의 기호　　　　　(b) 진리치표

그림 1-30 XOR회로

A	B	출력	
		OR	XOR
0	0	0	0
0	1	1	1
1	0	1	1
1	1	1	0

Chapter 2 네트워크 통신장치 정비

01 제어장치의 종류

제어장치에는 제어 동작에 따라 크게 개루프 제어시스템과 폐루프 제어시스템으로 분류된다. 개루프 제어시스템(open-loop control system)은 시퀀스 제어시스템으로 가장 간단한 제어시스템이고, 폐루프 제어시스템(closed-loop control system)은 피드백 제어시스템으로 정밀하고 신뢰성이 높은 제어가 필요한 곳에 사용하는 제어시스템이다. 제어 방법에 따라 연속적인 제어와 불연속적인 제어로 분류할 수 있으며, 연속적인 제어를 아날로그 제어라고 하며, 불연속적인 제어를 디지털 제어라 한다.

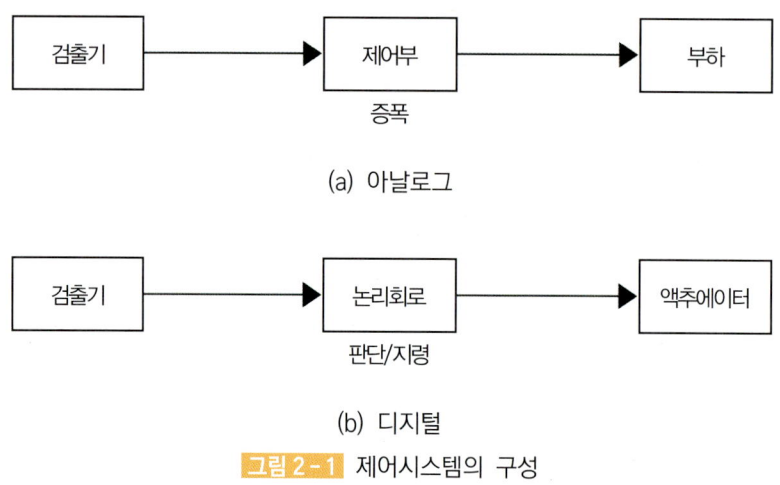

그림 2-1 제어시스템의 구성

아날로그 제어는 증폭된 결과가 출력되고, 디지털 제어는 2진수 연산에 의한 논리적 결과가 출력된다. 디지털 제어시스템에 사용되는 논리회로(또는 컴퓨터)는 센서로부터 입력되는 신호를 받아서 논리적인 연산에 의해 판단하여, 액추에이터가 명령을 수행하도록 출력값을 보낸다.

02 자동차 제어장치의 작동

1 디지털 제어장치의 기본 작동

자동차에서 사용하는 전자제어시스템은 디지털 제어시스템이며, 구성요소는 검출기, 논리회로(ECU) 및 액추에이터이다. 주요 부분은 인간의 두뇌에 해당하는 판단기능을 수행하는 ECU이며, ECU를 중심으로 입력신호를 보내오는 센서와 ECU의 논리적인 연산에 의해 판단결과인 명령을 받아 수행하는 액추에이터이다.

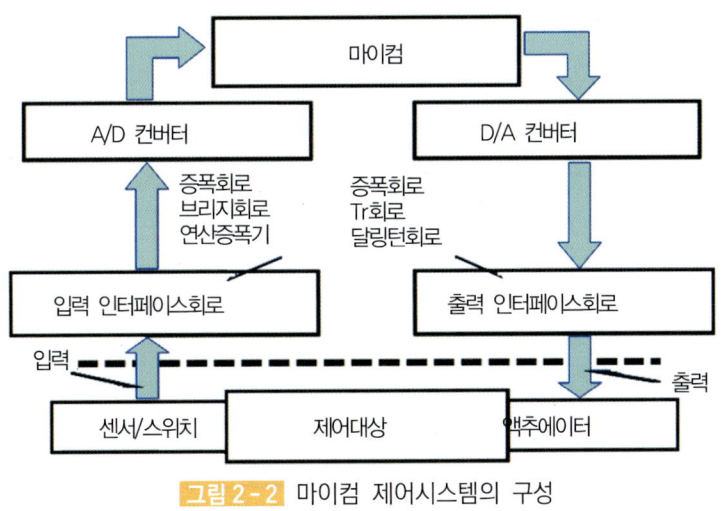

그림 2-2 마이컴 제어시스템의 구성

(1) 센서(검출기)

입력측 구성요소이며, 인간의 감각기능을 실현하기 위한 검출소자로, 외부의 아날로그 또는 디지털정보를 전기신호로 변환하는 역할을 한다.

(2) 액추에이터

출력측 구성요소이며, 사람의 손발을 움직이는 근육에 해당한다. 주요 액추에이터의 종류는 다음과 같다.

① 전동기(전기)

② 솔레노이드(전기)

③ 리니어모터(전기)

④ 실린더(유압, 공기압)

2 제어장치의 기능

(1) RAM(random access memory : 일시기억장치)

RAM은 임의의 기억저장장치에 기억되어 있는 데이터를 읽거나 기억시킬 수 있다. 그러나 RAM은 전원이 차단되면 기억된 데이터가 소멸되므로 처리 도중에 나타나는 일시적인 데이터의 기억저장에 사용된다.

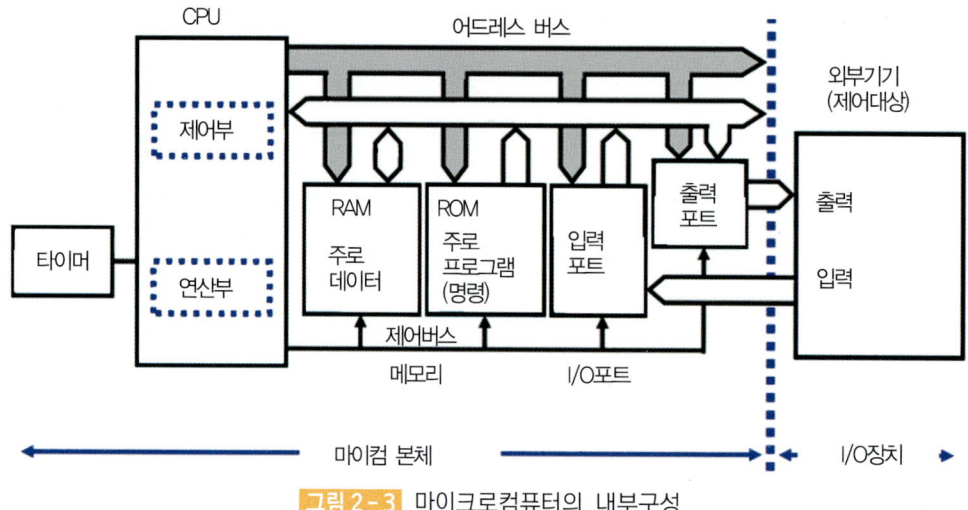

그림 2-3 마이크로컴퓨터의 내부구성

(2) ROM(read only memory : 영구기억장치)

ROM은 읽어내기 전문의 기억장치이며, 한 번 기억시키면 내용을 변경시킬 수 없다. 또 전원이 차단되어도 기억이 소멸되지 않으므로 프로그램 또는 고정 데이터의 저장에 사용된다.

(3) I/O(In Put/Out Put : 입·출력장치)

입력과 출력을 조절하는 장치이며, 입·출력구멍이라고도 한다. 입·출력장치는 외부 센서들의 신호를 입력하고 중앙처리장치(CPU)의 명령으로 액추에이터로 출력시킨다.

(4) 중앙처리장치(CPU : central processing unit)

데이터의 산술연산이나 논리연산을 처리하는 연산 부분, 기억을 일시 저장해두는 장소인 일시기억 부분, 프로그램 명령, 해독 등을 하는 제어 부분으로 구성되어 있다.

03 인터페이스의 입출력신호

1 인터페이스의 입출력신호 조건

디지털 IC 중 TTL IC와 CMOS IC가 많이 사용되고 있고, TTL IC에 사용하는 전원전압은 5[V]이며, CMOS IC에 사용하는 전원전압은 3~16[V] 사이이다. TTL IC인 경우 0.8[V] 이하이면 "0", 2.5~5[V]이면 "1"로 간주하며, CMOS IC는 12[V]의 1/3(4[V]) 이하이면 "0", 2/3(8[V]) 이상이면 "1"로 간주한다.

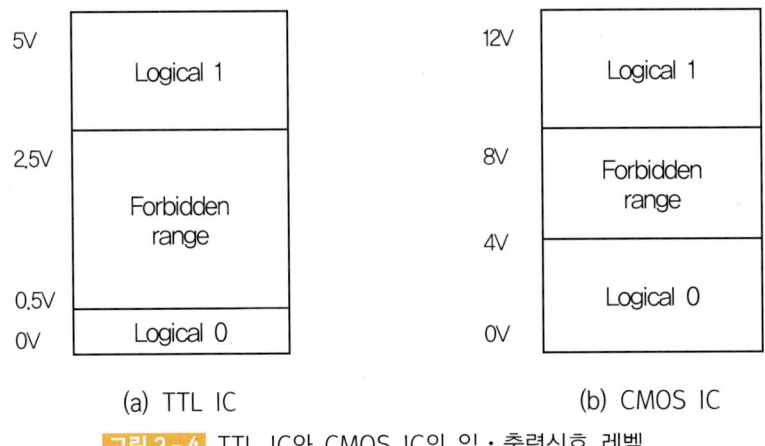

(a) TTL IC (b) CMOS IC

그림 2-4 TTL IC와 CMOS IC의 입·출력신호 레벨

2 Pull Up 저항과 Pull Down 저항

스위치 입력회로에서 스위치가 ON되었을 때는 회로의 종류에 관계없이 정확한 접지전압이나 전원전압이 나타나게 되나, 스위치가 OFF되었을 때는 플로팅신호 때문에 정확한 전압이 나타나는 것을 보증할수 없게 된다. 따라서 스위치가 OFF되었을 때 정확한 신호전압을 나타나게 하기 위하여 Pull-Up 저항 또는 Pull-Down 저항을 사용한다.

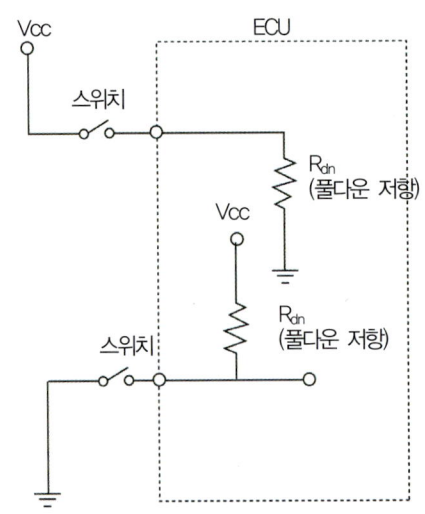

그림 2-5 Pull-Up 저항과 Pull-Down 저항의 역할

3 ECU 입력회로

입력 요소에 따라 스위치 입력회로, 가변저항 입력회로, 브리지 입력회로 등이 많이 사용된다. 출력회로의 종류로는 Tr 출력회로가 많이 사용된다. 먼저 입력회로 중 스위치 입력회로는 다음과 같이 스위치의 ON/OFF에 따른 ECU 입력단 전압의 크기에 따라 두 종류가 있다.

(1) 스위치 입력회로

스위치 입력회로는 스위치의 상태에 따라 나타나는 전압에 의해 두 가지로 분류된다. 두 가지 모두 스위치를 사용하고 있지만, 스위치의 ON/OFF 상태에 따라 나타나는 ECU 입력단의 전압은 전혀 반대가 되므로 측정 시 주의해야 한다.

① 풀업저항 스위치 입력회로

풀업저항과 ECU 내부전원전압을 이용한 스위치 입력회로로, ECU의 입력단전압이 스위치 OFF 시에는 Hi(5[V]), 스위치 ON 시에는 Lo(접지전압, 0[V])로 나타난다.

② 풀다운저항 스위치 입력회로

그림 2-6과 같이 풀다운저항과 전원전압을 이용한 스위치 입력회로로, ECU의 입력단 전압이 스위치 OFF 시에는 Lo(접지전압, 0[V]), 스위치 ON 시에는 Hi(12[V])로 나타난다.

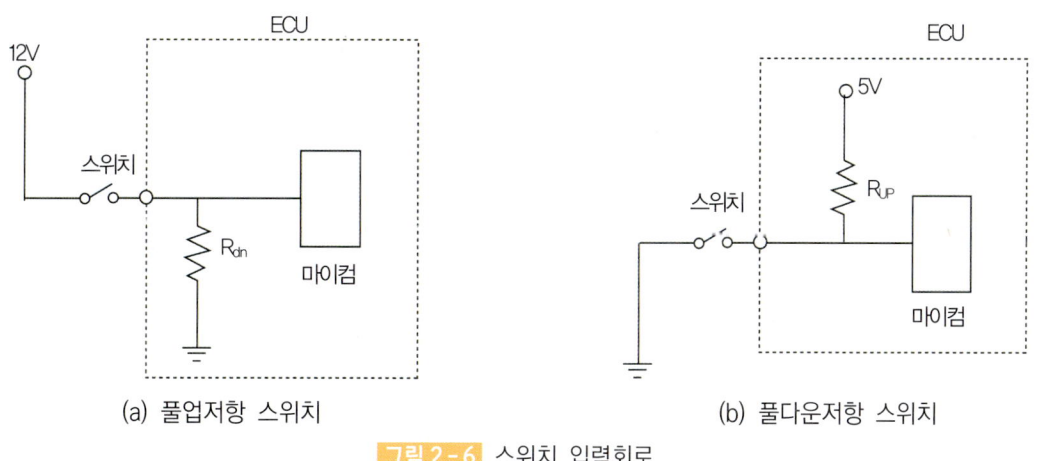

(a) 풀업저항 스위치 (b) 풀다운저항 스위치

그림 2-6 스위치 입력회로

(2) 가변저항 입력회로

가변저항 입력회로는 저항이 변하는데 따라 전압이 변하는 원리를 이용한 것으로 발생된 전압이 ECU의 입력이 된다.

(3) 브리지 입력회로

브리지 입력회로는 휘스톤 브리지회로를 이용하여 신호전압을 ECU에 입력하는 방식이다. 4개의 저항 중 하나는 그림 2-7과 같이 외부의 영향에 의해 저항이 변하는 센서를 사용한다. c점과 d점의 전위차가 ECU에 입력된다.

브리지회로의 평형조건은 $R_1 \cdot R_4 = R_2 \cdot R_3$ 가 된다.

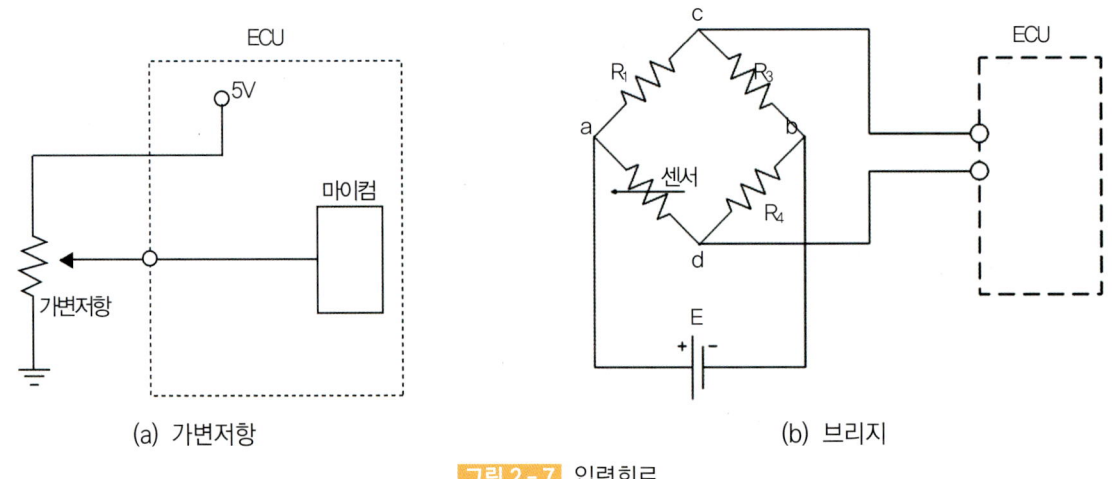

(a) 가변저항   (b) 브리지

그림 2-7 입력회로

4 ECU 출력회로

출력회로는 사용하는 Tr의 종류, 전원과 접지의 위치에 따라 두 종류가 있다. 출력측 Tr의 ON/OFF에 따라 ECU 출력단 전압의 크기가 다르게 나타난다.

(1) NPN Tr 출력회로

NPN 타입 Tr과 ECU 외부 전원전압을 이용한 출력회로로, ECU 출력단의 전압이 Tr OFF 시 Hi(12[V]), Tr ON 시 Lo(접지전압, 0[V])로 나타난다.

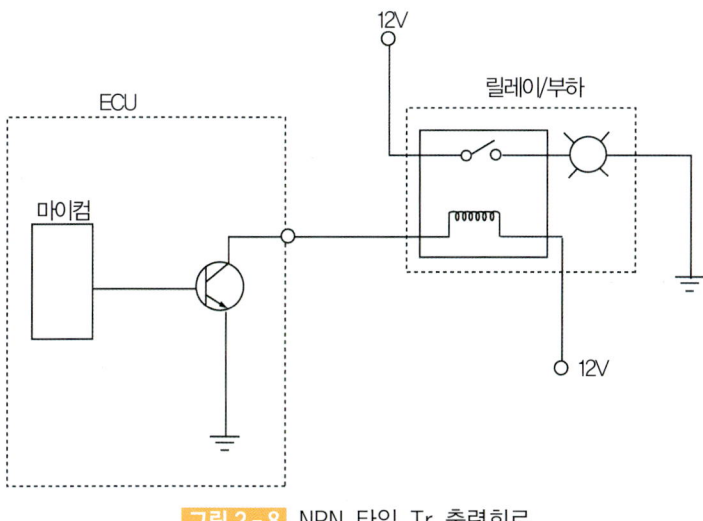

그림 2-8 NPN 타입 Tr 출력회로

(2) PNP Tr 출력회로

PNP타입 Tr과 전원전압을 이용한 출력회로로, ECU 출력단의 전압이 Tr OFF시 Lo(접지전압, 0[V]), Tr ON시 Hi(12[V])로 나타난다.

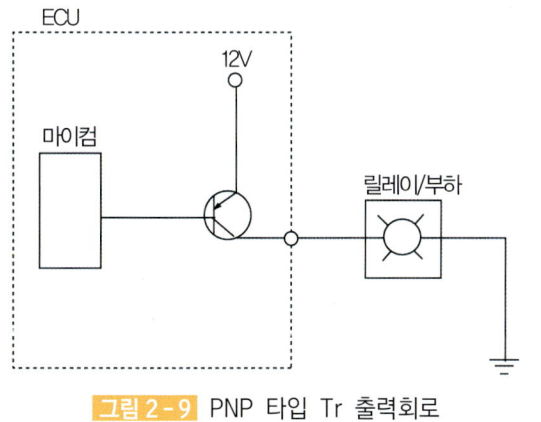

그림 2-9 PNP 타입 Tr 출력회로

04 PWM 파형과 듀티

1 펄스

극히 짧은 시간만 계속하는 전압·전류파형을 임펄스라 하고, 이 임펄스의 반복을 펄스라고 한다. 구형파 펄스에서 펄스가 나타나는 시간 t_0를 펄스폭(펄스지속시간)이라 하고, 펄스와 펄스와의 사이의 시간 간격 T를 펄스주기(펄스간격)라 하며, 1초당 펄스의 반복횟수를 펄스주파수라고 한다.

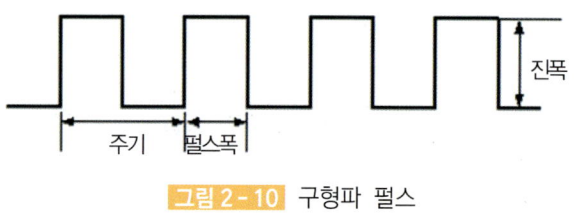

그림 2-10 구형파 펄스

2 PWM 파형

PWM(펄스폭 변조, pulse width modulation) 파형이란 변조신호의 크기에 따라서 펄스의 폭을 변화시켜 변조하는 방식이다. 신호파의 진폭이 클 때는 펄스의 폭이 넓어지고, 진폭이 작을 때는 펄스의 폭이 좁아진다. 단, 펄스의 위치나 진폭은 변하지 않는다.

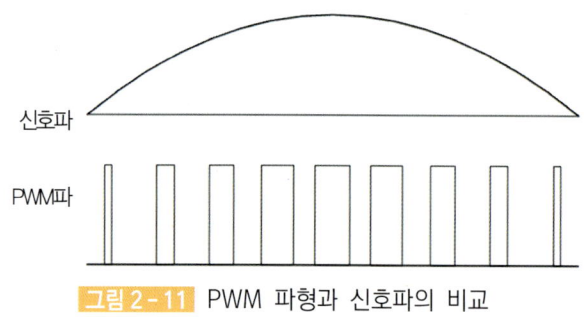

그림 2-11 PWM 파형과 신호파의 비교

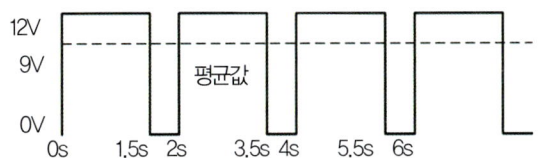 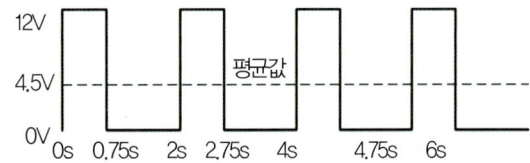

(a) 주기 2초, 전압 ON되는 기간이 주기의 3/4인 파형   (b) 주기 2초, 전압 ON되는 기간이 주기의 3/8인 파형

그림 2-12 전압 ON시간이 다른 두 PWM 파형의 비교

3 듀티(duty)

듀티(duty)는 "한 주기에서 펄스가 나온 시간이 전체에서 차지하는 비율을 (+)듀티라 하고, 펄스가 나오지 않는 시간에 대한 비율을 (-)듀티"라고 정의한다. 다시 말하면 펄스신호 파형에 있어 펄스주기 T 에 대한 ON시간 t_{ON} 의 비율을 듀티비라고 한다. 듀티는 펄스주기와 펄스폭에 대한 정의이고 주파수와는 무관하다.

자동차에는 주로 (-)듀티를 이용하고 있고, (+)듀티를 사용하고 있는 것은 자동미션의 DCCSV(damper clutch control solenoid valve), PCSV(pressure control solenoid valve) 등이 있다.

$$T = t_{ON} + t_{OFF}, \quad (+)duty = \frac{t_{ON}}{T}, \quad (-)duty = \frac{t_{OFF}}{T}$$

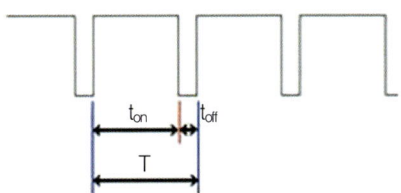

그림 2-13 펄스신호에 대한 듀티의 개념

05 자동차 통신장치의 필요성

자동차의 급속한 전기 전자화에 따라 편의장치를 위한 부품, 센서, 배선의 사용이 증가하고 있다. 수많은 전장 부품들이 각각의 독립적인 배선으로 연결되고 있는데, 배선 및 부품의 증가에 따라 배선시스템을 복잡하게 하고 전체적인 자동차의 중량이 늘고, 접속부에서의 고장도 많이 나타나게 된다. 또한 배선장치는 스위치나 모터의 유무, 모델간의 기능변화에 따라 수많은 다양성을 발생시킴으로써 시스템의 설계와 변화에 큰 장애가 되고 있다.

자동차에 통신을 사용하면 배선의 경량화, 공간의 확보, 시스템 신뢰성의 향상, 설계변경의 용이, 전기부품의 진단화 등의 장점을 갖추게 된다.

① 사용 배선의 수를 줄일 수 있어 차체의 중량을 감소시킬 수 있고, 커넥터의 접속불량, 배선의 단선과 단락 등의 고장 등이 줄어들게 되어 시스템 신뢰성이 향상된다.
② 전기장치의 설치장소 확보가 수월하게 되고 소프트웨어의 변경이 용이하여 손쉬운 설계 변경이 가능하다.
③ 자동차 전용 진단기기를 사용하여 전자제어센서와 모터 등의 상태를 점검하고 진단하여 정비성을 향상시킬 수 있다.

06 자동차 통신장치의 분류

자동차 네트워크는 기능적인 측면에서 파워트레인제어, 섀시제어, 차체제어뿐만 아니라 자동차 내부 멀티미디어장치 제어 부분까지 확대·적용되고 있고, 속도 측면에서는 저속 및 고속의 데이터 통신으로 구분할 수 있다.

1 CAN(controller area network) 통신장치

CAN 통신은 각종 제어장치들을 직렬 통신 방식을 이용해 자동차 네트워크로 연결하기 위해 개발되었으며, ECU(엔진용 컴퓨터), TCU(자동변속기용 컴퓨터) 및 TCS(구동력 제어장치) 등 컴퓨터들 사이에 신속한 정보교환 및 전달을 목적으로 한다.

CAN은 고장방지 기능을 지원하는 Low Speed CAN과 High Speed CAN으로 두 가닥의 일반 꼬임 전선을 통하여 데이터를 다중 통신을 한다. 최대 통신속도는 1Mbps이며 125Kbps를 기준으로 Low Speed CAN(자동차 바디계)과 High Speed CAN(자동차 제어계)로 나뉘어진다.

2 LIN(local interconnect network)

LIN(local interconnect network)은 CAN이 적용되는 부분 중에서 데이터 전송량이 적은 바디의 서브 통신용으로 적용되고 있으며, 한 가닥의 일반 전선으로 최대 20Kbps의 전송속도와 최대 64개의 노드를 지원할 수 있다.

3 MOST(media oriented systems transport)

MOST는 환경에 강하면서도 비용 대비 효과가 높은 통신 네트워크가 필요한 자동차 멀티미디어 네트워크용으로 광통신을 이용하여 25Mbps의 전송속도와 64개의 노드를 지원하고, 현재 150Mbps까지 전송속도를 확대하기 위한 개발을 진행 중에 있다. 그리고 상대적으로 고가인 광케이블을 대체하기 위하여 일반 전선으로도 통신이 가능하도록 개발 중에 있다.

4 FlexRay

FlexRay는 ESP, ABS, AT용 등의 Steer-by-Wire나 Brake-by-Wire 등 높은 신뢰성이 요구되는 차내 통신에 대해 주목을 끌고 있는 프로토콜로 MOST와 같이 고속의 데이터를 전송할 수 있으면서도 실시간 전송이 보장되는 새로운 통신 방식이다.

표 2-1 자동차 통신의 종류

통신 방식	적용 분야	전송 속도	비고
CAN	P/T 제어기 및 보디전장 간의 데이터전송	중저속	독립 ECM 통합 통신
KWP 2000	고장진단 장비(하이스캔 등)와의 통신	저속	
TTP/Flex Ray	X-By-Wire시스템의 고속, 고신뢰성 통신	고속	고급 차종에 적용
LIN	윈도우스위치/액추에이터 등 서브 통신	저속	소규모 지역 통신
MOST	AV시스템, 내비게이션 등의 멀티미디어 통신	초고속	광통신

07 자동차에서 사용하는 통신 방식

1 통신 크기에 따른 분류

① 직렬 통신 : 한 번에 한 개의 데이터만 전송
② 병렬 통신 : 한 번에 여러 데이터를 동시에 전송

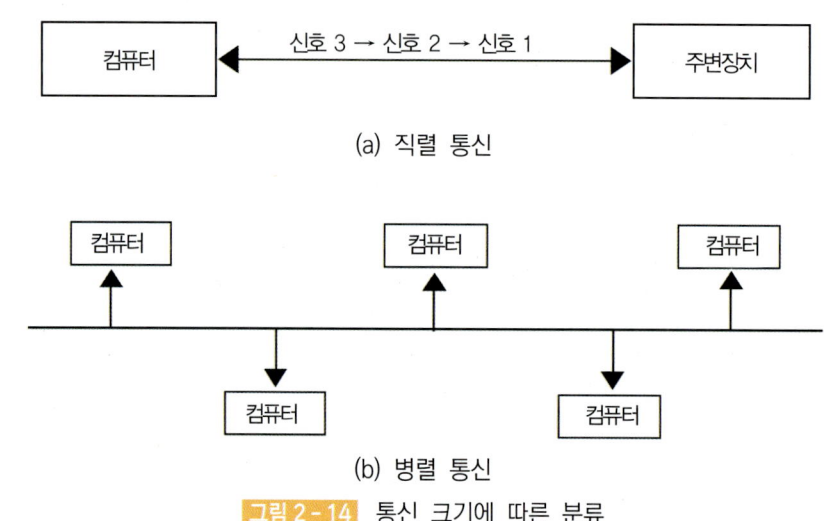

그림 2-14 통신 크기에 따른 분류

표 2-2 직렬 통신과 병렬 통신의 비교

	직렬 통신	병렬 통신
기능	한 번에 한 비트씩 전송	여러 개의 비트가 한 번에 전송
장점	가격이 저렴하고 거리의 제한이 적다.	직렬 통신에 비해 속도가 빠르며 효과적이다.
단점	전송속도가 느리다.	거리의 제한이 있으며 전송 노선의 비용이 비싸다.
예	PWM, 시리얼 통신	MUX 통신, CAN 통신, LAN 통신

2 통신 방법에 따른 분류

① 단방향 통신 : 정보가 한 방향으로만 전달

② 양방향 통신 : 정보가 양 방향으로 동시에 전달

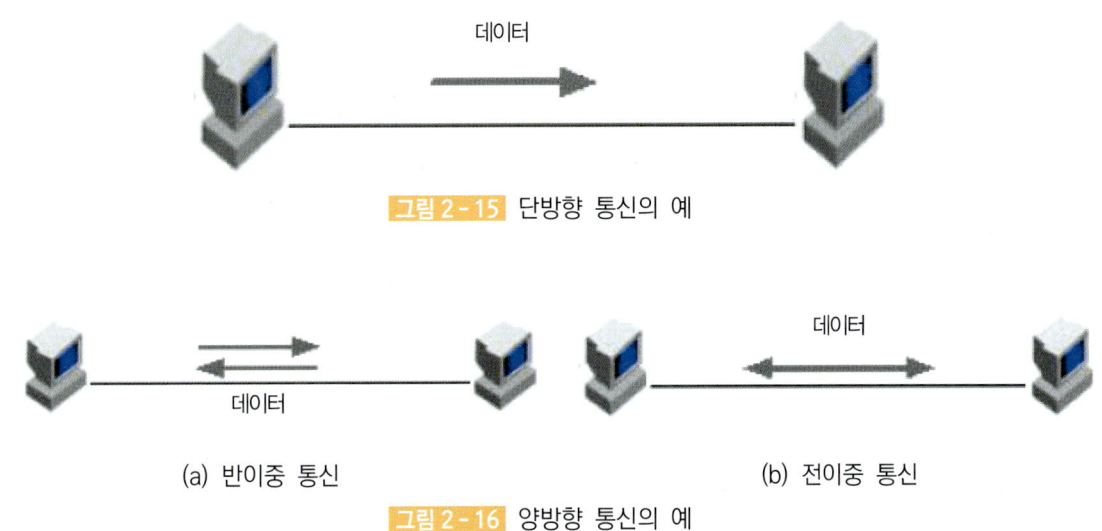

데이터

그림 2-15 단방향 통신의 예

데이터
데이터
(a) 반이중 통신
(b) 전이중 통신

그림 2-16 양방향 통신의 예

3 통신 형식에 따른 분류

① 비동기 통신 : 정보를 전달할 때 고정된 속도를 갖지 않고 약정된 신호를 기준으로 속도나 시기를 맞추는 통신 방법

② 동기 통신 : 송수신할 때 주파수와 위상을 맞추어서 송신하는 통신 방법

08 CAN 통신 방식

CAN(controller area network) 통신은 ECU간의 디지털 직렬통신을 제공하기 위해 1988년 BOSCH와 INTEL에서 개발한 자동차용 양방향 통신시스템이다.

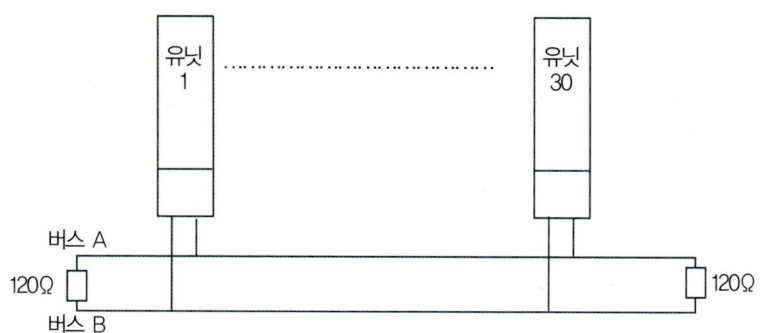

그림 2-17 CAN 통신시스템의 기본구성

구성의 특징은 CAN버스와 유닛간의 거리는 0.3[m] 이내이고, 각 유닛(ECU)간 CAN버스의 길이는 1[m] 이내로 CAN버스의 전체 길이는 40[m] 이하로 한다. 또 CAN버스 양단에는 108~132[Ω] 크기의 저항을 설치하여 CAN 특성을 만족시킨다.

CAN 통신은 고온, 충격, 진동, 노즈가 많은 환경, 즉 열악한 환경에서도 잘 견디기 때문에 자동차에 적용될 수 있다. CAN 통신시스템에는 CAN 컨트롤러가 사용되는데, CAN 컨트롤러는 입력 데이터를 필터링하여 수신하고자 하는 데이터만 받아들이고, 입력 데이터에 대하여 수신확인 신호, 에러신호, 지연신호 등을 자동으로 전송하는 역할을 한다.

또한 CPU에 입력 메시지와 버스상태 및 CAN 컨트롤러의 상태를 전달하며, CPU로부터 전송할 데이터를 받아 CAN 버스에 전송하는 역할도 한다. 두 개의 통신라인(BUS-A, BUS-B)을 사용하여 서로의 정보를 전송하며 자신에게 필요한 정보만을 사용한다. CAN 통신은 HIGH SPEED CAN(BUS-A)과 LOW SPEED CAN(BUS-B)이 있다.

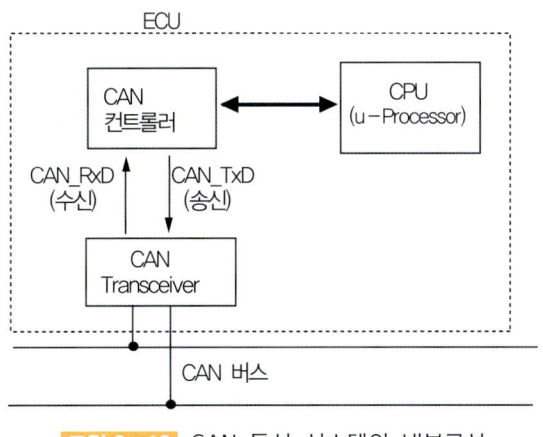

그림 2-18 CAN 통신 시스템의 내부구성

1 HIGH SPEED CAN 통신

전압 레벨은 CAN-H(버스 A)와 CAN-L(버스 B)이 2.5V 전압을 기준으로 상승 하강을 하는 통신 방법이다. CAN 통신은 BUS A와 BUS B의 전압 차이로 데이터를 읽는다. 데이터의 전송속도, 처리속도가 매우 빠르고 정확하다. 빠른 전송으로 인해 노이즈 발생이 있어 오디오, A/V시스템에 영향을 줄 수 있다. 또한 TX로 입력된 신호를 RX로 출력하고 이에 해당하는 데이터를 CAN-L과 CAN-H로 출력한다.

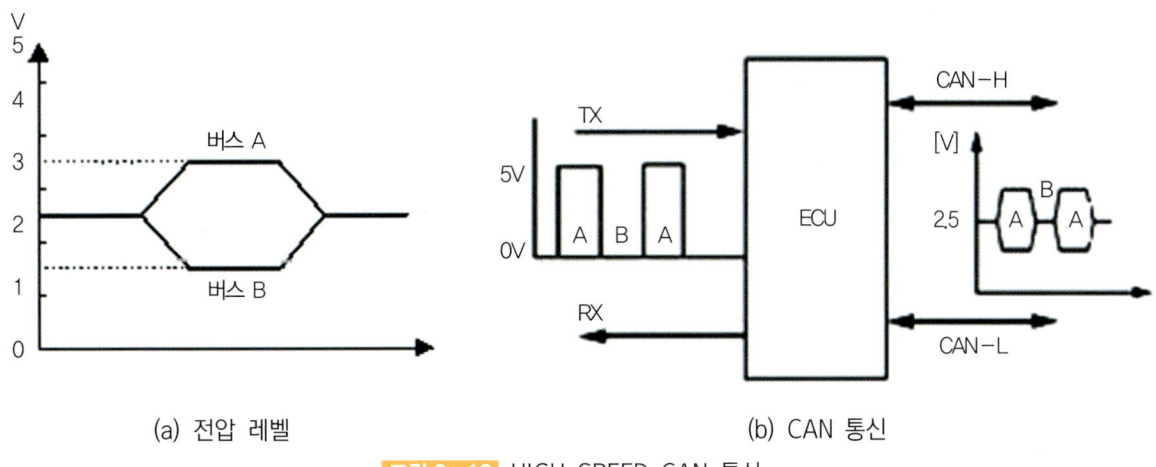

(a) 전압 레벨   (b) CAN 통신

그림 2-19 HIGH SPEED CAN 통신

2 LOW SPEED CAN 통신

CAN L은 5V의 전압이 걸려 있다가 데이터가 출력되면 1.4V의 전압으로 하강된다. CAN-H는 약 0V의 전압이 걸려 있다가 데이터가 출력되면 3.5V로 상승한다. CAN-H와 CAN-L는 같은 시점에서 전압이 변환한다. 속도와 정보처리 속도가 조금 느리지만 잡음 발생이 적어 자동차 ECU의 통신 방법으로 사용된다.

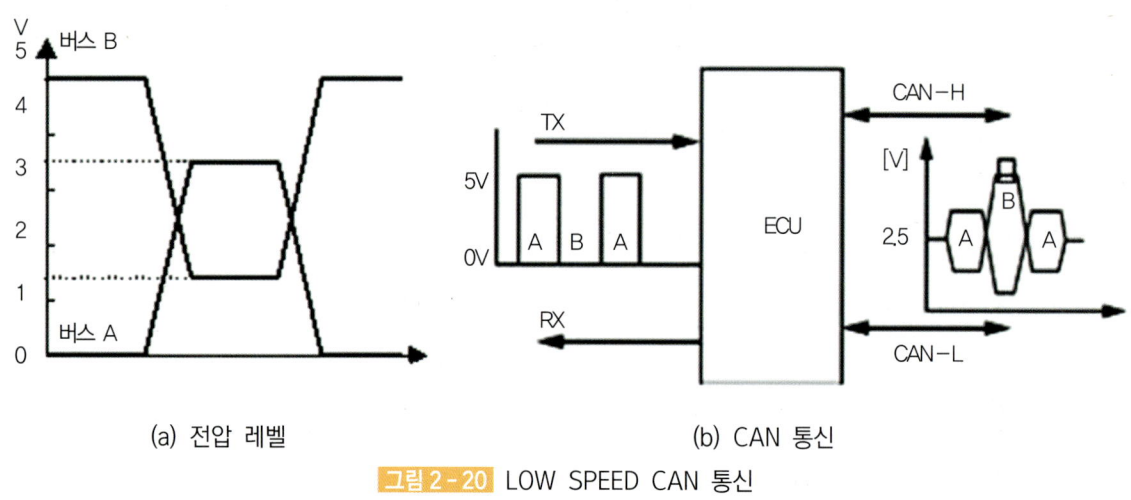

(a) 전압 레벨   (b) CAN 통신

그림 2-20 LOW SPEED CAN 통신

Chapter 3 전기 · 전자회로분석

01 전기 전자회로분석

1 자동차 전기회로

자동차의 전구를 축전지에 연결하면 전선을 통해 램프에 전류가 흘러 램프가 켜진다. 이때 전기의 흐름을 생각하면 배터리에서 출발하여 반드시 원위치로 돌아온다.

이와 같이 전기의 흐르는 길을 전기회로(circuit)라 한다. 회로도를 구성하고 있는 모든 구성품의 명칭은 그림 3 – 1과 같이 회로도의 가장 상단부에 기재되어 있다.

2 전기회로의 구성요소

일반적으로 전기회로를 구성하는 데는 다음과 같은 요소들이 필요하다.

① 전원
② 부하
③ 전선
④ 보호장치
⑤ 스위치, 릴레이
⑥ 저항

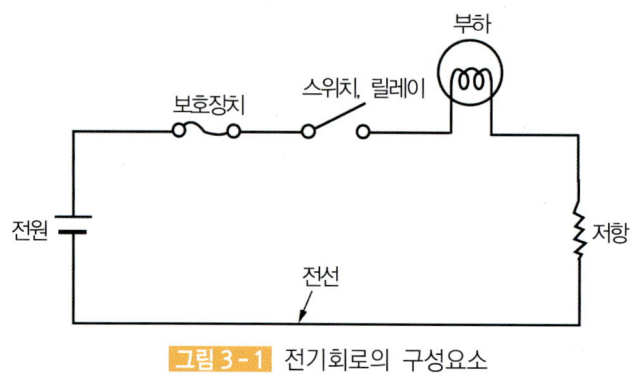

그림 3-1 전기회로의 구성요소

(1) 전원

자동차의 각 전기장치에 전기를 공급하는 공급원이 되는 것, 예를 들면 배터리, 발전기 등이다.

① 전원회로

자동차 전기회로에서 전원(battery)으로부터 퓨즈박스(dash fuse box)까지의 회로를 전원회로(전원공급회로, power distribution circuit)라고 한다.

② 전원회로의 종류

㉮ 키 스위치의 위치에 관계없이 전기가 공급되는 회로(battery 상시전원)

　예 미등, 비상등, 제동등, 혼

㉯ ACC전원

키 스위치가 ACC 또는 ON 위치에 있을 때 전기가 공급되는 회로이다(ST 시 전기가 공급되지 않는다).

　예 오디오, 시가라이터, 디지털시계

㉰ IG전원

키 스위치가 ON의 위치에 있을 때 전기가 공급되는 회로이다.

- IG1 : ST 시에도 전기가 공급되는 회로
- IG2 : ST 시 전기가 공급되지 않는 회로.

(2) 부하

전기에너지에 의하여 일을 하는 요소이다.

예 기동전동기, 전구, 각종 모터 등등

(3) 전선

각 전기장치에 전기에너지를 도전(導電)하여 회로를 구성하는 것이다.

① 전선의 굵기

와이어의 굵기는 전류의 크기 및 부하에 흐르는 전류의 연속성에 따라 결정된다. 전선의 굵기는 주위 온도, 진동, 기계적인 운동 등에 의해서 결정되며, 전선의 외경에 따른 허용전류는 표 3-1과 같다.

표 3-1 전선의 외경에 따른 허용전류

단면(mm^2)	소선의 지름	소선 수(가닥 수)	전선의 외경(mm)	허용전류(A)
0.5(sq)	0.32	7	2.2	9
0.85	0.32	11	2.4	12
1.25	0.32	16	2.7	15
2sq:square	0.32	26	3.1	20
3	0.32	41	3.8	27
5	0.32	65	4.6	37
8	0.45	50	5.5	47
15	0.45	84	7.0	59
0	0.8	41	8.2	84
3	0.8	70	10.8	120
0	0.8	85	11.4	135
50	0.8	108	13.0	160

② 자동차용 전선의 색 구분

자동차 전선은 사용되는 회로의 형태에 따라 색이 지정되며, 회로에 따른 기본색 및 보조색은 표 3-2와 같다.

표 3-2 회로에 따른 전선의 색

색 코드 회로의 이름	기본색	기본색에 대한 예외적 적용	보조색(선색)
시동회로	B		W, Y, R, L, G
충전회로	W	(Y)	B, R, L, Y
LAMP회로	R		B, W, G, L, Y
신호회로	G	Lg, Br	B, W, R, L, Y
계기회로	Y		B, W, R, G, L
기타회로	L	B, Y, Br, O	B, W, R, G, Y
접지회로	B		

B(Black) : 흑색, W(White) : 백색, R(Red) : 적색, G(Green) : 녹색,
Y(Yellow) : 황색, L(Blue) : 청색, Br(Brown) : 다색
Lg(Light Green) : 연두색, O(Orange) : 오랜지색

전선을 구분하기 위한 전선의 색깔은 전선 피복의 바탕색, 보조 줄무늬 색깔의 순서로 표시한다.

예 AVX－0.6GR(Y)의 경우

　　AVX : 내열 자동차용 배선

　　0.6 : 전선 단면적($0.6mm^2$)

　　G : 바탕색(녹색)

　　R : 줄무늬색(빨간색)

　　Y : 튜브색(노란색)

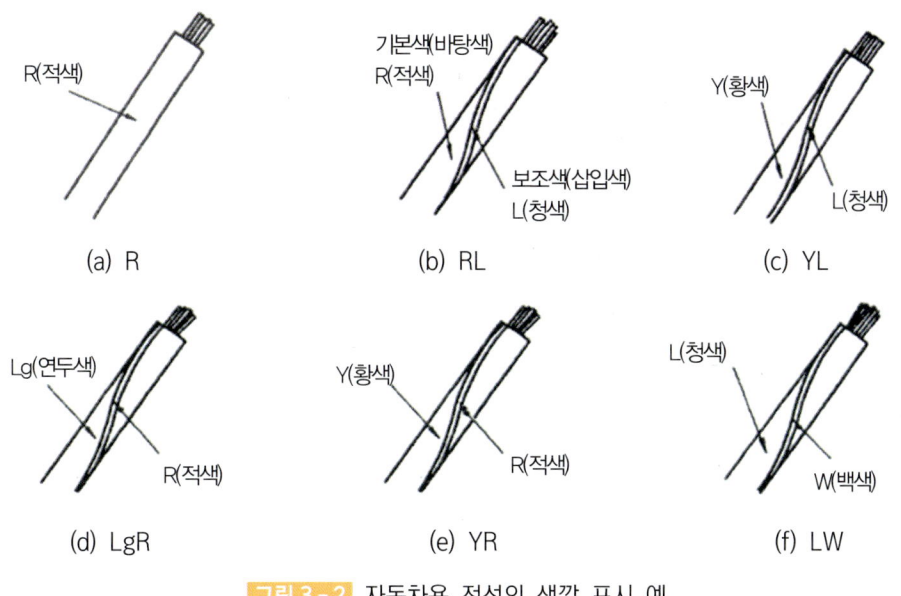

그림 3-2 자동차용 전선의 색깔 표시 예

③ 하니스

전선을 배선할 때 한 선씩 처리하는 경우도 있지만 대부분 같은 방향으로 설치될 전선을 다발로 묶어 처리하는 경우가 많다. 이런 전선 묶음을 전선 하니스(wiring harness) 또는 간단히 하니스라 한다.

④ 전선의 배선 방식

배선 방법에는 단선 방식과 복선 방식이 있다. 단선 방식은 부하의 한끝을 자동차 차체에 접지하는 것이며, 접지 쪽에서 접촉 불량이 생기거나 큰 전류가 흐르면 전압강하가 발생하므로, 작은 전류가 흐르는 부분에서 사용한다. 복선 방식은 접지 쪽에도 전선을 사용하는 것으로 주로 전조등과 같이 큰 전류가 흐르는 회로에서 사용된다.

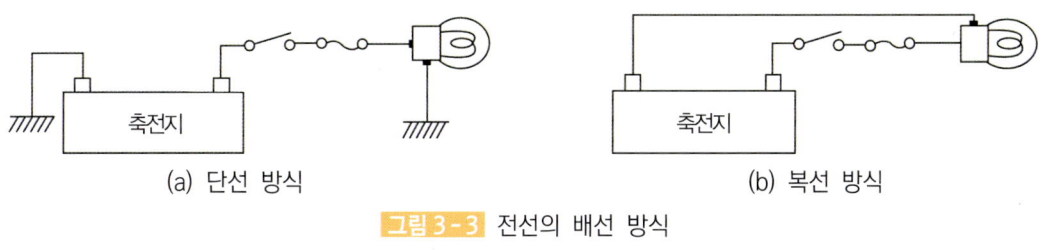

그림 3-3 전선의 배선 방식

다음은 각각의 회로들에 속한 전기장치의 종류들이다.
㉮ 시동회로 : 점화 스위치, 코일, 디스트리뷰터와 스타터
㉯ 충전회로 : 알터네이터, 레귤레이터와 워닝램프
㉰ 램프회로 : 헤드램프, 테일램프, 백업램프
㉱ 신호회로 : 혼, 스톱 램프, 비상램프
㉲ 계기회로 : 인스트루먼트와 게이지
㉳ 기타회로 : 윈드실드 와이퍼, 윈드실드 와셔, 라디오, 히터, 시가라이터
㉴ 접지회로 : 그라운드 리드

02 보호장치의 종류

1 퓨즈(fuse)

회로에 규정값 이상의 과대한 전류가 흐를 때 전기장치와 전선의 소손을 방지하기 위해 퓨즈 자체가 녹아 끊어지게 하여 전류를 자동으로 차단하는 장치이다.

(1) 퓨즈의 재료

주로 녹는점이 낮은 납과 주석 또는 아연과 주석의 합금을 사용한다. 하지만 녹는점이 매우 높은 텅스텐의 경우 정밀가공하여 실처럼 가는 텅스텐 선을 만들어 미소전류 퓨즈로 사용하기도 한다.

(2) 퓨즈의 종류

① 리본 퓨즈
② 튜브 퓨즈(통 퓨즈)
③ 블레이드 퓨즈
④ 오토 퓨즈

  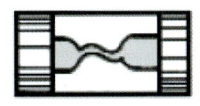 

(a) 리본 퓨즈　　　(b) 튜브 퓨즈　　　(c) 튜브 퓨즈(S형)　　　(d) 오토 퓨즈

그림 3-4 퓨즈의 종류

(3) 퓨즈의 정격 조건

① 정격전류의 110%가 인가될 때 퓨즈는 용단되지 않는다.
② 정격전류의 135%가 인가될 때 퓨즈는 60초 이내에 용단되어야 한다.
③ 정격전류의 150%가 인가될 때 퓨즈는 15초 이내에 용단되어야 한다(30A 또는 그 이상의 퓨즈는 30초 이내에 용단).
④ 정격전류의 200%가 인가될 때 퓨즈는 5초 이내에 용단되어야 한다.

(4) 퓨즈 용단의 원인

퓨즈 용단의 대표적인 원인은 3가지가 있다.

① 회로에 과도전류가 흐를 때

전기적인 불량(단락 등)뿐만 아니라 기계적인 불량에 의해서도 회로에 과도전류가 흐를 수 있다. 예를 들면, 윈드실드 와이퍼 블레이드가 얼어붙게 되면 기계적인 부하로 인하여 큰 전류가 모터에 흐른다.

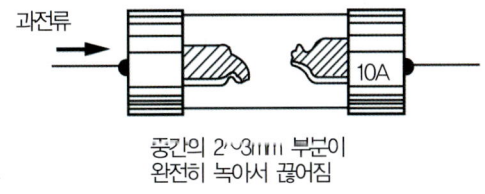

그림 3-5 과전류가 흘렀을 때의 퓨즈의 단선형태

② 퓨즈의 노화

퓨즈에 흐르는 전류가 오랫동안 ON/OFF를 반복하게 되면 퓨즈의 온도도 높낮이를 반복하게 되어 결국 끊어지게 될 수 있다.

　　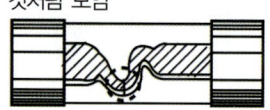

(a) 스위치 ON시　　(b) 스위치 OFF시　　(c) 스위치 ON시

그림 3-6 퓨즈의 노화 현상으로 인한 퓨즈의 단선형태

③ 접촉불량

퓨즈 홀드와 퓨즈 사이에 접촉이 좋지 않으면 접촉저항이 발생하며 발열되므로 퓨즈가 소손된다.

2 퓨즈 블링크(fusible link)

퓨즈에 과도한 전류가 인가되었을 때 용단되는 것으로 퓨즈와 같은 기능을 갖고 있으며 퓨즈 블링크의 크기는 표 3-3과 같다.

표 3-3 퓨블링크의 크기

선단면적(mm²)	선경(mm)	소선 수	정격전류(A)	5초 이내 용단전류(A)	색구분
0.3sq	0.23	7	15A	150	갈색
0.5	0.32	7	20A	200	녹색
0.85	0.32	11	25A	250	적색
1.25	0.32	16	35A	300	흑색

3 서킷 브레이크(circuit breaker)

서킷 브레이크도 퓨즈와 같은 기능을 수행한다. 이것은 바이메탈(bimetal)을 이용한 것으로 과도한 전류가 흐르면 바이메탈이 열을 받아 휨으로 접촉부가 떨어지게 되고, 다시 온도가 낮아지면 접촉부가 붙게 되어 전류가 흐르게 된다.

예를 들면, 파워윈도우는 글래스(glass)가 스토퍼(stopper)에 도달하는 순간 스위치를 OFF한다. 그러나 스위치가 계속 ON상태로 있으면 모터에 부하가 걸려 큰 전류가 흐르므로 부하 및 회로를 소손시킬 우려가 있다. 이때 파워윈도우(power window motor) 내에 서킷 브레이크를 장치한다.

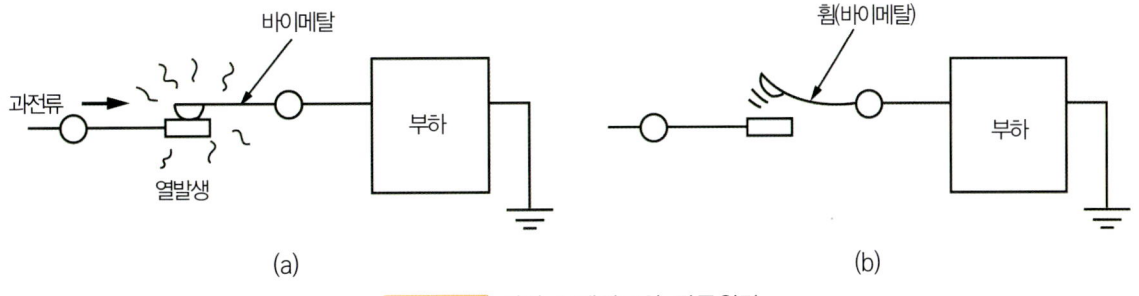

그림 3-7 서킷 브레이크의 작동원리

4 써멀 퓨즈(thermal fuse)

시가라이터에 사용되며 시가라이터가 가열되었을 때 홀더에서 빠지지 않으면 계속 전류가 흘러 화재의 원인이 될 수 있다(시가라이터의 퓨즈). 이를 방지하기 위하여 써멀 퓨즈를 회로에 사용한다. 이 장치의 단자는 납으로 되어 있고 온도가 상승하게 되면 녹아 전류를 차단하도록 되어있다.

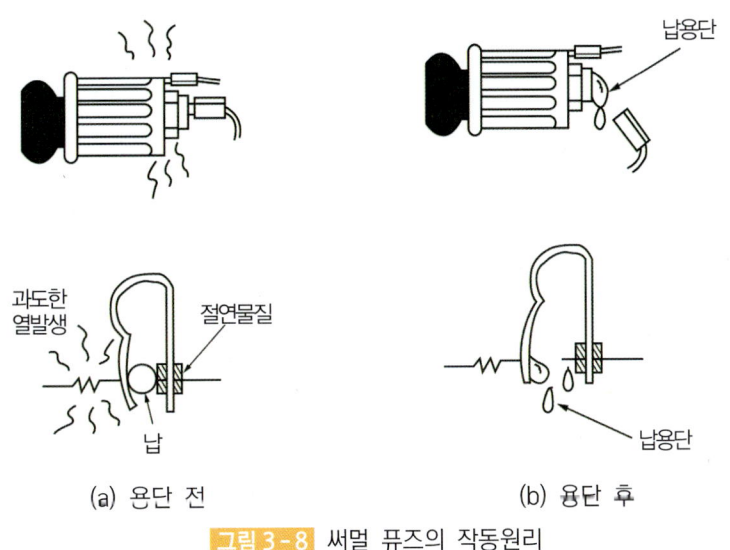

그림 3-8 써멀 퓨즈의 작동원리

5 스위치, 릴레이

전기회로에서 전류의 흐름을 ON, OFF 또는 전환시키는데 사용되는 요소이다.

(1) 스위치(switch)

일반적으로 스위치는 대전류의 단속(ON/OFF)으로 인한 접점소손 방지를 위하여 부하 다음단에 부착한다.
① ⊕ → 부하 → 스위치 → 어스
② ⊕ → 스위치 → 부하 → 어스

(2) 릴레이(relay)

릴레이는 전자석을 이용한 것으로 스위치 접점의 적은 용량으로 대전류를 단속할 목적으로 사용된다. 부하가 큰 경우(전류가 많이 흐르는 경우) 회로에 사용하는 스위치의 용량(크기)이 작은 것을 사용하는 것이 가능하다. 릴레이는 전자석과 접점으로 만들어진다(넓은 접점면적).

그림 3-9와 같이 전자석 코일에 적은 전류가 흐를 때 접점이 상, 하 방향으로 접촉되어 큰 전류를 흐르게 한다. 릴레이의 전류가 차단되면 접점의 스프링에 의해 원위치로 돌아오게 되어 정상상태의 위치가 된다. 릴레이에는 다음 2가지의 형태가 있다.

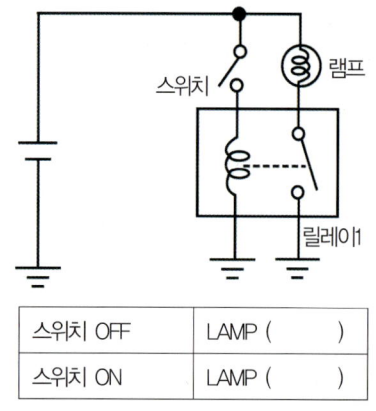
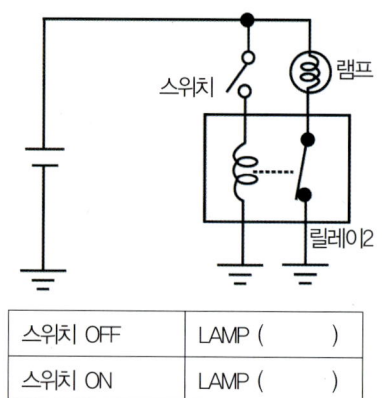

그림 3-9 릴레이의 작동형태

① NO 방식(normal open type)

평상시에 접점이 열려있는 상태(OFF)이나 릴레이 코일이 자화되면 닫히게 되는 릴레이

② NC 방식(normal closed type)

평상시에 접점이 닫혀있는 상태(ON)이나 릴레이 코일이 자화되면 열리는(OFF) 릴레이

6 저항

회로에 흐르는 전류를 제한하기 위한 요소

① 히터 블로어(heater blower)와 저항

② 냉각수 온도 게이지(water temperature gauge)

③ 연료 게이지(fuel gauge)

④ 점화 코일(ignition coil)과 외부 저항

03 자동차 전자

1 자동차 전자와 전기회로

(1) 전기회로(거시적, 강전)

① 전기를 에너지의 주고받음으로 사용하는 회로이다.

② 모터로 무거운 것을 들어 올리거나 전기난로로 난방을 하는 일 등이다.

③ 동력이나 조명 등 직접에너지를 변환하는 것이 많고 점검 방법도 전기가 흐르고 있는지, 또 그것에 의하여 작동하고 있는지의 관점에서 접근한다.

㉮ 램프 밝기를 조절할 수 있는 전기회로

전구에 직렬로 가변저항을 넣어 전구에 흐르는 전류의 양을 직접 제어하여 전구의 밝기를 조절한다. 즉, 전구를 점등하기 위하여 가변저항에 큰 전류가 흐르므로 열의 발산 등 불필요한 에너지가 소비된다. 또한 큰 전류가 흐르므로 가변저항부(접점부)의 마모가 심하며, 용량이 큰 것이 필요하다.

(2) 전자회로(미시적, 약전)
① 전기를 전자의 흐름으로 생각하여 정보량과 신호의 주고받음으로 사용하는 회로이다.
② 반도체 소자, 트랜지스터를 이용한 증폭, 스위칭회로 등이다.
③ 전기파형의 상태나 신호가 어떻게 처리되는지의 관점에서 접근한다.
㉮ 램프 밝기를 조절할 수 있는 전자회로
가변저항으로 트랜지스터(transistor)의 베이스전류를 제어하여 C와 E간의 전류를 제어하고 전구의 밝기를 조절한다. 저항에 흐르는 TR의 베이스전류는 매우 적기 때문에 전기회로에 비하여 가변저항에 의한 열손실이 적고 또 가변저항부(접점)의 마모가 없어 장시간 사용할 수 있다. 또한 제어가 확실하며 안정적으로 사용할 수 있다.
앞에서 기술한 것과 같이 TR 등의 반도체 소자를 이용하면 손실이 적고 작동이 확실하며, 고장이 적은 회로를 구성할 수 있는 장점이 있다. 반면에 개개의 전자 소자는 과전압이나 과전류에 약하고 주위의 온도나 자기장의 영향을 받으므로 회로에 여러 가지 보호회로가 필요한 단점이 있다.

4 주행안전장치 정비

01 전방충돌방지 시스템(FCA, Forward Collision Avoidance assist)

1 FCA 시스템

FCA 시스템은 전방 자동차 또는 보행자와의 거리를 인식하고 충돌 위험 단계에 따라 경고문 표시와 경고음 등으로 운전자에게 경고하여 충돌을 회피하기 위한 장치이다.

2 FCA 시스템의 구성

FCA 시스템은 레이더, 카메라, ESC, PCM, 클러스터 등으로 구성되어 있다. 레이더는 카메라 정보와 센서 퓨전을 통해 자동차 또는 보행자 등 전방의 잠재적 장애물의 유무를 판단하고, FCA의 작동이 필요할 경우 ESC에 자동차 제어 요구 신호를 보낸다.

ESC는 제어 정보에 따라 엔진의 토크 제어 및 제동 제어를 실시하며, 동시에 브레이크 램프를 점등시킨다.

(1) 클러스터의 FCA 경고등

FCA 경고등은 IG On 또는 시동 On 상태일 때 점등되며, 자기진단 후 시스템에 이상이 없으면 3초 후에 소등된다.

(2) FCA 기능 설정

FCA On/Off 스위치는 클러스터 사용자 설정에서 3단계(느리게, 보통, 빠르게)로 선택할 수 있으며, 사용자의 설정에 의해 저장된 경보 시점은 시동 On/Off 여부와 관계없이 이전 상태를 유지한다. 단 사용자 설정은 P단 이동 후 설정을 변경해야 한다.

3 시스템 제어

FCA는 잠재적인 충돌 위험이 감지되면 1단계로 시각 및 청각 경고를 수행한다. 충돌 위험이 2단계로 높아지면 엔진 토크가 떨어지고, 3단계로 올라가면 제동력은 충돌 위험도에 따라 자동 제동을 수행하며, 자동 제동을 통하여 자동차가 정지하면 제동장치는 2초 동안 제동력을 유지한 후 제동 제어를 해제한다. 그러나 FCA에 의한 자동 제동제어 중일지라도 운전자에 의한 회피 거동을 인지하면 제동 제어는 즉시 해제된다.

운전자가 가속 페달을 밟고 있다 하더라도 APS값이 60% 미만이면 FCA는 충돌위험 단계에 따라 3단계로 구분되어 작동된다. 또한 FCA 작동 중에 ABS의 작동 조건 충족될 경우에는 FCA와 ABS는 협조 제어를 할 수 있다.

4 감지 및 제어원리

FCA 시스템은 레이더와 멀티 펑션 카메라를 통해 전방의 사물을 인지하고 위험 상황을 판단하여 자동차 추돌을 방지하거나 충돌 속도를 낮춤으로써 운전자를 보호한다.

레이더는 77GHz의 전파를 이용하여 선행 자동차에서 반사되어 돌아오는 시간과 주파수 차이를 통해 거리와 상대속도를 계산하고 앞차와의 거리와 사물을 인식한다. 하지만 그것이 자동차인지 보행자인지 식별할 수 없기 때문에 반드시 카메라를 통해 보행자를 인식하고 센서 퓨전을 통해 필요 정보를 주고받는다.

02 차선이탈경고 및 차선이탈방지 시스템(LDW & LKA)

1 개요

차로이탈경고(LDW, Lane Departure Warning System)는 전방 주행 영상을 촬영하여 차선을 인식하고 운전자의 의도하지 않은 차로이탈 검출 시 경고하는 시스템이다. 자동차의 전면 유리 상부에 장착되어 있는 카메라장치는 유효한 정보를 근거로 차선의 유형, 차와 차선 간의 거리 등을 판단하여 안전이 위협받는 상황일 경우 운전자에게 메시지, 경보, 진동을 통해 상황을 경고한다.

차로이탈방지보조(LKA, Lane Keeping Assist)는 차로이탈경고 기능과 주행차로를 벗어나지 않도록 하는 기능이 포함되어 있으며, 카메라 모듈과 MDPS 모듈이 지속적으로 CAN 통신을 통해 요구 토크량 및 현재 토크 정보를 주고받는다.

시각이나 청각과 관련된 인간의 아날로그적인 인지의 세계와 컴퓨터나 통신의 디지털을 처리하는 기계의 세계를 연결하는 인터페이스를 말한다.

기본적으로 LKA 시스템이 탑재된 자동차는 LDW 시스템 기능을 포함하고 있으며, 운전자는 클러스터 USM(User Setting Mode 또는 User Setting Menu)을 통해 LDW 기능만을 사용할지, LKA 기능까지 사용할지 선택할 수 있다. LKA 시스템의 경우 자동차가 차로를 벗어나게 되면 MDPS의 토크 제어를 통해 자동차가 최대한 정상 차로로 주행할 수 있도록 돕는 역할을 한다.

2 시스템 구성

LDW/LKA 시스템은 제어 조건 판단을 담당하는 카메라 모듈을 중심으로 입력 부분에 해당하는 인지 영역과 출력 부분에 해당하는 제어 영역으로 구분된다.

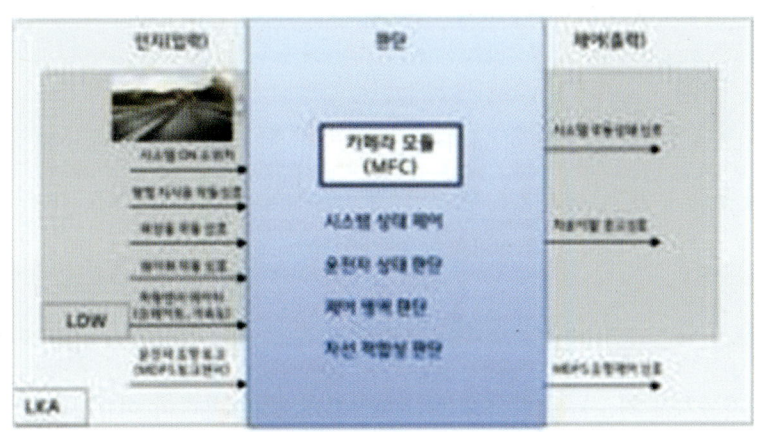

그림 4-1 LDW/LKA 시스템 구성

3 멀티펑션카메라(MFC) 모듈

MFC 모듈은 영상의 입력뿐만 아니라 입력된 영상에서 유의미한 정보를 추출하여 실시간으로 출력 모듈로 전달한다.

4 시스템 제어

LDW/LKA 시스템은 기본적으로 운전자가 작동 스위치를 On으로 설정한 이후 지정된 속도(약 60km/h) 이상에서 차선이 감지된 경우 차로이탈경고 및 차로이탈방지보조 제어가 작동되고, 지정된 속도(약 55km/h)보다 느린 경우 시스템이 해제된다.

차로이탈경고 작동 중에는 운전자의 의지에 의해 차선 변경이 가능하고, 차로이탈방지보조 기능 작동 중에는 운전자의 조향 오버라이드(운전자 조향력 유지)가 가능하며 시스템은 이를 파악하여 자동 해제된다. 뿐만 아니라 실시간 상황 판단을 통한 경보 및 제어를 위해 카메라로부터 수집된 도로 데이터와 자동차의 주행 데이터를 바탕으로 자동차의 주행 차선 변경 판단, 차로이탈 판단, 차선 중심 영역 진입 판단, 제어 및 경보 시간 초과 판단, 운전자의 조향핸들 파지 상황 판단 및 차선 데이터의 유효성 판단을 수행한다.

(1) 작동 조건

LDW 시스템은 작동 스위치가 On이더라도 차속이 60km/h에 도달하지 않으면 경보를 시작하지 않으며, 경보 동작 조건의 차속에 들어오더라도 실제 차선을 인식하지 못할 경우 경보 동작은 비활성화된다.

(2) 차로 이탈의 판정

LDW/LKA 시스템에서 차로 이탈의 판단 기준은 기본적으로 좌우 차선의 안쪽 에지라인을 기준으로 자동차의 최좌·우측 부위가 닿을 경우 차로이탈경고를 시작하게 되며, LKA 기능의 제어 영역은 LDW 경보 영역보다 조금 더 넓어서 주행차로의 약간 안쪽까지 설정한다.

(3) LKA 제어

LKA 제어는 자동차가 차로를 이탈하려고 할 때 MDPS를 이용하여 이탈하려는 반대 방향으로 보조 토크를 부가한다.

(4) LKA 핸즈 오프 감지

LKA 시스템 On 상태에서 운전자가 조향핸들을 잡지 않고 일정 시간 운행 시 경보음이 발생되며, 이후 5초간 운전자의 조향이 감지되지 않으면 LKA 시스템이 해제된다. MDPS의 토크센서와 조향각센서 그리고 카메라의 영상 및 차속값 등으로 감지하며, 운전자 미조향 조건이 약 12~20초 정도 지속될 경우 경보음을 발생시킨다.

03 후측방충돌경고 시스템(BCW, Blind-Spot Collision Warning)

1 개요

후측방충돌경고 시스템(BCW)은 레이더센서를 이용해 주행 중 운전자의 후방 사각 지역에서 자차에 근접하는 이동 물체를 능동적으로 감지하여 운전자에게 경보함으로써 안전한 차선 변경 및 후방 추돌 사고를 예방하는 첨단 주행 안전 시스템이다.

2 시스템 구성

BCW의 모든 제어는 리어 패널이나 리어 범퍼에 장착되어 있는 일체형 레이더 모듈에서 담당하고 있으며, 레이더는 후방 자동차를 감지하는 역할을 한다. 좌우 모듈에서 감지된 신호는 L-CAN을 통해 서로 상태를 주고받으며, 타 시스템과는 C-CAN 통신을 통해 각 모듈과 통신한다. 그리고 경보신호는 경보등(아웃사이드 미러, 계기판)을 통한 시각적 방법과 경보음(오디오 앰프)을 통한 방법으로 운전자에게 경고한다.

(1) 후방 레이더

① 레이더 감지 범위

감지 범위는 각 모드에 따라 변경되도록 되어 있는데 BCW/LCA 모드일 때는 후측방 자동차의 감지를 위해 후방측 감지 거리를 최대한 넓게 감지하며, 후방교차충돌경고(RCCW, Rear Cross-Traffic Collision Warning) 모드일 때는 후방 및 측방 모두 넓게 감지하도록 되어 있다. 이렇게 감지된 신호는 내부 모듈에서 상대 자동차의 거리, 각도 및 상대 속도를 연산하고 경보 유무를 결정한다.

② 레이더 각도 보정

레이더는 스스로 학습을 통해 감지 범위를 자동으로 수정하도록 되어 있으며, 설정 각도 이상으로 위치가 틀어지게 되면 스스로 이를 감지하고 경고 메시지 및 DTC를 출력한다.

(2) 스위치와 계기판

조향핸들 좌측에 적용된 BCW 스위치를 누르면 시스템 켜짐/꺼짐이 반복되며 계기판을 통해 현재 상태를 표시해준다. 이외에도 계기판을 통해 몇 가지 정보를 제공하는데, 레이더 부위가 오염되어 신호를 송수신할 수 없을 경우 시스템이 해제되며 계기판을 통해 경고한다.

(3) 경보등과 경보음

① 경보등 및 경보음의 출력 특징

경보등과 경보음은 좌우 별도로 출력되며, 좌측 후측방에서 자동차가 감지되면 좌측 아웃사이드 미러와 좌측 스피커에서 경보하고, 우측 후측방에서 자동차가 감지되면 우측 아웃사이드 미러와 우측 스피커에서 경보한다.

② RCCW 작동 중 PDW 물체 감지 시 동작

만약 RCCW 작동 중에 PAS에서 물체를 감지하게 되면 RTCA 경보음은 꺼지고 PDW 경보음이 작동하게 된다. 물론 PDW 경보가 해제되면 RCCW 경보가 계속 이어진다.

04 스마트크루즈컨트롤과 스탑 & 고 시스템

1 스마트크루즈컨트롤(Smart Cruise Control)과 스탑 & 고(Stop & Go) 시스템의 개요

SCC/S&G 시스템은 운전자가 가속 및 브레이크 페달 조작 없이 자동차 전방에 장착된 레이더를 이용하여 선행 자동차와 적절한 거리를 유지한 상태로 정차하고 재출발할 수 있는 Stop & Go 기능을 제공한다.

(1) 크루즈컨트롤(CC, Cruise Control) 시스템

크루즈컨트롤(CC) 시스템은 운전자가 설정한 속도로 자동차가 자동 주행하도록 하는 장치이다.

(2) 스마트크루즈컨트롤(SCC, Smart Cruise Control) 시스템

스마트크루즈컨트롤(SCC) 시스템은 전면에 장착된 레이더를 통해 자동차 주변 상황에 대해 능동적으로 대처하면서 주행할 수 있도록 설정된 시스템이다. 그러나 SCC는 Stop & Go 기능은 없으며, 정차하거나 10km/h 미만(차종별 상이)의 저속 주행 시에는 제어가 불가능하다.

(3) 스마트크루즈/컨트롤과 스탑 & 고

스마트크루즈컨트롤과 스탑 & 고 시스템(SCCw/S&G)은 SCC 시스템을 업그레이드하여 선행 자동차를 따라 후방에 정차한 후 재출발할 수 있는 Stop & Go(스탑 & 고) 기능이 추가된 시스템이다.

2 SCCw/S&G 시스템의 구성

SCCw/S&G 시스템은 전자식 주행안정장치(ESC, Electronic Stability Control)를 중심으로 주행 중 위험 상황을 페달의 진동으로 경고하는 지능형 가속 페달(IAP)과 위험 상황 직전에 시트벨트를 당겨 탑승자를 보호하는 프리세이프시트벨트(PSB), 전자식파킹브레이크(EPB), SCCw/S&G 유닛, 삭풍 센서, 시스템의 제어 상황을 알려주는 클러스터 그리고 시스템 제어를 위한 스위치로 구성되어 있다.

05 경음기(horn)

1 종류와 구조

경음기에는 공기식과 전기식이 있고, 전기식을 다시 분류하면 트럼펫의 형상에 의해 맴돌이형과 평형으로 나누어진다. 전기식은 전자석에 의해 금속제의 다이어프램을 진동시켜 음원으로 하고 있는 것으로 현재 가장 널리 사용되고 있다. 따라서 다음에 설명하는 구조 동작은 전기식에 대해서 설명한다.

전기식 맴돌이형 경음기는 다이어프램과 이것을 진동시키는 전자석으로 이루어져 있으며, 전자식 코일에 전류의 단속을 다이어프램의 진동과 연동해서 하기 때문에 포인트가 설치되어 있다. 포인트에는 병렬로 저항 또는 콘덴서가 연결되어 있으며, 작동 중 포인트 사이에 발생하는 불꽃을 방지하는 역할을 한다. 트럼펫은 맴돌이형을 하고 있으며, 이 부분에서 음은 공명하여 다듬어져서 밖으로 나오도록 되어 있다.

전기식 평형 경음기는 다이어프램을 진동시키는 전기장치 부분은 맴돌이형과 동일하지만, 트럼펫이 평평하고 또 바이브레이터라는 진동판을 가지고 있는 점이 다르다. 진동판은 무빙 플레이트의 진동에 변화를 주어 음에 지향성을 가지게 하여 원거리까지 도달하도록 하고 있다. 이와 같은 평형 경음기는 맴돌이형에 비해 소형, 경량으로 만들 수 있으므로 현재 가장 일반적으로 사용되고 있다.

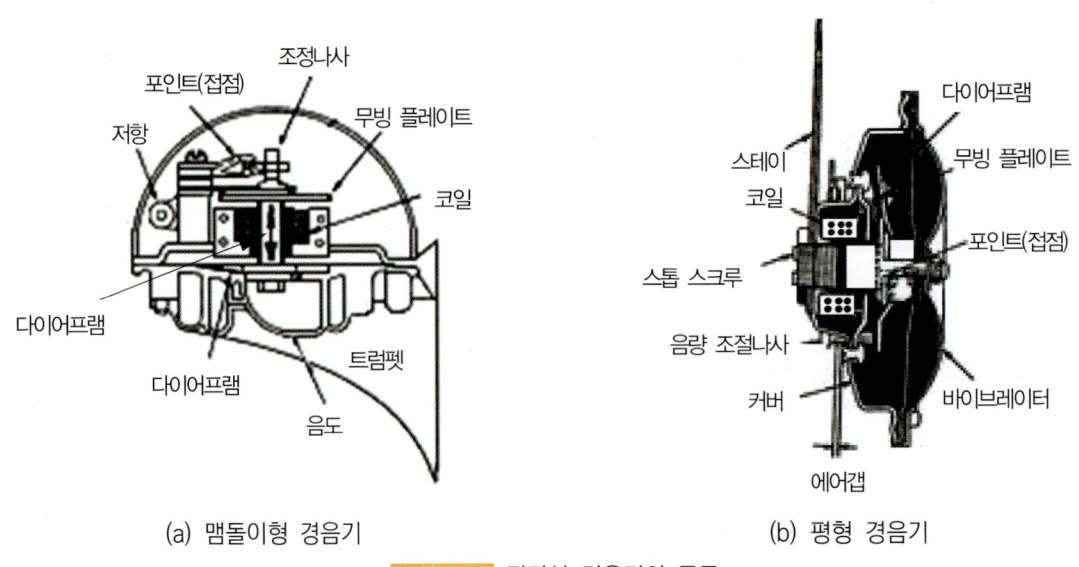

(a) 맴돌이형 경음기   (b) 평형 경음기

그림 4-2 전기식 경음기의 종류

06 와이퍼(wiper)

비 또는 눈이 내릴 때 운전자의 시계(視界)를 확보하기 위한 것으로서 와이퍼(wiper)는 유리면을 습동하는 와이퍼 블레이드, 와이퍼 암, 와이퍼 모터, 링크 등으로 구성되어 있다.

와이퍼는 구동 방법에 따라 전기식과 진공식으로 분류되며, 작동이 확실하고, 속도 변경이 용이한 전기식이 일반적으로 많이 사용되므로 전기식에 대해서 설명하면 다음과 같다.

1 와이퍼 모터의 구조와 작동

와이퍼 모터에는 속도가 변화되지 않는 1단형과 고속 및 저속의 2단으로 변환되는 2단형으로 분류되며, 모터의 계자철심에 코일을 감은 권선형과 영구자석을 사용한 자석형이 있다.

권선형에는 분권식과 복권식으로 분류되며 자석형은 속도를 변화시키기 위하여 3브러시와 저항 삽입식으로 분류된다. 2단형 와이퍼 모터는 회전속도를 변화시킬 때 자속을 변화시키는 방법이 이용되기 때문에 복권식의 모터가 사용되며, 션트 코일(shunt coil)과 필드 코일(field coil)에 흐르는 전류를 와이퍼 스위치 조작으로 단속하여 작동이 이루어진다.

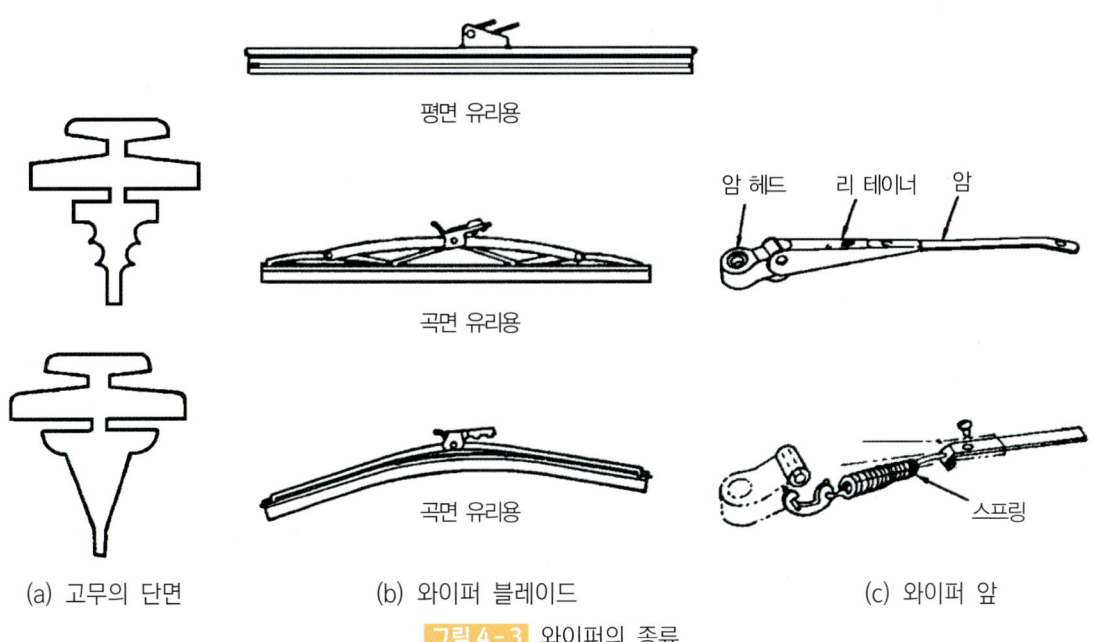

(a) 고무의 단면 (b) 와이퍼 블레이드 (c) 와이퍼 앞

그림 4-3 와이퍼의 종류

(1) 권선형 복권식 와이퍼 모터의 작동

① 저속의 경우

와이퍼 스위치를 그림 4-4와 같이 닫으면 전류는 시리얼 코일(serial coil) L1과 션트 코일(shunt coil) L2에 흐르기 때문에 복권 모터로써 작동하게 된다. 이때 모터는 화동복권(和動復卷)이 되므로 회전토크가 크고 회전속도는 어느 값에서 일정하다. 이것은 비나 눈이 적게 내리는 상태에서는 속도는 느리고 큰 토크가 필요하기 때문이다.

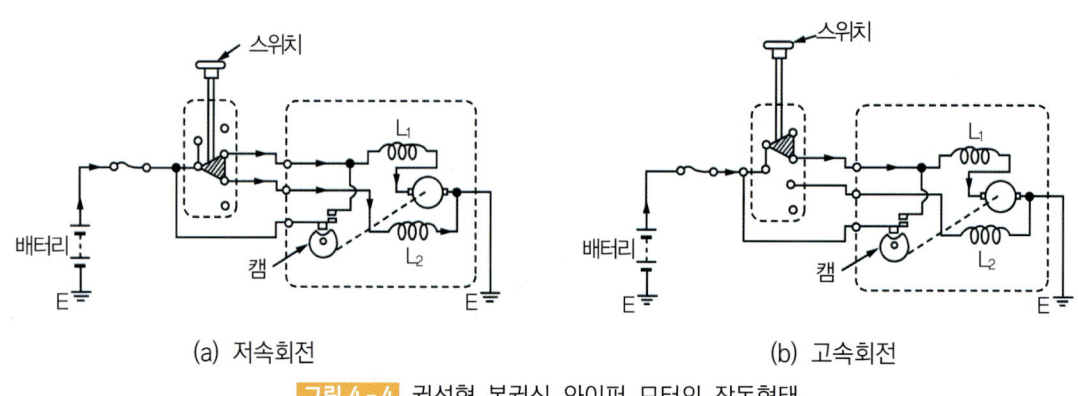

(a) 저속회전　　　　　　　　　(b) 고속회전

그림 4-4 권선형 복권식 와이퍼 모터의 작동형태

② 고속회전의 경우

그림 4-4(b)처럼 스위치를 닫으면 시리얼 코일 L1에만 전류가 흐르기 때문에 직권 모터로서 작동하게 된다. 이 경우 션트 코일 L2의 자속이 감소되기 때문에 회전 수는 상승하고 부하도 평형상태에서 회전한다.

(2) 자석형 와이퍼 모터의 작동

자석형 구조로 되었으며, 페라이트 코어는 영구자석의 자계가 이용되기 때문에 자속은 일정하다. 따라서 회전 수를 변화시키기 위해서 아마추어에 저항을 직렬로 접속하여 아마추어 코일에 흐르는 전류를 감소시켜 저속회전을 얻는 방식이다.

이 방식은 제 3브러시로 접속을 변환하는 것으로 아마추어 코일의 유효 직렬 도체수를 바꾸기 때문에 회전 수를 고속화하는 방법이다. 2단형 와이퍼 모터로서 저항 삽입식의 경우는 저항에 의한 열에너지 손실이 발생되기 때문에 현재는 거의 제 3브러시 또는 복권식 모터가 사용되고 있다.

2 자동 정위치 정지장치

자동 정위치 정지장치는 임의의 위치에서 와이퍼 스위치를 OFF시켜도 시계(視界)를 방해하지 않도록 와이퍼 블레이드를 글라스 아래의 정위치에 정지되도록 하는 장치이다.

그림 4-5와 같이 캠은 아마추어와 연동하여 회전하고 있기 때문에 임의의 위치에서 와이퍼 스위치를 열어도 접점이 닫힌상태에서는 모터가 회전을 하고 있기 때문에 와이퍼는 작동된다. 그러나 그림 4-5와 같이 캠에 의하여 접점이 열리면 그 위치에서 모터는 정지한다.

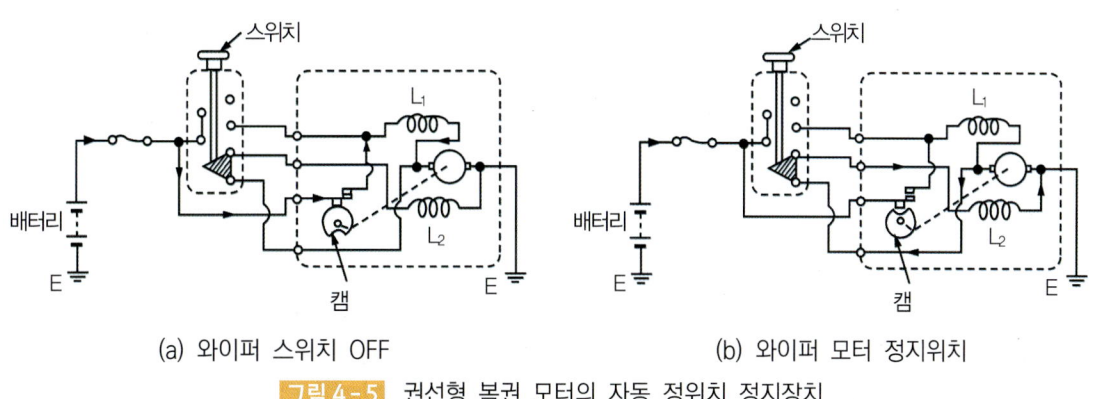

(a) 와이퍼 스위치 OFF   (b) 와이퍼 모터 정지위치

그림 4-5 권선형 복권 모터의 자동 정위치 정지장치

따라서 정지위치는 캠의 위치에 의해서 결정되기 때문에 와이퍼 블레이드의 정지 위치는 항상 일정하다. 이때 아마추어는 션트 코일을 통해서 단락되기 때문에 아마추어에서 발생한 역기전력은 션트 코일에 자계를 형성시켜 전기 브레이크가 되어 신속하게 정지시키는 작동을 한다.

3 레인센서 와이프 시스템

주행 중에 비가 내릴 경우 앞유리에 맺히는 물방울과 강우량을 감지하여 와이퍼를 자동으로 작동시키는 장치를 레인센서 와이퍼 시스템(rain sensor wiper system)이라 한다.

레인센서는 룸미러 후면에 장착되어 있고, 측정 부위에 적외선을 조사하여 반사되어 되돌아오는 정도를 감지하게 된다. 빗물에 의한 물방울이 측정 부위에 맺히게 되면 반사되는 적외선의 손실이 발생하게 된다. 이 적외선의 손실 차이를 레인센서가 감지하여 비가 내린다는 사실과 강우량을 감지하여 와이퍼를 자동으로 작동시키게 된다.

(1) 레인센서 시스템의 구성

레인센서 와이퍼 시스템은 와이퍼 모터의 구동제어를 기존의 ETACS 대신 앞유리 상단부 내면에 설치된 레인센서와 제어유닛에서 강우량을 감지하여 운전자가 다기능 스위치를 조작하지 않고도 강우량에 따라 와이퍼의 작동속도를 저속에서 고속까지 제어할 수 있는 장치이다.

와이퍼 스위치를 자동모드로 전환하기 위한 다기능 스위치, 앞유리 표면의 빗물의 양을 감지하기 위한 레인센서, 강우량에 따른 와이퍼의 속도를 제어하는 제어유닛, 제어유닛의 정보에 따라 직접 와이퍼를 작동시키는 와이퍼 모터 등으로 구성되어 있다.

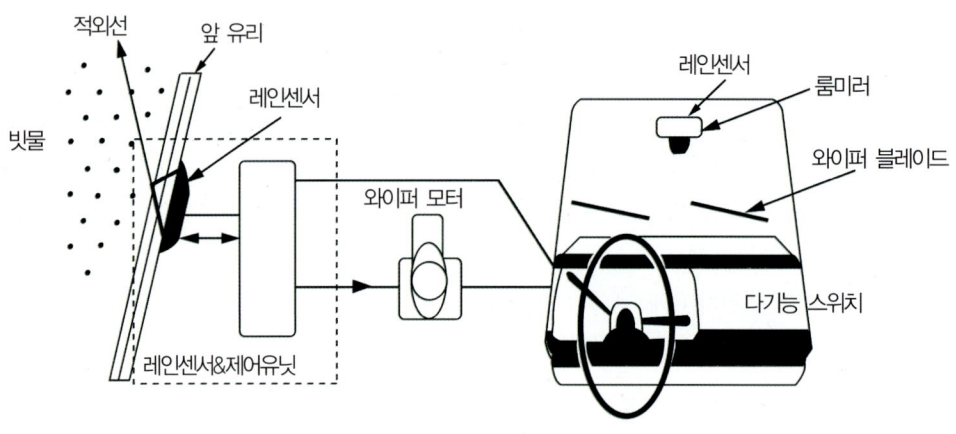

그림 4-6 레인센서 와이퍼 시스템의 구성

(2) 레인센서의 작동원리

발광다이오드(LED : light emitting diode)로부터 적외선이 조사되면 유리 표면의 빗물에 의해 반사되는 적외선의 양을 포토다이오드(photo diode)가 감지하여 강우량을 판단한다.

레인센서 와이퍼 시스템은 유리 투과율을 스스로 보정하는 회로가 내장되어 있어 앞유리의 오염과 흠집 발생으로 인한 투과율에 관계없이 일정하게 빗물을 감지하는 기능을 가지고 있으며, 앞유리의 투과율은 발광다이오드와 포토센서와의 중앙점 바로 위에 있는 유리 영역에서 결정된다. 강우량을 감지하기 위한 레인센서의 작동원리는 그림 4-7과 같다.

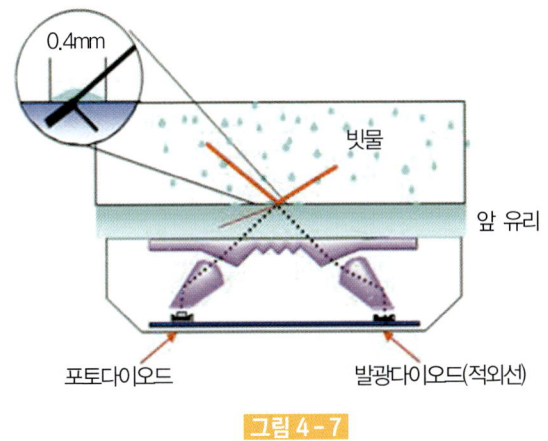

그림 4-7

(3) 레인센서의 와이퍼의 작동모드

레인센서 와이퍼 시스템은 기존의 와이퍼 기능, 즉 OFF, MIST, LOW, WASHER 기능 이외에 AUTO 모드가 있다. AUTO모드로 설정하면 앞유리에 떨어지는 빗물의 양을 레인센서가 감지하여 와이퍼의 작동시간 및 와이퍼의 작동속도를 단계별로 구분하여 자동으로 제어한다.

07 에어백(air bag) 시스템(SRS)

에에백 시스템은 자동차 충돌 시 전면부 및 측면부와의 충돌로부터 승객을 보호하는 장치이다.

1 에어백 시스템의 구성

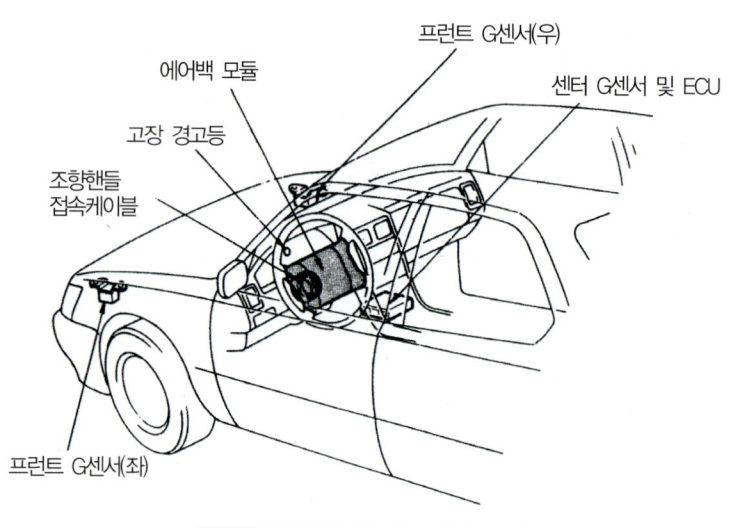

그림 4-8 에어백 시스템의 구성요소

(1) 제어 모듈

① 충격센서, 스퀴브, 와이어링 하니스, 콘덴서, 축전지전압 등을 검출하고, 결함 발생 시 에어백 경고등을 점등한다.
② 축전지전압이 차단된 경우 콘덴서로부터 스퀴브에 점화에너지를 공급한다.
③ 에어백 시스템에 결함 발생 시 운전자에게 경고한다.

(2) 충격센서

① 자동차 충돌 시 자동차의 감속도를 제어 모듈에 입력한다.
② 앞충격센서와 세이핑 충격센서로 구성되어 있다.
③ 중력센서(G센서)는 롤러, 롤 스프링, 가동접점, 고정접점, 베이스, 금속 케이스로 구성되어 있다.

④ 앞충격센서는 자동차의 센터, 좌, 우 사이드 멤버 하단에, 세이핑 충격센서는 제어 모듈에 설치되어 있다.

⑤ 앞충격센서는 병렬결선, 세이핑 충격센서는 직렬결선으로 연결되어 있다.

(3) 에어백 모듈

① 인플레이터, 에어백, 패드 커버 등으로 구성되어 있다.

② 분해가 불가능하며, 작동 후에는 전체를 교환한다.

③ 인플레이터에는 질소가스가 충진되어 있고, 작동 시 에어백으로 질소가스를 공급한다.

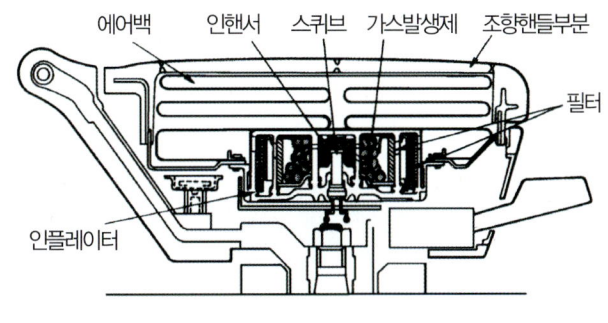

그림 4-9 에어백 모듈의 구조

(4) 클록 스프링

① 인플레이터 내의 스퀴브에 점화신호를 공급하는 장치이다.

② 에어백 모듈과 조향 칼럼 사이에 설치한다.

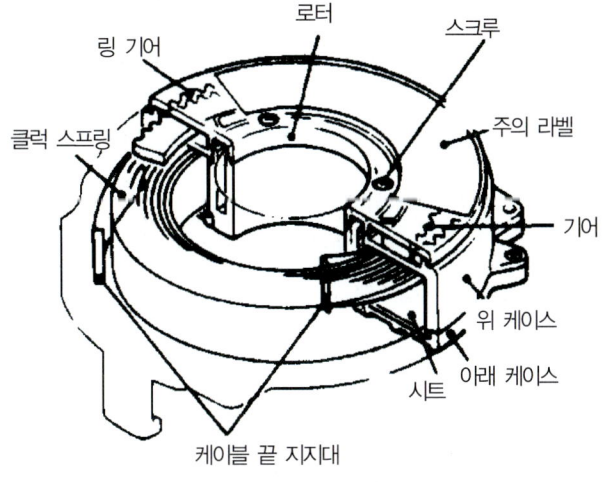

그림 4-10 클록 스프링의 구조

(5) 에어백 경고등

점화 스위치 ON 시나 주행 중에 에어백 시스템을 점검, 진단하여 결함 발생 시 운전자에게 경고한다.

(6) 에어백의 작동과정

① 자동차가 충돌할 때 에어백을 순간적으로 팽창시켜 승객의 부상을 줄여준다.
② 에어백의 컨트롤 모듈은 충격 에너지가 규정값 이상이 되면 전기신호를 인플레이터(inflater, 팽창기구)에 보낸다.
③ 인플레이터에서는 공급된 전기적 신호에 의해 가스 발생제가 연소되어 에어백을 팽창시킨다.
④ 질소가스가 백을 부풀리고 벤트 홀로 배출된다.

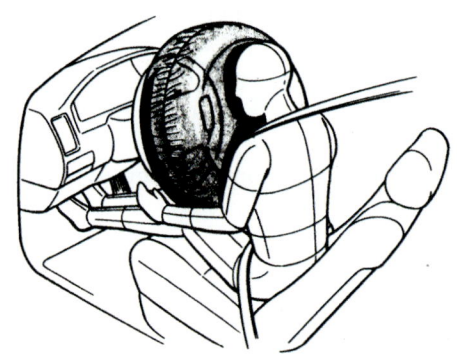

그림 4-11 충돌할 때 에어백의 작동

(7) 에어백(air bag) 작업 시 주의사항

① 스티어링휠 장착 시 클록 스프링의 중립을 확인할 것
② 에어백 관련 정비 시 축전지 (-)단자를 떼어놓을 것
③ 바디 도장 시 열처리를 요할 때는 인플레이터를 탈거할 것
④ 인플레이터의 저항값을 측정하지 말 것

08 TCS(traction control system)의 개요

미끄러지기 쉬운 비에 젖은 노면이나 얼어붙은 노면에서 출발하거나 가속할 때, 구동 바퀴의 바퀴가 스핀하는 일이 있다. 이때 앞바퀴 구동 방식의 자동차에서는 조향성, 뒷바퀴 구동의 자동차에서는 안전성을 잃는다. 이런 현상을 방지하기 위해서 엔진의 출력을 저하시키거나, 구동바퀴에 브레이크를 걸든지 하여 바퀴와 노면과의 슬립률을 최적인 값으로 유지하도록 제어하여, 구동바퀴가 스핀하지 않도록 최적의 구동력을 얻는 것이 TCS(구동력 제어장치)이다.

도로와 바퀴의 마찰계수의 관계는 TCS에서도 마찬가지로 취급한다. 즉, 슬립률이 15~20%으로 되도록 구동력을 제어한다. TCS의 기능은 다음과 같다.

1 TCS의 주요 기능

① 구동 성능이 향상된다.
② 선회 및 앞지르기 성능이 향상된다.
③ 조향 안전성이 향상된다.

2 TCS의 일반적인 기능

TCS는 엔진의 여유 출력을 제어하는 모든 장치를 말하며, 눈길 등의 미끄러지기 쉬운 노면에서 가속성 및 선회 안전성을 향상시키는 슬립 제어(slip control) 기능과 일반 도로에서의 주행 중 선회 가속을 할 때 자동차의 가로방향 가속도 과다로 인한 언더 또는 오버 스티어링을 방지하여 조향 성능을 향상시키는 트레이스 제어(trace control)가 있다.

슬립 또는 트레이스 제어 모두 엔진의 회전력을 저하시키는 방식을 채택하며 엔진 제어 방식은 다음과 같은 특징이 있다.

① 미끄러운 노면에서 발진 및 가속할 때 미세한 가속페달의 조작이 불필요하므로 주행 성능을 향상시킨다.
② 일반 노면에서 선회 가속할 때 운전자의 의지대로 가속을 보다 안정되게 하여 선회 성능을 향상시킨다(트레이스 제어).
③ 선회 가속할 때 조향 핸들의 조작량을 감지하여 가속페달의 조작 빈도를 감소시켜 선회 능력을 향상시킨다(트레이스 제어).
④ 미끄러운 노면에서 뒷바퀴 휠 스피드센서에서 구한 차체 속도와 앞바퀴 휠 스피드센서로 구한 구동바

퀴의 속도를 검출·비교하여, 구동바퀴의 슬립률이 적절하도록 엔진의 회전력을 감소시켜 주행 성능을 향상시킨다.

⑤ 일반 노면에서 운전자의 의지로 인한 가로방향 가속도가 규정값을 초과할 경우 TCS의 컴퓨터가 운전자의 의지를 판단하여 엔진 출력을 제어함으로써 선회 안전성을 향상시킨다.

⑥ 운전자의 의지로 트레이스 제어 Off 또는 트레이스 제어와 슬립 제어 Off의 모드 선택으로 TCS를 부착하지 아니한 자동차와 동일한 작동이 가능하므로 스포티브 운전 및 다양한 운전 영역을 제공한다.

3 TCS 제어

(1) 슬립 제어(slip control)

슬립 제어는 ABS 작동원리와 같이 바퀴의 슬립 비율을 제어하여 바퀴의 구동력 및 가로방향 작용력(횡력)을 자동차 운전상황 및 노면상태에 대응하여 최적의 상태로 제어하는 것이다.

일반적으로 자동차가 주행할 때 바퀴에는 가속으로 인한 구동력과 선회에 의한 가로 방향 작용력이 발생하며 직진주행에서는 슬립 비율이 높은 영역으로, 선회 주행을 할 때에는 슬립 비율이 비교적 낮은 영역으로 제어한다. 또 자갈길과 같은 험한 도로에서의 구동 특성은 슬립 비율이 증대되어도 비교적 구동력이 큰 상태로 만들며, 눈길, 빙판길 등과 같은 미끄러운 노면에서도 가속성능이 우수하다.

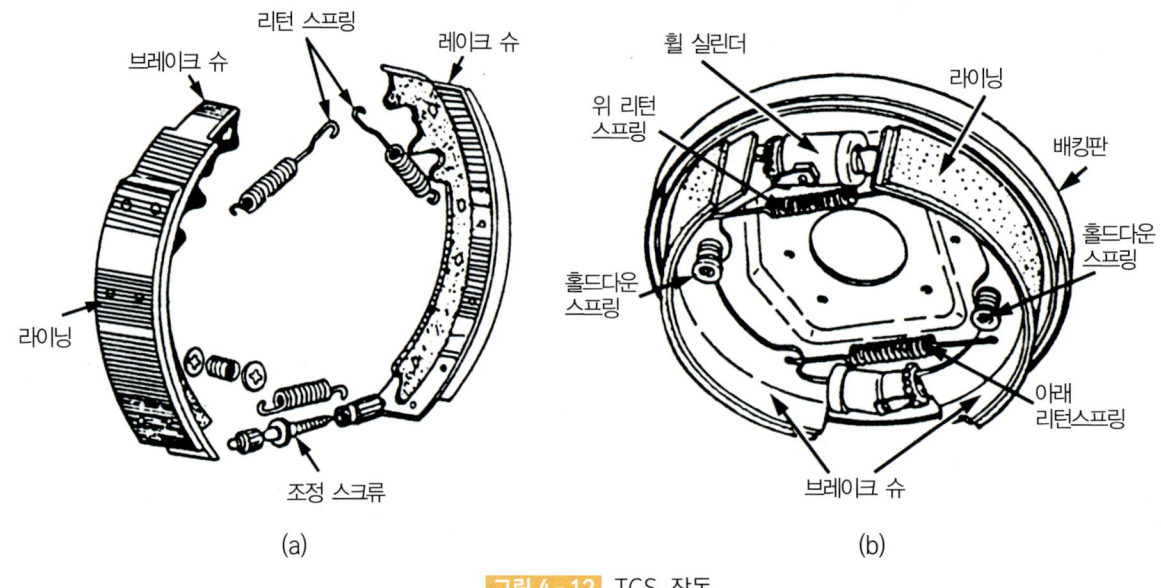

그림 4-12 TCS 작동

(2) 트레이스 제어(trace control)

TCS는 조향과 가속페달을 밟는 양 및 이때 구동되지 않는 바퀴의 좌우 속도 차이를 검출하여 구동력을 제어함으로써 안정된 선회가 가능하도록 한다. 선회상태에서 가속을 할 경우에는 원심력이 어느 한계 이상이 되면 조향 각도를 증가시키지 않을 경우 바퀴의 궤도가 바깥쪽을 향하게 된다. 즉, 언더 스티어링이 증가한다. 그리고 조향 각도를 증가시켜 나가는 경우에는 선회 반지름이 감소하여 급격하게 가로방향 작용력이 증가하나, 자동차의 움직임에는 지연이 있으므로 미리 자동차의 움직임을 예측하여 적절한 구동력을 얻어야 한다.

TCS는 이런 상황에 도달하기 전에 컴퓨터(ECU)가 운전자의 의지를 센서로부터 검출하여 연산 후 자동 제어를 하고, 또한 안정된 선회를 위한 구동력 제어를 위해 엔진 출력을 감소시킨다. 즉, 뒷바퀴의 회전속도 차이로부터 선회 반지름을, 평균값으로부터 자동차 주행속도를 연산하여 두 값을 이용한 가로방향 작용력을 산출하여 기준값을 초과할 경우에는 구동력을 제어한다.

뒷바퀴의 회전속도 차이에서 조향 각도 증가량을, 스로틀 위치센서로부터는 운전자의 가속 의지를 판단하여 가속페달을 밟은 상태에서도 적절한 조향이 가능하게 된다.

09 경음기 시험기 사용 방법

1 측정 장소의 선정

① 가능한 주위로부터 음의 반사와 흡수 및 암소음에 의한 영향을 받지 않는 개방된 장소에서 마이크로폰 설치 중심으로부터 반경 3m 이내에는 돌출 장애물이 없는 아스팔트 또는 콘크리트 등으로 평탄하게 포장되어 있어야 하며, 주위 암소음의 크기는 자동차로 인한 소음의 크기보다는 가능한 10dB 이하이어야 한다.

② 마이크로폰 설치의 높이에서 측정한 풍속(風速)이 2m/sec 이상일 때에는 마이크로폰에 방풍망을 부착하여야 하고, 10m/sec 이상일 때에는 측정을 삼가야 한다.

2 소음시험기

① 소음시험기는 KSC-1502에서 정한 보통 소음계 또는 이와 동등한 성능 이상을 가진 것을 사용하고, 지시계의 동특성은 빠름(fast) 동특성을 사용하여 측정한다.
② 자동기록장치는 소음측정기에 연결된 상태에서 정밀도 및 동특성 등의 성능이 보통(지시) 소음시험기 이상의 성능을 가진 것이어야 하며, 동특성을 선택할 수 있는 경우에는 빠름(fast) 동특성에 준하는 상태에서 사용하여야 한다.
③ 소음시험기는 제작자 사용설명서에 준하여 조작하고 측정 전에 충분한 예열 및 교정을 실시하여야 한다.

3 경적소음 측정 방법

① 자동차의 엔진을 가동시키지 않은 정차상태에서 경음기를 5초 동안 작동시켜 그동안에 경음기로부터 배출되는 소음 크기의 최댓값을 측정하며, 2개의 경음기가 연동하여 음을 발하는 경우에는 연동하는 상태에서 측정하고, 축전지는 측정 개시 전에 완전 충전된 상태이어야 한다. 다만 교류식 경음기를 장치한 경우에는 원동기 회전속도가 3,000±100rpm인 상태에서 측정하여야 한다.
② 마이크로폰 설치 : 마이크로폰 설치 위치는 경음기가 설치된 위치에서 가장 소음도가 크다고 판단되는 자동차의 면에서 전방으로 2m 떨어진 지점을 지나는 연직선으로부터 수평 거리가 0.05m 이하인 동시에 지상 높이가 1.2±0.05m(이륜자동차, 측차부 이륜자동차 및 원동기부 자전거는 1±0.05m)인 위치로 하고 그 방향은 당해 자동차를 향하여 자동차 중심선에 평행하여야 한다.

4 측정값 산출

① 측정항목별로 자동차로 인한 소음의 크기는 소음시험기 지시값(자동기록장치를 사용한 경우에는 자동기록장치의 기록값)의 최댓값을 측정값으로 하며, 암소음의 크기는 소음시험기 지시값의 평균값으로 한다.
② 자동차로 인한 소음 크기의 측정은 자동기록장치를 사용하여 기록하는 것을 원칙으로 하고, 측정항목별로 2회 이상 실시하여야 하며, 각 측정값의 차이가 2dB을 초과할 때 각각의 측정값은 무효로 한다.
③ 암소음 크기의 측정은 각 측정항목별로 측정실시의 직전 또는 직후에 연속하여 10초 동안 실시하며, 순간적인 충격음 등은 암소음으로 취급하지 아니한다.

④ 자동차로 인한 소음과 암소음의 측정값 차이가 3dB 이상 10dB 미만인 경우에는 자동차로 인한 소음의 측정값으로부터 표 4-1의 보정값을 뺀 값을 최종 측정값으로 하고, 차이가 3dB 미만일 경우에는 측정값을 무효로 한다.

표 4-1

자동차 소음과 암소음의 측정값 차이	3	4~5	6~9
보정값	3	2	1

⑤ 자동차로 인한 소음의 2회 이상 측정값(보정한 것을 포함한다) 중 가장 큰 쪽의 값을 측정의 성적으로 한다.

10 전조등 시험기 사용 방법

1 운행자동차 등화장치의 광도 측정 방법

① 자동차는 적절히 예비운전되어 있는 공차상태의 자동차에 운전자 1인이 승차한 상태로 한다.
② 자동차의 축전지는 충전한 상태로 한다.
③ 자동차 엔진은 공회전 상태로 한다.
④ 타이어 공기압력은 표준값으로 한다.
⑤ 자동차는 측정기와 직각된 상태로 진입하여 측정한다.
⑥ 측정은 변환(하향) 빔을 켜고 측정한다.

2 측정 기준값

표 4-2

광도(하향-변환빔)		3,000cd 이상
측정높이	□ ≤ 1m	-0.5% ~ -2.5%
	□ > 1m	-1.0% ~ -3.0%

Chapter 5 냉·난방장치 정비

01 냉·난방장치의 역할

자동차에서 냉·난방장치는 탑승원이 쾌적하게 느끼는 실내 환경을 만들어내기 위해 실내 공기의 온도, 습도, 풍량, 풍향 등을 조절하고, 공기 중에 포함되어 있는 먼지 제거 및 앞 유리창의 서리 등을 방지하여 운전자의 시야 확보를 포함하는 것으로, 일명 공기조화장치 혹은 HVAC(heating, ventilating, airconditioning)라 부른다.

1 자동차 실내의 쾌적 조건

인간의 쾌적성을 좌우하는 조건으로는 온도, 습도, 풍속 등 3가지 요소가 있으며, 여름철에는 온도와 습도를 중요시 여긴다. 차 실내의 온도 및 습도에 대한 인간의 쾌적 정도는 건구온도 25℃가 쾌적대의 중심이나 자동차에 따라 복사열의 영향이 크게 차이가 난다.

한랭상태에서는 실내온도 25~28℃, 습도 55~70%, 한여름에는 실내온도 23~26℃, 습도 60~75%가 최대 쾌적 조건으로 보고되고 있다. 또한 쾌적한 환경을 위해서는 여름철보다 겨울철의 실내온도를 5~6℃ 정도 높이는 것이 좋으며, 상반신과 하반신의 온도 차이도 5~8℃ 정도 상반신에 접하는 온도가 낮은 것이 좋다.

2 자동차의 열부하

자동차의 공기조화장치의 능력을 결정하는 데에는 자동차의 열부하가 중요한 변수가 된다. 열부하는 다음과 같이 분류된다.

① **열전도에 의한 부하** : 차실측면, 천장, 바닥, 대시보드, 창유리

② **열복사에 의한 부하** : 창유리를 통한 직사광선, 복사열, 방사열 등
③ **환기에 의한 부하** : 자연 환기(차체의 틈새에서 나오는 바람, 외풍), 강제 환기
④ 탑승자로부터의 발열(난방에서는 열원)
⑤ 보조 기구들에 의한 발생열(난방에서는 열원)

공기조화장치는 상기와 같은 열부하와 차 실내 환기 등을 고려하여 난방 및 냉방장치, 송풍장치, 청정기 및 환기장치, 유리창 디프로스트(성애 제거)장치들이 설치된다.

02 냉방장치(air conditioner)

1 냉방의 원리

가솔린이나 알코올과 같은 휘발성 액체가 피부에 닿으면 증발하며 이때 주위로부터 열을 빼앗아 가므로 시원함을 느끼게 된다. 즉, 액체가 기체로 변하는데 열(증발잠열)이 필요하며 이 열을 빼앗긴 주변은 냉각되게 된다(그림 5-1 참조).

냉방장치는 이러한 원리를 사용한 것으로 냉방을 하려면 저열원이 필요하며, 저열원으로는 암모니아, 프레온과 같은 냉매를 사용한다.

최근에는 프레온 가스에 의한 성층권의 오존층 파괴로 유해 자외선이 지구에 직접 도달하여 농작물의 피해, 피부암 발생 등의 피해를 저감시키기 위하여 새로운 냉매(R-134a)가 개발되어 사용되고 있다.

냉매를 사용하여 연속적으로 저열원을 얻기 위해서는 일단 기화한 냉매를 다시 액화할 필요가 있으며, 이러한 액화, 기화를 반복하는 방식으로 냉방을 시키게 되는데, 이를 냉동 사이클이라 한다.

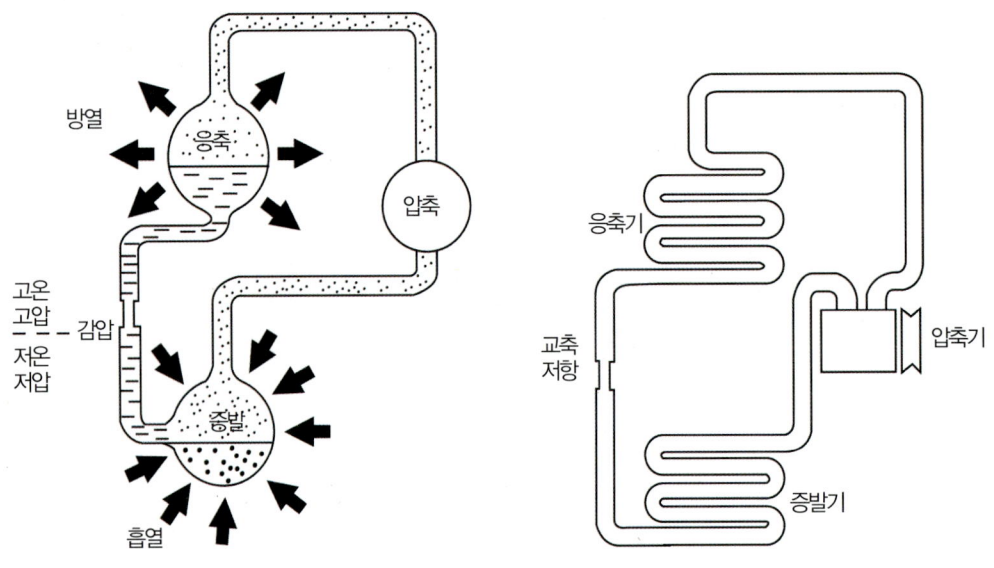

그림 5-1 냉방의 원리

2 냉방장치의 구성

그림 5-2는 자동차용 냉방장치의 구성을 나타내는 것으로 압축기(compressor), 응축기(condenser), 팽창밸브(expansion valve), 증발기(evaporator), 리시버드라이어(receiver drier) 등으로 구성되어 있다. 냉매가 필요하며, 냉동 사이클은 증발→압축→응축→팽창의 4가지 작용을 순환 반복한다.

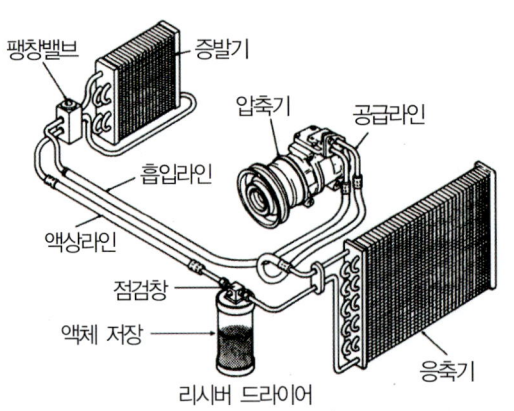

그림 5-2 자동차 냉방장치의 구성요소

(1) 냉매(refrigerant)

냉매란 냉동에서 냉동 효과를 얻기 위해 사용하는 물질이며, 최근에는 R-134a를 사용한다. 구비조건은 다음과 같다.

① 무색, 무취, 무미일 것
② 가연성, 폭발성 및 사람이나 가축에 무해할 것
③ 저온과 대기압 이상에서 증발하고 여름철 외부 온도의 저압에서도 액화가 쉬울 것
④ 증발잠열이 크고, 비체적이 적을 것
⑤ 임계온도가 높고, 응고점이 낮을 것
⑥ 화학적으로 안정되고, 금속의 부식성이 없을 것
⑦ 사용온도 범위가 넓을 것
⑧ 냉매가스의 누출을 쉽게 발견할 수 있을 것

(2) 압축기(compressor)

압축기는 증발기에서 저압 기체로 된 냉매를 고압으로 압축하여 응축기로 보내는 작용을 한다. 압축기의 종류에는 크랭크 방식, 사판 방식, 베인 방식 등이 있다.

(3) 마그넷 클러치(magnetic clutch)

마그넷 클러치는 에어컨 스위치의 ON신호에 의해 압축기를 구동하는 기구이며, 고정형은 풀리 안쪽에 있는 슬립링과 접촉하는 브러시를 통해 전류를 코일에 전달하는 방식으로, 최대한의 전자력을 얻기 위해 최소한의 에어갭이 있어야 한다. 그리고 회전형 클러치는 몸체의 축(shaft)을 중심으로 마그넷 코일이 설치되어 있는 방식이다.

(4) 응축기(condenser)

응축기는 라디에이터 앞쪽에 설치되며, 압축기로부터 오는 고온의 기체 냉매의 열을 대기 중으로 방출시켜 액체 냉매로 변화시킨다.

(5) 건조기(리시버 드라이어 : receiver-dryer)

① 액체 냉매 저장기능

② 냉매 수분 제거기능
③ 압력 조정기능
④ 냉매량 점검기능
⑤ 기포 분리기능

(6) 팽창밸브(expansion valve)

냉방장치가 정상적으로 작동하는 동안 냉매는 중간 정도의 온도와 고압의 액체상태에서 팽창밸브로 유입되어 오리피스밸브를 통과하여 저온·저압이 된다. 이 액체상태의 냉매가 공기 중의 열을 흡수하여 기체상태로 되어 증발기를 빠져나간다.

(7) 증발기(evaporator)

팽창밸브를 통과한 냉매가 증발하기 쉬운 저압으로 되어 안개상태의 냉매가 증발기 튜브를 통과할 때 송풍기에 의해서 불어지는 공기에 의해 증발하여 기체로 된다.

(8) 에어컨 라인압력 점검

① 장갑과 보안경을 착용한 상태에서 신냉매(R-134a) 매니폴드 게이지의 고압과 저압용 피팅 양쪽 핸드밸브를 시계방향으로 모두 잠그고 냉매가 유출되는 것을 방지한다.
② 매니폴드 게이지의 충전 호스를 에어컨 라인의 서비스 포트에 설치한다. 이때 파란색 저압 호스는 저압 정비구(상대적으로 두꺼운 냉매 파이프에 있는 점검구)에, 빨간색 고압 호스는 고압 정비구(상대적으로 가는 냉매 파이프에 있는 점검구)에 연결하고 호스 너트를 손으로 조인다.
③ 시동을 걸어 엔진을 워밍업시킨 후 실내 온도를 최저로 설정하고, 블로워 모터의 단수를 최고로 한 다음, 엔진 회전 수를 2,000rpm으로 유지시킨 상태에서 압축기가 작동했을 때의 고압값과 저압값을 측정한다.

3 냉방장치의 제어

자동차의 냉방장치가 그 기능을 충분히 발휘하여 차 실내를 쾌적한 상태로 유지하기 위해서는 온도와 바람의 강도를 조절하고, 조절된 바람이 기분 좋게 느껴지도록 취출구를 변환하는 것이 필요하다. 따라서 냉방장치의 기본 제어로는 온도 제어, 바람의 양 및 바람의 방향 제어, 압축기 제어 등이 있다.

(1) 온도 제어

자동차용 공조장치의 온도 제어에는 에어믹스 방식(air mix type)과 리히터 방식(reheater type)이 있으나 대부분 에어믹스 방식을 사용하고 있다.

에어믹스 방식은 히터코어로 재가열하는 바람의 양 배합을 조정하는 에어믹스 도어(air mix door)를 이용하여 요구하는 온도를 제어한다. 리히터 방식은 증발기를 통과한 냉각된 공기를 다시 히터코어를 거치게 하여 온도를 조절하는 방식으로, 온도 제어를 위한 온수 유량 제어밸브가 필요하다.

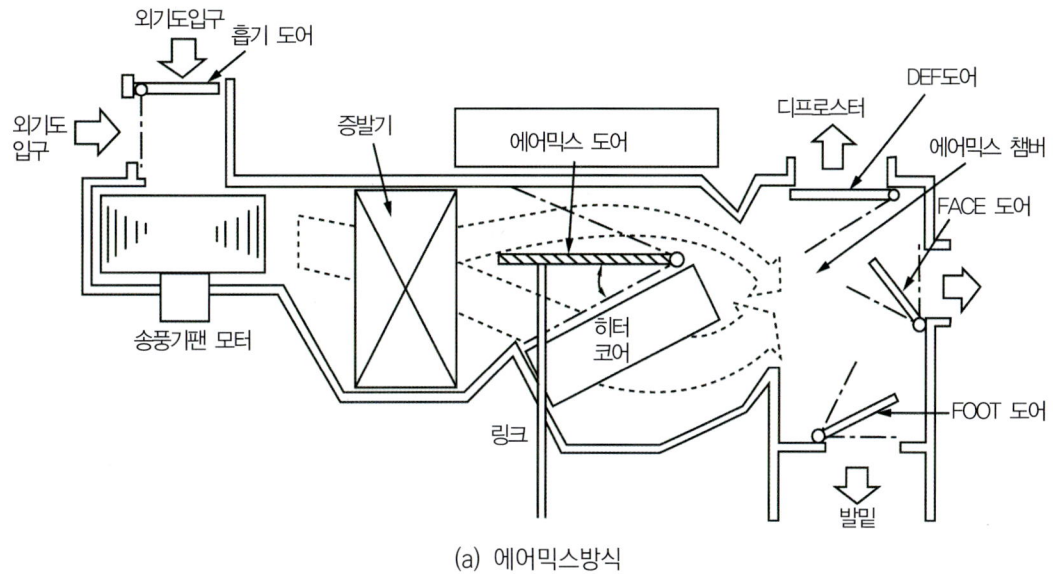

(a) 에어믹스방식

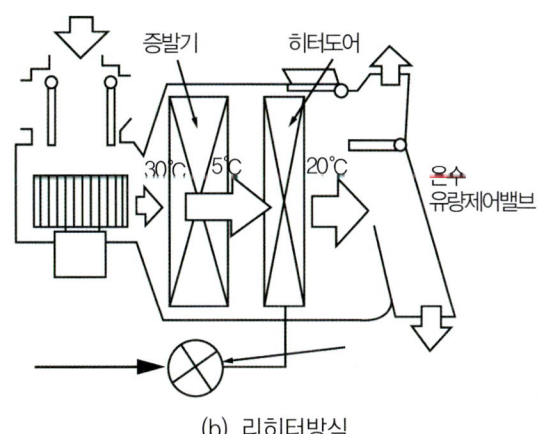

(b) 리히터방식

그림 5-3 에어컨의 온도 제어 방식

(2) 바람의 양 및 바람의 방향 제어

바람의 양 제어는 송풍기 팬의 회전 수를 제어하여 덕트로 나오는 바람의 세기를 조절하는 것으로, 저항변환 방식, 파워 트랜지스터 전압제어 방식, 파워 트랜지스터 PWM 제어(pulse width modulation control) 방식이 있다.

바람의 방향 제어는 각 취출구에서 최적의 공조 바람이 나올 수 있도록 제어하는 것으로 대시패널 내의 통풍 덕트에 장착된 여러 개의 도어(door)를 작동시킴으로써 이루어진다. 바람의 방향 및 바람의 양 배분의 결정 방법은 다음과 같다.

① 내·외기 모드(inside/outside mode) : 내기순환, 외기순환
② 페이스 모드(face mode) : 냉난방, 환기
③ 바이레벨 모드(bi-level mode) : 중간기
④ F모드(foot mode) : 냉난방
⑤ F/D모드(foot defrost mode) : 난방, 방무
⑥ DEF모드(defrost mode) : 서리제거, 안개제거

03 난방장치(heating system)

수랭식 엔진이 장착된 자동차용 난방장치는 엔진냉각수 열원을 이용한 온수식, 엔진의 배기열을 이용한 배기식, 독립된 연소장치를 가진 연소식이 있으며, 일부 국부적 난방을 위한 보조히터로 전기저항 발열을 이용한 전기식 등이 있다.

난방용 공기를 도입시키는 방법에 따라 외기식, 내기식, 내·외기 변환식으로 분류된다. 대부분의 자동차용 난방장치로는 온수식을 사용하고 있다. 그림 5-4는 온수식 난방장치의 냉각수회로 및 구성도를 나타내며, 구조는 히터유닛(heater unit), 송풍기, 냉각수 관로, 밸브, 공기 통로 등으로 구성되어 있다.

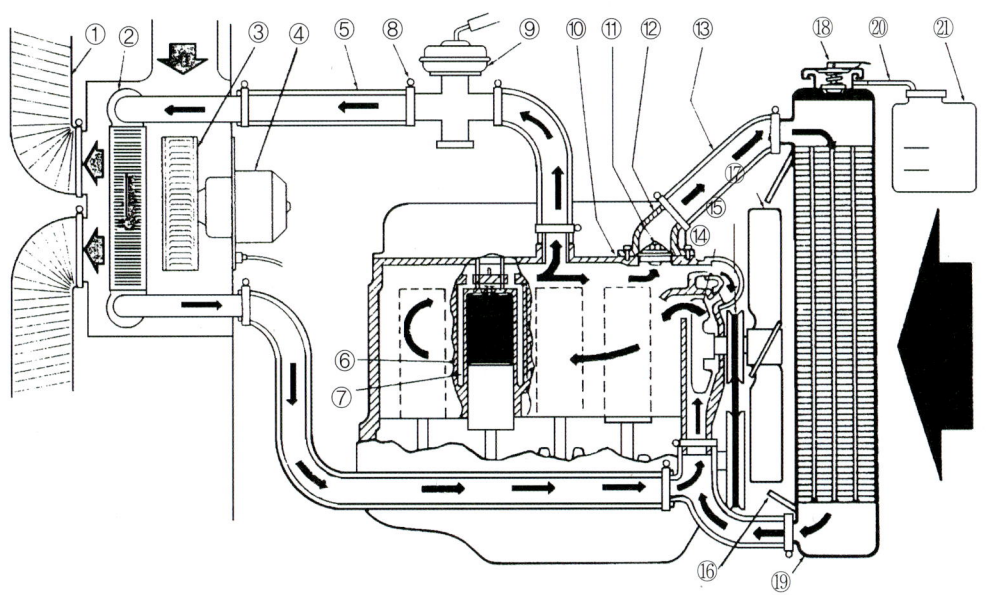

① 디프로스터 호스 ② 히터 코어 ③ 송풍기 ④ 전동기 ⑤ 히터 호스 ⑥ 물 재킷 ⑦ 연소실 ⑧ 클램프 ⑨ 히터 컨트롤밸브 ⑩ 수온조절기 개스킷 ⑪ 수온조절기 ⑫ 냉각수 ⑬ 라디에이터 호스 ⑭ 물 펌프 ⑮ 팬벨트 ⑯ 시라우드 ⑰ 냉각 팬 ⑱ 라디에이터 캡 ⑲ 라디에이터 ⑳ 오버플로 파이프 ㉑ 보조탱크

그림 5-4 온수식 난방장치의 구성요소 및 냉각수 이동

온수식 히터는 가열된 엔진 냉각수를 히터유닛으로 보내어 여기서 공기를 데운 다음, 데워진 공기를 송풍기로 차 실내와 디프로스터로 공급하여 난방을 시킨다.

1 히터유닛

히터유닛은 엔진의 물재킷으로부터 유입된 온수를 유닛 내부의 코어(core)를 통과하도록 되어 있고, 각 코어 사이에는 방열 효과를 높일 수 있는 방열편(corrugate fin)이 부착되어 있다. 히터코어 사이를 통과하여 더워진 공기는 실내 및 디프로스터에 보내진다.

2 송풍기(blower)

송풍기는 히터유닛에서 발생되는 열을 차 실내로 공급시킬 수 있도록 하는 것으로, 팬이 부착된 직류 직권 전동기를 사용하고 있다. 송풍기장치는 히터유닛과 일체로 되어 있는 일체형과 별도로 되어 있는 분리식이 있으나 분리식을 많이 사용하고 있다.

3 파이프 및 덕트(pipe & duct)

온수가 순환하는 파이프에는 온수량을 조절하거나 사용을 정지하기 위한 밸브가 설치되어 있다. 덕트는 외기 도입용, 디프로스터용, 실내 공급용 등으로 나뉘어져 있어 이들을 통과하는 공기량을 조절하거나 전환하기 위한 밸브가 설치되어 있다.

4 난방장치의 열부하

① **관류부하** : 차실 벽, 바닥 또는 창면으로부터의 이동
② **복사부하** : 직사광선에 의한 열
③ **승원(인원)부하** : 승객에 의한 발열
④ **환기부하** : 자연 또는 강제 환기

04 자동 냉난방장치(FATC : Full Automatic Temperature Control)

자동 냉·난방장치는 운전자가 컨트롤 패널의 온도 설정 버튼을 통해 원하는 온도를 설정하면 에어컨 (FATC) ECU가 엔진 ECU와 연계하여 각종 센서의 입력신호를 근거로 가장 쾌적한 공간을 조성하여 주는 장치이다. 회로의 고장 발생 시 컨트롤 패널의 조작으로 디스플레이창에 표시하는 자기진단 출력 자동차가 많았는데, 최근에는 통신의 발달로 자기진단기(스캐너)로 회로의 고장 코드 및 입·출력 데이터, 강제 구동 기능을 이용하여 정비에 활용할 수 있게 되었다.

그림 5-5 자동 냉난방장치 구조

1 입력신호

(1) 핀서모(pinthermo)센서

부특성 서미스터(NTC)를 사용하는 핀서모센서는 계속되는 냉방으로 증발기가 빙결되는 것을 예방하는 데 목적이 있다. 증발기 코어의 온도를 감지하여 약 0.5~1.0℃ 이하일 경우 A/C릴레이 출력 전원을 차단하여 압축기의 작동을 정지시키며, 약 3~4℃ 이상이 되면 다시 압축기의 구동을 위해 A/C 릴레이를 작동시킨다.

(2) 실내온도센서(in car sensor)

실내온도센서(NTC)는 에어컨 컨트롤 패널에 장착되며 자동차의 실내온도를 감지하여 에어컨 ECU에 전달한다. 자동모드 시 블로워모터 속도, 온도 조절 액추에이터 및 내·외기 전환 액추에이터의 위치를 보정해준다. 실내 공기의 온도를 정확히 측정하기 위하여 별도의 DC모터를 장착하거나 송풍기 작동 시 생기는 부압을 이용할 수 있도록 에어흡입관을 이용하기도 하는데, 센서가 감지하는 온도의 오차를 줄이고 실내의 온도를 정확히 검출하는 데 목적이 있으며, 최근에는 습도센서와 같은 곳에 장착된 경우도 많다.

(3) 외기온도센서(AMB sensor)

라디에이터 전면부에 장착되어 있으며, 외부 공기 온도를 측정하는 부특성 서미스터(NTC)가 내장되어 있어 온도가 올라가면 저항이 내려가고, 온도가 내려가면 저항이 올라가는 특성으로 온도를 감지한다. 에어컨 ECU에 전달되면 ECU는 토출 온도와 풍량이 운전자가 선택한 온도에 근접하도록 보정을 해주고, AMB 버튼을 눌렀을 때 외기온도를 컨트롤패널 디스플레이창에 표시하여 주는데, 최근에는 AQS센서와 일체형으로 장착되기도 한다.

(4) 냉각수온도센서

히터코어에 장착되어 있으며, 히터코어에 흐르는 냉각수의 온도를 감지하여 냉·난방장치 ECU로 전송하면, 설정 온도와 실내·외온도 차이를 비교하여 난방 가동 제어가 되도록 제어하는 부특성(NTC) 센서이다.

(5) 일사량센서(photo sensor)

포토센서라고 불리며 메인 크래시패드 중앙에 위치한다. 광기전성 다이오드를 내장하고 있어 별도의 센서 전원이 필요하지 않다. 발생되는 기전력에 따라 토출온도와 풍량이 선택한 온도에 근접할 수 있도록 보정해 준다. 자기진단을 통해 고장이 검출되지 않는 센서이기 때문에 작업등을 비추었을 때 약 0.8V의 기전력이 발생되면 센서는 정상이라고 판정한다.

그림 5-6 센서 위치

(6) 트리플압력 스위치(triple pressure switch)

트리플 스위치는 압축기와 팽창밸브 사이, 즉 고압라인에 설치되며 기존 듀얼압력 스위치(저압과 고압 스위치)에 MIDDLE 스위치를 포함한다. 듀얼압력 스위치에서 저압 스위치는 약 $2.1kg/cm^2$에서 스위치가 ON, $2.0kg/cm^2$에서 OFF되고, 고압 스위치는 $32kg/cm^2$에서 OFF, $26kg/cm^2$에서 ON되는데 저압과 고압의 스위치가 모두 ON이 되어야 압축기가 작동할 수 있는 조건이 된다.

냉매의 충전량이 부족하여 저압 스위치가 OFF되면 압축기의 작동이 멈추며, 압축기의 작동 중 고압 스위치가 OFF되면 압축기의 작동이 멈추도록 되어 있다. 고압측 냉매압력 상승 시 MIDDLE 스위치 접점이 ON되어 엔진 ECU로 작동신호가 입력되면 엔진 ECU는 냉각팬을 고속으로 작동시켜 냉매의 압력 상승을 방지한다.

(7) APT(automotive pressure transducer)센서

기존의 트리플압력 스위치를 대체하는 센서로서, 연속적으로 냉매의 압력을 감지하여 연비 향상과 더불어 변속감을 향상시켰다. 냉매압력에 따라 최적의 (압축기, 냉각팬) 제어를 위하여 엔진 ECU로 입력되며, 냉방장치가 정상적으로 작동 중일 때 약 2.5V 정도의 전압이 출력된다.

(8) AQS(air quality system)센서

NO(산화질소), NOx(질소산화물), SO_2(이산화황), $CxHy$(하이드로카본), CO(일산화탄소) 등 인체에 유해한 가스가 실내로 유입되지 못하도록 AQS센서가 범퍼 안쪽 응축기 부근에 설치되어, 공기 오염 시 내기모드로 전환되고 외부 공기가 청정하면 외기모드로 자동 전환되는 시스템이다. 오염 감지 시 약 5V, 오염 미감지 시 약 0V의 전압이 출력된다.

(9) 습도센서(humidity sensor)

실내 공기의 상대습도를 측정하여 자동차 내부의 온도에 따른 습도를 최적으로 유지하며, 저온에서 발생되는 유리 습기로 인한 운전 장애를 제거한다. 고분자 타입의 임피던스 변화형 센서를 사용하기 때문에 구조가 간단하고 신속한 응답성을 갖는다.

습도센서에 수분이 잔류하면 에어컨이 계속 작동할 수 있는 데 습도센서의 커넥터를 탈거하여 에어컨이 작동하지 않으면 전등이나 햇빛으로 센서를 말려준다. 습도량과 출력 주파수는 반비례 관계에 있으며 최근에는 실내온도센서와 같은 곳에 장착되기도 한다.

(10) 에어컨 스위치

A/C스위치를 누르면 신호가 에어컨 ECU로 입력되고 이는 다시 엔진 ECU로 전달되는데, 트리플압력 스위치 혹은 APT신호와 증발기의 온도센서의 조건이 만족될 때 엔진 ECU는 에어컨 릴레이에게 구동 명령을 내리게 된다.

Chapter 6 편의장치 정비

01 계기장치

계기장치는 운전 중 자동차의 주행상태를 나타내는 각종 정보를 운전자에게 알려, 자동차의 운전상황을 쉽게 판단하여 교통 안전을 도모하고 쾌적한 운전을 할 수 있도록 유도하는 장치로서, 속도계, 수온계, 연료계, 유압계 등이 있다. 계기장치에 의한 정보표시 방법으로는 아날로그 방식과 디지털 방식이 있다.

1 속도계

속도계에는 자동차의 주행속도를 1시간당의 주행거리(km/H)로 나타내는 속도 지시계와 전체 주행거리를 표시하는 적산계 두 부분으로 되어 있으며, 수시로 0으로 되돌릴 수 있는 구간거리계를 설치한 것도 있다. 그리고 속도계는 변속기 출력축에서 속도계 구동 케이블을 통하여 구동된다.

2 회전속도계(tachometer)

(1) 발전식 회전속도계

점화신호를 검출하기 어려운 디젤엔진 사동차에 사용되며, 엔진의 구동축에 의하여 로터가 회진하게 되면 스테이터 코일에는 엔진의 회전 수에 비례하는 교류전압이 유도 → 출력된 교류전압을 전파 정류하여 가동 코일형의 미터부에 보내면 엔진의 회전 수를 나타낼 수 있게 된다.

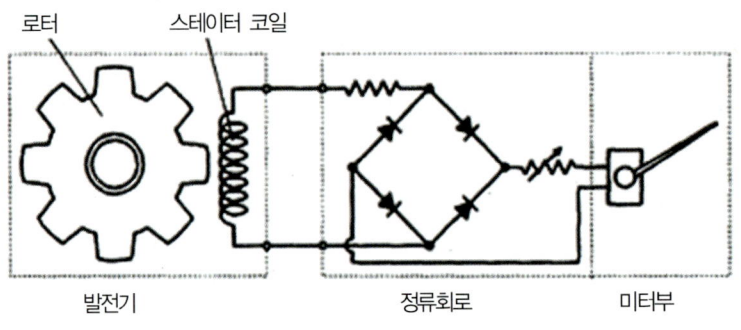

그림 6-1 발전식 회전속도계

(2) 펄스식 회전속도계

점화신호를 펄스신호로 변환하여 엔진의 회전 수를 나타낸다. 구동케이블 등의 부속품을 필요로 하지 않아 전자제어 점화 방식이 사용되고 있는 가솔린엔진용 회전속도계로서 가장 널리 사용되고 있다.

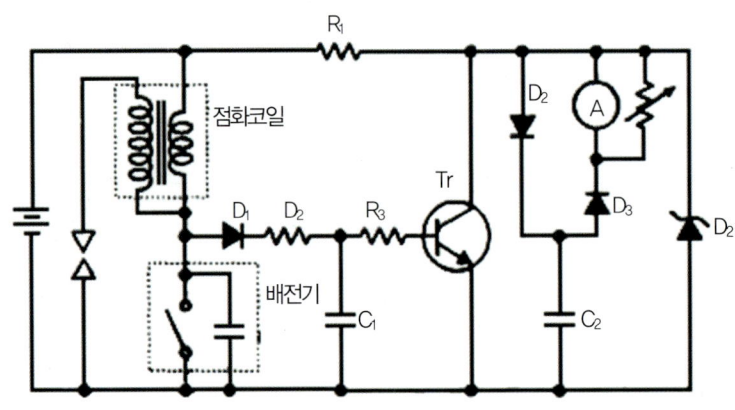

그림 6-2 펄스식 회전속도계 회로도

3 유압계 및 유압 경고등

유압계는 엔진의 윤활회로 내의 유압을 측정하기 위한 계기이며, 유압 경고등은 윤활회로에 이상이 있으면 경고등을 점등하는 방식이다. 유압계의 종류에는 부든튜브 방식(bourdon tube type), 평형 코일 방식, 바이메탈 방식(bimetal type) 등이 있다.

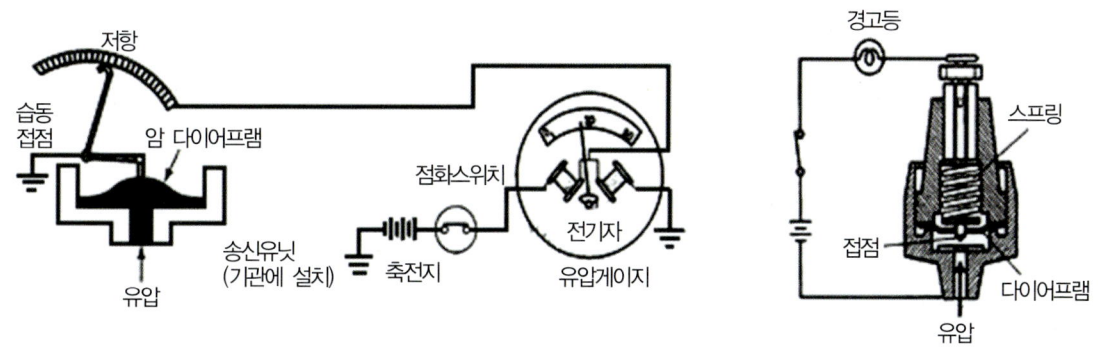

그림 6-3 유압계 및 유압 경고등

4 온도계(수온계)

온도계는 실린더헤드 물재킷 내의 냉각수온도를 표시하는 것이다. 온도계의 종류에는 부든튜브 방식, 밸런싱(평형) 코일 방식, 서모스탯 바이메탈 방식, 바이메탈 저항 방식 등이 있다.

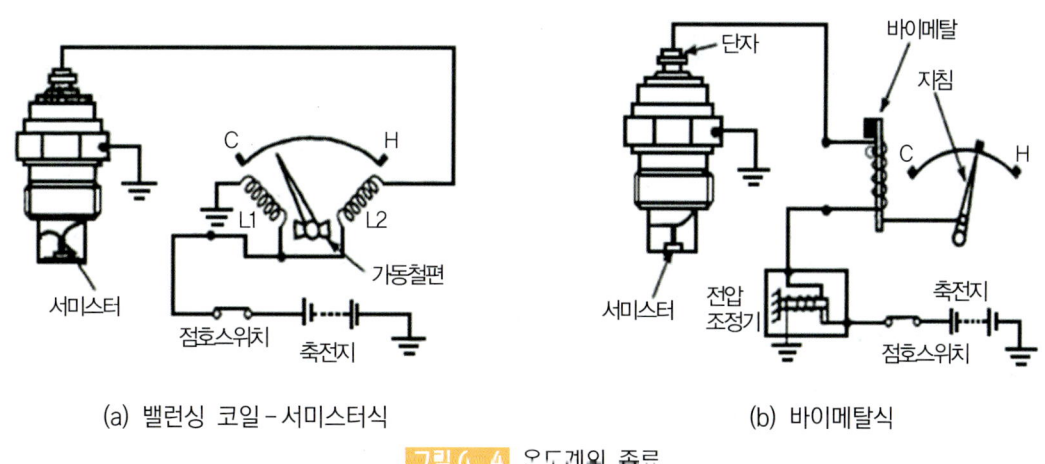

(a) 밸런싱 코일 – 서미스터식 (b) 바이메탈식

그림 6-4 온도계의 종류

5 연료계

연료계는 연료탱크 내의 연료 보유량을 표시하는 계기이며, 일반적으로 전기 방식을 사용한다. 연료계에는 계기 방식인 평형 코일 방식, 서모스탯 바이메탈 방식, 바이메탈 저항 방식과 연료면 표시기 방식이 있다.

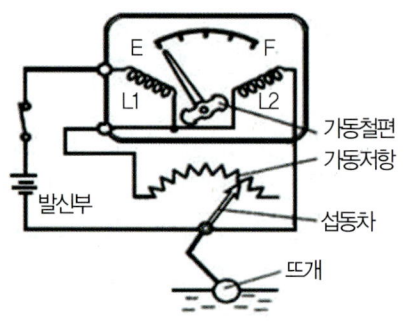 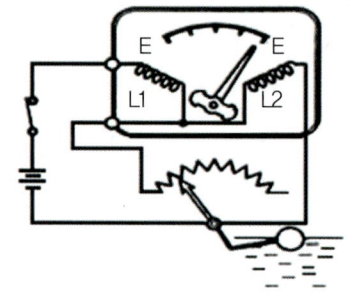

(a) 연료가 적을 때 (b) 연료가 많을 때

그림 6-5 코일 가변저항식 연료계

6 전류계와 충전 경고등

전류계는 축전지의 충·방전상태와 크기를 알려주는 계기이며, 영구자석과 전자석으로 조립되어 있다. 충전 경고등은 경고등의 점멸상태로 충·방전상태를 표시한다. 충전 계통이 정상이면 소등되고, 이상이 발생하면 점등된다.

7 전자 디스플레이 방식의 계기판의 특징

① 음극선관(CRT)은 전자빔의 원리로 작동하며, 동작전압은 수 kV이다.
② 플라스마(PD)는 충돌이온으로 가스를 방전시키는 원리를 이용한 것으로 동작전압은 200V 정도이다.
③ 발광다이오드(LED)는 반도체의 PN접합의 순방향에서 전하의 재결합원리를 응용한 것으로, 동작전압은 2~3V로 낮으며 적, 황, 녹, 오렌지색 등 다양한 색깔을 나타낸다.

02 편의장치

1 에탁스(ETACS; electronic, time, alarm, control, system)

(1) 에탁스의 기능

에탁스는 자동차 전기장치 중 시간에 의하여 작동되는 장치와 경보를 발생시켜 운전자에게 알려주는 장치 등을 종합한 장치라 할 수 있다. 제어되는 기능은 다음과 같다.

① 와셔연동 와이퍼 제어

② 간헐와이퍼 및 차속감응 와이퍼 제어

③ 점화 스위치 키 구멍 조명 제어

④ 파워윈도우 타이머 제어

⑤ 안전벨트 경고등 타이어 제어

⑥ 열선 타이머 제어(사이드 미러 열선 포함)

⑦ 점화 스위치 회수 제어

⑧ 미등 자동소등 제어

⑨ 감광방식 실내등 제어

⑩ 도어 잠금 해제 경고 제어

⑪ 자동 도어 잠금 제어

⑫ 중앙 집중방식 도어 잠금장치 제어

⑬ 점화 스위치를 탈거할 때 도어 잠금(lock)/잠금 해제(unlock) 제어

⑭ 도난경계 경보 제어

⑮ 충돌을 검출하였을 때 도어 잠금/잠금 해제 제어

⑯ 원격 관련 제어

 ㉠ 원격시동 제어

 ㉡ 키리스(keyless) 엔트리 제어

 ㉢ 트렁크 열림 제어

 ㉣ 리모컨에 의한 파워윈도우 및 폴딩 미러 제어

(2) 에탁스 입·출력신호 종류

전장제어 ECU 관련 기능의 작동불량 시 전장 제어 ECU 자체의 단품의 고장보다는 입·출력요소의 고장률이 훨씬 높다. 따라서 입력과 출력에 관여하는 스위치 및 액추에이터의 감지전압 및 작동 전압레벨, 액추에이터는 언제 구동되는지 등의 사전 지식을 가지고 있어야 한다. 회로도를 완벽하게 이해하며 회로도를 참고하여 고장을 추적하는 습관을 가져야 한다.

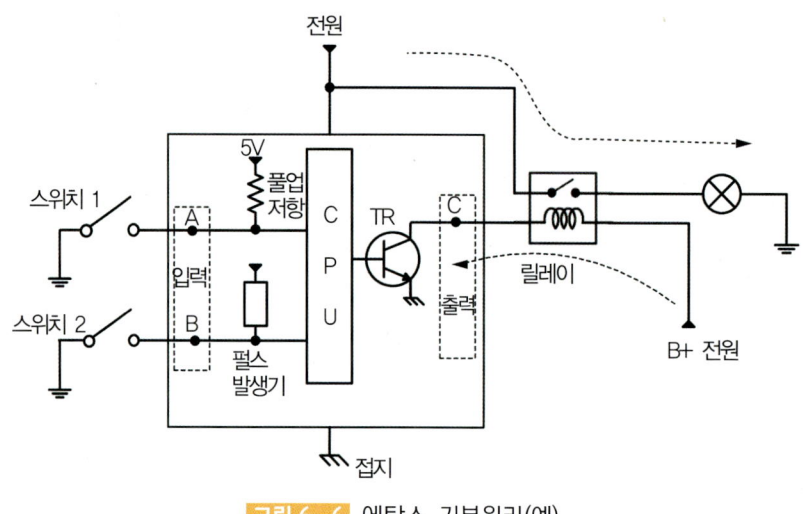

그림 6-6 에탁스 기본원리(예)

최근에는 전장제어 ECU의 입력 스위치를 감지하기 위하여 출력하는 5V 신호가 정전압 방식에서 스트로브 방식으로 바뀌었다.

2 편의장치 기능 및 특성 제어

(1) 점화 키홀 조명 제어

① 점화 키 OFF상태에서 운전석 도어를 열었을 때 키홀 조명은 점등된다(T1 = ma).
② 키홀 조명이 점등된 상태로 운전석 도어를 닫을 경우 키홀 조명은 10초간 ON상태로 유지 후 소등된다.
③ 키홀 조명 제어 중 점화키가 ON되면 키홀 조명을 즉각 OFF한다.

(2) 감광식 룸램프 제어

① 도어 열림 시 실내등을 점등한다.
② 도어 닫힘 시 즉시 75% 감광 후 서서히 5~6초 후에 완전히 소등한다.
③ 도어 스위치 ON 시간이 0.1초 이하인 경우에는 감광동작을 하지 않는다.
④ 감광 동작 중 점화키 ON시 즉시 감광동작은 저지된다.

(3) 열선 제어

① 발전기 L단자에서 12V 출력 시 열선 스위치를 누르면 열선 릴레이를 15분간 ON한다.

② 열선 작동 중 열선 스위치를 누르면 열선 릴레이는 OFF된다.

③ 열선 작동 중 발전기 L단자의 출력이 없을 경우에도 열선 릴레이는 OFF된다.

(4) 파워윈도우 타이머 제어

① 점화 스위치가 ON되면 파워윈도우 릴레이를 즉시 ON하여 시스템에 전원을 공급한다.

② 점화 스위치가 OFF되면 일정 시간동안(30s) 릴레이 출력을 유지하므로 점화 스위치 OFF 상태에서도 파워윈도우가 작동된다.

③ 타이머 제어 중 운전석 또는 조수석 도어가 열리면 출력은 즉시 OFF되나 차종에 따라 30초간 연장되는 자동차도 있다(30초 연장 자동차).

(5) 파워윈도우 세이프티 기능

파워윈도우장치는 자동차 도어에 설치된 윈도우를 모터를 이용하여 여닫는 장치이다.

운전석 오토-업 기능 구동 중 물체의 끼임 발생 시 세이프티 기능을 수행한다. 윈도우 동작 시 발생하는 펄스로 윈도우의 위치를 파악하고 이 조건으로부터 물체 감지 및 힘을 계산하여 반전 여부를 판단한다. 운전석에서 모든 윈도우를 통제할 수 있고 각 위치의 윈도우 스위치를 이용해서 윈도우를 여닫을 수 있다. 윈도우가 올라가는 중 최대 100N의 힘이 윈도우에 가해지기 전에 끼임 발생을 판단하여 세이프티 기능을 수행한다.

(6) 오토 도어록 제어

자동도어의 잠금 조작기구에는 모터나 솔레노이드를 이용한 파워 도어 잠금장치가 있다. 1회의 스위칭으로 전 도어의 잠금(lock)이나 풀림(unlock)이 가능하게 한다. 그리고 설정 차속 이상이 되었을 때 자동으로 전 도어를 잠그게 하고 있다.

① 차속이 40km/h 이상의 상태를 2~3초 이상 계속 유지하고 전 도어 중 하나라도 언록상태일 경우 도어록 릴레이를 ON한다.

② 40km/h 이상에서 오토 도어록 제어 중 언록이 감지되면 2~3초 후 다시 도어록 릴레이를 ON한다.

③ 만역 계속해서 언록이 감지되면 0.5초 ON/OFF 주기로 3회 동안 도어록 릴레이를 ON하며 3회 작동 중 록신호가 감지되면 즉시 출력을 멈춘다.

(7) 중앙집중식 잠금 제어

① 운전석 도어 모듈의 도어 록/언록 스위치에 의한 작동은 모든 차종이 동일하다.
② 운전석/조수석 도어 노브에 의한 록/언록은 도난방지시스템 미적용 자동차는 차종에 관계없이 모두 록/언록된다. 도난방지 적용 자동차는 록은 작동되나 언록은 작동되지 않는다.
③ 운전석/조수석 도어키에 의한 록/언록은 차종에 관계없이 모두 록/언록된다.

(8) 리모트 도어(remote door)

이 장치는 도어의 잠김/풀림을 키 실린더에 키를 삽입하지 않고 원격조작으로 작동시키는 장치이다. 리모트 키로부터 미약 전파를 발신시켜 자동차 안테나에서 수신하고 ECU가 수신 코드를 식별하여 도어 개폐용 액추에이터(솔레노이드 또는 모터)를 작동시킨다.

송신기로부터 식별코드 신호가 FM 변조 방식에 따라 발신된 후 자동차 안테나로 수신되어 수신기에서 코드 식별한 후 액추에이터를 작동시켜 도어를 개폐시키도록 되어 있다.

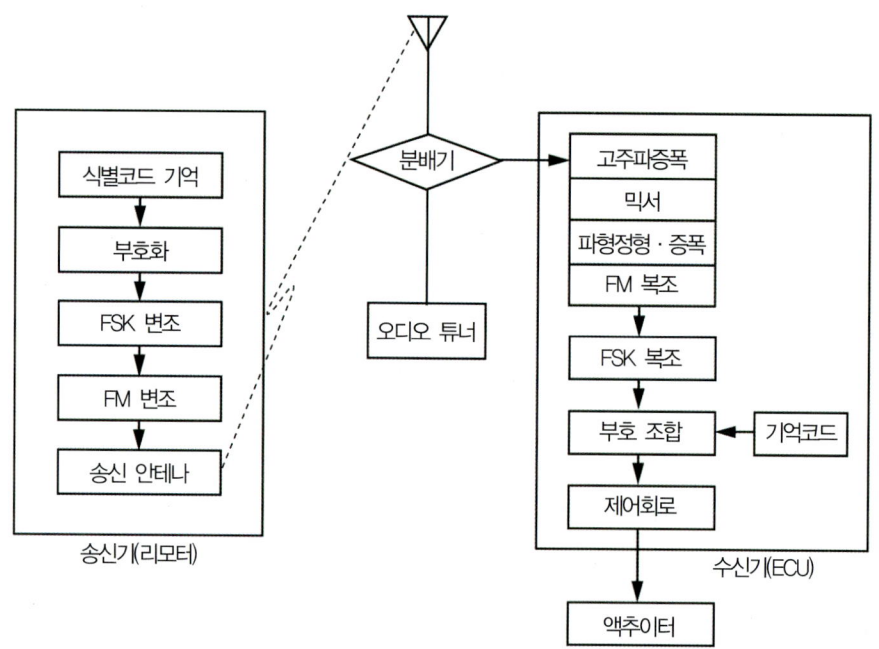

그림 6-7 리모트 도어 송수신 신호처리 다이어그램

(9) 간헐와이퍼 제어

① 점화키 ON 시 인트 스위치를 작동시키면 T1 후에 와이퍼 릴레이를 ON한다.
② 간헐와이퍼 작동 중 와이퍼가 재작동하는 주기는 인트 볼륨 설정에 따라 T3 시간만큼 차이가 발생한다.

(10) 오토 라이트(auto light)

오토 라이트는 주위의 밝기에 따라 변환되는 조도센서 내의 광전변환 소자인 CdS(황화카드뮴)를 이용하여 미등(small lamp)과 전조등(head lamp)을 자동적으로 점등 및 소등을 시키는 장치이다. 이 장치는 전조등 스위치가 오토(auto) 위치에 있을 때 작동하게 되며, 조도센서는 앞유리창 아래쪽에 설치되어 주위의 밝기에 따라 어두워지면 저항값이 커지고, 밝으면 저항값이 작아지는 특성이 있다. 즉, CdS 양단전압은 어두울 때 크고, 밝을 때 작게 되며, 이 전압 변화를 이용하여 램프를 점등하거나 소등하게 된다. 제어 릴레이 내부에는 미등회로와 전조등회로를 구성하는 2개의 비교기가 있어 CdS의 전압과 각 회로의 기준전압을 비교한다. CdS전압이 클 경우에는 회로가 ON상태가 되어 램프가 점등하고, 작을 경우에는 OFF상태가 되어 램프는 소등하게 된다. 2개의 비교기는 각기 다른 전압값으로 작동하여 약간 어두울 때는 미등이 점등되고, 이보다 더 어두워지면 전조등도 동시에 점등한다. 소등할 때에는 점등할 때보다 약간 더 밝은 시점에서 소등되도록 조정되어 있다.

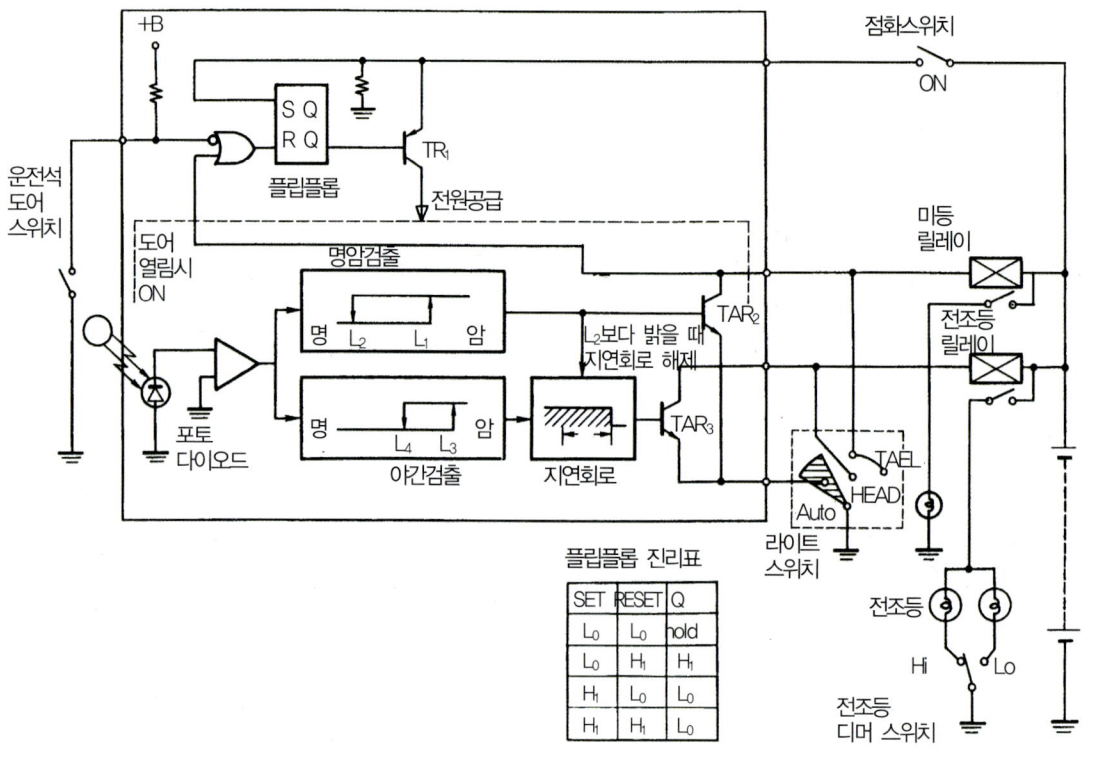

그림 6-8 오토 라이트 원리

야간에 전조등이 점등된 상태에서 가로등과 같은 밝은 곳을 주행할 경우에는 순간적으로 밝은 빛에 의해 전조등이 소등될 수 있으므로, 콘덴서나 지연회로를 이용하여 전조등이 계속 점등되도록 하고 있다.

03 BCM(Body Control Module)

바디 컨트롤 모듈(Body Control Module, A)은 차속 감응형 간헐 와이퍼, 와셔 연동 와이퍼, 리어 열선 타이머, 시트 벨트 경고등, 감광식 룸램프, 오토라이트 컨트롤, 센트럴 도어 록/언록, 오토 도어록, 키 리마인더, 점화키 홀 조명, 윈드 쉴드 글라스 열선 타이머, 파워윈도우 타이머, 도어 열림 경고, 미등 자동 소등, 크래쉬 도어 언록, 시큐리티 인디게이터, 파킹 스타트 경고, 모젠 통신, 무선 도어 잠금 및 도난 경보 기능 등을 자동 컨트롤하는 시스템으로, 수많은 스위치신호를 입력받아 시간 제어(TIME) 및 경보 제어(ALARM)에 관련된 기능을 출력·제어하는 장치이다. 바디 컨트롤 고장 발생 시 고장 원인에 대한 자기진단 기능을 수행하며, 강제 구동 모드 설정으로 임의의 입력으로 출력을 검사할 수 있다.

1 근접 경고 시스템(back sonar system)

근접 경고 시스템은 약 40KHz의 초음파를 이용하여 자동차가 전·후진할 때 사각에 위치한 장애물의 거리와 위치를 램프나 경고음으로 운전자에게 알리는 장치로서, 초음파 송신기 및 수신기, 컨트롤 유닛, 경고등 또는 디스플레이부로 구성되어 있다. 초음파 송신기 및 발신기는 전, 후 범퍼 내에 각각 2개 이상씩 장착되어 있다.

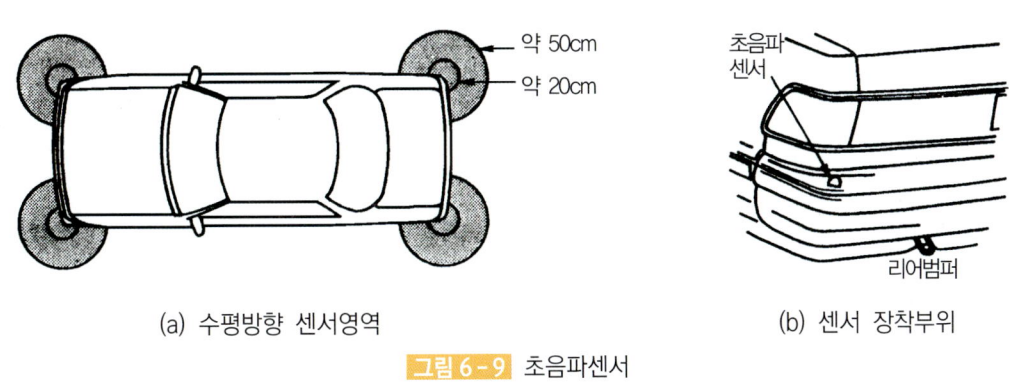

(a) 수평방향 센서영역   (b) 센서 장착부위

그림 6-9 초음파센서

2 초음파센서(송수신기)

초음파 송수신기는 형상은 같으나 초음파 마이크로폰 특성이 다르다. 초음파 마이크로폰은 전계를 가하면 기계적 변형을 발생시키는 피에조 압전 소자를 사용하며, PZT($PbZrO_3$ － $PbTiO_3$: 질콘 － 티탄산납)라 부른다.

PZT 자기(磁器)에 교류전압을 인가하면 어느 주파수에서 진동을 발생시키며, 반대로 기계적인 진동을 발생시키면 어느 진동수의 교류전압을 발생시키므로 수신기로 사용된다. 송신기로부터 일정 주파수(매 초당 약 15회)의 초음파를 발사시키고 초음파가 장해물에 도달하여 반사될 때까지의 시간을 계측하면 장해물까지의 거리를 계산할 수 있다.

3 감지영역 및 경고

초음파센서는 전·후 범퍼면에 설치되어 있으며 센서를 중심으로 거의 반구 범위의 영역을 감지할 수 있다. 장애물까지의 거리 표시는 몇 단계(예 0.5m 이내, 0.5~1m, 1~2m)로 나누어 경고등 및 부저로 운전자에게 알려주도록 하고 있다.

장애물과의 거리가 약 50cm가 되면 표시등을 점등시킴과 동시에 일정 간격으로 부저를 울리며 20cm 이내로 되면 연속적으로 부저를 울린다.

4 내비게이션 시스템(navigation system)

내비게이션(항법) 시스템은 항공기나 선박과 같은 이동 물체가 어떤 목적지까지 안전하게 도달할 수 있도록 현재의 자기 위치를 측정하고, 이동속도 등의 정보로 최적의 경로를 결정하여 운행할 수 있도록 하는 것을 말한다. 내비게이션 기술은 선박이나 항공기의 운항기술 분야에서 발전되어 현재 자동차에까지도 응용되었다.

자신의 위치를 파악하기 위한 내비게이션 방법으로는 태양과 별을 이용한 천문항법과 위성을 이용한 전파항법이 있으나, 현재는 악천후에 관계없는 전파항법을 사용하고 있다.

전파항법이란 2개소 이상의 전파 발신원으로부터 전파를 수신하여 전파의 도달 시간차, 위상차, 도플러 쉬프트 등에 의해 전파 발신원으로부터의 거리를 계산하여 현재의 위치를 파악하는 기술이다. 자동차에 적용되는 내비게이션으로는 GPS 방식과 비콘(beacon) 방식이 있다.

5 IMS(Integrated Memory System, 시트 메모리 유닛)

운전자가 설정한 운전석 시트와 핸들의 위치를 포지션센서에 의해 시트 및 틸트 & 텔레스코프 컨트롤 유닛에 기억시켜 시트와 핸들의 위치가 변해도 IMS 컨트롤 스위치 및 리모컨으로 운전자가 설정한 위치에 복귀되도록 하는 장치이다. 이를 재생 동작이라고 한다.

파워시트 컨트롤 유닛과 파워윈도우간에는 CAN 통신을 행한다. 안정상 주행 시의 재생 동작을 금지하고 있으며, 재생 동작을 긴급 정지하는 기능도 가지고 있다.

6 버튼 엔진 시동시스템

버튼 엔진 시동시스템은 운전자에게 기존 기계식 키를 이용하는 대신 간단하게 시동 버튼(SSB, Start

Stop Button)을 누름으로써 자동차의 시동을 거는 장치이다.

이것은 특정 작업 없이도 스티어링 컬럼(ESCL, Electronic Steering Column Lock) 잠금과 해제를 실행한다. 만일 운전자가 브레이크를 밟고 SSB를 누르면 FOB 키 인증 및 전송 상태는 충족되게 되고, 버튼 엔진 시동시스템(BES) 스티어링 컬럼 잠금/해제 기능, 단자 스위치 제어 그리고 엔진 크랭킹 등을 진행하게 된다.

이모빌라이저 인증 후에 시스템은 스타터 모터를 작동할 것이고 스타터 해제를 위한 엔진 작동 상태를 확인하기 위해 EMS와 통신을 하게 된다. 자동차를 멈춘 상태에서 SSB 버튼을 한 번 누르면 엔진은 꺼진다. 만일 엔진이 작동 중일 경우에 자동차 시동을 끄고 싶을 때는 SSB 버튼을 길게 누르거나 3회 연속 누르면 시동이 꺼지게 된다. 그리고 SSB 버튼을 누르는 것이 감지되거나 유효 FOB 키가 인증된 동안에 엔진 크랭킹 조건이 충족되지 않았다면, 자동차 전원 상태를 IGN ON상태로 변경한다.

버튼 엔진 시동시스템의 구성은 스마트키 유닛, 전원 공급 모듈(PDM: Power Distribution Module), FOB 키홀더, 외장 리시버, 단자 및 스타터 릴레이, 시동 정지 버튼(SSB: Start Stop Button), 전자식 스티어링 컬럼 록(ESCL: Electronic Steering Column Lock), EMS(Engine Management System) 등으로 구성되어 있다.

7 이모빌라이저(Immobilizer)시스템

이모빌라이저시스템은 스마트키 방식과 전자칩이 들어있는 트랜스폰더 키(transponder key) 방식이 있으며, 기계적인 일치뿐만 아니라 무선으로 이루어진 암호 코드가 일치할 경우에만 시동이 걸리는 도난 방지시스템이다. 따라서 자동차에 입력되어 있는 암호와 시동키에 입력된 암호가 일치해야만 시동이 걸리게 되므로 해당 자동차의 고유키가 아니면 연료 공급이 차단되어 시동이 걸리지 않는다.

Chapter 7 출제예상문제

01 전기전자 공학

01
전류의 작용을 바르게 표시한 것은?

① 발열 작용, 화학 작용, 자기 작용
② 발열 작용, 물리 작용, 자기 작용
③ 발열 작용, 유도 작용, 자기 작용
④ 발열 작용, 저항 작용, 자기 작용

> 전류의 3대 작용에는 발열 작용, 화학 작용, 자기 작용이 있다.

02
전류의 자기 작용을 응용한 예를 설명한 것으로 틀린 것은?

① 스타터모터의 작용
② 릴레이의 작동
③ 시거라이터의 작동
④ 솔레노이드의 작동

> 시거라이터, 전구, 예열플러그 등에는 발열 작용을 이용한다.

03
전기저항의 설명으로 틀린 것은?

① 전자가 이동 시 물질 내의 원자와 충돌하여 발생한다.
② 원자핵의 구조, 물질의 형상, 온도에 따라 변한다.
③ 크기를 나타내는 단위는 옴(Ohm)을 사용한다.
④ 도체의 저항은 그 길이에 반비례하고 단면적에 비례한다.

> 도체의 저항은 그 길이에 비례하고 단면적에 반비례한다.

04
물체의 전기저항 특성에 대한 설명 중 틀린 것은?

① 단면적이 증가하면 저항은 감소한다.
② 온도가 상승하면 전기저항이 감소하는 효과를 NTC라 한다.
③ 도체의 저항은 온도에 따라서 변한다.
④ 보통의 금속은 온도상승에 따라 저항이 감소된다.

> 물체의 전기저항의 특성은 ①, ②, ③항 이외에 보통의 금속은 온도상승에 따라 저항이 증가하나 반도체는 감소한다.

정답 01 ① 02 ③ 03 ④ 04 ④

05

그림에서 24V의 축전지에 저항 $R_1 = 2Ω$, $R_2 = 4Ω$, $R_3 = 6Ω$을 직렬로 접속하였을 때 흐르는 A의 전류는?

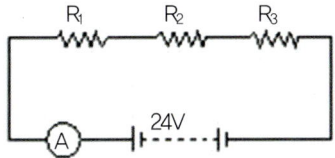

① 1[A]　　　　② 2[A]
③ 3[A]　　　　④ 4[A]

> ① 직렬 합성저항
> $R = R_1 + R_2 + R_3 + \cdots + R_n$
> $= 2Ω + 4Ω + 6Ω = 12Ω$
> ② $I = \dfrac{E}{R} = \dfrac{24V}{12Ω} = 2A$
> ・I : 전류
> ・E : 전압
> ・R : 저항

06

회로의 합성저항은 몇 Ω인가?

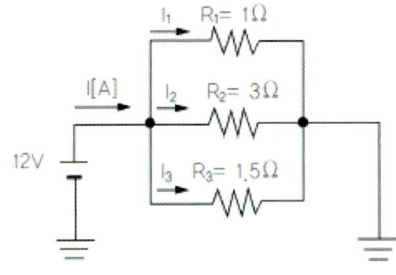

① 0.1Ω　　　　② 1Ω
③ 0.5Ω　　　　④ 5Ω

> 병렬 합성저항
> $\dfrac{1}{R} = \dfrac{1}{R_1} + \dfrac{1}{R_2} + \dfrac{1}{R_3} + \cdots + \dfrac{1}{R_n}$ 에서
> $= \dfrac{1}{1} + \dfrac{1}{3} + \dfrac{1}{1.5} = \dfrac{6}{3}$ ∴ $R = \dfrac{3}{6} = 0.5Ω$

07

"회로 내의 어떠한 점에 유입한 전류의 총합과 유출한 전류의 총합은 같다"에 해당되는 법칙은?

① 뉴턴의 제1법칙
② 옴의 법칙
③ 키르히호프의 제1법칙
④ 줄의 법칙

08

전력 P를 잘못 표시한 것은? (단 E : 전압, I : 전류, R : 저항)

① $P = E \cdot I$　　　　② $P = I^2 \cdot R$
③ $P = E^2/R$　　　　④ $P = R^2/E$

> 전력산출 공식에는 $P = E \cdot I$, $P = I^2 \cdot R$, $P = E^2/R$가 있다.

정답　05 ②　06 ③　07 ③　08 ④

09

전압 12V, 출력전류 50A인 자동차용 발전기의 출력(용량)은?

① 144W   ② 288W
③ 450W   ④ 600W

> $P = EI$ = 12V × 50A = 600W
> - P : 전력
> - E : 전압
> - I : 전류

10

그림과 같이 12V–12W의 전구 2개를 병렬로 연결할 때 전류계 A에 흐르는 전류는?

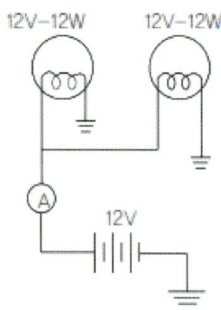

① 1A   ② 2A
③ 3A   ④ 4A

> $P = EI$ 에서 $I = \dfrac{P}{E} = \dfrac{12W \times 2}{12V} = 2A$

11

14V 축전지에 연결된 전구의 소비전력이 60W이다. 축전지의 전압이 떨어져 12V가 되었을 때 전구의 실제 전력은?

① 3.27W   ② 25.5W
③ 30.2W   ④ 44.1W

> ① $R = \dfrac{E^2}{P} = \dfrac{14^2}{60} = 3.26\,\Omega$
>
> ② $P = \dfrac{E^2}{R} = \dfrac{12^2}{3.26} = 44.1W$

12

그림과 같은 회로에서 가장 적합한 퓨즈의 용량은?

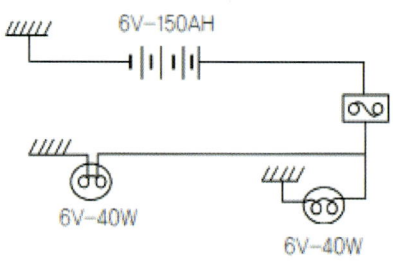

① 10A   ② 15A
③ 25A   ④ 30A

> $I = \dfrac{P}{E} = \dfrac{40+40}{6} = 13.3A$. 따라서 15A의 퓨즈를 사용한다.

정답 09 ④ 10 ② 11 ④ 12 ②

13

그림의 회로에서 전압이 12V이고, 저항 R_1 및 R_2가 각각 3Ω이라면 A에 흐르는 전류는?

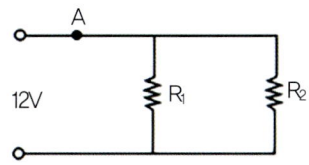

① 2A ② 4A
③ 6A ④ 8A

 ① 병렬회로이므로 합성저항
$$\frac{1}{R} = \frac{1}{R_1} + \frac{1}{R_2} = \frac{1}{3} + \frac{1}{3} = \frac{2}{3}$$
따라서 $R = \frac{3}{2} = 1.5Ω$
② $I = \frac{E}{R} = \frac{12V}{1.5Ω} = 8A$

14

다음 회로에서 전류(I)와 소비전력(P)은?

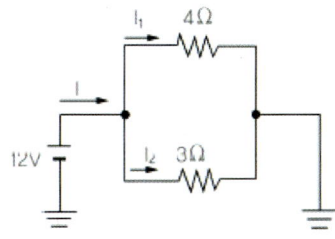

① I = 0.58[A], P = 5.8[W]
② I = 5.8[A], P = 58[W]
③ I = 7[A], P = 84[W]
④ I = 70[A], P = 840[W]

 ① $\frac{1}{R} = \frac{1}{4} + \frac{1}{3} = \frac{7}{12}$ ∴ $R = \frac{12}{7}Ω$
② $I = \frac{E}{R} = \frac{12 \times 7}{12} = 7A$
③ P = EI = 12V × 7A = 84W

15

축전기에 12V의 전압을 인가하여 0.00003C의 전기량이 충전되었다면 축전기의 용량은?

① 2.0μF ② 2.5μF
③ 3.0μF ④ 3.5μF

 $C = \frac{Q}{V} = \frac{0.00003C}{12V} = 0.0000025F = 2.5μF$
• C : 축전기 용량
• Q : 축적된 전하량
• V : 가한 전압

16

12V - 0.3μF, 12V - 0.6μF의 축전기를 병렬로 접속했다. 두 개의 축전기에는 얼마의 전기량이 축전되는가?

① 0.9μC   ② 10.8μC
③ 13.3μC ④ 60μC

축전기 병렬접속의 전기량
$C = C_1 + C_2 + C_3 + \cdots + C_n$
= 0.3μF + 0.6 + F = 0.9μC

정답 13 ④ 14 ③ 15 ② 16 ①

17

기전력 2V이고 내부저항 0.2Ω의 전지 10개를 병렬로 접속했을 때 부하 4Ω에 흐르는 전류는?

① 0.333A ② 0.498A
③ 0.664A ④ 13.64A

$I = \dfrac{E}{\dfrac{r}{N}+R} = \dfrac{2}{\dfrac{0.2}{10}+4} = 0.498A$

- I : 저항에 흐르는 전류
- E : 기전력
- r : 내부저항, N : 전지의 개수
- R : 부하의 저항

18

기전력 2.8V, 내부저항이 0.15Ω인 전지 33개를 직렬로 접속할 때 1Ω의 저항에 흐르는 전류는?

① 12.1A ② 13.2A
③ 15.5A ④ 16.2A

$I = \dfrac{NE}{R+Nr} = \dfrac{33 \times 2.8}{1+33 \times 0.15} = 15.5A$

- I : 저항에 흐르는 전류
- E : 기전력
- r : 내부저항
- N : 전지의 개수
- R : 부하의 저항

19

컴퓨터 논리에서 논리적(AND)에 해당되는 것은?

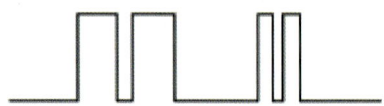

①항은 논리합(OR), ③항은 논리 비교기, ④항은 논리합 부정(NAND)

20

다음 그림은 자기진단 출력단자에서의 전압의 변화를 시간대로 나타낸 것이다. 이 자기진단 출력이 10진법 2개 코드 방식일 때 맞는 것은?

① 112 ② 22
③ 12   ④ 44

02 네트워크 통신장치 정비

01
자동차 전자제어 유닛(ECU)의 구성에 있어서 각종 제어 장치에 관한 고정 데이터나 자동차 정비 제원 등을 장기적으로 저장하는데 이용되는 것은?

① RAM
② ROM
③ CPU
④ TPS

> ① ROM(read only memory) : 전원이 차단되어도 메모리가 지워지지 않는다.
> ② RAM(random access memory) : 센서에서 입력되는 데이터를 일시로 저장하는 메모리이며, 전원이 차단되면 데이터가 소멸된다.

02
ECU 내에 페일세이프 기능이 없는 것은?

① 대기압센서
② 크랭크 각센서
③ 흡기온센서
④ 냉각수온센서

> 크랭크 각센서가 고장나면 엔진의 가동이 정지된다.

03
ECU 내에서 아날로그신호를 디지털신호로 변환시키는 것은?

① A/D컨버터
② CPU
③ ECM
④ I/O인터페이스

> A/D(analog/digital)컨버터란 센서의 아날로그신호를 디지털신호로 변환시키는 것이다.

04
전자제어 연료분사장치에서 ECU로 입력되는 신호가 아닌 것은?

① 엔진 회전 수신호
② P,N 스위치신호(자동변속기 차량)
③ 스로틀밸브 위치신호
④ 공회전 스텝모터 작동신호

> 공회전 스텝모터 작동신호는 ECU의 출력신호이다.

정답 01 ② 02 ② 03 ① 04 ④

03 전기·전자회로분석

01

다음 회로에서 저항을 통과하여 흐르는 전류는 A, B, C 각 점에서 어떻게 나타나는가?

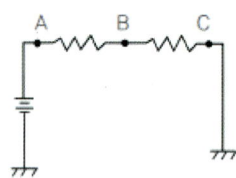

① A에서 가장 전류가 크고, B, C로 갈수록 전류가 작아진다.
② A, B, C의 전류는 모두 같다.
③ A에서 가장 전류가 작고 B, C로 갈수록 전류가 커진다.
④ B에서 가장 전류가 크고, A, C는 같다.

> 직렬접속회로에서는 각 저항에 흐르는 전류가 일정하다.

02

다음 회로에서 전압계 V_1과 V_2를 연결하여 스위치를 ON, OFF하면서 측정결과로 맞는 것은?

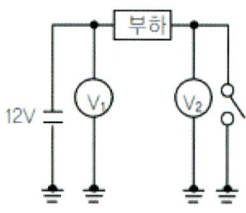

① V_1 - 스위치 ON : 12V, 스위치 OFF : 12V, V_2 - 스위치 ON : 12V, 스위치 OFF : 0V
② V_1 - 스위치 ON : 12V, 스위치 OFF : 0V 이상, V_2 - 스위치 ON : 0V, 스위치 OFF : 12V 이하
③ V_1 - 스위치 ON : 12V, 스위치 OFF : 12V, V_2 - 스위치 ON : 0V, 스위치 OFF : 12V 이하
④ V_1 - 스위치 ON : 12V, 스위치 OFF : 12V, V_2 - 스위치 ON : 0V 이상, 스위치 OFF : 0V 이상

> 전압계 V_1과 V_2를 연결하여 스위치를 ON, OFF하면 V_1 - 스위치 ON : 12V, 스위치 OFF : 12V, V_2 - 스위치 ON : 0V, 스위치 OFF : 12V 이하이다.

03

반도체의 접합이 이중 접합인 것은?

① 광도전 셀 ② 서미스터
③ 트랜지스터 ④ 발광다이오드

04

제너다이오드에 대한 설명 중 틀린 것은?

① 순방향으로 가한 일정한 전압을 제너전압이라 한다.
② 어떤 전압 하에서는 역방향으로도 전류가 흐른다.
③ 정전압 다이오드라고도 한다.
④ 발전기의 전압조정기에 사용하기도 한다.

정답 01 ② 02 ③ 03 ④ 04 ①

05
제너다이오드에 대한 설명으로 틀린 것은?

① 실리콘다이오드의 일종이다.
② 제너전압 이상에서는 역방향 전류가 "0"이 된다.
③ 트랜지스터식 발전기전압 조정용으로 사용된다.
④ 자동차용 정전압회로에 사용된다.

06
순방향으로 전류를 흐르게 하였을 때 빛이 발생되는 다이오드는?

① 포토다이오드   ② 제너다이오드
③ 발광다이오드   ④ PN접합 다이오드

07
순방향으로 전류를 흐르게 하면 전류를 가시광선으로 변형시켜 빛을 발생하는 다이오드로 N형 반도체의 과잉전자와 P형 반도체의 정공이 결합되어 있는 소자는?

① 제너다이오드   ② 포토다이오드
③ 발광다이오드   ④ 실리콘다이오드

08
자동차에서 발광다이오드를 사용하지 않는 부품은?

① 배전기식 크랭크 앵글센서
② 조향 휠 각속도센서
③ 전압조정기
④ 차고센서

09
빛을 받으면 전류가 흐르지만 빛이 없으면 전류가 흐르지 않는 전기 소자는?

① 제너다이오드   ② 발광다이오드
③ PN접합 다이오드   ④ 포토다이오드

10
수광다이오드(photo diode)의 기호는?

①    ②

③ 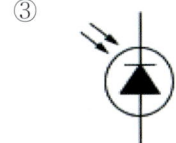   ④

> ①항은 다이오드,
> ②항은 제너다이오드
> ④항은 발광다이오드

정답 05 ② 06 ③ 07 ③ 08 ③ 09 ④ 10 ③

11

회로에서 포토 TR에 빛이 인가될 때 점 A의 전압은? (단, 전원의 전압은 5V이다)

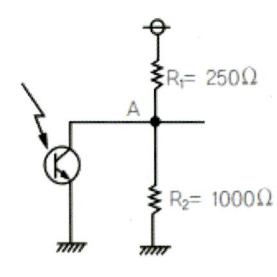

① 0V
② 2.5V
③ 4V
④ 5V

> 포토트랜지스터가 ON상태이기 때문에 전압은 0V이다.

12

NPN형 트랜지스터에서 접지되는 단자는?

① 이미터
② 베이스
③ 트랜지스터 몸체
④ 컬렉터

13

트랜지스터(TR)의 일종으로 베이스가 없이 빛을 받아서 콜렉터전류가 제어되고 광량 측정, 광스위치, 각종 센서에 사용되는 반도체는?

① 사이리스터
② 서미스터
③ 다링톤 T.R
④ 포토 T.R

14

아래 회로를 보고 작동상태를 바르게 설명한 것은?

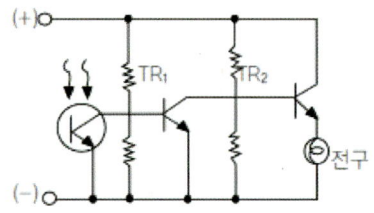

① 열을 가하면 전구가 작동한다.
② 어두워지면 전구가 점등한다.
③ 환해지면 전구가 점등한다.
④ 열을 가하면 전구가 소등한다.

> 포토트랜지스터를 이용한 회로이므로 포토트랜지스터가 빛을 받으면 TR_1과 TR_2가 통전되어 전구가 점등된다.

15

아날로그 회로시험기를 이용하여 NPN형 트랜지스터를 점검하는 방법으로 맞는 것은?

① 베이스 단자에 흑색 리드선을 이미터 단자에 적색 리드선을 연결했을 때 도통이어야 한다.
② 베이스 단자에 흑색 리드선을 TR 바디(body)에 적색 리드선을 연결했을 때 도통이어야 한다.
③ 베이스 단자에 적색 리드선을 이미터 단자에 흑색 리드선을 연결했을 때 도통이어야 한다.
④ 베이스 단자에 적색 리드선을 컬렉터에 흑색 리드선을 연결했을 때 도통이어야 한다.

> 아날로그 회로시험기를 이용하여 NPN형 트랜지스터를 점검할 때 베이스단자에 흑색 리드선을 이미터 단자에 적색 리드선을 연결했을 때 도통이어야 한다.

정답 11 ① 12 ① 13 ④ 14 ③ 15 ①

16
다음 그림은 멀티시험기에 의한 파워 TR의 시험 방법이다. 어떤 시험을 하고 있는 것인가?

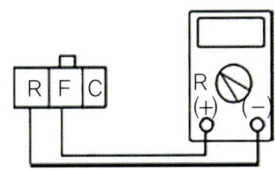

① B단자와 E단자간의 역방향 저항시험
② B단자와 E단자간의 역방향 전압시험
③ B단자와 E단자간의 순방향 저항시험
④ B단자와 E단자간의 순방향 전압시험

17
단방향 3단자 사이리스터(SCR)는 애노드(A), 캐소드(K), 게이트(G)로 이루어지는데, 전류의 흐름방향을 설명한 것으로 틀린 것은?

① A에서 K로 흐르는 전류가 순방향이다.
② 순방향은 언제나 전류가 흐른다.
③ G에 (+), K에 (-)전류를 흘려보내면 A와 K 사이가 순간적으로 도통된다.
④ A와 K 사이가 도통된 것은 G전류를 제거해도 계속 도통이 유지되며, A전위를 0으로 만들어야 해제된다.

18
온도에 따라 전기저항이 변하는 반도체 소자로 온도센서, 연료잔량 경고등회로에 쓰이는 것은?

① 피에조 압전소자 ② 다이오드
③ 트랜지스터   ④ 서미스터

19
두 개의 영구자석 사이에 도체를 직각으로 설치하고 도체에 전류를 흘리면 도체의 한 면에는 전자가 과잉되고, 다른 면에는 전자가 부족하게 되어 도체 양면을 가로질러 전압이 발생되는 현상은?

① 홀 효과   ② 렌쯔의 현상
③ 칼만 볼텍스   ④ 자기 유도

20
반도체의 장점이 아닌 것은?

① 극히 소형이고 가볍다.
② 내부 전력손실이 적다.
③ 수명이 길다.
④ 온도상승 시 특성이 좋아진다.

21
자동차 점화장치에 사용되는 파워트랜지스터(NPN형)에서 접지되는 단자는?

① 이미터   ② 베이스
③ 트랜지스터 몸체 ④ 컬렉터

정답 16 ③ 17 ② 18 ④ 19 ① 20 ④ 21 ①

22

MPI엔진에서 점화 계통의 파워 트랜지스터가 작동하려면 ECU(컴퓨터)에서 점화순서에 의하여 전압이 나와야 한다. ECU(컴퓨터)는 어느 센서의 신호를 받아 파워 트랜지스터에 전압을 주는가?

① 크랭크 각센서 ② 흡기온센서
③ 냉각수온센서 ④ 대기압센서

> 크랭크 각센서는 단위시간당 엔진 회전속도로 검출하여 ECU로 입력시키면 ECU는 파워 트랜지스터에 전압을 공급하며, 기본 점화시기 및 연료 분사시기를 결정하도록 한다.

23

자동차의 회로부품 중에서 일반적으로 "ACC 회로"에 포함된 것은?

① 카스테레오
② 경음기
③ 와이퍼 모터
④ 전조등

> "ACC 회로"는 기본적으로는 자동차에 사용되는 액세서리 부품의 작동에 필요한 전원을 공급한다. 라디오, 카세트, 담배 라이터 등을 들 수 있으며, 최근에는 오디오 및 비디오장치, 내비게이션 등에도 사용된다.

24

전기회로 정비 작업 시의 설명으로 틀린 것은?

① 전기회로 배선 작업 시 진동, 간섭 등에 주의하여 배선을 정리한다.
② 차량에 있는 전기장치를 장착할 때는 전원부에 반드시 퓨즈를 설치한다.
③ 배선 연결회로에서 접촉이 불량하면 열이 발생한다.
④ 연결 접촉부가 있는 회로에서 선간전압이 5V 이하 시에는 문제가 되지 않는다.

25

암전류를 측정하는 방법을 설명한 것 중 틀린 것은?

① 점화 스위치를 OFF한 상태에서 점검한다.
② 전류계를 배터리와 병렬로 연결한다.
③ 암전류 규정치는 약 20~40mA이다.
④ 암전류 과다는 배터리와 발전기의 손상을 가져온다.

> 암전류를 측정하는 방법은 ①, ③, ④항 이외에 전류계는 배터리와 직렬로 접속하여 측정한다.

정답 22 ① 23 ① 24 ④ 25 ②

04 주행안전장치 정비

01
에어백의 재료가 아닌 것은?

① 나일론 ② 폴리에스테르
③ 폴리우레탄 ④ 비닐

02
에어백시스템이 충돌할 때 시스템 작동에 관한 설명으로 틀린 것은?

① 에어백은 질소가스에 의해 부풀려 있는 상태를 지속시킨다.
② 충격에 의해 센서가 작동하여 인플레이터에 전기신호를 보낸다.
③ 인플레이터가 작동하면 질소가스가 발생한다.
④ 질소가스가 백을 부풀리고 벤트 홀로 배출된다.

03
에어백 인플레이터(inflater)의 역할로 맞는 것은?

① 에어백의 작동을 위한 전기적인 충전을 하여 배터리가 없을 때에도 작동시키는 역할을 한다.
② 점화장치, 질소가스 등이 내장되어 에어백이 작동할 수 있도록 점화 역할을 한다.
③ 충돌할 때 충격을 감지하는 역할을 한다.
④ 고장이 발생하였을 때 경고등을 점등한다.

04
차량의 정면에 설치된 에어백에 관한 내용으로서 틀린 것은?

① 차량의 전면에서 강한 충격력을 받으면 부풀어 오른다.
② 부풀어 오른 에어백은 즉시 수축되면 안 된다.
③ 차량의 측면, 후면 충돌 시에는 작동하지 않는다.
④ 운전자의 안면부 충격을 완화시킨다.

> 에어백에 관한 내용은 ①, ③, ④항 이외에 부풀어 오른 에어백은 즉시 수축되어야 한다.

05
에어백 제어 모듈의 주요 기능이 아닌 것은?

① 충돌 시 축전지 고장에 대비한 비상 전원 기능
② 발전기 고장에 대비한 전압상승 기능
③ 자기진단 기능
④ 충돌감지 및 충돌량 계산 기능

06
에어백장치에서 인플레이터는 에어백 컨트롤 유닛으로부터 충돌신호를 받아 에어백 팽창을 위한 가스를 발생시키는 장치이다. 에어백 모듈을 제거한 상태일 때 인플레이터의 오작동이 발생되지 않도록 단자의 연결부에 설치된 것은?

① 단락바 ② 클램핑
③ 디퓨저 ④ 클릭킹

정답 01 ④ 02 ① 03 ② 04 ② 05 ② 06 ①

07

자차, 타차의 교통, 도로환경 등의 상황에서 위험 정도가 증대될 때 운전자를 보호해 주는 첨단 안전기술장치는?

① 고장진단(Diagnostics)
② LSD(Limited Slip Differential)
③ ASV(Advanced Safety Vehicle)
④ 페일세이프

> ASV(Advanced Safety Vehicle)란 자차, 타차의 교통, 도로환경 등의 상황에서 위험 정도가 증대될 때 운전자를 보호해 주는 첨단 안전기술장치가 장착된 것이다.

08

승객보호장치 중 에어백시스템에 관한 정비 작업 시 주의할 점으로 맞는 것은?

① 축전지 전원과는 무관하다.
② 축전지 터미널 설치상태에서 작업한다.
③ 축전지 (-)터미널 분리 후 즉시 작업한다.
④ 축전지 (-)터미널 분리 후 일정 시간이 지나면 작업한다.

> 에어백시스템을 정비 작업할 때에는 반드시 축전지 (-) 터미널 분리 후 일정 시간이 지난 다음 작업한다.

09

에어백(air bag) 작업 시 주의사항으로 틀린 것은?

① 스티어링 휠 장착 시 클럭 스프링의 중립을 확인할 것
② 에어백 관련 정비 시 배터리 (-)단자를 떼어놓을 것
③ 바디 도장 시 열처리를 요할 때는 인플레이터를 탈거할 것
④ 인플레이터의 저항은 멀티 테스터기로 측정할 것

> 에어백 정비 작업을 할 때 주의할 사항은 ①, ②, ③항 이외에 인플레이터의 저항값을 측정하여서는 안 된다.

10

운행자동차의 경적소음 측정 시 마이크로폰 설치 방법 중 틀린 것은?

① 마이크로폰 설치 위치는 경음기가 설치된 위치에서 가장 소음도가 크다고 판단되는 자동차의 면에서 전방 2m 떨어진 지점에서 측정한다.
② 마이크로폰은 자동차의 면에서 전방으로 2m 떨어진 지점을 지나는 연직선으로부터의 수평거리가 0.05m 이하인 지점에 설치하여 측정한다.
③ 마이크로폰은 지상 높이가 1±0.5m인 지점에 설치하여 측정한다.
④ 마이크로폰은 시험 자동차를 향하여 차량 중심선에 평행하여야 한다.

> 마이크로폰 설치 방법은 ①, ②, ④항 이외에 마이크로폰은 지상 높이가 1.2±0.05m인 지점에 설치하여 측정한다.

정답 07 ③ 08 ④ 09 ④ 10 ③

11
2000년 이후 제작된 승용자동차 경음기에 대한 경적음 크기의 운행차 기준으로 맞는 것은?

① 차체전방 2m 거리에서 지상높이 1.2 ± 0.05m 높이가 되는 지점에서 측정한 값이 90dB 이상, 110dB 이하
② 차체전방 2m 거리에서 지상높이 1.2 ± 0.05m 높이가 되는 지점에서 측정한 값이 95dB 이상, 110dB 이하
③ 차체전방 2m 거리에서 지상높이 1.2 ± 0.05m 높이가 되는 지점에서 측정한 값이 95dB 이상, 120dB 이하
④ 차체전방 2m 거리에서 지상높이 1.2 ± 0.05m 높이가 되는 지점에서 측정한 값이 112dB 이상, 125 dB 이하

> 경적음 크기는 차체전방 2m 거리에서 지상높이 1.2±0.05m 높이가 되는 지점에서 측정한 값이 90dB 이상, 115dB 이하이다.

12
운행차 정기검사 방법 중 소음도 측정에 관한 사항으로 맞는 것은?

① 경적소음은 자동차의 원동기를 가동시키지 아니한 정차상태에서 자동차의 경음기를 3초 동안 작동시켜 최대 소음도를 측정한다.
② 2개 이상의 경음기가 장치된 자동차에 대하여는 경음기를 동시에 작동시킨 상태에서 측정한다.
③ 자동차 소음의 3회 이상 측정치(보정한 것을 포함한다)의 평균 측정치로 한다.
④ 자동차의 소음과 암소음의 측정치 차이가 3dB일 때의 보정치는 2dB이다.

> 운행자동차 경적소음 시험 방법은 ①, ③, ④항 이외에 2개 이상의 경음기가 연동하여 음을 발하는 경우에는 연동하는 상태에서 측정한다.

13
운행차 정기검사 시 경적소음 측정 방법으로 맞는 것은?

① 자동차의 원동기가 공회전상태에서 측정
② 경음기를 3초 동안 작동시켜 최저 소음도 측정
③ 경음기를 5초 동안 작동시켜 최대 소음도 측정
④ 경음기가 2개 이상이 장치된 경우에는 1개만 작동시켜 측정

> 자동차의 엔진을 가동시키지 않은 정차상태에서 경음기를 5초 동안 작동시켜 그동안에 경음기로부터 배출되는 소음 크기의 최댓값을 측정한다.

14
암소음이 84dB을 나타내는 장소에서 경음기의 음량을 측정한 결과 측정 대상음과 암소음 차이가 1dB이 되었다. 측정음은?

① 80dB
② 83dB
③ 측정치 무효
④ 85dB

> 자동차 소음과 암소음의 측정치의 차이가 3dB 이상 10dB 미만인 경우에는 자동차로 인한 소음의 측정치로부터 보정치를 뺀 값을 최종 측정치로 하고, 차이가 3dB 미만일 때에는 측정치를 무효로 한다.

정답 11 ① 12 ② 13 ③ 14 ③

15

운행차의 소음측정기에 있어서 지시계는 어떤 특성을 가진 것을 사용하여 측정하여야 하는가?

① 빠른 동특성
② 느린 동특성
③ 측정 후 바늘이 정지되어 있는 특성
④ 4초 이내에 음량을 가리킬 수 있는 특성

> 소음시험기는 KSC-1502에서 정한 보통 소음계 또는 이와 동등한 성능 이상을 가진 것을 사용하고, 지시계의 동특성은 빠름(fast) 동특성을 사용하여 측정한다.

16

전조등 4핀 릴레이를 단품 점검하고자 할 때 적합한 시험기는?

① 암페어 시험기
② 축전기 시험기
③ 회로 시험기
④ 전조등 시험기

> 릴레이를 단품 점검할 때에는 회로 시험기가 적합하다.

17

전조등 시험기 중에서 시험기와 전조등이 1m 거리로 특정되는 방식은?

① 스크린식　　② 집광식
③ 투영식　　　④ 조도식

> 전조등 시험기와 전조등 사이의 거리는 스크린식과 투영식은 3m, 집광식은 1m이다.

정답　15 ①　16 ③　17 ②

05 냉·난방장치 정비

01
자동차의 냉난방장치에 대한 열부하의 분류이다. 이에 대한 설명으로 잘못 짝지어진 것은?

① 관류부하-각종 관류의 열
② 복사부하-직사광선에 의한 열
③ 승원부하-승객에 의한 발열
④ 환기부하-자연 또는 강제 환기

> 관류부하 - 차실 벽, 바닥 또는 창면으로부터의 이동

02
에어컨의 냉매에 쓰이는 가스가 인체에 영향을 미치는 것을 방지하기 위하여 사용되고 있는 에어컨 냉매는?

① R-11　　② R-12
③ R-134a　　④ R-13

> 최근에 사용하고 있는 에어컨 냉매는 R-134a이다.

03
에어컨가스가 지구 환경보호 차원에서 신냉매로 대체되었다. 이 신냉매(R-134a)를 주입한 에어컨에서 주의할 정비 항목과 관계없는 것은?

① 냉매 취급
② 수리 정비 시 사용될 호스와 실링
③ 냉매충전 및 수분문제
④ 에어컨 가스통

04
자동차의 냉방회로에 사용되는 기본 부품의 구성품은?

① 압축기, 리시버, 히터, 증발기, 블로어 모터
② 압축기, 응축기, 리시버, 팽창밸브, 증발기
③ 압축기, 냉온기, 솔레노이드밸브, 응축기, 리시버
④ 압축기, 응축기, 리시버, 팽창밸브, 히터

05
에어컨 압축기에서 마그넷(magnet) 클러치의 설명으로 맞는 것은?

① 고정형은 회전하는 풀리가 코일과 정확히 접촉하고 있어야 한다.
② 고정형은 최대한의 전자력을 얻기 위해 최소한의 에어 갭이 있어야 한다.
③ 회전형 클러치는 몸체의 샤프트를 중심으로 마그넷 코일이 설치되어 있다.
④ 고정형은 풀리 안쪽에 있는 슬립링과 접촉하는 브러시를 통해 전류를 코일에 전달하는 방법이다.

06
압축기로부터 들어온 고온·고압의 기체 냉매를 냉각시켜 액화시키는 기능을 하는 부품은?

① 증발기
② 응축기
③ 리시버드라이어
④ 듀얼 프레셔 스위치

정답　01 ①　02 ③　03 ④　04 ②　05 ②　06 ②

07

에어컨시스템에서 기화된 냉매를 액화하는 장치는?

① 컴프레서 ② 콘덴서
③ 리시버 드라이어 ④ 익스팬션밸브

08

전자동 에어 컨디셔닝시스템의 구성부품 중 응축기에서 보내온 냉매를 일시 저장하고 항상 액체상태의 냉매를 팽창밸브로 보내는 역할을 하는 장치는?

① 익스팬션밸브 ② 리시버드라이어
③ 컴프레서 ④ 에버포레이터

09

에어컨의 냉방 사이클에서 고온·고압의 액냉매를 저온·저압의 무상 냉매로 변화시켜 주는 부품은?

① 컴프레서 ② 콘덴서
③ 팽창밸브 ④ 증발기

10

자동차 에어컨에서 익스팬션밸브(expansion valve)의 역할은?

① 냉매를 팽창시켜 고온·고압의 기체로 만들기 위한 밸브이다.
② 냉매를 급격히 팽창시켜 저온·저압의 에어플(무화) 상태의 냉매로 만든다.
③ 냉매를 압축하여 고압으로 만든다.
④ 팽창된 기체상태의 냉매를 액화시키는 역할을 한다.

11

전자제어 오토 에어컨의 컨트롤 유닛에 입력되는 부품이 아닌 것은?

① 콘덴서센서(condenser sensor)
② 외기센서(ambient sensor)
③ 냉각수온 스위치(water thermo switch)
④ 일사센서(sun load sensor)

> 전자제어 오토 에어컨의 컨트롤 유닛에 입력되는 부품에는 외기센서, 수온 스위치, 일사센서, 내기센서, 습도센서, AQS센서, 핀서모센서, 모드선택 스위치 등이다.

12

전자제어 에어컨장치에서 컨트롤 유닛에 입력되는 요소가 아닌 것은?

① 외기온도센서 ② 일사량센서
③ 습도센서 ④ 블로워센서

13

전자제어 자동 에어컨장치에서 전자제어 컨트롤 유닛에 의해 제어되지 않는 것은?

① 냉각수온 조절밸브
② 블로워 모터
③ 컴프레서 클러치
④ 내·외기 절환 댐퍼 모터

정답 07 ② 08 ② 09 ③ 10 ② 11 ① 12 ④ 13 ①

14
전자제어 에어컨장치에서 증발기를 통과하여 나오는 공기(outlet air)의 온도를 제어하기 위한 센서가 아닌 것은?

① 자동차 실내온도센서
② 증발기(evaporator)온도센서
③ 엔진 흡기온도센서
④ 자동차 외부온도센서

15
전자제어 에어컨에서 자동차의 실내온도와 외부온도 그리고 증발기의 온도를 감지하기 위하여 쓰이는 센서의 종류는?

① 서미스터
② 퍼텐쇼미터
③ 다이오드
④ 솔레노이드

16
자동온도 조절장치(ATC)의 부품과 그 제어 기능을 설명한 것으로 틀린 것은?

① 실내센서 : 저항치 변화
② 인테이크 액추에이터 : 스트로크 변화
③ 일사센서 : 광전류의 변화
④ 에어믹스 도어 : 저항치의 변화

17
자동온도 조절장치(FATC)의 센서 중에서 포토다이오드를 이용하여 전류로 컨트롤하는 센서는?

① 일사센서
② 내기온도센서
③ 외기온도센서
④ 수온센서

 일사센서는 광전도 특성을 지닌 포토다이오드를 이용하여 자동차 실내로 들어오는 햇빛의 양을 검출하여 컴퓨터로 입력시키는 작용을 한다.

18
에어컨시스템에 사용되는 에어컨 릴레이에 다이오드를 부착하는 이유는?

① ECU신호에 오류를 없애기 위해
② 서지전압에 의한 ECU 보호
③ 릴레이 소손을 방지하기 위해
④ 정밀한 제어를 위해

 에어컨 릴레이에 다이오드를 부착하는 이유는 서지전압에 의한 ECU를 보호하기 위함이다.

19
전자제어 오토 에어컨시스템의 난방 기동제어에서 히터코어의 온도가 몇 ℃(도) 이하이면 히터팬을 작동시키지 않는가?

① 40
② 30
③ 20
④ 10

 전자제어 오토 에어컨시스템의 난방 기동제어에서 히터코어의 온도가 30℃ 이하이면 히터팬을 작동시키지 않는다.

20

에어컨이나 히터에서 블로워 모터가 1단(저속)은 작동되는데 2단이 작동하지 않을 때 결함 가능성이 있는 부품은?

① 블로워 스위치
② 블로워 저항
③ 블로워 모터
④ 퓨즈

> 블로워(송풍기) 저항이 불량하면 블로워 모터가 1단에서는 작동되는데 2단이 작동하지 않는다.

21

전자동 에어컨(FATC)시스템에서 블로워 모터가 4단까지는 작동이 되나 5단만 작동이 되지 않는다. 점검해야 할 부품은?

① 블로워 릴레이
② 블로워 하이 릴레이
③ 파워 TR
④ 에어믹스 도어 모터

> 블로워 모터가 4단까지는 작동이 되나 5단만 작동이 되지 않으면 블로워 하이 릴레이를 점검한다.

22

자동차의 공조장치에서 에어컨 냉매 충전법은?

① 양(무게) 충전법과 압력 충전법
② 진공 충전법과 고압 충전법
③ 진공 충전법과 저압 충전법
④ 저압 충전법과 고압 충전법

> 에어컨 냉매를 충전하는 방법에는 양(무게) 충전법과 압력 충전법이 있다.

23

냉방장치에서 냉매가스 저압라인의 압력이 너무 높은 원인은?

① 리시버 탱크 막힘
② 팽창밸브 막힘
③ 팽창밸브 감온통 가스누출
④ 팽창밸브의 온도 감지밸브 밀착 불량

> 팽창밸브의 온도감지밸브의 밀착이 불량하면 냉방장치에서 냉매가스 저압라인의 압력이 상승한다.

24

에어컨 냉매회로의 점검 시에 저압측이 높고 고압측은 현저히 낮았을 때의 결함 원인은?

① 냉매회로 내 수분혼입
② 팽창밸브가 닫힌 채 고장
③ 냉매회로 내 공기혼입
④ 압축기 내부결함

> 압축기 내부에 결함이 있으면 저압 쪽은 높고, 고압 쪽은 현저하게 낮다.

정답 20 ② 21 ② 22 ① 23 ④ 24 ④

25

에어컨시스템에서 매니폴드 게이지를 연결하여 이상 유무를 판단한 것으로 맞는 것은?

① 컴프레서 불량 : 고압게이지-낮다, 저압게이지-높다.
② 냉매가스 부족 : 고압게이지-낮다, 저압게이지-높다.
③ 공기 유입 : 고압게이지-낮다, 저압게이지-낮다.
④ 냉매가스 과다 : 고압게이지-높다, 저압게이지-낮다.

> ① 냉매가스 부족 : 고압게이지-낮다, 저압게이지-낮다.
> ② 공기 유입 : 고압게이지-높다, 저압게이지-높다.
> ③ 냉매가스 과다 : 고압게이지-높다, 저압게이지-높다.

26

자동차의 에어컨에서 냉방효과가 저하되는 원인이 아닌 것은?

① 냉매량이 규정보다 부족할 때
② 압축기 작동시간이 짧을 때
③ 압축기의 작동시간이 길 때
④ 냉매주입 시 공기가 유입되었을 때

> **냉방효과가 저하되는 원인**
> ① 냉매량이 규정보다 부족할 때
> ② 압축기 작동시간이 짧을 때
> ③ 냉매주입 시 공기가 유입되었을 때

27

에어컨 라인압력 점검에 대한 설명으로 틀린 것은?

① 시험기 게이지에는 저압, 고압, 충전 및 배출의 3개 호스가 있다.
② 에어컨 라인압력은 저압 및 고압이 있다.
③ 에어컨 라인압력 측정 시 시험기 게이지 저압과 고압핸들밸브를 완전히 연다.
④ 엔진 시동을 걸어 에어컨압력을 점검한다.

> 에어컨 라인압력을 점검할 때에는 ①, ②, ④항 이외에 에어컨 라인의 압력을 점검하는 경우에는 매니폴드 게이지의 저압호스를 저압라인의 피팅에, 고압호스는 고압라인의 피팅에 연결하며, 저압과 고압의 핸들밸브는 잠근 상태에서 점검한다.

정답 25 ① 26 ③ 27 ③

06 편의장치 정비

01
전자식 디스플레이 방식의 계기판에 대한 설명으로 틀린 것은?

① 음극선관(CRT)은 전자빔의 원리로 작동하며, 동작전압은 수 kV이다.
② 플라스마(PD)는 충돌이온으로 가스 방전시키는 원리를 이용한 것으로 동작전압은 200V 정도이다.
③ 발광다이오드(LED)는 반도체의 PN접합의 순방향에서 전하의 재결합원리를 응용한 것으로, 동작전압은 2~3V로 낮으며 적, 황, 녹, 오렌지색 등 다양한 색깔을 나타낸다.
④ 액정(LCD)은 전계 내에서 액정을 이용하여 빛의 흡수와 전달을 제어하는 것으로 동작전압은 12~14V 정도이고, 색깔은 단색이지만 필터를 사용하면 여러 가지 색이 가능하다.

> 액정은 액정의 양 끝단에 걸리는 전압에 의해 구동된다. 그리고 액정 자체가 발광하는 것이 아니라 LED 뒤에 별도의 back light라는 광원이 있어 빛을 주되 가해진 전압의 세기에 따라 액정의 뒤틀림 정도에 차이가 생기고, 이에 따라 액정을 통과하는 빛의 양이 달라지는데, 이때 액정 위의 RGB 삼원색 각각을 통과하는 빛이 섞이면서 하나의 원하는 색을 구현한다.

02
등화장치에서 조명과 관련된 설명으로 틀린 것은?

① 일정한 방향의 빛의 세기를 광도라 한다.
② 광속의 단위는 루멘(lm)이라 한다.
③ 광도의 단위는 칸델라(cd)라 한다.
④ 피조면의 밝기를 조도라 하고 단위는 데시벨이라 한다.

> 피조면의 밝기를 조도라 하고 단위는 룩스(Lux)이다.

03
전조등의 광도 측정단위는?

① cd
② W
③ Lux
④ lm

> cd - 광도의 단위, Lux - 조도의 단위, lm - 광속의 단위

04
일정 방향에 대한 빛의 세기를 의미하며, 단위로 cd(칸델라)를 사용하는 용어는?

① 광원
② 광속
③ 광도
④ 조도

05
자동차 전조등 조명과 관련된 설명 중 ( )안에 알맞은 것은?

> 광원에서 빛의 다발이 사방으로 방사된다. 운전자의 눈은 방사된 빛의 다발 일부를 빛으로 느끼는데, 이 빛의 다발을 ( )(이)라 한다. 따라서 ( )이 (가) 많이 나오는 광원은 밝다고 할 수 있다. ( )의 단위는 Lm이며, 단위시간당에 통과하는 광량이다.

① 광속, 광속, 광속
② 광도, 광속, 조도
③ 광속, 광속, 조도
④ 광속, 조도, 광도

> 빛의 다발을 광속이라 하며, 광속이 많이 나오는 광원은 밝다. 광속의 단위는 루멘(Lm)이며, 단위 시간당에 통과하는 광량이다.

정답 01 ④ 02 ④ 03 ① 04 ③ 05 ①

06

15,000cd의 광원에서 10m 떨어진 위치의 조도는?

① 1,500Lux   ② 1,000Lux
③ 500Lux   ④ 150Lux

$$Lux = \frac{cd}{r^2} = \frac{15,000}{10^2} = 150Lux$$

07

자동차의 편의장치(일명 : ETACS) 장착차량에서 제외되는 항목은?

① 실내등 제어   ② 간헐 와이퍼 제어
③ 차고 제어   ④ 시트벨트경보 제어

편의장치(ETACS) 제어 항목 : 실내등 제어, 간헐 와이퍼 제어, 안전띠 미착용 경보, 열선 스위치 제어, 각종 도어 스위치 제어, 파워윈도우 제어, 와셔 연동 와이퍼 제어, 주차브레이크 잠김 경보 등이 있다.

08

일반적으로 종합제어장치(에탁스)에 포함된 기능이 아닌 것은?

① 에어백 제어기능
② 파워윈도우 제어기능
③ 안전띠 미착용 경보기능
④ 뒷유리 열선 제어기능

09

차량의 종합경보장치(에탁스)에서 입력요소가 아닌 것은?

① 도어 열림
② 시트벨트 미착용
③ 주차브레이크 잠김
④ 승객석 과부하 감지

10

도난방지 차량에서 경계상태가 되기 위한 입력요소가 아닌 것은?

① 후드 스위치   ② 트렁크 스위치
③ 도어 스위치   ④ 차속 스위치

11

차량의 실내는 외부나 내부에서 여러 가지 열부하가 가해지는데 냉방장치의 능력에 영향을 주는 열부하가 아닌 것은?

① 승차인원부하   ② 증발부하
③ 환기부하   ④ 복사부하

차량의 열부하에는 승차인원부하(승원부하), 복사부하, 관류부하, 환기부하가 있다.

정답 06 ④ 07 ③ 08 ① 09 ④ 10 ④ 11 ②

12

방향지시등이 깜박거리지 않고 점등된 채로 있다면 예상되는 고장원인은?

① 전구의 용량이 크다.
② 퓨즈 또는 배선의 접촉 불량
③ 플래셔 유닛의 접지 불량
④ 전구의 접지 불량

> 플래셔 유닛의 접지가 불량하면 방향지시등이 점등된 채로 있다.

정답 12 ③

Chapter 8 단원별 기출문제

01 계산문제

01
회로가 그림과 같이 연결되었을 때 멀티미터가 지시하는 전류값은 몇 A인가?

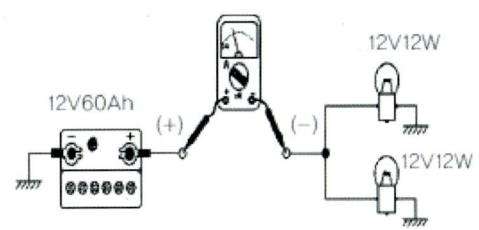

① 1
② 2
③ 4
④ 12

 $I = \dfrac{P}{E} = \dfrac{12 \times 2}{12} = \dfrac{24}{12} = 2$

02
기전력이 2V이고 0.2Ω의 저항 5개가 직렬로 접속되었을 때 각 저항에 흐르는 전류는 몇 A인가?

① 1
② 2
③ 3
④ 4

$I = \dfrac{E}{R} = \dfrac{2}{1} = 2$

03
0.2μF와 0.3μF의 축전기를 병렬로 하여 12V의 전압을 가하면 축전기에 저장되는 전하량은?

① 1.2μC
② 6μC
③ 7.2μC
④ 14.4μC

Q = C × V = (0.2 + 0.3) × 12 = 6μC
- C : 정전용량
- Q : 전하량
- V : 전압

정답 01 ② 02 ① 03 ②

04

그림과 같은 회로에서 전구의 용량이 정상일 때 전원 내부로 흐르는 전류는 몇 A인가?

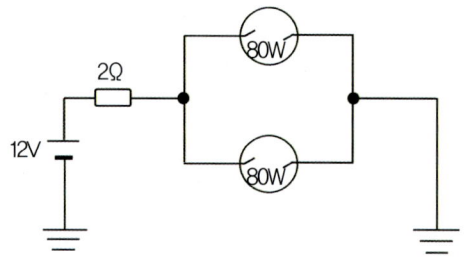

① 2.14
② 4.13
③ 6.65
④ 13.32

$$R = \frac{E^2}{P} = \frac{12^2}{80 \times 2} = \frac{144}{160} = 0.9$$
합성저항 = 0.9 + 2 = 2.9
$$I = \frac{E}{R} = \frac{12}{2.9} = 4.13$$

05

다음 직렬회로에서 저항 R_1에 5mA의 전류가 흐를 때 R_1의 저항값은?

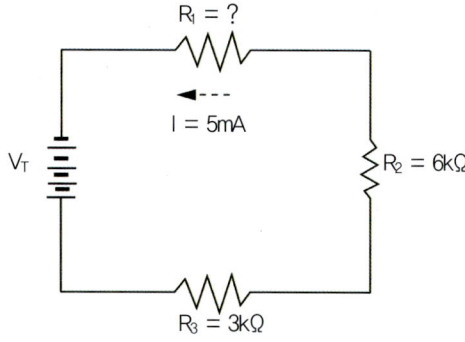

① 7kΩ
② 9kΩ
③ 11kΩ
④ 13kΩ

$$R = \frac{E}{I} = \frac{100}{0.005} = 20kΩ$$
R1 = 20 − (6+3) = 11kΩ

06

12V 5W의 번호판 등이 사용되는 승용차량에 24V 3W가 잘못 장착되었을 때, 전류값과 밝기의 변화는 어떻게 되는가?

① 0.125A, 밝아진다.
② 0.125A, 어두워진다.
③ 0.0625A, 밝아진다.
④ 0.0625A, 어두워진다.

$$R = \frac{E^2}{P} = \frac{24^2}{3} = 192Ω$$
$$I = \frac{E}{R} = \frac{12}{192} = 0.0625A, \text{ 어두워진다.}$$

07

지름 2mm, 길이 100cm인 구리선의 저항은? (단, 구리선의 고유저항은 1.69μΩ·m이다)

① 약 0.54Ω
② 약 0.72Ω
③ 약 0.9Ω
④ 약 2.8Ω

① 단면적
　A = π ÷ 4 × D² = 0.785 × 22 = 3.14mm
② 저항
$$R = \frac{ρ \times L}{A} = \frac{0.00169}{0.00314} = 약 0.54Ω$$

정답 04 ② 05 ③ 06 ④ 07 ①

08

단면적 0.002cm², 길이 10m인 니켈-크롬선의 전기저항(Ω)은? (단, 니켈-크롬선의 고유저항은 110μΩ이다.)

① 45
② 50
③ 55
④ 60

$R = \rho \dfrac{\ell}{A} = 110 \times 10^{-6} \times \dfrac{10 \times 100}{0.002} = 55\Omega$

- R : 저항
- ρ : 도체의 고유 저항
- ℓ : 도체의 길이
- A : 도체의 단면적

09

광도가 25,000cd의 전조등으로부터 5m 떨어진 위치에서의 조도(lx)는?

① 100
② 500
③ 1,000
④ 5,000

$Lux = \dfrac{cd}{r^2} = \dfrac{25,000}{5^2} = 1,000$

- Lux : 조도
- cd : 피조면의 밝기
- r : 광원과 피조면 사이의 수직거리

02 네트워크 통신장치 정비

01
LAN(Local Area Network) 통신장치의 특징이 아닌 것은?

① 전장부품의 설치장소 확보가 용이하다.
② 설계변경에 대하여 변경하기 어렵다.
③ 배선의 경량화가 가능하다.
④ 장치의 신뢰성 및 정비성을 향상시킬 수 있다.

02
자동차 PIC 시스템의 주요 기능으로 가장 거리가 먼 것은?

① 스마트 키 인증에 의한 도어 록
② 스마트 키 인증에 의한 엔진 정지
③ 스마트 키 인증에 의한 도어 언록
④ 스마트 키 인증에 의한 트렁크 언록

03
자동차에 적용하고 있는 그림의 CAN 통신 구조의 설명으로 맞는 것은?

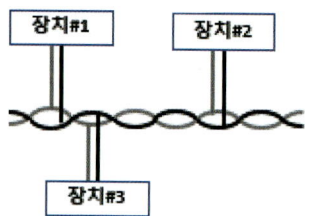

① CAN 통신은 이전의 통신 방법과 비교할 때 통신 케이블의 총 길이는 같다.
② 두 가닥 선 중 한 선이 단선일 때도 신호 전달은 문제가 없다.
③ 두 선이 구분되며, 두 선을 구분하고 규격에 맞추어 연결되어야 한다.
④ 장치가 오작동이 있는 경우 불량 여부에 대한 판단을 할 수 없다.

04
다음의 CAN 통신의 데이터 구조에 대한 설명으로 틀린 것은?

① 표준 CAN통신은 11bit를 사용하고, 확장 CAN 통신은 29bit를 사용한다.
② 장치구분자의 수치가 높을수록 전달 메시지의 우선순위가 높다.
③ 전달할 데이터 byte 수의 정보가 필요하고 4bit의 길이로 DLC 항목에 표시된다.
④ 데이터 영역의 길이는 0~8bytes이다.

정답 01 ② 02 ② 03 ③ 04 ②

05
OBD-II 의 기능 설명으로 맞는 것은?

① OBD-II 는 배기가스 제어 오류 점검을 목적으로 개발되었다.
② 엔진제어 유닛에서 처리되는 모든 측정값을 제공한다.
③ 통신 규격이 정해져 있어 신호 전달 규격이 모든 자동차에서 동일하다.
④ 2017년 이후 국내에서 생산되는 모든 자동차에 설치되어야 한다.

06
시리얼(serial) 통신의 설명으로 틀린 것은?

① 상대적인 통신 개념이 패러럴(parallel) 방식이다.
② 동기 방식은 클럭신호를 공유한다.
③ 비동기식 방식은 클럭신호선이 없으며, 양방향 통신에 사용된다.
④ 시리얼 통신은 장치 추가 시 다른 시리얼 통신 라인 추가로 필요하다.

07
블루투스(bluetooth) 통신에 대한 설명으로 틀린 것은?

① 시리얼 통신 방식에 해당된다.
② 슬레이브와 마스터장치로 구성된다.
③ 마스터와 슬레이브는 1:1로만 통신이 가능하다.
④ 슬레이브로 지정된 장치끼리는 통신할 수 없다.

08
CAN 통신 종단 저항 측정에서 120Ω이 측정된다면 예상되는 고장은?

① 단락　　② 단선
③ 과전압　④ 과전류

09
CAN 통신 측정에서 규정 종단 저항과 기준전압은?

① 60Ω, 2.5V　② 60Ω, 2.3V
③ 120Ω, 2.5V　④ 120Ω, 5V

10
CAN 통신 에러(error)의 종류가 아닌 것은?

① CAN-BUS ON
② CAN-TIME OUT
③ CAN MESSAGE ERROR
④ CAN DELAYED ERROR

11
제어징치에시 2진수 연산의 논리적 결과가 출력되는 제어 방식은?

① 연속 제어
② 불연속 제어
③ 디지털 제어
④ 아날로그 제어

정답　05 ②　06 ④　07 ③　08 ②　09 ①　10 ①　11 ③

12

임의의 일시 기억저장장치는?

① RAM ② ROM
③ IRRAM ④ IRROM

13

데이터의 산술연산이나 논리연산을 처리하는 장치는?

① 인터페이스 ② CPU
③ ROM ④ RAM

14

변조신호의 크기에 따라서 펄스의 폭을 변화시켜 변조하는 방식은?

① PULSE ② DUTY
③ CAN ④ PWM

15

한 주기에서 펄스가 나온 시간이 전체에서 차지하는 비율은?

① DUTY ② PULSE
③ LIN ④ PWM

16

통신 방식 채택에 따른 특징이 아닌 것은?

① 배선의 경량화
② 공간 확보성 향상
③ 설계변경이 복잡함
④ 전기 부품 진단 가능

17

자동차에서 주로 멀티미디어 네트워크용으로 사용하는 통신 방식은?

① CAN ② LIN
③ MOST ④ FlexRay

18

직렬통신과 병렬통신의 설명으로 틀린 것은?

① 비트 전송 방식은 동일하다.
② 직렬통신은 병렬통신에 비해 저렴하다.
③ 병렬통신은 직렬통신에 비해 속도가 빠르다.
④ 병렬통신은 거리에 제한이 있다.

19

데이터 전송 형식에 따른 데이터 버스의 종류가 아닌 것은?

① 옵틱 데이터 버스
② 와이어리스 버스 시스템
③ 3-wire 버스 시스템
④ 2-wire 버스 시스템

정답 12 ① 13 ② 14 ④ 15 ① 16 ③ 17 ① 18 ① 19 ④

20

통신 상태에서 데이터 교환이 없을 경우 통신을 차단하여 전류 소비를 감소시키는 모드는?

① sleep
② wake-up
③ stand-by
④ running off

21

송신기와 수신기를 결합한 전자부품은?

① 이모빌라이저
② 컨트롤러
③ 트랜시버
④ 스마트 버스

22

LIN 버스시스템에서 1개의 마스터에 슬레이브 연결 가능 개수는?

① 8
② 16
③ 32
④ 34

23

CAN 데이터 버스의 특징이 아닌 것은?

① 데이터 버스 등급은 B와 C로 구별된다.
② 1개의 배선을 이용하여 데이터를 전송한다.
③ B는 단일배선 적응능력이 있다.
④ C는 단일배선 적응능력이 없다.

24

FlexRay 시동 단계(start up)로 맞는 것은?

① 선행 콜드 스타트→추종 콜드 스타트→논-콜드 스타트
② 추종 콜드 스타트→선행 콜드 스타트→논-콜드 스타트
③ 논-콜드 스타트→선행 콜드 스타트→추종 콜드 스타트
④ 선행 콜드 스타트→논-콜드 스타트→추종 콜드 스타트

25

멀티-플렉스 버스시스템에서 1개의 마스터에 슬레이브 연결 가능 개수는?

① 4
② 6
③ 8
④ 10

26

Flex-Ray 버스시스템에서 1개의 마스터에 슬레이브 연결 가능 개수는?

① 8
② 16
③ 32
④ 64

정답 20 ① 21 ③ 22 ② 23 ② 24 ① 25 ② 26 ④

27
일반적인 오실로스코프에 대한 설명으로 옳은 것은?

① X축은 전압을 표시한다.
② Y축은 시간을 표시한다.
③ 멀티미터의 데이터보다 값이 정밀하다.
④ 전압, 온도, 습도 등을 기본으로 표시한다.

28
다이오드를 이용한 자동차용 전구회로에 대한 설명 중 옳은 것은?

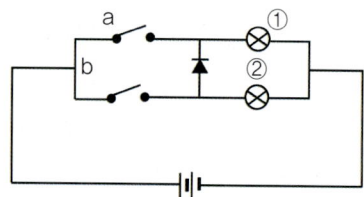

① 스위치 b가 ON일 때 전구 ②만 점등된다.
② 스위치 b가 ON일 때 전구 ①만 점등된다.
③ 스위치 a가 ON일 때 전구 ①만 점등된다.
④ 스위치 a가 ON일 때 전구 ①과 전구 ② 모두 점등된다.

29
서로 다른 종류의 두 도체(또는 반도체)의 접점에서 전류가 흐를 때 접점에서 줄열(Joule's heat) 외에 발열 또는 흡열이 일어나는 현상은?

① 홀 효과 ② 피에조 효과
③ 자계 효과 ④ 펠티에 효과

30
자계와 자력선에 대한 설명으로 틀린 것은?

① 자계란 자력선이 존재하는 영역이다.
② 자속은 자력선 다발을 의미하며 단위로는 Wb/m²를 사용한다.
③ 자계강도는 단위 자기량을 가지는 물체에 작용하는 자기력의 크기를 나타낸다.
④ 자기유도는 자석이 아닌 물체가 자계 내에서 자기력의 영향을 받아 자석을 띠는 현상을 말한다.

31
릴레이 내부에 다이오드 또는 저항이 장착된 목적으로 옳은 것은?

① 역방향 전류차단으로 릴레이 점검보호
② 역방향 전류차단으로 릴레이 코일보호
③ 릴레이 접속 시 발생하는 스파크로부터 전장품 보호
④ 릴레이 차단 시 코일에서 발생하는 서지전압으로부터 제어모듈 보호

32
그림과 같은 회로에서 스위치가 OFF되어 있는 상태로 커넥터가 단선되었다. 이 회로를 테스트램프로 점검하였을 때 테스트램프의 점등상태로 옳은 것은?

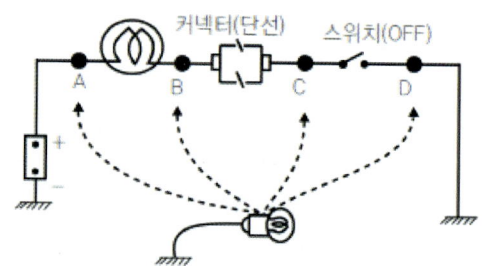

① A : OFF, B : ON, C : OFF, D : OFF
② A : ON, B : OFF, C : OFF, D : OFF
③ A : ON, B : ON, C : OFF, D : OFF
④ A : ON, B : ON, C : ON, D : OFF

33

다음 회로에서 전압계 V₁과 V₂를 연결하여 스위치를 ON, OFF하면서 측정한 결과로 옳은 것은? (단, 접촉저항은 없음)

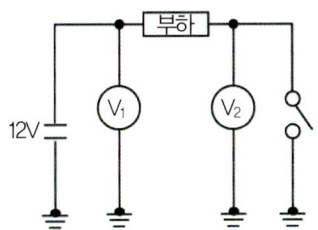

① ON : $V_1 - 12V, V_2 - 12V$
   OFF : $V_1 - 12V, V_2 - 12V$
② ON : $V_1 - 12V, V_2 - 12V$
   OFF : $V_1 - 0V, V_2 - 12V$
③ ON : $V_1 - 12V, V_2 - 0V$
   OFF : $V_1 - 12V, V_2 - 12V$
④ ON : $V_1 - 12V, V_2 - 0V$
   OFF : $V_1 - 0V, V_2 - 0V$

34

그림과 같이 캔(CAN) 통신회로가 접지 단락되었을 때 고장진단 커넥터에서 6번과 14번 단자의 저항을 측정하면 몇 Ω인가?

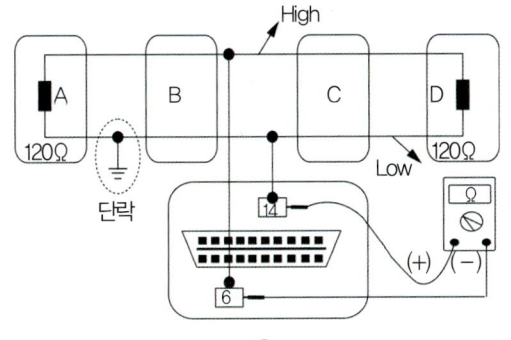

① 0
② 60
③ 100
④ 120

35

그림과 같은 논리(logic) 게이트회로에서 출력상태로 옳은 것은?

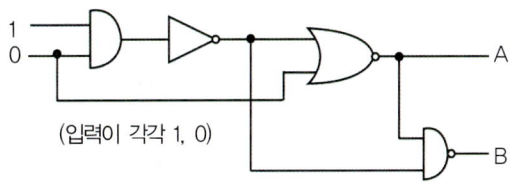

① A= 0, B= 0
② A= 1, B= 1
③ A= 1, B= 0
④ A= 0, B= 1

36

저항의 도체에 전류가 흐를 때 주행 중에 소비되는 에너지는 전부 열로 되고, 이때의 열을 줄열(H)이라고 한다. 이 줄열(H)을 구하는 공식으로 틀린 것은? (단, E는 전압, I는 전류, R은 저항, t는 시간이다)

① $H = 0.24EIt$
② $H = 0.24IE^2t$
③ $H = 0.24\dfrac{E^2}{R}t$
④ $H = 0.24I^2Rt$

37

디지털 오실로스코프에 대한 설명으로 틀린 것은?

① AC전압과 DC전압 모두 측성이 가능하나.
② X축에서는 시간, Y축에서는 전압을 표시한다.
③ 빠르게 변화하는 신호를 판독이 편하도록 트리거링할 수 있다.
④ UNI(unipolar)모드에서 Y축은 (+), (−)영역을 대칭으로 표시한다.

정답 33 ③ 34 ② 35 ④ 36 ② 37 ④

38

다음 회로에서 스위치를 ON하였으나 전구가 점등되지 않아 테스트램프(LED)를 사용하여 점검한 결과 i점과 j점이 모두 점등되었을 때 고장원인으로 옳은 것은?

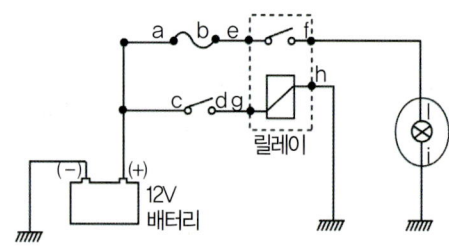

① 퓨즈 단선　　② 릴레이 고장
③ h와 접지선 단선　④ j와 접지선 단선

39

전기회로의 점검 방법으로 틀린 것은?

① 전류측정 시 회로와 병렬로 연결한다.
② 회로가 접촉불량일 경우 전압강하를 점검한다.
③ 회로의 단선 시 회로의 저항측정을 통해서 점검할 수 있다.
④ 제어모듈 회로점검 시 디지털 멀티미터를 사용해서 점검할 수 있다.

03 주행안전장치 정비

01
에어백장치에서 승객의 안전벨트 착용 여부를 판단하는 것은?

① 시트부하 스위치
② 충돌센서
③ 버클 스위치
④ 안전센서

02
에어백시스템을 설명한 것으로 옳은 것은?

① 충돌이 생기면 무조건 전개되어야 한다.
② 프리텐셔너는 운전석 에어백이 전개된 후에 작동한다.
③ 에어백 경고등이 계기판에 들어와도 조수석 에어백은 작동된다.
④ 에어백이 전개되려면 충돌감지센서의 신호가 입력되어야 한다.

03
차량으로부터 탈거된 에어백 모듈이 외부 전원으로 인해 폭발(전개)되는 것을 방지하는 구성품은?

① 클록 스프링
② 단락 바
③ 방폭 콘덴서
④ 인플레이터

04
자동차 에어백 구성품 중 인플레이터 역할에 대한 설명으로 옳은 것은?

① 충돌 시 충격을 감지한다.
② 에어백시스템 고장발생 시 감지하여 경고등을 점등한다.
③ 질소가스, 점화회로 등이 내장되어 에어백이 작동될 수 있도록 점화장치 역할을 한다.
④ 에어백 작동을 위한 전기적인 충전을 하여 배터리 전원이 차단되어도 에어백을 전개시킨다.

05
에어백시스템에서 화약 점화제, 가스 발생제, 필터 등을 알루미늄 용기에 넣은 것으로, 에어백 모듈 하우징 안쪽에 조립되어 있는 것은?

① 인플레이터
② 에어백 모듈
③ 디퓨저 스크린
④ 클록 스프링 하우징

06
에어백시스템에서 모듈 탈거 시 각종 에어백 점화회로가 외부 전원과 단락되어 에어백이 전개될 수 있다. 이러한 사고를 방지하는 안전장치는?

① 단락 바
② 프리 텐셔너
③ 클록 스프링
④ 인플레이터

정답 01 ③ 02 ④ 03 ② 04 ③ 05 ① 06 ①

04 냉난방장치 정비

01
공기조화장치에서 저압과 고압 스위치로 구성되어 있으며, 리시버 드라이어에 주로 장착되어 있는데 컴프레서의 과열을 방지하는 역할을 하는 스위치는?

① 듀얼압력 스위치
② 콘덴서압력 스위치
③ 어큐뮬레이터 스위치
④ 리시버드라이어 스위치

02
전자동 에어컨시스템에서 제어 모듈의 출력요소로 틀린 것은?

① 블로워 모터
② 냉각수밸브
③ 내·외기 도어 액추에이터
④ 에어믹스 도어 액추에이터

03
자동차의 에어컨 중 냉방효과가 저하되는 원인으로 틀린 것은?

① 압축기 작동시간이 짧을 때
② 냉매량이 규정보다 부족할 때
③ 냉매주입 시 공기가 유입되었을 때
④ 실내 공기순환이 내기로 되어 있을 때

04
자동차 전자제어 에어컨시스템에서 제어 모듈의 입력요소가 아닌 것은?

① 산소센서
② 외기온도센서
③ 일사량센서
④ 증발기온도센서

05
자동차용 냉방장치에서 냉매 사이클의 순서로 옳은 것은?

① 증발기 → 압축기 → 응축기 → 팽창밸브
② 증발기 → 응축기 → 팽창밸브 → 압축기
③ 응축기 → 압축기 → 팽창밸브 → 증발기
④ 응축기 → 증발기 → 압축기 → 팽창밸브

06
자동차 에어컨(FATC) 작동 시 바람은 배출되나 차갑지 않고, 컴프레서 동작음이 들리지 않는 원인이 아닌 것은?

① 블로우 모터 불량
② 핀 서모센서 불량
③ 트리플 스위치 불량
④ 컴프레서 릴레이 불량

정답 01 ① 02 ② 03 ④ 04 ① 05 ① 06 ①

07
자동 공조장치에 대한 설명으로 틀린 것은?

① 파워 트랜지스터의 베이스 전류를 가변하여 송풍량을 제어한다.
② 온도 설정에 따라 믹스 액추에이터 도어의 개방 정도를 조절한다.
③ 실내 및 외기온도센서신호에 따라 에어컨시스템의 제어를 최적화한다.
④ 핀서모센서는 에어컨 라인의 빙결을 막기 위해 콘덴서에 장착되어 있다.

08
에어컨 자동 온도조절장치(FATC)에서 제어 모듈의 출력 요소로 틀린 것은?

① 블로어 모터
② 에어컨 릴레이
③ 엔진 회전 수 보상
④ 믹스 도어 액추에이터

09
에어컨 구성부품 중 응축기에서 들어온 냉매를 저장하여 액체상태의 냉매를 팽창밸브로 보내는 역할을 하는 것은?

① 온도조절기
② 증발기
③ 리시버 드라이어
④ 압축기

10
자동차 에어컨시스템에서 고온·고압의 기체 냉매를 냉각 및 액화시키는 역할을 하는 것은?

① 압축기
② 응축기
③ 팽창밸브
④ 증발기

11
에어컨 냉매(R-134a)의 구비조건으로 옳은 것은?

① 비등점이 적당히 높을 것
② 냉매의 증발 잠열이 작을 것
③ 응축 압력이 적당히 높을 것
④ 임계 온도가 충분히 높을 것

12
냉방장치의 구성품으로 압축기로부터 들어온 고온·고압의 기체 냉매를 냉각시켜 액체로 변화시키는 장치는?

① 증발기
② 응축기
③ 건조기
④ 팽창밸브

13
에어컨시스템이 정상작동 중일 때 냉매의 온도가 가장 높은 곳은?

① 압축기와 응축기 사이
② 응축기와 팽창밸브 사이
③ 팽창밸브와 증발기 사이
④ 증발기와 압축기 사이

정답 07 ④ 08 ③ 09 ③ 10 ② 11 ④ 12 ② 13 ①

14

자동차 냉방시스템에서 CCOT(Clutch Cycling Orifice Tube) 형식의 오리피스 튜브와 동일한 역할을 수행하는 TXV(Thermal Expansion Valve) 형식의 구성부품은?

① 컨덴서
② 팽창밸브
③ 핀센서
④ 리시버 드라이어

15

냉·난방장치에서 블로워 모터 및 레지스터에 대한 설명으로 옳은 것은?

① 최고 속도에서 모터와 레지스터는 병렬 연결된다.
② 블로워 모터 회전속도는 레지스터의 저항값에 반비례한다.
③ 블로워 모터 레지스터는 라디에이터 팬 앞쪽에 장착되어 있다.
④ 블로워 모터가 최고속도로 작동하면 블로워 모터 퓨즈가 단선될 수도 있다.

정답 14 ② 15 ②

05 편의장치 정비

01
오토라이트(auto light) 제어회로의 구성부품으로 가장 거리가 먼 것은?

① 압력센서
② 조도감지센서
③ 오토라이트 스위치
④ 램프 제어용 휴즈 및 릴레이

02
자동차에 적용된 이모빌라이저시스템의 구성품이 아닌 것은?

① 외부 수신기
② 안테나 코일
③ 트랜스 폰더 키
④ 이모빌라이저 컨트롤 유닛

03
자동 전조등에서 외부 빛의 밝기를 감지하여 자동으로 미등 및 전조등을 점등시키기 위해 적용된 센서는?

① 조도센서
② 초음파센서
③ 중력(G)센서
④ 조향 각속도센서

04
바디 컨트롤 모듈(BCM)에서 타이머 제어를 하지 않는 것은?

① 파워윈도우
② 후진등
③ 감광 룸램프
④ 뒤 유리 열선

05
라이트를 벽에 비추어 보면 차량의 광축을 중심으로 좌측 라이트는 수평으로, 우측 라이트는 약 15도 정도의 상향 기울기를 가지게 된다. 이를 무엇이라 하는가?

① 컷 오프라인
② 실드빔 라인
③ 루미네슨스 라인
④ 주광축 경계 라인

06
리모콘으로 록(LOCK) 버튼을 눌렀을 때 문은 잠기지만 경계상태로 진입하지 못하는 현상이 발생하는 원인과 가장 거리가 먼 것은?

① 후드 스위치 불량
② 트렁크 스위치 불량
③ 파워윈도우 스위치 불량
④ 운전석 도어 스위치 불량

정답 01 ① 02 ① 03 ① 04 ② 05 ① 06 ③

07

자동차 정속주행(크루즈 컨트롤)장치에 적용되어 있는 스위치와 가장 거리가 먼 것은?

① 세트(set) 스위치
② 리드(reed) 스위치
③ 해제(cancel) 스위치
④ 리줌(resume) 스위치

08

자동차의 오토라이트장치에 사용되는 광전도 셀에 대한 설명 중 틀린 것은?

① 빛이 약할 경우 저항값이 증가한다.
② 빛이 강할 경우 저항값이 감소한다.
③ 황화카드뮴을 주성분으로 한 소자이다.
④ 광전 소자의 저항값은 빛의 조사량에 비례한다.

09

빛과 조명에 관한 단위와 용어의 설명으로 틀린 것은?

① 광속(luminous flux)이란 빛의 근원, 즉 광원으로부터 공간으로 발산되는 빛의 다발을 말하는데, 단위는 루멘(lm : lumen)을 사용한다.
② 광밀도(luminance)란 어느 한 방향의 단위 입체각에 대한 광속의 방향을 말하며, 단위는 칸델라(cd : candela)이다.
③ 조도(illuminance)란 피조면에 입사되는 광속을 피조면 단면적으로 나눈 값으로서, 단위는 룩스(lx)이다.
④ 광효율(luminous efficiency)이란 방사된 광속과 사용된 전기에너지의 비로서, 100W 전구의 광속이 1,380lm이라면 광효율은 1,380lm/100W = 13.8lm/W가 된다.

10

윈드 실드 와이퍼가 작동하지 않는 원인으로 틀린 것은?

① 퓨즈 단선
② 전동기 브러시 마모
③ 와이퍼 블레이드 노화
④ 전동기 전기자 코일의 단선

정답 07 ② 08 ④ 09 ② 10 ③

Chapter 1 자동차 섀시

01 주행성능

1 구동력

구동력(tractive force)은 구동바퀴가 자동차를 미는 힘으로 정의된다. 구동력 F[kgf]는 다음의 공식으로 표현된다.

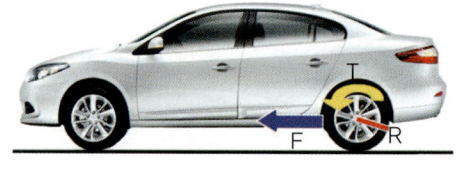

그림 1-1 구동력

$$F = \frac{T}{R}$$

R : 구동바퀴 반지름[m] T : 구동축 회전력[kgf·m]

2 주행저항

자동차의 주행저항은 자동차 주행을 방해하는 쪽으로 작용하는 힘의 총칭으로 구름저항, 공기저항, 등판저항, 가속저항 등 4가지가 있다.

(1) 구름저항

구름저항은 바퀴가 수평 노면 위를 굴러갈 때 발생하는 것이며, 구름저항이 발생하는 원인은 다음과 같다.

① 도로와 타이어와의 변형저항

② 도로 위 노면의 요철에 의해 발생되는 충격저항

③ 타이어와 노면이 접촉시 미끄럼에 의해 발생되는 저항 등이다. 다음 공식으로 나타낸다.

$$Rr = \mu r \times W$$

Rr : 구름저항(kgf)　　　　　　　　μr : 구름저항계수
W : 자동차 총중량(kgf)

(2) 공기저항

공기저항은 자동차가 주행할 때 진행방향에 방해하는 공기의 힘과 차체의 형상에 따라 기류의 와류에 의해 발생하는 저항을 의미한다. 다음 공식으로 표시한다.

$$Ra = \mu a \times A \times V^2$$

Ra : 공기저항(kgf)　　　　　　　　μa : 공기저항계수
A : 자동차 전면 투영면적(m^2)　　V : 자동차의 공기에 대한 상대 속도(km/h)

그림 1-2 공기저항

(3) 구배(등판)저항

구배저항은 자동차가 경사면을 올라갈 때 자동차 중량에 의해 경사면에 평행하게 작용하는 방향의 분력($W \times \sin\theta$)이 저항과 같은 효과를 내므로 이것을 구배저항이라고 하며, 다음 공식으로 표시된다.

$$Rg = W \times \sin\theta$$

Rg : 구배저항(kgf), W : 자동차 총중량(kgf), $\sin\theta$: 도로면 경사각도

$$또는\ Rg = \frac{WG}{100}$$

G : 구배(%)

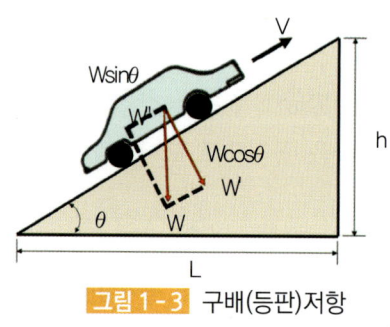

그림 1-3 구배(등판)저항

(4) 가속저항

자동차의 주행속도를 변화시키는데 필용한 힘을 관성저항이라 부른다. 다음 공식으로 나타낸다.

$$Ri = \frac{(1+a)W}{g} \times a$$

Ri : 가속저항
W : 자동차 총중량(kgf)
a : 가속도(m/sec^2)
g : 중력가속도($9.8m/sec^2$)

(5) 전 주행저항

① 평탄한 도로 주행 시 : 구름저항(Rr) + 공기저항(Ra)

② 경사로 등속 주행 시 : 구름저항(Rr) + 공기저항(Ra) + 등판저항(Rg)

③ 평탄한 도로 등 가속 주행 시 : 구름저항(Rr) + 공기저항(Ra) + 가속저항(Ri)

④ 경사로 등 가속 주행 시 : 구름저항(Rr) + 공기저항(Ra) + 등판저항(Rg) + 가속저항(Ri)

02 제동성능

1 브레이크 드럼에 발생하는 제동토크

$$T_B = \mu Pr$$

T_B : 드럼에 발생하는 제동토크
r : 드럼의 반지름
μ : 드럼과 라이닝의 마찰계수
P : 드럼에 가해지는 힘

2 제동거리의 산출 공식

주요 제동에서는 브레이크 페달을 일정한 힘으로 밟고 있을 때에도 다소 변화한다. 즉, 중간에서는 브레이크 라이닝이나 드럼의 열 발생 때문에 제동력이 저하되고, 정지 직전에서는 열 발생량이 감소하기 때문에 제동력이 회복된다. 다음 공식으로 나타낸다.

$$S = \frac{V^2}{254} \times \frac{W}{F}$$

S : 제동거리(m)
W : 자동차 총중량(kgf)
V : 주행속도(km/h)
F : 제동력(kgf)

3 공주거리 산출 공식

장애물을 발견하여 브레이크 페달을 밟아서 제동 개시까지 걸리는 시간이 공주시간이며, 이때 주행한 거리를 공주거리라 한다(보통 공주시간은 0.1초 정도이다). 다음 공식으로 나타낸다.

$$S_2 = \frac{V}{3.6} t$$

V : 속도(km/h)
t : 공주시간(0.1초)

4 정지거리 산출 공식

정지거리는 제동거리와 공주거리를 더한 것이다. 다음 공식으로 나타낸다.

$$S_3 = \frac{V^2}{254} \times \frac{W+W'}{F} + \frac{V}{3.6} \times t$$

V : 주행속도(km/h)
W : 자동차 총중량(kgf)
F : 제동력(kgf)
t : 공주시간(0.1초)
W' : 회전부분 상당 중량
  승합자동차 : 자동차 중량의 5%(0.05W)
  승합 및 화물자동차 : 자동차 중량의 7%(0.07W)

Chapter 2 자동변속기 정비

01 자동변속기(automatic transmission)

자동변속기는 변속기의 조작을 자동화하고자 토크컨버터와 유성 기어에 유압조절장치를 두어 기어가 연속적으로 변속되고, 조작이 쉬우며, 신속, 정확하게 동력을 전달하는 변속기를 말한다.

1 유체 클러치(fluids clutch)

① 펌프와 터빈으로 되어 있다.
② 펌프는 엔진의 크랭크축에, 터빈은 변속기 입력축과 연결되어 있다.
③ 회전력 변환비율은 미끄럼 때문에 1 : 1이 되지 못한다. 미끄럼값은 2~3%이며, 전달효율은 최대 98% 정도이다.
④ 유체 클러치 내의 가이드 링의 역할은 오일의 와류를 방지하여 전달효율을 증가시킨다.
⑤ 유체 클러치의 스톨 포인트(stall point)란 펌프와 터빈의 회전속도가 동일할 때, 즉 속도비율이 "0"인 점이다. 스톨 포인트에서 회전력변환 비율(효율)이 최대가 된다.

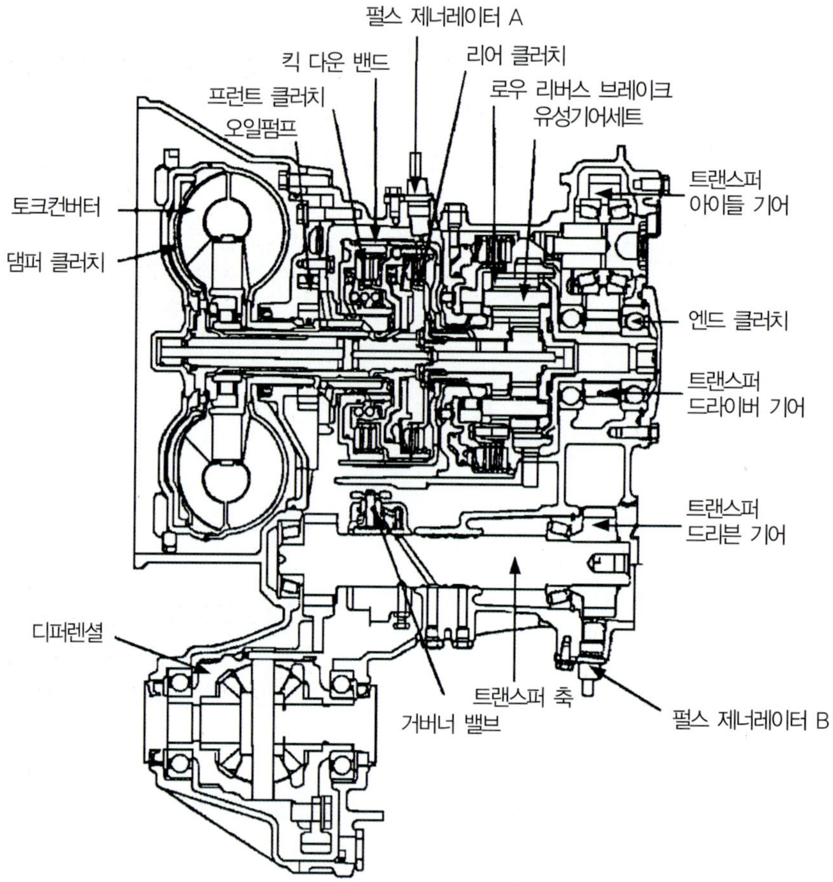

그림 2-1 자동변속기의 구조

2 토크컨버터(torque converter)

① 토크컨버터는 오일의 운동에너지를 이용하여 회전력을 전달시켜 주는 장치이며, 구성은 펌프(임펠러), 터빈(러너), 스테이터로 되어 있다.
② 펌프는 엔진과 직결되어 엔진 회전속도와 동일한 속도로 회전하며, 터빈은 변속기 입력축 스플라인과 연결되어 있다.
③ 스테이터는 오일의 흐름방향을 바꾸어 회전력을 증대시킨다.
④ 토크컨버터가 유체 클러치로 변환되는 점을 클러치 포인트(clutch point)라 한다.
⑤ 엔진 회전속도가 일정할 경우 토크컨버터의 회전력이 가장 클 때는 터빈의 회전속도가 느릴 때이다.

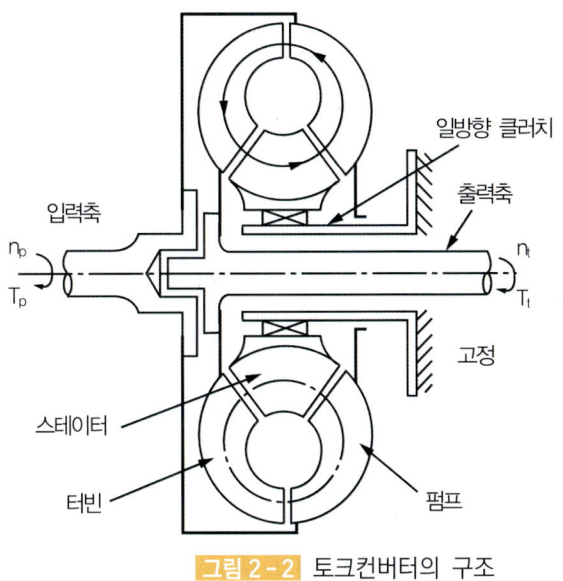

그림 2-2 토크컨버터의 구조

3 댐퍼 클러치(damper clutch)

로크 업(lock up) 클러치라고 부르며, 전자제어 자동변속기에 주로 설치된다. 댐퍼 클러치는 마찰 클러치로 되어 있고, 고속주행에서 터빈의 미끄럼에 의한 손실을 최소화시켜 동력전달 효율과 연료소비율을 향상시킨다.

댐퍼 클러치의 작동영역을 판정하기 위하여 변속단과 회전속도를 검출하기 위해 펄스 제너레이터를 이용한다. 작동하지 않는 영역은 다음과 같다.

① 제1속·후진 및 엔진이 공회전할 때
② 엔진 브레이크가 작동될 때
③ ATF(자동변속기 오일)의 유온이 65℃ 이하일 때
④ 엔진 냉각수온도가 50℃ 이하일 때
⑤ 3속에서 2속으로 시프트다운될 때
⑥ 엔진의 회전속도가 2,000rpm 이하에서 스로틀밸브의 열림이 클 때
⑦ 주행 중 변속할 때
⑧ 스로틀밸브 개도가 급격히 감소할 때

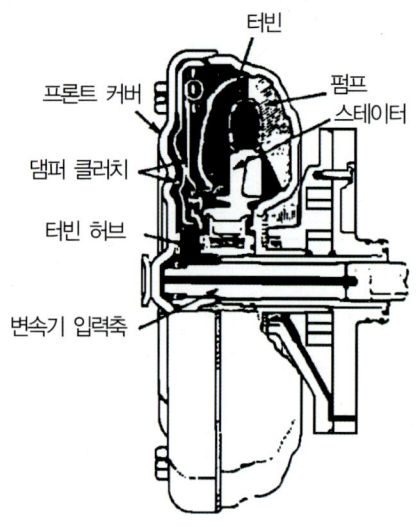

그림 2-3 댐퍼 클러치의 설치 위치

4 유성 기어장치(planetary gear unit)

(1) 유성 기어식 자동변속기의 특성

① 솔레노이드밸브를 제어하여 변속 시점과 과도 특성을 제어한다.
② 록업 클러치를 설치하여 연료소비량을 줄일 수 있다.
③ 변속단을 1단 증가시키기 위한 오버드라이브를 둘 수 있다.
④ 수동변속기에 비해 구동력이 크다.

(2) 유성 기어장치의 구조

링 기어(ring gear), 선 기어(sun gear), 유성 기어(planetary gear, 유성 피니언), 유성 기어 캐리어 등으로 구성되어 있다. 링 기어를 증속시키고자 할 경우에는 선 기어를 고정시키고, 유성 기어 캐리어를 구동하면 증속된다. 링 기어의 증속은 다음 공식으로 산출된다.

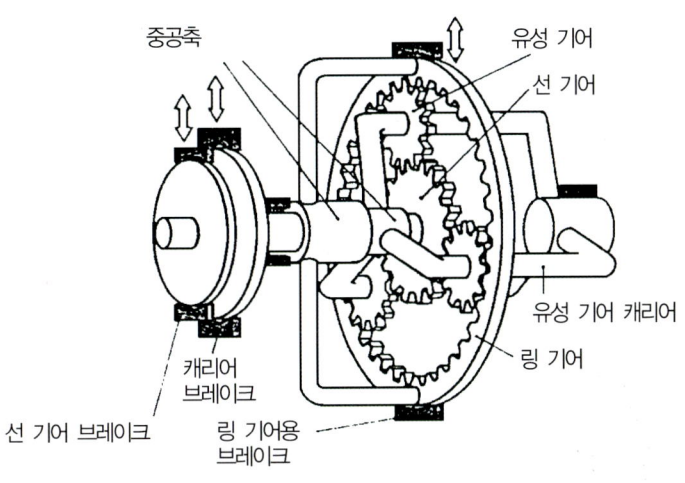

그림 2-4 유성 기어장치의 구조

$$N = \frac{A+D}{D} \times n$$

N : 링 기어의 회전속도 $\qquad$ A : 선 기어 잇수
D : 링 기어 잇수 $\qquad$ n : 유성 기어 캐리어의 회전속도

(3) 유성 기어의 작동과 출력

표 2-1 유성 기어의 작동과 출력

고정부분	회전부분	출력	변속비
선 기어	유성 기어 캐리어	링 기어(↑)	$\frac{A}{A+D}$
	링 기어	유성 기어 캐리어(↓)	$\frac{A+D}{D}$
유성 기어 캐리어	선 기어	링 기어 역전(↓)	$-\frac{D}{A}$
	링 기어	유성 기어 캐리어 역전(↑)	$-\frac{A}{D}$
링 기어	선 기어	유성 기어 캐리어(↓)	$\frac{A+D}{A}$
	유성 기어 캐리어	선 기어(↑)	$\frac{A}{A+D}$

A : 선 기어 잇수, C : 유성 기어 캐리어 잇수, D : 링 기어 잇수
선 기어, 유성 기어 캐리어, 링 기어의 3요소 중 2개 요소를 고정하면 엔진의 회전 수와 같다(즉, 등속).

(4) 복합 유성 기어장치의 종류

① 심프슨 형식(simpson type)

2세트의 단일 유성 기어의 각각에 선 기어를 결합시키고 다시 한쪽의 링 기어와 다른 한쪽의 유성 기어 캐리어를 결합시킨 기어 트레인이다. 이 방식의 특징은 링 기어의 입력으로 인하여 강도상 유리하고, 구성요소의 회전속도가 낮고 동력 전달효율이 높다.

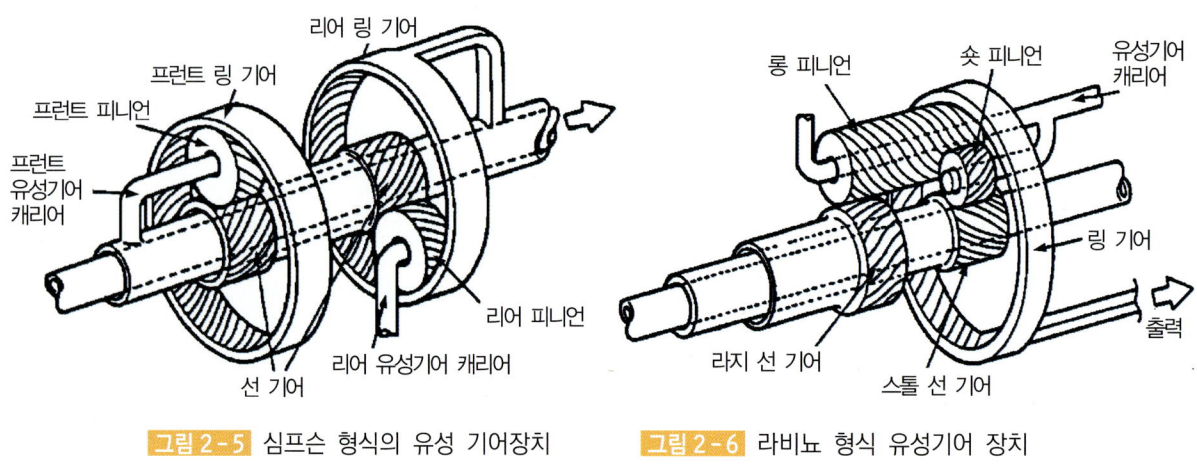

그림 2-5 심프슨 형식의 유성 기어장치   그림 2-6 라비뇨 형식 유성기어 장치

② 라비뇨 형식(ravigneaux type)

서로 다른 2개의 선 기어를 1개의 유성 기어장치에 조합한 형식이며, 링 기어와 유성 기어 캐리어를 각각 1개씩만 사용한다. 1차 선 기어는 숏 피니언과 물려있고, 2차 선 기어는 롱 피니언과 물려있으며, 숏 피니언은 1차 선 기어와 롱 피니언 사이에, 링 기어는 롱 피니언과 물려있다.

5 유압 조절장치

(1) 오일펌프(oil pump)

오일펌프는 유압 조절장치의 유압원으로 적당한 유압과 유량을 공급한다.

(2) 거버너밸브(governor valve)

이 밸브는 유성 기어 유닛의 변속이 그때의 주행속도에 적응되도록 한다. 즉, 거버너밸브에 의하여 시프트업(shift up)이나 시프트다운(shift down)이 자동적으로 이루어진다.

(3) 밸브바디(valve body)

밸브바디는 오일펌프에서 공급된 유압을 각 부분으로 공급하는 유압회로를 형성하며, 밸브바디 내에는 매뉴얼밸브, 스로틀밸브, 압력 조정밸브, 시프트밸브, 거버너밸브 등으로 구성되어 있다.

① 매뉴얼밸브(manual valve)

변속레버의 조작에 의해 작동되는 수동 밸브이며, 변속레버와 링크로 연결되어 레버의 움직임에 따라 라인압력을 앞·뒤의 서보기구나 클러치 등으로 이끌어 P, R, N, D, L의 각 레인지로 바꾸어준다.

② 스로틀밸브(throttle valve)

라인압력을 가속페달을 밟은 정도, 즉 스로틀밸브의 열림 정도에 비례하는 유압 또는 흡기다기관 내의 부압(진공도)에 반비례하는 유압을 변환시키는 것이다.

③ 압력 조정밸브

오일펌프에서 발생한 유압의 최고값을 제어하고, 각 부분으로 보내지는 유압을 그때의 주행속도와 엔진에 알맞은 압력으로 조정하며, 엔진이 정지되었을 때 토크컨버터에서의 오일이 역류하는 것을 방지한다.

④ 시프트밸브(shift valve)

유성 기어를 주행속도나 엔진의 부하에 따라 자동적으로 변환하기 위한 것이다.

(4) 어큐뮬레이터

브레이크나 클러치가 작동할 때 변속충격을 흡수한다.

6 전자제어 자동변속기용 센서

(1) 스로틀 위치센서(TPS)

스로틀 위치센서는 단선 또는 단락되면 페일세이프(fail safe)가 되지 않는다. 이에 따라 출력이 불량할 경우에는 변속점이 변화하며, 출력이 80% 정도밖에 나오지 않으면 변속 선도상의 킥다운 구간이 없어지기 쉽다.

(2) 수온센서(WTS)

엔진 냉각수온도가 50℃ 미만에서는 OFF되고, 그 이상에서는 ON으로 되어 컴퓨터(TCU)로 입력시킨다.

(3) 가속 스위치(accelerator S/W)

가속페달을 밟으면 OFF, 놓으면 ON으로 되어 이 신호를 컴퓨터로 보내며, 주행속도 7km/h 이하, 스로틀밸브가 완전히 닫혔을 때 크리프(creep)량이 적은 제2단으로 유도하기 위한 검출기이다.

(4) 킥다운 서보(kick down servo) 스위치

킥다운할 때 충격을 완화하여 변속 감도를 좋게 하기 위한 것이며, 3속에서 2속으로 킥다운할 때만 작동한다.

(5) 오버드라이브(O/D; over drive) 스위치

오버드라이브 스위치는 변속레버 손잡이에 부착되며 ON, OFF에 따라 그 신호를 컴퓨터로 보내어 ON에서는 제4속까지, OFF에서는 제3속까지 변속된다.

(6) 차속센서

속도계에 내장되어 있으며 변속기 속도계 구동 기어의 회전(주행속도)을 펄스신호로 검출하여 펄스 제너레이터 B에 이상이 있을 때 페일세이프 기능을 갖도록 한다.

(7) 펄스 제너레이터 A & B(pulse generator A & B)

펄스 제너레이터 A는 킥다운 드럼의 회전 수(N_a)를, 펄스 제너레이터 B는 변속기 피동 기어의 회전 수(N_b)를 검출하여 N_a/N_b를 컴퓨터에서 연산하여 자동적으로 변속 단수를 결정한다.

(8) 인히비터 스위치(inhibitor S/W)

인히비터 스위치는 변속레버를 P(주차) 또는 N(중립) 레인지 위치에서만 엔진 시동이 가능하도록 하고, 그 외의 위치에서는 시동이 불가능하게 하며, R(후진)레인지에서는 후퇴등(back up lamp)이 점등되게 한다.

(9) TCU(transmission control unit)

TCU는 각종 센서에서 보내온 신호를 받아서 댐퍼 클러치 조절 솔레노이드밸브, 시프트 조절 솔레노이드밸브, 압력 조절 솔레노이드밸브 등을 구동하여 댐퍼 클러치의 작동과 변속 조절을 한다.

① 주행 중 가속페달에서 발을 떼면 리프트 풋업(lift foot up)이라는 현상이 발생한다.
② 킥다운(kick down)이란 3속 또는 2속으로 주행을 하다가 급가속을 할 때 가속페달을 완전히 밟으면 변속시점을 넘어 다운시프트(down shift)되어 필요한 구동력을 얻는 것을 말한다.
③ 시프트업(shift up)이란 저속 기어에서 고속 기어로 변속되는 것을 말한다.
④ 히스테리시스(hysteresis)란 스로틀밸브의 열림 정도가 같아도 시프트업과 시프트다운 사이의 변속시점에서 7~15km/h 정도의 차이가 나는 현상을 말하며, 이것은 주행 중 변속시점 부근에서 빈번히 변속되어 주행이 불안정하게 되는 것을 방지하기 위해 둔다.
⑤ 페일세이프(fail safe)란 이상이 있을 때 사전에 설정된 조건하에서 작동하도록 제어하는 안전 기능을 말한다.

7 자동변속기 성능시험

자동변속기 성능시험은 스톨 테스트, 유압 테스트(라인압력시험), 타임래그 테스트시험이 있다.

(1) 스톨 테스트(stall test)

변속레버를 D 또는 R에 위치시키고 스로틀을 완전히 개방시켰을 때 최고 엔진속도를 측정하여 엔진성능, 자동변속기의 성능을 시험하기 위한 것이다. 엔진의 구동력시험, 토크컨버터의 동력전달 기능, 클러치의 미끄러짐, 브레이크밴드의 미끄러짐을 점검한다.

① **시험 방법**
㉮ 엔진을 웜업시킨다.
㉯ 뒷바퀴 양쪽에 고임목을 받친다.
㉰ 엔진 타코미터를 연결한다.
㉱ 주차브레이크를 당기고, 브레이크 페달을 완전히 밟는다.
㉲ 변속레버를 "D"에 위치시킨 다음 가속페달을 완전히 밟고 엔진 rpm을 측정한다(이 테스트를 5초 이상 하지 않는다).
㉳ 상기 시험(D레인지 테스트)을 "R"레인지에서도 동일하게 실시한다.

㊂ 규정값 : 2,000~2,400rpm

② 판정

㉮ "D" 레인지에서 규정값 이상일 때 : 뒤 클러치나 오버러닝 클러치의 슬립

㉯ "R" 레인지에서 규정값 이상일 때 : 앞 클러치나 로우 브레이크의 슬립

㉰ "D"와 "R"에서 규정값 이하일 때 : 엔진 출력 저하 및 토크컨버터 고장

(2) 유압 테스트(라인압력시험)

① 자동변속기 유온이 정상 작동온도(80~90℃)가 되도록 충분히 웜업시킨다.

② 잭으로 앞바퀴를 올려 자동차 고정용 스탠드를 설치한다.

③ 진단장비(scan tool)를 설치하여 엔진회전 수를 선택한다.

④ 자동변속기 케이스에서 오일압력 테스트 플러그를 탈거하고 오일압력 게이지를 설치한다.

⑤ 엔진을 시동하여 공회전속도를 점검한다.

⑥ 다양한 레인지(N, D, R)와 조건에서 오일압력을 측정한다. 측정값이 규정범위 내에 있는가를 확인한다. 규정값을 벗어날 경우 유압 조정 방법을 참고하여 수리한다.

(3) 타임래그 테스트(time lag test, 시간지연시험)

엔진 공회전상태에서 변속레버를 변환할 때 충격을 느끼기 전에 약간의 시간이 소요된다. 변화된 순간부터 충격을 느끼는 순간까지의 시간을 측정함으로써 저단 클러치, 리버스 클러치와 저단과 후진 브레이크 등의 작동상태를 점검하는 시험 방법이다.

① 시험 방법

㉮ 자동차를 평탄한 곳에 주차시킨 후 주차브레이크를 당긴다.

㉯ 엔진시동 후 공회전속도가 규정치인지 확인한다.

㉰ 공회전 상태에서 N → D(0.6초 이하), N → R(0.9초 이하)로 변속한 순간부터 동력이 전달될 때까지의 시간을 측정하여 변속기 유압상태를 판정한다.

㉱ 테스트 사이에는 1분 정도의 여유를 가지고 실시하며 3회 측정하여 평균치를 산출한다.

㉲ 지연시간이 길면 라인압력이 너무 낮은 것을 의미하고, 지연시간이 짧으면 라인압력이 너무 높거나, 브레이크 밴드의 조임 토크가 크거나, 클러치 디스크 틈새가 너무 좁은지를 점검한다.

8 자동변속기 오일의 구비조건

① 고착 방지성 및 내마모성이 있을 것
② 점도지수가 클 것
③ 방청성이 있을 것
④ 산화 안정성이 있을 것
⑤ 실(seal) 및 냉각 계통의 재질에 안정성이 있을 것
⑥ 기포가 발생되지 않을 것

02 무단변속기(CVT)

연속적으로 변속시키는 장치를 말한다. 무단변속기는 엔진을 항상 최적 운전상태로 유지할 수 있어 효율이 10~20% 정도 높일 수 있다.

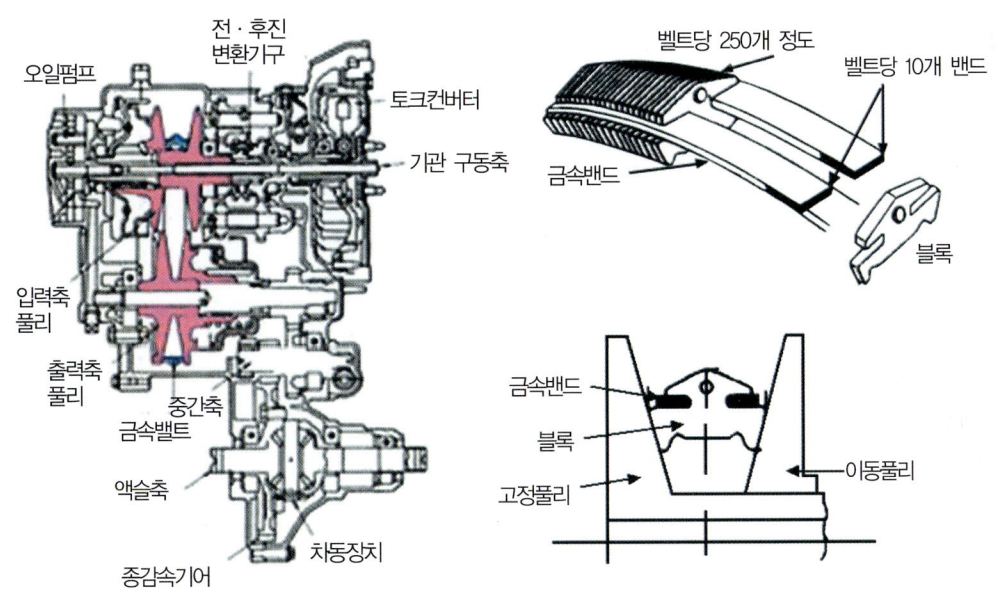

그림 2-7 무단변속기의 구조

1 무단변속기의 특징

① 벨트를 이용해 변속이 이루어진다.
② 큰 동력을 전달할 수 없다.
③ 변속충격이 적다.
④ 운전 중 용이하게 감속비를 변화시킬 수 있다.

2 무단변속기의 종류

(1) 동력전달 방식에 따른 분류

① 토크컨버터 방식
② 전자분말 방식

(2) 변속 방식에 따른 분류

① 고무벨트 방식 : 경형 자동차에서 사용된다.
② 금속벨트 또는 체인 방식 : 승용 자동차용으로 사용된다.
③ 트랙션 구동 방식 : 승용차용으로 사용된다.
④ 유압모터, 펌프의 조합형 : 농기계나 상업 장비에서 사용된다.

03 고장분석 및 원인분석

(1) 자동변속기에서 오일을 점검할 때 주의사항

① 자동차를 수평인 지면에 정차시킨다.
② 엔진을 시동하여 난기 운전시켜 오일의 정상온도(70~80℃)에서 변속레버를 움직여 클러치 및 브레이크 서보에 오일을 충분히 채운 후 오일량을 점검한다.
③ 오일레벨 게이지의 MIN선과 MAX선 사이에 있으면 정상이다.
④ 오일을 보충할 경우에는 자동변속기용 오일(ATF)을 보충한다.

3 유압식 현가장치 정비

01 일반 현가장치

차축과 차체를 연결하여 주행 중에 차축이 노면으로부터 받는 진동이나 충격을 차체에 직접 전달하지 않도록 하여 차체와 화물의 손상을 방지하고 승차감이 향상된다.

1 현가장치의 구성

노면의 충격을 완화하는 섀시 스프링, 섀시 스프링의 자유진동을 제어하여 승차감을 향상시키는 충격흡수기(shock absorber), 롤링을 방지하는 스태빌라이저(stabilizer)와 고무부싱 등으로 구성된다.

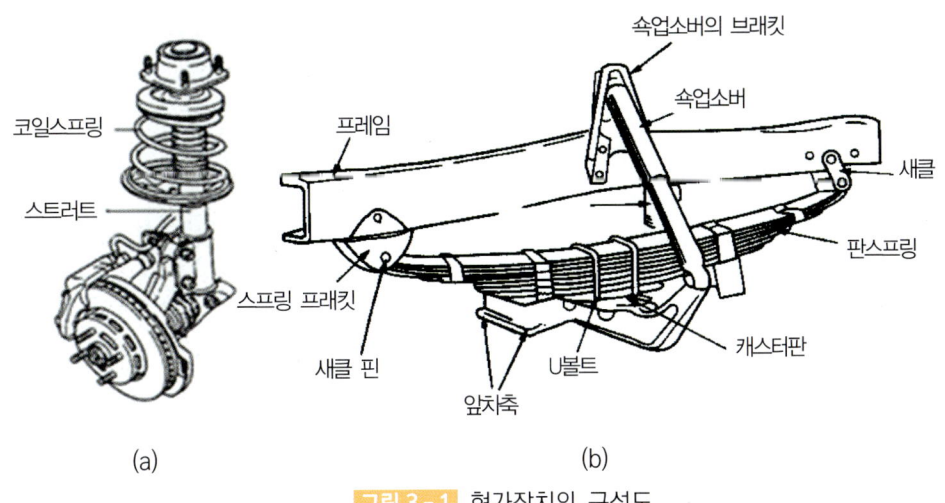

그림 3-1 현가장치의 구성도

(1) 스프링(spring)

자동차에서 사용하는 스프링에는 판 스프링, 코일 스프링, 토션바 스프링 등의 금속제 스프링과 고무 스프링, 공기 스프링 등 비금속제 스프링이 있다.

(2) 토션바(torsion bar) 스프링

토션바 스프링은 비틀었을 때 탄성에 의해 원위치 하려는 성질을 이용한 스프링 강의 막대이며, 단위 중량당 에너지 흡수율이 가장 크기 때문에 가볍게 할 수 있고, 구조가 간단하다. 스프링의 힘은 바(bar)의 길이와 단면적에 따라 결정된다. 코일 스프링과 같이 진동의 감쇠 작용이 없어 쇽업소버를 병용해야 한다.

(3) 쇽업소버(shock absorbor)

쇽업소버는 도로면에서 발생한 스프링의 진동을 신속하게 흡수하여 승차감각을 향상시키고, 동시에 스프링의 피로를 감소시키기 위해 설치하는 기구이다. 또 이것에 의해 고속주행 요건의 하나인 로드홀딩(road holding)도 현저히 향상된다.

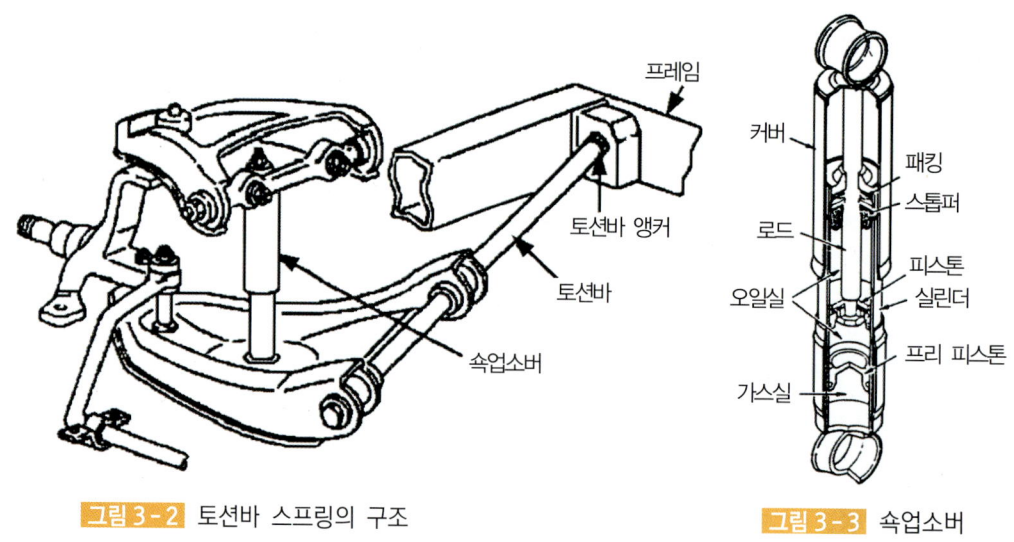

그림 3-2 토션바 스프링의 구조

그림 3-3 쇽업소버

(4) 드가르봉형 쇽업소버

① 드가르봉형 쇽업소버의 구조와 작동

드가르봉형 쇽업소버는 유압식의 일종으로 프리 피스톤을 설치하고 위쪽에 오일이 내장되어 있고, 프리 피스톤 아래에는 30kgf/cm²의 고압 질소가스가 들어있다. 쇽업소버의 작동이 정지되면 프리 피스톤 아래쪽의 질소가스가 팽창하여 프리 피스톤을 압상시키므로 오일실의 오일이 가압되며, 비포장도로에서 심한 충격을 받았을 때 캐비테이션에 의한 감쇠력의 차이가 적다.

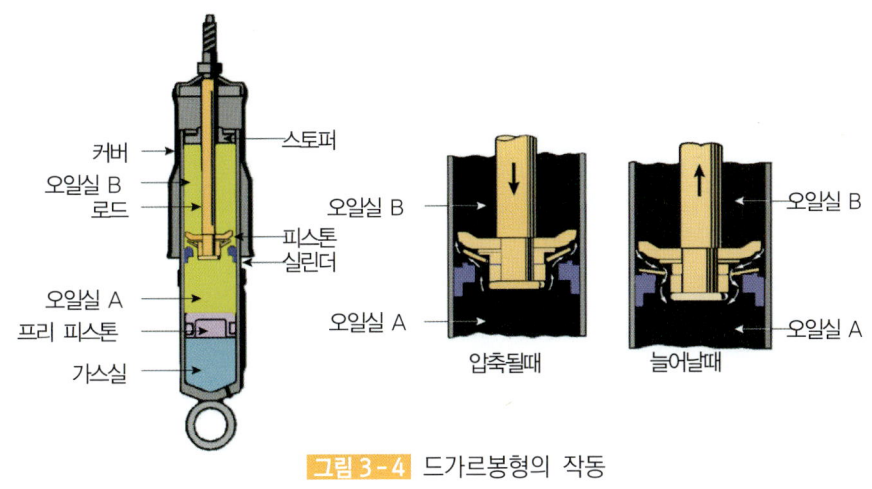

그림 3-4 드가르봉형의 작동

② 드가르봉형 쇽업소버의 특징

㉮ 구조가 간단하다.

㉯ 작동할 때 오일에 기포가 없어 장시간 작동하여도 감쇠효과의 감소가 적다.

㉰ 실린더가 1개이므로 냉각성능이 크다.

㉱ 내부에 압력이 걸려 있어 분해하는 것은 위험하다.

(5) 스태빌라이저(stabilizer)

스태빌라이저는 토션바 스프링의 일종으로 양끝은 좌·우의 컨트롤 암에 연결되고, 중앙부분은 차체에 설치되어 커브길을 선회할 때 차체가 롤링(rolling : 좌우진동)하는 것을 방지한다. 즉, 차체의 기울기를 감소시켜 평형을 유지하는 기구이다.

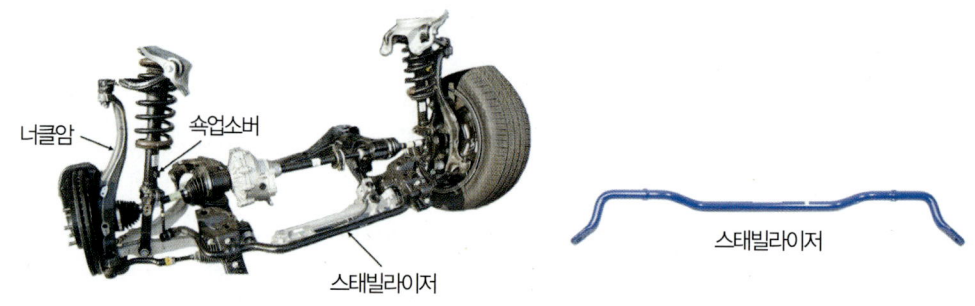

그림 3-5 스태빌라이저

2 현가장치의 분류

(1) 일체차축 현가장치의 특징

① 부품 수가 적어 구조가 간단하다.
② 선회할 때 차체의 기울기가 적다.
③ 스프링 밑 질량이 커 승차감이 불량하다.

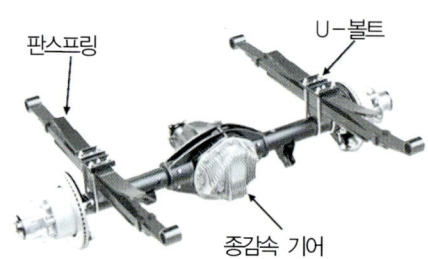

그림 3-6 일체차축 현가장치

④ 앞바퀴에 시미(shimmy)가 발생하기 쉽다.
⑤ 평행 판스프링 형식에서는 스프링 정수가 너무 적은 것은 사용하기 어렵다.

(2) 독립현가장치

① 독립현가장치의 특징

㉮ 스프링 밑 질량이 작아 승차감이 좋다.

㉯ 바퀴의 시미(shimmy) 현상이 적으며, 로드홀딩(road holding)이 우수하다.

㉰ 스프링 정수가 작은 것을 사용할 수 있다.

㉱ 구조가 복잡하므로 값이나 취급 및 정비면에서 불리하다.

㉲ 볼 이음 부분이 많아 그 마멸에 의한 휠 얼라인먼트(wheel alignment)가 틀어지기 쉽다.

㉳ 바퀴의 상하운동에 따라 윤거나 휠 얼라인먼트가 틀어지기 쉬워 타이어 마멸이 크다.

② 독립현가장치의 분류

㉮ 위시본 형식

위·아래 컨트롤 암, 조향너클, 코일 스프링 등으로 구성되어 있어 바퀴가 스프링에 의해 완충되면서 상하운동을 하도록 되어 있다. 이 형식은 위·아래 컨트롤 암의 길이에 따라 캠버나 윤거가 변화된다. 종류에는 위·아래 컨트롤 암의 길이에 따라 평행사변형 형식과 SLA 형식이 있다. 위시본 형식은 스프링이 피로하거나 약해지면 바퀴의 윗부분이 안쪽으로 움직여 부(-)의 캠버가 된다.

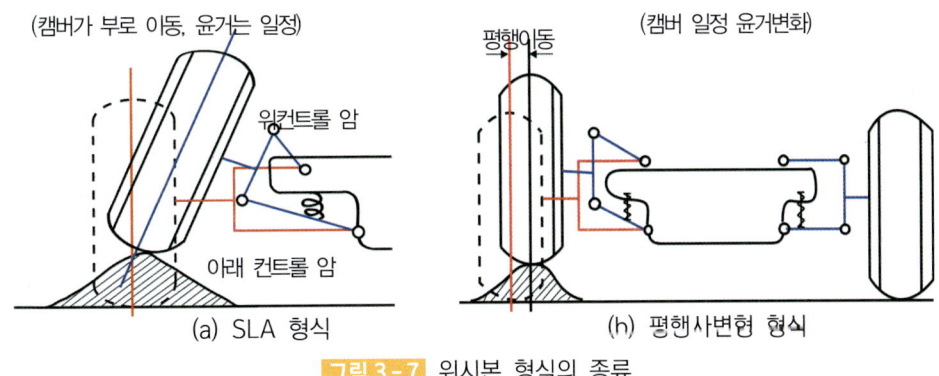

그림 3-7 위시본 형식의 종류

㉯ 맥퍼슨 형식

조향너클과 일체로 되어 있으며, 쇽업소버가 내부에 들어있는 스트럿(strut : 기둥) 및 볼 이음, 현가 암, 스프링으로 구성되어 있다. 스트럿 위쪽에는 현가 지지를 통하여 차체에 설치되며, 현가 지지에는 스러스트 베어링(thrust bearing)이 들어있어 스트럿이 자유롭게 회전할 수 있다. 그리고 아래쪽에는 볼 이음을 통하여 현가 암에 설치되어 있다.

- 구조가 간단하고, 구성부품이 적어 마멸되거나 손상되는 부분이 적고 정비가 쉽다.
- 스프링 밑 질량이 적어 로드홀딩이 우수하다.
- 엔진 룸의 유효체적을 넓게 할 수 있고, 승차감이 향상된다.

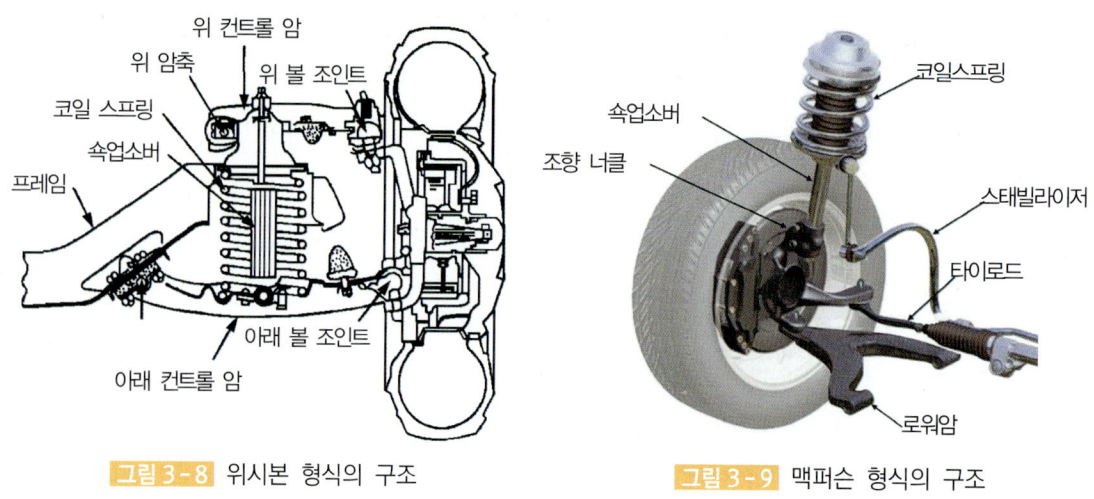

그림3-8 위시본 형식의 구조   그림3-9 맥퍼슨 형식의 구조

(3) 공기 스프링의 특징

① 고유진동을 낮게 할 수 있다. 즉, 스프링 효과를 유연하게 할 수 있다.

② 하중이 변해도 자동차 높이를 일정하게 유지할 수 있다.

③ 스프링 세기가 하중에 거의 비례해서 변화되므로 짐을 실을 때나 빈차일 때도 승차감은 별로 달라지지 않는다.

④ 공기 스프링 그 자체에 감쇠성이 있어 작은 진동을 흡수하는 효과가 있다.

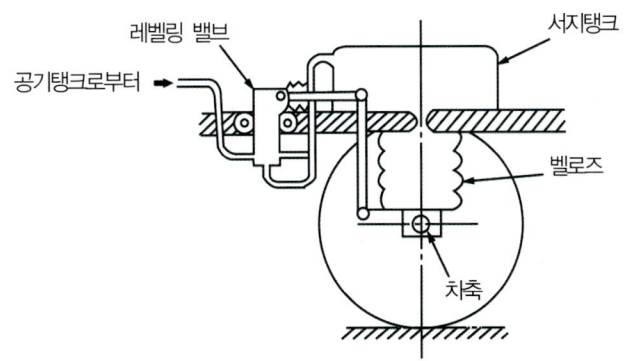

그림 3-10 공기 현가장치의 구조

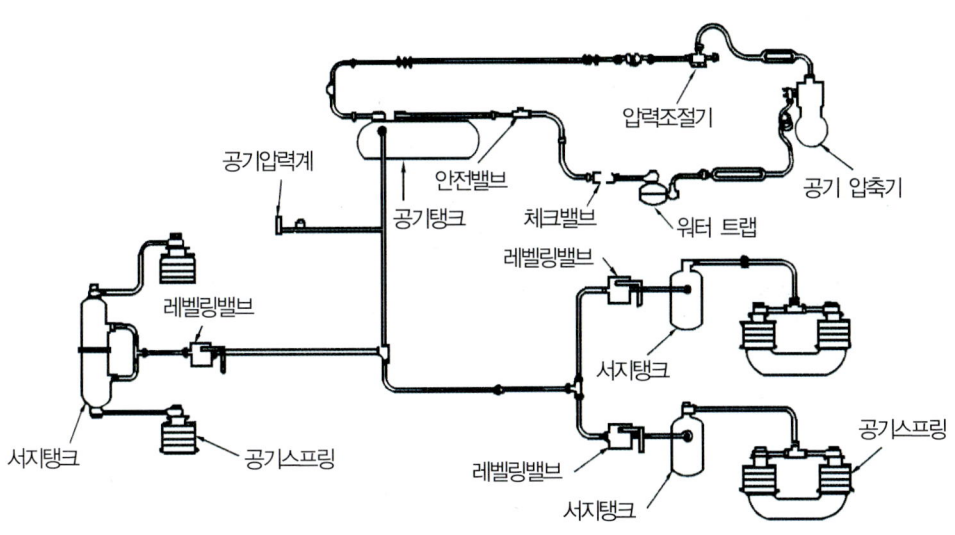

그림 3-11 공기 현가장치의 구성도

3 자동차 진동

(1) 스프링 위 질량의 진동

① 바운싱 : 차체가 축방향과 평행하게 상하방향으로 운동을 하는 고유진동이다.
② 피칭 : 차체가 Y축을 중심으로 앞뒤방향으로 회전운동을 하는 고유진동이다.
③ 롤링 : 차체가 X축을 중심으로 좌우방향으로 회전운동을 하는 고유진동이다.
④ 요잉 : 차체가 Z축을 중심으로 회전운동을 하는 고유진동이다.

 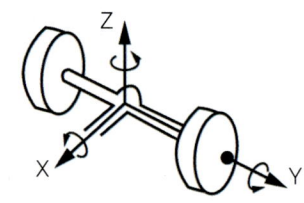

(a) 위 질량의 진동   (b) 아래 질량 진동

그림 3-12 스프링 질량의 진동

(2) 스프링 아래 질량 진동

① 휠 홉(wheel hop) : 뒤차축이 Z방향의 상하 평행운동을 하는 진동
② 트램프(tramp) : 뒤차축이 X축을 중심으로 회전하는 진동
③ 와인드업(wind up) : 뒤차축이 Y축을 중심으로 회전하는 진동

4 차체진동수와 승차감

(1) 차체진동

① 스프링의 특성(딱딱하다, 부드럽다)을 나타낸다.
② 같은 스프링이라도 자동차의 질량에 따라 변화한다.
③ 진동수가 작을수록 딱딱한 스프링이다.
④ 분당 진동수로 표시한다.

(2) 진동수와 승차감

멀미나 피로를 느끼는 것은 자동차의 이상진동이 사람의 뇌에 작용하여 자율신경에 영향을 미치기 때문이다. 일반적으로 60~70cycle/min의 상하진동할 때 가장 좋은 승차감을 나타내며, 120cycle/min을 넘으면 딱딱해지고, 45cycle/min 이하에서는 멀미가 나타난다.

① 걸어가는 경우 : 60~70cycle/min
② 뛰어가는 경우 : 120~160cycle/min
③ 양호한 승차감 : 60~120cycle/min
④ 멀미를 느끼는 경우 : 45cycle/min 이하
⑤ 딱딱한 느낌의 경우 : 120cycle/min 이상

Chapter 4 전자제어 현가장치 정비

01 전자제어 현가장치(ECS : electronic control suspension)

제어컨트롤유닛(ECU), 센서, 액추에이터 등을 자동차에 설치하고 노면의 상태, 주행조건, 운전자의 선택 등과 같은 요소에 따라서 자동차의 높이(차고)와 현가특성(스프링 상수 및 감쇠력)이 제어컨트롤유닛(ECU)에 의해 자동적으로 제어되는 현가장치이다.

1 전자제어 현가장치의 장점

① 급제동할 때 노스다운(nose down)을 방지한다.
② 급선회할 때 원심력에 대한 차체의 기울어짐을 방지한다.

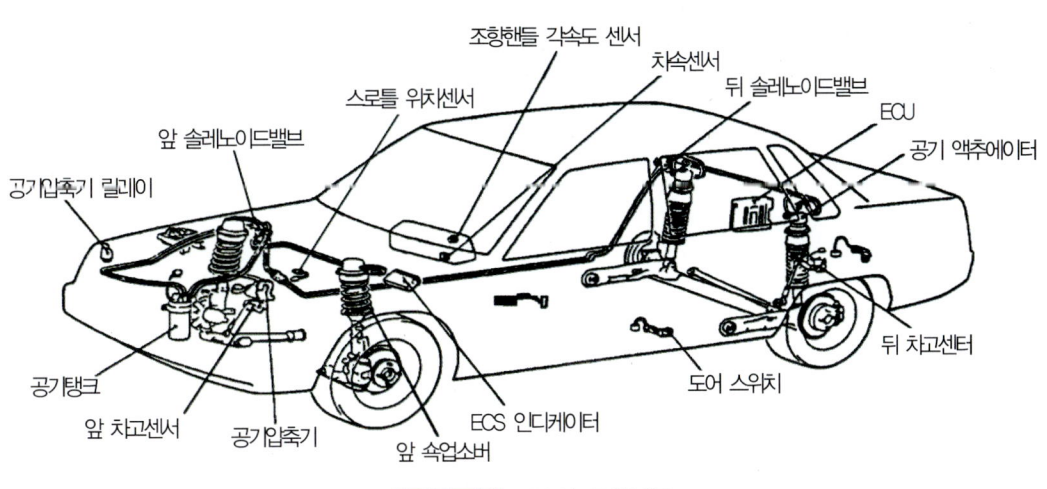

그림 4-1 ECS의 구성부품

③ 도로면으로부터의 자동차 높이를 제어할 수 있다.
④ 도로면의 상태에 따라 승차감각을 제어할 수 있다.

2 전자제어 현가장치의 기능

① 차고(자동차 높이) 조정
② 스프링 상수와 댐핑력의 선택(쇽업소버의 감쇠력 제어가 가능하다.)
③ 주행조건 및 노면상태 적응
④ 조종안정성과 승차감의 불균형 해소

3 전자제어 현가장치의 주요 구성품

(1) ECU으로 입력되는 신호

ECU로 입력되는 신호에는 스로틀 위치센서, 조향 휠 각속도센서, 차속센서, 차고센서, 발전기 L 단자, 제동등 스위치, 도어 스위치 등이다.

(2) 차속센서

스프링 정수 및 감쇠력 제어에 이용하기 위해 주행속도를 검출한다.

(3) 조향 휠 각속도센서

조향 휠 각속도센서는 선회할 때 차체의 기울어짐을 검출한다.

(4) 스로틀 위치센서

스프링의 정수와 감쇠력 제어를 위해 급 가감속의 상태를 검출한다.

(5) 차고센서

차고센서는 차축과 차체의 위치를 검출하여 ECU로 입력시키는 것으로 발광다이오드와 포토센서를 이용한다. 그리고 차고는 공기압력으로 조정한다. 즉, 자동차의 주행속도가 규정값 이상 되면 차고는 Low로, ECU가 노면상태가 불량함을 검출한 경우에는 High로 변환시킨다.

차고를 높일 경우에는 ECU가 공기공급 솔레노이드밸브와 차고제어 공기밸브를 열어 공기실에 압축공기를 공급하여 공기실의 체적과 쇽업소버의 길이를 증가시킨다.

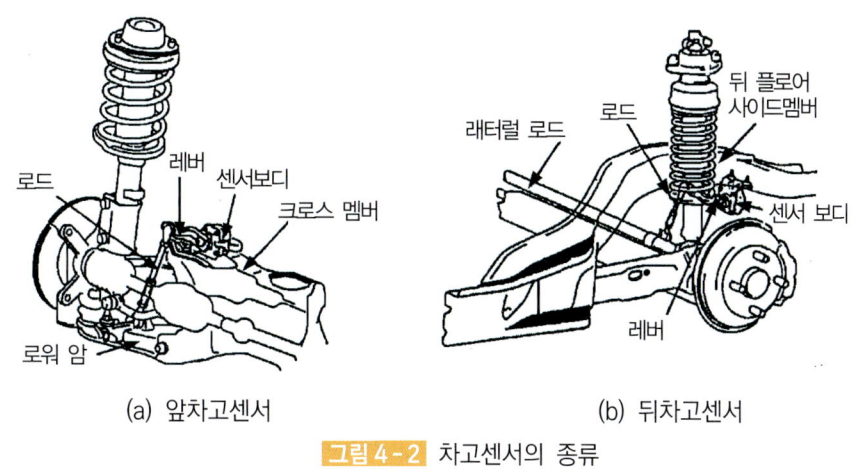

(a) 앞차고센서   (b) 뒤차고센서

그림 4-2 차고센서의 종류

(6) G(gravity)센서

G센서는 차체의 바운싱에 대한 정보를 ECU로 입력시키는 일을 하며, 피에조 저항형 센서를 사용한다.

4 전자제어 현가장치의 제어기능

(1) 앤티 쉐이크 제어(anti-shake control)

사람이 자동차에 승·하차할 때 하중의 변화에 따라 차체가 흔들리는 것을 쉐이크라 하며, 주행속도를 감속하여 규정 속도 이하가 되면 ECU는 승·하차에 대비하여 쇽업소버의 감쇠력을 hard로 변환시킨다. 기준신호는 차속센서이다.

(2) 앤티 다이브 제어(anti-dive control)

브레이크 액압 스위치와 차속센서를 기준신호로 주행 중에 급제동을 하면 차체의 앞쪽은 낮아지고, 뒤쪽이 높아지는 노스다운(nose down) 현상을 제어한다.

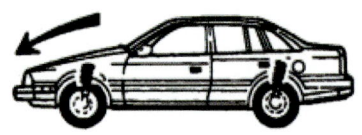
그림4-3 앤티 다이브 제어

그림4-4 앤티 스쿼트 제어

(3) 앤티 스쿼트 제어(anti-squat control)

차속센서와 스로틀 위치센서를 기준신호로 급출발 또는 급가속을 할 때 차체의 앞쪽은 들리고, 뒤쪽이 낮아지는 노스업(nose-up) 현상을 제어한다.

(4) 앤티 피칭 제어(anti-pitching control)

요철노면을 주행할 때 차고의 변화와 주행속도를 고려하여 쇽업소버의 감쇠력을 증가시킨다.

(5) 앤티 바운싱 제어(anti-bouncing control)

차체의 바운싱은 G센서가 검출하며, 바운싱이 발생하면 쇽업소버의 감쇠력은 soft에서 medium이나 hard로 변환된다.

(6) 앤티 롤링 제어(anti-rolling control)

선회할 때 자동차의 좌우방향으로 작용하는 횡가속도를 G센서로 검출하여 제어한다.

(7) 차속감응 제어(vehicle speed control)

자동차가 고속으로 주행할 때에는 차체의 안정성이 결여되기 쉬운 상태이므로 쇽업소버의 감쇠력은 soft에서 medium이나 hard로 변환된다.

Chapter 5 전자제어 조향장치 정비

01 전자제어 조향장치

기존의 유압식 조향장치는 자동차의 저속주행 및 주차 시에 운전자가 조향핸들에 가하는 조향력을 덜어주기 위해 유압에너지를 이용하는 방식을 사용하였다. 즉, 기존의 일반 조향장치에서 발생되었던 저속주행 및 주차 시의 조향력 증가 문제는 해결하였으나 고속주행 중 노면과의 접지력 저하에 따른 조향 휠의 응답력이 가벼워지는 문제는 해결할 수 없었다.

이와 같은 고속주행 중 노면과의 접지력 저하로 인해 발생되는 조향핸들의 조향력 감소문제를 해결하고자 전자제어 조향장치(EPS; electronic control power steering)가 개발되었다.

1 동력조향장치

엔진의 동력으로 유압펌프를 작동하여 유압펌프의 배력 작용을 이용함으로써 운전자의 조향핸들 조작력을 감소시키는 장치이다.

(1) 동력조향장치의 특징
① 작은 조작력으로 조향이 가능
② 조향기어비를 자유로이 선정
③ 노면으로부터의 충격으로 인한 조향핸들의 kick back(툭치는 현상)을 방지
④ 앞바퀴의 시미(shimmy;흔들림) 현상을 감소하는 효과

(2) 동력조향장치 분류

① 링키지형 : 승용차에 사용

동력실린더를 조향 링키지 중간에 설치한 형식이다.

㉮ 조합형(combined type) : 동력실린더와 제어밸브가 일체형이다.

㉯ 분리형(separate type) : 동력실린더와 제어밸브가 분리형이다.

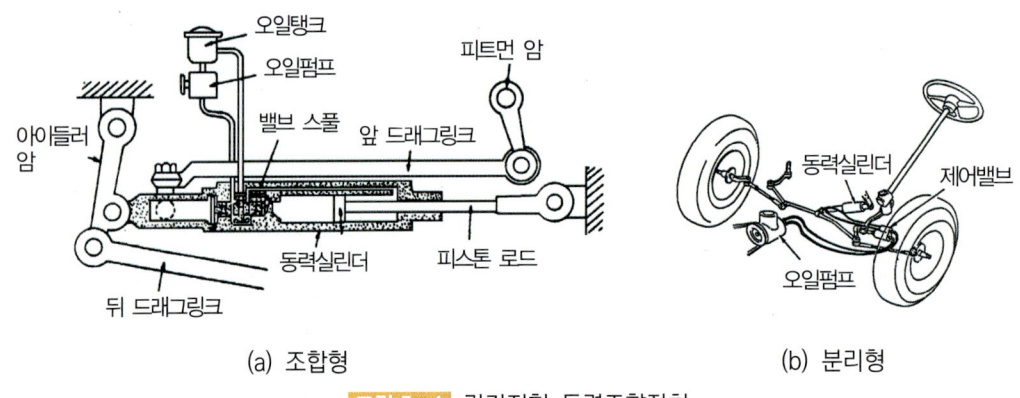

그림 5-1 링키지형 동력조향장치

② 일체형(내장형) : 대형자동차

동력실린더를 조향 기어 박스 내에 설치한 형이다.

㉮ 인라인형(in-line type) : 조향 기어 박스 상부와 하부를 동력실린더로 사용한다.

㉯ 오프셋형(off-set type) : 동력 발생기구를 별도로 설치한다.

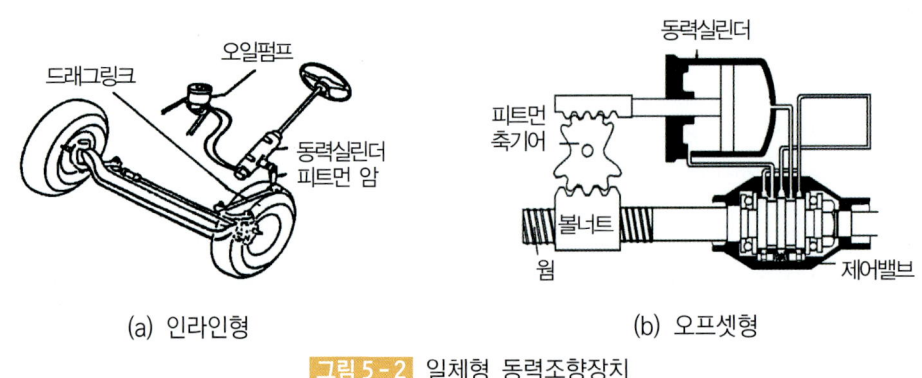

그림 5-2 일체형 동력조향장치

(3) 동력조향장치 주요부

① 작동부(power cylinder) : 동력실린더에 해당하며, 보조력을 발생하는 부분이다.
② 제어부(control valve) : 제어밸브에 해당하며, 동력부와 작동부 사이의 오일통로를 제어한다.
- 안전체크밸브 : 제어밸브 속에 내장되어 있으며 엔진이 정지되었을 때, 오일펌프의 고장 및 회로에서 오일 유출 등의 원인으로 유압이 발생되지 못할 때 조향핸들의 작동을 수동으로 해줄 수 있는 장치이다.
③ 동력부(power source) : 오일펌프에 해당하며, 벨트로 구동되며 유압을 발생한다.

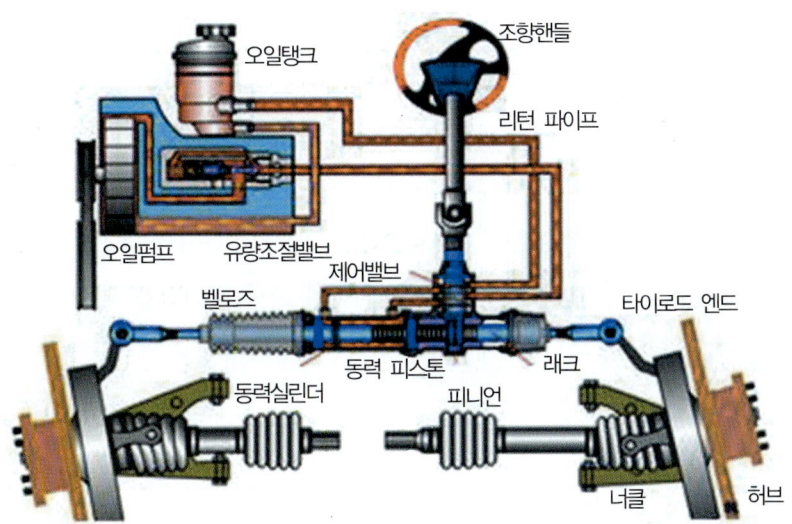

그림 5-3 동력조향장치의 구조

2 전자제어 조향장치(유압제어 방식)

(1) 전자제어 조향장치의 특성

① 공전과 저속에서 조향핸들 조작력이 가볍다.
② 중속 이상에서는 자동차속도에 감응하여 조향핸들 조작력을 변화시킨다.
③ 급선회 조향에서 추종성을 향상시킨다.
④ 솔레노이드밸브로 스로틀 면적을 변화시켜 오일탱크로 복귀되는 오일량을 제어한다.
⑤ 차속감응 기능, 주차 및 저속주행에서 조향조작력 감소기능, 롤링 억제기능 등이 있다.

(2) 전자제어 조향장치의 종류

① **회전 수 감응식** : 엔진의 회전 수에 따라 조향력을 변화시키는 형식이다.
② **차속 감응식** : 자동차의 차속에 따라 조향력을 변화시키는 방식이다.
③ **유량제어식** : 유량을 제어 또는 바이패스에 의해 동력실린더로 가해지는 유압을 변화시키는 형식이다.
④ **반력제어식** : 제어밸브의 열림을 직접 조절하여 동력실린더에 가해지는 유압을 변화시키는 형식이다.

(3) 전자제어 조향장치의 구조

① **ECU** : 차속센서, 스로틀 위치센서, 조향핸들 각속도센서로부터 정보를 입력받아 유량제어 솔레노이드밸브의 전류를 듀티 제어한다.
② **차속센서** : ECU가 주행속도에 따른 최적의 조향조작력으로 제어할 수 있도록 주행속도를 입력한다.
③ **스로틀 위치센서** : 가속페달을 밟은 양을 검출하여 컴퓨터에 입력시켜 차속센서의 고장을 검출하기 위해 사용된다.
④ **조향핸들 각속도센서** : 조향각속도를 검출하여 중속 이상 조건에서 급조향할 때 발생되는 순간적 조향핸들 걸림 현상인 캐치업(catch up)을 방지하여 조향 불안감을 해소하는 역할을 한다.
⑤ 동력조향장치의 오일압력 스위치의 배선이 단선되면 공회전에서 조향핸들을 작동시켰을 때 시동이 꺼지기 쉽다.

3 전동 방식 동력조향장치

전동 방식 동력조향장치는 자동차의 주행속도에 따라 조향핸들의 조향조작력을 전자제어로 전동기를 구동시켜 주차 또는 저속으로 주행할 때에는 조향조작력을 가볍게 해주고, 고속으로 주행할 때에는 조향조작력을 무겁게 하여 고속주행 안정성을 운전자에게 제공한다.

(1) 전동 방식 동력조향장치의 장점

① 연료소비율이 향상되고, 에너지 소비가 적으며, 구조가 간단하다.
② 유압제어장치가 없어 환경 친화적이다.
③ 엔진의 가동이 정지된 때에도 조향조작력 증대가 가능하다.
④ 조향특성 튜닝(tuning)이 쉽다.
⑤ 엔진실 레이아웃(ray-out) 설정 및 모듈화가 쉽다.

(2) 전동 방식 동력조향장치의 단점

① 전동기의 작동 소음이 크고, 설치 자유도가 적다.
② 유압 방식에 비하여 조향핸들의 복원력이 낮다.
③ 조향조작력의 한계 때문에 중·대형자동차에는 사용이 불가능하다.
④ 조향성능을 향상시키고 관성력이 낮은 전동기의 개발이 필요하다.

(3) 전동 방식 동력조향장치의 종류

① **칼럼 구동 방식** : 전동기를 조향칼럼축에 설치하고 클러치, 감속기구(웜과 웜 기어) 및 조향조작력센서 등을 통하여 조향조작력 증대를 수행한다.
② **피니언 구동 방식** : 전동기를 조향 기어의 피니언축에 설치하여 클러치, 감속기구(웜과 웜 기어) 및 조향조작력센서 등을 통하여 조향조작력 증대를 수행한다.
③ **래크 구동 방식** : 전동기를 조향 기어의 래크축에 설치하고 감속기구(볼 너트와 볼 스크루) 및 조향조작력센서 등을 통하여 조향조작력 증대를 수행한다.

02 4륜 조향장치(4WS)

1 목적

① 저속 주행 시에 역위상 조향(앞바퀴의 조향방향과 뒷바퀴의 조향방향이 반대인 조향)하여 선회반경을 적게 한다.
② 중고속 시 동위상 조향(앞바퀴의 조향방향과 뒷바퀴의 조향방향이 동일방향인 조향)을 하여 고속에서의 차선변경과 선회 시의 조향 안정성을 향상시킨다.

(a) 구조　　　　(b) 중립 위치　(c) 동위상　(d) 역위상

그림 5-4 4륜 조향장치의 구조

2 적용효과

① 고속에서 직진성능이 향상된다.
② 차로(차선) 변경이 용이하다.
③ 경쾌한 고속선회가 가능하다.
④ 저속회전에서 최소회전 반지름이 감소한다.
⑤ 주차할 때 일렬 주차가 편리하다.
⑥ 미끄러운 도로를 주행할 때 안정성이 향상된다.

03 사이드슬립 측정기

1 사이드슬립의 개요

사이드슬립(side slip)이란 휠 얼라인먼트(캠버, 캐스터, 조향축 경사각, 토인 등)의 불균형으로 인하여 주행 중 타이어가 옆 방향으로 미끄러지는 현상을 말하며, 토인(toe-in)과 토아웃(toe-out)으로 표시된다.

그러나 토인을 측정하였을 때 규정값이 나왔다고 할지라도 캠버 등이 불량하면 사이드슬립이 발생한다. 따라서 토인값과 사이드슬립값은 서로 다르다고 본다. 사이드 슬립량은 mm로 나타내는 것이 일반적이나, 이것은 1m의 답판을 진행할 때의 사이드 슬립량을 표시하는 것이므로 단위는 mm/m이다.

2 사이드슬립 측정 전의 준비사항

(1) 측정 전 준비사항
① 타이어 공기압력(28~32psi)을 확인한다.
② 바퀴를 잭(jack)으로 들고 다음 사항을 점검한다.
　㉮ 위·아래로 흔들어 휠 허브 유격을 확인한다.
　㉯ 좌·우로 흔들어 타이로드엔드 볼 조인트 및 링키지를 확인한다.
　㉰ 보닛을 위·아래로 눌러보아 현가 스프링의 피로를 점검한다.

(2) 측정조건
① 자동차는 공차상태에 운전자 1인이 승차한 상태로 한다.
② 타이어 공기압력은 표준값으로 하고, 조향링크의 각부를 점검한다.
③ 사이드슬립 테스터 지시장치의 표시가 0점에 있는가를 확인한다.

(3) 사이드슬립 측정 방법
① 자동차를 테스터와 정면으로 대칭시킨다.
② 테스터 진입속도는 5km/h로 한다.
③ 조향핸들에서 손을 떼고 5km/h로 서행하면서 계기의 눈금을 타이어의 접지면이 테스터 답판을 통과 완료할 때 읽는다.
④ 자동차가 1m 주행할 때의 사이드슬립량을 측정하는 것으로 한다.
⑤ 조향바퀴의 사이드슬립이 1m 주행에 좌우 방향으로 각각 5mm 이내여야 한다.

(4) 사이드슬립 측정기의 정밀도 검사기준
① 0점 지시 : ±0.2mm/m 이내
② 5mm 지시 : ±0.2mm/m 이내
③ 판정 : ±0.2mm/m 이내

Chapter 6 전자제어 제동장치 정비

01 전자제어 제동장치(ABS)

급제동 시나 눈길, 빗길과 같이 미끄러지기 쉬운 노면에서 제동 시 발생되는 바퀴의 슬립 현상을 감지하여 브레이크 유압을 조절함으로써, 바퀴의 잠김에 의한 슬립을 방지하고 제동 시 방향안정성 및 조종성 확보, 제동거리 단축 등을 수행하는 시스템이다.

1 전자제어 제동장치의 장점

① 제동거리를 단축시켜 최대의 제동효과를 얻을 수 있도록 한다.
② 제동할 때 조향성능 및 방향안정성을 유지한다.
③ 어떤 조건에서도 바퀴의 미끄러짐이 없도록 한다.
④ 제동할 때 스핀으로 인한 전복을 방지한다.
⑤ 제동할 때 옆방향 미끄러짐을 방지한다.

2 슬립률(미끄럼률)

① 자동차의 속도와 바퀴의 속도와의 관계를 나타낸다.
② 일반 주행 시 자동차의 속도와 바퀴의 속도는 거의 차이가 없다. 하지만 제동 시에 바퀴는 급히 정지하려 하지만, 자동차의 속도는 서서히 정지하려 한다. 이 관계를 다음 식에 대입하여 슬립률을 계산한다.

$$슬립률 = \frac{V - V_m}{V} \times 100$$

V = 자동차속도, Vm = 바퀴의 속도
슬립률 0% → 자동차 정지상태
슬립률 100% → 주행 중 차륜이 완전히 잠긴 상태

③ 브레이크 특성에 따라 슬립률이 약 20% 전후에 최대의 마찰계수가 얻어지지만 이후에는 감소된다. 코너링 특성에 따라서는 슬립률이 증대하면 마찰계수는 감소되어 슬립률 100%에서는 마찰계수가 "0"이 된다.

3 전자제어 제동장치의 구성

바퀴의 회전속도를 검출하여 ECU로 입력하는 휠 스피드센서, ECU의 신호를 받아 유압을 유지, 감압, 증압으로 제어하는 하이드롤릭 유닛(유압 모듈레이터) 등으로 구성되어 있다.

전자제어 제동장치는 바퀴가 로크(lock, 고착)될 때 브레이크 유압을 제어하여 미끄럼 비율이 최저값으로 유지되도록 제동력을 최대한 발휘하여 사고를 미연에 방지한다. 그리고 셀렉트 로(select low) 방식이란 좌우 바퀴의 감속도를 비교하여 먼저 미끄러지는 바퀴에 맞추어 유압을 동시에 제어하는 방식을 말한다.

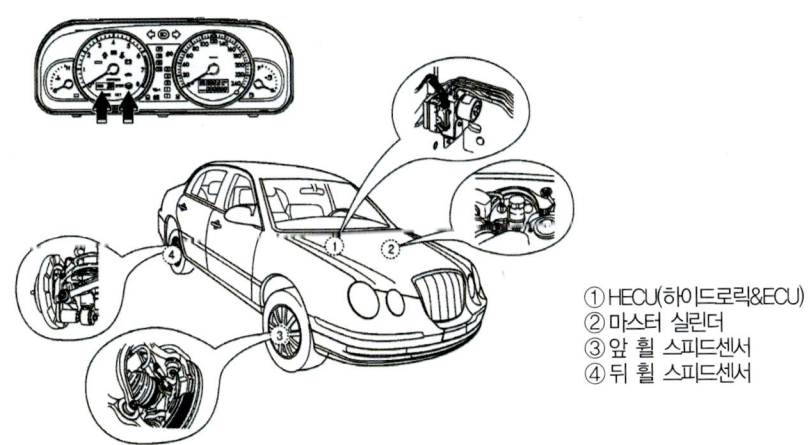

① HECU(하이드로릭&ECU)
② 마스터 실린더
③ 앞 휠 스피드센서
④ 뒤 휠 스피드센서

그림 6-1 ABS 구성부품

(1) 휠 스피드센서

휠 스피드센서는 전자유도 작용을 이용하며, 각 바퀴에 설치되어 바퀴의 회전속도를 검출하여 ECU로 입력시키는 역할을 한다. 그리고 휠 스피드센서가 작동하지 않으면 전자제어 제동장치가 작동하지 않으며, 통상 브레이크로 작동된다.

(2) ECU

ECU는 바퀴의 가속·감속을 계산하며, ECU는 미끄럼 비율(슬립률)을 계산하여 로킹(locking) 여부를 결정한다.

(3) 하이드롤릭 유닛(HCU)

하이드롤릭 유닛은 모듈레이터라고도 부르며, ECU의 제어신호에 의해 각 휠 실린더에 작용하는 유압을 조절한다.

(4) 경고등

경고등은 전자제어 제동장치에 결함이 있는 경우 점등되어 운전자에게 알린다.

4 프로포셔닝 밸브와 LSPV

(1) 프로포셔닝 밸브(proportioning valve)

프로포셔닝 밸브는 뒷바퀴의 압력을 감소시키기 위한 밸브로 마스터 실린더와 휠 실린더 사이에 설치되어 있다. 즉, 급제동할 때 바퀴의 하중 변화로 인하여 발생되는 뒷바퀴 조기 잠김 현상을 뒷바퀴의 압력을 감소시켜 방지하기 위한 것이다.

(2) LSPV(load sensing proportional valve)

LSPV는 뒷차축의 하중에 따라 뒷바퀴 브레이크회로의 압력을 조정하여 피시테일(fish tail) 현상을 방지하는 기구이다.

5 ESP(electronic stability program; 자동차 자세제어 프로그램)

가속 시나 제동 시 또는 코너링 시 극도로 불안정한 상황에서 일어나는 경우 자동차속도, 엔진출력, 자동차 균형상태, 조향 회전각도 등의 자동차 종합정보를 체크하고, 엔진출력 및 브레이크를 제어하여 자동차의 안정된 상태 유지 및 발생할 수 있는 사고를 미연에 방지해 줄 수 있는 시스템이다.

① 차륜의 슬립 및 오버, 언더 스티어링 방지
② ESP VDC(vehicle dynamic control), ESC(electronic stability control) 모두 같은 기능을 하는 장치이다.

(1) ESP의 구성

차속센서, 조향각센서, 횡가속도센서, 마스터 실린더 압력센서, 요-레이트센서, 휠 속도센서, 브레이크 스위치

(2) 제어의 종류

① 요-모멘트제어(자세제어)
② 자동감속제어
③ ABS제어(자동슬립제어)
④ TCS제어(구동슬립제어)

(3) 오버 스티어와 언더 스티어

① **오버 스티어** : 자동차가 운전자가 의도한 회전라인보다 안쪽으로 도는 것으로 뒷바퀴에 원심력이 작용했을 때 발생한다.
② **언더 스티어** : 자동차가 운전자가 의도한 회전라인보다 바깥쪽으로 도는 것으로 자동사의 속노가 빠를 때 발생한다.

02 제동력 시험기

1 제동력 시험기 정밀도에 대한 검사기준

① 좌우 제동력 지시 : ±5% 이내(차륜 구동형은 ±2% 이내)
② 좌우 합계 제동력 지시 : ±5% 이내
③ 좌우 차이 제동력 지시 : ±25% 이내
④ 중량 설정 지시 : ±5% 이내
※ 제동 시험기 롤러는 기준 직경의 5% 이상 과도하게 손상 또는 마모된 부분이 없을 것

2 운행자동차의 주 제동능력 측정조건

① 공차상태의 자동차에 운전자 1인이 승차한 상태로 한다.
② 바퀴의 흙·먼지 및 물 등의 이물질은 제거한 상태로 한다.
③ 자동차는 적절히 예비운전이 되어있는 상태로 한다.
④ 타이어의 공기압력은 표준 공기압력으로 한다.

3 운행자동차의 주 제동능력 측정 방법

① 자동차를 제동 시험기에 정면으로 대칭되도록 한다.
② 측정 자동차의 차축을 제동 시험기에 얹혀 축중을 측정하고 롤러를 회전시켜 당해 차축의 제동능력·좌우 바퀴의 제동력의 차이 및 제동력의 복원상태를 측정한다.
③ ②의 측정 방법에 따라 다음 차축에 대하여 반복 측정한다.

4 운행 자동차의 주차 제동능력 측정 방법

① 자동차를 제동 시험기에 정면으로 대칭되도록 한다.
② 측정 자동차의 차축을 제동 시험기에 얹혀 축중을 측정하고 롤러를 회전시켜 당해 차축의 주차 제동능력을 측정한다.
③ 2차축 이상에 주차 제동력이 작동되는 구조의 자동차는 ②의 측정 방법에 따라 다음 차축에 대하여 반복 측정한다.

03 속도계 시험기

1 구성부품

① **지시계** : 속도 지시값은 과도한 변동이 없는 상태일 것
② **롤러** : 롤러 등 회전부는 지시계가 지시하는 최고 속도에 상당하는 회전 수로 작동하는 경우라도 과도한 진동 및 이음이 없을 것
③ **판정장치** : 자동형 기기는 판정장치의 작동에 이상이 없을 것
④ **기록장치** : 자동차 검사에 사용되는 기기는 기록장치의 작동에 이상이 없을 것
⑤ **롤러 고정장치** : 자동차를 롤러에 안전하게 진입 및 퇴출시킬 수 있는 롤러 고정장치의 작동상태에 이상이 없을 것
⑥ **바퀴 이탈 방지장치** : 손상이 없는 상태에서 이상 없이 작동할 것
⑦ **리프트** : 자동차의 입·퇴출용 리프트의 작동에 이상이 없을 것
⑧ **형식 표시** : 속도계 시험기의 형식, 제작번호, 허용 축중(중량), 제작일자 및 제작회사가 확실하게 표시되어 있을 것

2 속도계 시험기 사용 방법

(1) 속도계 측정조건

① 자동차는 공차상태에서 운전자 1인이 승차한 상태로 한다.
② 속도계 시험기 지침의 진동은 ±3km/h 이하이어야 한다.
③ 타이어 공기압력은 표준값으로 한다.
④ 자동차의 바퀴는 흙 등의 이물질을 제거한 상태로 한다.

(2) 속도계 측정 방법

① 자동차를 속도계 시험기에 정면으로 대칭이 되도록 한다.
② 구동바퀴를 시험기 위에 올려놓고 구동바퀴가 롤러 위에서 안정될 때까지 운전한다.
③ 자동차의 속도를 서서히 높여 자동차의 속도계가 40km/h에 안정되도록 한 후 속도계 시험기의 신고 버튼으로 시험기 제어 부분에 신호를 보내어 속도계 오차를 측정한다.

④ 위 ③에서 구한 실제속도를 이용하여 자동차 속도계의 오차값이 다음 계산식에서 구한 값에 적합한지를 확인한다.
- 정의 오차 : $X(1+0.25) = 40km/h$
- 부의 오차 : $X(1-0.1) = 40km/h$

Chapter 7 출제예상문제

01 자동차 섀시

01
타이어의 반경이 0.3kg·m인 자동차가 회전 수 800rpm으로 달릴 때 회전력이 15kg·m이라면 이 자동차의 구동력은 얼마인가?

① 45kg ② 50kg
③ 60kg ④ 70kg

$F = \dfrac{T}{R} = \dfrac{15}{0.3} = 50kg$
- F : 구동력(kg)
- T : 구동차축의 회전력(kg·m)
- R : 바퀴의 반경(m)

02
자동차가 72km/h의 속도로 일정하게 주행한다. 이때 주행저항이 112.5kg이고, 구동륜의 유효반경이 30cm이면 구동토크는 몇 kg·m인가?

① 22.5 ② 33.75
③ 45   ④ 56.3

T = FRT = 112.5kg × 0.3m = 33.75kg·m
- T : 구동토크
- F : 주행저항
- R : 구동륜의 유효반경

03
자동차의 주행속도가 90km/h일 때 구동출력이 130PS라면 이때의 구동력은?

① 390kg ② 290kg
③ 190kg ④ 490kg

$F = \dfrac{75 \times H_{PS}}{V} = \dfrac{75 \times 130PS \times 3,600}{90 \times 1,000}$
$= 390kg$
- F : 구동력(kg)
- H_{PS} : 구동출력(PS)
- V : 주행속도(km/h)

정답 01 ② 02 ② 03 ①

04

어떤 소형버스의 총중량이 1,600kg이다. 이 자동차가 평탄한 도로를 50km/h로 주행할 때 구름저항(kg)은? (단, 구름저항계수 0.02, 공기저항은 무시한다)

① 444
② 1,600
③ 32
④ 6,172

$Rr = \mu r \times W = 0.02 \times 1,600kg = 32kg$
- Rr : 구름저항
- μr : 구름저항계수
- W : 차량 총중량

05

차량 총중량이 3,000kg인 차량이 오르막길 구배 20°에서 80km/h로 정속 주행할 때 구름저항(kg)은? (단, 구름저항계수 0.023)

① 23.59
② 64.84
③ 69.00
④ 25.12

$Rr = \mu r \times W \times \cos a$
$= 0.023 \times 3,000 \times \cos 20° = 64.84kg$
- Rr : 구름저항
- μr : 구름저항계수
- W : 차량 총중량
- $\cos a$: 오르막 구배 각도

06

차량 총중량 40,00kg의 차량이 구배 6%의 자갈길을 30km/h의 속도로 올라갈 때(구름저항/구배저항)의 값은? (단, 구름저항계수 : 0.04이다)

① $\frac{1}{2}$
② $\frac{2}{3}$
③ $\frac{4}{3}$
④ 2

구름저항/구배저항= $\frac{0.04}{0.06} = \frac{2}{3}$

07

중량이 8,000kg인 자동차가 36km/h의 속도로 5%의 구배길을 올라가고 있다. 이때 엔진출력이 72PS이면 자동차의 구름저항은 몇 kg인가? (단, 공기저항은 무시하며, 동력전달효율 100%, 노면과 타이어 사이의 미끄럼은 없는 것으로 한다)

① 120kg
② 130kg
③ 140kg
④ 150kg

① 구름저항=총 주행저항 - 구배저항
② 총 주행저항= $\frac{72PS \times 75 \times 3.6}{36}$ = 540kg
③ 구배저항= $8,000kg \times \frac{5}{100}$ = 400kg
∴ 540 - 400 = 140kg

08
25°의 언덕길은 몇 %의 구배인가?

① 32%   ② 42%
③ 57%   ④ 67%

> sin 25° = 0.422 = 42%

09
다음에서 공기저항(Ra) 공식을 바르게 표시한 것은? (단, c : 차체형상계수, ρ : 공기밀도, g : 중력 가속도, A : 자동차의 전면 투영면적, V : 자동차의 공기에 대한 상대속도)

① $Ra = c\dfrac{\rho}{2g}AV^2$ ② $Ra = \dfrac{1}{c}\dfrac{\rho}{2g}AV^2$
③ $Ra = c\dfrac{\rho}{2g}\dfrac{A}{V^2}$ ④ $Ra = c\dfrac{\rho}{2g}AV$

> 공기저항(Ra) $Ra = c\dfrac{\rho}{2g}AV^2$으로 나타낸다.

10
어떤 자동차가 평탄한 아스팔트 포장도로를 80km/h로 주행하고 있을 때 공기저항은? (단, 차량 총중량 1,600kg, 전면 투영면적 1.8m², 공기저항계수 0.005이다)

① 4.44kg   ② 8.0kg
③ 28.8kg   ④ 57.6kg

> $Ra = \mu a \times A \times V^2$ = 0.005 × 1.8 × 80² = 57.6kg
> - Ra : 공기저항
> - μa : 공기저항계수
> - A : 전면투영 면적
> - V : 주행속도(km/h)

11
차량 총중량 2ton의 자동차가 10°의 구배길을 올라갈 때의 등판저항은? (단, 노면과의 마찰계수는 0.01이다)

① 약 350kg   ② 약 35kg
③ 약 200kg   ④ 약 20kg

> $Rg = W \times \tan\theta$ = 2,000kg × tan10° = 352kg
> Rg : 등판저항, W : 차량 총중량, $\tan\theta$: 구배

12
차량 총중량 2ton인 자동차가 등판저항이 약 350kg로 언덕길을 올라갈 때 언덕길의 구배는?

① 10°   ② 11°
③ 12°   ④ 13°

> $Rg = W \times \tan\theta$
> - Rg : 등판저항
> - W : 차량 총중량
> - $\tan\theta$: 구배
> $\tan\theta = \dfrac{W}{Rg} = \dfrac{2,000}{350} = 5.7$
> 따라서 tan5.7= 0.100 × 100 = 10°

정답 08 ② 09 ① 10 ④ 11 ① 12 ①

13

차량중량 3,260kg의 자동차가 10°의 경사진 도로를 주행할 때의 전주행저항은? (단, 구름저항계수는 0.023이다)

① 586kg ② 641kg
③ 712kg ④ 826kg

① $Rr = \mu r \times W = 0.023 \times 3260 = 74.98\text{kg}$
- Rr : 구름저항
- μr : 구름저항계수
- W : 차량중량

② $Rg = W \times \sin\theta = 3,260 \times \sin 10° = 566.09\text{kg}$
- Rg : 구배저항
- W : 차량중량
- $\sin\theta$: 구배

③ 전주행저항 = Rr(구름저항) + (Rg)구배저항
 = 74.98 + 566.09 = 641.07kg

14

평탄한 도로를 90km/h로 달리는 승용차의 총 주행저항은? (단, 총중량 1,145kg, 투영면적 1.6m², 공기저항계수 0.03kg/s²/m4, 구름저항계수 0.015)

① 57.18kg ② 47.18kg
③ 37.18kg ④ 67.18kg

① $Rr = \mu r \times W = 0.015 \times 1145\text{kg} = 17.18\text{kg}$
② $Ra = \mu a \times A \times v^2 = 0.03 \times 1.6 \times 25^2$
  = 30kg [90km/h = 25m/s]
③ 총 주행저항 = 17.18 + 30 = 47.18kg

15

캐러밴(caravan)을 견인하는 승용차가 60km/h의 속도로 약간 경사진 언덕길을 주행하고 있다. 이때 구동력에 대항하여 캐러밴에 작용하는 저항은 구름저항 110N, 공기저항 700N 그리고 등판저항이 220N이다. 캐러밴 커플링에 부하된 구동력은?

① 1,030N ② 920N
③ 81N   ④ 330N

구동력의 크기 = 구름저항(110N) + 공기저항(700N) + 등판저항(220N) = 1,030N

16

엔진의 최대토크 15N·m, 총감속비 28, 차량의 총중량 3,500N, 구동바퀴의 유효회전반경 0.38m, 동력전달효율 90%의 조건을 가진 자동차의 구배능력은?

① 0.125 ② 0.269
③ 0.469 ④ 0.284

구배능력 = $\dfrac{0.9 \times E_T \times Tr}{W \times r}$

= $\dfrac{0.9 \times 15 \times 28}{3,500 \times 0.38} = 0.284$

- E_T : 엔진토크
- Tr : 총감속비
- W : 차량 총중량
- r : 바퀴 유효회전반경

17

자동차가 출발하여 100m에 도달할 때의 속도가 60km/h이다. 이 자동차의 가속도는?

① 1.4m/s² ② 5.6m/s²
③ 6.0m/s² ④ 16.7m/s²

$\alpha = \dfrac{V_2^2 - V_1^2}{2S} = \dfrac{16.67^2}{2 \times 100} = 1.38\text{m/s}^2$
[60km/h = 16.67m/s]

18

공차질량이 300kg인 경주용 자동차가 8m/s²의 등가속도로 가속중일 때의 가속력은?

① 68.75N ② 68.75kg
③ 2,400N ④ 2,400kg

$F = ma$
- F : 가속력
- m : 공차질량
- a : 등가속도

19

자동차의 최고속도를 증가시키는 일반적인 방법이 아닌 것은?

① 자동차의 중량을 감소시킨다.
② 총감속비를 낮게 한다.
③ 자동차의 구동력을 작게 한다.
④ 자동차 전면의 투영면적을 최소화한다.

자동차의 최고속도를 증가시키는 방법은 ①, ②, ④항 이외에 자동차의 구동력을 크게 한다.

20

주행속도가 120km/h인 자동차에 브레이크를 작용시켰을 때 제동거리(m)는? (단, 바퀴와 도로면의 마찰계수는 0.25이다)

① 22.67 ② 226.7
③ 33.67 ④ 336.7

$S = \dfrac{v^2}{2\mu g} = \dfrac{33.3^2}{2 \times 0.25 \times 9.8}$
$= 226.7\text{m}$ [120km/h = 33.3m/s]
- S : 제동거리
- v : 제동초속도(m/s)
- μ : 마찰계수
- g : 중력가속도(9.8m/s²)

21

차량중량(kg) : 6,380(전축중 : 2,580, 후축중 : 3,800), 승차정원 : 55명, 최고속도 75km/h, 제동초속도 : 30km/h, 회전부분 상당중량 : 5%, 제동력(kg) : 전좌 1,000, 전우 950, 후좌 1,400, 후우 1,250인 차량의 제동거리는?

① 5.15m ② 50.25m
③ 38.25m ④ 3.825m

$S = \dfrac{V^2}{254} \times \dfrac{W + W'}{F}$
$= \dfrac{30^2}{254} \times \dfrac{6,380 + (6,380 \times 0.05)}{1,000 + 950 + 1,400 + 1,250} = 5.15\text{m}$
- S : 제동거리(m)
- V : 제동초속도(km/h)
- W : 차량중량(kg)
- W' : 회전부분 상당중량(kg)
- F : 제동력(kg)

정답 17 ① 18 ③ 19 ③ 20 ③ 21 ①

22

차량중량이 2,800kg인 자동차를 제동초속도 50km/h에서 제동시험을 하였더니 19m에서 완전정지 하였다. 이때 작용한 제동력은? (단, 회전부분의 상당중량은 무시한다)

① 1,260kg   ② 1,370kg
③ 1,450kg   ④ 1,530kg

> $S = \dfrac{V^2}{254} \times \dfrac{W+W'}{F}$ 에서
>
> $19 = \dfrac{50^2}{254} \times \dfrac{2,800}{F}$
>
> $\therefore F = \dfrac{9.84 \times 2,800}{19} = 1,450\text{kg}$

23

공주거리에 대한 설명으로 맞는 것은?

① 정지거리에서 제동거리를 뺀 거리
② 제동거리에서 정지거리를 뺀 거리
③ 정지거리에서 제동거리를 더한 거리
④ 제동거리에서 정지거리를 곱한 거리

> 공주거리란 정지거리에서 제동거리를 뺀 거리를 말한다.

24

제동초속도 70km/h인 소형 승용차에 제동을 걸기 위해 공주한 시간이 0.2초라면 공주거리는?

① 2.7m   ② 3.0m
③ 3.2m   ④ 3.9m

> $S_3 = \dfrac{Vt}{3.6} = \dfrac{70 \times 0.2}{3.6} = 3.9\text{m}$
>
> • V : 제동초속도
> • t : 공주시간

25

자동차의 제동정지거리는?

① 반응시간 + 답체시간 + 과도제동 + 제동시간
② 답체시간 + 답입시간 + 제동시간
③ 공주거리 + 제동거리
④ 답체시간 + 공주거리

> 자동차의 제동정지거리는 공주거리 + 제동거리이다.

26

차량중량 1,000kg, 최고속도 140km/h의 자동차 브레이크를 시험한 결과 주제동력이 총 720kg이었다. 이 자동차가 50km/h에서 급제동하였을 때, 정지거리(m)는? (단, 공주시간은 0.1초, 회전부분 상당중량은 차량중량의 5%이다.)

① 1.574   ② 15.74
③ 7.87   ④ 78.7

> $S_2 = \dfrac{V^2}{254} \times \dfrac{W+W'}{F} + \dfrac{Vt}{3.6}$
>
> $= \dfrac{50^2}{254} \times \dfrac{1,000+(1,000 \times 0.05)}{720} + \dfrac{50 \times 0.1}{3.6}$
>
> $= 15.74\text{m}$
>
> • S_2 : 정지거리(m)
> • V : 제동초속도(km/h)
> • W : 차량중량(kg)
> • W' : 회전부분 상당중량(kg)
> • F : 제동력(kg)
> • t : 공주시간(sec)

정답 22 ③ 23 ① 24 ④ 25 ③ 26 ②

27

80km/h로 주행하던 자동차가 브레이크를 작동하기 시작해서 10초 후에 정지하였다면 감속도는?

① 3.6m/s²   ② 4.8m/s²
③ 2.2m/s²   ④ 6.4m/s²

$$\alpha = \frac{V_1 - V_2}{t} = \frac{80 \times 1,000}{10 \times 3,600} = 2.2 \text{m/s}^2$$
- α : 감속도
- V_2 : 나중속도
- V_1 : 처음속도
- t : 주행한 시간

28

4륜 자동차 질량이 1,500kg, 전륜 1개 제동력이 2,500N, 후륜 1개 제동력이 2,000N인 자동차에서 제동 감속도는?

① 5m/s²   ② 6m/s²
③ 7m/s²   ④ 8m/s²

$$a = \frac{F}{m}$$
$$= \frac{[(2,500 \times 2) + (2,000 \times 2)]}{1,500} = 6 \text{m/s}^2$$
- α : 제동감속도
- F : 제동력의 총합
- g : 중력가속도
- m : 자동차의 질량

29

자동차의 질량은 1,500kg, 1개 차륜당 전륜 제동력은 3,400N, 후륜 제동력은 1,100N일 때 제동 감속도는?

① 3m/s²   ② 4m/s²
③ 5m/s²   ④ 6m/s²

① $F = 2(Tf + Tr) = 2 \times (3,400\text{N} + 1,100\text{N}) = 900\text{N}$
- F : 총제동력
- Tf : 전륜 제동력
- Tr : 후륜 제동력

② $a = \frac{F}{m} = \frac{9,000\text{N}}{1,500\text{kg}} = \frac{9,000\text{kg}\cdot\text{m/s}^2}{1,500\text{kg}} = 6 \text{m/s}^2$
- a : 제동감속도
- m : 자동차의 질량

30

중량 1,800kg의 자동차가 120km/h의 속도로 주행 중 0.2분 후 30km/h로 감속하는데 필요한 감속력은?

① 약 382kg   ② 약 764kg
③ 약 1,775kg   ④ 약 4,590kg

$$F = \frac{W \times (V_2 - V_1)}{t \times g}$$
$$= \frac{1,800 \times (120 - 30) \times 1,000}{0.2 \times 60 \times 9.8 \times 3,600} = 382.6 \text{kg}$$
- F : 감속력
- W : 중량
- V_1, V_2 : 주행속도
- t : 소요시간(sec)
- g : 중력가속도(m/s²)

정답 27 ③ 28 ② 29 ④ 30 ①

31

총중량 1톤인 자동차가 72km/h로 주행 중 급제동을 하였을 때 운동에너지가 모두 브레이크 드럼에 흡수되어 열로 되었다면 그 열량은? (단, 노면의 마찰계수는 1이다)

① 47.79kcal　　② 52.30kcal
③ 54.68kcal　　④ 60.25kcal

① $E = \dfrac{Gv^2}{2g} = \dfrac{1{,}000 \times 20^2}{2 \times 9.8} = 20{,}408\text{kg} \cdot \text{m}$
- E : 운동에너지
- G : 차량 총중량
- v : 주행속도(m/s)
- g : 중력가속도

② $1\text{kg} \cdot \text{m} = 1/427\text{kcal}$이므로

$\dfrac{20{,}408}{427} = 47.79\text{kcal}$

32

사고 후에 측정한 제동궤적(skid mark)은 48m이었다. 브레이크 시스템, 타이어 그리고 노면의 상태를 고려하여 추정할 경우, 사고 당시의 제동 감속도는 6m/s²이다. 이와 같은 조건으로부터 제동 시 주행속도는?

① 144km/h　　② 43.2km/h
③ 86.4km/h　　④ 57.6km/h

$S = \dfrac{V^2}{2 \times 3.6^2 \times \alpha} = 48 = \dfrac{V^2}{2 \times 3.6^2 \times 6}$

$V = \sqrt{48 \times 2 \times 3.6^2 \times 6} = 86.4\text{km/h}$
- S : 제동거리
- V : 제동할 때의 주행속도
- α : 감속도

33

93.6km/h로 직진 주행하는 자동차의 양쪽 구동륜은 지금 825rpm으로 회전하고 있다. 구동륜의 동하중 반경은? (단, 구동륜의 슬립은 무시한다)

① 약 56.7mm　　② 약 157.5mm
③ 약 301mm　　④ 약 317mm

$V = \dfrac{\pi D \times E_N}{Rt \times Rf} \times \dfrac{60}{1{,}000}$
- V : 자동차의 주행속도(km/h)
- D : 타이어의 지름(m)
- E_N : 엔진 회전 수(rpm)
- Rt : 변속비
- Rf : 종감속비에서

$D = \dfrac{V}{\pi \times T_N} \times \dfrac{1{,}000}{60} = \dfrac{93.6}{3.14 \times 2 \times 825} \times \dfrac{1{,}000}{60}$

$= 0.301\text{m} \fallingdotseq 301\text{mm}$

34

직경이 600mm인 차륜이 1,500rpm으로 회전할 때 이 차륜의 원주속도는?

① 약 37.1m/sec　　② 약 47.1m/sec
③ 약 57.1m/sec　　④ 약 67.1m/sec

$V = \pi D N = \dfrac{3.14 \times 0.6 \times 1{,}500}{60} = 47.1\text{m/sec}$
- V : 원주속도
- D : 차륜의 지름
- N : 회전속도

정답　31 ①　32 ③　33 ③　34 ②

35
자동차의 주행저항에서 구름저항(rolling resistance)의 발생 원인이 아닌 것은?

① 타이어를 변형시키는 저항
② 자동차 각부의 내부 마찰
③ 자동차 동하중 반경
④ 자동차 중속 주행속도

36
자동차의 동력 성능을 분류하는 항목이 아닌 것은?

① 엔진 회전 수
② 등판 성능
③ 최고 속도
④ 연비 성능 효율

37
동력전달 특성에서 구동력을 높일 수 있는 방법으로 틀린 것은?

① 엔진 토크를 높인다.
② 총 감속비를 크게 한다.
③ 기계 전달효율을 높인다.
④ 타이어 동하중 반경을 크게 한다.

정답 35 ④ 36 ① 37 ④

02 자동변속기 정비

01
유체 클러치 오일의 구비조건이 아닌 것은?

① 점도가 클 것
② 착화점이 높을 것
③ 내산성이 클 것
④ 비점이 높을 것

> 🔍 **유체 클러치 오일의 구비조건**
> ① 유성이 좋고, 점도가 낮을 것
> ② 비점이 높고, 비중이 클 것
> ③ 융점은 낮고, 착화점이 높을 것
> ④ 윤활성과 내산성이 클 것

02
유체 클러치 내의 가이드 링의 역할은?

① 토크 변환율 증가
② 터빈의 회전속도 증가
③ 유체의 미끄럼 방지
④ 오일의 와류를 방지하여 전달효율 증가

03
유체 클러치에서 스톨 포인트에 대한 설명으로 틀린 것은?

① 펌프는 회전하나 터빈이 회전하지 않는 점이다.
② 스톨 포인트에서 회전력비가 최대가 된다.
③ 속도비가 '0'인 점이다.
④ 스톨 포인트에서 효율이 최대가 된다.

> 🔍 스톨 포인트란 펌프는 회전하나 터빈이 회전하지 않는 점, 즉, 속도비가 '0'인 점이며, 회전력 비율이 최대가 된다.

04
자동변속기 차량에서 유체의 운동에너지를 이용하여 토크를 전달시켜 주는 장치는?

① 유성 기어   ② 록업장치
③ 토크컨버터   ④ 댐퍼 클러치

05
1단 2상 3요소식 토크컨버터의 주요 구성요소는?

① 임펠러, 터빈, 스테이터
② 클러치, 터빈축, 임펠러
③ 임펠러, 스테이터, 클러치
④ 터빈, 유성 기어, 클러치

> 🔍 토크컨버터는 엔진 크랭크축과 연결된 펌프(임펠러), 변속기 입력축과 연결된 터빈(러너), 오일의 흐름방향을 바꾸어 주는 스테이터로 되어 있다.

정답 01 ① 02 ④ 03 ④ 04 ③ 05 ①

06

엔진 플라이휠과 직결되어 엔진 회전 수와 동일한 속도로 회전하는 토크컨버터의 부품은?

① 터빈 런너
② 펌프 임펠러
③ 스테이터
④ 원웨이 클러치

07

유체 클러치와 토크컨버터의 설명으로 틀린 것은?

① 유체 클러치의 효율은 속도비 증가에 따라 직선적으로 변화되나, 토크변환기는 곡선으로 표시된다.
② 토크변환기는 스테이터가 있고, 유체 클러치는 스테이터가 없다.
③ 토크변환기는 자동변속기에 사용된다.
④ 유체 클러치에는 원웨이 클러치 및 록업 클러치가 있다.

08

엔진속도가 일정할 때 토크컨버터의 회전력이 가장 큰 경우는?

① 터빈의 속도가 느릴 때
② 임펠러의 속도가 느릴 때
③ 항상 일정함
④ 변환비가 1:1일 경우

09

자동변속기 토크컨버터에서 스테이터의 일방향 클러치가 양방향으로 회전하는 결함이 발생되었을 때 차량에서 발생할 수 있는 현상은?

① 전진이 불가능하다.
② 출발은 어려운데 고속주행은 가능하다.
③ 후진이 불가능하다.
④ 출발은 가능한데 고속 주행이 어렵다.

> 자동변속기 토크컨버터에서 스테이터의 일방향 클러치가 양방향으로 회전하는 결함이 발생되면 출발은 어려우나 고속주행은 가능하다.

10

자동변속기의 토크컨버터에서 클러치 포인트일 때 스테이터, 터빈, 펌프의 속도와 방향은?

① 같은 속도와 반대방향으로 회전
② 펌프와 터빈만 다른 속도 같은 방향으로 회전
③ 스테이터, 펌프, 터빈이 같은 속도 같은 방향으로 회전
④ 모두 다른 방향 틀린 속도회전

> 토크컨버터는 클러치 포인트에서 스테이터, 펌프, 터빈은 같은 속도, 같은 방향으로 회전한다.

정답 06 ② 07 ④ 08 ① 09 ② 10 ③

11

댐퍼 클러치의 작동조건이 될 수 있는 것은?

① 제1속 및 후진 시
② 공회전 시
③ 3 → 2 시프트다운 시
④ 냉각수온도가 80℃ 이상일 때

> 🔍 **댐퍼 클러치가 작동되지 않는 조건**
> ① 제1속 및 후진 및 엔진 브레이크가 작동될 때
> ② ATF의 유온이 65℃ 이하, 냉각수온도가 50℃ 이하일 때
> ③ 제3속에서 제2속으로 시프트다운될 때
> ④ 엔진 회전 수가 800rpm 이하일 때
> ⑤ 엔진이 2,000rpm 이하에서 스로틀밸브의 열림이 클 때

12

자동변속기에서 댐퍼 클러치의 작동 내용으로 틀린 것은?

① 클러치 점 이후에서 작동을 시작한다.
② 토크비가 1에 가까운 고속구간에서 작동한다.
③ 펌프와 터빈을 직결상태로 하여 미끄럼 손실을 최소화시킨다.
④ 제1속 및 후진 시에 작동한다.

> 🔍 댐퍼 클러치는 클러치 점 이후, 즉 토크비가 1에 가까운 고속영역에서 펌프와 터빈을 직결상태로 하여 미끄럼 손실을 최소화시키는 작용을 한다.

13

자동변속기 차량의 변속과 록업 작동의 기초신호는?

① 펄스제너레이터와 차속센서
② 스로틀센서와 차속센서
③ 펄스제너레이터와 스로틀센서
④ 펄스제너레이터와 유온센서

> 🔍 자동변속기 차량의 변속과 록업 작동의 기초신호는 펄스제너레이터와 스로틀 포지션센서이다.

14

전자제어 자동변속기에서 댐퍼 클러치가 공회전 시에 작동된다면 나타날 수 있는 현상은?

① 엔진시동이 꺼진다.
② 1단에서 2단으로 변속이 된다.
③ 기어 변속이 안 된다.
④ 출력이 떨어진다.

> 🔍 댐퍼 클러치가 공회전 상태에서 작동되면 엔진시동이 꺼진다.

15

자동변속기와 관계가 없는 부품은?

① 전진 클러치
② 역전 및 고속 클러치
③ 유성 기어장치
④ 프로펠러 샤프트

정답 11 ④ 12 ④ 13 ③ 14 ① 15 ④

16
자동변속기에 관한 설명으로 맞는 것은?

① 매뉴얼밸브가 전진 레인지에 있을 때 전진 클러치는 항상 정지된다.
② 토크변환기에서 유체의 충돌손실 속도비가 0.6~0.7일 때 토크가 가장 적다.
③ 유압 제어회로에 작용되는 유압은 엔진의 오일펌프에서 발생된다.
④ 토크변환기의 토크변환비는 날개가 작을수록 커진다.

17
유성 기어식 자동변속기의 특성이 아닌 것은?

① 솔레노이드밸브를 제어하여 변속시점과 과도특성을 제어한다.
② 록업 클러치를 설치하여 연료소비량을 줄일 수 있다.
③ 수동변속기에 비해 구동토크가 적다.
④ 변속단을 1단 증가시키기 위한 오버드라이브를 둘 수 있다.

> 자동변속기의 특성은 ①, ②, ④항 이외에 토크컨버터를 두고 있기 때문에 수동변속기에 비해 구동토크가 크다.

18
자동변속기의 변속제어 시스템에서 주요 변수가 아닌 것은?

① 토크컨버터 유압
② 엔진의 부하
③ 자동차 주행속도
④ 선택레버의 위치

19
전자제어식 자동변속기에서 컴퓨터로 입력되는 요소가 아닌 것은?

① 차속센서
② 스로틀 포지션센서
③ 유온센서
④ 압력조절 솔레노이드밸브

> 자동변속기 TCU의 입력신호에는 스로틀 포지션센서, 수온센서, 펄스 제너레이터 A & B(입력 및 출력축 속도센서), 엔진 회전속도신호, 가속페달 스위치, 킥다운 서보 스위치, 오버드라이브 스위치, 차속센서, 인히비터 스위치신호 등이 있다.

20
자동변속기의 전자제어장치 TCU에 입력되는 신호가 아닌 것은?

① 스로틀센서 신호
② 엔진회전 신호
③ 액셀러레이터 신호
④ 흡입공기 온도의 신호

21
전자제어 자동변속기에 사용되는 센서가 아닌 것은?

① 차속센서
② 스로틀 포지션센서
③ 차고센서
④ 펄스 제너레이터 A, B

정답 16 ② 17 ③ 18 ① 19 ④ 20 ④ 21 ③

22
자동변속기 차량에서 TPS(throttle position sensor)에 대한 설명으로 맞는 것은?

① 변속시점과 관련 있다.
② 주행 중 선회 시 충격흡수와 관련 있다.
③ 킥다운(kick down)과는 관련 없다.
④ 엔진 출력이 달라져도 킥다운과 관계없다.

23
자동변속기 TCC(torque converter clutch) 접속 및 해제의 제어신호로 필요한 엔진센서는?

① 흡기온도센서
② 냉각수온도센서
③ 스로틀밸브 위치센서
④ 흡입매니폴드 압력센서

> 자동변속기 T.C.C 접속 및 해제의 제어에 필요한 센서는 스로틀밸브 위치센서이다.

24
전자제어 자동변속기 차량에서 스로틀 포지션센서의 출력이 80%밖에 나오지 않는다면 어느 시스템의 작동이 안 되는가?

① 오버드라이브
② 2속으로 변속불가
③ 3속에서 4속으로 변속불가
④ 킥다운

> 전자제어 자동변속기 차량에서 스로틀 포지션센서의 출력이 80%밖에 나오지 않는다면 킥다운의 작동이 안 된다.

25
각 변속위치(shift position)를 TCU로 입력하는 것은?

① 인히비터 스위치
② 오버드라이브 유닛
③ 이그니션 펄스
④ 킥다운 서보

> 인히비터 스위치는 각 변속위치(shift position)를 TCU로 입력한다. 즉, 변속패턴의 선택을 위하여 변속레버(시프트 포지션)의 위치를 검출한다.

26
전자제어 자동변속장치 중 변속 시 유압제어를 위해 킥다운 드럼 회전 수를 검출하는 구성부품은?

① 인히비터 스위치
② 킥다운 서보 스위치
③ 펄스 제너레이터-A
④ 펄스 제너레이터-B

> ① 펄스 제너레이터-A : 자기 유도형 발전기로 변속할 때 유압제어의 목적으로 킥다운 드럼의 회전 수(입력축 회전 수)를 검출한다. 킥다운 드럼의 16개 구멍을 통과할 때의 회전 수 변화에 의해서 기전력을 발생한다.
> ② 펄스 제너레이터-B : 자기 유도형 발전기로 주행속도를 검출을 위해 트랜스퍼 드라이브 기어의 회전 수를 검출한다. 트랜스퍼 드라이브 기어 이의 높고 낮음에 따른 변화에 의해서 기전력이 발생한다.

정답 22 ① 23 ③ 24 ④ 25 ① 26 ③

27
전자제어 자동변속기에서 각 시프트 포지션을 TCU로 출력하는 기능을 가진 구성품은?

① 액셀 스위치
② 인히비터 스위치
③ 킥다운 서보 스위치
④ 오버드라이브 스위치

28
전자제어 자동변속기에서 컨트롤 유닛의 제어기능으로 틀린 것은?

① 거버너 제어
② 변속점 제어
③ 댐퍼 클러치 제어
④ 라인압력 가변 제어

29
자동변속기의 자동 변속시점을 결정하는 중요한 요소는?

① 엔진 스로틀 개도와 차속
② 엔진 스로틀 개도와 변속시간
③ 매뉴얼밸브와 차속
④ 변속모드 스위치와 변속시간

30
자동변속기에서 시프트업 또는 시프트다운이 일어나는 변속점은 무엇에 의해 결정되는가?

① 매뉴얼밸브와 감압밸브
② 스로틀밸브 개도와 차속
③ 스로틀밸브와 감압밸브
④ 변속레버와 차속

31
자동변속기 차량에서 변속 패턴을 결정하는 가장 중요한 입력신호는?

① 차속센서와 엔진회전 수
② 차속센서와 스로틀 포지션센서
③ 엔진회전 수와 유온센서
④ 엔진회전 수와 스로틀 포지션센서

32
자동변속기에서 변속시기와 관련이 있는 신호는?

① 엔진온도 신호　② 스로틀 개도 신호
③ 엔진토크 신호　④ 에어컨 작동 신호

33
자동변속기에서 밸브바디의 구성품이 아닌 것은?

① 댐퍼 클러치 조정밸브　② 솔레노이드밸브
③ 압력조정밸브　④ 브레이크밸브

정답　27 ②　28 ①　29 ①　30 ②　31 ②　32 ②　33 ④

34

자동변속기의 유량 듀티 제어를 위해서 압력조절 솔레노이드밸브(PCSV)가 작동되는 시기는?

① D-1단　② D-2단
③ D-3단　④ R(후진)

> 자동변속기의 유량 듀티 제어를 위한 압력조절 솔레노이드밸브(PCSV)가 작동되는 시기는 D-1단이다.

35

앞 엔진 뒤 구동 자동차용 자동변속기에 사용되고 있는 어큐뮬레이터의 역할을 바르게 설명한 것은?

① 1단→2단, 2단→1단으로 시프트한다.
② 브레이크 또는 클러치 작동 시 변속충격을 흡수한다.
③ 2단→3단, 3단→2단으로 시프트한다.
④ P.R.L 레인지에서 No.3 브레이크 작동 시 충격을 완화한다.

> 어큐뮬레이터는 브레이크 또는 클러치가 작동할 때 변속충격을 흡수한다.

36

전자제어 자동변속기에서 주행 중 가속페달에서 발을 떼면 나타날 수 있는 현상은?

① 스쿼트　② 킥다운
③ 노즈다운　④ 리프트 풋업

37

자동변속기 장착 차량에서 가속페달을 스로틀밸브가 완전히 열릴 때까지 갑자기 밟았을 때 강제적으로 다운시프트되는 현상은?

① 킥다운　② 시프트 아웃
③ 스로틀다운　④ 블로우다운

38

자동변속기 관련 장치에서 가속페달을 급격히 밟으면 한 단계 낮은 단으로 변속되는 것과 관계있는 것은?

① 거버너밸브　② 매뉴얼밸브
③ 킥다운 스위치　④ 프리휠링

39

복합 유성 기어장치에서 링 기어를 하나만 사용한 유성 기어장치는?

① 2중 유성 기어장치
② 평행축 기어 방식
③ 라비뇨(ravigneauxr) 기어장치
④ 심폰슨(simpson) 기어장치

> 라비뇨 기어장치는 서로 다른 2개의 선 기어를 1개의 유성 기어장치에 조합한 형식이며, 링 기어와 유성 기어 캐리어를 각각 1개씩만 사용한다.

정답 34 ① 35 ② 36 ④ 37 ① 38 ③ 39 ③

40

단순 유성 기어장치를 2세트 연이어 접속한 라비뇨 기어(ravigneaux gear)의 구조에 대한 설명으로 맞는 것은?

① 선 기어가 1개뿐이다.
② 선 기어와 링 기어가 각각 2개씩이다.
③ 캐리어가 2개이다.
④ 링 기어가 1개뿐이다.

41

2세트의 단순 유성 기어장치를 연이어 접속시키되 선 기어를 공동으로 사용하는 기어 형식은?

① 라비뇨식
② 심프슨식
③ 벤딕스식
④ 평행축 기어 방식

> 심프슨 형식은 싱글 피니언(single pinion) 유성 기어만으로 구성되어 있으며, 선 기어를 공용으로 사용한다. 유성 기어 캐리어는 같은 간격으로 3개의 피니언으로 조립되어 있으며, 비분해형이다.

42

자동변속기 오일의 구비조건이 아닌 것은?

① 기포가 발생하지 않을 것
② 점도지수 변화가 클 것
③ 침전물 발생이 적을 것
④ 저온 유동성이 좋을 것

43

자동변속기 오일의 구비조건이 아닌 것은?

① 유동성이 좋을 것
② 내산성이 작을 것
③ 점도가 낮을 것
④ 비중이 클 것

44

승용차용으로 적당하지 않는 무단변속기의 형식은?

① 금속 벨트식
② 금속 체인식
③ 트랙션 드라이브식
④ 유압모터, 펌프의 조합식

> 유압모터, 펌프의 조합형은 농기계나 상업 장비에서 사용한다.

45

무단변속기의 장점이 아닌 것은?

① 내구성이 향상된다.
② 동력성능이 향상된다.
③ 변속패턴에 따라 운전하여 연비가 향상된다.
④ 파워트레인 통합제어의 기초가 된다.

> 무단변속기는 벨트를 통하여 변속이 이루어지며, 특징은 변속충격이 적고, 동력성능이 향상되며, 운전 중 용이하게 감속비를 변화시킬 수 있고, 변속패턴에 따라 운전하여 연비가 향상되며, 파워트레인 통합제어의 기초가 되는 장점이 있으나 큰 동력을 전달할 수 없고, 내구성이 적은 단점이 있다.

정답 40 ④ 41 ② 42 ② 43 ② 44 ④ 45 ①

46

자동 정속주행장치의 부품이 아닌 것은?

① 차속센서 ② 클러치 스위치
③ 복귀 스위치 ④ 크랭크 앵글센서

47

일반적인 오토크루즈 컨트롤 시스템(auto cruise control system)에서 정속주행 모드의 해제조건으로 틀린 것은?

① 주행 중 브레이크를 밟을 때
② 수동변속기 차량에서 클러치를 차단할 때
③ 자동변속기 차량에서 인히비터 스위치를 P나 N 위치에 놓았을 때
④ 주행 중 차선변경을 위해 조향하였을 때

> 정속주행 모드가 해제되는 경우는 ①, ②, ③항 이외에 주행속도가 40km/h 이하일 때

48

자동차 동력전달장치에서 오버드라이브는 어느 것을 이용하는 것인가?

① 엔진의 회전속도
② 엔진의 여유출력
③ 차의 주행저항
④ 구동바퀴의 구동력

49

오버드라이브장치의 프리휠링 주행(free-wheeling travelling)에 대하여 맞는 것은?

① 추진축의 회전력을 엔진에 전달한다.
② 프리휠링 주행 중 엔진브레이크를 사용할 수 있다.
③ 프리휠링 주행 중 유성 기어는 공전한다.
④ 오버드라이브에 들어가기 전에는 프리휠링 주행이 안 된다.

> 오버드라이브장치의 프리휠링 주행이란 오버드라이브에 들어가기 전과 오버드라이브 주행을 끝낸 후 관성 주행하는 상태이며, 이때 유성 기어는 공전한다.

50

엔진의 동력을 주행 이외의 용도에 사용할 수 있도록 한 동력인출(power take off)장치가 아닌 것은?

① 윈치 구동장치
② 차동기어장치
③ 소방차 물펌프 구동장치
④ 덤프트럭 유압펌프 구동장치

51

추진축이 기하학적 중심과 질량적 중심이 일치하지 않을 때 일어나는 현상은?

① 롤링진동 ② 요잉진동
③ 휠링진동 ④ 피칭진동

정답 46 ④ 47 ④ 48 ② 49 ③ 50 ② 51 ③

52
자동차 종 감속장치에 주로 사용되는 기어 형식은?

① 하이포이드 기어 ② 더블헬리컬 기어
③ 스크루 기어   ④ 스퍼 기어

53
후륜구동 차량의 종 감속장치에서 구동 피니언과 링 기어 중심선이 편심되어 추진축의 위치를 낮출 수 있는 것은?

① 베벨 기어   ② 스퍼 기어
③ 웜과 웜 기어 ④ 하이포이드 기어

54
동력전달장치에 사용되는 종 감속장치의 기능으로 틀린 것은?

① 회전토크를 증가시켜 전달한다.
② 회전속도를 감소시킨다.
③ 필요에 따라 동력전달방향을 변환시킨다.
④ 축방향 길이를 변화시킨다.

55
종 감속기어에 사용되는 하이포이드 기어의 장점은?

① 구동 피니언을 크게 할 수 있어 강도가 증가된다.
② 기어 물림률을 적게 하여 회전이 정숙하다.
③ 구동 피니언의 옵셋에 의해 추진축 높이를 높게 한다.
④ 주행성은 향상되나 안전성은 나빠진다.

> 하이포이드 기어는 동일 감속비, 동일 치수인 링 기어인 경우 구동 피니언을 크게 할 수 있어 강도가 증가된다.

56
종 감속비를 결정하는 요소가 아닌 것은?

① 엔진의 출력 ② 차량중량
③ 가속성능   ④ 제동성능

57
베벨(bevel) 기어식 종 감속/차동장치가 장착된 자동차가 급커브를 천천히 선회하고 있을 때 차동 케이스 내의 어떤 기어들이 자전하고 있는가?

① 외측 차동 사이드 기어들만
② 차동 피니언들만
③ 차동 피니언과 차동 사이드 기어 모두
④ 외·내측 차동 사이드 기어들만

> 차동 작용은 좌우 구동바퀴의 회전저항 차이에 의해 발생하므로 커브를 돌 때 안쪽 바퀴는 바깥쪽 바퀴보다 저항이 커져 회전속도가 감소하며, 감소한 분량만큼 반대쪽 바퀴를 가속하게 되는데, 이때 차동 피니언과 차동 사이드 기어 모두 자전을 한다.

정답 52 ① 53 ④ 54 ④ 55 ① 56 ④ 57 ③

58
차동 제한장치(differential lock system)에 대한 설명으로 틀린 것은?

① 수렁을 지날 때 양쪽 바퀴에 구동력을 전달한다.
② 선회 시 바깥쪽의 바퀴가 안쪽의 바퀴보다 더 많이 회전하게 한다.
③ 논슬립장치 또는 논스핀장치가 있다.
④ 미끄러운 노면에서 출발이 용이하다.

> 차동 제한장치의 종류에는 논슬립(non-slip)장치 또는 논스핀(non-spin) 형식이 있으며, 수렁을 지날 때 양쪽 바퀴에 구동력을 전달하므로 미끄러운 노면에서 출발이 용이하다.

59
자동 차동 제한장치(LSD)의 특징 설명으로 틀린 것은?

① 미끄러지기 쉬운 모래길이나 습지 등과 같은 노면에서 출발이 용이
② 타이어의 수명을 연장
③ 직진주행 시에는 좌우 바퀴의 구동력 오차로 인하여 안정된 주행
④ 요철노면 주행 시 후부의 흔들림을 방지

> 자동 차동 제한장치(LSD)의 특징
> ① 미끄러지기 쉬운 모래길이나 습지 등과 같은 노면에서 출발이 용이하다.
> ② 타이어 수명을 연장한다.
> ③ 고속 직진주행 때 안전성이 양호하다.
> ④ 요철노면을 주행할 때 후부의 흔들림을 방지한다.

60
차동 제한장치(limited slip differential)에 대한 설명으로 틀린 것은?

① 차동장치에 차동제한 기구를 추가시킨 것이 LSD이다.
② 눈길 및 빗길 등에서 미끄러지는 것을 최소화하기 위한 장치이다.
③ 직진주행을 더욱 원활하게 하기 위한 장치이다.
④ 토크비례식과 회전속도 감응형식 등이 있다.

61
4륜 구동 방식(4WD)의 장점이 아닌 것은?

① 등판성능 및 견인력 향상
② 부드러운 발진 및 가속성능
③ 고속주행 시 직진안정성 향상
④ 눈길, 빗길 선 회시 제동안정성 우수

62
4WD시스템의 전기식 트랜스퍼(EST : Electric Shift Transfer)의 스피드센서인 펄스 제너레이터 센서에 대한 설명으로 틀린 것은?

① 마그네틱센서로서 교류전압이 발생한다.
② 회전속도에 비례하여 주파수가 변한다.
③ 컴퓨터는 주파수를 감지하여 출력축 회전속도를 검출한다.
④ 4L 모드 상태에서의 출력파형은 4H 모드에 비하여 시간당 주파수가 많다.

정답 58 ② 59 ③ 60 ③ 61 ④ 62 ④

63

속도비가 0.4이고, 토크비가 2인 토크컨버터에서 펌프가 4,000rpm으로 회전할 때, 토크컨버터의 효율은?

① 20% ② 40%
③ 60% ④ 80%

> $\eta t = Sr \times Tr = 0.4 \times 2 = 0.8 = 80\%$
> - ηt : 토크컨버터 효율
> - Sr : 속도비
> - Tr : 토크비

64

유성 기어에서 링 기어 잇수가 50, 선 기어 잇수가 20, 유성 기어 잇수가 10이다. 링 기어를 고정하고 선 기어를 구동하면 감속비는?

① 0.14 ② 1.4
③ 2.5   ④ 3.5

> $Rt = \dfrac{Sz + Rz}{Sz} = \dfrac{20 + 50}{20} = 3.5$

65

유성 기어장치를 2조로 사용하고 있는 자동변속기에서 선 기어 잇수 20, 링 기어 잇수 80일 때 총 변속비는? (단, 제1유성 기어 : 링 기어 구동, 선 기어 고정, 제2유성 기어 : 링 기어고정, 선 기어구동)

① 1.25 ② 5
③ 6.25 ④ 16

> $Rt = \dfrac{Sz + Rz}{Sz} + \dfrac{Sz + Rz}{Rz}$
> $= \left(\dfrac{20+80}{20}\right) + \left(\dfrac{20+80}{80}\right) = 6.25$
> - Rt : 총변속비
> - Sz : 선 기어 잇수
> - Rz : 링 기어 잇수

66

그림에서 A의 잇수는 90, B의 잇수는 30일 때 암 D가 오른쪽으로 3회전, A가 왼쪽으로 2회전할 때 B의 회전수는 얼마인가?

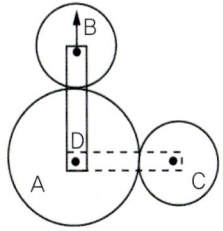

① 왼쪽으로 18회전
② 왼쪽으로 15회전
③ 오른쪽으로 15회전
④ 오른쪽으로 18회전

> $\dfrac{B-D}{A-D} = \dfrac{A'}{B'} = \dfrac{B-3}{-2-3} = \dfrac{90}{30}$
> ∴ 오른쪽으로 18회전

67

A의 잇수는 90, B의 잇수가 30일 때 A를 고정하고 D를 오른쪽으로 3회전할 경우 B의 회전 수는?

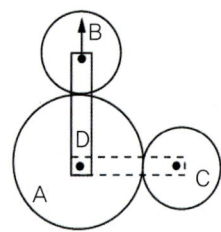

① 왼쪽으로 18회전
② 왼쪽으로 12회전
③ 오른쪽으로 18회전
④ 오른쪽으로 12회전

 $\dfrac{B-D}{D} = \dfrac{A'}{B'} = \dfrac{B-3}{-3} = \dfrac{90}{30}$ ∴ B = 12

68

자동차의 1단 감속비가 3.33 : 1이고, 뒤 차축 기어장치의 감속비가 4.11 : 1일 때 총 감속비는?

① 16.39 : 1   ② 7.44 : 1
③ 13.69 : 1   ④ 12 : 1

 $Tr = Rt \times Rf = 3.33 \times 4.11 = 13.68$
- Tr : 총감속비
- Rt : 변속비
- Rf : 종 감속비

69

종 감속 기어의 구동 피니언 잇수가 8, 링 기어의 잇수가 48인 자동차가 직선으로 달릴 때, 추진축의 회전 수가 1,800rpm이다. 이 자동차가 회전할 때 안쪽바퀴가 250rpm하면 바깥 바퀴는 몇 회전하는가?

① 150rpm   ② 250rpm
③ 350rpm   ④ 450rpm

① $Rf = \dfrac{Pt}{Rt} = \dfrac{48}{8} = 6$
② $Th_1 = \dfrac{En}{Rt \times Rf} \times 2 - Th_2 = \dfrac{1,800}{6} \times 2 - 250$
   $= 350\text{rpm}$
- Th : 바퀴회전 수
- En : 엔진회전 수
- Rt : 변속비
- Rf : 종 감속비

70

자동차가 300m를 통과하는데 20초 걸렸다면 이 자동차의 속도는?

① 54km/h   ② 60km/h
③ 80km/h   ④ 108km/h

자동차의 속도 = $\dfrac{300 \times 3,600}{20 \times 1,000} = 54\text{km/h}$

정답 67 ④ 68 ③ 69 ③ 70 ①

71
어떤 자동차가 60km/h의 속도로 평탄한 도로를 주행하고 있다. 이때 변속비가 3, 종 감속비가 2이고, 구동바퀴가 1회전하는데 2m 진행할 때, 3km 주행하는데 소요되는 시간은?

① 1분　　　② 2분
③ 3분　　　④ 4분

🔍 60km/h를 분속으로 환산하면 1km/min이므로 3km를 주행하는데 3분이 소요된다.

72
총중량 7.5ton의 차량이 36km/h의 속도로 1/50 구배의 언덕길을 올라갈 때 1초 동안 진행속도(m/s)는?

① 8　　　② 10
③ 12　　　④ 20

🔍 1초 동안 진행속도(m/s) = $\frac{36 \times 1,000}{3,600}$ = 10m/s

73
엔진 회전속도 3,600rpm, 변속(감속)비 2:1, 타이어 유효반경이 40cm인 자동차의 시속이 90km/h이다. 이 자동차의 종 감속비는?

① 1.5 : 1　　　② 2 : 1
③ 3 : 1　　　④ 4 : 1

🔍 $V = \pi D \times \frac{En}{Rt \times Rf} \times \frac{60}{1,000}$ 에서

$Rf = \frac{\pi D \times E_n \times 60}{Rt \times V \times 1,000}$

$= \frac{3.14 \times 0.4 \times 2 \times 3,600 \times 60}{2 \times 90 \times 100} = 3$

74
120km/h의 속도로 주행 중인 자동차에서 총 감속비는 4.83, 구동륜 회전속도는 1,031rpm, 타이어의 동하중 원주는 1,940mm일 때 엔진의 회전속도는? (단, 슬립은 없는 것으로 본다)

① 약 1,237rpm　　　② 약 1,959rpm
③ 약 4,980rpm　　　④ 약 2,620rpm

🔍 $E_N = \frac{V \times Tr \times 1,000}{Td \times 60}$

$= \frac{120 \times 4.83 \times 1,000}{1.94 \times 60} = 4,980$rpm

- E_N : 엔진 회전 수(rpm)
- V : 자동차의 시속(km/h)
- Tr : 총감속비
- Td : 타이어의 동하중 원주

75

자동차가 72km/h로 주행하기 위한 엔진의 실마력은? (단, 전 주행저항은 75kg이고, 동력전달효율은 0.8이다)

① 20PS　　② 23PS
③ 25PS　　④ 30PS

$$R_{PS} = \frac{Tdr \times v}{75 \times \eta} = \frac{75 \times 20}{75 \times 0.8}$$
$$= 25PS [72km/h = 20m/s]$$

- R_{PS} : 엔진의 실마력
- Tdr : 전 주행저항
- v : 주행속도(m/s)
- η : 동력전달효율

76

엔진의 토크는 1,500rpm에서 20.06kg·m이다. 2단 변속비는 1.5 : 1이고 종 감속장치의 피니언 잇수는 10개, 링 기어의 잇수는 35개이다. 이때 구동차축에 전달되는 토크(kg·m)는?

① 30.09　　② 70.21
③ 52.66　　④ 105.32

$$T = E_T \times Rt \times Rf = 20.06 \times 1.5 \times \frac{35}{10}$$
$$= 105.32 kg \cdot m$$

- T : 전달토크
- E_T : 엔진토크
- Rt : 변속비
- Rf : 종 감속비

77

자동변속기의 압력조절밸브(PCSV)의 듀티 제어 파형에서 니들밸브가 작동하는 전체 구간은?

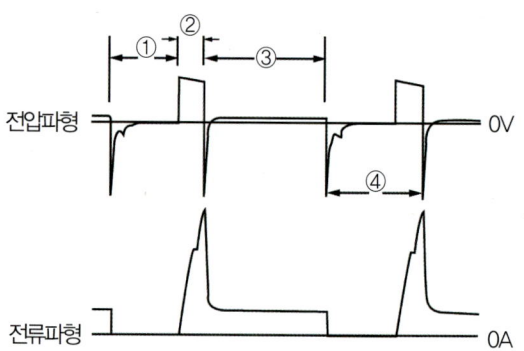

① ①　　② ②~③
③ ③　　④ ③~④

78

자동변속기에서 오일을 점검할 때 주의사항으로 틀린 것은?

① 엔진을 수평상태에서 시동을 끄고 점검한다.
② 엔진을 정상온도로 유지시킨다.
③ 엔진시동을 걸고 점검한다.
④ 오일레벨 게이지의 MIN선과 MAX선 사이에 있으면 정상이다.

정답　75 ③　76 ④　77 ②　78 ①

79

자동변속기 차량의 자동변속기를 D와 R 위치에서 엔진 회전 수를 최대로 하여 자동변속기와 엔진의 상태에 대한 종합적 시험은?

① 로드 테스트 ② 킥다운 테스트
③ 스톨 테스트 ④ 유압 테스트

> 스톨 테스트란 자동변속기 차량에서 변속레버 D와 R 위치에서 엔진 회전속도를 최대로 하여 자동변속기와 엔진의 상태를 종합적으로 시험하는 것이다.

80

자동변속기에서 스톨 테스터로 확인할 수 없는 것은?

① 엔진의 출력 부족
② 댐퍼 클러치의 미끄러짐
③ 전진 클러치의 미끄러짐
④ 후진 클러치의 미끄러짐

> 스톨 테스트(stall test)로 점검하는 사항은 엔진의 출력 부족 여부(성능), 토크컨버터 스테이터의 원웨이 클러치의 작동상태, 전·후진 클러치의 작동상태, 브레이크 밴드의 작동상태 등이다.

81

자동변속기의 스톨 테스터에 대한 설명으로 틀린 것은?

① 스톨 테스터를 연속적으로 행할 경우 일정 시간 냉각 후 실시한다.
② 스톨 회전 수는 공전속도와 일치하면 정상이다.
③ 스톨 테스터로 디스크나 밴드의 마모 여부를 추정할 수 있다.
④ 규정 스톨 회전 수보다 높을 경우 라인압을 재확인할 필요가 있다.

> 자동변속기 스톨 테스트에 관한 설명은 ①, ③, ④항 이외에 스톨 회전 수는 차종에 따라서 다르나 2,200~2,500rpm 범위면 정상이다.

82

자동변속기의 스톨 시험결과 규정 스톨 회전 수보다 낮을 때의 원인은?

① 엔진이 규정출력을 발휘하지 못한다.
② 라인압력이 낮다.
③ 리어 클러치나 엔드 클러치가 슬립한다.
④ 프런트 클러치가 슬립한다.

> 엔진의 출력성능이 저하되면 규정 스톨 회전 수보다 낮아진다.

83

자동변속기의 타임래그 시험 목적은?

① 변속시점
② 엔진 출력
③ 오일 변속속도
④ 입·출력센서 작동 여부

> 자동변속기의 타임래그 시험을 통해 알 수 있는 것은 변속시점이다.

정답 79 ③ 80 ② 81 ② 82 ① 83 ①

84
자동변속기 차량의 점검 방법으로 틀린 것은?

① 자동변속기 오일량은 온간 시에 측정한다.
② 인히비터 스위치 조정은 N 위치에서 한다.
③ 자동변속기 오일량을 측정할 때는 시동을 OFF시키고 점검한다.
④ 스로틀 케이블 조정은 스로틀 레버를 전폐시킨 상태에서 실시한다.

85
자동변속기를 고장진단하기 위한 준비과정이 아닌 것은?

① 자동변속기 오일량 점검
② 스로틀 케이블의 점검 및 조정
③ 자동변속기 오일의 정상온도 도달 여부
④ 자동변속기 오일의 압력 측정

> 자동변속기를 고장진단하기 위한 준비과정
> ① 자동변속기 오일량 점검
> ② 스로틀 케이블의 점검 및 조정
> ③ 자동변속기 오일의 정상온도 도달 여부

86
자동변속기에서 기어비율 부적절 결함코드가 입력될 때 관련이 없는 것은?

① 입력속도센서
② 출력속도센서
③ 변속 솔레노이드밸브
④ 로크업 솔레노이드밸브

> 자동변속기에서 기어비율 부적절 결함코드가 입력될 때 관련되는 요소는 입력속도센서, 출력속도센서, 변속 솔레노이드밸브 등이다.

87
자동변속기를 주행상태에서 시험할 때 점검해야 할 사항이 아닌 것은?

① 오일의 양과 상태
② 킥다운 작동 여부
③ 엔진 브레이크 효과
④ 쇼크 및 슬립 여부

88
자동변속기에서 운행 중 오일온도가 상승할 수 있는 경우가 아닌 것은?

① 산악지역 운행
② 시내 주행
③ 윈터 기능 과다 사용
④ 로크업 클러치 작동

> 자동변속기의 오일이 과열하는 원인은 굴곡이 심한 산악도로를 주행할 때, 저속으로 주행할 때, 윈터 기능을 과다하게 사용하였을 때, 오일냉각기가 오염 및 손상되었을 때 등이다.

정답 84 ③ 85 ④ 86 ④ 87 ① 88 ④

89
자동변속기에서 고장코드의 기억소거를 위한 조건이 아닌 것은?

① 이그니션 키는 ON상태여야 한다.
② 엔진의 회전 수 검출이 있어야만 한다.
③ 출력축 속도센서의 단선이 없어야 한다.
④ 인히비터 스위치 커넥터가 연결되어야만 한다.

> 자동변속기에서 고장코드의 기억소거를 위한 조건
> ① 이그니션 키는 ON상태여야 한다.
> ② 출력축 속도센서의 단선이 없어야 한다.
> ③ 인히비터 스위치 커넥터가 연결되어야만 한다.

90
FR 방식의 자동차가 주행 중 디퍼런셜장치에서 많은 열이 발생한다면 고장원인으로 거리가 먼 것은?

① 추진축의 밸런스 웨이트 이탈
② 기어의 백래시 과소
③ 프리로드 과소
④ 오일량 부족

91
변속기(transmission)를 다단화할 경우 특징이 아닌 것은?

① 연료 소비율을 감소시킬 수 있다.
② 드라이빙 감성 품질을 높일 수 있다.
③ 주행조건에 따른 엔진회전 수의 제어가 용이하다.
④ 전장 및 무게를 최소화할 수 있다.

92
무단변속기의 종류가 아닌 것은?

① 금속 체인벨트
② 하프 토로이달
③ 더블 클러치
④ 기계-유압

93
자동변속기 형식을 나타낼 때 3요소 1단 2상식 등으로 표현할 수 있는데 이때 1단이 의미하는 장치는 무엇인가?

① 펌프
② 터빈
③ 스테이터
④ 가이드 링

94
자동변속기 토크컨버터 내부에 장착된 록업 클러치(lock-up clutch) 제어에 필요한 입력 변수로 틀린 것은?

① 변속기 오일온도
② 자동차 주행속도
③ 스로틀밸브 개도량
④ 제동 스위치 OFF 신호

정답 89 ② 90 ① 91 ④ 92 ③ 93 ② 94 ④

95

자동변속기 유성 기어장치의 특징이 아닌 것은?

① 기관으로부터 동력을 차단하지 않고도 변속이 가능하다.
② 회전토크의 전달은 다수의 기어 세트에 의해 이루어지므로 개별 기어가 받는 부하가 적다.
③ 모든 기어가 항상 맞물려 있어서 작동 소음이 적다.
④ 항상 맞물려 있기 때문에 동기화가 되지 않으면 변속할 수 없다.

96

다음 자동변속기의 선 기어 고정, 링 기어 증속, 캐리어 구동 조건에서 변속비는? (단, 선 기어 잇수 : 20, 링 기어 잇수 : 80)

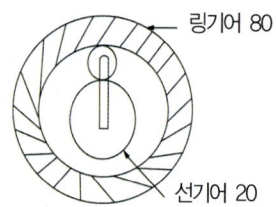

① 1.25   ② 0.2
③ 0.8   ④ 5

$$Rt = \frac{Rz}{Sz + Rz} = \frac{80}{20 + 80} = 0.8$$

- Rt : 변속비
- Rz : 링 기어 잇수
- Sz : 선 기어 잇수

정답 95 ④ 96 ③

03 유압식 현가장치 정비

01
현가장치에서 승차감을 위주로 고려할 때의 방법으로 설명이 틀린 것은?

① 스프링 아래 질량은 가벼울수록 좋다.
② 스프링 상수는 낮을수록 좋다.
③ 스프링 위 질량은 가벼울수록 좋다.
④ 스프링 아래 질량은 클수록 좋다.

> 현가장치에서 승차감을 위주로 고려할 때 스프링 아래 질량이 클수록 승차감은 저하한다.

02
토션바 스프링에 대한 내용으로 틀린 것은?

① 단위 중량당 에너지 흡수율이 대단히 크다.
② 스프링의 힘은 바의 길이와 단면적에 의해 결정된다.
③ 진동의 감쇠 작용이 커서 쇽업소버를 병용할 필요가 없다.
④ 스프링은 좌·우로 사용되는 것이 구분되어 있다.

03
좌우 타이어가 동시에 상하운동을 할 때는 작용하지 않으며 차체의 기울기를 감소시키는 역할을 하는 것은?

① 토션 바
② 컨트롤 암
③ 쇽업소버
④ 스태빌라이저

> 스태빌라이저는 독립현가장치에서 사용하는 일종의 토션바 스프링이며, 자동차가 선회할 때 롤링(rolling)을 작게 하고, 빠른 평형상태를 유지시키는 작용을 한다.

04
롤링 또는 선회 시 차체의 기울기를 최소로 하는 부품은?

① 스태빌라이저
② 쇽업소버
③ 컨트롤 암
④ 타이로드

05
진동을 흡수하고 진동시간을 단축시키며, 스프링의 부담을 감소시키기 위한 장치는?

① 스태빌라이저
② 공기 스프링
③ 쇽업소버
④ 비틀림 막대 스프링

> 쇽업소버는 노로면에서 발생한 스프링의 신축을 신속하게 흡수하여 승차감각을 향상시키고, 동시에 스프링의 피로를 감소시키기 위해 설치하는 기구이다.

정답 01 ④ 02 ③ 03 ④ 04 ① 05 ③

06

드가르봉식 쇽업소버와 관계없는 것은?

① 유압식의 일종으로 프리 피스톤을 설치하고 위쪽에 오일이 내장되어 있다.
② 고압질소가스의 압력은 약 30kg/cm²이다.
③ 쇽업소버의 작동이 정지되면 프리 피스톤 아래쪽의 질소가스가 팽창하여 프리 피스톤을 압상시킴으로써 오일실의 오일이 감압한다.
④ 좋지 않은 도로에서 격심한 충격을 받았을 때 캐비테이션에 의한 감쇠력의 차이가 적다.

> 드가르봉식 쇽업소버의 특징은 ①, ②, ④항 이외에 쇽업소버의 작동이 정지되면 프리 피스톤 아래쪽의 질소가스가 팽창하여 프리 피스톤을 압상시키므로 오일실의 오일이 가압(加壓)된다.

07

자동차용 현가장치에서 드가르봉식 쇽업소버의 특징이 아닌 것은?

① 복동식 쇽업소버보다 구조가 복잡하다.
② 실린더가 하나로 되어 있기 때문에 방열효과가 좋다.
③ 내부에 압력이 걸려있기 때문에 분해하는 것은 위험하다.
④ 장기간 작동되어도 감쇠효과가 저하되지 않는다.

08

일체차축 현가 방식의 특징이 아닌 것은?

① 선회 시 차체의 기울기가 적다.
② 승차감이 좋지 못하다.
③ 구조가 간단하다.
④ 로드홀딩(road holding)이 우수하다.

> 일체차축 현가장치의 특징은 ①, ②, ③항 이외에 앞바퀴에 시미가 일어나기 쉽고, 로드홀딩이 좋지 못하다.

09

앞 현가장치의 종류 중에서 일체식 차축 현가장치의 장점으로 맞는 것은?

① 차축의 위치를 정하는 링크나 로드가 필요치 않아 부품 수가 적고 구조가 간단하다.
② 트램핑 현상이 쉽게 일어날 수 있다.
③ 스프링 질량이 크기 때문에 승차감이 좋지 않다.
④ 앞바퀴에 시미 현상이 일어나기 쉽다.

10

독립 현가장치의 장점이 아닌 것은?

① 스프링 밑 질량이 작아 승차감이 좋다.
② 바퀴의 구조상 시미를 잘 일으키지 않고 도로 노면과 로드홀딩이 우수하다.
③ 선회 시 차체의 기울기가 적다.
④ 스프링의 상수가 작은 것을 사용할 수 있다.

11

앞 현가장치의 분류 중 독립 현가장치의 장점이 아닌 것은?

① 자동차의 높이를 낮게 할 수 있으므로 안전성이 향상된다.
② 바퀴의 시미(shimmy) 현상이 적고 타이어와 노면의 접지성이 좋아진다.
③ 스프링 하부의 무게가 가벼우므로 승차감이 좋다.
④ 차축의 구조가 간단하다.

12

현가장치 중에서 독립 현가식의 분류에 해당되지 않는 것은?

① 위시본형   ② 공기 스프링형
③ 맥퍼슨형   ④ 멀티링크형

13

위시본식 독립 현가장치의 구조 및 작동에 관한 설명으로 틀린 것은?

① 코일 스프링과 쇽업소버를 조합시킨 형식이다.
② 스프링 아랫부분의 중량이 크기 때문에 승차감이 좋다.
③ 로어와 어퍼 컨트롤 암의 길이가 같은 것이 평행사변형식이다.
④ SLA 형식은 장애물에 의해 바퀴가 들어 올려지면 캠버가 변한다.

14

맥퍼슨형 현가장치에 대한 설명 중 틀린 것은?

① 위시본형에 비해 구조가 간단하다.
② 스프링 밑 질량이 작아 노면과 접촉이 우수하다.
③ 스러스트가 조향 시 회전한다.
④ 위 컨트롤과 아래 컨트롤 암이 있다.

> 맥퍼슨형 현가장치는 조향장치와 조향너클이 일체로 되어 있으며, 쇽업소버가 들어 있는 스트럿(strut), 볼 조인트, 컨트롤 암, 스프링으로 구성되어 있고, 스러스트가 조향할 때 자유롭게 회전한다. 특징은 다음과 같다.
> ① 위시본형에 비해 구조가 간단하고 고장이 적으며, 수리가 쉽다.
> ② 스프링 밑 질량이 작아 노면과 접촉(로드홀딩)이 우수하다.
> ③ 엔진실의 유효체적을 넓게 할 수 있다.
> ④ 진동흡수율이 커 승차감이 좋다.

15

독립 현가장치에서 엔진실의 유효면적을 가장 넓게 할 수 있는 형식은?

① 맥퍼슨 형식
② 위시본 형식
③ 트레일링 암 형식
④ 평행 판스프링 형식

정답 11 ④ 12 ② 13 ② 14 ④ 15 ①

16
하중의 변화에 따라 스프링 정수를 자동적으로 조정하며 고유진동수를 일정하게 유지할 수 있는 현가장치의 구성품은?

① 코일 스프링 ② 판 스프링
③ 공기 스프링 ④ 스태빌라이저

> 공기 스프링은 공기의 탄성을 이용한 것이며, 다른 스프링에 비해 매우 유연한 탄성을 얻을 수 있고, 또 노면으로부터의 아주 작은 진동도 흡수할 수 있어 승차감이 우수하다.

17
공기 스프링의 특징이 아닌 것은?

① 유연성을 비교적 쉽게 얻을 수 있다.
② 약간의 공기누출이 있어도 작동이 간단하며, 구조가 간단하다.
③ 하중이 변해도 자동차 높이를 일정하게 유지할 수 있다.
④ 자동차에 짐을 실을 때나 빈차일 때의 승차감은 별로 달라지지 않는다.

> 공기 스프링의 특징은 ①, ③, ④항 이외에 고유진동을 낮게 할 수 있다. 즉, 스프링 효과를 유연하게 할 수 있으며, 공기 스프링 그 자체에 감쇠성이 있어 작은 진동을 흡수하는 효과가 있다.

18
자동차의 고유 진동현상 중에서 현가장치의 스프링 위 무게 진동 현상으로 틀린 것은?

① 휠 트램프 ② 바운싱
③ 롤링 ④ 요잉

19
일반적으로 주행 중 멀미를 느끼는 진동수는 약 몇 cycle/min인가?

① 45 이하 ② 45~90
③ 90~135 ④ 135 이상

> **진동수와 승차감**
> ① 걸어가는 경우 : 60~70cycle/min
> ② 뛰어가는 경우 : 120~160cycle/min
> ③ 양호한 승차감 : 60~120cycle/min
> ④ 멀미를 느끼는 경우 : 45cycle/min 이하
> ⑤ 딱딱한 느낌의 경우 : 120cycle/min 이상

20
일반적으로 가장 좋은 승차감을 얻을 수 있는 진동수는?

① 10cycle/min 이하
② 10~60cycle/min
③ 60~120cycle/min
④ 120~200cycle/min

정답 16 ③ 17 ② 18 ① 19 ① 20 ③

21

아래 그림은 어떤 자동차의 뒤차축이다. 스프링 아래 질량의 고유진동 중 X축을 중심으로 회전하는 진동은?

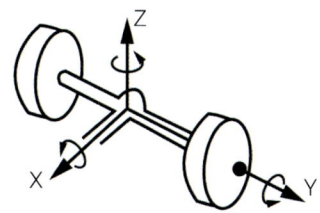

① 트램프 ② 와인드업
③ 죠 ④ 롤링

> ① 휠 홉(wheel hop) : 뒤차축이 Z방향의 상하 평행운동을 하는 진동
> ② 트램프(tramp) : 뒤차축이 X축을 중심으로 회전하는 진동
> ③ 와인드업(wind up) : 뒤차축이 Y축을 중심으로 회전하는 진동

정답 21 ①

04 전자제어 현가장치 정비

01
전자제어 현가장치의 기능이 아닌 것은?

① 킥다운 제어
② 차고조정
③ 스프링 상수와 댐핑력 제어
④ 주행조건 및 노면상태 대응에 따른 제어

02
전자제어 현가장치의 기능에 대한 설명 중 틀린 것은?

① 급제동을 할 때 노스다운을 방지할 수 있다.
② 급선회할 때 원심력에 대한 차체의 기울어짐을 방지할 수 있다.
③ 노면으로부터의 차량높이를 조절할 수 있다.
④ 변속단별 승차감을 제어할 수 있다.

> **전자제어 현가장치의 기능**
> ① 급선회할 때 앤티롤(anti roll) 제어
> ② 급제동할 때 앤티 다이브(anti dive) 제어
> ③ 급가속할 때 앤티 스쿼트(anti squat) 제어
> ④ 비포장도로에서의 앤티 바운싱(anti bouncing) 제어
> ⑤ 차량의 정지 및 승객의 승하차할 때 앤티 스쿼트(anti squat) 제어
> ⑥ 고속안정성 제어

03
ECS(Electronic Control Suspension)의 역할이 아닌 것은?

① 도로 노면상태에 따라 승차감을 조절한다.
② 차량의 급제동 시 노스다운(nose down)을 방지한다.
③ 급커브 시 원심력에 의한 차량의 기울어짐을 방지한다.
④ 조향 휠의 복원성을 향상시키고 타이어의 마멸을 방지한다.

04
전자에어 현가장치에 대한 다음 설명 중 틀린 것은?

① 스프링 상수를 가변시킬 수 있다.
② 쇽업소버의 감쇠력 제어가 가능하다.
③ 차체의 자세 제어가 가능하다.
④ 고속주행 시 현가 특성을 부드럽게 하여 주행안전성이 확보된다.

05
전자제어 현가장치(ECS)에 대한 설명 중 틀린 것은?

① 안정된 조향성을 준다.
② 차의 승차인원(하중)이 변해도 차는 수평을 유지한다.
③ 차량 정지 시 감쇠력을 적게 한다.
④ 고속주행 시 차체의 높이를 낮추어 공기저항을 적게 하고 승차감을 향상시킨다.

정답 01 ① 02 ④ 03 ④ 04 ④ 05 ③

06
전자제어 현가장치는 무엇을 변화시켜 주행안정성과 승차감을 향상시키는가?

① 토인
② 쇽업소버 감쇠계수
③ 윤중
④ 타이어의 접지력

07
전자제어 현가장치(ECS)에 관계되는 구성부품이 아닌 것은?

① 차고센서 ② 중력센서
③ 조향 휠 각속도센서 ④ 수온센서

08
전자제어식 현가장치 자동차의 컨트롤 유닛(ECU)에 입력되는 신호가 아닌 것은?

① 홀드 스위치 신호
② 조향핸들 조향각도 신호
③ 스로틀 포지션센서 신호
④ 브레이크 압력스위치 신호

> 전자제어 현가장치의 컨트롤 유닛으로 입력되는 신호에는 차속센서, 차고센서, 조향핸들 각속도센서, 스로틀 포지션센서, G센서, 전조등 릴레이 신호, 발전기 L단자 신호, 브레이크 압력 스위치 신호, 도어 스위치 신호, 공기압축기 릴레이 신호 등이 있다.

09
전자제어 현가장치의 입력센서가 아닌 것은?

① 차속센서
② 차고센서
③ 자기형 노크센서
④ 조향 휠 각속도센서

10
전자제어 현가장치에서 롤 제어 전용 센서로서 차체의 횡가속도와 그 방향을 검출하는 센서는?

① AFS(air flow sensor)
② TPS(throttle position sensor)
③ W센서(weight sensor)
④ G센서(gravity sensor)

> G센서는 자동차가 선회할 때 롤 제어를 하기 위한 전용 센서이며, ECU로 차체가 기울어진 방향과 기울어진 정도를 검출하여 앤티 롤을 제어할 때 보정신호로 사용한다.

11
전자제어 현가장치 부품 중에서 선회 시 차체의 기울어짐 방지와 가장 관계있는 것은?

① 도어 스위치
② 조향 휠 각속도센서
③ 스톱램프 스위치
④ 헤드램프 릴레이

정답 06 ② 07 ④ 08 ① 09 ③ 10 ④ 11 ②

12

전자제어 현가장치에서 차고는 무엇에 의해 제어되는가?

① 공기압력
② 코일 스프링
③ 진공
④ 특수고무

13

전자제어 현가장치에서 스프링 상수 및 감쇠력 제어기능과 차고 높이 조절기능을 하는 것은?

① 압축기 릴레이
② 에어 액추에이터
③ 스트러트 유닛(쇽업소버)
④ 배기 솔레노이드밸브

> 전자제어 현가장치는 스트러트 유닛(쇽업소버)에서 스프링 상수 및 감쇠력 제어기능과 차고 높이 조절을 한다.

14

전자제어 현가장치(ECS)의 부품 중 차고조정 및 HARD/SOFT를 선택할 때 밸브개폐에 의하여 공기압력을 조정하는 것은?

① 앞 차고센서
② 앞 스트러트
③ 앞 솔레노이드밸브
④ 컴프레서

> 전자제어 현가장치에서 차고조정 및 HARD/SOFT를 선택할 때 앞 솔레노이드밸브로 공기압력을 조정한다.

15

공압식 전자제어 현가장치에서 컴프레서에 장착되어 차고를 낮출 때 작동하며, 공기 체임버 내의 압축공기를 대기 중으로 방출시키는 작용을 하는 것은?

① 배기 솔레노이드밸브
② 압력 스위치 제어밸브
③ 컴프레서 압력변환밸브
④ 에어 액추에이터밸브

16

공압식 전자제어 현가장치에서 저압 및 고압 스위치에 대한 설명으로 틀린 것은?

① 고압 스위치가 ON되면 컴프레서 구동조건에 해당된다.
② 고압 스위치가 ON되면 리턴펌프가 구동된다.
③ 고압 스위치는 고압탱크에 설치된다.
④ 저압 스위치는 리턴펌프를 구동하기 위한 스위치이다.

> 저압 및 고압 스위치에 대한 설명은 ①, ③, ④항 이외에 저압탱크 쪽 압력이 규정값 이상으로 상승하면 저압 스위치가 작동하여 내부의 리턴펌프를 구동한다.

17

복합식 전자제어 현가장치에서 고압스위치 역할은?

① 공기압이 규정값 이하이면 컴프레서를 작동시킨다.
② 자세제어 시 공기를 배출시킨다.
③ 쇽업소버 내의 공기압을 배출시킨다.
④ 제동 시나 출발 시 공기압을 높여준다.

정답 12 ① 13 ③ 14 ③ 15 ① 16 ② 17 ①

18
전자제어 현가장치(ECS)의 자세 제어 종류가 아닌 것은?

① 다이브 제어(dive)
② 스쿼드 제어(squat)
③ 롤 제어(rolling)
④ 요잉 제어(yawing)

> 전자제어 현가장치의 자세 제어에는 앤티 스쿼트, 앤티 다이브, 앤티 롤링, 앤티 바운싱, 앤티 세이크 등이 있다.

19
주행 중에 급제동을 하면 차체의 앞쪽이 낮아지고, 뒤쪽이 높아지는 노스다운 현상이 발생하는데, 이것을 제어하는 것은?

① 앤티 다이브 제어
② 앤티 스쿼트 제어
③ 앤티 피칭 제어
④ 앤티 롤링 제어

> 앤티 다이브(anti dive) 제어 : 급제동을 할 때 자동차의 앞쪽이 내려가고, 뒤쪽이 높아지는 것을 방지하는 기능이다. 즉, 노스다운(nose down)을 방지하는 제어이다.

20
전자제어 현가장치의 제어 중 급출발 시 노즈업 현상을 방지하는 것은?

① 앤티 다이브 제어
② 앤티 스쿼트 제어
③ 앤티 피칭 제어
④ 앤티 롤링 제어

21
전자제어 현가장치의 기능에서 앤티 스쿼트 제어(anti squat control)에 대한 설명으로 맞는 것은?

① 요철이나 비포장도로 주행 시 차량의 상하운동을 제어하는 것이다.
② 급제동 시 차량의 앞쪽이 낮아지는 현상을 제어하는 것이다.
③ 차량이 선회할 때 원심력에 의해 바깥쪽 바퀴는 낮아지고 안쪽 바퀴는 높아지는 현상을 제어하는 것이다.
④ 급가속 시 차량의 앞쪽이 들리는 현상을 제어하는 것이다.

> 앤티 스쿼트(anti-squat control) 제어 : 급출발 또는 급가속을 할 때 차체의 앞쪽은 들리고, 뒤쪽이 낮아지는 노즈업(nose-up) 현상을 제어하는 것이다.

22
전자제어 현가장치에서 앤티-쉐이크(anti-shake) 제어에 대한 설명으로 맞는 것은?

① 고속으로 주행할 때 차체의 안전성을 유지하기 위해 쇽업소버의 감쇠력의 폭을 크게 제어한다.
② 승차자가 승/하차할 경우 하중의 변화에 의한 차체의 흔들림을 방지하기 위해 감쇠력을 딱딱하게 한다.
③ 주행 중 급제동할 때 차체의 무게중심 변화에 대응하여 제어하는 것이다.
④ 차량이 급출발할 때 무게중심의 변화에 대응하여 제어하는 것이다.

정답 18 ④ 19 ① 20 ② 21 ④ 22 ②

23

전자제어 현가장치(ECS)에서 목표 차고와 실제 차고가 다르더라도 차고 조정이 이루어지지 않는 경우는?

① 엔진시동 직후
② 주행 중 엔진 정지 시
③ 직진 경사로를 주행할 시
④ 커브길 급회전 시

> 목표 차고와 실제 차고가 다르더라도 커브길을 급선회할 때, 급가속을 할 때, 급제동을 할 때 등에는 차고 조정이 이루어지지 않는다.

24

주행 중 조향 휠이 한쪽으로 치우칠 경우 예상되는 원인이 아닌 것은?

① 타이어 편마모
② 휠 얼라인먼트에 오일 부착
③ 안쪽 앞 코일 스프링 약화
④ 휠 얼라인먼트 조정 불량

25

스티어링 휠의 유격 과다 시 가능한 원인이 아닌 것은?

① 요크 플러그가 풀림
② 스티어링 기어 장착볼트의 풀림
③ 타이로드 엔드의 스터드 마모, 풀림
④ 로워 암 부싱 손상

> 스티어링 휠의 유격이 과대한 원인
> ① 요크 플러그가 풀림
> ② 스티어링 기어(steering gear) 장착볼트의 풀림
> ③ 타이로드 엔드의 스터드 마모 또는 풀림

26

속도 감응식 조향장치(SSPS)에서 액추에이터 코일회로가 단선되었을 경우 나타날 수 있는 현상은?

① 일반 파워 스티어링 전환
② 고속에서만 핸들 무거움
③ 저속에서만 핸들 무거움
④ 요철도로 주행 시 이음

> 속도 감응식 조향장치(SSPS)에서 액추에이터 코일회로가 단선되면 일반 파워 스티어링으로 전환된다.

27

동력 조향장치의 조향핸들이 무거운 원인이 아닌 것은?

① 조향 바퀴의 타이어 공기압력이 낮다.
② 휠 얼라인먼트 조정이 불량하다.
③ 조향 바퀴의 타이어 공기압력이 높다.
④ 파워 오일펌프 구동벨트가 슬립된다.

정답 23 ④ 24 ② 25 ④ 26 ① 27 ③

28

동력 조향장치를 장착한 차량이 운행 중 핸들이 한쪽으로 쏠릴 경우의 고장 원인이 아닌 것은?

① 파워 오일펌프 불량
② 브레이크 슈 리턴 스프링의 불량
③ 타이어의 편마모
④ 토인 조정불량

29

동력 조향 휠의 복원성이 불량한 원인이 아닌 것은?

① 제어밸브가 손상되었다.
② 부의 캐스터로 되었다.
③ 동력 피스톤 로드가 과대하게 휘었다.
④ 조향 휠이 마멸되었다.

30

파워 스티어링 장착 차량이 급커브길에서 시동이 자꾸 꺼지는 현상이 발생하는 원인으로 맞는 것은?

① 엔진오일 부족
② 파워펌프 오일압력 스위치 단선
③ 파워 스티어링 오일 과다
④ 파워 스티어링 오일 누유

> 파워펌프 오일압력 스위치가 단선되면 급커브길에서 엔진 시동이 자주 꺼지는 현상이 발생한다.

31

자동차 동력 조향장치의 유압회로 내 유압유의 점도가 높을 때 일어나는 현상이 아닌 것은?

① 회로 내 잔압이 낮아진다.
② 유압라인의 열 발생 원인이 된다.
③ 동력손실이 커진다.
④ 관내 마찰손실이 커진다.

정답 28 ① 29 ④ 30 ② 31 ①

05 전자제어 조향장치 정비

01

축거가 3m, 바깥쪽 바퀴의 조향각 30°, 바퀴 접지면 중심과 킹핀과의 거리가 30cm인 자동차의 최소 회전반경은?

① 4.3m
② 5.3
③ 6.3
④ 7.3

> $R = \dfrac{L}{\sin\alpha} + r = \dfrac{3}{\sin 30°} + 0.3 = 6.3\,m$
>
> - R : 최소 회전반경
> - L : 축거
> - $\sin\alpha$: 바깥쪽 바퀴의 조향각도
> - r : 바퀴접지면 중심과 킹핀 중심과의 거리

02

축간거리 2.5m인 차량을 우회전할 때 우측바퀴의 조향각은 33°, 좌측바퀴의 조향각은 30°이라면 최소 회전반경은? (단, 킹핀 옵셋은 무시한다.)

① 4m
② 5m
③ 5.15m
④ 6m

> $R = \dfrac{L}{\sin\alpha} = \dfrac{2.5m}{\sin 30°} = 5m$

03

조향장치가 갖추어야 할 일반적인 조건으로 틀린 것은?

① 조향핸들에 주행 중의 충격을 운전자에게 원활히 전달할 것
② 조작하기 쉽고 방향변환이 원활할 것
③ 회전반경이 적절하여 좁은 곳에서도 방향변환을 할 수 있을 것
④ 고속주행에서도 조향핸들이 안정될 것

> 조향장치가 갖추어야 할 일반적인 조건은 ②, ③, ④항 이외에
> ① 조향조작이 주행 중 충격에 영향을 받지 않을 것
> ② 조향핸들의 회전과 바퀴선회 차이가 적을 것
> ③ 섀시 및 차체 각 부분에 무리한 힘이 작용되지 않을 것
> ④ 수명이 길고 다루기나 정비가 쉬울 것

04

동력 조향장치의 장점으로 틀린 것은?

① 작은 조작력으로 조향조작을 할 수 있다.
② 조향 기어비를 조작력에 관계없이 선정할 수 있다.
③ 굴곡이 있는 노면에서의 충격을 흡수하여 조향핸들에 전달되는 것을 방지할 수 있다.
④ 엔진의 동력에 의해 작동되므로 구조가 간단하다.

> 동력 조향장치의 장점은 ①, ②, ③항 이외에 앞바퀴의 시미 현상을 감쇠하는 효과가 있다.

정답 01 ③ 02 ② 03 ① 04 ④

05
동력 조향장치의 기능을 설명으로 맞는 것은?

① 기구학적 구조를 이용하여 작은 조작력으로 큰 조작력을 얻는다.
② 작은 힘으로 조향조작이 가능하다.
③ 바퀴로부터의 충격을 흡수하기 어렵다.
④ 구조가 간단하고 고장 시 기계식으로 환원하여 안전하다.

06
동력 조향장치의 종류 중 파워 실린더를 스티어링 기어박스 내부에 설치한 형식은?

① 링키지형
② 인티그럴형
③ 콤바인드형
④ 세퍼레이터형

🔍 인티그럴형은 조향기어 박스 내부에 동력실린더와 제어밸브가 설치되어 있는 형식이며, 제어밸브가 조향축에 의해 직접 작동하기 때문에 응답성이 좋다.

07
유압제어식 파워 스티어링의 3가지 주요 구성장치로서 맞는 것은?

① 동력장치, 작동장치, 제어장치
② 동력장치, 제어장치, 조향장치
③ 동력장치, 조향장치, 작동장치
④ 동력장치, 링키지장치, 작동장치

🔍 파워 스티어링의 3가지 주요 구성장치는 동력장치(오일펌프), 작동장치(동력실린더), 제어장치(제어밸브)이다.

08
전자제어 동력 조향장치(EPS)의 특성으로 틀린 것은?

① 공전과 저속에서 조향 휠 조작력이 작다.
② 중속 이상에서는 차량속도에 감응하여 조향 휠 조작력을 변화시킨다.
③ 솔레노이드밸브로 스로틀 면적을 변화시켜 오일탱크로 복귀되는 오일량을 제어한다.
④ 동력 조향장치이므로 조향 기어는 필요 없다.

🔍 전자제어 동력조향장치는 ECU에 의해 제어되며, 공전과 저속에서 조향핸들의 조작력을 가볍게 하고, 고속주행에서는 조향핸들의 조작력이 무거워지도록 솔레노이드밸브로 스로틀 면적을 변화시켜 오일탱크로 복귀되는 오일량을 제어한다.

09
전자제어 동력 조향장치의 특성에 대한 설명으로 틀린 것은?

① 정지 및 저속 시 조작력 경감
② 급코너 조향 시 추종성 향상
③ 노면, 요철 등에 의한 충격흡수 능력의 저하
④ 중·고속에서 향상된 조향력 확보

10
전자제어 동력 조향장치의 기능이 아닌 것은?

① 차속감응 기능
② 주차 및 저속 시 조향력 감소 기능
③ 롤링 억제 기능
④ 차량부하 기능

정답 05 ② 06 ② 07 ① 08 ④ 09 ③ 10 ④

11
전자제어 파워 스티어링 중 차속 감응형에 대한 내용으로 틀린 것은?

① 자동차의 속도에 따라 핸들의 무게를 제어한다.
② 저속에서는 가볍고, 중·고속에서는 좀 더 무거워진다.
③ 차속이 증가할수록 파워 피스톤의 압력을 저하시킨다.
④ 스로틀 포지션센서(TPS)로 차속을 감지한다.

12
차량속도와 기타 조향력에 필요한 정보에 의해 고속과 저속모드에 필요한 유량으로 제어하는 조향장치는?

① 전동 펌프식   ② 공기 제어식
③ 속도 감응식   ④ 유압반력 제어식

> 속도 감응 방식은 차량속도와 기타 조향조작력에 필요한 정보에 의해 고속과 저속모드에 필요한 유량으로 제어하는 조향장치이다.

13
일반적인 파워 스티어링장치의 기본 구성부품이 아닌 것은?

① 오일냉각기   ② 오일펌프
③ 파워 실린더   ④ 컨트롤밸브

14
전자제어 동력 조향장치에서 조향 휠의 회전에 따라 동력 실린더에 공급되는 유량을 조절하는 구성부품은?

① 분류밸브   ② 컨트롤밸브
③ 동력 피스톤   ④ 조향각 센서

> 컨트롤밸브는 전자제어 동력 조향장치에서 조향 휠의 회전에 따라 동력 실린더에 공급되는 유량을 조절하는 부품이다.

15
전자제어 동력 조향장치의 오일펌프에서 공급된 오일을 로터리밸브와 솔레노이드밸브로 나누어 공급하는 것은?

① 오리피스   ② 토션밸브
③ 동력 피스톤   ④ 분류밸브

16
자동차 동력 조향장치의 유압회로 내 유압유의 점도가 높을 때 일어나는 현상이 아닌 것은?

① 회로 내 잔압이 낮아진다.
② 유압라인의 열발생 원인이 된다.
③ 동력손실이 커진다.
④ 관내 마찰손실이 커진다.

정답 11 ④ 12 ③ 13 ① 14 ② 15 ④ 16 ①

17
동력 조향장치(power steering)가 고장이 났을 때 수동 조작을 쉽게 하기 위한 밸브는?

① 압력조절밸브   ② 안전 체크밸브
③ 밸브 스풀   ④ 흐름제어밸브

> 안전 체크밸브는 동력 조향장치가 고장났을 때 수동조작을 쉽게 하기 위한 밸브이다.

18
전동 모터식 동력 조향장치의 종류가 아닌 것은?

① 칼럼(column) 구동 방식
② 인티그럴(integral) 구동 방식
③ 피니언(pinion) 구동 방식
④ 래크(rack) 구동 방식

> 전동 모터 방식 동력 조향장치의 종류에는 칼럼 구동 방식, 피니언 구동 방식, 래크 구동 방식이 있다.

19
차속 감응형 4륜 조향장치가 2륜 조향장치에 비해 성능을 향상시킬 수 있는 항목이 아닌 것은?

① 고속 직진 안정성   ② 차선변경 용이성
③ 최소회전반경 단축   ④ 코너링 포스 저감

> 4륜 조향장치의 장점은 ①, ②, ③항 이외에
> ① 경쾌한 고속선회가 가능하다.
> ② 일렬 주차가 용이하다.
> ③ 미끄러운 도로를 주행할 때 안정성이 향상된다.

20
선회할 때 조향각도를 일정하게 유지하여도 선회 반지름이 작아지는 현상은?

① 오버 스티어링   ② 어퍼 스티어링
③ 다운 스티어링   ④ 언더 스티어링

> 선회할 때 조향각도를 일정하게 유지하여도 선회 반지름이 작아지는 현상을 오버 스티어링(over steering)이라 하고, 선회할 때 조향각도를 일정하게 유지하여도 선회 반지름이 커지는 현상을 언더 스티어링(under steering)이라 한다.

21
다음은 조향이론에 관한 것이다. 틀린 것은?

① 자동차가 선회할 때 구심력은 타이어가 옆으로 미끄러지는 것에 의해 발생한다.
② 조향장치와 현가장치는 각각 독립성을 가지고 있어야 한다.
③ 앞바퀴에 발생되는 코너링 포스가 크면 오버 스티어링 현상이 일어난다.
④ 뒷바퀴에 발생되는 코너링 포스가 크면 오버 스티어링 현상이 일어난다.

> 조향이론에 관한 설명은 ①, ②, ③항 이외에 뒷바퀴에 발생되는 코너링 포스가 크면 언더 스티어링 현상이 일어난다.

정답 17 ② 18 ② 19 ④ 20 ① 21 ④

22
앞바퀴에서 발생하는 코너링 포스가 뒷바퀴보다 크게 되면 나타나는 현상은?

① 토크 스티어링 현상
② 언더 스티어링 현상
③ 리버스 스티어링 현상
④ 오버 스티어링 현상

23
코너링 포스에 영향을 미치는 요소가 아닌 것은?

① 타이어압력 ② 수직하중
③ 제동능력   ④ 주행속도

> 코너링 포스에 미치는 요소는 타이어 공기압력, 타이어의 수직하중, 타이어의 크기, 림 폭, 타이어 사이드슬립 각도, 주행속도 등이다.

24
총 질량 1,160kg인 스포츠카가 72km/h의 속도로 커브를 선회중이다. 그리고 커브의 평균반경은 42m이다. 이때 원심력의 크기는? (단, 슬립은 없다)

① 약 14,317N   ② 약 27.6kg
③ 약 16.11kg   ④ 약 11,048N

> $F = \dfrac{Mv^2}{r} = \dfrac{1,160 \times 20^2}{42} = 11,048N$
> - F : 원심력
> - M : 총 질량
> - v : 초속(m/s)
> - r : 커브의 평균 반경

25
자동차 검사용으로 사용하는 사이드슬립 측정기에 관한 설명으로 맞는 것은?

① 제동력의 화·차 및 끌림 등을 시험
② 제동 시의 사이드슬립값을 측정
③ 자동차의 조향륜의 옆 미끄럼량을 측정
④ 캐스터 및 킹핀각을 측정

> 사이드슬립 테스터는 조향륜의 옆 미끄럼량을 측정하여 전차륜 정렬의 합성력을 시험하는 기구이다.

26
사이드슬립 테스터의 목적은?

① 타이어 이상 마모
② 캐스터와 토인의 균형
③ 전차륜 정렬의 합성력
④ 캠버와 킹핀 경사의 균형

27
사이드슬립 시험기에서 지시값이 6이라면 주행 1km에 대해 앞바퀴가 옆 방향 미끄러짐 양은?

① 6mm   ② 6cm
③ 6m   ④ 6km

> 사이드슬립 시험기에서 지시값이 6이라면 주행 1km에 대해 앞바퀴가 옆 방향으로 6m를 미끄러진다.

정답 22 ④ 23 ③ 24 ④ 25 ③ 26 ③ 27 ③

28

사이드슬립을 시험한 결과 오른쪽 바퀴가 안쪽으로 6mm, 왼쪽 바퀴는 바깥쪽으로 4mm 움직일 때 전체 미끄럼 양은?

① 안쪽으로 1mm
② 안쪽으로 2mm
③ 바깥쪽으로 2mm
④ 바깥쪽으로 1mm

$\dfrac{6-4}{2}$ = 1mm
따라서 전체 미끄럼 양은 안쪽으로 1mm

29

사이드슬립 시험기로 미끄럼 양을 측정한 결과 왼쪽 바퀴가 in-8, 오른쪽 바퀴가 out-2를 표시했다. 슬립량은?

① 2(out)   ② 3(in)
③ 5(in)   ④ 6(in)

사이드 슬립량 = $\dfrac{8-2}{2}$ = 3(in)

30

동력 전달 특성에서 좌, 우륜의 구동 토크 차이를 만들어서, 요 모멘트를 발생시킴으로써 차량의 선회력을 향상시키는 기술적 방법은?

① 토크 벡터링(torque vectoring)
② 요 모멘트 제어(yaw moment control)
③ 토크 스케일링(torque scaling)
④ 요 토크 제어(yaw torque control)

06 전자제어 제동장치 정비

01
브레이크 드럼의 지름은 25cm, 마찰계수가 0.28인 상태에서 브레이크 슈가 745N의 힘으로 브레이크 드럼을 밀착시키면 브레이크 토크는?

① 82N·m ② 12N·m
③ 21N·m ④ 26N·m

> $Tb = \mu Pr = \dfrac{0.28 \times 745N \times 25cm}{2 \times 100}$
> $= 26N \cdot m$
> - Tb : 브레이크 토크
> - μ : 마찰계수
> - P : 브레이크 드럼에 작용하는 힘
> - r : 브레이크 드럼의 반지름

02
지름 30cm인 브레이크 드럼에 작용하는 힘이 600N이다. 마찰계수가 0.3이라 하면 이 드럼에 작용하는 토크는?

① 17N·m ② 27N·m
③ 32N·m ④ 36N·m

> $Tb = \mu Pr = \dfrac{0.3 \times 600N \times 30cm}{2 \times 100} = 27N \cdot m$

03
자동차의 제동장치에 사용되는 부품이 아닌 것은?

① 리액션 챔버
② 모듈레이터
③ 퀵 릴리스 밸브
④ LSPV(Load Sensing Proportioning Valve)

> 리액션 챔버는 동력 조향장치에서 스풀밸브의 움직임에 대하여 반발력이 발생되어 운전자에게 조향감각을 느낄 수 있도록 한 장치이다.

04
브레이크 페달의 지렛대비가 그림과 같을 때 페달을 10kg의 힘으로 밟았다. 이때 푸시로드에 작용하는 힘은?

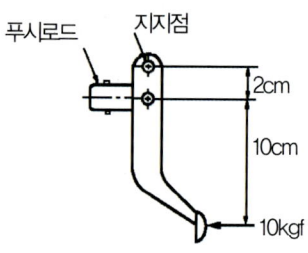

① 20kg ② 40kg
③ 50kg ④ 60kg

> ① 지렛대비 = (10+2) : 2 = 6 : 1
> ② 푸시로드에 작용하는 힘 :
>   페달 밟는 힘 × 지렛대 비 = 6 × 10kg = 60kg

정답 01 ④ 02 ② 03 ① 04 ④

05
그림에서 브레이크 페달의 유격은 어느 부위에서 조정하는 것이 가장 올바른가?

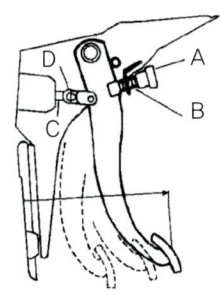

① A와 B　　② D와 C
③ B와 D　　④ C와 B

> 브레이크 페달의 유격은 D와 C에서 조정한다.

06
제동장치회로에 잔압을 두는 이유 중 적합하지 않은 것은?

① 브레이크 작동지연을 방지한다.
② 베이퍼 록을 방지한다.
③ 휠 실린더의 인터록을 방지한다.
④ 유압회로 내 공기유입을 방지한다.

> 잔압을 두는 이유는 ①, ②, ④항 이외에 휠 실린더에서의 오일누출을 방지한다.

07
브레이크장치에서 베이퍼록(vapor lock)이 생길 때 일어나는 현상으로 맞는 것은?

① 브레이크 성능에는 지장이 없다.
② 브레이크 페달의 유격이 커진다.
③ 브레이크액을 응고시킨다.
④ 브레이크액이 누설된다.

08
브레이크 파이프에 베이퍼록이 생기는 원인으로 가장 적합한 것은?

① 페달의 유격이 크다.
② 라이닝과 드럼의 틈새가 크다.
③ 브레이크의 과다한 사용 및 품질이 불량하다.
④ 오일점도가 높다.

09
브레이크 계통의 고무제품은 무엇으로 세척하는 것이 좋은가?

① 휘발유　　② 경유
③ 등유　　　④ 알코올

> 브레이크 계통의 고무제품은 반드시 알코올로 세척하여야 한다.

정답　05 ②　06 ③　07 ②　08 ③　09 ④

10

자동차에서 2회로 유압브레이크를 사용하는 주된 이유는?

① 더블 브레이크 효과를 얻을 수 있기 때문에
② 리턴회로를 통해 브레이크가 빠르게 풀리게 할 수 있기 때문에
③ 안전상의 이유 때문에
④ 드럼 브레이크와 디스크 브레이크를 함께 사용할 수 있기 때문에

> 2회로(탠덤 마스터실린더) 유압브레이크를 사용하는 이유는 안전성을 향상시키기 위함이다.

11

브레이크시스템의 라이닝에 발생하는 페이드 현상을 방지하는 조건이 아닌 것은?

① 열팽창이 적은 재질을 사용하고 드럼은 변형이 적은 형상으로 제작한다.
② 마찰계수의 변화가 적으며, 마찰계수가 적은 라이닝을 사용한다.
③ 드럼의 방열성을 향상시킨다.
④ 주 제동장치의 과도한 사용을 금한다(엔진 브레이크 사용).

12

브레이크장치의 파이프 재질은?

① 강
② 플라스틱
③ 주철
④ 구리

13

브레이크액이 갖추어야 할 특징이 아닌 것은?

① 화학적으로 안정되고 침전물이 생기지 않을 것
② 온도에 대한 점도변화가 작을 것
③ 비점이 낮아 베이퍼록을 일으키지 않을 것
④ 빙점이 낮고 인화점은 높을 것

14

브레이크장치에서 전진 시와 후진 시에 모두 자기 배력 작용이 발생되는 방식은?

① 듀오서보 브레이크 ② 리딩슈 브레이크
③ 유니서보 브레이크 ④ 디스크 브레이크

15

제동장치에서 듀오 서보형 브레이크란?

① 전진 시 브레이크를 작동할 때만 2개의 브레이크 슈가 자기배력 작용을 한다.
② 후진 시 브레이크를 작동할 때만 1개의 브레이크 슈가 자기배력 작용을 한다.
③ 전·후진 시 브레이크를 작동할 때 2개의 브레이크 슈가 자기배력 작용을 한다.
④ 후진 시 브레이크를 작동할 때만 2개의 브레이크 슈가 자기배력 작용을 한다.

정답 10 ③ 11 ② 12 ① 13 ③ 14 ① 15 ③

16
브레이크 페이드 현상이 가장 적게 나타나는 것은?

① 넌 서보 브레이크
② 서보 브레이크
③ 디스크 브레이크
④ 2리딩 슈 브레이크

17
디스크 브레이크에 관한 설명으로 틀린 것은?

① 브레이크 페이드 현상이 드럼 브레이크보다 현저하게 높다.
② 회전하는 디스크에 패드를 압착시키게 되어있다.
③ 대개의 경우 자기 작동기구로 되어 있지 않다.
④ 캘리퍼 실린더를 두고 있다.

> 디스크 브레이크는 회전하는 디스크에 패드를 압착시키게 되어있으며, 휠 실린더 역할을 하는 캘리퍼 실린더를 두고 있다. 자기 작동기구로 되어 있지 않으며, 브레이크 페이드 현상이 드럼브레이크보다 현저하게 낮다.

18
디스크 브레이크의 특징으로 적당하지 못한 것은?

① 고속으로 사용하여도 안정된 제동력을 얻을 수 있다.
② 브레이크 평형이 좋지 못하다.
③ 물에 젖어도 회복이 빠르다.
④ 정비가 비교적 간단하다.

> 디스크 브레이크의 특징은 ①, ③, ④항 이외에 드럼브레이크 형식보다 평형이 좋다.

19
디스크식 브레이크의 장점이 아닌 것은?

① 자기 배력 작용이 없어 제동력이 안정되고 한쪽만 브레이크되는 경우가 적다.
② 패드 면적이 커서 낮은 유압이 필요하다.
③ 디스크가 대기 중에 노출되어 방열성이 우수하다.
④ 구조가 간단하여 정비가 용이하다.

> 디스크 브레이크 장점은 ①, ③, ④항이며, 패드의 면적이 적어 패드를 압착하는 힘이 커야 한다.

20
드럼 브레이크와 비교하여 디스크 브레이크의 단점이 아닌 것은?

① 패드를 강도가 큰 재료로 제작해야 한다.
② 한쪽만 브레이크되는 경우가 많다.
③ 마찰면적이 적어 압착력이 커야 한다.
④ 자기작동 작용이 없어 제동력이 커야 한다.

> 디스크 브레이크의 단점은 ①, ③, ④항이며, 부품의 평형이 좋고, 한쪽만 제동되는 일이 없다.

정답 16 ③ 17 ① 18 ② 19 ② 20 ②

21

대기압이 1,035hPa일 때, 진공 배력장치에서 진공부스터의 유효압력 차는 2.85N/cm², 다이어프램의 유효면적이 600cm²면 진공배력은?

① 4,500N
② 1,710N
③ 9,000N
④ 2,250N

$Vp = Pd \times A = 2.85N/cm^2 \times 600cm^2 = 1,710N$
- Vp : 진공 배력
- A : 다이어프램의 유효면적
- Pd : 진공부스터의 유효압력 차이

22

제동력을 더욱 크게 하여 주는 배력장치의 작동 기본원리로 적합한 것은 어느 것인가?

① 동력 피스톤 좌·우의 압력 차이가 커지면 제동력은 감소한다.
② 동일한 압력조건일 때 동력 피스톤의 단면적이 커지면 제동력은 커진다.
③ 일정한 단면적을 가진 진공식 배력장치에서 흡기다기관의 압력이 높아질수록 제동력은 커진다.
④ 일정한 동력 피스톤 단면적을 가진 공기식 배력장치에서 압축공기의 압력이 변하여도 제동력은 변하지 않는다.

배력장치의 기본 작동원리
① 동력 피스톤 좌·우의 압력 차이가 커지면 제동력이 커진다.
② 동일한 압력조건일 때 동력 피스톤의 단면적이 커지면 제동력이 커진다.
③ 일정한 단면적을 가진 진공식 배력장치에서 흡기다기관의 압력이 높아질수록 제동력은 작아진다.
④ 일정한 동력 피스톤 단면적을 가진 공기식 배력장치에서 압축공기의 압력이 변하면 제동력이 변화된다.

23

제동장치의 배력장치 중 하이드로 마스터에 대한 설명으로 맞는 것은?

① 유압 계통의 체크밸브는 유압 피스톤의 작동 시에 브레이크액의 역류를 막아 휠 실린더 유압을 증가시킨다.
② 릴레이밸브는 브레이크 페달을 밟았을 때 진공과 대기압의 압력차에 의해 작동한다.
③ 유압 계통의 체크밸브는 브레이크액이 마스터 실린더로부터 휠 실린더로 누설되는 것을 방지한다.
④ 진공 계통의 체크밸브는 릴레이밸브와 일체로 되어 있고 운행 중 하이드로백 내부의 진공을 유지시켜 준다.

24

제동장치의 하이드로 마스터(hydro master)에 대한 설명에서 ( ) 안에 들어갈 내용으로 맞는 것은?

파워 실린더의 내압은 항상 (A)을 유지하고, 작동 시에 (B)를 보내어 (C)을 미는 형식이며, 파워 피스톤 대신 (D)을 사용하는 형식도 있다.

① A : 진공, B : 공기, C : 파워 피스톤, D : 막판(diaphragm)
② A : 공기, B : 진공, C : 파워 피스톤, D : 막판(diaphragm)
③ A : 파워 피스톤, B : 공기, C : 진공, D : 막판(diaphragm)
④ A : 파워 피스톤, B : 공기, C : 막판(diaphragm), D : 진공

25
공기브레이크의 장점은?

① 제작비가 유압브레이크보다 싸다.
② 엔진의 흡입다엔진 진공에 영향을 준다.
③ 제동력이 페달을 밟는 힘에 비례한다.
④ 공기가 약간 새나가도 제동력이 현저하게 저하되지 않는다.

> 🔍 **공기브레이크의 장점**
> ① 차량의 중량이 커도 사용할 수 있다.
> ② 공기가 누출되어도 브레이크 성능이 현저하게 저하되지 않아 안전도가 높다.
> ③ 오일을 사용하지 않기 때문에 베이퍼록이 발생되지 않는다.
> ④ 페달을 밟는 양에 따라서 제동력이 증가되므로 조작하기 쉽다.

26
공기브레이크의 구성부품이 아닌 것은?

① 브레이크밸브　　② 레벨링밸브
③ 릴레이밸브　　　④ 언로더밸브

> 🔍 레벨링밸브는 공기 현가장치에서 차량의 높이를 일정하게 유지하는 부품이다.

27
압축공기브레이크에서 공기탱크의 공기압력을 규정값으로 일정하게 유지하며, 압력이 상한값을 초과하면 압축기가 공회전하도록 하고, 압력이 하한값에 도달하면 압축기가 가동되도록 하는 밸브는?

① 브레이크밸브　　② 안전밸브
③ 체크밸브　　　　④ 언드로밸브

> 🔍 언드로밸브는 공기탱크의 공기압력을 규정값으로 일정하게 유지하며, 압력이 상한값을 초과하면 압축기가 공회전하도록 하고, 압력이 하한값에 도달하면 압축기가 가동되도록 한다.

28
공기브레이크에서 제동력을 크게 하기 위해서 조정하여야 할 밸브는?

① 브레이크밸브　　② 안전밸브
③ 체크밸브　　　　④ 언로더밸브

> 🔍 공기브레이크에서 제동력을 크게 하기 위해서는 언로더밸브 또는 압력조정기를 조정하여야 한다.

29
공기브레이크에서 공기압축기의 공기압력을 제어하는 것은?

① 언로더밸브　　② 안전밸브
③ 릴레이밸브　　④ 체크밸브

30
엔진 정지 중에도 정상 작동이 가능한 제동장치는?

① 기계식 주차 브레이크
② 와전류 리타더 브레이크
③ 배력식 주 브레이크
④ 공기식 주 브레이크

> 🔍 기계식 주차 브레이크는 엔진 정지 중에도 정상 작동이 가능하다.

정답 25 ④　26 ②　27 ④　28 ④　29 ①　30 ①

31

제동이론에서 슬립률에 대한 설명으로 틀린 것은?

① 제동 시 차량의 속도와 바퀴의 회전속도와의 관계를 나타낸 것이다.
② 슬립률이 0%이라면 바퀴와 노면과의 사이에 미끄럼 없이 완전하게 회전하는 상태이다.
③ 슬립률이 100%라면 바퀴의 회전속도가 0으로 완전히 고착된 상태이다.
④ 슬립률 0%에서 가장 큰 마찰계수를 얻을 수 있다.

> 제동이론에서 슬립률이란 제동할 때 차량의 주행속도와 바퀴의 회전속도와의 관계를 나타낸 것으로, 슬립률이 0%이라면 바퀴와 노면과의 사이에 미끄럼 없이 완전하게 회전하는 상태이다. 또 슬립률이 100%라면 바퀴의 회전속도가 0으로 완전히 고착된 상태이다.

32

전자제어 제동장치(ABS)에 대한 기능으로 틀린 것은?

① 제동 시 조향안정성 확보
② 제동 시 직진성 확보
③ 제동 시 동적 마찰유지
④ 제동 시 타이어 고착

33

ABS에 대한 설명으로 맞는 것은?

① 바퀴의 조기고착을 방지하여 제동 시 조향력을 확보하는 장치이다.
② 4개의 바퀴를 동시에 제동시켜 제동거리를 짧게 하는 장치이다.
③ 눈길에서만 작동되어 제동안정성을 높여준다.
④ 앞바퀴 2개를 먼저 제동시켜 제동 시 차체 자세제어를 한다.

34

제동장치에서 ABS의 설치목적으로 틀린 것은?

① 최대 공주거리 확보를 위한 안전장치이다.
② 제동 시 전륜 고착으로 인한 조향능력이 상실되는 것을 방지하기 위한 것이다.
③ 제동 시 후륜 고착으로 인한 차체의 전복을 방지하기 위한 장치이다.
④ 제동 시 차량의 차체 안정성을 유지하기 위한 장치이다.

> ABS의 설치목적은 제동할 때 전륜 고착으로 인한 조향능력이 상실되는 것을 방지, 제동할 때 후륜 고착으로 인한 차체의 전복을 방지하기 위한 장치이다. 즉, 제동할 때 차량의 차체 안정성을 유지하기 위한 장치이며, 제동할 때 제동거리를 단축시킬 수 있다.

35

전자제어 제동장치의 목적이 아닌 것은?

① 미끄러운 노면에서 전자제어에 의해 제동거리를 단축한다.
② 앞바퀴의 고착을 방지하여 조향능력이 상실되는 것을 방지한다.
③ 후륜을 조기에 고착시켜 옆 방향 미끄러짐을 방지한다.
④ 제동 시 미끄러짐을 방지하여 차체의 안정성을 유지한다.

36

ABS의 장점이라고 할 수 없는 것은?

① 제동 시 차체의 안정성을 확보한다.
② 급제동 시 조향성능 유지가 용이하다.
③ 제동압력을 크게 하여 노면과의 동적 마찰효과를 얻는다.
④ 제동거리의 단축 효과를 얻을 수도 있다.

정답 31 ④ 32 ④ 33 ① 34 ① 35 ③ 36 ③

37
전자제어 제동장치(ABS)의 기능으로 맞는 것은?

① 차속에 따라 핸들의 조작력을 가볍게 한다.
② 구동바퀴의 슬립이 제어되므로 차체의 흔들림이 적다.
③ 미끄러운 노면에서도 방향안정성을 유지할 수 있다.
④ 급선회 시 구동력을 제한하여 선회성능을 향상시킨다.

38
ABS의 작동조건으로 틀린 것은?

① 빗길에서 급제동할 때
② 빙판에서 급제동할 때
③ 주행 중 급선회할 때
④ 제동 시 좌·우측 회전 수가 다를 때

39
전자제어 제동장치(ABS)에서 셀렉트 로(select low) 제어 방식이란?

① 제동시키려는 바퀴만 독립적으로 제어한다.
② 속도가 늦은 바퀴는 유압을 증압하여 제어한다.
③ 속도가 빠른 바퀴 쪽에 가해진 유압으로 감압하여 제어한다.
④ 먼저 슬립되는 바퀴 쪽에 가해진 유압으로 맞추어 동시 제어한나.

> 셀렉트 로 제어란 제동할 때 좌우 바퀴의 감속비율을 비교하여 먼저 미끄러지는 바퀴에 맞추어 좌우 바퀴의 유압을 동시에 제어하는 방법이다.

40
ABS의 구성품이 아닌 것은?

① 휠 스피드센서   ② 컨트롤 유닛
③ 하이드로릭 유닛   ④ 조향각센서

41
전자제어 브레이크장치의 컨트롤 유닛에 대한 설명 중 틀린 것은?

① 컨트롤 유닛은 감속·가속을 계산한다.
② 컨트롤 유닛은 각 바퀴의 속도를 비교분석한다.
③ 컨트롤 유닛이 작동하지 않으면 브레이크가 작동되지 않는다.
④ 컨트롤 유닛은 미끄럼 비를 계산하여 ABS 작동 여부를 결정한다.

> 전자제어 브레이크장치의 컨트롤 유닛의 작용은 ①, ②, ④항 이외에 컨트롤 유닛이 작동하지 않아도 기계작동 방식의 일반 제동장치로 작동하는 페일세이프 기능을 두고 있다.

42
ABS에서 제어를 위한 가장 중요한 요소는?

① 코너링 포스
② 슬립률
③ 노면 - 타이어간 마찰계수
④ 차륜속도

> ABS는 바퀴가 로크(lock)되는 현상이 발생될 때 브레이크 유압을 제어하여 슬립률이 최저값으로 유지되도록 제동력을 최대한 발휘하여 사고를 미연에 방지한다.

정답 37 ③ 38 ③ 39 ④ 40 ④ 41 ③ 42 ②

43

전자제어 브레이크장치의 구성부품 중 휠 스피드센서의 기능으로 맞는 것은?

① 휠의 회전속도를 감지하여 컨트롤 유닛으로 보낸다.
② 하이드로릭 유닛을 제어한다.
③ 휠 실린더의 유압을 제어한다.
④ 페일세이프 기능을 발휘한다.

44

ABS 차량에서 자동차 스피드센서의 설명으로 맞는 것은?

① 차속센서와 같은 원리이다.
② 스피드센서는 앞바퀴에만 설치된다.
③ 스피드센서는 뒷바퀴에만 설치된다.
④ 바퀴의 회전속도를 톤 휠과 센서의 자력선 변화를 감지하여 컴퓨터로 입력하는 역할을 한다.

45

ABS 장착 차량에서 휠 스피드센서의 설명이다. 틀린 것은?

① 출력신호는 AC 전압이다.
② 일종의 자기유도센서 타입이다.
③ 고장 시 ABS 경고등이 점등하게 된다.
④ 앞바퀴는 조향 휠이므로 뒷바퀴에만 장착되어 있다.

46

전자제어 제동장치(ABS)에서 휠 속도센서에 대한 내용으로 틀린 것은?

① 마그네틱 방식과 액티브 방식 등이 있다.
② 출력파형은 종류에 따라 아날로그 및 디지털신호이다.
③ 적재하중에 따라 출력값이 변한다.
④ 에어 갭의 변화에 따라 출력값이 변한다.

47

ABS 구성부품 중 휠 스피드센서의 폴 피스 부분에 이물질이 끼어있을 때 나타나는 현상은?

① 센서가 자화되지 않는다.
② 차륜 회전속도 감지능력이 저하한다.
③ 차륜 회전속도 감지능력이 증가한다.
④ 센서 작동과 무관하다.

> 휠 스피드센서의 폴 피스 부분에 이물질이 끼면 차륜 회전속도 감지능력이 저하한다.

48

4센서 4채널 ABS(anti-lock brake system)에서 하나의 휠 스피드센서(wheel speed sensor)가 고장일 경우의 현상 설명으로 맞는 것은?

① 고장나지 않은 나머지 3바퀴만 ABS가 작동한다.
② 고장나지 않은 바퀴 중 대각선 위치에 있는 2바퀴만 ABS가 작동한다.
③ 4바퀴 모두 ABS가 작동하지 않는다.
④ 4바퀴 모두 정상적으로 ABS가 작동한다.

정답 43 ① 44 ④ 45 ④ 46 ③ 47 ② 48 ③

49
자동차용 ABS(Anti-lock Brake System) 작동 중 ECU의 신호를 받아 휠 실린더에 작용하는 유압을 조절하는 기구는?

① 프로포셔닝밸브   ② 마스터 실린더
③ 딜리버리밸브   ④ 하이드롤릭 유닛

> 하이드롤릭 유닛(HCU, 모듈레이터, 유압조절기)은 ECU 출력신호에 의해 각 휠 실린더 유압을 직접 제어하는 부품이다.

50
ABS에서 1개의 휠 실린더에 NO(normal open) 타입의 입구밸브(inlet solenoid valve)와 NC(normal closed) 타입의 출구밸브(outlet solenoid valve)가 각각 1개씩 있을 때 바퀴가 고착된 경우의 감압제어는?

① inlet S/V : ON － outlet S/V : ON
② inlet S/V : OFF － outlet S/V : ON
③ inlet S/V : ON － outlet S/V : OFF
④ inlet S/V : OFF － outlet S/V : OFF

51
제동 안전장치 중 안티스키드장치(Antiskid system)에 사용되는 밸브가 아닌 것은?

① 언로더밸브(unloader valve)
② 프로포셔닝밸브(proportioning valve)
③ 리미팅밸브(limiting valve)
④ 이너셔밸브(inertia valve)

> 안티스키드장치에 사용되는 밸브에는 프로포셔닝밸브, 리미팅밸브, 이너셔밸브 등이 있다.

52
브레이크의 제동력 배분을 앞쪽보다 뒤쪽을 작게 해주는 밸브로 맞는 것은?

① 언로드밸브
② 체크밸브
③ 프로포셔닝밸브
④ 안전밸브

> 프로포셔닝밸브는 마스터 실린더와 휠 실린더 사이에 설치되어 있으며, 제동력 배분을 앞바퀴보다 뒷바퀴를 작게 하여(뒷바퀴의 유압을 감소시킴) 바퀴의 고착을 방지하는 작용을 한다.

53
제동 안전장치 중 프레임과 리어 액슬 사이에 장착되어 적재량에 따라 후륜에 가해지는 유압을 조절하여 차량의 제동력을 최적화하는 밸브는?

① ABS밸브   ② G밸브
③ PR밸브   ④ LSPV밸브

정답 49 ④ 50 ① 51 ① 52 ③ 53 ④

54

브레이크 안전장치에 사용되는 이너셔밸브(inertia valve) 일명 G밸브의 역할은?

① 조정밸브의 작동 개시점을 자동차의 감속도에 따라 출력유압을 제어한다.
② 앞·뒷바퀴가 받는 하중의 변동이 클 경우 하중에 따라 유압작동 개시점을 이동시킨다.
③ 앞바퀴 제동력 증가비율에 대하여 뒷바퀴의 제동력 증가비율이 작아지도록 한다.
④ 브레이크 페달을 강하게 밟았을 때 뒷바퀴가 먼저 고착(lock)되지 않도록 한다.

🔍 이너셔밸브(inertia valve)는 조정밸브의 작동 개시점을 자동차의 감속도에 따라 출력 유압을 제어한다.

55

전자제어식 제동장치(ABS)에서 펌프로부터 토출된 고압의 오일을 일시적으로 저장하고 맥동을 완화시켜 주는 것은?

① 모듈레이터
② 솔레노이드밸브
③ 어큐뮬레이터
④ 프로포셔닝밸브

🔍 어큐뮬레이터는 펌프에서 토출된 고압의 오일을 일시적으로 저장하고 맥동을 완화시켜 주는 작용을 한다.

56

브레이크 페달을 강하게 밟을 때 후륜이 먼저 로크되지 않도록 하기 위하여 유압이 어떤 일정 압력 이상 상승하면 그 이상 후륜측에 유압이 상승하지 않도록 제한하는 장치는?

① 리미팅밸브(limiting valve)
② 프로포셔닝밸브(proportioning valve)
③ 이너셔밸브(inertia valve)
④ EGR밸브

🔍 리미팅밸브(limiting valve)는 브레이크 페달을 강하게 밟을 때 후륜이 먼저 로크되지 않도록 하기 위하여 유압이 어떤 일정 압력 이상 상승하면 그 이상 후륜측에 유압이 상승하지 않도록 제한하는 장치이다.

57

ABS(Anti Lock Brake System)장치의 유압제어 모드에서 주행 중 급제동 시 고착된 바퀴의 유압제어는?

① 감압제어
② 분압제어
③ 정압제어
④ 증압제어

🔍 주행 중 급제동할 때 고착된 바퀴의 유압은 감압제어를 한다.

정답 54 ① 55 ③ 56 ① 57 ①

58
전자제어 ABS가 정상적으로 작동되고 있을 때 나타나는 현상으로 맞는 것은?

① 급제동 시 브레이크 페달에서 맥동을 느끼거나 조향 휠에 진동이 없다.
② 급제동 시 브레이크 페달에서 맥동을 느끼거나 조향 휠에 진동을 느낀다.
③ 급제동 시 브레이크 페달에서만 맥동을 느낄 수 있다.
④ 급제동 시 조향 휠에서만 진동을 느낄 수 있다.

> ABS가 정상적으로 작동되는 경우에는 급제동할 때 브레이크 페달에서 맥동을 느끼거나 조향 휠에 진동을 느낀다.

59
ABS 장착차량에서 주행을 시작하여 차량속도가 증가하는 도중에 펌프모터 작동 소리가 들렸다면 이 차의 상태는?

① 오작동이므로 불량이다.
② 체크를 하기 위한 작동으로 정상이다.
③ 모터의 고장을 알리는 신호이다.
④ 모듈레이터 커넥터의 접촉 불량이다.

60
ABS 브레이크장치에 대한 설명으로 맞는 것은?

① ABS 휠 속도센서의 간극은 약 0.3~0.9mm 정도 된다.
② 휠 속도센서는 앞바퀴가 조향 휠이므로 뒷바퀴에만 각각 장착되어 있다.
③ ABS 작동 시 최대 마찰계수는 약 0.1 범위에 있다.
④ ABS의 최대 장착목적은 신속하게 휠을 고정시키기 위함이다.

61
자동차의 제동성능에서 제동력에 영향을 미치는 요인이 아닌 것은?

① 차량 총중량
② 제동초속도
③ 여유구동력
④ 미끄럼계수

> 제동성능에 영향을 미치는 인자로는 차량 총중량, 제동초속도, 바퀴의 미끄럼계수 등이 있다.

62
자동차 섀시에 관련된 설명으로 잘못 표현한 것은?

① 스태빌라이저는 자동차의 롤링을 방지하는 역할을 한다.
② 토션 바 스프링을 사용하는 독립 현가장치의 차고조정은 일반적으로 앵커 암 조정나사로 조정한다.
③ 휠 밸런스 조정이란 각 휠 사이의 중량차를 적게 하는 것을 말한다.
④ 휠 밸런스 조정은 림에 밸런스 웨이트를 붙여서 조정한다.

63
TCS(traction control system)의 특징이 아닌 것은?

① 슬립(slip) 제어
② 라인압 제어
③ 트레이스(trace) 제어
④ 선회안정성 향상

> TCS의 제어에는 슬립 제어, 트레이스 제어, 선회안정성 향상이 있다.

정답 58 ② 59 ② 60 ① 61 ③ 62 ③ 63 ②

64

트랙션 컨트롤장치(traction control system)의 제어 방법이 아닌 것은?

① 엔진토크 제어
② 공회전 수 제어
③ 제동 제어
④ 트레이스 제어

65

VDC(Vehicle dynamic control)장치에서 고장발생 시 제어에 대한 설명으로 틀린 것은?

① 원칙적으로 ABS의 고장 시에는 VDC 제어를 금지한다.
② VDC 고장 시에는 해당 시스템만 제어를 금지한다.
③ VDC 고장 시 솔레노이드밸브 릴레이를 OFF시켜야 되는 경우에는 ABS 페일세이프에 준한다.
④ VDC 고장 시 자동변속기는 현재 변속단보다 다운 변속된다.

66

제동장치의 편제동 원인이 아닌 것은?

① 타이어 공기압력이 불균일하다.
② 브레이크 페달 유격이 크다.
③ 휠 얼라인먼트가 불량하다.
④ 휠 실린더 1개가 고착되어 있었다.

67

자동차의 브레이크 페달이 점점 딱딱해져서 제동성능이 저하되었다면 고장원인은?

① 마스터 실린더 바이패스 포트가 막혀있는 경우
② 브레이크 슈 리턴 스프링 장력이 강한 경우
③ 마스터실린더 피스톤 캡이 고장난 경우
④ 브레이크 오일이 부족한 경우

> 마스터 실린더 바이패스 포트가 막혀 있으면 브레이크 페달이 점점 딱딱해져서 제동성능이 저하된다.

68

브레이크 페달을 밟았을 때 소음이 나거나 떨리는 현상의 원인이 아닌 것은?

① 디스크의 불균일한 마모 및 균열
② 패드나 라이닝의 경화
③ 백 킹플레이트나 캘리퍼의 설치 볼트 이완
④ 프로포셔닝밸브의 작동 불량

> 브레이크 페달을 밟았을 때 소음이 나거나 떨리는 현상의 원인은 디스크의 불균일한 마모 및 균열, 패드나 라이닝의 경화, 백킹 플레이트나 캘리퍼의 설치 볼트 이완 등이다.

정답 64 ② 65 ④ 66 ② 67 ① 68 ④

69

브레이크에서 배력장치의 기밀유지가 불량할 때 점검해야 할 부분은?

① 패드 및 라이닝 마모상태
② 페달의 자유간격
③ 라이닝 리턴 스프링 장력
④ 체크밸브 및 진공호스

> 브레이크 배력장치의 기밀유지가 불량하면 체크밸브 및 진공호스를 점검한다.

70

가솔린 승용차에서 내리막길 주행 중 시동이 꺼질 때 제동력이 저하되는 원인은?

① 진공 배력장치 작동불량
② 베이퍼록 현상
③ 엔진출력 부족
④ 페이드 현상

> 내리막길 주행 중 시동이 꺼질 때 제동력이 저하하는 원인은 진공 배력장치의 작동이 불량한 경우이다.

71

제동시험기에 검사차량을 올려놓지 않고 롤러를 회전시켰을 때 시험기의 지침이 떨리는 원인으로 맞는 것은?

① 지침의 0점이 순간적으로 잘못되었다.
② 모터의 전압에 변동이 생겼다.
③ 롤러의 베어링과 체인 등의 마찰력이 지시된 것이다.
④ 로드 셀의 0점 조정이 틀렸기 때문이다.

> 제동시험기에 검사차량을 올려놓지 않고 롤러를 회전시켰을 때 시험기의 지침이 떨리는 원인은 롤러의 베어링과 체인 등의 마찰력이 지시된 것이다.

정답 69 ④ 70 ① 71 ③

Chapter 8 단원별 기출문제

01 자동차 섀시

01
제동 초속도가 105km/h, 차륜과 노면의 마찰계수가 0.4인 차량의 제동거리는 약 몇 m인가?

① 91.5
② 100.5
③ 108.5
④ 120.5

$$S = \frac{V^2}{2\mu g} = \frac{21.9^2}{2 \times 0.4 \times 9.8} = \frac{850.69}{7.84} = 108.5 \text{m}$$

02
중량이 2,000kgf인 자동차가 20°의 경사로를 등반 시 구배(등판)저항은 약 몇 kgf인가?

① 522
② 584
③ 622
④ 684

$$Rg = W \times \sin\theta = 2,000 \times \sin 20° = 684 \text{kgf}$$

03
기관의 축출력은 5,000rpm에서 75kW이고, 구동륜에서 측정한 구동출력이 64kW이면 동력전달장치의 총 효율은 약 몇 %인가?

① 15.3
② 58.8
③ 85.3
④ 117.8

$$총효율 = \frac{구동출력}{축출력} \times 100 = \frac{64}{75} \times 100 = 85.3$$

04
96km/h로 주행 중인 자동차의 제동을 위한 공주시간이 0.3초일 때 공주거리는 몇 m인가?

① 2
② 4
③ 8
④ 12

$$S_3 = \frac{Vt}{3.6} = \frac{96 \times 0.3}{3.6} = 8$$

정답 01 ③ 02 ④ 03 ③ 04 ③

05

평탄한 도로를 90km/h로 달리는 승용차의 총 주행저항은 약 몇 kgf인가? (단, 공기저항계수 0.03, 총중량 1,145kgf, 투영면적 1.6m², 구름저항계수 0.015)

① 37.18   ② 47.18
③ 57.18   ④ 67.18

$Rr = \mu r \times W$ = 0.015 × 1,145kgf = 17.18kgf
$Ra = \mu a \times A \times v^2$ = 0.03 × 1.6 × 25²
= 30kgf [90km/h = 25m/s]
총 주행저항 = 17.18+30 = 47.18kgf

07

정지상태의 자동차가 출발하여 100m에 도달했을 때의 속도가 60km/h이다. 이 자동차의 가속도는 약 m/s²인가?

① 1.4   ② 5.6
③ 6.0   ④ 8.7

가속도 = $\dfrac{V_2^2 - V_1^2}{2S}$ = $\dfrac{16.67^2}{2 \times 100}$ = 1.38m/s²
60km/h = 16.67m/s
- V_1 : 처음속도
- V_2 : 나중속도

06

자동차의 엔진토크 14kgf·m, 총 감속비 3.0, 전달효율 0.9, 구동바퀴의 유효반경 0.3m일 때 구동력은 몇 kgf인가?

① 68   ② 116
③ 126   ④ 228

$F = \dfrac{T}{R} = \dfrac{14 \times 3 \times 0.9}{0.3}$ = 126kgf
- F : 구동력(kgf)
- T : 구동차축의 회전력(kgf·m)
- R : 바퀴의 반경(m)

08

총중량 1톤인 자동차가 72km/h로 주행 중 급제동하였을 때 운동에너지가 모두 브레이크 드럼에 흡수되어 열이 되었다. 흡수된 열량(kcal)은 얼마인가? (단, 노면의 마찰계수는 1이다)

① 47.79   ② 52.30
③ 54.68   ④ 60.25

$E = \dfrac{GV^2}{2g} = \dfrac{1,000 \times 20^2}{2 \times 9.8}$ = 20,408kgf·m
- E : 운동에너지
- G : 차량 총중량
- V : 주행속도(m/s)
- g : 중력가속도

1kgf·m=1/427kcal이므로 $\dfrac{20,408}{427}$ = 47.79kcal

정답 05 ② 06 ③ 07 ① 08 ①

09

엔진 회전 수가 2,000rpm으로 주행 중인 자동차에서 수동변속기의 감속비가 0.8이고, 차동장치 구동 피니언의 잇수가 6, 링 기어의 잇수가 30일 때, 왼쪽바퀴가 600rpm으로 회전한다면 오른쪽 바퀴는 몇 rpm인가?

① 400
② 600
③ 1,000
④ 2,000

> 바퀴 회전 수 = $\dfrac{\text{엔진 회전 수}}{\text{총감속비}} \times 2 = \dfrac{2,000}{0.8 \times 5} \times = 1,000$
> 오른쪽 바퀴 회전 수 = 바퀴 회전 수 − 왼쪽바퀴 회전 수
>   = 1,000 − 600 = 400

10

중량 1,350kgf의 자동차의 구름저항계수가 0.02이면 구름저항은 몇 kgf인가? (단, 공기저항은 무시하고, 회전 상당부분 중량은 0으로 한다)

① 13.5
② 27
③ 54
④ 67.5

> 구름저항 $R_1 = f_1 \times W = 0.02 \times 1,350 = 27$kgf
> • R1 : 구름저항(kgf)
> • f1 : 구름저항계수
> • W : 차량 총중량(kgf)

11

제동 시 슬립률(λ)을 구하는 공식은? (단, 자동차의 주행 속도는 V, 바퀴의 회전속도는 V_ω이다)

① $\lambda = \dfrac{V - V_\omega}{V} \times 100(\%)$
② $\lambda = \dfrac{V}{V - V_\omega} \times 100(\%)$
③ $\lambda = \dfrac{V_\omega - V}{V_\omega} \times 100(\%)$
④ $\lambda = \dfrac{V_\omega}{V_\omega - V} \times 100(\%)$

12

기관의 최대토크 20kgf·m, 변속기의 제1변속비 3.5, 종 감속비 5.2, 구동바퀴의 유효반지름이 0.35m일 때 자동차의 구동력(kgf)은? (단, 엔진과 구동바퀴 사이의 동력전달효율은 0.45이다)

① 468
② 368
③ 328
④ 268

> 구동력 = $\dfrac{\text{기관토크} \times \text{변속비} \times \text{종감속비}}{\text{타이어 유효반지름}} \times \text{동력전달효율}$
> $= \dfrac{20 \times 3.5 \times 5.2}{0.35} \times 0.45 = 468$

13

구동력이 108kgf인 자동차가 100km/h로 주행하기 위한 엔진의 소요마력(PS)은?

① 20
② 40
③ 80
④ 100

> $H_{ps} = \dfrac{FV}{75} = \dfrac{108 \times 100 \times 1,000}{75 \times 3600} = 40PS$
> • Hps : 엔진의 소요마력
> • F : 구동력
> • V : 주행속도(m/s)

정답 09 ① 10 ② 11 ① 12 ① 13 ②

02 자동변속기 정비

01
자동변속기의 6포지션형 변속레버 위치(select pattern)를 올바르게 나열한 것은? (단, D : 전진위치, N : 중립위치, R : 후진위치, 2, 1 : 저속 전진위치, P : 주차위치)

① P - R - N - D - 2 - 1
② P - N - R - D - 2 - 1
③ R - N - D - P - 2 - 1
④ R - N - P - D - 2 - 1

02
무단변속기(CVT)를 제어하는 유압제어 구성부품에 해당하지 않는 것은?

① 오일펌프
② 유압제어밸브
③ 레귤레이터밸브
④ 싱크로메시기구

03
2세트의 유성 기어장치를 연이어 접속시키고 일체식 선기어를 공용으로 사용하는 방식은?

① 라비뇨식   ② 심프슨식
③ 밴딕스식   ④ 평행축 기어 방식

04
무단변속기(CVT)의 특징에 대한 설명으로 틀린 것은?

① 토크 컨버터가 없다.
② 가속 성능이 우수하다.
③ A/T 대비 연비가 우수하다.
④ 변속단이 없어서 변속 충격이 거의 없다.

05
6속 더블 클러치 변속기(DCT)의 주요 구성품이 아닌 것은?

① 토크컨버터
② 더블 클러치
③ 기어 액추에이터
④ 클러치 액추에이터

06
자동변속기 차량의 셀렉트 레버 조작 시 브레이크 페달을 밟아야만 레버 위치를 변경할 수 있도록 제한하는 구성품으로 나열된 것은?

① 파킹 리버스 블록밸브, 시프트록 케이블
② 시프트록 케이블, 시프트록 솔레노이드밸브
③ 시프트록 솔레노이드밸브, 스타트록 아웃
④ 스타트록 아웃 스위치, 파킹 리버스 블록밸브

정답 01 ① 02 ④ 03 ② 04 ① 05 ① 06 ②

07

유체 클러치와 토크컨버터에 대한 설명 중 틀린 것은?

① 토크컨버터에는 스테이터가 있다.
② 토크컨버터는 토크를 증가시킬 수 있다.
③ 유체 클러치는 펌프, 터빈, 가이드링으로 구성되어 있다.
④ 가이드링은 유체 클러치 내부의 압력을 증가시키는 역할을 한다.

08

자동변속기에서 급히 가속페달을 밟았을 때, 일정 속도 범위 내에서 한단 낮은 단으로 강제 변속이 되도록 하는 것은?

① 킥업
② 킥다운
③ 업시프트
④ 리프트 풋업

09

자동변속기에서 변속레버를 조작할 때 밸브 바디의 유압 회로를 변환시켜 라인압력을 공급하거나 배출시키는 밸브로 옳은 것은?

① 매뉴얼밸브
② 리듀싱밸브
③ 변속제어밸브
④ 레귤레이터밸브

10

자동변속기에서 변속 시점을 결정하는 가장 중요한 요소는?

① 매뉴얼밸브와 차속
② 엔진 스로틀밸브 개도와 차속
③ 변속모드 스위치와 변속시간
④ 엔진 스로틀밸브 개도와 변속시간

11

무단변속기(CVT)의 제어밸브 기능 중 라인압력을 주행조건에 맞도록 적절한 압력으로 조정하는 밸브로 옳은 것은?

① 변속 제어밸브
② 레귤레이터밸브
③ 클러치 압력 제어밸브
④ 댐퍼 클러치 제어밸브

12

자동변속기에서 사용되고 있는 오일(ATF)의 기능이 아닌 것은?

① 충격을 흡수한다.
② 동력을 발생시킨다.
③ 작동유압을 전달한다.
④ 윤활 및 냉각 작용을 한다.

정답 07 ④ 08 ② 09 ① 10 ② 11 ② 12 ②

13
듀얼 클러치 변속기(DCT)에 대한 설명으로 틀린 것은?

① 연료소비율이 좋다.
② 가속력이 뛰어나다.
③ 동력 손실이 적은 편이다.
④ 변속단이 없으므로 변속충격이 없다.

14
토크컨버터의 클러치 점(clutch point)에 대한 설명과 관계없는 것은?

① 토크 증대가 최대인 상태이다.
② 오일이 스테이터 후면에 부딪친다.
③ 일방향 클러치가 회전하기 시작한다.
④ 클러치 점 이상에서 토크컨버터는 유체 클러치로 작동한다.

15
전륜 6속 자동변속기 전자제어장치에서 변속기 컨트롤 모듈(TCM)의 입력신호로 틀린 것은?

① 공기량센서
② 오일온도센서
③ 입력축 속도센서
④ 인히비터 스위치신호

16
자동변속기에서 유성 기어장치의 3요소가 아닌 것은?

① 선 기어   ② 캐리어
③ 링 기어   ④ 베벨 기어

17
록업(lock-up) 클러치가 작동할 때 동력전달순서로 옳은 것은?

① 엔진 → 드라이브 플레이트 → 컨버터 케이스 → 펌프 임펠러 → 록업 클러치 → 터빈 러너 허브 → 입력 샤프트
② 엔진 → 드라이브 플레이트 → 터빈 러너 → 터빈 러너 허브 → 록업 클러치 → 입력 샤프트
③ 엔진 → 드라이브 플레이트 → 컨버터 케이스 → 록업 클러치 → 터빈 러너 허브 → 입력 샤프트
④ 엔진 → 드라이브 플레이트 → 터빈 러너 → 펌프 임펠러 → 일방향 클러치 → 입력 샤프트

18
유체 클러치의 스톨 포인트에 대한 설명으로 틀린 것은?

① 속도비가 "0"일 때를 의미한다.
② 스톨 포인트에서 효율이 최대가 된다.
③ 스톨 포인트에서 토크비가 최대가 된다.
④ 펌프는 회전하나 터빈이 회전하지 않는 상태이다.

정답 13 ④ 14 ① 15 ① 16 ④ 17 ③ 18 ②

19
무단변속기(CVT)의 장점으로 틀린 것은?

① 변속충격이 적다.
② 가속성능이 우수하다.
③ 연료소비량이 증가한다.
④ 연료소비율이 향상된다.

20
현재 실용화된 무단변속기에 사용되는 벨트 종류 중 가장 널리 사용되는 것은?

① 고무벨트　　② 금속벨트
③ 금속체인　　④ 가변체인

21
자동변속기 컨트롤 유닛과 연결된 각 센서의 설명으로 틀린 것은?

① VSS(vehicle speed sensor) - 차속 검출
② MAF(mass airflow sensor) - 엔진 회전속도 검출
③ TPS(throttle position sensor) - 스로틀밸브 개도 검출
④ OTS(oil temperature sensor) - 오일온도 검출

22
오버드라이브(over drive)장치에 대한 설명으로 틀린 것은?

① 기관의 수명이 향상되고 운전이 정숙하게 되어 승차감도 향상된다.
② 속도가 증가하기 때문에 윤활유의 소비가 많고 연료 소비가 증가한다.
③ 기관의 여유출력을 이용하였기 때문에 기관의 회전속도를 약 30% 정도 낮추어도 그 주행속도를 유지할 수 있다.
④ 자동변속기에서도 오버드라이버가 있어 운전자의 의지(주행속도, TPS 개도량)에 따라 그 기능을 발휘하게 된다.

23
댐퍼 클러치 제어와 가장 관련이 없는 것은?

① 스로틀 포지션센서　　② 에어컨 릴레이 스위치
③ 오일 온도센서　　　　④ 노크센서

24
무단변속기(CVT)의 구동 풀리와 피동 풀리에 대한 설명으로 옳은 것은?

① 구동 풀리 반지름이 크고 피동 풀리의 반지름이 작을 경우 증속된다.
② 구동 풀리 반지름이 작고 피동 풀리의 반지름이 클 경우 증속된다.
③ 구동 풀리 반지름이 크고 피동 풀리의 반지름이 작을 경우 역전 감속된다.
④ 구동 풀리 반지름이 작고 피동 풀리의 반지름이 클 경우 역전 증속된다.

정답　19 ③　20 ②　21 ②　22 ②　23 ④　24 ①

03 유압식 현가장치 정비

01
다음 그림은 자동차의 뒤차축이다. 스프링 아래 질량의 진동 중에서 X축을 중심으로 회전하는 진동은?

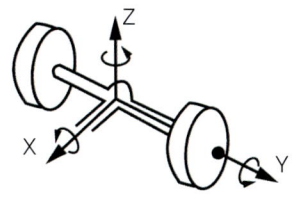

① 휠 트램프 ② 휠 홉
③ 와인드 업 ④ 롤링

02
주행 중 차량에 노면으로부터 전달되는 충격이나 진동을 완화하여 바퀴와 노면과의 밀착을 양호하게 하고 승차감을 향상시키는 완충기구로 짝지어진 것은?

① 코일 스프링, 토션 바, 타이로드
② 코일 스프링, 겹판 스프링, 토션 바
③ 코일 스프링, 겹판 스프링, 프레임
④ 코일 스프링, 너클 스핀들, 스테이빌라이저

04 전자제어 현가장치 정비

01
공압식 전자제어 현가장치에서 컴프레서에 장착되어 차고를 낮출 때 작동하며, 공기 챔버 내의 압축공기를 대기 중으로 방출시키는 작용을 하는 것은?

① 에어 액추에이터밸브
② 배기 솔레노이드밸브
③ 압력스위치 제어밸브
④ 컴프레서 압력 변환밸브

02
전자제어 현가장치와 관련된 센서가 아닌 것은?

① 차속센서
② 조향각센서
③ 스로틀 개도센서
④ 파워 오일압력센서

03
전자제어 현가장치의 기능에 대한 설명 중 틀린 것은?

① 급제동 시 노스다운을 방지할 수 있다.
② 변속단에 따라 변속비를 제어할 수 있다.
③ 노면으로부터의 차량 높이를 조절할 수 있다.
④ 급선회 시 원심력에 의한 차체의 기울어짐을 방지할 수 있다.

04
전자제어 현가장치(ECS)의 감쇠력 제어 모드에 해당되지 않는 것은?

① Hard
② Soft
③ Super Soft
④ Height Control

05
전자제어 현가장치(ECS)의 제어기능이 아닌 것은?

① 안티 피칭제어
② 안티 다이브제어
③ 차속 감응제어
④ 감속제어

06
차체 자세제어장치(VDC, ESP)에서 선회 주행 시 자동차의 비틀림을 검출하는 센서는?

① 차속센서
② 휠 스피드센서
③ 요 레이트센서
④ 조향핸들 각속도센서

정답 01 ② 02 ④ 03 ② 04 ④ 05 ④ 06 ③

07
차체 자세제어장치(VDC, ESC)에 관한 설명으로 틀린 것은?

① 요 레이트센서, G센서 등이 적용되어 있다.
② ABS제어, TCS제어 등의 기능이 포함되어 있다.
③ 자동차의 주행자세를 제어하여 안전성을 확보한다.
④ 뒷바퀴가 원심력에 의해 바깥쪽으로 미끄러질 때 오버 스티어링으로 제어를 한다.

08
전자제어 현가장치에서 자동차가 선회할 때 원심력에 의한 차체의 흔들림을 최소로 제어하는 기능은?

① 안티 롤 제어
② 안티 다이브 제어
③ 안티 스쿼트 제어
④ 안티 드라이브 제어

09
전자제어 현가장치(ECS)에 대한 입력신호에 해당되지 않는 것은?

① 도어 스위치
② 조향 휠 각도
③ 차속센서
④ 파워윈도우 스위치

10
ECS제어에 필요한 센서와 그 역힐로 틀린 것은?

① G센서 : 차체의 각속도를 검출
② 차속센서 : 차량의 주행에 따른 차량속도 검출
③ 차고센서 : 차량의 거동에 따른 차체 높이를 검출
④ 조향 휠 각도센서 : 조향 휠의 현재 조향방향과 각도를 검출

11
전자제어 에어 서스펜션의 기본 구성품으로 틀린 것은?

① 공기압축기
② 컨트롤 유닛
③ 마스터 실린더
④ 공기 저장탱크

12
전자제어 현가장치에 대한 설명으로 틀린 것은?

① 조향각센서는 조향 휠의 조향각도를 감지하여 제어 모듈에 신호를 보낸다.
② 일반적으로 차량의 주행상태를 감지하기 위해서는 최소 3점의 G센서가 필요하며 차량의 상·하 움직임을 판단한다.
③ 차속센서는 차량의 주행속도를 감지하며 앤티 다이브, 앤티 롤, 고속안정성 등을 제어할 때 입력신호로 사용된다.
④ 스로틀 포지션센서는 가속페달의 위치를 감지하여 고속 안정성을 제어할 때 입력신호로 사용된다.

13
전자제어 현가장치에서 앤티 스쿼트(anti-squat) 제어의 기준신호로 사용되는 것은?

① G센서 신호
② 프리뷰센서 신호
③ 스로틀 포지션센서 신호
④ 브레이크 스위치 신호

정답 07 ④ 08 ① 09 ④ 10 ① 11 ③ 12 ④ 13 ③

05 전자제어 조향장치 정비

01
선회 시 차체가 조향각도에 비해 지나치게 많이 돌아가는 것을 말하며, 뒷바퀴에 원심력이 작용하는 현상은?

① 하이드로 플래닝
② 오버 스티어링
③ 드라이브 휠 스핀
④ 코너링 포스

02
축거를 L(m), 최소회전반경을 R(m), 킹핀과 바퀴 접지면과의 거리를 r(m)이라 할 때 조향각 α를 구하는 식은?

① $\sin\alpha = \dfrac{L}{R-r}$
② $\sin\alpha = \dfrac{L-r}{R}$
③ $\sin\alpha = \dfrac{R-r}{L}$
④ $\sin\alpha = \dfrac{L-R}{r}$

> $R = \dfrac{L}{\sin\alpha} + r$ 에서 $\sin\alpha = L/(R-r)$

03
선회 주행 시 앞바퀴에서 발생하는 코너링 포스가 뒷바퀴보다 크게 되면 나타나는 현상은?

① 토크 스티어링 현상
② 언더 스티어링 현상
③ 오버 스티어링 현상
④ 리버스 스티어링 현상

04
사이드슬립 테스터로 측정한 결과 왼쪽 바퀴가 안쪽으로 6mm, 오른쪽 바퀴가 바깥쪽으로 8mm 움직였다면 전체 미끄럼량은?

① in 1mm
② out 1mm
③ in 7mm
④ out 7mm

> 사이드슬립량 = $\dfrac{\text{out } 8 - \text{in } 6}{2}$ = out 1mm

05
저속 시미(shimmy) 현상이 일어나는 원인으로 틀린 것은?

① 앞 스프링이 절손되었다.
② 조향핸들의 유격이 작다.
③ 로어암의 볼조인트가 마모되었다.
④ 타이로드 엔드의 볼조인트가 마모되었다.

06
4륜 조향장치(4wheel steering system)의 장점으로 틀린 것은?

① 선회 안정성이 좋다.
② 최소회전반경이 크다.
③ 견인력(휠 구동력)이 크다.
④ 미끄러운 노면에서의 주행 안정성이 좋다.

정답 01 ② 02 ① 03 ③ 04 ② 05 ② 06 ②

07
전동식 동력 조향장치의 자기진단이 안 될 경우 점검사항으로 틀린 것은?

① CAN 통신 파형 점검
② 컨트롤 유닛 측 배터리 전원 측정
③ 컨트롤 유닛 측 배터리 접지여부 점검
④ KEY ON상태에서 CAN 종단저항 측정

08
조향장치에 관한 설명으로 틀린 것은?

① 방향 전환을 원활하게 한다.
② 선회 후 복원성을 좋게 한다.
③ 조향핸들의 회전과 바퀴의 선회 차이가 크지 않아야 한다.
④ 조향핸들의 조작력을 저속에서는 무겁게, 고속에서는 가볍게 한다.

09
동력 조향장치에서 3가지 주요부의 구성으로 옳은 것은?

① 작동부-오일펌프, 동력부-동력실린더, 제어부-제어밸브
② 작동부-제어밸브, 동력부-오일펌프, 제어부-동력실린더
③ 작동부-동력실린더, 동력부-제어밸브, 제어부-오일펌프
④ 작동부-동력실린더, 동력부 오일펌프, 제어부-제어밸브

10
선회 시 안쪽 차륜과 바깥쪽 차륜의 조향각 차이를 무엇이라 하는가?

① 애커먼각
② 토우인각
③ 최소회전반경
④ 타이어 슬립각

11
자동차 정기검사에서 조향장치의 검사기준 및 방법으로 틀린 것은?

① 조향 계통의 변형, 느슨함 및 누유가 없어야 한다.
② 조향바퀴 옆 미끄럼 양은 1m 주행에 5mm 이내이어야 한다.
③ 기어박스, 로드암, 파워실린더, 너클 등의 설치상태 및 누유 여부를 확인한다.
④ 조향핸들을 고정한 채 사이드슬립 측정기의 답판 위로 직진하여 측정한다.

12
사이드슬립 점검 시 왼쪽 바퀴가 안쪽으로 8mm, 오른쪽 바퀴가 바깥쪽으로 4mm 슬립되는 것으로 측정되었다면 전체 미끄럼값 및 방향은?

① 안쪽으로 2mm 미끄러진다.
② 안쪽으로 4mm 미끄러진다.
③ 바깥쪽으로 2mm 미끄러진다.
④ 바깥쪽으로 4mm 미끄러진다.

정답 07 ④ 08 ④ 09 ① 10 ① 11 ④ 12 ①

13

조향핸들을 2바퀴 돌렸을 때 피트먼 암이 90° 움직였다면 조향 기어비는?

① 1 : 6
② 1 : 7
③ 8 : 1
④ 9 : 1

 조향기어비 = 조향핸들이 움직인 각 / 피트먼 암이 움직인 각
= $\frac{360 \times 2}{90}$ = 8

14

유압식과 비교한 전동식 동력 조향장치(MDPS)의 장점으로 틀린 것은?

① 부품수가 적다.
② 연비가 향상된다.
③ 구조가 단순하다.
④ 조향 휠 조작력이 증가한다.

15

전동식 동력 조향장치(MDPS)의 장점으로 틀린 것은?

① 전동모터 구동 시 큰 전류가 흐른다.
② 엔진의 출력 향상과 연비를 절감할 수 있다.
③ 오일펌프 유압을 이용하지 않아 연결호스가 필요 없다.
④ 시스템 고장 시 경고등을 점등 또는 점멸시켜 운전자에게 알려준다.

16

선회 시 자동차의 조향특성 중 전륜 구동보다는 후륜 구동 차량에 주로 나타나는 현상으로 옳은 것은?

① 오버 스티어
② 언더 스티어
③ 토크 스티어
④ 뉴트럴 스티어

17

CAN 통신이 적용된 전동식 동력 조향장치(MDPS)에서 EPS경고등이 점등(점멸)될 수 있는 조건으로 틀린 것은?

① 자기진단 시
② 토크센서 불량
③ 컨트롤 모듈측 전원공급 불량
④ 핸들위치가 정위치에서 ±2° 틀어짐

18

전동식 동력 조향장치의 입력요소 중 조향핸들의 조작력 제어를 위한 신호가 아닌 것은?

① 토크센서 신호
② 차속센서 신호
③ G센서 신호
④ 조향각센서 신호

정답 13 ③ 14 ④ 15 ① 16 ① 17 ④ 18 ③

19

전자제어 동력 조향장치에서 다음 주행조건 중 운전자에 의한 조향 휠의 조작력이 가장 작은 것은?

① 40km/h 주행 시
② 80km/h 주행 시
③ 120km/h 주행 시
④ 160km/h 주행 시

20

전동식 동력 조향장치(motor driven power steering) 시스템에서 정차 중 핸들 무거움 현상의 발생원인이 아닌 것은?

① MDPS CAN 통신선의 단선
② MDPS 컨트롤 유닛측의 통신 불량
③ MDPS 타이어 공기압 과다 주입
④ MDPS 컨트롤 유닛측 배터리 전원공급 불량

정답 19 ① 20 ③

06 전자제어 제동장치 정비

01
ABS장치에서 펌프로부터 토출된 고압의 오일을 일시적으로 저장하고 맥동을 완화시켜 주는 구성품은?

① 어큐뮬레이터
② 솔레노이드밸브
③ 모듈레이터
④ 프로포셔닝밸브

02
전자제어 제동장치(ABS)의 구성요소가 아닌 것은?

① 휠 스피드센서
② 차고센서
③ 하이드로릭 유닛
④ 어큐뮬레이터

03
TCS(traction control system)가 제어하는 항목에 해당하는 것은?

① 슬립 제어
② 킥업 제어
③ 킥다운 제어
④ 히스테리시스 제어

04
TCS에서 트레이스 제어를 위해 컴퓨터(TCU)로 입력되는 항목이 아닌 것은?

① 차고센서
② 휠 스피드센서
③ 조향 각속도센서
④ 액셀러레이터 페달 위치센서

05
ABS(Anti-lock Brake System)에 대한 두 정비사의 의견 중 옳은 것은?

▶ 정비사 KIM : 발전기의 전압이 일정 전압 이하로 하강하면 ABS 경고등이 점등된다.
▶ 정비사 LEE : ABS 시스템의 고장으로 경고등 점등 시 일반 유압 제동 시스템은 작동할 수 없다.

① 정비사 KIM만 옳다.
② 정비사 LEE만 옳다.
③ 두 정비사 모두 옳다.
④ 두 정비사 모두 틀리다.

06
브레이크액의 구비조건이 아닌 것은?

① 압축성일 것
② 비등점이 높을 것
③ 온도에 의한 변화가 적을 것
④ 고온에서의 안정성이 높을 것

정답 01 ① 02 ② 03 ① 04 ① 05 ① 06 ①

07
ABS장치에서 펌프로부터 발생된 유압을 일시적으로 저장하고 맥동을 안정시켜 주는 부품은?

① 모듈레이터
② 아웃-렛밸브
③ 어큐뮬레이터
④ 솔레노이드밸브

08
구동륜 제어장치(TCS)에 대한 설명으로 틀린 것은?

① 차체 높이 제어를 위한 성능 유지
② 눈길, 빙판길에서 미끄러짐을 방지
③ 커브길 선회 시 주행 안정성 유지
④ 노면과 차륜간의 마찰 상태에 따라 엔진 출력 제어

09
ABS와 TCS(Traction Control System)에 대한 설명으로 틀린 것은?

① TCS는 구동륜이 슬립하는 현상을 방지한다.
② ABS는 주행 중 제동 시 타이어의 록(LOCK)을 방지한다.
③ ABS는 제동 시 조향 안정성 확보를 위한 시스템이다.
④ TCS는 급제동 시 제동력 제어를 통해 차량 스핀 현상을 방지한다.

10
제동장치에서 발생되는 베이퍼 록 현상을 방지하기 위한 방법이 아닌 것은?

① 벤틸레이티드 디스크를 적용한다.
② 브레이크회로 내에 잔압을 유지한다.
③ 라이닝의 마찰 표면에 윤활제를 도포한다.
④ 비등점이 높은 브레이크 오일을 사용한다.

11
하이드로 플래닝에 관한 설명으로 옳은 것은?

① 저속으로 주행할 때 하이드로 플래닝이 쉽게 발생한다.
② 트레드가 과하게 마모된 타이어에서는 하이드로 플래닝이 쉽게 발생한다.
③ 하이드로 플래닝이 발생할 때 조향은 불안정하지만 효율적인 제동은 가능하다.
④ 타이어의 공기압이 감소할 때 접촉영역이 증가하여 하이드로 플래닝이 방지된다.

12
자동차 ABS에서 제어 모듈(ECU)의 신호를 받아 밸브와 모터가 작동되면서 유압의 증가, 감소, 유지 등을 제어하는 것은?

① 마스터 실린더
② 딜리버리밸브
③ 프로포셔닝밸브
④ 하이드롤릭 유닛

정답 07 ③ 08 ① 09 ④ 10 ③ 11 ② 12 ④

13
ABS 시스템의 구성품이 아닌 것은?

① 차고센서
② 휠 스피드센서
③ 하이드롤릭 유닛
④ ABS 컨트롤 유닛

14
전자제어 제동장치(ABS)의 유압제어 모드에서 주행 중 급제동 시 고착된 바퀴의 유압제어는?

① 감압제어
② 정압제어
③ 분압제어
④ 증압제어

15
전자제어 제동장치(ABS)에서 하이드로릭 유닛의 내부 구성부품으로 틀린 것은?

① 어큐뮬레이터
② 인렛 미터링밸브
③ 상시열림 솔레노이드밸브
④ 상시닫힘 솔레노이드밸브

16
TCS(Traction Control System)의 제어장치에 관련이 없는 센서는?

① 냉각수온센서
② 아이들신호
③ 후 차륜 속도센서
④ 가속페달 포지션센서

17
제동 시 뒷바퀴의 록(lock)으로 인한 스핀을 방지하기 위해 사용되는 것은?

① 딜레이밸브
② 어큐뮬레이터
③ 바이패스밸브
④ 프로포셔닝밸브

18
자동차에 사용하는 휠 스피드센서의 파형을 오실로스코프로 측정하였다. 파형의 정보를 통해 확인할 수 없는 것은?

① 최저 전압
② 평균 저항
③ 최고 전압
④ 평균 전압

19
ABS 컨트롤 유닛(제어모듈)에 대한 설명으로 틀린 것은?

① 휠의 회전속도 및 가·감속을 계산한다.
② 각 바퀴의 속도를 비교·분석한다.
③ 미끄럼비를 계산하여 ABS 작동 여부를 결정한다.
④ 컨트롤 유닛이 작동하지 않으면 브레이크가 전혀 작동하지 않는다.

20
전자제어 구동력 조절장치(TCS)의 컴퓨터는 구동바퀴가 헛돌지 않도록 최적의 구동력을 얻기 위해 구동 슬립률이 몇 %가 되도록 제어하는가?

① 약 5~10%
② 약 15~20%
③ 약 25~30%
④ 약 35~40%

정답 13 ① 14 ① 15 ② 16 ③ 17 ④ 18 ② 19 ④ 20 ②

PART 04
친환경

Chapter 1 친환경 공학

01 친환경자동차의 개요

친환경자동차는 화석연료를 사용하지 않아 배출가스, CO_2 등이 발생하지 않는 무공해 동력시스템의 활용 또는 장착, 이에 준하는 개선으로 기존 내연엔진 대비 연비가 높고 배출가스나 CO_2 배출량도 적은 자동차를 말한다.

현재 추진되는 적용 기술의 내용을 보면 클린 디젤자동차와 같이 기존의 내연엔진에 엔진기술과 후처리 기술을 개선하는 신 내연엔진기술과 수소연료, 바이오연료와 같은 대체연료기술이 있으며, 마지막으로 연료 전지자동차, 전기자동차 및 복합동력원을 사용하는 하이브리드(hybrid)자동차와 같은 대체 에너지 기술로 대별된다.

현재 친환경자동차 시장에는 하이브리드자동차를 비롯해 전기자동차, 플러그인 하이브리드, 클린디젤, 연료 전지 등 다양한 유형이 나타나고 있다. 하지만 각각의 장단점으로 모두를 압도하는 주도적인 모델은 아직 나타나지 않고 있다.

표 1-1 친환경자동차의 구분

구 분	비 고
하이브리드자동차 (HEV)	내연엔진과 전기모터 두 종류의 동력을 조합·구동하여 기존 내연엔진 자동차보다 고연비·고효율 실현
플러그인자동차 HEV(PHEV)	가정용 전기배터리에 충전해서 쓸 수 있는 하이브리드자동차
연료 전지자동차 (FCEV)	수소탱크를 통해 수소와 산소를 반응시켜 전기를 생성하는 연료 전지가 내연엔진을 대체한 자동차
전기자동차(EV)	배터리와 전기모터의 동력만으로 구동하는 자동차
클린디젤자동차	일반 디젤자동차보다 배출가스를 현저하게 줄이면서도 동급 가솔린차 대비 20~30% 효율이 높은 초고효율 디젤시스템 장착

전기자동차는 자동차의 엔진구조가 기존 엔진과 같이 연소로부터 에너지를 얻는 구조가 아닌 전기에너지를 통해 구동되는 엔진이 설치된 자동차이다. 전기로 에너지원을 얻기 때문에 배기가스나 환경오염이 없으며, 소음도 작다는 장점을 가지고 있다.

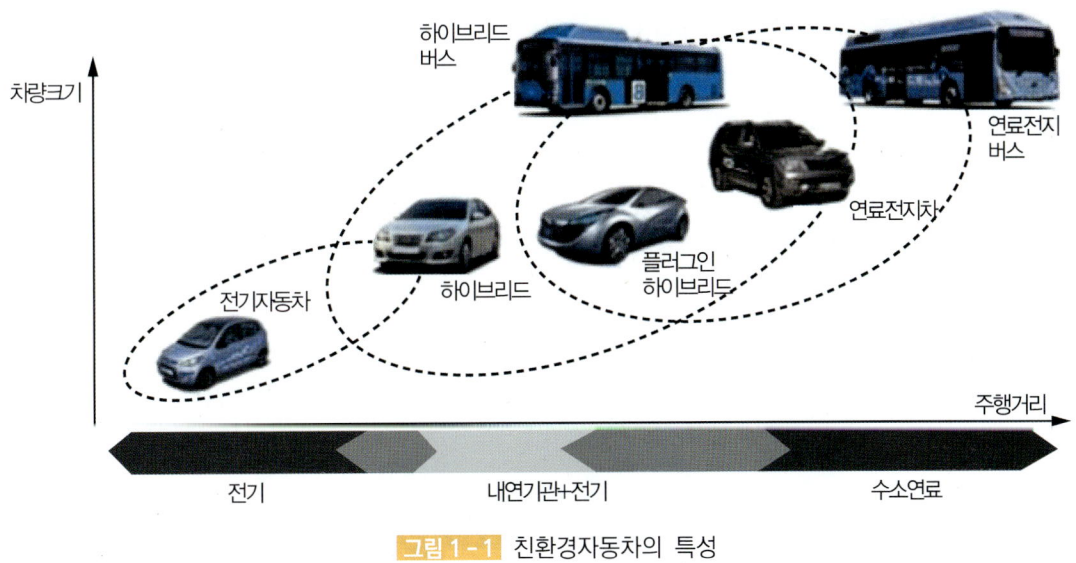

그림 1-1 친환경자동차의 특성

전기로 가는 자동차는 폭발행정과정이 없는 관계로 소음이 없다. 다만 동력을 발생시키는 힘이 전기의 힘이므로 동력 전달과정에서 차륜을 회전시킬 때 낼 수 있는 정도이므로 기름을 태워서 폭발행정을 거치는 폭음의 연속과정이 생략되어 조용할 수밖에 없다. 전기의 새로운 충전과 발전과정이 연속적으로 충전되어야 할 것이다. 그래서 전기의 힘이 충분하도록 운행 중에도 충전이 되는 기술이 중요하다. 더불어 순수한 전기자동차의 단점을 보완하기 위한, 즉 완벽한 전기자동차의 전 단계라고 할 수 있는 하이브리드 전기자동차(HEV : hybrid electric vehicle), 플러그인 하이브리드 전기자동차(PHEV : plug-in HEV) 등에 대한 연구도 활발히 진행되고 있다.

02 친환경자동차의 종류

1 하이브리드차

① 두 종류 이상의 동력원을 함께 이용하는 자동차를 말한다. 통상 가솔린(혹은 디젤)엔진과 전기모터를 함께 사용하는 차를 가리킨다. 연료가 많이 이용되는 순간 가솔린엔진 대신 전기모터를 작동시킴으로써 연료 사용을 줄이고, 배기가스 배출도 줄인다.
② 전기모터 작동에 필요한 전기에너지는 100% 엔진의 구동력을 통해 얻어진다.

2 플러그인 하이브리드차

가정용 전기를 배터리에 충전해서 쓸 수 있는 하이브리드차를 말한다. 하루 50~60km 이상을 달리지 않는다면 충전해 둔 전기만으로 주행이 가능하다.

그림 1-2 플러그인 하이브리드자동차

3 연료 전지자동차

전기자동차와 마찬가지로 100% 전기모터의 힘으로 작동되지만, 전기에너지를 연료 전지로부터 얻는다는 점에서 기존 자동차와 구별된다. 연료 전지란 수소와 산소를 반응시켜 전기에너지를 만들어내는 장치이다. 수소를 차 안에 저장해 놓았다가 필요할 때마다 전기를 만들고 이 에너지로 모터를 돌려 차를 움직이게 된다. 배기가스는 전혀 없고 물만 배출될 뿐이다.

그러나 실용화까지는 상당한 개발기간이 필요할 것으로 보인다. 수소의 대량생산 및 생산된 자동차 내 수소 저장 방식 등이 장애요인으로 남아있다.

$$\text{수소}(H_2) + \text{산소}(1/2O_2) \xrightarrow{\text{화학}} \text{물}(H_2O) + \text{전기}$$

4 전기자동차

엔진이 없고 전기모터만의 힘으로 달리는 자동차를 말한다. 필요한 전기는 100% 충전을 통해서 얻는다. 대기오염을 일으키지 않고 소음도 거의 없다. 긴 거리를 주행하고 빠른 속도를 내기 위해서는 배터리에 저장해야 할 전기량이 아주 많아야 한다. 현재 기술로는 200~300km 정도의 거리를 주행하는 것이 한계이다. 향후 전기 충전 시설이 확대되고 전기 공급을 풍력이나 태양광 등 신 재생에너지화 한다면 명실상부한 친환경자동차로 평가받을 수 있을 것이다.

5 클린디젤차

현재 세계 자동차 메이커는 이산화탄소 규제에 대한 중기적 대안으로서 고도화된 디젤엔진 기술을 개발하고 있다. 이들 기술은 이산화탄소 배출을 약 20~30% 줄이고, 하이브리드나 연료 전지에 비해 비용도 저렴한 것으로 알려져 있다. 전략적으로 파급효과가 크고 중기적 경쟁력 확보에 중요한 기술 요소로 각광받고 있다.

03 친환경자동차의 등장 배경

최근 자동차산업의 가장 큰 화두는 친환경자동차라고 할 수 있다. 특히 석유자원의 고갈, 지구온난화라는 전 세계적 과제와 더불어 자동차업계의 신성장 동력 및 차세대 패권을 차지하기 위한 이해관계가 맞물리면서 더 이상 미래의 일로 치부할 수 없는 현재진행형 과제가 되고 있다.

1 석유자원의 고갈

석유자원 고갈의 논리적 토대는 1956년 미국 지질학자 킹 허버트 박사의 피크 오일(peak oil)이론이 유명한데, 석유 생산량이 기하급수적으로 확대되었다가 특정 시점을 정점으로 급격히 줄어드는 현상을 말한다. 석유자원의 부족 여부, 피크 오일의 시기 예측이 중요하다기보다는 더 이상 석유가격이 싸지 않은 시점이 도래했다는 것이며, 이로 인해 대체연료와 연료저감이 중요해진 이유라는 점을 간과해서는 안 될 것이다.

2 환경 규제

자동차 관련 환경 규제는 미국, EU, 일본 등 선진국을 중심으로 규제가 강화되고 있으며, 한국, 중국 등 주요 자동차 생산국들도 기술 변화에 뒤처지지 않기 위해 규제 강화에 동참하고 있다.

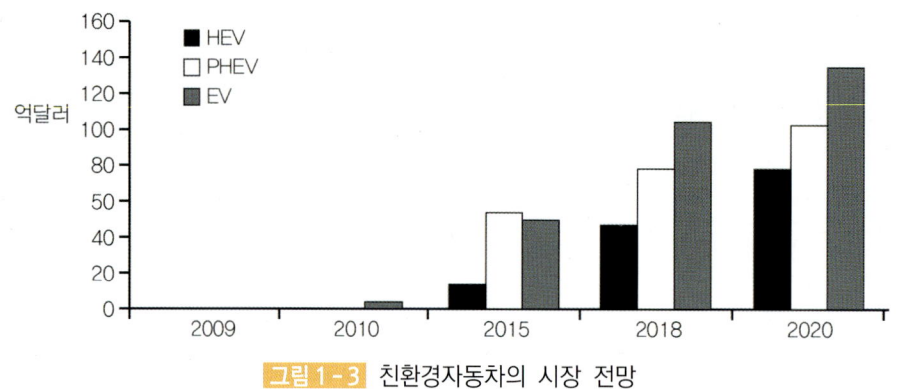

그림 1-3 친환경자동차의 시장 전망

자동차 시장이 성숙한 나라에서는 여러 가지 의미로 자동차 배출가스 규제를 갖고 있다. 이른바 부유한 선진국일수록 환경 보호에 관심이 많기 때문에 규제가 엄격할 수도 있다. 하지만 그 뒤에 숨겨져 있는 것은 이러한 배출가스 규제가 환경을 보호한다는 명목 하에 기술적 장벽으로 작용하여 자국의 자동차 산업을 보호하는 수단이 될 수도 있는 것이다.

기존에는 HC, CO, NOx 등 인체에 해로운 3가지 배출가스에 대하여 규제를 해왔었지만, 최근에는 온실가스에 대한 관심이 높아지면서 유럽을 시작으로 CO_2 배출량 또한 규제가 되고 있다.

Chapter 2 하이브리드 고전압장치 정비

01 하이브리드 전기자동차의 정의

하이브리드 전기자동차(hybrid electric vehicle, HEV)는 하나의 자동차에 2종류 이상의 엔진을 장착한 자동차를 말하는데, 가솔린엔진과 전기모터, 수소연소 엔진과 연료 전지, 천연가스 가솔린엔진과 디젤엔진과 전기모터 등 두 개의 동력원을 함께 쓰는 차를 말한다. 이 자동차는 플라이휠, 축전지, 대용량축전지와 조화를 이루는 연료 전지, 가스터빈, 디젤, 가솔린엔진 등 많은 하이브리드시스템 개념이 있다. 기존 휘발유, 디젤 등의 내연엔진 엔진과 전기모터를 동시에 장착한 형태가 대표적이다.

현재의 하이브리드 전기자동차는 출발 등 저속 주행 시 전기모터를 사용하고 높은 출력이 필요할 경우 내연엔진 엔진을 가동시키는 방식이 주류를 이루고 있다. 전기모터 구동에 필요한 전력은 자동차 내에 장착된 2차 전지를 통해 얻는데, 브레이크 페달을 밟을 때 나오는 잉여의 에너지로 충전하거나, 주행 시 바퀴의 회전을 통해 충전하는 방식으로 운행 전 오랜시간 동안 충전해야 하는 전기자동차와 구별된다.

기존의 화석연료인 가솔린이나 디젤연료를 사용하여 동력을 얻는 엔진과 전기로 구동시키는 전기모터를 결합하여 만들어진 하이브리드시스템은 현재의 내연엔진에 비하여 배기가스를 현저하게 저감시키고, 저속에서 연비를 개선하는데 효과가 있다.

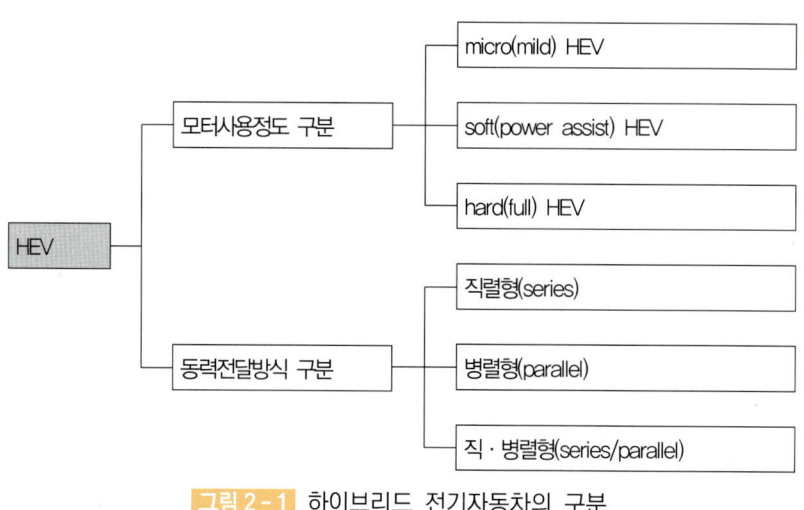

그림 2-1 하이브리드 전기자동차의 구분

02 HEV의 모터 사용 정도 구분에 의한 분류

하이브리드 전기자동차는 모터 사용 정도에 따라 micro(mild) HEV, soft(power assist) HEV, hard(full) HEV로도 분류된다.

1 Micro(mild) HEV

Micro(mild) HEV는 공회전 시 시동이 자동으로 꺼지고 출발 시 액셀러레이터를 밟으면 시동이 켜지는 idle stop & go system을 장착한 자동차로, 모터는 이때 보조역할만 하는 단순한 시스템이다. 기존의 내연엔진에 부착하거나 제약조건이 많은 소형 자동차에 적합한 방식이다.

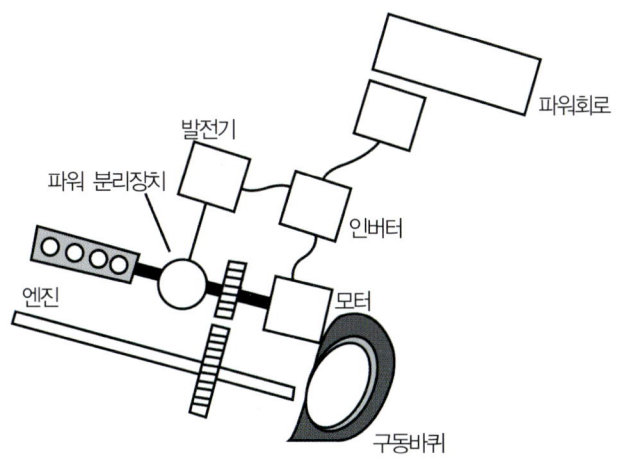

그림 2-2 Micro(mild) HEV

2 Soft HEV

Soft HEV의 경우 micro(mild) HEV 방식보다는 모터의 보조역할이 더 크다. 대부분의 병렬형 방식이 soft 타입으로 현대자동차의 아반테 LPI 하이브리드 및 혼다자동차의 시빅 하이브리드와 같이 엔진 + 전기모터 한 개, + CVT로 구성되어 있다. 이 경우 엔진과 변속기 사이에 모터가 삽입되어 있으며 모터가 엔진의 동력 보조역할을 수행하게 된다. 전기모터 단독으로 차를 움직일 수 있지만 모터는 단지 추진의 보조역할을 한다.

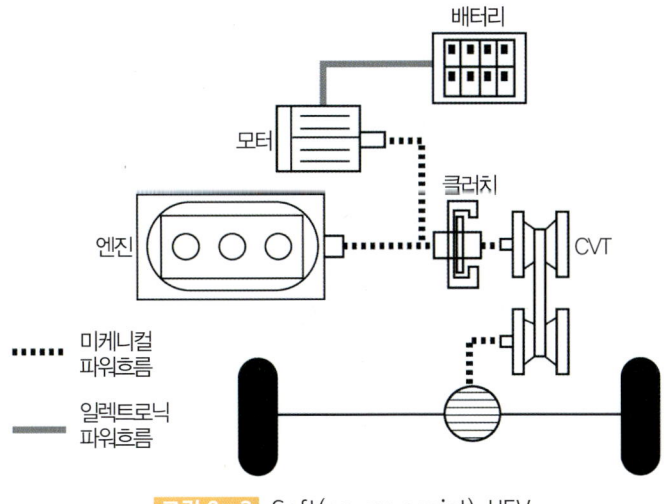

그림 2-3 Soft(power assist) HEV

Soft 하이브리드 시스템은 전기적인 비중이 적어 가격이 저렴한 장점이 있지만, 순수 전기모드 구현이 불가능하여 배기가스 저감 및 연비 개선에서 상대적으로 불리하게 된다. Soft 타입은 시동이나 가속순간에만 모터가 엔진을 보조하고 정속주행 시는 일반 자동차와 동일하게 엔진으로만 구동하는 타입이다. 그래서 hard 타입에 비하여 연비가 나쁜 것이다.

3 Hard(full) HEV

Hard(full) HEV은 전기모터가 출발과 가속 시에만 역할을 하는게 아니라 주행에 주되게 사용되는 방식이다. 직렬형과 혼합형(직·병렬형)이 이 방식에 속한다. 도요타의 프리우스가 대표적이며 이러한 방식이 하이브리드의 주류가 될 것으로 보이지만, 기술과 비용 측면에서 모든 자동차가 hard(full) HEV로 가려면 좀 더 기간이 필요해 보인다.

Hard 하이브리드는 도요다자동차의 프리우스처럼 엔진에 전기모터 2개를 가지고 있으며 CVT로 구성된 하이브리드 시스템이다. 이 경우 엔진, 모터, 발전기의 동력을 분할/통합하는 기구인 유성 기어를 채택하여 효율적으로 동력을 배분하고 있으며, 모터 2개가 유기적으로 작동하여 동력보조역할도 수행하면서 순수 전기자동차로도 작동이 가능하다.

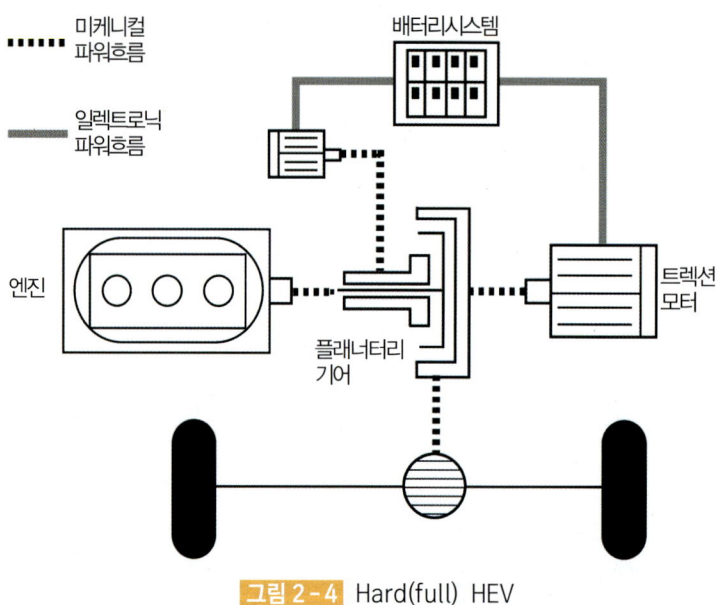

그림 2-4 Hard(full) HEV

Hard 하이브리드 시스템은 대용량 모터와 추가 모터 등 2개 이상의 모터와 제어기가 필요하고, 대용량 축전지가 필요하여 soft 타입에 비하여 전용부품이 1.5~2배 이상 고가인 단점이 있지만, 회생제동 효율이 우수하고 연비가 좋은 장점도 가지고 있다.

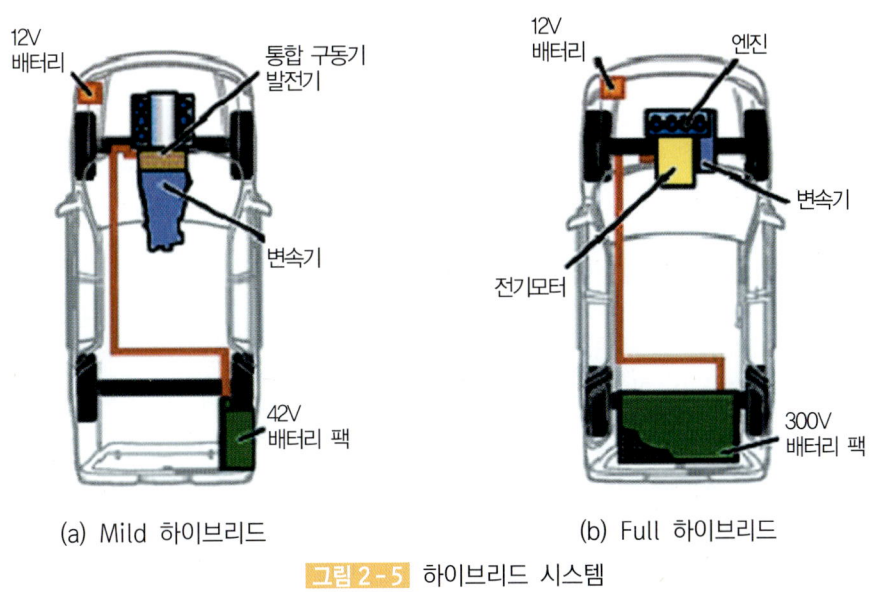

(a) Mild 하이브리드　　　　　　(b) Full 하이브리드

그림 2-5 하이브리드 시스템

Hard 하이브리드는 저속구간인 약 60km/h까지 급가속을 하지 않으면 고전압 축전지의 전압을 이용하여 모터로만 자동차를 구동하는 방식이다. 급가속 순간 시에는 엔진 출력을 보조하는 soft 타입과 동일한 작동을 한다.

기존의 hard 하이브리드 시스템에 대용량 축전지를 추가하고 집에서 축전지를 충전하여 주행하게 되면 스트롱 하이브리드보다 연료를 적게 소비하면서 멀리 주행하게 되는데, 이러한 자동차를 플러그드인 하이브리드 전기자동차(PHEV)라 한다.

표 2-1 동력원의 전기화 정도에 따른 구분

구 분		특 징	
내연엔진		• 기존의 엔진과 변속기를 동력원으로 사용	엔진
HEV	Micro(mild) HEV	• 공회전 시 엔진이 정지 • 모터는 보조역할만 하는 단순 시스템 • 소형 자동차에 적합한 방식 • Citroen C2	엔진 + 모터(보조미비)
	Soft(power assist) HEV	• 기존 엔진에 모터로 보조 • 전기 주행모드가 없다. • 시동이나 가속순간에만 모터가 엔진을 보조 • 대부분의 병렬형 방식 • 현대자동차 아반테 LPI HEV 및 혼다자동차의 시빅	엔진(주) + 모터(보조)
	Hard(full) HEV	• 전기모터가 출발과 가속 시에만 역할을 하는게 아니라 주행에 주된 역할 • 전기 주행모드가 있다. • 하이브리드의 주류가 될 것 • 직렬형, 혼합형(직·병렬형) • 도요타의 프리우스	모터(주) + 엔진(보조)
PHEV(plug-in HEV)		• 기본적으로 전기모터로 움직이지만 축전지 범위를 넘어서는 거리는 엔진을 이용해 발전기를 돌리는 방식 • 동력원은 전기만 쓰지만 충전에 필요한 내연엔진을 내장한 자동차 • 가정용 콘센트를 이용해 자동차를 충전시키는 구조	모터(주) + 엔진(배터리 충전)

구 분	특 징	
BEV	• 순수 전기로만 움직이는 자동차	모터(배터리)
FCEV	• 연료 전지에서 발생하는 순수 전기로만 움직이는 자동차	연료 전지 + 모터

03 HEV의 동력전달 방식 구분에 의한 분류

하이브리드 전기자동차는 바퀴를 돌리기 위한 모터, 모터의 회전력을 바퀴에 전달하는 변속기, 모터에 전기를 공급하는 축전지 그리고 전기 또는 동력을 발생시키는 엔진으로 구성된다. 이들 중 엔진과 모터의 연결 방식에 따라 직렬형(series type), 병렬형(parallel type), 직·병렬형(series-parallel type)으로 구분된다.

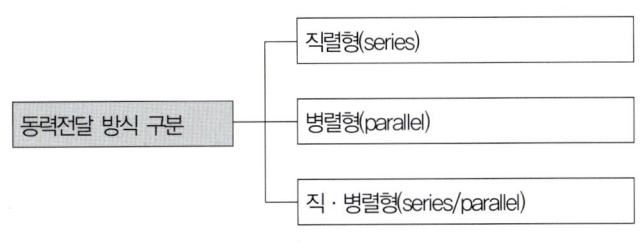

그림 2-6 HEV의 동력전달방식

직렬형과 병렬형은 둘 모두 모터가 바퀴를 돌린다는 점은 같다. 직렬형에서 엔진은 축전지를 충전시키기 위한 장치로 사용하고, 병렬형은 엔진이 변속기에 직접 연결되어 차체를 움직이고, 축전지의 충전에 관여하는 것이 주목적은 아니다. 따라서 직렬형과는 달리 발전기가 필요 없다. 병렬형은 엔진과 모터의 배열에 따라 다양한 종류의 방식이 가능하다.

직·병렬형은 발진 시와 경부하 시에는 축전지로부터의 전력만을 가지고 모터로 주행하고, 통상 주행 시에는 엔진 직접 구동과 발전기에서 얻어진 전력을 사용한 모터구동 두 가지가 된다. 그리고 가속, 추월, 등판 시 등 큰 동력이 필요한 경우, 통상 주행 시에 추가하여 축전지로부터 전력을 공급하여 모터의 구동력을 증가시킨다.

감속 시에는 모터를 발전기로 변환시켜 감속에너지로 발전하여 축전지에 충전하여 재생한다. 직렬형 하이브리드 전기자동차는 순수 전기자동차(pure electric vehicle)에 더 가깝고 병렬형 하이브리드 전기자동차는 전통적인 내연엔진의 변형으로 이해할 수 있다. 병렬형 하이브리드 전기자동차가 기존의 내연엔진 자동차에 더 쉽게 적용될 수 있는 이유이다.

1 직렬형

직렬형은 엔진이 발전기를 돌리고, 발생한 전기에 의해 모터가 구동축(바퀴)을 움직이는 방식이다. 엔진이 구동축에 연결되어 있지 않고 엔진과 발전기가 직접 연결되어 있어 직렬형이라고 부른다. 태양열이나 태양광자동차에서 주로 쓰이고 있고 내연엔진보다 엔진이 더 효율적이다. 다만 이 방식의 상용화 최대 핵심은 전기의 힘으로만 기계적인 추진력을 얻어야 하기 때문에 대용량 축전지가 필요하다는 것이다.

그래서 현재로서는 하이브리드 트럭이나 버스와 같이 중량이나 면적에서 제약 조건이 적은 타입이 유리하다. 그림 2-7은 앞바퀴 굴림 방식의 직렬형 하이브리드 전기자동차의 구성을 나타낸 것이다. 앞바퀴 사이에는 변속기가 있고, 모터는 이 변속기를 통해 동력을 바퀴에 전달한다. 그리고 모터에 공급하는 전기를 저장하는 축전지가 달렸다.

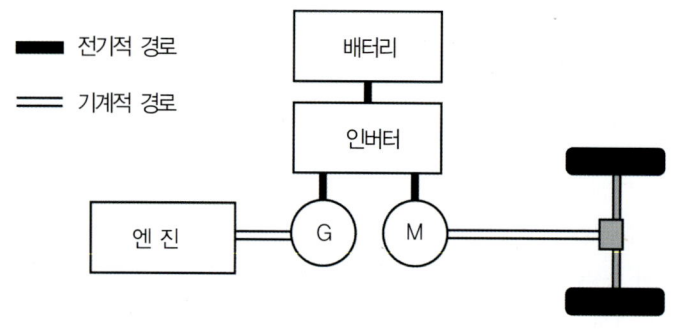

그림 2-7 직렬형 하이브리드 전기자동차

직렬형에 사용되는 엔진은 바퀴를 돌리기 위한 것이 아니라 축전지를 충전하기 위한 것이다. 따라서 엔진에는 발전기가 연결되고, 이 발전기에서 발생되는 전기는 축전지에 저장된다. 이러한 직렬형은 엔진과 구동바퀴 사이에 동력전달 구조가 필요 없다는 점에서 여러 가지 특징을 찾을 수 있다.

첫째, 엔진과 바퀴 사이에 동력전달을 위한 기계적인 연결이 필요 없어 엔진의 레이아웃이 자유롭다. 엔진이 좁은 엔진룸에 있을 필요가 없고 적당한 공간에 설치함으로써 차의 운동 특성을 개선하기도 쉽다.

둘째, 엔진과 바퀴의 회전은 전혀 무관하므로 항상 최적의 상태로 엔진을 구동할 수 있다. 통상적으로 내연엔진의 회전 수에 따라서 발휘되는 힘, 출력, 연비 등이 달라지는데, 충전하기 위해 가장 적은 배기가스를 배출하는 상태로 엔진을 구동시킬 수 있는 것이다.

일반적인 가솔린, 디젤자동차와는 달리 비효율적이고 배기가스가 많이 배출되는 아이들링 상태로 엔진 회전 수를 유지할 필요가 없다. 게다가 엔진은 엔진대로, 모터는 모터대로 별개로 제어할 수 있으므로 제어논리가 간단해진다는 것도 장점이다. 충분한 성능을 지닌 모터가 없힌다면 4단, 5단 따위의 다단 변속기도 필요 없다.

모터의 출력 특성은 내연엔진과 비교해 회전 수에 크게 좌우되지 않기 때문이다. 반면 직렬형 하이브리드 엔진의 단점도 만만치 않다. 가장 큰 단점은 차체의 구동이 전적으로 모터에 의존한다는 것이다. 직렬형을 위해서는 성능이 뛰어난 모터가 필요하지만 자체 힘만으로 무거운 차체를 가뿐히 움직일 만한 성능 좋은 모터는 아직 찾을 수 없는 실정이다. 이러한 모터가 있다면 하이브리드 대신 순수 전기자동차를 내놓는 것이 더 유리할 수도 있다. 축전지의 용량이 문제이기 때문에 리튬축전지 기술 상용화가 더 진전되면 강력한 도전자가 될 것으로 평가되고 있다.

직렬형 하이브리드 전기자동차의 특징은 다음과 같다.
① 직렬형 하이브리드 전기자동차는 엔진, 발전기, 전동기가 직렬로 연결되어 있으며, 엔진을 항상 최적점에서 작동시키면서 발전기를 이용해 전력을 모터에 공급하고, 순수하게 모터의 구동력만으로 차를 주행시키는 방식이다.
② 제어가 비교적 간단하고, 배기가스 특성이 우수하며, 별도의 변속장치가 필요 없다는 것이 장점이다.
③ 전체 시스템의 에너지 효율이 병렬형에 비해 낮고, 자동차의 주행성능을 모두 만족시킬 수 있는 고성능의 전동기 개발이 필수적이며, 동력전달구조 자체가 크게 바뀌므로 기존 자동차에 적용하기는 어렵다는 단점이 있다.

2 병렬형

병렬형은 엔진과 모터가 각각 독립적으로 구동하는 방식을 말하며, 주로 하이브리드 전기자동차라고 할 때 지칭하는 방식이 병렬형이다. 주 동력원은 엔진을 이용한 기계적 추진력이고, 엔진을 더욱 가속할 때나 출력이 부족할 때 주 동력원을 모터가 보조하는 방식이다. 직렬형이 지닌 한계 때문에 양산이 되었거나 혹은 선보일 예정인 하이브리드 전기자동차는 대개 병렬형을 선택하고 있다.

그림 2-8은 앞바퀴 굴림 방식의 병렬형 하이브리드 전기자동차의 구조를 나타낸다. 축전지의 전기로 구동되는 모터가 변속기를 통해 바퀴를 돌린다는 점에서 병렬형은 직렬형과 동일하다. 그러나 병렬형의 엔진은 변속기에 직접 연결되어 차체를 움직이고, 축전지의 충전에 관여하는 것이 주목적은 아니다. 따라서 직렬형과는 달리 발전기가 필요 없다.

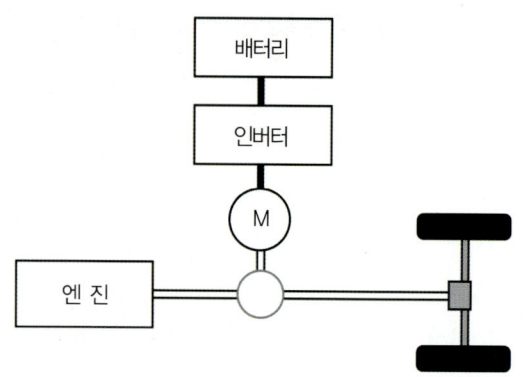

그림 2-8 병렬형 하이브리드 전기자동차

구체적으로 병렬형의 동력시스템은 축전지 모터 변속기 바퀴로 이어지는 전기적 구성과 연료탱크 엔진 변속기 바퀴의 내연엔진 구성이 변속기를 중심으로 병렬적으로 연결된다. 엔진과 모터 각각이 바퀴에 직접 연결되므로 동력전달 효율이 뛰어난 것은 물론이다. 엔진과 모터가 출력을 동시에 바퀴에 전달할 수 있으므로 엔진의 크기를 줄이는 만큼의 성능을 발휘하는 모터만 갖추면 기존의 내연엔진 자동차에 손색없는 동력 성능을 이끌어낼 수 있다는 점이 눈길을 끈다. 작은 엔진을 고효율 영역에서 운전하도록 하여 공해를 줄인다는 점 외에도 모터가 병렬로 연결되는 것은 숨은 장점이 있다.

통상적으로 엔진에서 배출되는 출력 중 차체를 움직이는 힘으로 사용되는 비율은 크지 않고, 나머지는 대부분 버려지는데, 병렬형 하이브리드 전기자동차에서는 엔진의 힘이 운전자가 요구하는 동력 이상으로 발휘될 수 있을 때는 여유 동력으로 모터를 구동시키고 이때 모터는 발전기 역할을 하며 전기를 저장한다. 축전지에 저장된 모터에서 발생된 전기는 엔진과 모터의 힘을 합한 큰 동력 성능이 필요할 때 모터를 움직인다.

따라서 병렬형 하이브리드 전기자동차는 엔진에서 발생되는 에너지를 효율적으로 사용할 수 있다. 또 연료탱크 엔진 변속기 바퀴의 내연엔진 구성은 기존의 자동차와 다를 바 없어 현실적으로 적용하기도 쉽다.

엔진과 모터의 복잡해진 구조를 종합적으로 제어해야 하는 탓에 제어논리(logic)가 복잡해지지만, 이러한 장점들 때문에 다수의 개발 중인 모델들은 병렬형을 채택하고 있다. 이미 선보였거나 앞으로 선보일 대부분의 하이브리드 전기자동차는 병렬형을 기본으로 하고 있지만, GM의 프리셉트(precept)는 복합형이라는 독특한 구조를 사용하고 있다. 프리셉트는 모터가 앞바퀴를 돌리고, 뒷바퀴는 엔진이 돌린다. 네바퀴 굴림 병렬 방식이지만 직렬 방식이 유리할 때는 엔진이 충전장치로 사용된다.

복합형은 장점도 많지만 직렬과 병렬 방식 사이의 전환과정과 기타 복잡한 주행 환경에서 적절하게 동력원을 제어하는 것이 어렵다. 또 병렬형에 비해 고성능의 모터가 필요하다는 것도 단점이다.

병렬형 하이브리드 전기자동차의 특징은 다음과 같다.

① 변속기의 전후에 엔진 및 전동기를 병렬로 배치하여, 주행 상황에 따라 최적의 성능과 효율을 갖게끔, 자동차 구동에 필요한 동력을 엔진과 전동기에 적절히 분배하는 방식이다.
② 엔진의 힘이 운전자가 요구하는 동력 이상으로 발휘될 수 있을 때는 여유 동력으로 모터를 구동시켜 전기를 저장한다(모터는 발전기 역할).
③ 엔진과 모터의 힘을 합한 큰 동력 성능이 필요할 때 모터를 움직인다.
④ 병렬형은 기존 자동차의 구조를 이용 가능하므로 제조 비용면에서 직렬형에 비해 유리하다는 장점이 있으나, 동력전달 구조 및 제어가 복잡하다는 단점이 있다.
⑤ 유럽 등의 도시 규모가 작은 지역에서는 전기자동차로 주행하고, 도시간의 고속주행이 요구되는 경우는 엔진 주체의 주행으로 하는 방식이다.

3 직·병렬형

혼합형(직·병렬형)은 직렬형과 병렬형을 혼합한 방식으로 엔진과 모터가 동시에 작동되거나, 모터 단독 또는 엔진 단독으로 그리고 엔진과 회생제동을 통해 발전기를 돌려 구동축을 움직이는 방식을 말한다. 엔진 효율이 좋은 주행상태에서는 엔진으로 발전기를 돌려 축전지에 충전하여 두는 것이 주요 동작과정이다. 바퀴 회전속도를 측정하여 엔진구동이 효율적이라고 판단되면 엔진으로 바퀴를 직접 구동하도록 하고, 이 보다 엔진-발전기-모터의 효율이 좋다고 판단되면 엔진은 발전기가 된다.

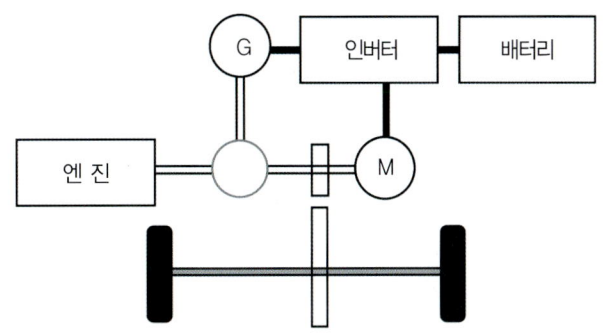

그림 2-9 직·병렬형 하이브리드 전기자동차

엔진은 일정 속도로 회전할 때 효율이 가장 좋다. 이 엔진출력이 주행에 소요되는 구동력을 초과할 경우 남는 에너지로 발전하여 축전지에 저장한다. 보다 큰 구동력을 요할 때에는 엔진, 엔진-발전기-모터, 축전장치-모터의 구동력이 함께 동원되어 강력한 힘을 발휘한다.

엔진구동에 의한 주행을 기본으로 하면서 주행 상황에 따라 엔진 동력을 자동차 구동용과 발전용으로 분할, 모터 구동력을 병용하면서 차를 달리게 하는 것이다.

혼합형 하이브리드 전기자동차 작동원리는 다음과 같다.

① Starting or light load : 엔진이 최대 효율로 작동하지 않으므로 모터에 의해서만 자동차를 구동
② Normal driving : 엔진이 바퀴를 구동하고, 나머지 출력은 모터 구동용 전기를 발생 – 최대 효율을 얻을 수 있도록 각 경로에 분배되는 출력비율을 제어
③ Full acceleration : 엔진/모터 동시 사용. 축전지에서 모터에 전력 공급(축전지에서 모터에 전력 공급)
④ Decelerating or braking : 바퀴의 관성에 의해 발전기가 구동되고, 발전기에서 발생된 전기는 축전지에 저장
⑤ Idling : 엔진 정지. 단, 축전지의 재충전이 필요한 경우에는 가동

표 2-2 동력전달 방식 HEV 분류

구 분	특 징	
• 직렬형 ■ 전기적 경로 ═ 기계적 경로 [배터리-인버터-엔진-G-M-바퀴 구성도]	• 엔진이 발전기를 돌리고, 발생한 전기에 의해 모터가 구동축(바퀴)을 움직이는 방식 • 최대 핵심은 전기의 힘으로만 기계적인 추진력을 얻어야 하기 때문에 대용량 축전지가 필요 • 하이브리드 트럭이나 버스와 같이 중량이나 면적에서 제약 조건이 적은 타입이 유리	플러그인
• 병렬형 [배터리-인버터-M-엔진-바퀴 구성도]	• 하이브리드 형태 중 가장 널리 적용되는 방식 • 엔진과 전기모터가 동시에 구동축에 힘을 전달하는 방식(엔진과 모터가 각각 독립적으로 구동) 주행상태에 따라 엔진과 모터로 최적 상태 구동 – 큰 동력 필요시 : 엔진 + 모터 – 여유 동력 시 : 엔진 → 모터구동 → 배터리 충전(모터는 발전기 역할)	Soft 방식
• 혼합형(직 · 병렬형)	• 엔진과 모터가 동시에 작동되거나, 모터 단독 또는 엔진 단독으로 그리고	Hard 방식

구 분	특 징
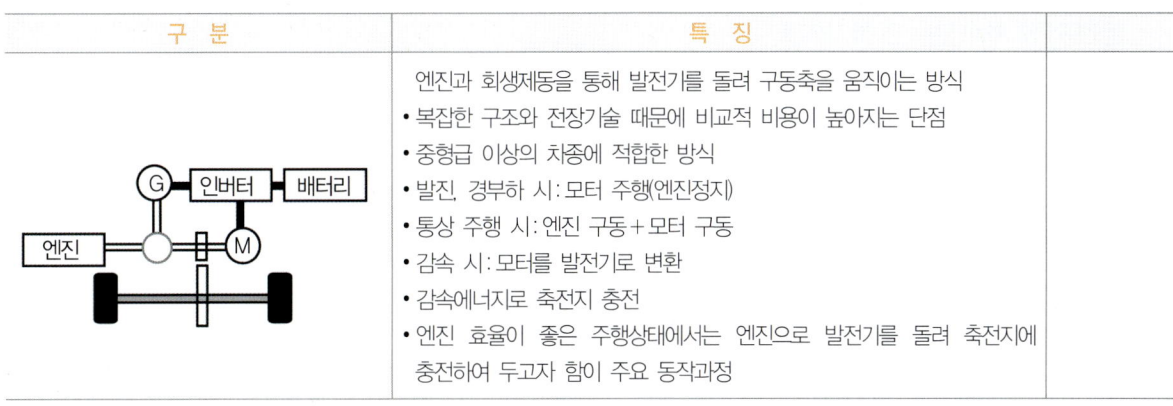	엔진과 회생제동을 통해 발전기를 돌려 구동축을 움직이는 방식 • 복잡한 구조와 전장기술 때문에 비교적 비용이 높아지는 단점 • 중형급 이상의 차종에 적합한 방식 • 발진, 경부하 시 : 모터 주행(엔진정지) • 통상 주행 시 : 엔진 구동+모터 구동 • 감속 시 : 모터를 발전기로 변환 • 감속에너지로 축전지 충전 • 엔진 효율이 좋은 주행상태에서는 엔진으로 발전기를 돌려 축전지에 충전하여 두고자 함이 주요 동작과정

04 플러그인 하이브리드 전기자동차(PHEV)

플러그인 하이브리드 전기자동차(PHEV)의 기본은 하이브리드 전기자동차이지만, 축전지 용량을 하이브리드 전기자동차와 전기자동차의 중간 크기로 하고, 비상시에는 다시 충전해 두는 것으로 단거리는 전기자동차로서 활용하는 형식이다. 가정 전원이 이용 가능하고, 어디서도 충전할 수 있다는 간편성을 염두에 둔 방식이다. 트럭에 비해 단거리 이용이 많은 승용차의 특성에 주목하여 전동 주행을 단거리 이용으로 줄여서 전지 코스트를 줄인 가솔린 자동차와 전기자동차의 하이브리드 방식이다.

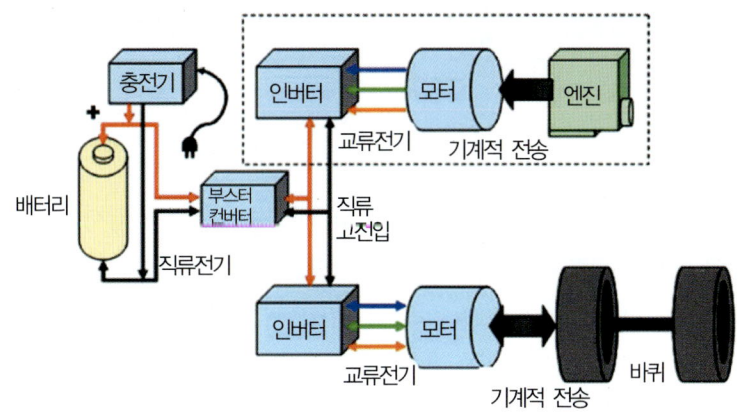

그림 2-10 플러그인 하이브리드 전기자동차

1 동력전달 방식에 의한 분류

PHEV는 하이브리드 전기자동차와 마찬가지로 동력계 구조에 따라 바퀴축과 발전기가 연결된 직렬 하이브리드 시스템(serial hybrid system), 병렬 하이브리드 시스템(parallel hybrid system), 직·병렬 하이브리드 시스템(serial parallel hybrid system)으로 구분된다. 각 방식의 차이는 엔진과 전기모터가 어떤 역할을 맡고 있는지가 핵심이다.

직렬 하이브리드 시스템은 엔진이 발전기를 돌리고, 발전기가 전기모터에 전류를 공급해 구동축을 움직이는 방식이다. 구동축을 움직이는 역할은 전기모터가 하며 엔진은 전기모터에 전력을 공급하는 역할만 한다.

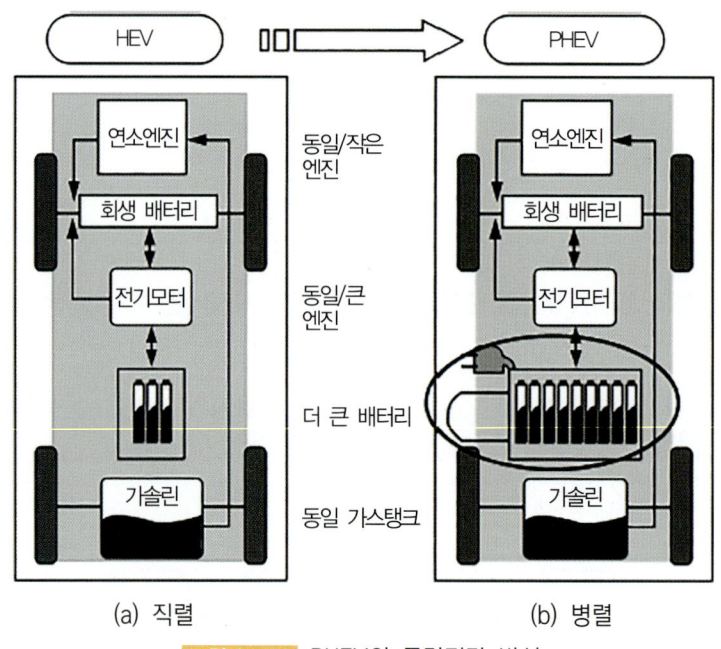

그림 2-11 PHEV의 동력전달 방식

병렬 하이브리드 시스템은 엔진과 전기모터가 동시에 구동축에 힘을 전달하는 방식이다. 엔진이 구동축에 바로 연결되기 때문에 직렬 하이브리드 시스템과 달리 엔진에서 얻어진 기계적 에너지를 전기에너지로 바꾸지 않아도 된다는 것이 장점이다.

직·병렬 하이브리드 시스템은 직렬 방식과 병렬 방식을 상황에 따라 유연하게 바꿔가며 사용할 수 있는 방식이다. 엔진 힘이 구동축에 직접 전달되기도 하고 전기모터만으로 사용할 수 있기도 해서 편리하다. 저속에서는 직렬 시스템을 사용하고, 고속에서는 병렬 시스템을 사용하기 때문에 연비와 출력 모두 장점을 가질 수 있다.

표 2-3 플러그인 하이브리드 전기자동차 비교

구 분	구동 방식	비 고
직렬 PHEV	• 대표적인 구조 • 엔진이 발전기를 돌리고, 발전기가 전기모터에 전류를 공급해 구동축을 움직이는 방식 • 구동축을 움직이는 역할은 전기모터가 하며, 엔진은 전기모터에 전력을 공급하는 역할만 한다.	시보레 볼트
병렬 PHEV	• 엔진과 전기모터가 동시에 구동축에 힘을 전달하는 방식 • 엔진이 구동축에 바로 연결되기 때문에 직렬 하이브리드 시스템과 달리 엔진에서 얻어진 기계적 에너지를 전기에너지로 바꾸지 않아도 된다는 것이 장점	혼다 인사이트 혼다 시빅
직·병렬 PHEV	• 직렬 방식과 병렬 방식을 상황에 따라 유연하게 바꿔가며 사용할 수 있는 방식 • 엔진 힘이 구동축에 직접 전달되기도 하고 전기모터만으로 사용할 수 있기도 해서 편리 • 저속에서는 직렬 시스템을 사용하고, 고속에서는 병렬 시스템을 사용하기 때문에 연비와 출력 모두 장점을 가질 수 있다. 직·병렬 하이브리드 시스템이 사용	도요타 프리우스 도요타 렉서스

인휠모터는 각 바퀴를 구동하는 동력을 각 바퀴 안쪽에 설치된 모터를 사용한다. 휠 안에 모터가 있다고 하여 인휠 모터라고 하며, 장점은 각 바퀴로 연결되는 드라이빙 샤프트를 없애 구조의 간단화를 꾀할 수 있다. 이는 드라이브 바이 와이어의 관점에서 보면 완벽한 드라이브 와이어의 구현으로 표현할 수 있다. 예를 들면, 하나의 인휠모터 시스템을 갖고 따로 큰 기계 구조의 설계 변경 없이 다양한 차종에 부착할 수 있을 만큼 큰 범용성을 가질 수 있다. 축전지에 저장된 전기에너지는 각 바퀴로 공급되어 인휠모터를 구동하여 자동차를 움직인다. 전기에너지를 전달해주는 배선만 있으면 쉽게 4륜구동을 구현할 수 있어 구조의 극단적인 단순화를 꾀할 수 있다.

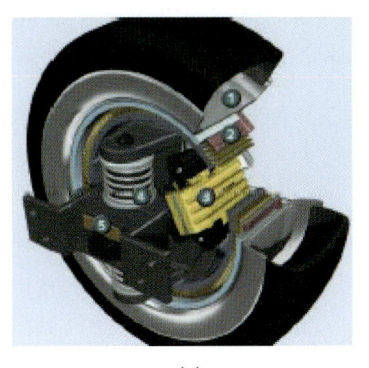
(a)

(b)

그림 2-12 인휠모터 방식을 채용한 플러그인 하이브리드 전기자동차

인휠모터의 장점은 자동차 자세안정 시스템인 ESP, 조금 더 발전된 자동차의 안정화를 시켜 주는 X-drive와 같은 시스템의 구현을 추가적인 기계부품 없이 구현할 수 있다. X-drive와 같은 자동차의 주행 안정성을 높여주는 시스템은 복잡한 메커니즘이 기반이 된 토크 벡터링이 구현되어야 한다. 하지만 아주 큰 단점이 있다. 바로 알고리즘의 정밀한 제어가 그것이다. 사실 기술적으로는 이미 당장 양산을 해도 되지만 비상안전장치(fail safe) 기능에 대한 대처가 약하다는 단점이 있다.

최근의 자동차 급발진 사고의 원인으로 자동차의 전자화가 문제가 된다고 지목하는 전문가들도 있다. 인휠모터는 구동 방식 자체도 정밀한 전자제어가 필요한 방식이다. 쉽게 말해 4바퀴의 회전을 정밀하게 제어하지 못하면 쉽게 할 수 있는 자동차의 직진주행조차 어렵게 될 수 있다. 자동차나 비행기, 기차, 배와 같은 운송수단이 궁극적으로 추구하고자 하는 완벽한 X-by wire 시스템은 정밀한 제어와 완벽한 비상안전장치 알고리즘이 뒷받침되어야 한다.

2 PHEV용 에너지 저장 시스템 개발

일반적으로 PHEV는 HEV와 달리 외부로부터 전기에너지를 공급받아 저장장치를 완전히 충전하고, 이후 주행 중에 충전된 에너지를 모두 사용하는 형태로 운전된다. PHEV는 순수 전기자동차의 저장장치 운용형태와 유사하게 넓은 사용영역과 심방전(deep discharge) 운전에 대응이 가능하고, 우수한 에너지 특성이 요구된다.

또한 일정 충전상태 이하에서는 기존 HEV와 동일한 형태로 운용되나, 기존 HEV보다 상대적으로 낮은 일정 충전상태 영역에서 사용되므로, 성능 및 수명을 확보할 수 있는 뛰어난 출력 특성이 필요하다. PHEV용 에너지 저장 시스템은 에너지 특성이 우수한 전기자동차용 저장장치의 요구와 출력 특성이 중심이 되는 HEV용 저장장치의 요구를 동시에 만족시킬 수 있는 시스템을 필요로 하며, PHEV의 보급 및 시장 확대를 위하여 저장장치의 에너지 밀도, 출력 밀도, 수명특성 및 가격 등에서 상당한 진보가 필수적이다.

05 하이브리드(HEV) 시스템 구성

1 하이브리드의 장·단점

① 엔진과 모터의 장점을 이용하여 효율이 증대된다.
② 연비가 향상되고, 배기가스가 저감된다.
③ 복수의 동력을 탑재하므로 복잡하고 공간이 필요하다.
④ 배터리, 인버터 등 부품이 증가하므로 제작비용, 중량이 증가한다.
⑤ 대중화되어 있지 않아 비싸다.

2 하이브리드 전기자동차 원리의 3가지 핵심

① **Idle stop** : 정차 시 엔진이 자동으로 정지되어 연료소모량을 줄인다.
② **동력 보조** : 가속 및 등판 시 엔진과 전기모터가 적절한 힘의 분배를 하여 연료소모량을 줄인다.
③ **감속 시 충전(회생 브레이크)** : 감속 시 배터리를 자동으로 충전하여 전기에너지를 재생산한다.

3 하이브리드 전기자동차 기본 동력전달

① **정지 시** : 엔진이 자동으로 정지되어 연료소모량을 줄인다(Idle stop).
② **정지상태에서 출발 시** : 배터리를 이용하여 전기모터를 돌려 바퀴를 구동한다.
③ **일반 주행 시** : 엔진과 전기모터 모두가 자동차 바퀴를 움직인다. 엔진의 힘은 바퀴와 전기모터에 나누어 전달되며, 효율적인 측면에서 힘의 배분이 컨트롤된다.
④ **가속 및 고속 주행 시** : 일반 주행에 더하여 배터리 전기를 이용하여 전기모터를 구동(동력보조)한다.
⑤ **감속 시(브레이크를 밟았을 때)** : 브레이크 시 발생되는 열에너지를 전기모터가 발전기 역할을 하여 배터리를 충전(회생 브레이크)한다.

4 하이브리드 모터시동 금지조건

(1) 하이브리드 모터시동 금지조건

① 고전압 배터리의 온도 < -10℃ 또는 배터리의 온도 > 45℃
② MCU Inverter 온도 > 94℃

③ SOC 18% 이하
④ 엔진 냉각수 수온 -10℃ 이하
⑤ ECU, MCU, BMS 고장 시

(2) 시동 회전 수(rpm)
① ECU 아이들 RPM 이상으로 설정
② 장시간 아이들 스톱 후 시동 시 시동 RPM 상승(CVT 유압 발생을 위하여)

5 하이브리드 시스템의 구성

HEV 자동차는 전기 동력부품인 전기모터, 인버터, 컨버터, 배터리로 시스템이 구성되며, 자동차 구동을 지원하는 전기모터는 엔진측에 장착, 인버터, 컨버터, 배터리는 통합 패키지 형태로 자동차 후방에 탑재된다.

(1) 모터, 모터 발전기

발전을 주로 하는 모터 발전기와 구동력을 담당하는 모터(발전기 역할도 함)의 두 개를 갖추고 있으며, 영구자석이 달려 있고 브러쉬가 없으며, 로터를 전자력으로 구동해서 회전시키는 방식이다.

(2) 고전압 배터리

배터리는 충전이 가능한 2차 배터리가 사용되며, 니켈-수소 배터리나 리튬 이온 배터리를 사용한다.

① **배터리 종류**
㉮ 니켈-수소 배터리 : 니켈-카드뮴 배터리의 카드뮴을 수소로 변경한 것으로 1셀 단위당 전압은 1.2V가 발생한다.
㉯ 리튬 이온 배터리 : 양극에 리튬 금속 산화물, 음극에 탄소질 재료, 전해액은 리튬염을 녹인 재료를 사용한다. 충·방전에 따라 리튬 이온이 양극과 음극 사이를 이동한다. 발생전압은 3.6~3.8V 정도이다.
㉰ 리튬 이온 폴리머 전지 : 리튬 이온 배터리에 탑재된 전해질 대신 젤 타입의 전해질을 사용해 폭발 위험을 줄인 것이 특징이며, 셀당 DC 3.75V이다.

㉣ 니카드 배터리 : 양극에 니켈계 물질, 음극에 카드뮴계 물질, 전해액에 알칼리 전해액을 사용한다. 셀 전압은 1.2V이다.
㉤ 캐퍼시터 : 전기 이중층 콘덴서를 말한다. 캐퍼시터는 짧은 시간에 큰 전류를 축적, 방출할 수 있기 때문에 발진이나 가속을 매끄럽게 한다.

② 프리차저 릴레이

초기 고전압 유기에 의한 과전류 유입을 방지하기 위해 먼저 (-)릴레이와 프리차저 릴레이를 ON하고 뒤이어 (+)릴레이를 ON한다.

③ 메모리 효과

배터리가 완전 방전되지 않은 상태에서 충전을 되풀이함으로써 방전할 때의 전압이 표준상태보다 일시적으로 저하되는 현상을 가리키며, 배터리의 수명도 짧아진다. 충전상태의 80% 부근과 40% 부근을 적절히 사용하도록 제어함으로써 배터리 내구성을 확보하고 있다.

④ BMS(battery management system) 쿨링휀
㉮ 강제통풍 방식(블로워모터 이용)이다.
㉯ 배터리의 효율을 최적화하기 위해 온도를 다운시킨다.
㉰ 외기와 실내공기를 배터리측을 통과시켜 냉각시킨다.
㉱ 배터리온도를 BMS가 감지하여 휀 컨트롤러에게 구동신호를 출력한다.
㉲ 블로워모터의 속도제어는 휀 컨트롤러가 파워 TR 게이트신호에 출력하여 제어한다.

(3) 인버터, 컨버터

구동용 모터나 발전기 등은 교류를 사용하므로, 교류와 직류로 변환하는 역할을 한다. 컨버터는 점등장치나 에어컨, 오디오 등의 전기장치용 12V 전원으로 작동할 때는 구동 배터리용으로 발전한 전기를 12V로 변환하거나, 12V 배터리에 충전하는 역할을 한다. 정확하게 DC-DC 컨버터이다.

(4) HEV MCU(모터 컨트롤 유닛)

고전압 배터리로부터 직류(DC) 전기를 공급받아 3상 교류(AC) 전기를 발생시켜 모터 구동을 제어하며 구성은 인버터 어셈블리이다.

06 하이브리드 제어 기능

1 하이브리드 모터 시동

시동 상황	- Key 시동(P/N 단) - 오토 스톱 해제
금지 조건	- 배터리, 모터 방전 제한값 < 엔진의 시동토크 - 배터리 온도 < 약 -10도 또는 배터리온도 > 약 45도 - SOC < 18% - 엔진수온 < -10도 - ECU, MCU, BMS fail(제어기, CAN 고장)
특이 조건	- 모터시동 금지 시는 Key 시동 시 스타터로 시동 - 오토 스톱 중 금지조건 발생 시 즉각 해제하고 모터 시동
시동 rpm	- ECU 아이들 rpm 이상으로 설정 - 장시간 오토 스톱 후 시동 시 rpm 상승(CVT 유압발생 위해)

2 오토 스톱(auto stop)

① 자동차가 정지할 경우 연료소비를 줄이고 배기가스를 저감시키기 위해 엔진을 자동으로 정지시키는 기능(공조 시스템은 일정 시간 유지 후 정지)이다.
② 오토 스톱이 해제되면 모터 크랭킹과 연료분사를 재개하여 엔진을 재시동한다.
③ 오토 스톱이 작동되면 오토 스톱램프가 점멸하고, 해제되면 소등한다.
④ 오토 스톱 스위치가 눌려있지 않으면 오토 스톱 OFF램프가 점등한다.
⑤ IG OFF 후 IG ON하면 오토 스톱 스위치는 ON상태로 된다.

3 브레이크 밀림방지장치(CAS : creep aid system)

① 경사로 등에서 출발 시 자동차가 밀리는 현상을 방지하기 위한 장치이다.
② 아이들 스톱 후 해제 시 엔진이 재시동되어 엔진의 creep 토크가 발생하기까지 자동차가 밀리는 현상을 최소화하기 위해 경사도에 따라 밀림방지장치를 작동한다.

4 브레이크 부압 보조

하이브리드자동차는 부압이 부족한 경우가 있다. 부압이 부족하다고 판단되면 아래와 같이 제어한다.

(1) 엔진 시동이 OFF된 경우

오토 스톱인 경우 부압이 낮아진다. → 낮다고 판단되면 시동을 건다.

(2) 엔진 시동이 ON된 경우

LDC 충전전압(12.8V)을 낮추어 부압을 확보, A/C의 부하가 클 때(ETC밸브가 열려있어 부압 저하) A/C OFF하여 부압을 확보, CVT 발진클러치 초기 출발토크 확보를 위해(ETC밸브가 열려 부압 저하) 열려있던 ETC밸브를 닫는다.

5 LDC(low DC/DC converter) 제어

HEV 자동차는 발전기 대신 LDC를 적용하여 오토 스톱 시 원활한 전장 전원공급이 가능하며, 발전기보다 효율이 높아 연비 향상에 기여한다.

6 HCU 입·출력 구성

(1) HCU 입·출력 기능

① 보조 배터리 전원

HCU는 보조 배터리(12V) 전원을 공급받아 제어기를 구동할 수 있는지를 판단한다.

② 브레이크 스위치

브레이크 페달의 작동상태를 감시하며, 내부에는 브레이크 스위치와 브레이크 램프 스위치 두 가지가 장착된다.

③ 스타트 컷 릴레이

㉮ HCU가 스타트 컷 릴레이를 제어하면 하이브리드 모터로 시동이 가능하고, 제어하지 않으면 엔진 스타트 모터로 엔진 시동이 가능하다.

㉯ HCU는 시스템이 정상일 경우 스타트 컷 릴레이를 항상 접지 제어하여 하이브리드 모터로 엔진

시동이 가능하도록 제어한다.

④ 브레이크 부스터 압력센서

브레이크 부스터 압력을 측정하며, 부스터 내부압이 부족하여 비정상적인 브레이크 제동을 방지하기 위하여 부압이 형성되도록 제어한다.

㉮ 아이들 상태에서 부족할 경우 엔진의 부하 또는 토크를 감소시켜 스로틀밸브를 닫힘방향으로 제어하여 부압이 생성되도록 한다.

㉯ 오토 스톱 상태에서 부족할 경우 오토 스톱을 해제(엔진 시동)하여 부압이 형성되도록 한다.

⑤ 경사각센서

㉮ 자동차의 경사도를 측정하며, 자동차가 경사로 등에서 뒤로 밀리지 않도록 밀림 방지를 제어하는 중요한 신호로 사용한다.

㉯ 브레이크 페달을 뗀 후에도 경사도에 따라 일정 시간동안 제동장치가 작동하도록 제어하며, 경사각센서, 브레이크 스위치, ABS 모듈, HCU 등이 필요하다.

⑥ 알터네이터 L 릴레이

㉮ HCU는 LDC가 정상적으로 12V를 발생시켜 보조 배터리를 충전시키는지 확인하고, 만약 LDC가 정상일 경우 HCU는 알터네이터 릴레이를 제어하여 보조 배터리 충전경고등을 점등하고, 에탁스로 신호를 보내며 에탁스는 부하가 큰 전장품을 OFF 제어한다.

㉯ 서비스 데이터에서 알터네이터 L릴레이는 "보조전장 부하신호"로 표시한다.

㉰ 엔진 시동이 걸려있는 상태에서 LDC가 정상적으로 보조배터리(12V)를 충전하면 "YES"를 표시하고, 엔진정지 또는 Key ON 시는 "NO"를 표시한다.

⑦ 에어백신호

에어백이 전개되면 에어백 ECU에서 HCU로 전개신호를 보내고 HCU는 운전자 및 자동차의 안전을 위해서 하이브리드 고전압 시스템을 중지시킨다.

07 고전압 시스템 안전 진단

하이브리드자동차는 고전압 배터리를 포함하고 있어서 시스템이나 자동차를 잘못 건드릴 경우 심각한 누전이나 감전 등의 사고로 이어질 수 있다. 그러므로 고전압 시스템 작업 전에는 반드시 안전 진단을 해야 한다.

금속성 물질은 고전압 단락을 유발하여 인명과 자동차를 손상시킬 수 있으므로 작업 전에 반드시 몸에서 제거해야 하며(금속성 물질: 시계, 반지, 기타 금속성 제품 등), 고전압 시스템 관련 작업 전에는 안전사고 예방을 위해 개인 보호 장비를 착용하도록 한다. 고전압계 부품 작업 시 고전압 위험 자동차 표시를 하여 타인에게 고전압 위험을 주지시킨다.

1 고전압 차단

① 점화 스위치를 OFF하고, 보조 배터리(12V)의 (-) 케이블을 분리한다.
② 고전압 시스템을 점검하거나 정비하기 전에 반드시 안전 플러그를 분리하여 고전압을 차단하도록 한다.

2 잔존 전압 점검

① 인버터 커패시터 방전 확인을 위하여 인버터 단자 간 전압을 측정한다.
② 인버터의 (+) 단자와 (-) 단자 사이의 전압값을 측정한다. 측정값이 30V 이하이면 고전압회로가 정상적으로 차단된 것으로 판단하고, 30V가 초과이면 고전압회로에 이상이 있는 것으로 점검해야 한다.

08 하이브리드 전기자동차 엔진

가솔린엔진 자동차의 내연엔진은 전통적인 오토 사이클을 사용하고 있다. 그러나 하이브리드자동차에 탑재된 엔진의 특징은 앳킨슨 사이클과 밀러 사이클을 적절하게 혼용 및 변형하여 사용하였다. 일반적으로 오토 사이클엔진의 4행정(흡입-압축-팽창(폭발)-배기) 순서로 작동을 하게 된다.

1 앳킨슨 사이클(Atkinson Cycle)

오토 사이클과 앳킨슨 사이클의 차이점은 팽창비와 압축비에 있다. 일반적인 오토 사이클 가솔린엔진은 흡기과정에서 피스톤의 모든 행정 길이를 흡기에 소비한다. 즉, (행정 길이의) 팽창비와 압축비는 같다. 그러나 앳킨슨 사이클은 다르다. 1887년 제임스 앳킨슨은 흡입과정의 행정 길이를 줄이고(연료흡입량과 압축비는 감소) 폭발과정에서는 행정 길이를 늘려(팽창비는 증가) 피스톤이 더 일을 하도록 하는 방법을 고안했다. 이 방법은 흡입과 배기할 때 발생하는 손실(펌핑로스)을 줄여 높은 효율을 가져올 수 있었다.

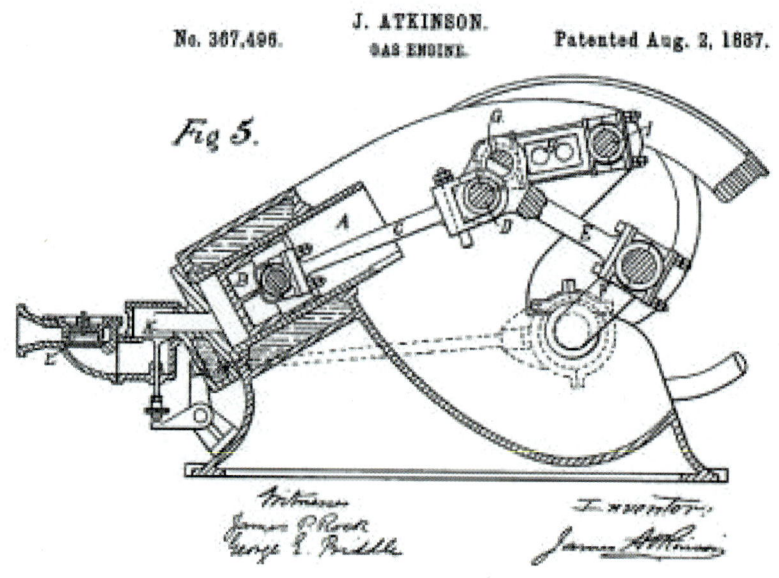

그림 2-13 앳킨슨 사이클

그림 2-13과 같이 앳킨슨 사이클은 다소 복잡한 3점 링크로 구동되며, 오토 사이클은 4행정(1사이클) 시 크랭크축이 두 번 회전하지만, 위 구조의 앳킨슨 사이클은 한 번 회전할 때 1사이클이 이루어진다. 피스톤이 한 번 올라갈 때(흡입)는 조금 올라가고, 피스톤이 다시 올라갈 때(폭발)는 더 많이 올라가게 하는 링크로 구성되어 있다. 그러나 높은 효율에도 불구하고 연결 구조가 복잡하고 고회전이 힘들다는 단점으로 자동차 엔진으로 쓰이지 않게 되었다.

2 밀러 사이클(Miller Cycle)

밀러 사이클은 앳킨슨 사이클을 응용한 사이클이다. 그림 2-13의 복잡한 링크 구조를 '가변 밸브타이밍' 기술로 대체할 수 있게 되었다. 구조는 오토 사이클과 같으나, 밀러 사이클은 압축행정에서도 흡기밸브를 열어 놓아 닫힘시간을 지연시키면서 실린더 안으로 들어갔던 일정량의 혼합기는 다시 흡기밸브로 되밀려 돌아가기 때문에 연료가 절약된다. 그리고 폭발 시에는 피스톤이 행정 끝까지 닫혀 있다가 늦게 열리게 하여 피스톤이 더 많은 일을 하도록 하는 앳킨슨 사이클과 같은 효과를 가져올 수 있게 되었다. 또한 압축비가 클 경우 노킹(knocking)이 발생하는데, 밀러 사이클에서는 흡기과정 일정량의 혼합기가 되돌아가므로 노킹이 발생하지 않는다. 즉, 오토 사이클보다 압축비를 크게 설정할 수 있다. 밀러 사이클의 단점은 피스톤을 끝까지 밀어 내리므로 1사이클 이후 토크는 동일 배기량의 가솔린엔진 대비 떨어지며, 저속 구간에서는 RPM의 가용범위가 좁아져 밀러 사이클은 1990년 초중반에 고안됐음에도 저속 구간(실용 구간)에서 미미한 연료절약 효과와 출력이 약해 소비자들에게 외면을 받았다. 가변밸브 타이밍 기술과 최적의 회전 수를 사용할 수 있도록 CVT 변속기, 저속 구간에서는 전기모터를 가용하여 단점들을 보완하게 되면서 밀러 사이클은 현재도 직분사, 슈퍼차저, 변속기, 모터 등의 개발로 진화하여 응답성은 아직 조금 부족하지만 가속력면에서는 탁월한 효과를 보인다.

Chapter 3 전기자동차 정비

01 전기자동차의 구조

전기자동차의 보급은 지금까지 내연엔진 자동차를 생산하는 완성차 제조업체를 중심으로 변속기와 클러치 등을 공급하는 업체의 협력으로 만들어졌다. 다소 복잡한 생산구조를 이루고 있었으나, 2차 전지와 모터로 구동하는 전기자동차는 변속기가 필요 없어지는 등 구조가 간단해지면서 산업구조도 자동차 업체를 기준으로 하는 계열화에 의한 수직 통합형에서 전지·전자 등을 중심으로 하는 수평 통합적인 구조로 관련 계열 이외의 기업도 참여할 수 있게 되었다.

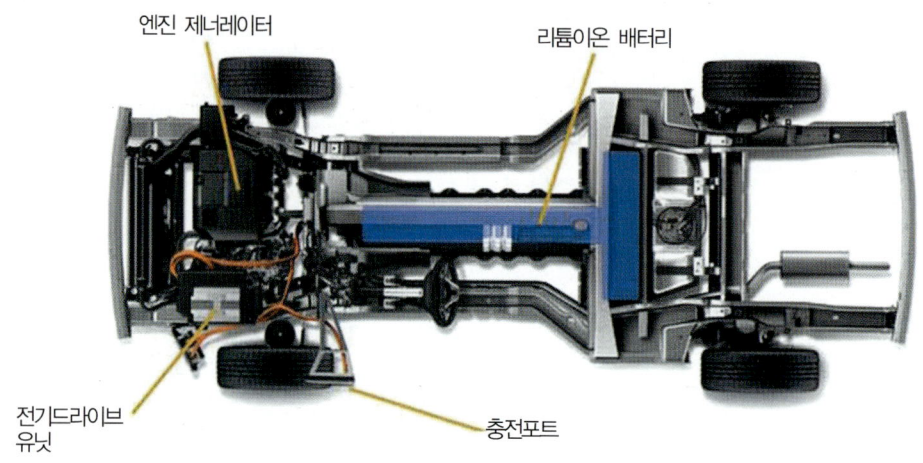

그림 3-1 전기자동차의 구조

전기자동차의 주요 부품은 축전지, 모터, 인버터/컨버터, 회생제동장치, 축전지 시스템(BMS) 등이다. 축전지는 재충전이 가능한 2차 전지가 이용되며, 전기자동차 품질에 가장 큰 영향을 미친다. 모터는 축전지를 통해 구동력을 발생시키며 인버터/컨버터는 직류와 교류를 변환시키는 역할을 한다. 축전지 시스템은 축전지의 충전, 방전을 조절하고 보호하는 역할을 하여 축전지의 품질을 향상시킨다.

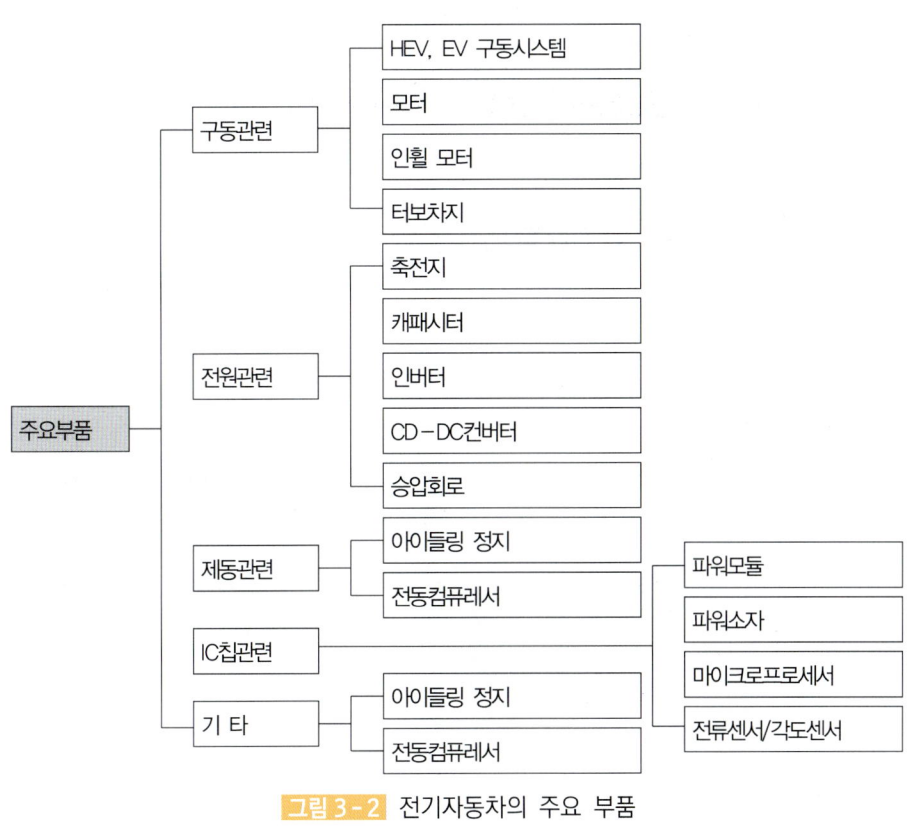

그림 3-2 전기자동차의 주요 부품

표 3-1 전기자동차 종류별 주요 구성부품

부품명	하이브리드 전기자동차	전기자동차(EV)	수소연료 전기자동차
전기모터	●	●	●
배터리	●	●	●
BMS	●	●	●
인버터/컨버터	●	●	●
자동차제어기	●	●	●
엔진	●	–	–
변속기	●	–	–
수소저장탱크	–	–	●
연료 전지	–	–	●

모든 부품들은 하이브리드차, 수소연료 전지차 등 타 그린카에도 공통적으로 사용되나, 전기자동차의 경우 고성능 축전지 및 고속충전 기술이 추가적으로 필요하다.

모터에는 직류모터와 교류모터가 있다. 직류모터는 고정자의 전극을 마이너스와 플러스로 바꿔주기 위해 보통 카본으로 만들어진 브러시가 필요하다. 교류모터는 브러시가 필요 없으나 교류의 타이밍을 모터로 얻고 싶은 토크나 회전 수에 맞춰 조정하는 것이 어려워 효율이 낮았다. 요즘에는 회전자와 고정자의 위치관계를 정확히 알아서 교류전류를 흘리는 방식이 개발되어 마치 브러시 없는 직류모터와 같은 성능을 낼 수 있다. 그리고 모터에 걸리는 전압은 회전 수와 전류 양쪽에 관계된다.

전기자동차로 평지를 달리며 속도를 높이려면 전압을 올리면 되고, 고갯길에서 같은 속도로 달리고 싶으면 전압을 올리고 회전 수를 유지한 채 전류를 증가시키면 된다.

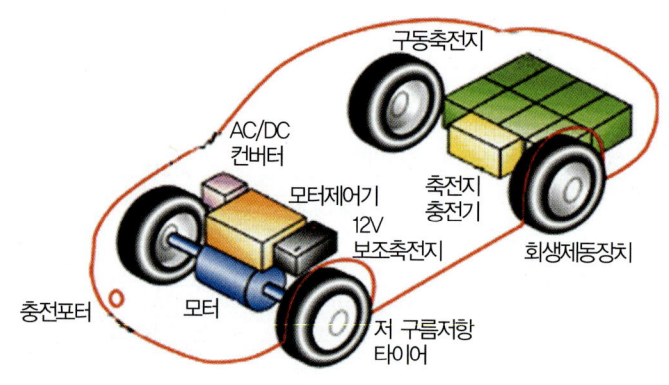

그림 3-3 전기자동차 모터 구조

전기자동차는 축전지, 축전지 관리 시스템, 전기모터 및 감속기, 인버터, 충전기 등으로 구성되어 있으며, 엔진이 없고 외부로부터 축전지에 전기를 충전하여 그 전기를 사용하여 운행하는 친환경자동차이다. 전기자동차의 모터는 전기에너지를 기계에너지로 변환하여 드라이브라인에 동력을 공급한다. 모터는 구동전원의 형태에 따라 직류모터와 교류모터로 구분할 수 있는데, 교류모터는 직류모터에 비해 구조가 간단하여 모터의 크기를 소형화, 경량화할 수 있어 현재 전기자동차에는 주로 교류모터가 사용되고 있다.

전기자동차의 축전지는 핵심 기술로서 기존의 납축전지에서 니켈-수소전지, 리튬 이온전지, 리튬 이온 폴리머전지 등 성능 및 안전성 등에서 개발과 발전을 거듭해오고 있다. 그러나 전기자동차의 활성화를 위해서는 에너지 밀도를 더욱 높이고 공급가격을 낮출 수 있는 기술 개발이 필요하다.

그림 3-4 전기자동차의 구조

표 3-2 전기자동차의 주요 구성품

주요 구성품	특 징
모 터	• 모터에는 직류모터와 교류모터가 있다. • 교류모터는 브러시가 필요 없으나 교류의 타이밍을 모터로 얻고 싶은 토크나 회전 수에 맞춰 조정하는 것이 어려워 효율이 낮다. • 요즘에는 회전자와 고정자의 위치관계를 정확히 알아서 교류전류를 흘리는 방식이 개발되어 마치 브러시 없는 직류모터와 같은 성능을 낼 수 있다. • 모터에 걸리는 전압은 회전 수와 전류 양쪽에 관계된다. 전기자동차로 평지를 달리며 속도를 높이려면 전압을 올리면 되고, 고갯길에서 같은 속도로 달리고 싶으면 전압을 올리고 회전 수를 유지한 채 전류를 증가시키면 된다. • 최근에는 브러시리스 DC모터라고 불리는 유도식 교류모터가 개발되어 각광을 받고 있다.
축전지	• 가솔린자동차와 달리 현재의 전기자동차는 주행거리가 짧기 때문에 가솔린자동차의 감각으로 운전하다가는 길거리에서 멈추기 십상이다. 그래서 남아있는 전력량을 아는 일이 매우 중요하다. • 보통 축전지액의 비중 또는 전압을 측정하는 두 가지 방식이 있다. 그런데 축전지 중 주위 온도에 따라 남아 있는 전력량이 달라지는 것도 있어 계기판을 만드는 일이 쉽지 않다.
DC/AC 컨버터	• 인버터는 컨버터와 같은 작용을 하면서 직류를 교류로 변환시키는 기능을 한다. • 직류를 교류로 만들기 위해 변조기가 사용된다. • 인버터는 컨버터에 비해 구조가 복잡하다.
모터제어기	• 엑셀 페달 조작량 및 속도를 검출해서 거기서 의도한 구동 토크변화를 가져올 수 있도록 차속이나 부하 등의 조건에 따라 모터의 토크 및 회전속도를 제어한다. • 직류모터라면 전류의 크기를 제어한다. • 교류모터는 진폭이나 주파수/위상을 바꾸어서 자동차의 주행상황을 변경한다.
회생제동장치	• 전기자동차의 에너지 소비를 줄여 주는 데 있어 매우 중요한 역할을 하는 것이 회생 브레이크이다. • 전기자동차 모터는 발전기와 구조가 같아 전류를 흘리면 회전하고 반대로 밖에서 힘을 걸어 회전시키면 발전기가 된다. • 차를 감속시키거나 제동을 할 때 그 힘으로 모터를 회전, 전기를 발전시켜 축전지로 보내는 장치를 만들면 전기소모량을 많이 줄일 수 있다. • 엔진차를 전기자동차로 개조하는 경우: 엔진 위치에 모터를 장착하고 트랜스미션과 디퍼렌셜 기어를 그대로 사용하는 일이 많다. • 전기자동차에 사용되는 모터들은 저속에서 고속까지 무단으로 부드럽게 변환시킬 수 있기 때문에 반드시 변속기와 감속기가 필요하지는 않다. • 실제로 최근에 오리지널 전기자동차로 개발된 차들은 바퀴를 각각 하나씩 돌리도록 여러 개의 모터가 장착된다.

전기자동차의 구조는 동력원인 축전지와 구동력을 발생하는 모터 그리고 감속장치 등으로 구성되어 있다.

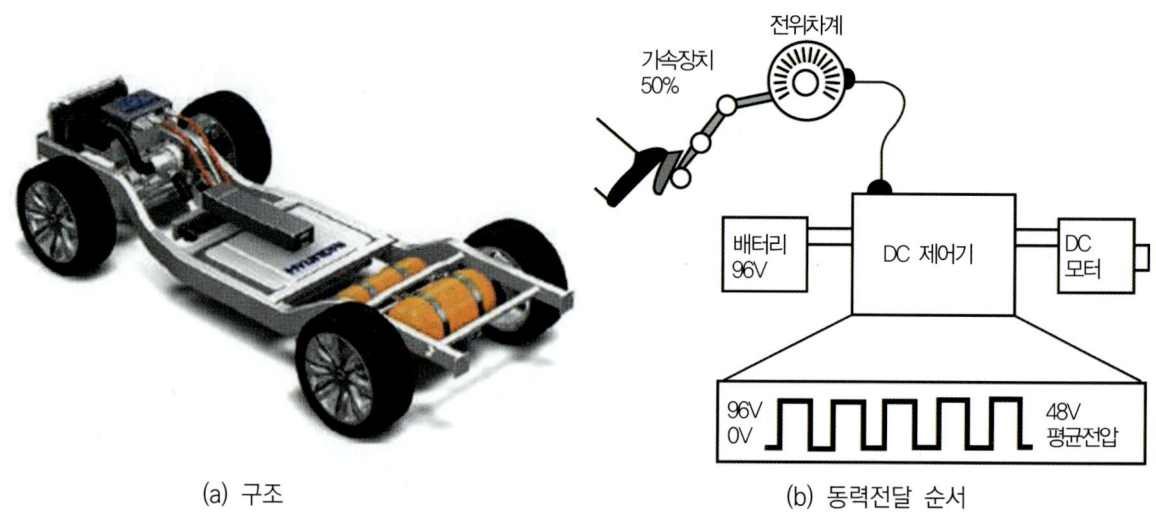

(a) 구조   (b) 동력전달 순서

그림 3-5 전기자동차의 구조 및 동력전달

02 모터

전기자동차에서 모터는 구동용 모터 혹은 회생용 모터의 용도로 사용된다. 모터는 종래의 자동차엔진 혹은 트랜스미션에 상당하며, 인버터에 의한 모터 회전 수 제어로 주행속도를 제어한다. HEV에서는 구동 시스템의 동력전달 방식에 따라 구동모터의 역할이 다르며, 직렬형(series), 병렬형(parallel) 또는 직·병렬의 세 가지 방식이 있다.

전기자동차용으로 사용되는 모터의 종류는 직류 브러시모터를 많이 사용하였으나, 최근에는 교류모터나 브러시리스모터 등을 사용하는 경향이 두드러진다. 한편 부품의 전동화로 인하여 가솔린자동차 한 대에 100개 이상의 모터가 탑재되고 있으며, 하이브리드자동차의 경우 전자부품 사용이 증가해 탑재 수도 더 늘고 있다. 차종에 따라 사용되는 모터 수의 차이는 있으나 가솔린자동차의 사용 모터 수에 비하여 많게는 10배에 이른다.

전기자동차용 모터의 요구조건은 다음과 같다.

① 전원은 축전지의 직류전원이다.
② 시동 시의 토크가 커야 한다.
③ 구조가 간단하고 기계적인 내구성이 커야 한다.
④ 속도 제어가 용이해야 한다.
⑤ 취급 및 보수가 간편하고 위험성이 없어야 한다.
⑥ 소형이고 가벼워야 한다.

그림 3-6 AC모터의 구조

전기자동차에 사용되는 모터/제어기술도 점점 발달하여 고출력, 소형이면서 효율이 높은 시스템이 개발되고 있다.

① **고출력화** : DC모터를 AC모터로 변환함에 따라 출력과 EV의 동력성능(가속성능, 최고속도)이 크게 향상되어 가솔린자동차에 비하여 손색없는 수준에 도달하였다.
② **경량·소형화** : 고출력화를 추진하면서 고회전화(~10,000rpm 이상)함에 따라 모터가 경량·소형화되어 탑재중량이나 용적도 크게 감소하였다. 최근에는 1kW/kg의 출력 밀도를 초과하는 모터도 개발되고 있고, 모터와 동시에 감속기나 차동장치도 소형화되고 있다.

모터는 HEV 및 EV 구동력을 실현하는 중요한 부품이다. 승용차의 주행용으로 사용되는 모터의 경우 출력은 10~60kW 정도가 일반적이다.
교류모터는 같은 출력을 내는 직류모터에 비하여 가격이 3배 이상 싸며, 크기에 비하여 모터의 효율이 크고, 토크도 비교적 크다. 또 보수 유지비용이 상대적으로 저렴하고, 수명이 더 길다.

표 3-3 직류, 교류모터의 장단점 구분

구 분	장 점	단 점
직 류	작은 부피 빠른 속도 크기에 비해 큰 힘	부하에 따라 속도 변화가 심하다. 속도가변이 힘들다. 수명이 짧다(브러시). 소음이 심하다.
교 류	높은 효율 큰 힘 용이한 속도가변(주파수 변화) 수명이 길다(유지보수 비용 저렴). 저렴한 가격	회전속도가 느리다.

전기자동차는 가솔린자동차에 비해서 세 가지 우위성을 가지고 있다.

① 바퀴를 제어하는 모터의 토크 응답, 즉 차에 '힘을 내라'고 명령하면 그에 따라 힘을 내는 시간이 1,000분의 1초로 가솔린엔진의 10분의 1초에 비해 빠르다.

② 바퀴 하나하나에 모터를 장착하기 쉽기 때문에 타이어 각각을 독립적이며, 정확히 고속으로 제어할 수 있다.

③ 모터의 전류 변화로부터 달리고 있는 노면의 상태를 파악할 수 있다.

우선 모터의 토크 응답이 빠르면 그만큼 바퀴를 보다 고속으로 보다 정교하게 제어할 수 있다. 타이어의 미미한 미끄러짐도 순간적으로 감지하여 즉시 타이어의 미끄러짐을 멈출 수 있다. 이에 따라 눈길에서도 보다 안정적으로 주행할 수 있다.

타이어의 제어 성능을 더욱 높이려면 바퀴 하나마다 모터를 붙여서 독립적으로 제어하면 좋다. 가솔린자동차의 바퀴 하나하나마다 엔진을 붙이는 것은 코스트면에서 현실적이지 않지만, 모터라면 그다지 큰 부담이 되지 않는다. 그것에 의해 자동차의 자세 안정성이 좋아지고, 승차감과 안전성도 좋아진다.

그림 3-7 인휠모터

인휠모터는 모터가 바퀴의 안쪽에 있어서 자력으로 바퀴를 직접 회전시킨다. 전기자동차 등에서 구동력을 발생시키는 전기모터가 타이어 휠 허브 내에 장착되는 경우이다. 기존 자동차는 엔진의 동력을 차축이나 기어 박스를 통해 타이어에 전달하고 있다.

그때 중간에서 에너지 손실이 발생한다. 그러나 인휠모터는 모터가 바퀴를 직접 구동하기 때문에 에너지 손실이 적다. 또한 차축이나 기어 박스 등이 없기 때문에 무게가 가볍고, 공간이 늘어난다.

03 전지

일반적으로 축전지 셀을 모듈화하여 여러 개를 합치고, 축전지 제어 컨트롤러 등을 조합한 유닛을 HEV, PHEV, EV에 탑재시키고 있다. 자동차시장에서 하이브리드 전기자동차(HEV), 순수 전기자동차(EV), 플러그인 하이브리드자동차(PHEV)가 실질적인 성공을 거두려면 전지 기술이 상당히 발전해야 한다. 안전, 충전시간, 전력 전달, 극한 온도에서의 성능, 환경 친화성, 수냉이 오늘날 전기자동차에 이용할 수 있는 충전식 전지 기술의 문제이다.

(a) 리튬-이온 배터리(LIB) (b) Ni-MH 배터리

그림 3-8 배터리의 종류

전기자동차가 실용화되기 위한 전제로는 축전지 가격이 저렴하여야 하므로 우선 주재료인 전극 재료가 자원적으로 풍부해야 하고, 폐전지로부터 금속의 회전 및 리사이클이 용이해야 하며, 가능한 한 경제성이 좋아야 한다.

하이브리드자동차는 기존의 Ni-MH(니켈수소/니켈메탈 하이드라이드) 전지에서 리튬 이온 전지를 제품에 채용하는 추세이다. 예를 들어, 도요타자동차의 프리우스, 캠리, 하이랜더는 밀폐형 Ni-MH 전지팩을 사용하여 모터에 전기를 공급한다. 리튬 이온 전지와 비교할 때 Ni-MH의 전력 수준이 낮고 자가 방전율이 높다. 보관 수명이 3년에 불과한 Ni-MH는 EV에 적합하지 않다.

HEV용 전지에는 대전류의 방전이나 높은 회생 축전이 요구되기 때문에 고출력 설계 형태로, EV용 전지에는 주행거리를 확보하기 위해서 대용량이며 경량 소형화 설계(고에너지 밀도) 형태로, PHEV용 전지에는 HEV와 EV의 양쪽 특성을 갖춘 설계 형태로 리튬 이온 전지(LIB)가 개발되어 탑재되어 있다.

Ni-MH 전지와 리튬 이온(LIB)의 전극반응은 형식적으로 양음극간을 왕래하는 이온종(수소 이온 : H^+와 리튬 이온 : Li^+)만이 다르게 보이지만, 수용액 계통과 비수용액 계통(유기 전해액)이라고 하는 큰 차이가 있다. 기존 리튬 이온 전지는 특정한 높은 에너지를 제공하고 무게가 가볍다.

그러나 높은 가격, 극한 온도의 불용, 안전(리튬 이온 전지의 가장 큰 장애 요인임) 때문에 이 전지는 적합하지 않다. 사실 도요타는 안전에 대한 염려 때문에 리튬 이온 전지를 장착한 신형 장거리 주행 하이브리드의 출시를 연기한 경험이 있다. 기존 리튬 이온 전지는 수명이 3~5년이고, 충전 주기는 1,000사이클이다. 다른 문제는 적절한 전지 수명 범위를 보장할 수 있는 리튬 이온 전지의 크기이다. 랩톱이나 휴대폰의 경우 사용하는 동안 전원연결이 가능하기에 광고한 작동 시간보다 짧아도 용인되지만 자동차에는 이러한 장치가 없다.

리튬폴리머 전지인 경우는 음극으로 리튬금속을 사용하는 경우와 카본을 사용하는 경우가 있다. 카본음극을 사용하는 경우는 구별하여 리튬 이온 폴리머 전지로 표기하는 경우가 있으나, 대부분의 경우 편의상 리튬폴리머 전지로 통용하고 있다.

리튬금속을 음극으로 사용하는 전지의 경우는 충·방전이 진행됨에 따라 리튬금속의 부피 변화가 일어나고 리튬 금속 표면에서 국부적으로 침상리튬의 석출이 일어나며 이는 전지 단락의 원인이 된다. 그러나 카본을 음극으로 사용하는 전지에서는 충·방전 시 리튬 이온의 이동만 생길 뿐 전극활물질은 원형을 유지함으로써 전지수명 및 안전성이 향상된다.

표 3-4 전지의 특징

종류	특징
Ni-MH 전지(니켈메탈 하이드라이드)	• 전력 수준이 낮다. • 자가 방전율이 높다. • 보관 수명이 3년에 불과하다. • 메모리 효과를 가진다.
리튬 이온 전지	• 특정한 높은 에너지를 제공한다. • 무게가 가볍다. • 높은 가격 • 극한 온도의 불용 • 안전에 문제 있다(가장 큰 장애 요인).
리튬 폴리머 전지	• 전압은 3.6V로 폭발 위험이 없다. • 전해질이 젤 형태이기 때문에 전지 모양을 다양하게 만들 수 있다. • 일부 휴대폰에 사용되고 있으며 리튬 이온 전지를 이을 차세대 전지이다. • 고분자 젤 형태의 전해질을 사용함으로써 과충전과 과방전으로 인한 화학적 반응에 강하게 만들 수 있어 리튬 이온 전지에 필수적인 보호회로가 불필요하다.

04 인버터, 컨버터(inverter, converter)

인버터(inverter)는 직류전력을 교류전력으로 변환하는 장치, 즉 역변환장치이다. 전지에서 얻은 직류전압을 조정하는 장치로 컨버터(converter : 변환기)라고 부른다. 교류모터의 경우는 직류전압을 교류전압으로 바꿔주며 전압을 조절해야 하므로 인버터(inverter : 뒤바꿈)가 필요하다. 직류전압을 손쉽게 조절하는 방법은 저항을 만들어주는 것이나 에너지 손실이 많아 보다 효율이 높은 반도체 소자가 개발되고 있다.

인버터의 원리는 전력용 반도체(diode, thyristor, transistor, IGBT, GTO 등)를 사용하여 상용 교류전원을 직류전원으로 변환시킨 후, 다시 임의의 주파수와 전압의 교류로 변환시켜 유도전동기의 회전속도를 제어하는 것이다. 유도전동기의 자속 밀도를 일정하게 유지시켜 효율 변화를 막기 위하여 주파수와 함께 전압도 동시에 변화시켜야 한다.

1 정의

사전적 의미로는 DC전원을 AC전원으로 변환하는 전원 변환장치를 일컫는 것이지만, 일반적으로는 AC전원의 전압 및 주파수를 제어하기 위한 전력 변환장치를 통칭한다. 실제 구성은 상용 AC전원을 DC전원으로 변환하는 컨버터 부분과 DC전원을 재단하여 전압 및 주파수가 변화된 AC전원으로 변환하는 인버터 부분으로 복잡하게 형성되어 있으나, 간단히 인버터라 호칭하고 있다.

(a) 전기자동차 인버터(델파이)

(b) 전기자동차 인버터

(c) 미츠비시 i-MiEV 인버터

(d) 현대 블루온 컨버터

그림 3-9 인버터와 컨버터 종류

(1) 인버터(inverter : 뒤바뀜) : 직류를 교류로 바꾸는 장치(DC → AC/역변환장치)

① 인버터는 직류전력을 교류전력으로 변환하는 장치(역변환장치)이다. 사이러트론·수은 정류기 등이 주로 사용되었으나, 직류송전과 같은 대용량 고전압회로를 제외한 일반 인버터는 대부분 사이리스터로 바뀌었다.

② 인버터를 동작 방식으로 분류하면 자려식과 타려식이 있다. 자려식은 회로 자체의 진상장치(경류장치)에 의해 전류하고, 외부로부터는 무효전력의 보상을 받지 않는 것이며, 회로 방식에는 직렬형과 병렬형이 있다. 타려식은 외부로부터는 무효전력의 보상을 받는다. 회로로서는 단상·다상 정류회로가 그대로 인버터를 형성하고 있다.

(2) 컨버터(converter : 변환기) : 교류를 직류로 바꾸는 장치(AC → DC)

① 컨버터는 신호 또는 에너지의 모양을 바꾸는 장치로 회로망·변환기라고도 한다.

② 신호변환의 경우에는 흔히 트랜스듀서센서(transducer sensor)라고 하며, 전력 분야에서는 교류와 직류간의 변환, 교류의 주파수 상호변환, 상수의 변환 등을 하는 장치를 말한다.

③ 좁은 뜻으로는 교류 → 직류의 변환을 컨버터, 직류 → 교류의 변환을 인버터(inverter), 어느 주파수에서 다른 주파수로의 변환을 사이클로 컨버터(cyclo converter)라고 구별한다. 이들 변환회로에는 사이리스터(thyristor) 등의 전력용 반도체를 사용하는 경우가 많다.

④ 통신·고주파 분야에서는 어느 고주파신호를 그보다 낮은 중간 주파수로 변환하는 부분을 컨버터라고 한다. 이 밖에 직류신호를 교류로 변환하는 단속기, 진공열전쌍을 써서 교류전류를 직류전압으로 변환하는 장치 등도 컨버터라고 한다.

(3) 사이클로 컨버터(cyclo converter)

어떤 주파수의 교류를 직류회로로 변환하지 않고 그 주파수의 교류로 변환하는 직접 주파수 변환장치, 사이리스터를 사용하는 것은 전력용 주파수 변환장치로서가 아니라 교류 전동기의 속도 제어용으로 사용한다. 전원 주파수와 출력 주파수 사이에 일정비의 관계를 가진 정비식 사이클로 컨버터와 출력 주파수를 연속적으로 바꿀 수 있는 연속식 사이클로 컨버터가 있다.

2 인버터의 동작원리 및 특성

PWM이란 펄스폭 변조(pulse width modulation)의 약칭으로 평활된 직류전압의 크기는 변화시키지 않고 펄스상의 전압의 출력시간을 변화시켜 등가인 전압을 변화시킨다. 모터에 흐르는 전류가 정현파에 가까워지도록 출력 펄스의 폭을 차례로 변환시키는 방식을 정현파 펄스폭 변조라 하고, 저주파 영역의 모터 토크리플이 작으므로 최근에는 이 방식이 주류로 되어가고 있다.

PAM은 펄스높이 변조(pulse amplitude modulation)의 약칭으로 교류를 직류로 변환할 때 직류 크기를 변환시켜 출력한다. 그래서 펄스폭 변조에 비해 고조파 성분이 적고 모터의 운전음이 작아지는 특징이 있다. 전압형 인버터는 상용전원을 콘버터로 직류로 변환한 후 콘덴서에서 평활된 전압을 인버터부에서 소정의 주파수의 교류출력으로 변환한다. 즉, 전압형 인버터는 전압의 주파수를 변환해서 모터의 회전수를 변환하는 방식이다.

표 3-5 회로구성에 따른 인버터의 분류

구 분		동작 특성	비 고
전류형 (current source)		정류부(rectifier)에서 전류를 가변하여 평활용 reactor로 일정 전류를 만들어 인버터로 주파수를 가변한다.	대용량에 채용
전압형 (voltage source)	PAM 펄스높이 변조	정류부(rectifier)에서 DC전압을 가변하여 콘덴서로 평활전압을 만들어 인버터부로 주파수를 가변한다.	초기에 사용된 기술로 현재는 단종
	PWM 펄스폭 변조	정류부(rectifier)에서 일정 DC전압을 만들고 인버터로 전압과 주파수를 동시에 가변한다.	최근 대부분의 인버터에 채용

전류형 인버터는 콘덴서 대신에 코일(리액터)이 있다. 콘버터에서 직류로 변환한 후 전류를 리액터로 평활해서 인버터에서 교류를 출력한다. 즉, 전류형 인버터는 전류의 주파수를 변환해서 모터의 회전수를 변환하는 방식이다. 범용 인버터는 전압형이 채용되고 있다.

05 모터제어기

엑셀페달 조작량 및 속도를 검출해서 의도한 구동 토크 변화를 가져올 수 있도록 차속이나 부하 등의 조건에 따라 모터의 토크 및 회전속도를 제어한다. 이를 위한 시스템을 제어기라고 부른다. 운전자의 오른발의 움직임에 따라 모터의 토크와 회전속도를 제어한다. 여기서 전원은 전지이며, 일정 전압의 직류전류를 얻을 수 있다.

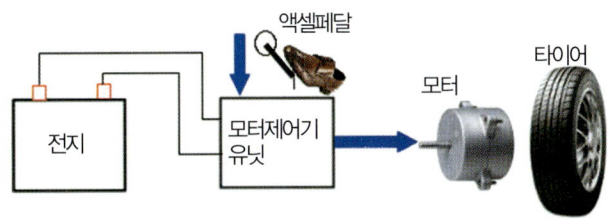

그림 3-10 모터제어기의 동력전달과정

직류모터라면 전류의 크기를 제어하기만 하면 되지만 교류모터일 경우에는 우선 교류로 변환하고, 다시 진폭이나 주파수/위상을 바꾸어서 자동차의 주행상황을 커버할 필요가 있다.

1 EV의 출력제어 기본 개념

가장 기본적인 직류모터의 제어 방식은 회로 안에 넣는 저항의 크기 변화로 인하여 전류의 값을 변화한다. 여기서 저항값을 서로 다른 경로를 복수로 준비하고, 순차 전환한다. 당연히 전류의 크기는 단계적으로 변화하고, 토크도 스텝 형태로 변화하게 된다. 구식의 전차에서 발진 시 등에서 이러한 상태를 경험할 수 있다. 그러나 오늘날 자동차의 경우는 이러한 러프한 제어, 토크는 불만을 느낄 것이다.

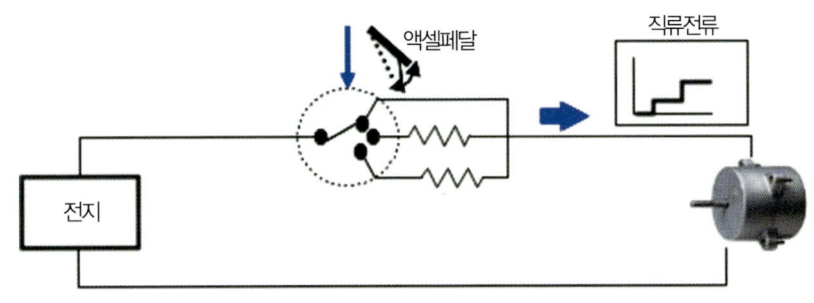

그림 3-11 DC모터 제어장치

전류의 ON-OFF 스위치 기능을 가진 반도체(트랜지스터 또는 사이리스터)에서 작게 회로를 ON-OFF 하고 고주파 펄스 상태의 전류를 만들어 낸다. 여기서 일정 시간 내의 통전시간 = 펄스 수를 제어해서 전류의 크기가 결정된다. 이 통전 시간률을 듀티비라고 한다. 전류를 상세히 쪼개는 것인데 제어결과는 아날로그 양이 되고, 리니어한 변화를 얻을 수 있다. 최근에는 펄스폭을 제어하는 수법도 있다.

2 교류모터의 경우

엑셀·스트로크에 대해 교류전류의 진폭으로 자계강도 = 토크를 변화시키고, 교류전류 주파수를 바꿔서 모터 회전속도를 제어한다. 이를 위하여 스위칭 소자를 1상으로 2개씩 준비해서 전류를 펄스 상태로 하고, 조밀방향을 변화시켜 교류를 만든다. 이것을 3조 사용하면 직류를 3상 교류로 전환, 진폭과 주파수를 제어할 수 있다. 이는 인버터의 기능이다. 모터의 모델을 바탕으로 컴퓨터가 세밀하게 제어하고 응답성을 향상시키는 기법을 '펙토르 제어'라고 한다.

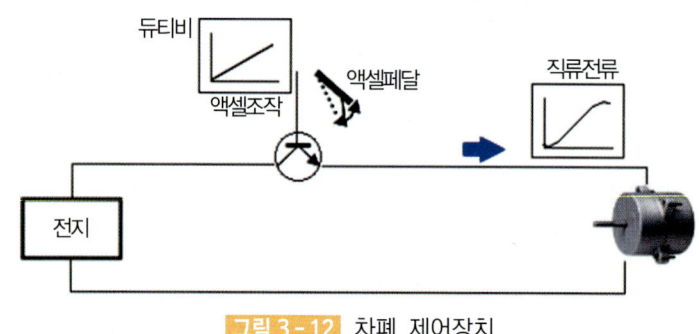

그림 3-12 차폐 제어장치

06 회생제동장치

1 회생제동장치의 정의

회생제동장치(regenerative braking system)는 브레이크를 밟을 때 모터가 발전기의 역할을 하게 된다는 개념이다. 하이브리드자동차(HEV)에 적용되는 연비 향상의 핵심 전략은 회생제동장치이다.

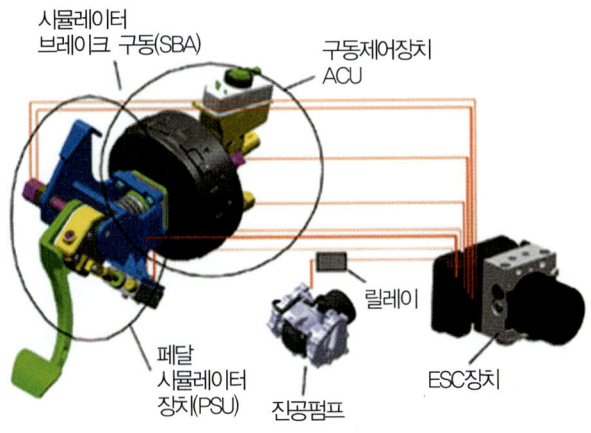

그림 3-13 회생제동장치

HEV는 회생제동에 유압 마찰제동을 복합으로 사용한다. 기존 유압식 마찰제동은 자동차가 가지는 운동에너지를 마찰로 바꿔 공기에 방열하고 차속을 줄이는 장치이다. 모터에 공급하던 전류를 차단하면 도로를 달리던 자동차는 바퀴가 모터를 돌리는 꼴이 된다. 이때 자동차의 관성에 의해 돌아가는 모터에서는 전류가 발생한다. 즉, 전동기를 발전기로 만들어서 운동에너지를 전기에너지로 변환해서 전력을 회수해 제동력을 발휘하는 제동 방법이다.

내연엔진의 엔진이 뿜어대는 에너지 등 차체를 움직이는데 사용되는 것은 연료에 포함된 총 에너지의 약 16%밖에 안 된다. 나머지 에너지는 엔진열과 마찰열로 사라지고 다른 부속장치(펌프류, 발전기) 등을 구동시키는데 사용된다.

전기자동차의 에너지 소비를 줄여 주는 데 있어 매우 중요한 역할을 하는 것이 회생 브레이크이다. 전기자동차에 사용되는 모터는 발전기와 구조가 같아 전류를 흘리면 회전하고 반대로 밖에서 힘을 걸어 회전시키면 발전기가 된다. 차를 감속시키거나 제동을 할 때 그 힘으로 모터를 회전, 전기를 발전시켜 축전지로 보내는 장치를 만들면 전기소모량을 많이 줄일 수 있다.

일반적으로 내연엔진차를 전기자동차로 개조하는 경우에는 엔진 위치에 모터를 장착하고 트랜스미션과 디퍼렌셜 기어를 그대로 사용하는 일이 많다. 그러나 전기자동차에 사용되는 모터들은 저속에서 고속까지 무단으로 부드럽게 변환시킬 수 있기 때문에 반드시 변속기와 감속기가 필요하지는 않다.

HEV의 가속 시 전륜 구동축이 바퀴를 회전시켜 노면과 바퀴에 견인력을 전달한다. 제동 시 구동륜이 발전기 로터(회전자) 역할로 변화된다. 회생제동은 자동차의 운동에너지가 발전기(바퀴의 회전축)를 구동해 발생한 역기전력을 배터리로 회수하고 제동을 수행하는 제동기술이다.

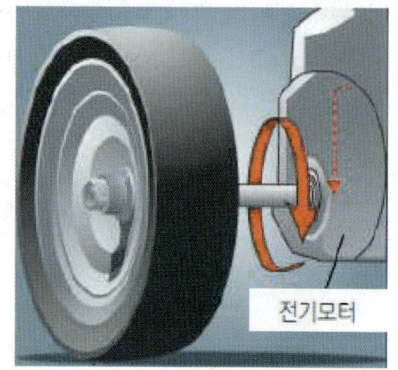 

(a) 가속　　　　　　　　　　　(b) 제동

그림 3-14 회생제동장치의 가속과 제동

발전기를 돌리려면 회전력이 필요한데 필요한 회전력은 버려지는 제동력(감속하는 바퀴 회전축)을 이용한다. 이때 운동에너지를 전기에너지로 변환해 이를 2차 전지에 저장 후 발진, 가속, 등판 시에 모터를 구동하며 에너지를 재이용하기 때문에 HEV의 전체 연비 개선량의 35%에 달한다. 즉, 가장 큰 장점은 배터리 SOC(state of charge)의 증가로 가속, 감속을 반복하는 도심주행모드에서 연비 효율을 높일 수 있다. 또 회생제동으로 유압 마찰 제동량을 줄일 수 있어 브레이크 디스크 로터 및 브레이크 패드 등의 수명이 연장된다.

그러나 회생제동으로 제동 토크가 발생함에 따라 운전자는 기존 유압 마찰제동과 다른 이질감을 느낀다. 기계식 유압 마찰제동장치에서는 운전자의 페달 조작량에 대응하는 만큼 유압 제동력이 발생한다. 하지만 FF 방식 HEV제동 시 먼저 회생제동으로 인한 제동토크가 걸리고 일정한 조건을 만족하면 기계식 유압제동으로 전환·작용한다. HEV는 유압제동과 제동 회생을 적절히 배분해 회생 제동력을 최대화하고 유압제동을 최소화해 에너지 효율을 극대화하는 것이다.

하지만 회생제동의 추가로 전체 제동력이 불필요하게 증가해 운전자의 의도와는 달리 급격히 감속력을 유발시켜 편안하고 안락한 제동을 할 수 없게 된다. 다시 말해 HEV는 운전자가 밟은 브레이크 페달량에 따라 회생제동을 제외한 기계식 유압제동량의 크기가 달라진다는 것이다.

(1) 장점

① 연비개선 효과가 매우 크다.
② 세기를 자유롭게 제어할 수 있다.

③ 마찰재의 부담이 줄어든다.
④ 일종의 엔진 브레이크 효과를 얻을 수 있다.

(2) 단점

① 회생제동이 시작되는 시점에서 갑작스런 제동력으로 인해 운전자가 진동을 느끼기 쉽다.
② 운전자가 밟는 발의 힘과 제동력 사이에는 회생제동력의 크기만큼 이질감이 생겨 운전자에게 혼란을 초래하기 쉽다는 점 등은 개선해야 한다.

2 발전제동 및 회생제동의 원리

자동차를 타고 급격한 내리막길을 내려갈 때 흔히 엔진 브레이크를 사용한다. 평소에는 엔진의 회전력이 바퀴를 회전시켜 자동차가 전진하게 되지만, 내리막길에서 엔진의 회전속도를 바퀴의 회전속도보다 낮게 줄여주면 오히려 엔진이 바퀴의 회전을 방해하여 브레이크를 잡아주는 것이다.

(1) 발전제동

전기 동력으로 구동되는 자동차나 기기류의 브레이크 방식의 일종이다. 철도, 자동차나 산업기기에 넓게 이용되고 있다. 전기모터로의 송전을 멈추어 통상의 구동을 정지해 통상의 차륜 회전을 반대로 모터에 입력하는 형태로 전달하는 것으로, 모터를 발전기로서 작동시킨다. 발생 전력을 저항기에 흐르게 해 발열을 소비시켜 모터에 회전저항을 일으키게 하고 제동력을 얻는다. 제동력의 성능은 저항기의 용량에 따라 변화한다.

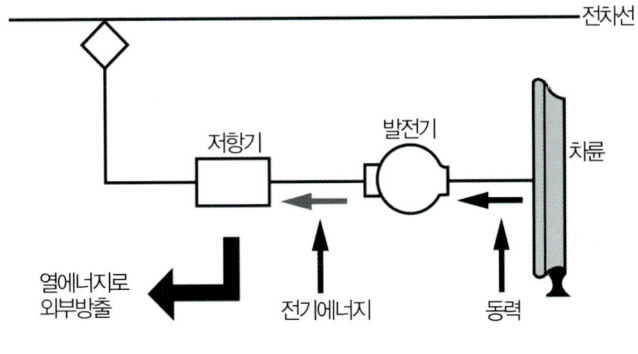

그림 3-15 발전제동

(2) 회생제동

전동기를 발전기로 작동시켜 운동에너지를 전기에너지로 변환해 회수하여 제동력을 발휘하는 전기제동 방법이다. 전력 회생 브레이크라고도 불린다.

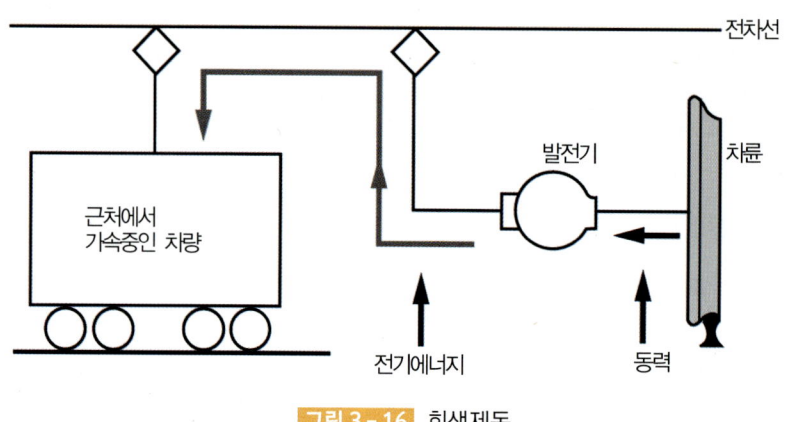

그림 3-16 회생제동

발전 시의 회전저항을 제동력으로 이용할 수도 있으며, 전동기를 동력으로 하는 엘리베이터, 전동차, 자동차 등에 넓게 이용된다.

07 전지 시스템(BMS)

전지 시스템(BMS : battery management system)은 실시간으로 2차 전지의 전류·전압·온도 등을 측정해 에너지의 충·방전 상태와 잔여량을 제어하는 것으로, 타 제어 시스템과 통신하며 전지가 최적의 동작환경을 조성하도록 환경을 제어하는 2차 전지의 필수 부품이다.

1 전지 시스템의 정의

전지 시스템이란 말 그대로 축전지를 관리하는 시스템이다. 뉴스를 통해 노트북이나 휴대폰이 폭발한 사고를 보았을 것이다. 2차 전지는 화학 소재로 만들어져 전기를 담고 있는 셀들이 모여 구성된다.

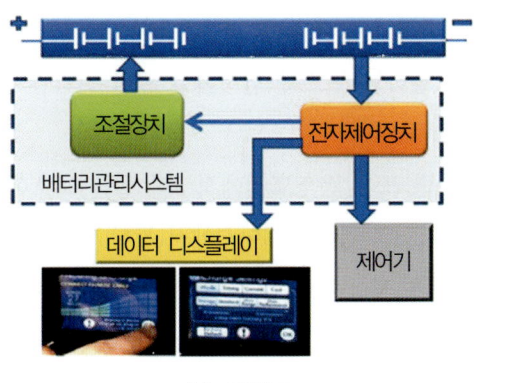 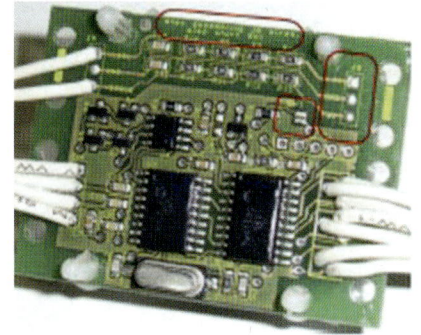

(a) 구성도 (b) 보드

그림 3-17 전지 시스템

전기 사용용량에 따라 셀들이 조금만 모여도 쓸 수 있는 휴대폰용, 더 모이면 노트북용 2차 전지가 되는데, 모여진 셀들 간의 전기 함축과 출력의 밸런스를 조절하지 못하면 폭발 사고가 일어나게 된다. 그만큼 까다롭고 또 핵심적인 기술이 BMS이다. 전기자동차는 대용량 셀들이 노트북이나 휴대폰과는 비교할 수 없을 정도로 많이 모여야 한다. 축전지 관리시스템에 문제가 발생할 경우 전기자동차가 폭발하는 사고까지 이어질 수 있기 때문에 2차 전지를 만드는데 있어 BMS는 핵심기술이다.

전기자동차에 대한 BMS의 기능은 다음과 같다.

① 축전지를 이루는 개별 셀의 상태를 모니터링
② 응급의 경우에는 축전지를 분리
③ 축전지 체인 내에서 셀 매개 변수에 있는 불균형에 대한 보상
④ 축전지 충전상태에 대한 정보 제공
⑤ 축전지상태에 대한 정보 제공
⑥ 드라이버 디스플레이 및 경보에 대한 정보를 제공
⑦ 축전지의 사용가능 범위를 예측
⑧ 관련 자동차 제어 시스템에서 지시사항을 수락하고 구현
⑨ 셀을 충전하기 위한 최적의 충전 알고리즘을 제공
⑩ 제공하는 스위치와 돌입전류를 제한하는 충전이 단계 전에 부하 임피던스 테스트를 할 수 있도록 사전 충전
⑪ 개별 셀을 충전에 대한 액세스 수단을 제공
⑫ 자동차 운영 모드의 변화에 대응

실용적인 시스템에서는 BMS에 따라서 단순히 축전지관리를 보다 쉽게 자동차 기능을 통합할 수 있으며, 가속제동, 공회전 또는 중지 여부, 자동차 운영의 원하는 모드를 결정하고 관련 전력관리 작업을 구현할 수 있게 한다.

축전지관리 시스템의 주요 기능 중 하나는 관용의 주변 또는 운영조건에서부터 셀을 보호하기 위해 필요한 모니터링 및 제어를 제공하는 것이다. 이것은 자동차 애플리케이션에서 특히 중요하기 때문에 거친 작업 환경이다. 뿐만 아니라 각각의 셀 보호와 같은 자동차 시스템은 축전지를 분리뿐만 아니라 오류의 원인을 해결하여 외부 오류 조건에 응답할 수 있도록 설계되어야 한다.

2 메모리 효과

2차 전지로 흔히 사용되는 것이 니카드 전지이다. Ni-Cd(니카드 = 니켈 카드뮴), Ni-MH(니켈메탈 하이드라이드) 전지 등은 공통적으로 니켈이 포함된다. 이러한 전지는 메모리 효과를 가진다. 리튬 이온 전지는 리튬 산화물질로 (+)극을 만들고, 탄소로 (-)극을 만든다. 휴대폰을 사용하기 시작하면 (+)극의 리튬 이온이 중간의 물질을 지나서 (-)극의 탄소격자 속으로 들어간다. 이때 극판에 손실이 거의 없기 때문에 긴 수명의 특성을 가진다.

메모리 효과는 니켈로 만든 전지에서는 활물질로 사용된 NiOH에서 OH가 떨어졌다 붙었다 하면서 전하를 전달하는 현상이 바로 충전과 방전이라는 전기적 흐름으로 나타난다. 여기서 shallow charge-discharge를 반복하면, 즉 조금 사용하고 다시 충전하고, 조금 쓰고 또 충전하고 하면 NiOH는 고용체를 형성하게 되는데, 이 고용체의 형성은 비가역적인 반응이므로 한 번 고용체가 생성되면 다시는 되돌아가지 못하게 되어 남아있는 용량을 사용하지 못하게 된다. 이와 같이 전지가 마치 사용할 수 있는 용량의 한계를 기억하는 것과 같은 현상을 메모리 효과라고 한다. 따라서 Ni(니켈)을 포함하고 있는 전지는 완전 충전(100% 충전)하였다가 완전 방전될 때까지 사용하는 것을 반복하는 것이 가장 좋은 사용 방법이다.

그러나 리튬 이온 전지는 메모리 현상이 없으므로 사용자가 임의대로, 주변 환경에 따라 수시로 충전하여 사용하여도 수명에 영향을 미치지 않는다. 오히려 조금 쓰고 충전하고 조금 쓰고 또 충전하고 하면 Ni-계 전지와는 정반대로 수명이 길어지는 효과가 있다. 이러한 이유 때문에 리튬 이온 전지가 Ni-계 전지보다 훨씬 비싼데도 수요가 늘어나고 사용자가 찾게 되는 것이다.

3 전지 구비조건

① 전지 가격을 낮출 수 있도록 경제성이 클 것.
② 폭발 사고 등에 안전한 안전성을 갖출 것.
③ 자동차 시기 전까지 전지 교환 없이 사용할 수 있도록 수명이 길 것.
④ 무게나 부피 등을 줄여 경량화가 가능하도록 집적화가 가능할 것.
⑤ 충전시간을 줄여도 충분한 충전이 가능한 구조를 가질 것.

4 전지의 구성요소

전지에는 산화제인 양극 활물질과 환원제인 음극 활물질, 양 활물질간에 있어 이온 전도에 의해 산화반응과 환원반응을 중개하는 전해액, 양극과 음극이 직접 접촉하는 것을 방지하는 격리판이 필요하다. 또한 이것들을 넣는 용기(전지캔), 전지를 안전하게 작동시키기 위한 안전밸브나 안전장치 등이 필요하다. 고성능 전지란 다음과 같은 조건을 갖추어야 한다.

① 고전압
② 고용량
③ 고출력
④ 긴 사이클 수명
⑤ 적은 자기방전
⑥ 넓은 사용온도
⑦ 안전하고 높은 신뢰성
⑧ 쉬운 사용법
⑨ 낮은 가격

등이 요구된다. 이와 같은 조건을 모두 만족시키는 이상적인 전지를 얻기는 어려우므로, 가능한 이와 같은 조건을 만족시키는 용도에 따라 특징이 있는 전지가 제조되고 있다. 고성능 전지를 위해서는 그 구성요소가 우수한 특성을 나타내야 한다.

5 양극, 음극 활물질

에너지 밀도가 큰 전지를 만들기 위해서는 기전력(electromotive force: EMF)이 크고 용량이 큰 활물질을 사용한다. 전지의 음극 활물질에는 아연이나 카드뮴, 납이 이용되어 왔지만 최근 개발되어 하이테크 전지로서 각광을 받고 있는 리튬 전지나 Ni-MH 전지는 리튬 또는 그것과 같은 정도의 환원력을 가진 리튬을 삽입한 탄소 재료나 수소흡장 합금에 흡장시킨 수소가 음극 활물질로서 이용되고 있다. 리튬은 환원력이 가장 강한 재료이고 전기화학당량도 적어 음극재료로서는 가장 우수한 재료라고 할 수 있다. 리튬을 음극에 이용하는 전지는 리튬의 극히 강한 환원력을 이용하고 있기 때문에 이것과 조합시키는 재료는 다양성이 풍부하다. 따라서 리튬 전지는 다양성이 대단히 크고 그 진보도 급속하다. 개발 중인 2차 전지에서는 금속 나트륨이나 아연 등의 금속과 더불어 철이나 바나듐 등의 산화환원계가 검토되고 있다.

2차 전지의 양극에는 수용액계에서는 납, 니켈, 은 등과 같은 산화물이나 수산화물이 이용되고 있다. 또한 산화수은도 우수한 양극 활물질로서 소형 전지에 이용되어 왔지만 환경면에서 현재는 이용되고 있지 않다. 리튬 2차 전지에서는 비수용액이 이용되므로 망간이나 니켈, 코발트 등과 같은 산화물이 이용되고 있다. 그리고 바나듐 산화물이나 금속유화물 등도 검토되고 있다.

2차 전지는 몇 번이고 충·방전을 반복할 수 있는 것이 요망된다. 이를 위해서는 충전하면 원래의 활물질 상태로 흔적을 남기지 않고 되돌릴 필요가 있다. 리튬 이온 전지에는 음극에는 탄소재료가, 양극에는 코발트산 리튬 등이 이용되고 있다. 이 전지는 방전상태로 제조된 후 양극에서 리튬 이온을 빼고 음극의 탄소 내에 리튬을 삽입하는 충전과정이 있다. 이 전지의 충·방전에서는 양극, 음극의 반응은 모두 리튬의 삽입 탈피라고 하는 토포케미컬(topochemical)반응이 된다. 토포케미컬반응이 진행할 때 호스트 재료의 구조 변화가 완전히 가역이면 사이클 수명이 긴 전지가 된다.

리튬 이온 전지에는 가역성이 높은 토포케미컬반응을 하는 재료가 선택되고 있다. Ni-MH 전지의 경우에도 충·방전에 수소가 양극과 음극간에서 왕래하는 반응이 진행한다.

최근에 개발된 리튬 이온 전지와 Ni-MH 전지가 함께 토포케미컬반응을 이용하고 있는 것은 흥미 있는 일이다. 이것과 납축 전지를 비교해 보자. 납축 전지에서는 다음과 같이 반응이 진행한다.

$$PbO_2 + 2H_2SO_4 + Pb = PbSO_4 + 2H_2O + PbSO_4$$

이와 같이 음극 활물질 Pb와 양극 활물질 PbO_2 이외에 유산과 물이 반응에 관여한다. 엄밀하게 말하면 유산과 물도 활물질이며 이것들은 전해질 용액으로서 존재한다. 전지반응이 진행하면 그것들의 농도가 변화한다. 따라서 일정량 이상의 전해액이 필요해진다. 한편 리튬 전지나 Ni-MH 전지에는 전해질의 양이 극히 적어도 되게 된다.

Chapter 4. 수소연료 전지자동차 정비 및 그 밖의 친환경자동차

01 연료 전지자동차의 개요

연료 전지자동차는 화학에너지를 전기화학반응에 의해서 직접 전력으로 변환하기 때문에 연소 시 발생하는 유해한 배기가스가 없는 자동차이다. 차세대 에너지원으로 주목받고 있는 연료 전지(fuel cell)는 수소, 메탄올, 천연가스, 석유 등이 연료 전지용의 연료로서 검토되고 있다. 수소연료 전지자동차의 개요는 다음과 같다.

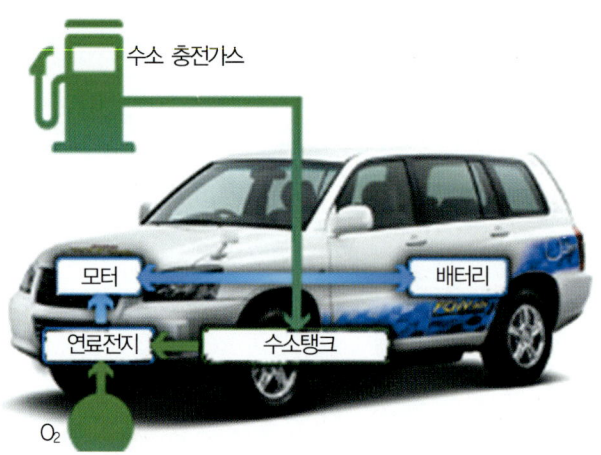

그림 4-1 수소연료 전지자동차의 개념도

물을 전기분해하면 수소와 산소가 나온다. 이러한 과정을 역으로 수소와 산소를 결합시키면 물과 전기가 발생하는데, 이때 발생한 전기를 이용해 모터를 구동하는 방식의 자동차가 바로 수소연료 전지자동차이다.

① 연료극에서 수소가 수소 이온과 전자로 분해된다.
② 수소 이온은 전해질을 거쳐 공기극으로 이동한다.
③ 전자는 외부 회로를 거쳐 전류를 발생한다.
④ 공기극에서 수소 이온과 전자 그리고 산소가 결합하여 물이 된다.

연료 전지자동차의 최대 매력 중의 하나는 높은 연료 전지의 효율에 있다. 연료 전지는 낮은 온도에서 작동하면서도 최적 조건에서는 60% 이상의 효율을 가지고 있다. 이는 우리가 열역학에서 일반적으로 배워 온 이상적인 내연엔진 사이클의 효율을 훨씬 뛰어넘는 것이다.

요즘 대부분의 연료 전지자동차는 하이브리드 기능을 가지도록 고전압 배터리나 슈퍼 커패시터를 동시에 장착한 형태로 개발되기 때문에 일반적으로 연료 전지자동차(FCEV)라 하면 연료 전지 하이브리드자동차를 의미한다.

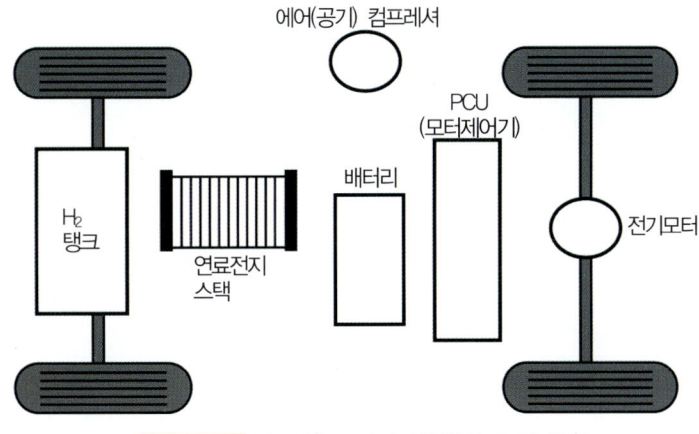

그림 4-2 수소연료 전지자동차의 모터 구조

연료 전지는 수소와 공기만 공급하면 전기에너지를 끊임없이 만들어내는 반면, 물 이외에는 공해물질을 전혀 배출하지 않기 때문에 친환경성과 대체에너지의 조건을 완벽하게 만족시킨다.

연료 전지자동차의 실용화에 가장 큰 장애 요소는 높은 자동차 가격이다. 연료 전지자동차의 가격이 비싼 이유는 연료 전지의 가격 때문이며, 연료 전지의 화학반응에 필요한 촉매로 사용되는 백금이 상대적으로 비싸며, 자동차 대당 많은 양의 백금이 사용되기 때문이다. 따라서 수소연료 전지 분야의 기술 개발은 백금을 사용하지 않거나 적게 사용하는 방법에 집중되고 있다.

연료 전지자동차용으로 사용하려는 연료 전지는 80℃ 정도의 저온에서 작동하는 장점을 갖고 있는 고체 고분자형 연료 전지(PEMFC : proton exchange membrane fuel cell)이며, 연구되고 있는 여러 유형의 연료 전지 중 가장 먼저 실용화 단계에 다가서고 있다.

그러나 PEMFC는 고순도의 수소를 연료로 사용해야 하기 때문에 연료개질장치(fuel reformer)가 반드시 필요하며, 저온에서는 활성화가 잘되지 않기 때문에 고가의 백금촉매를 사용해야 한다는 단점을 가지고 있다. 또한 활성을 유지하기 위해 연료는 반드시 순수한 수소를 사용해야 하며, CO의 농도를 수십 ppm 이하로 억제해야 하는 어려움이 있다.

연료 전지자동차는 저온에서 작동하기 때문에 NOx를 거의 발생하지 않는다. 수소나 메탄올을 사용할 경우 연료 전지는 오염물질을 전혀 혹은 거의 발생하지 않는다. 연료 전지자동차는 기술 개발 완료 시에는 최종 연비가 기존의 가솔린자동차에 비하여 약 3배의 연비를 나타낼 것으로 예측하고 있다.

표 4-1 연료 전지의 특징

장 점	
고효율	연료 전지는 연료의 연소과정과 열에너지를 기계적 에너지로 변환시키는 과정이 없어 기존 에너지원보다 효율이 10~20% 정도 높아진다.
무공해	연료 전지는 연료로써 화석연료를 사용하므로 개질기에 의한 조작이 반드시 필요하다. 이 경우 탈황, 분진제거를 충분히 할 수 있어서 SOx와 분진의 방출은 거의 없다. 또, 종합 효율이 높기 때문에 이산화탄소(CO_2)의 발생도 적게 된다.
열의 유효 이용	반응과정에서 발생하는 열을 유효하게 이용하는 것이 가능하고, 전기와 열을 동시에 발생하는 시스템에 최적이다. 투입한 도시가스 에너지의 약 40%가 전기로, 약 40%가 온수나 증기로 되고, 종합적으로는 약 80%가 유효하게 이용할 수 있는 유효에너지 효율이 뛰어난 장치이다.
설치의 간편성	
연료의 다양성	신뢰도가 중요시 되는 특수 목적용으로 순수소가 사용되나 일반전력 공급용으로는 비교적 가격이 저렴한 탄화수소 계열의 연료가 모두 사용이 가능하다.
부지 선정의 용이성	연료 전지를 이용해 발전할 경우 공해요인이 없으므로 도심지 속에서의 건설이 가능하고, 다른 발전 방식에 비해 소요면적이 적으며, 지속적인 냉각수 공급이 불필요하기 때문에 발전소용 부지 선정이 용이하다.
저소음, 저진동	연료 전지는 기계적 구동 부분이 없고, 가스공급기 등에 약간의 소음, 진동 등이 있을 뿐이므로 기계식의 발전기와는 비교도 안 될 정도로 적다.

1 수소자동차의 구분

먼저 수소자동차의 분류는 수소를 직접 연소하느냐 수소를 간접적인 에너지원으로 사용하느냐의 차이를 두고 구분한다. 수소에너지는 수소를 직접 연료로 사용하는 방법과 연료 전지에 사용하는 방법이 있다. 연료 전지는 연료에 산화제를 섞고 촉매를 통해 전기화학반응을 일으켜 전기를 생산하는 장치이다. 이때 연료로 수소를 사용하면 수소연료 전지가 되는 것이며, 이 전기로 자동차를 굴리면 수소연료 전지자동차(FCEV)가 된다. 그러니까 FCEV도 전기자동차(EV)의 일종이다. 수소연료 전지자동차는 에너지 효율이 높고 에너지 전환과정이 안정적이어서 상용화에 있어서 매우 유리하다. 수소연료 전지자동차는 내연엔진이 연료 전지로 대체된 자동차이며, 바퀴를 구동하는 방법은 전기모터의 회전으로 구동되는 방식이다.

(1) 수소연료 자동차(hydrogen fueled car)

수소자동차는 수소를 연료로 이용하는 자동차이다. 수소를 직접 엔진에서 연소하는 자동차로서 이 자동차는 지금의 가솔린이나 디젤 대신 수소를 연료탱크에 넣어서 자동차를 움직이는 것이다. 물론 엔진의 각 부나 연료저장 및 공급장치는 수소에 적합화된 장치가 장착되어 있다.

① 수소탱크
② 수소 안전 배출구
③ 수소 가솔린 겸용 엔진
④ 가솔린탱크
⑤ 수소압력 조절밸브

(a)　　　　　　　　　　　　　　(b)

그림 4-3 수소연료 전지자동차

수소가 에너지원으로서 가지는 장점은 연소하면 매우 적은 양의 질소산화물만을 발생할 뿐 다른 공해물질이 생기지 않는다는 점이다. 또한 수소는 지구상에 존재하는 거의 무한한 양의 물을 원료로 만들어내며, 사용 후에는 다시 물로 재순환되기 때문에 고갈될 걱정이 없는 무한 에너지원이다.

수소자동차를 실용화하는 데 가장 중요한 문제는 수소의 저장 방법이다. 액체수소 저장탱크와 금속수소화물을 이용한 수소 저장탱크 등 두 가지 방법이 쓰인다. 액체수소를 이용하는 경우 수소를 액화시키는 것이 어렵고 저장 도중에 수소가 손실될 수 있으며 저장탱크를 만드는 것 또한 쉽지 않다. 수소 저장탱크에 금속수소화물을 이용하는 경우 수소저장합금이 무거운 금속이므로 이를 이용한 수소 저장탱크가 너무 무거워 어려움을 겪고 있다. 만일 현재의 연료통 정도 되는 40L짜리 연료통을 부착한다면 수소저장합금의 무게만 300kg이 넘게 된다. 따라서 이를 움직이는 데에만 엄청난 에너지가 필요하고, 다른 목적으로 저장합금을 수송하는 데에도 여간 어렵지 않다.

수소자동차는 미국·일본·독일 등의 선진국에서 오랫동안 연구되어 많은 실험자동차들이 제작되고 있으며, 한국에서는 1993년 5월 최초의 수소자동차 '성균 1호'를 개발하였다.

(2) 수소연료 전지자동차(fuel cell vehicle)

수소연료 전지자동차는 수소를 산소와 반응시켜 전기를 생성하는 연료 전지를 동력원으로 하는 전기자동차이다. 연료 전기자동차라고도 한다. 수소연료 전지자동차는 연료 전지 안에서 수소와 산소가 화학반응이 일어나는 것에서 전기를 얻어 차를 움직이게 하는 것으로 연료 전지가 엔진을 대체하는 것이다.

그림 4-4

수소 전지의 양극인 니켈전극과 수소흡장(음극)전극이 일으키는 물의 전기적 분해 작용에 의해 전기가 발생되고, 그 전기가 동력원이 되어 모터를 회전시켜 자동차를 움직이게 하는 것이다. 엔진이 없기 때문에 배기가스가 나오지 않는 친환경 자동차이다.

02 연료 전지자동차의 구조

수소연료 전지자동차는 연료 전지로부터 생산된 전기로 구동되는 전기자동차의 일종이다. 모터에서부터 바퀴에 이르는 구조는 기존의 전기자동차와 같은데, 기존의 전기자동차와는 달리 저장된 전기를 사용하는 것이 아니라 전기를 만들면서 모터를 돌려 자동차를 달리게 하는 것이다. 그렇지만 연료 전지만으로는 전기를 만들 수는 없고 연료 전지 주위에 운전에 필요한 주변 장치(balance of plant, BOP)들을 장착해서 이 장치들이 자동차의 운전 상황에 따라 연료 전지에 필요한 양의 연료와 공기를 공급해주고, 적절한 온도를 유지하기 위해 냉각수도 돌려주게 된다.

그림 4-5 연료 전지자동차의 구조

이렇듯 연료 전지와 연료 전지를 구동시키는데 필요한 주변 장치들을 합쳐서 연료 전지시스템이라고 한다. 수송용 연료 전지 중에 자동차의 주동력으로 사용되는 연료 전지는 대표적으로 프로톤 교환막 연료 전지(polymer electrolyte membrain fuel cell. PEMFC)이며 기본이 되는 연료는 수소이다. 수소 이외에 메탄올, 가솔린, 디젤, 천연가스와 같은 연료를 사용할 경우에는 이들 연료로부터 수소를 생산하기 위해 별도의 연료변환기를 장착해야 한다.

연료 전지자동차 개발 초기에는 연료변환기가 장착된 시스템의 연구가 활발하였으나, 시간이 지나면서 연료변환장치를 자동차에 장착하지 않고 수소 충전소에서 연료변환을 통해 생산된 수소를 충전하는 방식으로 연료 공급의 개념이 바뀌고 있다.

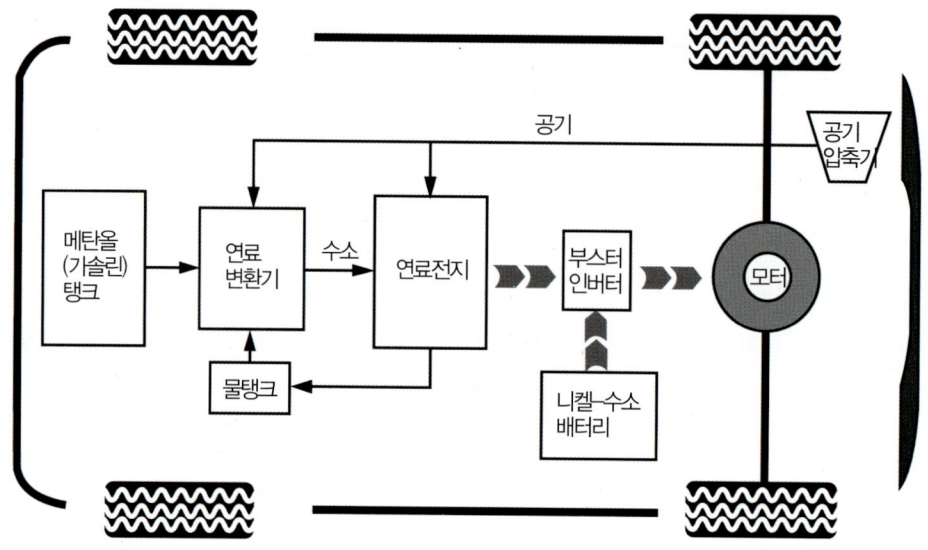

그림 4-6 연료 전지자동차의 구조

현재는 고압 수소탱크를 사용하여 연료변환장치 없이 직접 가압된 수소를 연료로 사용하는 것이 일반적인 추세이다. 수소연료 전지자동차를 연료에서 구동에 이르기까지의 에너지 흐름의 관점에서 보면 연료 저장 시스템, 연료 전지 발전 시스템, 전기동력 시스템으로 나눌 수 있다. 고압 수소탱크에서 연료 전지로 연료인 수소가 공급되며, 전기화학반응에 필요한 산소는 대기 중의 공기로부터 공급된다. 한 번 연료 전지 스택에 공급된 수소는 대기 중으로 방출되는 것이 아니라 수소 이용률을 높이기 위해 수소탱크의 수소와 혼합되어 다시 연료 전지 스택에 공급된다.

이런 방법을 통해 연료의 소비를 줄일 수 있을 뿐만 아니라 대량의 수소가 공기 중으로 방출되어 발생할 수 있는 위험을 줄일 수 있다. 공기와 수소의 반응에 의해 연료 전지 스택에서 생성된 직류전기는 인버터를 통해 바뀐 뒤 전기 구동모터에 공급된다. 구동모터에서 발생되는 회전운동에너지는 감속기를 통해 적절한 회전 수로 감속되어 바퀴에 전달된다.

연료 전지 시스템을 좀 더 상세히 살펴보면 자동차의 엔진 역할을 하는 연료 전지 발전 모듈에 연료인 수소를 공급하기 위한 연료공급계, 산화제인 공기를 공급하기 위한 공기 공급계 및 연료 전지 발전 모듈과 연료 전지 시스템의 열/물관리를 위한 열 및 물관리계, 연료 전지 시스템의 운전/제어를 위한 연료 전지 제어기 및 제어기술부로 구분할 수 있다. 연료 전지자동차의 동력발생은 연료 전지가 전기에너지 외의 별도의 기계적인 구동력을 발생시키지 않기 때문에 회전력을 필요로 하는 모든 섀시 부품들이 전기로 구동된다.

워터펌프, 에어컨 컴프레서 등은 전기모터로 구동되며 진공을 형성하기 위해 별도의 진공펌프가 필요하다. 이러한 전기 구동 모터 및 장치들을 운전하기 위해서는 각 부품들의 전압 사양을 맞추어 주어야 한다.

1 연료 전지의 기본 원리

수소연료 전지의 기본 구조는 고분자 전해질막을 중심으로 양쪽에 다공질의 연료극(anode)과 공기극(cathode)이 부착되어 있는 형태로 되어 있다. 재료만 다를 뿐 보통의 전지 구조와 흡사하다.

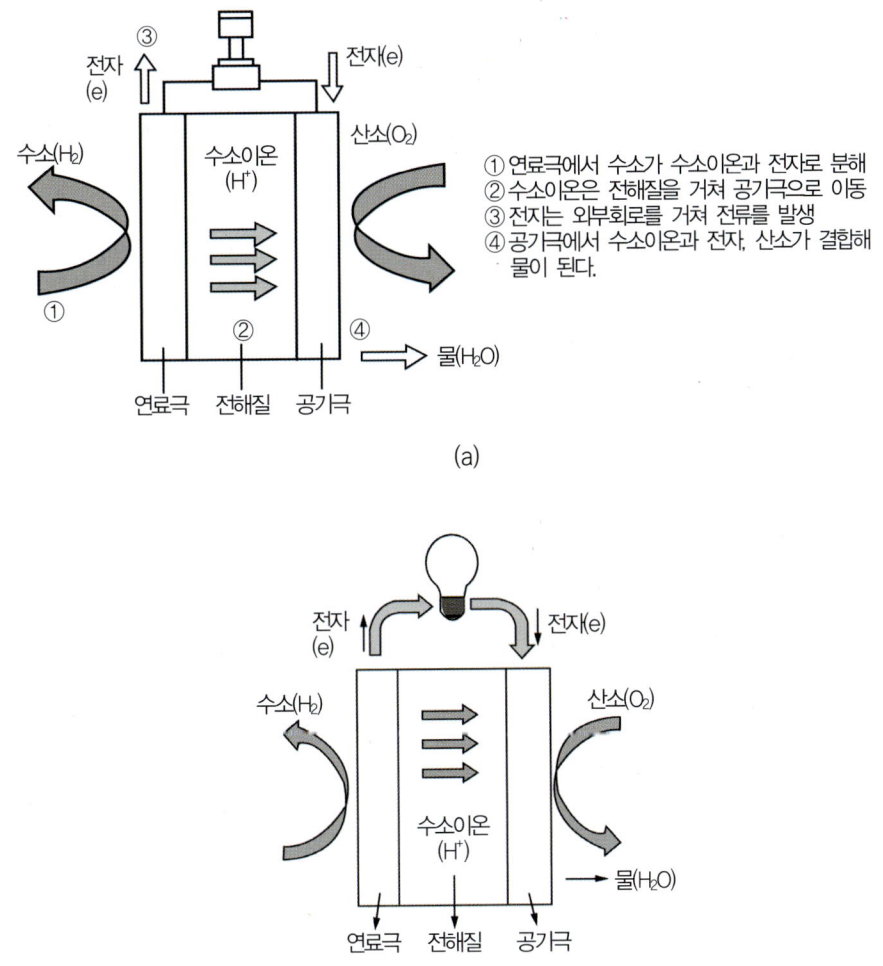

그림 4-7 연료 전지 원리

양극에선 수소가 이온화되며 전자를 내놓는데, 이 전자는 중간의 전해질을 통해 음극으로 이동하고 그곳에서 공기와 반응해 물을 만든다. 이때 전자가 이동하는 과정에서 우리가 얻고자 하는 전기에너지가 발생하는 것이다. 우리가 사용하는 수소연료 전지는 양극, 음극, 전해질로 구성된 하나의 단위 전지가 여러 개 겹쳐진 적층 구조를 이루고 있다. 전류는 단위전지 면적에 따라 전압은 저장을 하고 단위 전지 개수에 따라 조절되므로 수소연료 전지는 전력을 자유자재로 결정할 수 있다는 장점도 있다.

2 수소연료 전지자동차의 구조

연료 전지자동차는 연료 전지 스택, 연료 전지 주변 장치(공기압축기, 열교환기 등), 연료공급장치, 보조동력원 그리고 모터 및 모터 제어기로 구성되어 있다.

(1) 연료 전지 스택(고체 고분자 전해질막(PEFC))

연료 전지의 스택은 수소 원료의 화학적 에너지를 전기에너지로 직접 변환시켜 직류전류를 생성하는 발전장치로, 자동차 주행에 필요한 전원을 공급하는 역할을 한다. 원하는 전기출력을 얻기 위해 단위 전지를 수십 장, 수백 장 직렬로 쌓아 올린 본체이며, 단위 전지 제조, 단위 전지 적층 및 밀봉, 수소공급과 열회수를 위한 분리판 설계·제작 등이 핵심 기술이다.

연료 전지 스택의 구성요소는 다음과 같다.

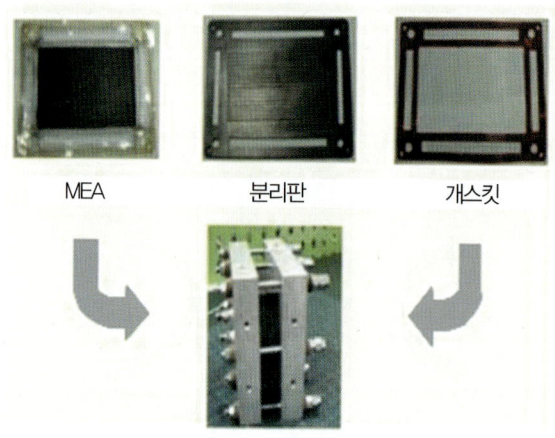

그림 4-8 연료 전지 스택

㉮ 분리판 : 반응가스의 유로 제공, 전기적인 연결
㉯ 개스킷 : 반응가스의 누출 방지
㉰ 극판군(MEA) : 전해질과 백금촉매의 접합체, 전기화학반응이 일어난다.
㉱ 스택 : 다수의 셀을 쌓은 것, 한 셀의 음극판(cathode)은 인접 셀의 양극판(anode)과 전기적으로 연결된다.

2매의 백금전극과 거기에 끼워진 전해질로 이루어지는 연료 전지의 1단위를 단셀이라 부른다. 1개의 단셀이 발생시키는 전압은 연료나 전해질의 종류에 따라 결정되는데 단셀의 크기에 무관하게 약 1볼트이다. 건전지와 같은 정도이다. 이 전압에서는 자동차가 움직이지 않는다. 더욱 큰 전압을 발생시키려면 많은 단셀을 직렬로 이으면 된다. 복수의 단셀을 직렬로 이은 것을 스택(stack)이라 부른다. 스택을 만들려면 단셀을 구성하는 부품 외에 단셀과 단셀 사이를 갈라놓는 부품인 분리판(separator)이 새로 필요하게 된다.

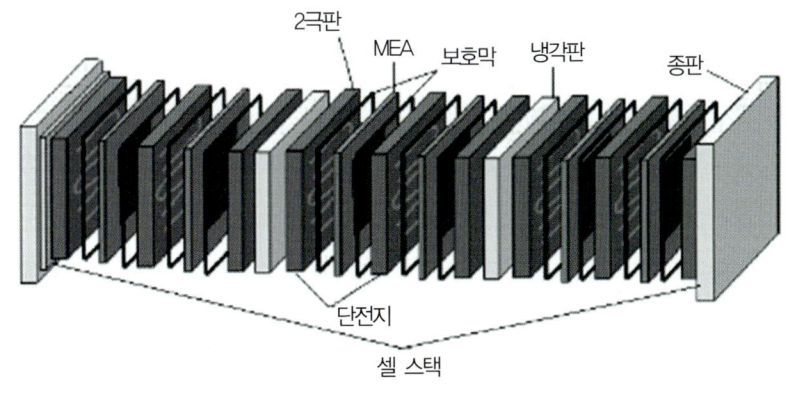

그림 4-9 연료 전지 스택의 구조

분리판의 기능은 다음과 같다.
㉮ 각 단셀 사이를 막고 가스의 혼합을 막는다.
㉯ 각 단셀에 수소가스나 공기를 공급하는 통로가 된다.
㉰ 단셀 사이를 잇는 도선(전자의 통로)으로 작용한다.

일반적으로 분리판과 전극 사이에는 가스를 균일하게 확산시키기 위한 가스 확산층이 끼워진다. 연료 전지 스택은 반응기체가 흐를 수 있도록 가공된 2개의 분리판과 그 사이에서 전기화학반응을 일으키는 막-전극 어셈블리(MEA : membrane electrode assembly), 분리판과 MEA 사이에서 기체의 흐름을 관장하는 가스 확산층과 밀봉을 위한 개스킷으로 구성되어 있다.

스택의 전압은 적층된 단위 전지의 개수에 비례하며, 전류는 MEA의 면적에 비례한다. 스택 기술은 연료 전지 기술 가운데 가장 핵심 사항이다.

연료 전지자동차용으로 주로 사용되며 특징은 다음과 같다.

㉮ 전해질로 고체 고분자막을 사용하기 때문에 양극간의 차압제어와 가압화가 쉽다.
㉯ 전지는 상온에서 기동할 수 있고, 기동시간이 짧다.
㉰ 플라스틱 등의 값싼 전지 구성 재료를 사용할 수 있다.
㉱ 내부 저항이 낮아 고출력 밀도를 얻기가 용이하여 소형, 경량화가 가능하다.
㉲ 100℃ 이하의 저온에서 운전할 수 있다.

① 전극

고체 고분자막형 연료 전지에서 사용되고 있는 전극은 고분자 전해질막과 일체화 접합된 것으로 "투과막/전극접합체(MEA : membrane/electrode membrane)"라 한다. 이것은 백금계 촉매를 입힌 카본 분말을 투과막 소재에 분산시킨 박막인데, 이 박막을 투과막의 앞뒤에 발라 MEA로 만든다.

MEA의 두께는 0.2mm 정도로 전극의 두께는 약 10미크론, 전극 속에 포함되는 백금계 촉매는 $0.1 \sim 0.5g/cm^2$ 정도이다. 보통은 MEA 양쪽에 100~300미크론 정도의 다공질 탄소막을 접합시켜 연료극(수소극, 아노드극), 공기극(산소극, 캐소드극)으로의 기체 확산을 최적화시키며, 촉매층과 접촉을 용이하게 한다. 이 다공질 탄소막이 연료극에서는 수소 이온의 이동에 필요한 수분의 공급률, 공기극에서는 생성된 물의 제거를 제어하는 역할도 한다.

전해질막, 촉매층, 전극의 집합체인 MEA는 연료 전지의 성능을 좌우한다. MEA의 가장 중요한 기술적 지표는 단위 면적당 출력 성능 및 내구성이다. 고성능 장수명 MEA를 제조하기 위해서는 전해질막과 전극촉매로부터 MEA를 제조하는 최적의 제조공정 확립이 중요하며, 전해질막과 전극촉매 자체의 성능 및 고분자 전해질과 전극과의 접착기술 또한 중요한 성능의 요인이다.

그 외 중요한 문제점 중의 하나는 전극촉매와 전해질막과의 계면저항이다. 지금까지는 전해질막과 전극촉매를 각각 제작해 접착을 하는 방식을 취하고 있기 때문에 계면의 저항이 매우 높다. 최근 전해질막과 전극촉매를 접착하지 않는 새로운 방법이 모색되고 있어 앞으로 뛰어난 성능의 MEA가 제조될 것으로 기대된다. PEMFC용 MEA의 기술적 목표는 성능은 $1W/cm^2$, 내구성은 10,000시간이다.

② 분리막(separator or bipolar plate)

분리막은 연료와 공기의 통로가 되는 홈이 파인 플레이트이다. 분리판은 연료 전지의 전극 셀을 구분하는 부재로서, 연료가스와 공기를 차단하는 역할 외에 연료가스와 공기의 유로 확보 및 외부 회로에 전류를 전달하는 역할을 하므로, 높은 전기전도성, 내식성, 열전도성과 함께 낮은 기체투과성이 요구된다. 분리판은 MEA의 외측에 접합된 다공질 탄소막에 다시 접합된다. 이 플레이트는 연료와 공기를 공급할 뿐 아니라 연료극측에서는 수분의 보급통로로, 공기측에서는 생성된 물의 제거통로로서의 기능을 가지고 있다. 그리고 외부 회로로 전기를 흘리는 역할도 한다. 그렇기 때문에 홈의 깊이와 폭 등 구조적인 인자가 연료 전지의 출력 효율에 영향을 미치는 중요한 기술 요소가 되는 것이다.

기술 개발 과제 및 방향성 연료 전지의 경우 기존 소재로부터의 조립은 기초 기술이 확립되어 있는 상태라고 볼 수 있으나, 성능 향상, 대면적화, 신뢰성 및 장기성능, 저가격화 등에 보다 집중적인 연구가 이루어져야 할 필요가 있다. 특히 실용화를 위해서는 스택의 경량화, 가격 또한 향후 실용화 단계에 있어서는 전지의 저가화와 함께 시스템의 저가화 또한 중요한 과제이며, 저감이 필요하고, 이를 위해서는 나노 구조소재 및 나노 기술의 도입이 요구된다.

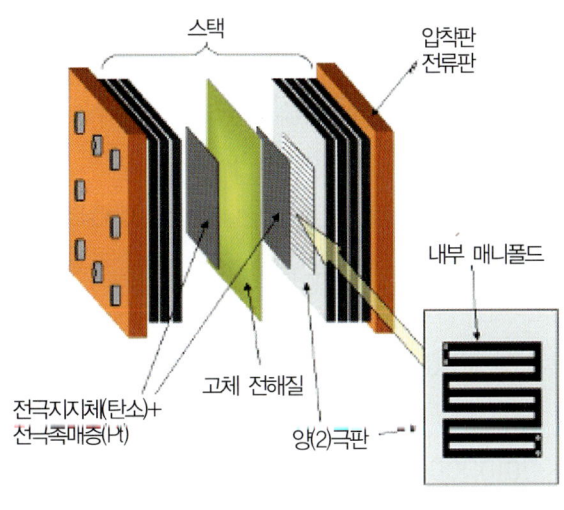

그림 4-10 연료 전지의 구조

이러한 과제를 해결하기 위해서는 저가격 신규재료의 개발, 소형화된 시스템의 개발, 고밀도 수소 저장 기술의 개발, 연료개질을 필요로 하지 않는 연료계와 발전 시스템이 요구된다. 구체적으로 우선 촉매 활성을 높여야 하며, 전극구조를 최적화해 전극 성능을 향상시켜야 하고, 스택의 형태를 정밀하게 디자

인해 내부저항을 최소화하고 단위 부피당 출력 밀도를 높이며, 양극 및 음극의 유로를 최적화해 반응물 및 생성물의 물질 전달 저항을 최소화하는 기술 개발이 필요하다.

③ 전해질막

고분자 전해질막은 전기적으로는 절연체이나 전지 작동 중에 음극으로부터 양극으로 양성자(proton)를 전달하는 매개체로 작용하며, 수화된 연료기체 또는 액체와 산화제 기체를 분리하는 역할을 동시에 수행한다. 따라서 연료 전지용 전해질막은 수소 이온 전도성이 우수해야 하고, 전기 전도성이 없어야 하며, 기체에 대한 투과도가 낮아야 하고, 기계적 강도가 높아야 하며, 화학적 안정성이 있어야 한다. 현재 고분자 전해질막 연료 전지와 직접 메탄올 연료 전지용 전해질막으로 가장 일반적으로 사용되는 듀폰사의 나피온(nafion)은 폴리 테트라플루오르 에틸렌(PTFE: poly tetrafluoro ethylene)을 주사슬(backbone)로 하고, 측쇄에 술폰기를 갖는 과불화 술폰산 고분자(perfluorosulfonic acid polymer)이다. 이러한 불소계 막은 이온투과성, 산화대응성, 내열성이 뛰어나 현 단계에서는 가장 유효한 재료이나 고온에서의 성능 저하와 연료가스의 투과, 고비용 등 개선의 여지가 많다.

전해질 개발의 요점은 저가화, 저가습화, 고내열화, 고성능화이다. 이온투과성 향상을 위해 박막화에 관한 연구가 주를 이루나 과도한 박막화는 핀홀과 가스투과 및 강도 저하를 가져오므로 비전도성의 미세 섬유를 강화제로 첨가하는 등의 강화 복합막 제작에 관한 연구가 진행되고 있다.

불소계(플루오르술폰산계) 전해질막은 이온투과를 위해 균일한 습윤 상태를 요구하므로 건조상태에서 높은 이온투과성을 갖는 소재 개발이 추진되고 있으며, 그 외 고온에서의 운전이 가능해 촉매의 활성을 향상시킬 수 있는 새로운 전해질막의 개발도 이루어지고 있다. 메탄올을 원료로 사용하는 DMFC에서는 메탄올의 크로스오버(cross-over)를 막는 전해질막의 개발이 주요 선결과제이다.

메탄올 투과도 저감을 위해 막의 표면을 나노입자나 메탄올 배리어(barrier) 물질로 개질하거나 나노미터 크기의 이온채널의 크기를 조절 또는 화학적 교차결합으로 고정하는 방향으로 연구가 진행되고 있다.

(2) 주변 보조기기(BOP : balance of plant)

연료, 공기, 열회수 등을 위한 펌프류, blower, 센서 등을 말한다. 내연엔진에는 연료 및 공기공급, 냉각, 배기를 위한 장치로 구성된 엔진 운전장치가 있듯이, 연료 전지 발전시스템에도 같은 기능을 하는 연료 전지 운전장치가 있는데, 열 및 물질 수지 개념을 중요시하는 화학공정에서는 이를 BOP라 한다.

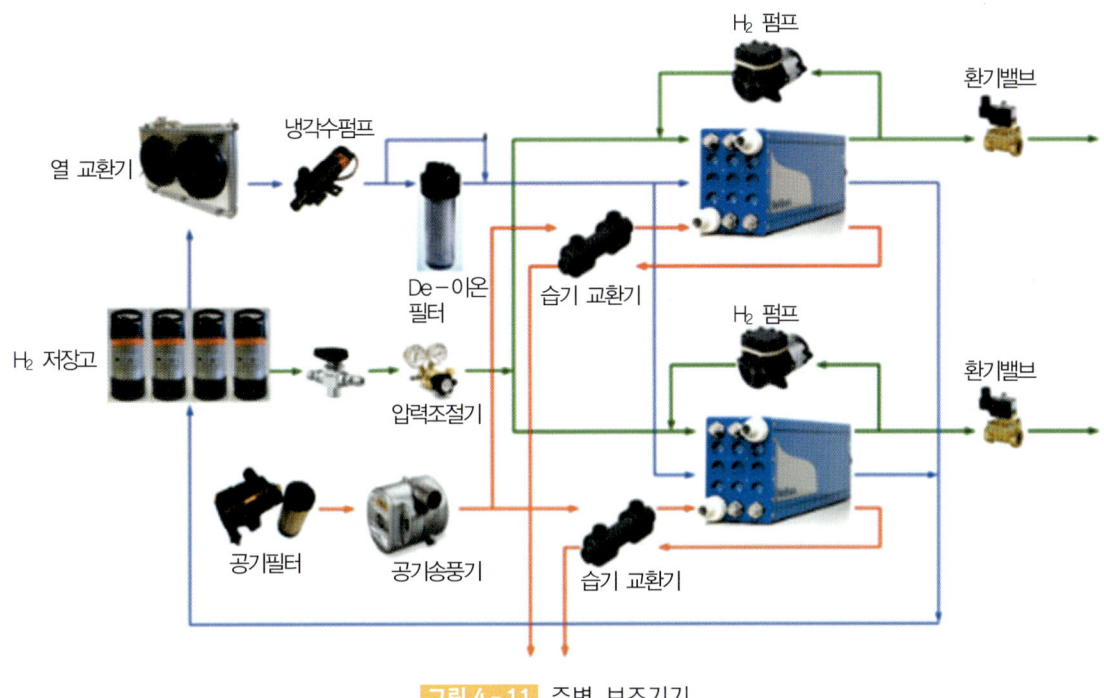

그림 4-11 주변 보조기기

① 공기 공급계(APS: air process system)

연료 전지 스택에 수소와 반응을 할 공기(산소)를 공급하는 시스템으로 에어클리너, 공기공급기(air blower 또는 air compressor) 등으로 구성되어 있다.

② 열 및 물 관리계(TMS: thermal management system)

전체 시스템에서 필요로 하는 물 균형을 유지하는 기능이 있으며, 반응 시 스택은 열을 발생하게 되는데, 이를 적절한 온도로 유지하는 기능을 한다. 구성부품으로는 라디에이터, 물펌프, 이온제거기, 물탱크 등이 있다.

③ 수소 공급계(FPS: fuel process system)

스택에 수소를 공급하는 시스템으로 여기에는 수소탱크, 압력 조절기, 수소재순환기 등으로 구성되어 있다.

(3) 수소저장탱크

수소를 운전자가 큰 어려움 없이 경제적으로 활용하기 위해서는 수소저장이 꼭 필요하다.

압축 저장은 수소저장 기술 중 가장 보편적인 방법으로서, 수소기체를 고압으로 압축하여 제한된 체적의 용기에 저장하는 방식이다. 압력용기 내의 수소저장 밀도를 높이기 위해 높은 압력으로 가압하는데, 저장압력이 높아질수록 용기의 두께가 두꺼워져 무게가 증가하게 되므로 다른 연료에 비해 질량 효율(용기를 포함한 질량당 수소의 질량 비율)이 떨어지게 된다. 그럼에도 불구하고 압축수소저장 방법은 여러 가지 수소저장 방법 중 가장 실용화에 근접한 방법인데, 저장장치의 구성이 단순하고 중량면에서 이점이 많기 때문에 수소연료 전지자동차나 기타 탑재용 수소연료저장 방법으로 가장 많이 사용되고 있다. 고압 수소기체를 저장하기 위한 압력용기는 사용 재료와 복합재료 강화 방법에 따라 다음과 같이 네 가지로 구분한다.

① 강 또는 알루미늄으로 만들어진 금속제 용기로 복합재료에 의한 구조적 강화 없이 금속 재료만으로 압력하중을 견디도록 만든 용기이다.

② 강 또는 알루미늄으로 만들어진 금속제 라이너 위에 수지를 함침시킨 탄소섬유나 유리섬유를 원주방향으로 감아서 만든 용기이다.

③ 강 또는 알루미늄으로 만들어진 얇은 금속제 라이너 위에 수지를 함침시킨 탄소섬유나 유리섬유를 원주방향과 길이방향으로 감아서 만든 용기로, 금속제 라이너는 하중을 부담하지 않거나 극히 일부분만을 부담한다.

④ 용기의 경량화를 목적으로 비금속 재료로 만들어진 라이너 위에 수지를 함침시킨 탄소섬유나 유리섬유를 원주방향과 길이방향으로 감아서 만든 용기로, 비금속 재료로 만들어진 라이너는 하중을 거의 부담하지 않고, 가스가 새지 않도록 하는 역할만을 한다.

연료 전지자동차에 사용되는 수소저장용기는 경량화를 위해 주로 ③과 ④가 사용되고 있다. 복합재 압력용기는 알루미늄 또는 플라스틱 소재의 라이너에 가볍고 강도와 강성이 뛰어난 탄소섬유를 에폭시 수지에 함침하여 감은 후 수지를 경화시켜 만들어진다.

탄소섬유 복합재층이 내압하중의 대부분을 견디며 라이너는 기밀 유지와 복합재층을 감기 위한 기본 형상을 제공한다. 이러한 재료의 조합은 초경량 압축가스저장 시스템으로서 안전성과 성능면에서 가장 이상적인 형태이다.

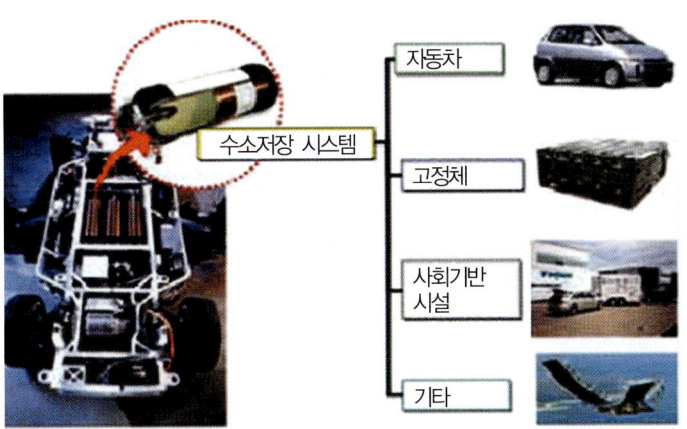

그림 4-12 수소저장탱크

복합재 압력용기는 기존의 금속 재질의 압력용기에 비해 매우 가볍고, 더 높은 압력에 견딜 수 있으며, 반복 사용 수명이 매우 길고, 부식에 강한 우수한 특성을 갖는다. 특히 금속 재질 압력용기는 결함이 발생되면 폭발 위험이 있으나, 복합재 압력용기는 폭발 전에 압력이 누출되어 폭발이 일어나지 않는 안전한 특성을 갖는다. 복합재 압력용기는 본래 우주용 발사체의 각종 고압가스를 저장하는 경량 고성능의 압력용기로 개발되었으나, 근래에는 압축 천연가스자동차용 연료저장탱크로리에 사용되고 있으며, 최근 수소연료 전지자동차용 연료탱크로 개발되면서 크게 주목받고 있다.

연료 전지자동차의 수소저장 용기로는 가볍고, 부피가 작으며, 보다 안전한 고성능의 압력용기가 필요하기 때문에 탄소섬유 복합 재료로 만들어진 복합재 압력용기가 가장 적절한 수단으로 인정되고 있다. 고압 수소기체저장 방식은 물리적인 압력차로 수소를 충전하고 방전하게 되므로 다른 수소저장 방식에 비해 저장 방법이 간단하고, 응답성도 빨라 연료 전지자동차에 적용하기 용이하다. 또한 천연가스의 보급에 의해 고압가스저장탱크가 이미 산재되어 있으므로 별도의 비용 없이도 기존의 인프라를 이용할 수 있는 장점이 있다. 하지만 압력용기를 자동차에 적용 시 체적이 크고, 형상의 변경이 용이하지 않아 공간 제약을 받으며, 수소기체의 저장밀도를 높일수록 압력용기가 무거워지는 단점도 가지고 있다.

① 액체수소저장탱크

액체수소저장에서는 수소를 액화온도인 -253℃까지 냉각시켜 저장탱크에 저장하는데, 냉각시키는데 수소가 가지고 있는 에너지의 약 43%를 소비해 공급 시의 손실이 크고, 10~20%가 증발해 버리고, 증발하지 않도록 단열시켜도 하루에 2~3% 정도의 액체수소가 증발하는 문제점이 있다.

(4) 연료변환기(개질기: reformer)

연료변환기는 천연가스나 메탄올, 가솔린 등 탄화수소 연료를 진한 수소가스로 변환시켜 주는 장치이다. 이렇게 변환된 수소가스와 공기 중의 산소는 전류를 얻기 위해 연료 전지 스택으로 공급된다. 이는 시스템에 악영향을 주는 황(10ppb 이하), 일산화탄소(10ppm 이하) 제어 및 시스템 효율 향상을 위한 핵심 기술이다. 연료 전지에 적합한 최적의 연료는 수소지만 수소는 탄화수소 연료에 비해 생산량이 적으며 수송 및 보관이 어렵다.

따라서 수송 및 저장이 간편한 가솔린, 메탄올 등을 원료원으로 사용하는 시도들이 많이 이루어지고 있는데, 이를 위해서는 자동차 및 기기 내에서 수소연료를 직접 만들어 낼 수 있는 고효율의 연료개질기의 개발이 필수적이다. 수송용 연료 전지의 연료개질기는 연료전환 효율이 높아야 하고, 가벼워야 하며, 특히 운행 중 발생하는 급격한 부하변동에 즉각적으로 대응할 수 있어야 한다.

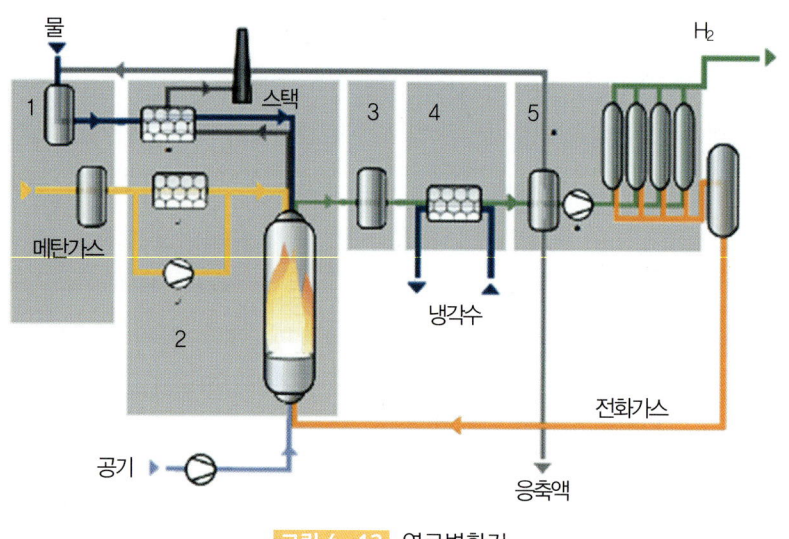

그림 4-13 연료변환기

연료개질 기술은 가솔린, 메탄 이외에 다양한 연료의 발굴과 항산화 촉매개발 및 수증기개질(steam reforming), 부분산화개질(partial oxidation reforming), 자동발열개질(auto thermal reforming) 등의 새로운 공정 기술 개발이 필요하다.

이외에도 수소생산을 위한 연료개질 기술로는 물의 전기분해 및 광전기분해, 바이오매스 기체화 및 열분해 기술 등이 있다. 연료개질 기술이 갖추어야 할 요건은 다음과 같다.

① 연료개질기의 콤팩트화 및 저중량화
② 다중 연료개질 능력(가솔린/디젤, 메탄올, 에탄올, 천연가스)
③ **높은 연료전환 효율(고순도의 수소생산 및 저오염물질 방출)** : 연료개질기에서 연료를 수소로 개질하고 연료 내의 일산화탄소와 황 등의 불순물을 제거하기 위해서는 여러 단계의 촉매공정을 거치게 된다. 따라서 연료개질에 있어서 가장 중요한 사항은 최적의 촉매 선정이라 할 수 있다.
④ **급 시동에 대한 즉각적인 대응** : 개질기에서의 촉매공정은 자동차의 촉매변환기와 같은 방식으로 운행되어야 한다. 이들은 시동 및 운전조건, 급격한 대기환경의 변화도 견딜 수 있어야 하며, 요구 부하를 일정하게 유지할 수 있어야 한다.
⑤ **제조 가격 저하** : 지난 몇 년간 개발자들은 새로운 재료를 선정하고, 연료조절기 내에서 Pt촉매의 함량을 최소화함으로써 작동 성능을 떨어뜨리지 않고도 연료 가격을 낮춰야 한다.

(5) 변환기(인버터)

연료 전지 스택에서 발생한 전기는 DC 형태로서 이를 AC로 변환하기 위한 장치가 변환기이다. AC전원을 DC전원으로 변환하는 컨버터 부분과 DC전원을 재단하여 전압 및 주파수가 변화된 AC전원으로 변환하는 인버터 부분으로 복잡하게 형성되어 있으나, 간단히 인버터라 호칭하고 있다.

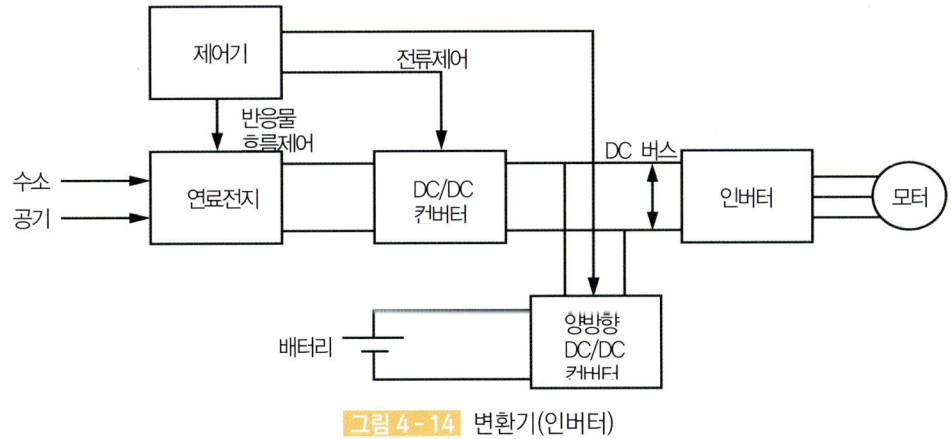

그림 4-14 변환기(인버터)

(6) 보조전원

연료 전지자동차에서 연료 전지 스택의 내구수명을 증대시키고, 주행거리와 연비 향상을 위하여 보조전원으로 2차 전지나 슈퍼 캐퍼시터 등이 사용된다.

① 2차 전지

2차 전지는 소형기기와 모바일 단말기를 중심으로 사용되고 있으나 자동차용으로는 최근 하이브리드자동차에 채용되는 대용량 2차 전지가 있다. 연료 전지 시스템에서의 2차 전지는 연료 전지와 하이브리드 시스템의 구성기기로서 중요하여 연료 전지 출력의 안정화와 비상시 예비전력으로서 중요한 역할을 담당한다. 연료 전지 시스템과의 이용에 있어서는 현재 이용되고 있는 Ni-MH, Li-폴리머 등이 있다.

② 전기 축전장치(capacitor)

혼다사에서는 전지 축전장치로 슈퍼 캐퍼시터를 채용하고 있다. 캐퍼시터는 축전지와 마찬가지로 전력을 저장하는 부재로서, 특성은 순간적인 충전과 방전이 가능하고 거의 무한하게 충전과 방전이 가능하다는데 있다. 2002년 6월에 일본 닛산 디젤이 출시한 슈퍼 캐퍼시터 하이브리드 트럭은 캐퍼시터를 자동차용으로 탑재한 세계 제1호 차량으로 화제를 모으고 있다.

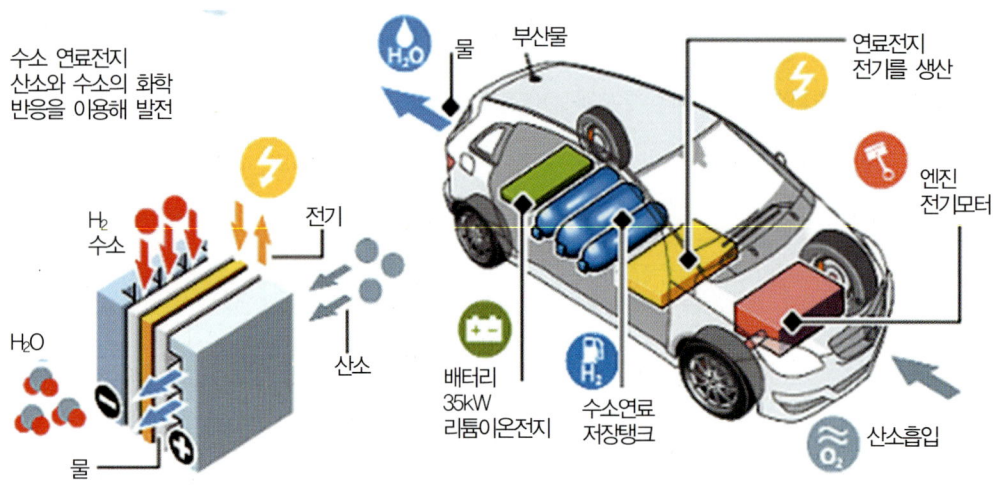

그림 4-15 수소연료 전지자동차 구조

연료 전지 시스템에서 캐퍼시터는 주로 자동차용으로 사용되는 것으로 생각되고 있고, 캐퍼시터의 순간방전 특성을 살려 연료 전지의 출력 부족을 보완하고 시동 시와 가속 시 등의 고출력 보조로서 사용되고 있다. 그러나 캐퍼시터는 2차 전지에 비하여 에너지 밀도가 작아 같은 급의 전력 용량을 확보하기 위해서는 대형화가 불가피하여 이에 대한 극복이 과제로 남아있다.

03 연료 전지의 화학반응

연료 전지(fuel cell)는 수소와 산소의 화학반응으로 생기는 화학에너지를 직접 전기에너지로 변환시키는 기술을 이용한 전지이다. 즉, 연료와 산화제를 전기화학적으로 반응시켜 전기에너지를 발생시키는 장치이다. 이 반응은 전해질 내에서 이루어지며 일반적으로 전해질이 남아있는 한 지속적으로 발전이 가능하다.

$$H_2 + \frac{1}{2}O_2 = H_2O + 전기$$

양극(anode) : $H_2 \rightarrow 2H^+ + 2e^-$
음극(cathode) : $1/2O_2 + 2H^+ + 2e^- \rightarrow H_2O$
전체(overall) : $H_2 + 1/2O_2 \rightarrow H_2O + 전류 + 열$

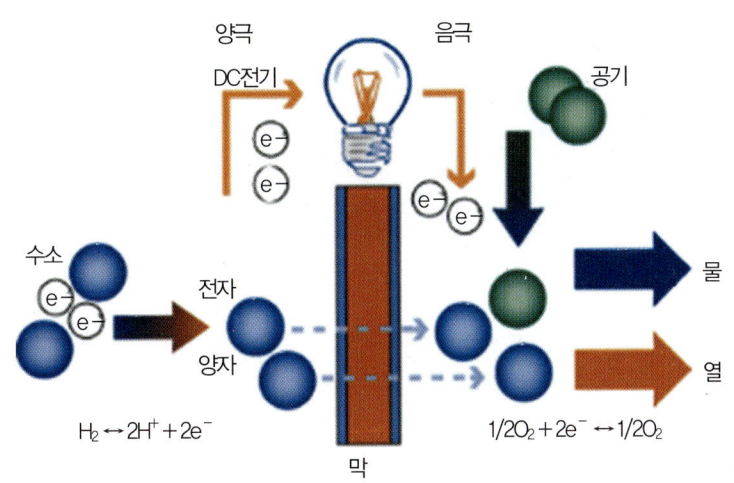

그림 4-16 연료 전지의 화학반응

연료 전지의 구조는 전해질을 사이에 두고 두 전극이 샌드위치의 형태로 위치하며, 두 전극을 통하여 수소 이온과 산소 이온이 지나가면서 전류를 발생시키고 부산물로서 열과 물을 생성한다.
① 연료극(hydrogen from tank, 양극)으로부터 공급된 수소는 수소 이온과 전자로 분리된다.
② 수소 이온은 전해질층을 통해 공기극으로 이동하고 전자는 외부 회로를 통해 공기극으로 이동하며 전기를 생성한다.

③ 공기극(oxygen from air, 음극) 쪽에서 산소 이온과 수소 이온이 만나 반응생성물(물)을 생성한다.

최종적인 반응은 수소와 산소가 결합하여 전기, 물 및 열을 생성한다.
연료 전지는 '전지'라는 말이 붙어있기는 하지만 일반적인 전지와는 다르다. 전지는 닫힌계에 화학적으로 전기에너지를 저장하는 반면, 연료 전지는 연료를 소모하여 전력을 생산한다. 또한 전지의 전극은 반응을 하여 충전, 방전상태에 따라 바뀌지만, 연료 전지의 전극은 촉매 작용을 하므로 상대적으로 안정하다. 생성물이 전기와 순수인 발전효율 30~40%, 열효율 40% 이상으로 총 70~80%의 효율을 갖는 신기술이라고 할 수 있다.

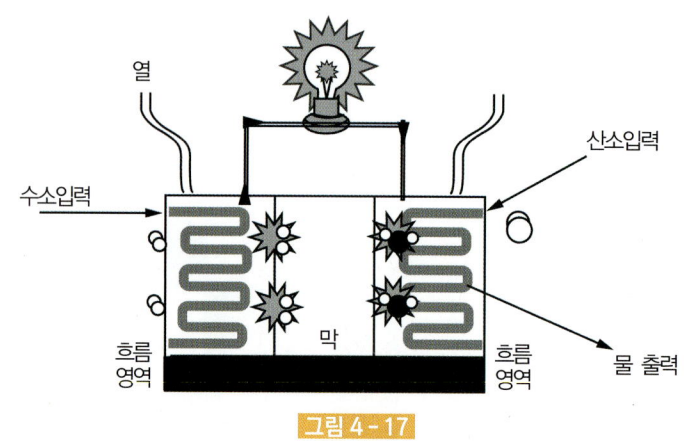

그림 4-17

1 연료 전지의 특징

(1) 장점

① 발전효율이 40~60%이며, 열병합 발전 시 80% 이상 가능
② 천연가스, 메탄올, 석탄가스 등 다양한 연료 사용 가능
③ 환경공해 감소 : 배기가스 중 NOx, SOx 및 분진이 거의 없으며, CO_2 발생량에 있어서도 미분탄 화력발전에 비하여 20~40% 감소
④ 회전 부위가 없어 소음이 없으며, 기존 화력발전과 같은 다량의 냉각수 불필요
⑤ 도심 부근 설치가 가능하여 송배전 시의 설비 및 전력손실 적음
⑥ 부하 변동에 따라 신속히 반응하며, 설치 형태에 따라서 현지 설치용, 분산 배치형, 중앙 집중형 등의 다양한 용도 사용 가능

(2) 단점
① 초기 설치 비용이 고가
② 수소 공급, 저장 등 인프라 구축 어려움

2 연료 전지의 종류

연료 전지는 작동 온도에 따라, 연료의 종류에 따라 그리고 사용하는 전해질의 종류에 따라 각각 구분이 가능하다. 그러나 이온이 전해질을 통과하고 교환으로 전극 사이에 전기가 흐른다는 근본 원리는 모두 같다.

(1) 작동 온도에 따른 구분

연료 전지는 고온형과 저온형으로 나누어지고 이들은 다시 두 가지 유형으로 나눌 수 있다.

① 저온

저온형은 일상생활 현장에서 활용된다. 저온형은 고온형 연료 전지에 비해 훨씬 저온(섭씨 200도 이하)에서 작동된다. 저온형의 공통적인 장점은 시동이 단시간에 된다는 것과 크기를 작게 할 수 있다는 점이다. 그러나 고가의 백금전극이 필요해서 장비 비용이 높은 것이 단점이다. 인산형 연료 전지(PAFC)는 섭씨 200도 정도에서 작동한다. 전해질에는 인산 수용액을 쓴다. 1967년에 개발이 시작되고 1980년대부터 미국과 일본을 중심으로 호텔이나 병원 등에 도입되었다.

연료 전지의 네 가지 유형 중에서 가장 먼저 상품화되었다. 고체 고분자형 연료 전지(PEFC)는 섭씨 100도 미만이라는 상온에 가까운 온도에서 작동한다. 전해질에는 수용액이 아니라 수지로 만든 얇은 막을 사용한다.

그 결과 장비 전체를 얇게 할 수 있기 때문에 소형에 적합하다. 제미니 우주선에 실린 것도 이 유형의 연료 전지이다. 자동차에서 가정용, 휴대전화 등의 이동기기에 이르기까지 용도가 넓어 가장 활발히 연구되고 있다.

② 고온

고온형의 연료 전지에는 용융 탄산염형 연료 전지(MCFC)와 고체 산화물형 연료 전지(SOFC) 두 가지 유형이 있다. 고온형의 연료 전지는 섭씨 500~1,000도라는 고온에서 작동한다. 고온이 되면 화학반응의 속도가 빨라지고 촉매가 필요 없게 된다. 그래서 고가인 백금을 사용하지 않아도 되는 것이 장점 중의 하나이다. 고온의 배출열도 활용할 수 있다. 또 고온인 연료 전지의 내부에서 천연가스 등의 연료가 수소로 전환되는 과정(개질)이 진행되므로 이들 연료를 수소 대신 쓸 수도 있다.

발전효율이 높고 고출력이 가능하므로 대형 건물의 발전장치나 대규모 발전소 등에 알맞다. 그러나 워밍업을 위한 시동에 시간이 걸리는 단점이 있다.

용융 탄산염형 연료 전지(MCFC)는 섭씨 650도 전후의 고온에서 작동한다. 전해질에는 탄산염을 녹인 액체(용융 탄산염)를 쓴다. 수소 이외에 천연가스나 석탄가스 등을 연료로 쓰는 일도 있다. 대규모 발전소 등에서의 이용이 기대된다.

고체 산화물형 연료 전지(SOFC)는 섭씨 1,000도 부근의 고온에서 작동한다. 전해질에는 고체인 세라믹을 쓴다. MCFC와 마찬가지로 대규모 발전소 등에서의 이용이 기대된다. 더욱이 작동 온도를 내리는 기술 개발이 이루어지면 가정용 전원으로도 쓸 수 있을 것으로 전망되어 크게 주목된다.

(2) 연료의 종류에 따른 구분

① 기체연료

연료 전지의 보편적인 연료로 사용되며 수소, 탄화수소, CO(석탄가스화) 등이 있다.

② 액체연료

부산물이 생성되어 이에 대한 부산물의 처리 문제가 발생하지만 환경오염률은 고체연료에 비해 거의 없다. 알코올(alcohol), 알데히드(aldehyde), 히드라진(N_2H_4), 석유계 탄화수소가 사용된다.

③ 고체연료

고체연료는 화학 연소반응이 환경오염에 심각한 영향을 미치는 부산물을 생성하여 이에 대한 처리 문제가 발생하지만, 연료 전지 구현이 비교적 간단한 편이어서 비용 절감을 기대할 수 있다. 석탄, 목탄, 코크스 등이 쓰인다.

그림 4-18 연료 전지의 종류

04 알코올 연료 전기자동차

알코올을 직접 연료 전지에 공급하는 방식과 연료개질기를 사용하여 알코올에서 수소를 얻어 수소연료 전지에 공급하는 방식이 있다. 발전 이후의 시스템은 전동기를 구동하는 전기자동차와 거의 같다. 알코올을 연료로 하여 직접 내연엔진에서 연소시키는 자동차와는 다르다.

1 알코올 연료 전기자동차의 장·단점

(1) 알코올 연료 전기자동차의 장점
① 화재 시 물로 소화가 가능하다.
② 항속거리가 전지식 전기자동차에 비해 길다.
③ 연료 가격은 비교적으로 싸다.
④ 전기자동차와 설계의 공통화를 도모할 수 있다.

(2) 알코올 연료 전기자동차의 단점
① 알코올의 제조 단계에서 CO_2가 발생한다.
② 알코올 연료는 가솔린이나 경유에 비해 인화 가능한 공기 중의 혼합비의 범위가 넓고, 안전성이 떨어진다.
③ 메탄올은 금속을 부식시켜 취급 자격이 필요하다.
④ 연료 전지 스택이 비싸다.
⑤ 부식성 때문에 알코올 직접 공급식 연료 전지는 수소연료 전지보다 수명이 짧다.

Chapter 5 출제예상문제

01 친환경 공학

01
자동차관리법상 저속 전기자동차의 최고속도(km/h) 기준은? (단, 차량 총중량이 1,361kg을 초과하지 않는다.)

① 20 ② 40
③ 60 ④ 80

02
라이트를 벽에 비추어 보면 차량의 광축을 중심으로 좌측 라이트는 수평으로, 우측 라이트는 약 15도 정도의 하향 기울기는 무엇인가?

① 컷 오프 라인 ② 쉴드 빔 라인
③ 루미네슨스 라인 ④ 주광축 경계 라인

03
도로 차량 – 전기자동차용 교환형 배터리의 일반 요구사항(KS R 1200)에 따른 엔클로저의 종류로 틀린 것은?

① 방화용 엔클러저 ② 촉매 방지용 엔클로저
③ 감전 방지용 엔클로저 ④ 기계적 보호용 엔클로저

04
전기회생제동장치가 주제동장치의 일부로 작동되는 경우에 대한 설명으로 틀린 것은? (단, 자동차 및 자동차부품의 성능과 기준에 관한 규칙에 의한다.)

① 주제동장치의 제동력은 동력 전달 계통으로부터의 구동전동기 분리 또는 자동차의 변속비에 영향을 받는 구조일 것
② 전기회생제동력이 해제되는 경우에는 마찰제동력이 작동하여 1초 내에 해제 당시 요구 제동력의 75% 이상 도달하는 구조일 것
③ 주제동장치는 하나의 조종장치에 의하여 작동되어야 하며, 그 외의 방법으로는 제동력의 전부 또는 일부가 해제되지 아니하는 구조일 것
④ 주제동장치 작동 시 전기회생제동장치가 독립적으로 제어될 수 있는 경우에는 자동차에 요구되는 제동력을 전기회생제동력과 마찰제동력 간에 자동으로 보상하는 구조일 것

정답 01 ③ 02 ① 03 ② 04 ①

05

KS R 0121에 의한 하이브리드의 동력 전달 구조에 따른 분류가 아닌 것은?

① 병렬형 HV
② 복합형 HV
③ 동력집중형 HV
④ 동력분기형 HV

06

KS 규격 연료 전지 기술에 의한 연료 전지의 종류로 틀린 것은?

① 고분자 전해질 연료 전지
② 액체 산화물 연료 전지
③ 인산형 연료 전지
④ 알칼리 연료 전지

07

배터리의 충전 상태를 표현한 것은?

① SOC(State Of Charge)
② SOH(State Of Health)
③ PRA(Power Relay Assembly)
④ BMS(Battery Management System)

08

자동차 CAN 통신의 CLASS 구분으로 틀린 것은? (단, SAE 기준이다.)

① CLASS A : 접지를 기준으로 1개의 와이어링으로 통신선을 구성하고, 진단 통신에 응용되면 K-라인 통신이 이에 해당된다.
② CLASS B : CLASS A보다 많은 정보의 전송이 필요한 경우에 사용되며, 저속 CAN에 적용된다.
③ CLASS C : 실시간으로 중대한 정보교환이 필요한 경우로서 1~10ms 간격으로 데이터 전송 주기가 필요한 경우에 사용되며, 파워트레인 계통에서 응용되고 고속 CAN에 적용된다.
④ CLASS D : 수백 수천 bits의 블록단위 데이터 전송이 필요한 경우에 적용되며, 멀티미디어 통신에 응용되며 FlexRay 통신에 적용된다.

09

가상 엔진 사운드 시스템(VSS)에 관한 설명으로 틀린 것은?

① 엔진 구동 소리와 유사한 소리를 발생한다.
② 자동차의 속도가 약 40km/h 이상부터 작동한다.
③ 차량 주변 보행자 주의환기로 사고 위험성이 감소한다.
④ 전기차 모드에서 보행자가 차량을 인지할 수 있도록 작동한다.

10

3상 교류발전기의 권선결선을 △결선 대신 Y결선으로 하는 이유로 맞는 것은?

① 3배의 높은 전압을 얻을 수 있다.
② 3배의 높은 전류를 얻을 수 있다.
③ 선간전압은 상전압의 배전압을 얻을 수 있다.
④ 선간전류는 상전류보다 높은 전류를 얻을 수 있다.

정답 05 ③ 06 ② 07 ① 08 ④ 09 ② 10 ③

11
플렉스레이(FlexRay) 데이터 버스의 특징이 아닌 것은?

① 데이터 전송은 2개의 채널을 통해 이루어진다.
② 실시간 통신은 해당 구성에 따라 가능하다.
③ 데이터를 2채널로 동시에 전송한다.
④ 데이터 전송은 비동기 방식이다.

12
친환경 자동차에 적용되는 브레이크 밀림방지장치(어시스트 시스템)에 대한 설명으로 맞는 것은?

① 경사로에서 정차 후 출발 시 차량 밀림 현상을 방지하기 위해서 밀림 방지용 밸브를 이용하여 브레이크를 한시적으로 작동하는 장치이다.
② 경사로에서 출발 전 한시적으로 하이브리드모터를 작동시켜 차량 밀림 현상을 방지하는 장치이다.
③ 차량 출발이나 가속 시 무단 변속기에서 크립토크를 이용하여 차량이 밀리는 현상을 방지하는 장치이다.
④ 브레이크 작동 시 브레이크 작동유압을 감지하여 높은 경우 유압을 감압시켜 브레이크 밀림을 방지하는 장치이다.

13
하이브리드자동차 용어 (KS R 0121)에서 충전시켜 다시 쓸 수 있는 전지를 의미하는 것은?

① 1차 전지
② 2차 전지
③ 3차 전지
④ 4차 전지

14
하이브리드자동차 용어(KS R 0121)에 의한 하이브리드 정도에 따른 분류가 아닌 것은?

① 마일드 HV
② 스트롱 HV
③ 풀 HV
④ 복합형 HV

정답 11 ④ 12 ① 13 ② 14 ④

02 하이브리드 고전압장치 정비

01
하이브리드자동차에서 고전압 배터리관리 시스템(BMS)의 주요 제어 기능으로 틀린 것은?

① 모터 제어 ② 출력 제한
③ 냉각 제어 ④ SOC 제어

02
병렬형 하드 타입의 하이브리드자동차에서 HEV모터에 의한 엔진 시동 금지 조건인 경우, 엔진의 시동은 무엇으로 하는가?

① HEV모터 ② 블로어모터
③ HSG ④ MCU

03
하드 타입의 하이브리드차량이 주행 중 감속 및 제동할 경우 차량의 운동에너지를 전기에너지로 변환하여 고전압 배터리를 충전하는 것은?

① 가속제동 ② 감속제동
③ 재생제동 ④ 회생제동

04
주행 중인 하이브리드자동차에서 제동 시에 발생된 에너지를 회수(충전)하는 모드는?

① 가속 모드 ② 발진 모드
③ 시동 모드 ④ 회생 제동 모드

05
하이브리드 고전압장치 중 프리차저 릴레이 & 프리차저 저항의 기능이 아닌 것은?

① 메인릴레이 보호
② 타 고전압 부품 보호
③ 메인 퓨즈, 버스바, 와이어 하네스 보호
④ 배터리 관리 시스템 입력 노이즈 저감

06
BMS(Battery Management System)에서 제어하는 항목과 제어 내용에 대한 설명으로 틀린 것은?

① 고장진단 : 배터리 시스템 고장 진단
② 배터리 과열 시 컨트롤 릴레이 차단
③ 셀 밸런싱 : 전압 편차가 생긴 셀을 동일한 전압으로 매칭
④ SOC(State of Charge)관리 : 배터리 전압, 전류, 온도를 측정하여 적정 SOC 영역관리

정답 01 ① 02 ③ 03 ④ 04 ④ 05 ④ 06 ②

07
하이브리드자동차는 감속 시 전기에너지를 고전압 배터리로 회수(충전)한다. 이러한 발전기 역할을 하는 부품은?

① AC 발전기
② 스타팅 모터
③ 하이브리드 모터
④ 컨트롤 유닛

08
하이브리드자동차의 고전압 배터리 관리 시스템에서 셀 밸런싱 제어의 목적은?

① 배터리의 적정 온도 유지
② 상황별 입출력 에너지 제한
③ 배터리 수명 및 에너지 효율 증대
④ 고전압 계통 고장에 의한 안전사고 예방

09
주행 중인 하이브리드자동차에서 제동 및 감속 시 충전불량 현상이 발생하였을 때 점검이 필요한 곳은?

① 회생제동장치
② LDC 제어장치
③ 발전 제어장치
④ 12V용 충전장치

10
하이브리드 차량 정비 시 고전압 차단을 위해 안전 플러그(세이프티 플러그)를 제거한 후 고전압 부품을 취급하기 전 일정 시간 이상 대기시간을 갖는 이유로 가장 적절한 것은?

① 고전압 배터리 내의 셀의 안정화
② 제어 모듈 내부의 메모리 공간의 확보
③ 저전압(12V) 배터리에 서지전압 차단
④ 인버터 내 콘덴서에 충전되어 있는 고전압 방전

11
병렬형 하이브리드자동차의 특징에 대한 설명으로 틀린 것은?

① 모터는 동력 보조만 하므로 에너지 변환 손실이 적다.
② 기존 내연기관 차량을 구동장치의 변경 없이 활용 가능하다.
③ 소프트 방식은 일반 주행 시에는 모터 구동만을 이용한다.
④ 하드 방식은 EV 주행 중 엔진 시동을 위해 별도의 장치가 필요하다.

12
하이브리드자동차에서 모터의 회전자와 고정자의 위치를 감지하는 것은?

① 레졸버
② 인버터
③ 경사각센서
④ 저전압 직류 변환장치

정답 07 ③ 08 ③ 09 ① 10 ④ 11 ③ 12 ①

13

하이브리드 차량에서 감속 시 전기모터를 발전기로 전환하여 차량의 운동에너지를 전기에너지로 변환시켜 배터리로 회수하는 시스템은?

① 회생제동 시스템
② 파워 릴레이 시스템
③ 아이들링 스톱 시스템
④ 고전압 배터리 시스템

14

병렬형 하드 타입 하이브리드자동차에 대한 설명으로 옳은 것은?

① 배터리 충전은 엔진이 구동시키는 발전기로만 가능하다.
② 구동모터가 플라이 휠에 장착되고 변속기 앞에 엔진 클러치가 있다.
③ 엔진과 변속기 사이에 구동모터가 있는데 모터만으로 주행이 불가능하다.
④ 구동모터는 엔진의 동력보조 뿐만 아니라 순수 전기모터로도 주행이 가능하다.

15

하이브리드자동차의 고전압 배터리의 충·방전과정에서 전압 편차가 생긴 셀을 동일 전압으로 제어하는 것은?

① 충전상태 제어
② 셀 밸런싱 제어
③ 파워 제한 제어
④ 고전압 릴레이 제어

16

하이브리드자동차의 동력제어장치에서 모터의 회전속도와 회전력을 자유롭게 제어할 수 있도록 직류를 교류로 변환하는 장치는?

① 컨버터
② 레졸버
③ 인버터
④ 커패시터

17

하이브리드자동차에서 저전압(12V) 배터리가 장착된 이유로 틀린 것은?

① 오디오 작동
② 등화장치 작동
③ 내비게이션 작동
④ 하이브리드모터 작동

18

하드 타입 하이브리드 구동모터의 주요 기능으로 틀린 것은?

① 출발 시 전기모드 주행
② 가속 시 구동력 증대
③ 감속 시 배터리 충전
④ 변속 시 동력 차단

정답 13 ① 14 ④ 15 ② 16 ③ 17 ④ 18 ④

19

병렬형(Parallel) TMED(Transmission Mounted Electric Device) 방식의 하이브리드자동차의 HSG (Hybrid Starter Generator)에 대한 설명 중 틀린 것은?

① 엔진 시동 기능과 발전 기능을 수행한다.
② 감속 시 발생되는 운동에너지를 전기에너지로 전환하여 배터리를 충전한다.
③ EV모드에서 HEV모드로 전환 시 엔진을 시동한다.
④ 소프트 랜딩 제어로 시동 ON시 엔진 진동을 최소화하기 위해 엔진 회전 수를 제어한다.

20

하이브리드자동차의 보조 배터리가 방전으로 시동 불량일 때 고장원인 또는 조치 방법에 대한 설명으로 틀린 것은?

① 단시간에 방전이 되었다면 암전류 과다 발생이 원인이 될 수도 있다.
② 장시간 주행 후 바로 재시동 시 불량하면 LDC 불량일 가능성이 있다.
③ 보조 배터리가 방전이 되었어도 고전압 배터리로 시동이 가능하다.
④ 보조 배터리를 점프 시동하여 주행 가능하다.

21

하이브리드자동차의 전기장치 정비 시 반드시 지켜야 할 내용이 아닌 것은?

① 절연장갑을 착용하고 작업한다.
② 서비스 플러그(안전 플러그)를 제거한다.
③ 전원을 차단하고 일정 시간이 경과 후 작업한다.
④ 하이브리드 컴퓨터의 커넥터를 분리하여야 한다.

22

하이브리드 시스템에 대한 설명 중 틀린 것은?

① 직렬형 하이브리드는 소프트 타입과 하드 타입이 있다.
② 소프트 타입은 순수 EV 주행 모드가 없다.
③ 하드 타입은 소프트 타입에 비해 연비가 향상된다.
④ 플러그인 타입은 외부 전원을 이용하여 배터리를 충전한다.

23

하이브리드 차량의 정비 시 전원을 차단하는 과정에서 안전 플러그를 제거 후 고전압 부품을 취급하기 전에 5~10분 이상 대기 시간을 갖는 이유 중 가장 알맞은 것은?

① 고전압 배터리 내의 셀의 안정화를 위해서
② 제어 모듈 내부의 메모리 공간의 확보를 위해서
③ 저전압(12V) 배터리에 서지전압이 인가되지 않기 위해서
④ 인버터 내의 컨덴서에 충전되어 있는 고전압을 방전시키기 위해서

24

하이브리드자동차(HEV)에 대한 설명으로 거리가 먼 것은?

① 병렬형(Parallel)은 엔진과 변속기가 기계적으로 연결되어 있다.
② 병렬형(Parallel)은 구동용 모터 용량을 크게 할 수 있는 장점이 있다.
③ FMED(Flywheel Mounted Electric Device) 방식은 모터가 엔진측에 장착되어 있다.
④ TMED(Transmission Mounted Electric Device)는 모터가 변속기측에 장착되어 있다.

정답 19 ④ 20 ③ 21 ④ 22 ① 23 ④ 24 ②

25
하이브리드자동차의 전원 제어 시스템에 대한 두 정비사의 의견 중 옳은 것은?

> • 정비사 A : 인버터는 열을 발생하므로 냉각이 중요하다.
> • 정비사 B : 컨버터는 고전압의 전원을 12V로 변환하는 역할을 한다.

① 정비사 A만 옳다.
② 정비사 B만 옳다.
③ 두 정비사 모두 틀리다.
④ 두 정비사 모두 옳다.

26
다음은 하이브리드자동차에서 사용하고 있는 캐패시터(capacitor)의 특징을 나열한 것이다. 틀린 것은?

① 충전시간이 짧다.
② 출력의 밀도가 낮다.
③ 전지와 같이 열화가 거의 없다.
④ 단자전압으로 남아있는 전기량을 알 수 있다.

27
하이브리드 차량의 구동바퀴에서 발생하는 운동에너지를 전기적 에너지로 변환시켜 고전압 배터리로 충천하는 모드는?

① ISG 모드
② 회생제동 모드
③ 언덕길 밀림 방지 모드
④ 변속기발전 모드

28
하이브리드자동차의 고전압 배터리 시스템 제어 특성에서 모터 구동을 위하여 고전압 배터리가 전기에너지를 방출하는 동작 모드로 맞는 것은?

① 제동 모드
② 방전 모드
③ 접지 모드
④ 충전 모드

29
병렬형(Parallel) TMED(Transmission Mounted Electric Device) 방식의 하이브리드자동차(HEV)에 대한 설명으로 틀린 것은?

① 모터가 변속기에 직결되어 있다.
② 모터 단독 구동이 가능하다.
③ 모터가 엔진과 연결되어 있다.
④ 주행 중 엔진 시동을 위한 HSG가 있다.

30
하이브리드 전기자동차에서 언덕길을 내려갈 때 배터리를 충전시키는 모드는?

① 가속 모드
② 공회전 모드
③ 회생제동 모드
④ 정속주행 모드

정답: 25 ④ 26 ② 27 ② 28 ② 29 ③ 30 ④

31
하이브리드에 적용되는 오토 스톱 기능에 대한 설명으로 옳은 것은?

① 모터 주행을 위해 엔진을 정지
② 위험물 감지 시 엔진을 정지시켜 위험을 방지
③ 엔진에 이상이 발생 시 안전을 위해 엔진을 정지
④ 정차 시 엔진을 정지시켜 연료소비 및 배출가스 저감

32
하이브리드자동차 고전압 배터리 충전상태(SOC)의 일반적인 제한 영역은?

① 20 ~ 80%
② 55 ~ 86%
③ 86 ~ 110%
④ 110 ~ 140%

33
하이브리드자동차에서 고전압 배터리 제어기(Battery Management System)의 역할에 대한 설명으로 틀린 것은?

① 충전상태 제어
② 파워 제한
③ 냉각 제어
④ 저전압 릴레이 제어

34
하이브리드자동차에서 기동발전기(hybrid starter & generator)의 교환 방법으로 틀린 것은?

① 안전 스위치를 OFF하고 5분 이상 대기한다.
② HSG 교환 후 반드시 냉각수 보충과 공기빼기를 실시한다.
③ HSG 교환 후 진단장비를 통해 HSG 위치센서(레졸버)를 보정한다.
④ 점화 스위치를 OFF하고 보조배터리의 (-)케이블은 분리하지 않는다.

35
하이브리드자동차 계기판에 있는 오토 스톱(Auto Stop)의 기능에 대한 설명으로 옳은 것은?

① 배출가스 저감
② 엔진오일온도 상승 방지
③ 냉각수온도 상승 방지
④ 엔진 재시동성 향상

36
하이브리드자동차에서 엔진정지 금지조건이 아닌 것은?

① 브레이크 부압이 낮은 경우
② 하이브리드 모터 시스템이 고장인 경우
③ 엔진의 냉각수온도가 낮은 경우
④ D 레인지에서 차속이 발생한 경우

정답 31 ④ 32 ① 33 ④ 34 ④ 35 ① 36 ④

37

다음 중 하이브리드자동차에 적용된 이모빌라이저 시스템의 구성품이 아닌 것은?

① 스마트라
② 트랜스폰더
③ 안테나 코일
④ 스마트 키 유닛

38

병렬형 TMED(Transmission Mounted Electric Device) 방식의 하이브리드자동차(HEV)의 주행패턴에 대한 설명으로 틀린 것은?

① 엔진 OFF시에는 EOP(Electric Oil Pump)를 작동해 자동변속기 구동에 필요한 유압을 만든다.
② 엔진 단독 구동 시에는 엔진 클러치를 연결하여 변속기에 동력을 전달한다.
③ EV 모드 주행 중 HEV 주행모드로 전환할 때 엔진동력을 연결하는 순간 쇼크가 발생할 수 있다.
④ HEV 주행모드로 전환할 때 엔진 회전속도를 느리게 하여 HEV 모터 회전속도와 동기화되도록 한다.

39

하이브리드자동차의 고전압 배터리(+) 전원을 인버터로 공급하는 구성품은?

① 전류센서
② 고전압 배터리
③ 세이프티 플러그
④ 프리차저 릴레이

40

하이브리드자동차의 회생제동에 의한 에너지 변환 모드의 설명으로 옳은 것은?

① 운동에너지의 일부를 열에너지로 회수
② 운동에너지의 일부를 화학에너지로 회수
③ 운동에너지의 일부를 전기에너지로 회수
④ 전기에너지의 일부를 운동에너지로 회수

41

하이브리드자동차에 사용되는 모터의 작동원리는?

① 렌츠의 법칙
② 플레밍의 왼손 법칙
③ 플레밍의 오른손 법칙
④ 앙페르의 오른나사 법칙

42

병렬(하드 방식) 하이브리드자동차에서 엔진의 스타트 & 스톱 모드에 대한 설명으로 옳은 것은?

① 주행하던 자동차가 정차 시 항상 스톱모드로 진입한다.
② 스톱모드 중에 브레이크에서 발을 떼면 항상 시동이 걸린다.
③ 배터리 충전상태가 낮으면 스톱기능이 작동하지 않을 수 있다.
④ 스타트 기능은 브레이크 배력장치의 입력과는 무관하다.

정답 37 ④ 38 ④ 39 ④ 40 ③ 41 ② 42 ③

43
하이브리드자동차 회생제동 시스템에 대한 설명으로 틀린 것은?

① 브레이크를 밟을 때 모터가 발전기 역할을 한다.
② 하이브리드자동차에 적용되는 연비향상 기술이다.
③ 감속 시 운동에너지를 전기에너지로 변환하여 회수한다.
④ 회생제동을 통해 제동력을 배가시켜 안전에 도움을 주는 장치이다.

44
하이브리드자동차에서 배터리 시스템의 열적, 전기적 기능을 제어 또는 관리하고 배터리 시스템과 다른 차량 제어기와의 사이에서 통신을 제공하는 전자장치는?

① SOC(State Of Charge)
② HCU(Hybrid Control Unit)
③ HEV(Hybrid Electric Vehicle)
④ BMS(Battery Management System)

45
하이브리드자동차의 고전압장치 점검 시 주의 사항으로 틀린 것은?

① 조립 및 탈거 시 배터리 위에 어떠한 것도 놓지 말아야 한다.
② 이그니션 스위치를 OFF하면 고전압에 대한 위험성이 없어진다.
③ 취급 기술자는 고전압 시스템에 대한 검사와 서비스 교육이 선행되어야 한다.
④ 고전압 배터리는 고전압 주의 경고가 있으므로 취급 시 주의를 기울여야 한다.

46
하이브리드 모터의 위치 및 회전수를 검출하는 것은?

① 엔코더
② 레졸버
③ 크랭크 각센서
④ 출력축 속도센서

47
고전압 배터리관리 시스템의 메인 릴레이를 작동시키기 전에 프리차지 릴레이를 작동시키는데 프리차지 릴레이의 기능이 아닌 것은?

① 등화장치 보호
② 고전압회로 보호
③ 타 고전압 부품 보호
④ 고전압 메인 퓨즈, 부스바, 와이어 하네스 보호

48
하이브리드자동차의 하이브리드모터 취급 시 유의사항으로 틀린 것은?

① 작업하기 전 반드시 고전압을 차단하여 안전을 확보해야 한다.
② 고전압에 대한 방전 여부를 측정할 때에는 절연장갑을 착용할 필요가 없다.
③ 차량 이그니션 키를 OFF상태로 하고 1분이 지난 후 방전이 된 것을 확인하고 작업한다.
④ 방전 여부는 파워케이블의 커넥터 커버 분리 후 전압계를 사용하여 각 상간전압이 0V인지 확인한다.

정답 43 ④ 44 ④ 45 ② 46 ② 47 ① 48 ②

49
하이브리드자동차에서 고전압장치 정비 시 고전압을 해제하는 것은?

① 전류센서
② 배터리팩
③ 프리차지 저항
④ 안전 스위치(안전 플러그)

50
하이브리드자동차의 리튬 이온 폴리머 배터리에서 셀의 균형이 깨지고 셀 충전용량 불일치로 인한 사항을 방지하기 위한 제어는?

① 셀 그립 제어
② 셀 서지 제어
③ 셀 펑션 제어
④ 셀 밸런싱 제어

51
하이브리드자동차의 주행에 있어 감속 시 계기판의 에너지 사용표시 게이지는 어떻게 표시되는가?

① RPM(엔진 회전 수)
② Charge(충전)
③ Assist(모터 작동)
④ 배터리 용량

52
하이브리드자동차에서 하이브리드모터 작동을 위한 전기에너지를 공급하는 것은?

① 엔진 제어기
② 고전압 배터리
③ 변속기 제어기
④ 보조배터리 충전 컨트롤 유닛

53
하이브리드자동차의 모터 컨트롤 유닛(MCU)에 대한 설명으로 틀린 것은?

① 고전압을 12V로 변환하는 기능을 한다.
② 회생제동 시 컨버터(AC-DC)의 기능을 수행한다.
③ 고전압 배터리의 직류를 3상 교류로 바꾸어 모터에 공급한다.
④ 회생제동 시 모터에서 발생되는 3상 교류를 직류로 바꾸어 고전압 배터리에 공급한다.

54
하이브리드 차량에서 화재발생 시 조치해야 할 사항이 아닌 것은?

① 화재 진압을 위해 적절한 소화기를 사용한다.
② 차량의 시동키를 OFF하여 전기 동력 시스템 작동을 차단시킨다.
③ 메인 릴레이(+)를 작동시켜 고전압 배터리 (+)전원을 인가한다.
④ 화재 초기 상태라면 트렁크를 열고 신속히 세이프티 플러그를 탈거한다.

정답 49 ④ 50 ④ 51 ② 52 ② 53 ① 54 ③

55
고전압 배터리의 셀 밸런싱을 제어하는 장치는?

① MCU(Motor Control Unit)
② LDC(Low DC-DC Convertor)
③ ECM(Electronic Control Module)
④ BMS(Battery Management System)

56
하이브리드자동차의 동력전달 방식에 해당하지 않는 것은?

① 직렬형
② 병렬형
③ 수직형
④ 직병렬형

57
하이브리드자동차의 모터 취급 시 유의사항이 아닌 것은?

① 엔진 룸 내부를 고압 세차하여 모터에 이물질이 없도록 관리한다.
② 모터 수리작업은 반드시 안전절차에 따라 점검한다.
③ 엔진가동 중 모터에 연결된 고전압 파워케이블을 탈거하지 않는다.
④ 시동키 2단(IG ON) 또는 엔진 시동상태에서는 고전압 배선을 탈거하지 않는다.

58
직렬형 하이브리드자동차의 특징에 대한 설명으로 틀린 것은?

① 병렬형보다 에너지 효율이 비교적 높다.
② 엔진, 발전기, 전동기가 직렬로 연결된다.
③ 모터의 구동력만으로 차량을 주행시키는 방식이다.
④ 엔진을 가동하여 얻은 전기를 배터리에 저장하는 방식이다.

59
하이브리드자동차에 사용되는 배터리 중에서 에너지 밀도가 가장 높은 것은?

① Li-Ion(리튬-이온) 배터리
② AGM(흡수성 유리섬유) 배터리
③ Li-Polymer(리튬-폴리머) 배터리
④ Ni-MH(니켈-수산화금속) 배터리

60
하이브리드자동차 고전압 배터리의 사용 가능 에너지를 표시하는 것은?

① SOC(State Of Charge)
② PRA(Power Relay Assembly)
③ LDC(Low DC-DC Convertor)
④ BMS(Battery Management System)

정답 55 ④ 56 ③ 57 ① 58 ① 59 ③ 60 ①

61
하이브리드자동차의 모터 컨트롤 유닛(MCU) 취급 시 유의사항이 아닌 것은?

① 충격이 가해지지 않도록 주의한다.
② 손으로 만지거나 전기 케이블을 임의로 탈착하지 않는다.
③ 시동키 2단(IG ON) 또는 엔진 시동상태에서는 만지지 않는다.
④ 컨트롤 유닛이 자기보정을 하기 때문에 AC 3상 케이블의 각 상간 연결의 방향을 신경쓸 필요 없다.

62
직·병렬형 하드 타입(hard type) 하이브리드자동차에서 엔진 시동기능과 공전상태에서 충전 기능을 하는 장치는?

① MCU(Motor Control Unit)
② PRA(Power Relay Assembly)
③ LDC(Low DC-DC Convertor)
④ HSG(Hybrid Starter Generator)

63
하이브리드자동차에 적용된 연비 향상 기술로서 감속 또는 제동 시 모터를 발전기로 활용하여 운동에너지를 전기에너지로 변환하는 것은?

① 아이들 스탑
② 회생제동장치
③ 고전압 배터리 제어 시스템
④ 하이브리드 모터 컨트롤 유닛

64
하이브리드자동차에서 PRA(Power Relay Assembly) 기능에 대한 설명으로 틀린 것은?

① 승객 보호
② 전장품 보호
③ 고전압 회로 과전류 보호
④ 고전압 배터리 암전류 차단

65
하이브리드자동차의 고전압 배터리 (+)전원을 인버터로 공급하는 구성품은?

① 전류센서
② 고전압 배터리
③ 세이프티 플러그
④ 프리차지 릴레이

66
하이브리드자동차에서 리튬 이온 폴리머 고전압 배터리는 9개의 모듈로 구성되어 있고, 1개의 모듈은 8개의 셀로 구성되어 있다. 이 배터리의 전압은? (단, 셀전압은 3.75V이다.)

① 30V
② 90V
③ 270V
④ 375V

정답 61 ④ 62 ④ 63 ② 64 ① 65 ④ 66 ③

67

하이브리드자동차의 연비 향상 요인이 아닌 것은?

① 주행 시 자동차의 공기저항을 높여 연비가 향상된다.
② 정차 시 엔진을 정지(오토 스톱)시켜 연비를 향상시킨다.
③ 연비가 좋은 영역에서 작동되도록 동력 분배를 제어한다.
④ 회생제동(배터리 충전)을 통해 에너지를 흡수하여 재사용한다.

68

하이브리드 차량 엔진 작업 시 조치해야 할 사항이 아닌 것은?

① 안전 스위치를 분리하고 작업한다.
② 이그니션 스위치를 OFF하고 작업한다.
③ 12V 보조 배터리 케이블을 분리하고 작업한다.
④ 고전압 부품 취급은 안전 스위치를 분리 후 1분 안에 작업한다.

69

하이브리드자동차의 특징이 아닌 것은?

① 회생제동
② 2개의 동력원으로 주행
③ 저전압 배터리와 고전압 배터리 사용
④ 고전압 배터리 충전을 위해 LDC 사용

70

하이브리드자동차의 컨버터(Converter)와 인버터(Inverter)의 전기특성 표현으로 옳은 것은?

① 컨버터(Converter) : AC에서 DC로 변환, 인버터(Inverter) : DC에서 AC로 변환
② 컨버터(Converter) : DC에서 AC로 변환, 인버터(Inverter) : AC에서 DC로 변환
③ 컨버터(Converter) : AC에서 AC로 승압, 인버터(Inverter) : DC에서 DC로 승압
④ 컨버터(Converter) : DC에서 DC로 승압, 인버터(Inverter) : AC에서 AC로 승압

71

하이브리드자동차의 리튬 이온 폴리머 배터리에서 셀의 균형이 깨지고 셀충전 및 용량 불일치로 인한 사항을 방지하기 위한 제어는?

① 셀 서지 제어
② 셀 그립 제어
③ 셀 펑션 제어
④ 셀 밸런싱 제어

72

하이브리드 모터 3상의 단자 명이 아닌 것은?

① U
② V
③ W
④ Z

정답 67 ① 68 ④ 69 ④ 70 ① 71 ④ 72 ④

73
하이브리드자동차 바퀴에서 발생되는 회전 동력을 전기에너지로 전환하여 배터리로 충전을 실시하는 모드는?

① 정속모드
② 정지모드
③ 가속모드
④ 감속모드

74
하이브리드자동차에 적용하는 배터리 중 자기방전이 없고 에너지 밀도가 높으며 전해질이 젤 타입이고 내진동성이 우수한 방식은?

① 리튬 이온 폴리머 배터리(Li-Pb battery)
② 니켈수소 배터리(Ni-MH battery)
③ 니켈카드뮴 배터리(Ni-Cd battery)
④ 리튬 이온 배터리(Li ion battery)

75
하이브리드자동차에서 돌입전류에 의한 인버터 손상을 방지하는 것은?

① 메인 릴레이
② 프리차저 릴레이와 저항
③ 안전 스위치
④ 부스바

76
하드 방식의 하이브리드 전기자동차의 작동에서 구동모터에 대한 설명으로 틀린 것은?

① 구동모터로만 주행이 가능하다.
② 고에너지의 영구자석을 사용하며 교환 시 레졸버 보정을 해야 한다.
③ 구동모터는 제동 및 감속 시 회생제동을 통해 고전압 배터리를 충전한다.
④ 구동모터는 발전 기능만 수행한다.

77
하이브리드자동차의 총합제어 기능이 아닌 것은?

① 오토스톱 제어
② 경사로 밀림방지 제어
③ 브레이크 정압 제어
④ LDC(DC-DC변환기) 제어

78
하이브리드자동차에서 모터제어기의 기능으로 틀린 것은?

① 하이브리드 모터제어기는 인버터라고도 한다.
② 하이브리드 통합제어기의 명령을 받아 모터의 구동전류를 제어한다.
③ 고전압 배터리의 교류 전원을 모터의 작동에 필요한 3상 직류 전원으로 변경하는 기능을 한다.
④ 감속 및 제동 시 모터를 발전기 역할로 변경하여 배터리 충전을 위한 에너지 회수 기능을 한다.

정답 73 ④ 74 ① 75 ② 76 ④ 77 ③ 78 ③

79

하이브리드 차량 엔진 작업 시 조치해야 할 사항이 아닌 것은?

① 이그니션 스위치를 OFF하고 작업한다.
② 절연장갑 착용 상태에서 12V 배터리 케이블 탈거한다.
③ 안전 스위치를 OFF하고 작업한다.
④ 고전압 부품 취급은 안전 스위치를 OFF후 1분 안에 작업한다.

80

하이브리드 전기자동차와 일반 자동차와의 차이점에 대한 설명 중 틀린 것은?

① 하이브리드 차량은 주행 또는 정지 시 엔진의 시동을 끄는 기능을 수반한다.
② 하이브리드 차량은 정상적인 상태일 때 항상 엔진 기동 전동기를 이용하여 시동을 건다.
③ 차량의 출발이나 가속 시 하이브리드모터를 이용하여 엔진의 동력을 보조하는 기능을 수반한다.
④ 차량 감속 시 하이브리드모터가 발전기로 전환되어 고전압 배터리를 충전하게 된다.

정답 79 ④ 80 ②

03 전기자동차 정비

01
리튬-이온 축전지의 일반적인 특징에 대한 설명으로 틀린 것은?

① 셀당 전압이 낮다.
② 높은 출력밀도를 가진다.
③ 과충전 및 과방전에 민감하다.
④ 열관리 및 전압관리가 필요하다.

02
리튬 이온 배터리와 비교한 리튬 폴리머 배터리의 장점이 아닌 것은?

① 폭발 가능성이 적어 안전성이 좋다.
② 패키지 설계에서 기계적 강성이 좋다.
③ 발열 특성이 우수하여 내구 수명이 좋다.
④ 대용량 설계가 유리하여 기술 확장성이 좋다.

03
전기자동차용 배터리관리 시스템에 대한 일반 요구사항 (KS R 1201)에서 다음이 설명하는 것은?

> 배터리가 정지기능 상태가 되기 전까지의 유효한 방전 상태에서 배터리가 이동성 소자들에게 전류를 공급할 수 있는 것으로 평가되는 시간

① 잔여 운행시간   ② 안전 운전 범위
③ 잔존 수명   ④ 사이클 수명

04
전기자동차용 전동기에 요구되는 조건으로 틀린 것은?

① 구동 토크가 커야 한다.
② 충전시간이 길어야 한다.
③ 속도제어가 용이해야 한다.
④ 취급 및 보수가 간편해야 한다.

05
전기자동차의 영구자석 동기 전동기(Permanent Magnet Synchronous Motor)에 대한 설명 중 틀린 것은?

① 비동기 전동기와 비교해서 효율이 높다.
② 에너지 밀도가 높은 영구자석을 사용한다.
③ 대용량의 브러시와 정류자를 사용하여야 한다.
④ 전자 스위칭회로를 이용하여 특성에 맞게 전동기를 제어한다.

06
전기자동차에 사용되는 감속기의 주요 기능에 해당하지 않는 것은?

① 감속기능 : 모터 구동력 증대
② 증속기능 : 증속 시 다운 시프트 적용
③ 차동기능 : 차량 선회 시 좌우바퀴 차동
④ 파킹기능 : 운전자 P단 조작 시 차량 파킹

정답 01 ① 02 ② 03 ① 04 ② 05 ③ 06 ②

07

전기자동차에서 직류를 교류로 변환하여 교류모터를 사용하고 있다. 교류모터에 대한 장점으로 틀린 것은?

① 효율이 좋다.
② 소형화 및 고회전이 가능하다.
③ 로터의 관성이 커서 응답성이 양호하다.
④ 브러시가 없어 보수할 필요가 없다.

정답 07 ③

04 수소연료 전지자동차 정비

01
연료 전지의 전기화학적 반응으로 맞게 묶인 것은?

① 수소 + 산소
② 리튬 + 질소
③ 이온 + 산소
④ 인산철 + 질소

02
연료 전지의 구성 단위를 나타낸 것은?

① 셀
② 스택
③ 공극
④ 연료극

03
연료 전지의 특징으로 틀린 것은?

① 설치가 용이하고 소음 진동이 적다.
② 에너지의 약 80% 정도를 일로 사용한다.
③ 총합 효율이 높지만 NOx를 발생시킨다.
④ 전기화학반응에 의한 높은 발전효율을 얻는다.

04
고분자전해질 연료 전지 대신 직접 메탄올 연료 전지를 사용할 경우에 대한 설명으로 틀린 것은?

① 메탄올을 연료 전지에 직접 공급하기 때문에 개질기가 필요 없다.
② 메탄올 산화반응 시 일산화탄소 중간체에 피독 현상이 발생한다.
③ 메탄올의 전해질막 투과 현상 때문에 전지성능이 높아진다.
④ 메탄올의 저장은 기존의 연료탱크에 보관하는 것과 같다.

05
연료 전지 자동차 구성품이 아닌 것은?

① 연료 전지 스택
② 배터리 제어기
③ 수소 재순환기
④ 오일펌프 컨트롤러

06
연료 전지의 셀을 적층하여 전력 발생을 하는 구성품은?

① 연료 전지 스택
② 컨버터
③ 전력 변환기
④ 인버터

정답 01 ① 02 ① 03 ③ 04 ③ 05 ④ 06 ①

07
연료 전지 촉매에 사용되는 금속은?

① 루테니움　② 바나듐
③ 백금　　　④ 니오브

08
연료 전지 분리판의 역할이 아닌 것은?

① 연료가스와 공기를 차단
② 연료가스와 공기의 유로 확보
③ 화학반응에 대한 내구성 확보
④ 연료 전지 작동온도에 따른 유동성 확보

09
화학반응으로 수소를 흡수하고 방출하는 성질을 가진 물질을 이용하여 수소를 저장하는 방식은?

① 탄소나노기술 저장
② 수소흡장물질 저장
③ 액체수소가스 저장
④ 고압수소가스 저장

10
전지의 에너지밀도 단위로 맞는 것은?

① W/L　　② W/h
③ Wh/L　 ④ Wkg/h

11
연료 전지의 종류가 아닌 것은?

① 고체 고분자형　② 염화 수소형
③ 고체 산화물형　④ 인산형

12
메탄올 연료 전지(DMFC)는 전해질을 사이에 두고 양전극에서 각각 메탄올과 산소의 반응으로 맞는 것은?

① 산화반응 - 환원반응
② 수소 이온반응 - 캐소드반응
③ 전자 이온반응 - 아노드반응
④ 전해질 분리반응 - 이온 공유반응

13
연료 전지의 특징으로 틀린 것은?

① 전기를 생산하는 에너지 변환기
② 전기화학 발전기
③ 에너지 저장장치
④ 기계식 에너지 변환장치

14
연료 전지 자동차의 장점이 아닌 것은?

① 높은 연료 전지 효율
② 높은 출력 중량(kg/kW)
③ 유해배출물질 저감
④ 공운전 소비 없음

정답　07 ③　08 ④　09 ②　10 ③　11 ②　12 ①　13 ④　14 ②

15

연료 전지의 구비조건이 아닌 것은?

① 부하 추종 성능이 우수할 것
② 유해물질을 적게 생산할 것
③ 고온 시동성이 용이할 것
④ 내구성이 우수하고, 가격이 저렴할 것

16

연료 전지의 전기분해에서 수소와 산소의 생성(체적) 비율은?

① 1 : 1 ② 2 : 1
③ 1 : 2 ④ 3 : 2

17

연료 전지의 단점이 아닌 것은?

① 촉매금속이 고가이다.
② 충전장치가 복잡하다.
③ 내연기관에 비해 효율이 낮다.
④ 큰 설치공간이 필요하다.

18

연료 전지의 전압강하가 발생되는 손실이 아닌 것은?

① 내부 전압 ② 내부 전류
③ 농도 감소 ④ 연료 교차

19

연료 전지의 수명은 정격 출력 대비 생성 출력의 비율(%)은?

① 75 ② 80
③ 90 ④ 100

20

연료 전지 성능 저하의 원인이 아닌 것은?

① 수소 부족 ② 애노드측 탄소 부식
③ 가습 부족 ④ 상온 시동

21

연료 전지에서 촉매의 오염을 방지할 수 있는 방법은?

① 화학적 공기 여과기 사용
② 연료 전지 냉각기 설치
③ 촉매 전 히팅시스템 설치
④ 캐소드측 박막 건조기 설치

22

1,500kg의 자동차가 제동 초속도 36m/s에서 제동하였을 때 회생제동 비율 80%, 전기기계 평균효율을 70%라 할 때 유효에너지(kJ)는?

① 256 ② 381
③ 425 ④ 512

> 전체 운동에너지 972kJ일 때
> 회수 가능에너지 : 972 × 0.8 = 776.6kJ
> 유효에너지 : 776.6kJ × 0.7 × 0.7 = 381kJ

정답 15 ③ 16 ② 17 ③ 18 ① 19 ③ 20 ④ 21 ① 22 ②

23
모터에서 회전자가 4극기에서 회전자가 1회전하면 기계각(°)은?

① 180
② 360
③ 540
④ 720

24
모터에서 회전자가 4극기에서 회전자가 1회전하면 전기각(°)은?

① 180
② 360
③ 540
④ 720

25
전기기계의 토크에 대한 설명으로 맞는 것은?

① 회전자전압과 작용하는 자속에 직선적으로 비례한다.
② 회전자전류와 작용하는 자속에 직선적으로 비례한다.
③ 회전자전압과 작용하는 자속에 곡선적으로 비례한다.
④ 회전자전류와 작용하는 자속에 곡선적으로 비례한다.

26
전동기의 실측 효율은?

① $\dfrac{출력된 기계적 일}{입력된 전기적 일}$
② $\dfrac{입력된 기계적 일}{출력된 전기적 일}$
③ $\dfrac{출력된 기계적 일}{출력된 전기적 일}$
④ $\dfrac{입력된 기계적 일}{입력된 전기적 일}$

27
12V 전기회로에서 출력 20kW 구동전동기를 작동시킬 때 필요 전류(A)는?

① 1.66
② 2.36
③ 3.28
④ 4.51

28
전선의 단면적과 길이에 관한 전력(P) 식으로 맞는 것은?
(단, I: 전류, ρ: 고유저항, ℓ: 도선길이, A: 도선 단면적)

① $P = I\dfrac{\rho\ell}{A^2}$
② $P = I^2\dfrac{\rho\ell}{A}$
③ $P = I\dfrac{\rho\ell}{A}$
④ $P = I^2\dfrac{\rho\ell}{A^2}$

29
전동기 효율과 관련된 특성이 아닌 것은?

① 전동기의 출력이 클수록 효율이 높다
② 전동기의 회전속도는 효율과 관계가 없다.
③ 냉각 방식에 따라 효율이 달라진다.
④ 전기적 손실과 기계적 손실이 발생한다.

정답 23 ② 24 ④ 25 ② 26 ① 27 ① 28 ③ 29 ②

30

수소연료 전지의 가역 개회로 전압(V)은? (200℃에서 동작하고 깁스 생성 자유에너지 -220[kJ/mol]일 때)

① 0.75
② 1.14
③ 1.82
④ 2.12

$$U_{H2\,cell} = \frac{\Delta \overline{g_f}}{zF} = \frac{220,000}{2 \times 96485} = 1.14\,V$$

31

연료 전지의 효율식은?

① $\dfrac{1mol\ 연료가\ 생성하는\ 전기\ 에너지}{깁스\ 생성\ 에너지}$

② $\dfrac{1mol\ 연료가\ 생성하는\ 전기\ 에너지}{생성엔트로피}$

③ $\dfrac{2mol\ 연료가\ 생성하는\ 전기\ 에너지}{깁스\ 생성\ 에너지}$

④ $\dfrac{1mol\ 연료가\ 생성하는\ 전기\ 에너지}{생성\ 엔탈피}$

32

Ni-MH 축전지 특징으로 틀린 것은?

① 방전/충전 비출력이 크다.
② 짧은 시간 동안의 과충전/과방전 저항성이 강하다.
③ 저온에서는 충전 능력이 떨어진다.
④ 높은 에너지 스루풋이 가능하다.

정답 30 ② 31 ④ 32 ③

Chapter 6 단원별 기출문제

01 하이브리드 고전압장치 정비

01
하이브리드 차량에서 감속 시 전기모터를 발전기로 전환하여 차량의 운동에너지를 전기에너지로 변환시켜 배터리로 회수하는 시스템은?

① 회생제동 시스템
② 파워 릴레이 시스템
③ 아이들링 스톱 시스템
④ 고전압 배터리 시스템

02
병렬형 하이브리드자동차의 특징에 대한 설명으로 틀린 것은?

① 모터는 동력 보조만 하므로 에너지 변환 손실이 적다.
② 기존 내연기관 차량을 구동장치의 변경 없이 활용 가능하다.
③ 소프트 방식은 일반 주행 시에는 모터 구동만을 이용한다.
④ 하드 방식은 EV 주행 중 엔진 시동을 위해 별도의 장치가 필요하다.

03
하이브리드자동차의 고전압 배터리관리 시스템에서 셀 밸런싱 제어의 목적은?

① 배터리의 적정 온도 유지
② 상황별 입출력 에너지 제한
③ 배터리 수명 및 에너지 효율 증대
④ 고전압 계통 고장에 의한 안전사고 예방

04
주행 중인 하이브리드자동차에서 제동 및 감속 시 충전 불량 현상이 발생하였을 때 점검이 필요한 곳은?

① 회생제동장치
② LDC 제어장치
③ 발전 제어장치
④ 12V용 충전장치

정답 01 ② 02 ③ 03 ③ 04 ①

05

하이브리드 차량 정비 시 고전압 차단을 위해 안전 플러그 (세이프티 플러그)를 제거한 후 고전압 부품을 취급하기 전 일정 시간 이상 대기시간을 갖는 이유로 가장 적절한 것은?

① 고전압 배터리 내의 셀의 안정화
② 제어모듈 내부의 메모리 공간의 확보
③ 저전압(12V) 배터리에 서지전압 차단
④ 인버터 내 콘덴서에 충전되어 있는 고전압 방전

06

하이브리드자동차는 감속 시 전기에너지를 고전압 배터리로 회수(충전)한다. 이러한 발전기 역할을 하는 부품은?

① AC발전기
② 스타팅모터
③ 하이브리드모터
④ 모터 컨트롤 유닛

07

BMS(Battery Management System)에서 제어하는 항목과 제어 내용에 대한 설명으로 틀린 것은?

① 고장진단 : 배터리 시스템 고장진단
② 컨트롤 릴레이 제어 : 배터리 과열 시 컨트롤 릴레이 차단
③ 셀 밸런싱 : 전압 편차가 생긴 셀을 동일한 전압으로 매칭
④ SoC(state of charge)관리 : 배터리의 전압, 전류, 온도를 측정하여 적정 SoC 영역관리

08

주행 중인 하이브리드자동차에서 제동 시에 발생된 에너지를 회수(충전)하는 모드는?

① 가속 모드
② 발진 모드
③ 시동 모드
④ 회생제동 모드

09

하이브리드 고전압장치 중 프리차저 릴레이 & 프리차저 저항의 기능이 아닌 것은?

① 메인릴레이 보호
② 타 고전압 부품 보호
③ 메인퓨즈, 버스바, 와이어 하네스 보호
④ 배터리관리 시스템 입력 노이즈 저감

10

하드 타입의 하이브리드 차량이 주행 중 감속 및 제동할 경우 차량의 운동에너지를 전기에너지로 변환하여 고전압 배터리를 충전하는 것은?

① 가속제동
② 감속제동
③ 재생제동
④ 회생제동

정답 05 ④ 06 ③ 07 ② 08 ④ 09 ④ 10 ④

11
병렬형 하드 타입의 하이브리드자동차에서 HEV모터에 의한 엔진시동 금지조건인 경우, 엔진의 시동은 무엇으로 하는가?

① HEV모터
② 블로워모터
③ 기동 발전기(HSG)
④ 모터 컨트롤 유닛(MCU)

12
하이브리드자동차에서 고전압 배터리관리 시스템(BMS)의 주요 제어기능으로 틀린 것은?

① 모터제어 ② 출력제한
③ 냉각제어 ④ SOC제어

13
하이브리드자동차에서 모터의 회전자와 고정자의 위치를 감지하는 것은?

① 레졸버 ② 인버터
③ 경사각센서 ④ 저전압 직류 변환장치

14
인-휠모터에 대한 설명으로 틀린 것은?

① 각 바퀴에 모터를 설치하여 개별적으로 통제한다.
② 각 바퀴가 동작하기 때문에 드라이빙 샤프트가 없다.
③ 전기에너지 공급으로 4륜 구동으로 작동이 쉽다.
④ 각 바퀴를 제어하는 종합 시스템 구성이 간단하다.

15
하이브리드자동차에서 아이들링 스톱 시스템의 작동금지 조건이 아닌 것은?

① 배터리 충전이 필요한 경우
② 흡기온도가 일정 이하일 경우
③ 촉매기의 온도가 일정 이하일 경우
④ 엔진 냉각수온도가 일정 이하일 경우

16
발전제동의 장점이 아닌 것은?

① 회생제동 시 진동이 발생
② 연료소비가 감소
③ 제동장치의 부담 감소
④ 엔진브레이크의 효과

17
DC-DC 컨버터에서 절연 방식의 종류가 아닌 것은?

① 플라이 백(fly-back)
② 포워드(forward)
③ 하프 브리지(half bridge)
④ 롱 레지스터(long register)

18
BMS(battery management system)의 특징이 아닌 것은?

① 셀에 대한 전기에너지 측정이 필요하다.
② 전기 시스템의 최적 상태를 유지한다.
③ 온도, 습도, 외부 환경은 관리가 필요하다.
④ 배터리 충전상태의 정보는 필요하지 않다.

정답 11 ③ 12 ① 13 ① 14 ④ 15 ② 16 ① 17 ④ 18 ④

19

하이브리드자동차 보조 배터리에 대한 설명으로 맞는 것은?

① 고전압 배터리 고장 시 동력 공급
② 고전압 배터리 충전
③ 자동차에 적용된 일반적인 전기장치에 전원 공급
④ 중량 저감을 위해 리튬 이온 배터리를 사용한다.

20

알터네이터에 대한 설명으로 맞는 것은?

① 고전압에서 저전압으로 변환 기능
② 직류를 교류로 변환 기능
③ 전기부하에 전기 공급 및 배터리 충전
④ 전동기 제어 기능

21

하이브리드자동차 시스템에서 직·병렬형 하이브리드(combine hybrid electric vehicle)가 운행 중 모터만 작동하는 조건은?

① 발진 출발 시
② 가속 주행 시
③ 고속 주행 시
④ 제동 감속 시

22

하이브리드자동차 시스템에서 플러그인 하이브리드(plug-in hybrid electric vehicle)의 특징이 아닌 것은?

① 일반적인 하이브리드자동차에 비해 배터리의 크기를 줄일 수 있다.
② 가정용 전기를 이용해서 배터리를 충전할 수 있다.
③ 전기자동차와 같이 모터를 사용하기 때문에 친환경적이다.
④ 일반적인 내연기관 자동차에 비해 공간 사용에 제한적이다.

23

하이브리드자동차에서 모터 시동 금지 조건이 아닌 것은?

① 배터리 온도가 너무 높거나 낮은 경우
② 배터리 충전용량(SOC : state of charge)이 낮은 경우
③ 엔진 오일의 온도가 너무 낮은 경우
④ 제어기(control unit)의 오류(fault)가 발생한 경우

24

하이브리드자동차에 엔진 작동 시 실린더 내의 압력이 흡입이나 배기행정을 할 때 기압차에 의해 발생하는 손실은?

① 대기압 손실
② 블로우다운 손실
③ 펌핑 손실
④ 마찰 손실

정답 19 ③ 20 ③ 21 ① 22 ① 23 ③ 24 ③

25
하이브리드자동차에서 펌핑 손실을 줄이기 위해 채택한 사이클은?

① 오토 사이클
② 앳킨슨 사이클
③ 카르노 사이클
④ 복합 사이클

26
하이브리드자동차에 사용되는 DC 유도모터의 출력 특성의 설명으로 틀린 것은?

① 모터가 초기 작동 시점의 토크가 가장 크다.
② 최고 회전 수가 되면 토크는 떨어진다.
③ 초기 작동부터 회전 수가 높아질수록 전류는 높아진다.
④ 모터가 초기 작동 시점은 자속 밀도가 작다.

27
하이브리드 오토 스톱(auto stop) 기능의 제어 금지 조건이 아닌 것은?

① 오토 스톱 스위치 OFF인 상태
② ABS(anti-lock brake system) 작동 시
③ 고전압 배터리 시스템이 고장인 경우
④ 차속이 발생하는 경우

정답 25 ② 26 ④ 27 ④

02 전기자동차 정비

01

리튬 이온 배터리와 비교한 리튬 폴리머 배터리의 장점이 아닌 것은?

① 폭발 가능성이 적어 안전성이 좋다.
② 패키지 설계에서 기계적 강성이 좋다.
③ 발열 특성이 우수하여 내구 수명이 좋다.
④ 대용량 설계가 유리하여 기술 확장성이 좋다.

02

리튬-이온 축전지의 일반적인 특징에 대한 설명으로 틀린 것은?

① 셀당 전압이 낮다.
② 높은 출력밀도를 가진다.
③ 과충전 및 과방전에 민감하다.
④ 열관리 및 전압관리가 필요하다.

03

메모리 효과가 발생하는 배터리는?

① 납산 배터리
② 니켈 배터리
③ 리튬-이온 배터리
④ 리튬-폴리머 배터리

04

AC 모터에서 회전자계와 영구자석 간의 상호작용에 의하여 전자기력을 발생시켜 중소용량(20kW 미만)에 유리하도록 설계되어 사용되는 모터는?

① 동기모터
② 유도모터
③ 자기모터
④ 단상모터

05

DC모터의 설명으로 틀린 것은?

① 소용량부터 대용량까지 제품 구성의 폭이 크다.
② 정류자, 브러시 등을 영구적으로 사용할 수 있다.
③ 가변전압 연결 시 제어성이 용이하다.
④ 직류 전원을 직접 사용하여 ON, OFF 구동이 쉽다.

06

전기차 충전 방식에서 충전 커플러에 금속 노출이 없는 방식은?

① 인덕티브
② 컨덕티브
③ 어드레스
④ 핀슬리브

정답 01 ② 02 ① 03 ② 04 ① 05 ② 06 ①

07
각 바퀴에 모터를 설치하여 개별적으로 통제하는 구동방식은?

① 인휠모터
② 휠업모터
③ 드라이빙모터
④ 회생제동모터

08
전기자동차에 사용하는 직류모터에서 자속밀도를 B, 2개 코일의 총 유효 길이를 L, 공급전류를 I라고 할 때 모터의 전자력 F를 구하는 공식은?

① $F = B \times I \times L$
② $F = B \times I \times 2L$
③ $F = (B \times I) / L$
④ $F = (B \times 2I) / L$

09
리튬 이온 전지의 특징으로 틀린 것은?

① 리튬 이온이 분자적 화학반응이 일어난다.
② 전기화학적으로 흡장하거나 방출된다.
③ (+)극은 망간산 리튬, 코발트산 리튬이 사용된다.
④ (-)극은 흑연 또는 카본이 많이 사용된다.

10
전동기 4상한 구동제어가 아닌 것은?

① 역전 운전
② 정전 운전
③ 제동 운전
④ 회전 운전

11
DC-DC 컨버터의 설명으로 틀린 것은?

① 커패시터 - 에너지 리플 성분 제어
② 인덕터 - 전압 하강 제어
③ 전력반도체 스위치 - 입·출력 에너지 제어
④ 변압기 - 입·출력전압 조절 제어

12
DC-DC 컨버터의 특징으로 맞는 것은?

① PWM 제어가 어렵다.
② 저전류를 직류로 변환한다.
③ 고전압을 저전압으로 변환한다.
④ 교류-직류변환기이다.

13
DC-DC 컨버터의 종류가 아닌 것은?

① 강압(buck) 컨버터
② 반전(inverter) 컨버터
③ 정전압(regulating) 컨버터
④ 승압(boost) 컨버터

정답 07 ① 08 ① 09 ① 10 ④ 11 ② 12 ③ 13 ③

14
BMS(battery management system)의 역할이 아닌 것은?

① 전기 시스템 최적 상태 유지
② 데이터 보상 및 시스템 진단 기능
③ 전기 시스템의 안전 예방 및 경보 발생
④ 배터리 교체 예상 기간 모니터링

15
BMS(battery management system)의 구성품이 아닌 것은?

① 안전 스위치　　② 고전압 퓨즈
③ BMS 컨트롤러　④ 메인 릴레이

16
SOC(state of charge)의 측정 방법으로 틀린 것은?

① 저항 측정　　② 전압 측정
③ 전류 측정　　④ 압력 측정

17
배터리 에너지 밀도가 높은 순서대로 나열한 것은?

① 리튬 이온 > 납칼슘 > 니켈수소
② 리튬 이온 > 니켈수소 > 납칼슘
③ 니켈수소 > 리튬 이온 > 납칼슘
④ 니켈수소 > 납칼슘 > 리튬 이온

18
리튬 폴리머 셀과 팩의 설명으로 맞는 것은?

① 1셀당 3.75V의 전압이고, 8개 셀이 모여 1모듈이 된다.
② 6개의 팩이 모여 1개의 셀이 된다.
③ 1셀당 기전력은 2.15V이다.
④ 360V를 구현할 때는 2팩을 병렬 연결한다.

19
리튬 폴리머 전지팩 1개의 전압(V)으로 맞는 것은?

① 132　　② 172
③ 180　　④ 196

20
슈퍼 캐퍼시터의 설명으로 틀린 것은?

① 전압으로 잔류용량 파악이 가능하다.
② 소형이고 친환경적이다.
③ 수명은 길지만 에너지 밀도가 낮다.
④ 단락이나 접속 불안정이 없다.

21
크기에 따른 슈퍼 캐퍼시터의 종류가 아닌 것은?

① 브러시형　　② 원통형
③ 코인형　　　④ 각형

정답　14 ④　15 ④　16 ①　17 ②　18 ①　19 ③　20 ③　21 ①

22
정전류 충전에 대한 설명으로 틀린 것은?

① 충전 효율이 급속 충전보다 우수하다.
② 전류를 일정하게 공급하면서 충전하는 방식이다.
③ 전류는 배터리 용량의 약 10~15%로 설정한다.
④ 전류는 최대 10A 이상을 초과해선 안 된다.

23
전기자동차 충전 방식의 분류가 아닌 것은?

① 급속 직접 충전 방식
② 전지 교환 시스템 방식
③ 비접촉식 충전 방식
④ 태양광 충전 방식

24
유도식(inductive) 충전 시스템의 설명으로 틀린 것은?

① 변압기의 원리를 이용한다.
② 접촉식에 비해 안전성이 높다.
③ 에너지 효율을 극대화시킬 수 있다.
④ 배터리의 크기를 작게 할 수 있다.

25
배터리 급속 충전 방법의 설명으로 틀린 것은?

① 고전류를 이용하여 약 20분 안으로 실시한다.
② 전류는 최대 40A로 설정한다.
③ 충전 시 열 또는 가스 발생 시 즉각 충전을 중단한다.
④ 충전 효율이 좋기 때문에 수시로 충전시켜 준다.

26
전기자동차 충전기 설치 장소의 분류가 아닌 것은?

① 벽치형
② 휴대형
③ 급속형
④ 탑재형

27
모터를 발전기로 작동시키는 방법으로 전기모터로의 송전을 멈추고 구동을 정지하여 출력측의 회전을 반대로 모터에 입력하는 방식은?

① 발전제동
② 모터제동
③ 가속제동
④ 회전제동

정답 22 ④ 23 ④ 24 ③ 25 ④ 26 ③ 27 ①

28
전기자동차 모터에서 회전자에 영구자석이나 코일과 같은 여자장치 없이 토크를 발생시키는 모터 형식은?

① 교류모터
② 직류모터
③ 스위치 리럭턴스모터
④ 영구자석 계자식 모터

29
전기자동차의 동기모터(PM)에서 계자코일의 제어와 리럭턴스 토크의 제어가 용이하며, 고속회전에 유리한 회전자는?

① 표면 자석형
② 매입 자석형
③ 돌출 자석형
④ 압입 자석형

30
친환경 자동차의 효율 향상 방안으로 틀린 것은?

① 엔진 다운사이징
② 밀러 사이클 적용
③ 배터리 전원의 고전압화
④ 고전압화에 따른 굵은 배선 적용

31
친환경자동차 모터 설계 시 고려사항이 아닌 것은?

① 안전성 제어
② 토크 발생 제어
③ 출력 특성 제어
④ 열량 발생 제어

32
고전압 와이어 하니스(wiring harness)의 고려사항이 아닌 것은?

① 절연 내압이 클 것
② 안정성이 높을 것
③ 저항성이 클 것
④ 전송 효율이 높을 것

정답 28 ③ 29 ② 30 ④ 31 ④ 32 ③

자동차정비산업기사 필기

초판 인쇄 | 2024년 1월 10일
초판 발행 | 2024년 1월 20일

저 자 | 자동차연구회
발행인 | 조규백
발행처 | 도서출판 구민사
　　　　　(07293) 서울특별시 영등포구 문래북로 116, 604호(문래동3가 46, 트리플렉스)
전화 | (02) 701-7421(~2)
팩스 | (02) 3273-9642
홈페이지 | www.kuhminsa.co.kr
신고번호 | 제2012-000055호 (1980년 2월 4일)
I S B N | 979-11-6875-289-4 (13550)

값 28,000원

※ 낙장 및 파본은 구입하신 서점에서 바꿔드립니다.
※ 본서를 허락없이 부분 또는 전부를 무단복제, 게재행위는 저작권법에 저촉됩니다.